Grundzüge
der
physischen Erdkunde

von

Alexander Supan,
Professor der Erdkunde an der Universität Czernowitz.

Mit 139 Abbildungen im Text und 20 Karten in Farbendruck.

Leipzig,
Verlag von Veit & Comp.
1884.

Druck von Metzger & Wittig in Leipzig.

Vorwort.

Dieses Buch richtet sich an denjenigen Teil des gebildeten Publikums, welcher den Drang in sich fühlt, etwas über den inneren Zusammenhang jener Erscheinungen, die das Leben der Erde ausmachen, zu erfahren; es wendet sich ferner an jene Studierenden der deutschen Hochschulen, die sich die Geographie zu ihrem Lebensberuf gewählt haben, und denen ein Leitfaden der physischen Erdkunde bisher gefehlt hat. Vielleicht findet auch der Fachmann hier und da einen neuen Gedanken oder einen beachtenswerten Gesichtspunkt; zum mindesten wird er sich überzeugen, daß ich mein Werk auf eingehende Detailstudien gründete. Wenn mir trotz meines redlichen Bemühens manches Buch, manche wichtige Abhandlung entgangen ist, so möge man bedenken, daß ich seit sechs langen Jahren ferne von den Kulturzentren des Westens lebe, und daß ich mir die nötigen Hilfsmittel oft nur mit großer Mühe beschaffen konnte. Lebhaft bedaure ich, daß ich Hann's Handbuch der Klimatologie nicht verwerten konnte, weil bei dessen Erscheinen die betreffenden Bogen bereits gedruckt waren.

Die Namen der Autoren wurden im Text genannt, aber ausführliche Litteraturangaben habe ich vermieden, weil sie den Umfang des Buches zu sehr ausgedehnt haben würden.

Allen jenen, die mich bei meiner mühsamen Arbeit unterstützten, sage ich meinen besten Dank.

Czernowitz am Weihnachtsabend 1883.

Supan.

Drittes Kapitel. Die Luftströmungen.

Viertes Kapitel. Die Niederschläge.

Fünftes Kapitel. Das Klima.

Sechstes Kapitel. Das Meer.

Siebentes Kapitel. Die horizontale Gliederung des Festlandes.

Achtes Kapitel. Die Kräfte, welche die Oberfläche des Festlandes gestalten.

Neuntes Kapitel. Die wichtigsten Oberflächenformen des Festlandes.

Zehntes Kapitel. Die geographische Verbreitung der Organismen.

Verzeichnis der Karten-Beilagen.

Einleitung.

Die Gestalt und Größe der Erde.

§ 1. Die einfache Naturanschauung betrachtet die Erde als ruhenden Körper, den die Sonne in kreisförmiger Bahn umwandert. Der alexandrinische Gelehrte **Ptolemäus** gab dieser Anschauung zuerst einen wissenschaftlichen Ausdruck und schuf damit ein Weltsystem, das bis zum Anfange der Neuzeit seine Geltung bewahrte. Er machte die Erde zum Centrum des Weltalls, und die von der Theologie beherrschte Wissenschaft des Mittelalters fand in diesem Systeme eine Bestätigung ihres Grundsatzes, daß der Mensch der Mittelpunkt und Zweck der Schöpfung sei. Erst **Copernicus** verbannte die Erde aus ihrer usurpierten Stellung im Sonnensysteme und wies ihr einen bescheideneren Platz an. Die Erde ist ein Planet, der sich in 24 Stunden einmal um seine Axe und, vom Monde begleitet, in einem Jahre einmal um die Sonne bewegt, von der er Licht und Wärme empfängt. Entwickelungsgeschichte der Erde.

Kant und **Laplace** verknüpften die einzelnen Teile unseres Sonnensystems auch genetisch miteinander. Alle Körper desselben bildeten nach dieser Anschauung, die allerdings nur den Rang einer Hypothese beanspruchen kann, einst einen großen kugelförmigen Nebelfleck, der sich infolge der Abkühlung im kalten Weltraum zusammenzog. Dadurch erhöhte sich die Rotationsgeschwindigkeit, die Abplattung an den Polen und die Ausbauschung am Äquator wurde immer größer, und so lösten sich mit der Zeit am Äquator Teile los, die einen Ring bildeten. Dieser zerriß infolge ungleicher Beschaffenheit und Erkaltung und veranlaßte so die Entstehung planetarischer Nebelballen. Derselbe Prozeß wiederholte sich auch hier: erst Ringbildung, wie sie noch beim Saturn beobachtet werden kann, dann Zerreißung derselben und Bildung der Monde. So erscheinen nach dieser geistvollen Hypothese alle Glieder des Sonnensystems als eine große Familie, deren Mutter die Sonne ist, wie sie auch noch jetzt alles Leben auf der Erde ernährt und erhält.

Durch fortgesetzte Abkühlung und Zusammenziehung wurde die Erde aus einem glühenden Nebelballen ein glühendflüssiger Körper, der sich endlich mit einer Erstarrungskruste umhüllte. Die Wasserdämpfe wurden kondensiert und sammelten sich in den Vertiefungen der Erdkruste als Meer an, über das die Erhöhungen als Kontinente emporragen. Der Gegensatz von Land und Wasser ist seit dieser Zeit ein bleibender Charakterzug unseres Planeten, wenn auch die geographische Verteilung dieser beiden Grundformen dem Wechsel unterworfen ist.

Auf der abgekühlten Erde erschien endlich auch das organische Leben, das, von niederen zu höheren Formen sich fortbildend, im Menschen gipfelt.

Entwickelung der modernen Weltanschauung.

§ 2. Mit der fortschreitenden Entwickelung unserer Kenntnisse von den früheren Zuständen der Erde veränderte sich auch die Weltanschauung. Die jüdisch-theologische Weltanschauung betrachtete die Erde als etwas Gegebenes oder Erschaffenes. Die älteren Geologen konnten es sich zwar nicht mehr verhehlen, daß der Erdkörper und sein organisches Leben verschiedene Stadien durchgemacht hat, aber sie meinten noch, daß die einzelnen Perioden der Erdgeschichte durch allgemeine Katastrophen, die das Bestehende vernichteten, und ebensoviele Neuschöpfungen von einander getrennt seien. Erst Hoff und Lyell lehrten, daß die Veränderungen der Erdoberfläche sich nicht sprungweise, sondern allmählich vollziehen, in derselben Weise, wie wir sie auch in der geschichtlichen Gegenwart beobachten, und durch dieselben Kräfte, die noch jetzt thätig sind. Lamark und Darwin wendeten diese Theorie auch auf die organische Welt an. So betrachtet die moderne, naturwissenschaftliche Weltanschauung die Erde als etwas gewordenes und — wie es sich logisch aus diesem Satze ergiebt — als etwas in beständiger Umbildung begriffenes. Wir werden später sehen, wie bedeutungsvoll dieser Grundsatz auch für die Entwickelung der Geographie wurde.

Gestalt der Erde. Pendelbeobachtungen.

§ 3. Als ein sicheres Zeugnis für die einstige flüssige Beschaffenheit des Erdkörpers wird dessen Gestalt angesehen, aber mit Unrecht, denn jeder rotierende kugelförmige Körper, der nicht absolut starr ist, muß an den Enden der Rotationsaxe, d. h. an den Polen, sich abplatten und am Äquator sich ausbauschen; mit anderen Worten: die Kugel muß zu einem Sphäroid werden. Die sphäroidale Gestalt der Erde ist direkt durch Pendelbeobachtungen und Gradmessungen nachweisbar.

Die ersteren ergaben zunächst das Resultat, daß die Länge des Sekundenpendels (man versteht darunter ein Pendel, das in einer Sekunde eine Schwingung ausführt) vom Äquator nach den Polen zunimmt. Sabines Beobachtungen bieten eine treffliche Illustration dieses Gesetzes:

			Länge des Sekundenpendels in mm.				Länge des Sekundenpendels in mm.
St. Thomas	0°	25′ B.	990·887	London	51°	31′	994·113
Ascension	7	56	991·192	Drontheim	63	26	995·002
Jamaca	17	56	991·471	Spitzbergen	79	50	996·043
New-York	40	43	993·147				

Diese Thatsache kann ihre Erklärung nur darin finden, daß die Schwerkraft an den Polen am größten, am Äquator am kleinsten ist. Am Äquator erreicht nämlich die Fliehkraft, die der Schwerkraft direkt entgegenwirkt, ihren größten Wert, während sie an den Polen gleich Null ist; und überdies ist man wegen der Abplattung an den Polen dem Erdmittelpunkte, dem Sitze der Schwerkraft, am nächsten, und am Äquator am weitesten davon entfernt.

§ 4. Einen noch augenfälligeren Beweis für die Abplattung der Erde liefern die Gradmessungen. In Fig. 1 ist rechts ein halber kreisförmiger, links ein halber elliptischer Meridian dargestellt; *P* beziehungsweise *P′* ist der Pol, und die Horizontallinie der Durchschnitt der Äquatorialebene. Wählen wir auf dem Kreisquadranten zwei Paare von Punkten, von denen *a* und *b* nahe dem Äquator, *c* und *d* nahe dem Pole sich befinden. Die Vertikalen (oder Normalen), die wir in diesen Punkten errichten, sind Halbmesser und treffen daher in *o* zusammen; der Winkel *aob* ist $= cod = 10^0$, ebenso ist der Bogen $ab = cd$, oder mit anderen Worten: auf einer Kugel entsprechen gleichen Winkelabständen der Normalen gleiche Meridianbögen.

Resultate der Gradmessungen.

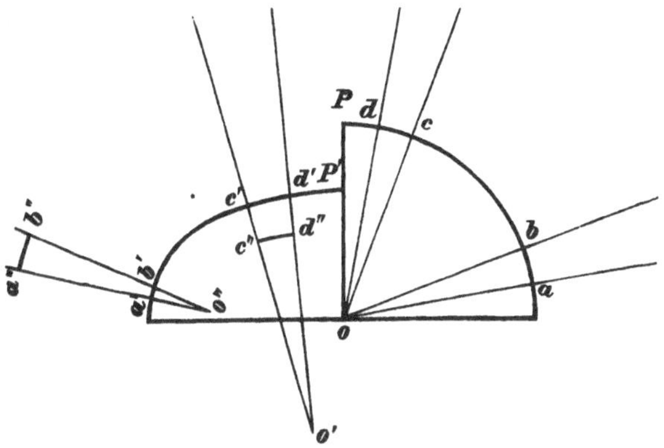

Fig. 1. Abplattung der Erde.

Anders auf dem Sphäroid. Die Normalen fallen nicht mehr im Centrum zusammen, die Winkelabstände von *a′* und *b′*, *c′* und *d′* sind zwar gleich ($= 10^0$), wovon wir uns sofort überzeugen können, wenn wir mit dem Radius *ao* von *o′* und *o″* aus Kreise beschreiben (die Bögen $a''b'' = c''d'' = cd = ab$); aber die ihnen entsprechenden Meridianbögen sind ungleich ($a'b' < c'd'$), weil die Krümmung der Ellipse gegen den

IV. Quartäres od. anthropozoisches Zeitalter, Zeit des Menschen.	2. Alluvium, die Gebilde der Gegenwart. 1. Diluvium oder das Schwemmgebirge.
III. Tertiäres oder känozoisches Zeitalter, Zeit der Säugetiere.	4. Pliocän } Neogen oder jüngeres Braunkohlengebirge. 3. Miocän 2. Oligocän } älteres Braunkohlengebirge. 1. Eocän
II. Sekundäres od. mesozoisches Zeitalter, Zeit der Reptilien.	3. Kreide (cretaceische Formation) oder Quadersandsteingebirge. 2. Jura oder Oolithgebirge. c. Malm. b. Dogger. a. Lias. 1. Trias oder Salzgebirge. d. Rhät (von den österreichischen Geologen als selbständige Formation behandelt). c. Keuper, obere alpine Trias. b. Muschelkalk } untere alpine Trias. a. Buntsandstein
I. Primäres oder paläozoisches Zeitalter.	4. Dyas (Perm) oder Kupfergebirge. b. Zechstein. a. Rotliegendes. 3. Carbon oder Steinkohlengebirge, Zeit der Kohlenpflanzen. 2. Devon oder jüngeres Grauwackengebirge, Zeit der Panzerfische. 1. Silur oder älteres Grauwackengebirge, Zeit der Wirbellosen.

Wenn auch in obiger Tabelle die einzelnen Formationen als streng von einander geschieden auftreten, so ist doch in der Natur der Übergang von der einen zur andern durch mannigfache Zwischenbildungen vermittelt; wie ja auch in der Geschichte der Menschheit jede Periode aus der vorhergehenden gleichsam herauswächst. Man muß ferner festhalten, daß nicht alle Formationen überall vertreten sind, und daß eine und dieselbe Formation in verschiedenen Gegenden verschiedenen Gesteinscharakter besitzen kann. Die Mächtigkeit der einzelnen Formationen ist sehr verschieden, nimmt aber im allgemeinen mit dem Alter zu. Die des Silur beträgt über 6000, des Devon über 3000, des Carbon über 7000, des Jura aber nur über 1000 m; und es ist einleuchtend, daß Formationen von so verschiedener Mächtigkeit nicht gleichen Zeiträumen entsprechen können.

Der Erdkern. § 8. Eine so scharfe Grenze, wie zwischen der Luft- und Gesteinshülle, besteht zwischen der letzteren und dem Erdkern nicht, und es ist schon aus diesem Grunde unmöglich anzugeben, bis zu welcher Tiefe die Gesteinshülle hinabreicht. Das tiefste Bohrloch der Erde, das Sperenberger bei Berlin, durchfuhr dieselbe nur bis 1272 m Tiefe; es ist also selbst an dieser Stelle vom Erdinnern nur der 5000. Teil des mittleren Halbmessers bekannt.

So unnahbar das Erdinnere auch der direkten Beobachtung ist, so sind uns doch zwei Thatsachen bekannt, die geeignet sind, etwas Licht über die Beschaffenheit desselben zu verbreiten.

§ 9. Die mittlere Dichte der ganzen Erde beträgt nach den verläßlichsten Untersuchungen 5·5 bis 5·7, d. h. die Erde ist um so viel schwerer als eine gleich große Wasserkugel. Da die Gesteine, welche sich hauptsächlich an dem Baue der Erdoberfläche beteiligen, nur ein spezifisches Gewicht von etwa $2^1/_2$ besitzen, so muß die mittlere Dichtigkeit des Inneren noch größer sein, als jene der ganzen Erde. Sueß hat daher den Erdkern in zutreffender Weise die Barysphäre (βαρύς = schwer) genannt, und sie der Lithosphäre oder Gesteinshülle und der Atmosphäre entgegengestellt. Es ist auch sehr wahrscheinlich, daß sich innerhalb des Erdkörpers die Stoffe vom Anfange an nach ihrer Schwere geordnet haben, und die schwersten daher den innersten Kern bilden; ob dieser aber aus Eisen besteht, wie man nach Analogie der Meteoriten annimmt, jener Trümmer von Weltkörpern, die von Zeit zu Zeit auf die Erde fallen und teils aus Silikatgesteinen, teils aus gediegenem nickelhaltigen Eisen bestehen, — wird wohl nie mit einiger Sicherheit zu erweisen sein. Mittlere Dichte der Erde.

§ 10. Einen Schluß auf die Wärme des Erdinnern gestatten die Beobachtungen bei den zahlreichen vertikalen und horizontalen Tiefbohrungen, die in allen Kulturländern zu technischen und industriellen Zwecken ausgeführt wurden. Die Temperaturschwankungen der Oberfläche dringen nur bis zu einer geringen Tiefe in die Gesteinshülle ein; schon in einer Tiefe von ca. 1 m wird die tägliche Schwankung nicht mehr fühlbar, und in den höheren Breiten unserer Halbkugel beträgt nach Wilds Untersuchungen. schon in einer Tiefe von 23 m die jährliche Variation nur mehr 0°·01 C In den Tropen, wo die jahreszeitlichen Gegensätze gering sind, dürfte die Schicht konstanter Temperatur schon in ca. 6 m Tiefe zu finden sein. Von da an nimmt die Temperatur in allen Jahreszeiten und überall mit der Tiefe zu. Man nennt die Tiefe, die einer Temperatursteigerung von 1° C. entspricht, die geothermische Tiefenstufe; sie beträgt nach den Sperenberger Beobachtungen, den verläßlichsten in dieser Beziehung, 33·7 m, und eine unbefangene Prüfung derselben ergab auch, daß die Temperaturzunahme eine gleichmäßige ist. Wenn an anderen Orten andere Werte gefunden wurden (in Liverpool z. B. 66·4—71·9, dagegen in Neuffen 11 m), so ist dies nur lokalen Wärmeherden, wie Zunahme der Temperatur mit der Tiefe.

chemischen Prozessen in Bergwerken, Thermen u. s. w., zuzuschreiben, und sie bewirken auch, daß die Zunahme scheinbar ungleichmäßig erfolgt, je nachdem man sich ihnen nähert oder von ihnen entfernt. So betrug im 610 m tiefen Fermanschacht in Nevada mit einer mittleren geothermischen Stufe von 18·1 m die Zunahme zwischen 4 und 500 e. F. 4°·9, zwischen 18 und 1900 e. F. aber nur 0°·3, und zwischen 3 und 400 F. fand sogar eine Abnahme um 1°·1 statt. Die Beobachtungen in den großen Alpentunnels lehren, daß die geothermischen Tiefenstufen von der Thalsohle gegen das Innere des Berges größer werden. So z. B. im St. Gotthard-Tunnel:

Tiefe des Tunnels	301	558	1026	1165 m
Geotherm. Stufe	24·0	42·3	51·8	52·5 „

Die Flächen gleicher Erdwärme wiederholen also die Konturen der Oberfläche, indem sie im Innern der Gebirge ansteigen, aber unter einem flacheren Winkel als die Böschungen. Nehmen wir an, ein Berg *B* erhebe sich 2000 m über die Ebene *A*. Die mittlere Jahrestemperatur betrage hier 10°, und auf dem Berggipfel 0°; die geothermische Tiefenstufe sei unter *A* 33·7 und unter *B* 52·5 m. Es wird dann unter dem Berggipfel im Niveau der Ebene das Thermometer 39° zeigen, während wir unter *A* diese Temperatur erst in 947 m Tiefe erreichen. Aber in 5000 m Tiefe unter dem Niveau der Ebene wird unter *A* das Thermometer auf 159°·4 und unter *B* nur bis 134°·2 steigen. Die Linien gleicher Erdwärme (Geoisothermen) nehmen also in größerer Tiefe den umgekehrten Verlauf, wie nahe der Oberfläche und spiegeln, ähnlich einer Wasserfläche, die Terrainformen ab, wie es obenstehende Figur versinnlicht.

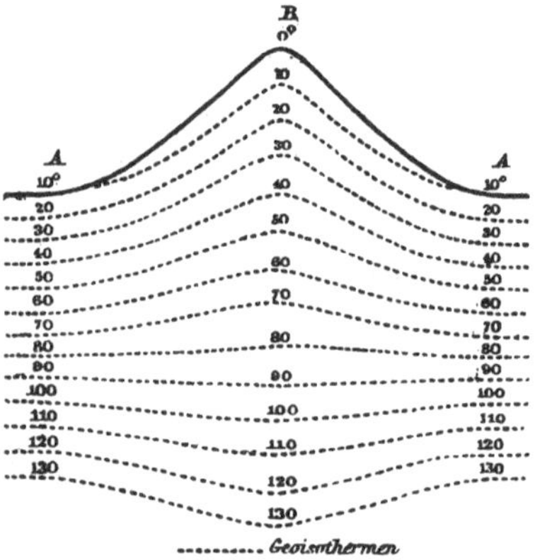

Fig. 2. Geoisothermen.

Es kann ferner keinem Zweifel mehr unterliegen, daß im Innern der großen Massenerhebungen der Gesteinshülle, die wir Kontinente nennen, die Isothermenflächen in ähnlicher Weise ansteigen, wie im Innern der Gebirge. So fand z. B. die Challengerexpedition im südatlantischen Ozean in 4846 m Tiefe Wasser von nur 1° Wärme, und wir müssen annehmen, daß unter dem afrikanischen Boden in gleicher Tiefe bereits eine Temperatur von 144° herrscht.

§ 11. Nimmt aber auch die Wärme stetig bis zum Mittelpunkte zu? Es ist dies die nach den Beobachtungen wahrscheinlichste Annahme, wenn auch nie exakt zu beweisen. Dagegen kann die Frage, ob überall, wo keine lokalen Einflüsse störend eingreifen, die Temperaturzunahme in allen Tiefen gleichmäßig erfolge, nicht beantwortet werden. Alle zu diesem Zwecke aufgestellten Formeln haben nur innerhalb der Grenzen der Beobachtung Giltigkeit, und schon oben wurde darauf aufmerksam gemacht, daß selbst das Sperenberger Bohrloch nur der 5000. Teil des Erdradius ist. Haben diejenigen Recht, welche annehmen, daß die Erde eine durch Wärmeleitung und Wärmeausstrahlung sich abkühlende Kugel ist, dann müssen die geothermischen Tiefenstufen gegen den Mittelpunkt zu immer größer werden. Fouriers Rechnung und Bischofs Experiment mit einer Basaltkugel führen zu dem nämlichen Schlusse. Letztere zeigte 48 Stunden nach dem Gusse folgende Temperaturen: Beschaffenheit des Erdinnern.

Entfernung vom Mittelpunkte	0	4·5″	6·75″	9″
Temperatur	192·5°	170·0°	156·3°	137·5°
Geothermische Stufe		0·200″	0·164″	0·120″

Man hat aber auch aus der Thatsache der Temperaturzunahme mit der Tiefe auf den Aggregatzustand des Innern schließen zu dürfen geglaubt. Es müsse, so meinte man, in einer gewissen Tiefe die Wärme einen solchen Grad erreichen, daß alle Gesteine nur im geschmolzenen Zustande sich befinden können. Die Kant-Laplacesche Theorie schien ebenso zu dieser Folgerung zu drängen, wie die Laven sie zu bestätigen schienen.

Man stellte also eine feste Erdkruste einem feurig-flüssigen Erdkern entgegen, jedoch ohne über die Dicke der erstern zu einer Übereinstimmung gelangen zu können. Airy behauptete sogar, sie sei von ungleichmäßiger Mächtigkeit, indem sie in ihren kontinentalen Teilen dicker, aber weniger dicht, und in ihren ozeanischen dünner, aber dichter sei. Schon Hopkins warnte aus astronomischen Gründen vor der Annahme einer zu dünnen Kruste. Wäre die Erde eine vollkommene Kugel, so müßte die Rotationsaxe ihre Lage immer unverändert beibehalten; die polare Abplattung bewirkt aber, daß die Axe unter dem Einflusse von Sonne und Mond gewisse Bewegungen ausführt, die denen eines wankenden Kreisels nicht unähnlich sind. Es läßt sich nun berechnen, wie diese Bewegung sich gestalten würde, wenn die Erde ganz flüssig oder wenn sie ganz fest wäre. Die beobachteten Thatsachen verlangen nun eine Erdkruste von mindestens 1270—1590 km Mächtigkeit ($^1/_5$—$^1/_4$ des Erdhalbmessers). Man hat zwar Hopkins geantwortet, daß die Voraussetzung einer absoluten Flüssigkeit des Erdkerns nicht statthaft sei, aber immerhin lehrt seine Rechnung

— wie Reyer bemerkt —, daß der Erdkern entweder absolut flüssig und dann klein, oder, wenn er größer ist, wenigstens zähflüssig sein müsse.

Physikalische Bedenken veranlaßten mehrere Forscher, darunter besonders Thomson, die Lehre vom flüssigen Erdinnern zu verwerfen. Die Erde müsse, sagen sie, von innen nach außen erkaltet sein, denn sobald sich eine Kruste gebildet habe, müsse sie als schwerer in dem flüssigen Körper untergesunken sein. Gegen diese Annahme sprechen aber mancherlei Versuche; das größte Experiment führt uns die Natur selbst in der flüssigen Lava des Kilauea-Kraters, die eine feste Decke trägt, vor Augen. Zwar stützte man die Hypothese vom festen Erdkern noch durch eine zweite Thatsache, die die Verteidiger des flüssigen Zustandes allerdings nicht beachtet hatten. Der Schmelzpunkt der Körper wird nämlich durch Druck entweder hinauf- oder herabgerückt, je nachdem sie sich beim Erstarren zusammenziehen oder ausdehnen. Da die Silikatgesteine des Erdinnern zu den ersteren gehören, so müssen sie unter dem ungeheuern Drucke der Gesteinshülle sich verfestigen. Dagegen scheint aber die Entdeckung von Andrews zu sprechen. Eine Reihe von Körpern, wie die permanenten Gase, Kohlensäure, Alkohol und Wasser, können über einen für jeden Körper bestimmten Temperaturgrad, den sog. kritischen Punkt, unter jedem beliebigen Drucke nur als Gase existieren. Wird dies einst auch von den übrigen Körpern nachgewiesen, dann wird die Vermutung, daß das Erdinnere sich im gasförmigen Zustande befinde, berechtigt sein. Aber jedenfalls können wir jetzt schon daraus die Lehre ziehen, daß hoher Druck nicht unter allen Umständen einen festen Aggregatzustand bedingt.

Und welches ist nun das Resultat unserer kritischen Umschau? Leider ein negatives. Alle Antworten auf die Frage nach der Beschaffenheit des Erdinnern gehören noch in das Reich der Hypothese, aber wir dürfen die Hoffnung nicht aufgeben, einmal zu einer physikalisch fest begründeten Theorie zu gelangen.

Die Aufgaben der physischen Erdkunde.

Die Wissenschaften von der Erde.

§ 12. Obwohl es im Grunde genommen nur Eine Wissenschaft von der Erde giebt, so hat doch die wachsende Erkenntnis eine Arbeitsteilung, eine Trennung der Disziplinen notwendig gemacht. Neben den Wissenschaften von der Erde als Ganzes stehen aber bekanntlich auch die Wissenschaften von den einzelnen Planetenteilen, die Meteorologie, Hydrographie, Mineralogie und Petrographie, Botanik und Zoologie, und endlich die Wissenschaften vom Menschen. In der Entwickelungsgeschichte der Hydrographie bietet uns die Gegenwart ein drastisches Beispiel, wie innerhalb weniger Jahre ein Teil einer Disziplin eine selbständige Stellung im Kreise der Wissenschaften sich erringen kann. Und ist einmal diese Stufe erklommen, dann wird eine Wissenschaft nie mehr, auch nicht in den Zeiten des Stillstandes, in ihre frühere Abhängigkeit zurückkehren.

§ 13. Die Wissenschaften von der Erde sind die sog. mathematische Geographie, die Geologie und die Geographie oder Erdkunde. Die erstere betrachtet die Erde in ihren kosmischen Beziehungen und beschäftigt sich mit denjenigen Problemen, die nur auf mathematischem Wege und mit Hilfe der Astronomie gelöst werden können. Sie bestimmt die Lage eines Punktes auf der Erdoberfläche, indem sie dessen geographische Länge und Breite ermittelt, und ihre Hilfe mußten wir anrufen, als wir uns über die Gestalt und Größe unseres Planeten unterrichten wollten. Auch die Geologie, die Entwickelungsgeschichte der Erde und ihres organischen Lebens, haben wir bereits kennen gelernt; sie belehrte uns über die Zusammensetzung der Gesteinshülle. Im Gegensatze zu dieser Wissenschaft beschäftigt sich die Geographie nur mit der Erde in ihrer gegenwärtigen Erscheinungsform; doch reicht die Gegenwart im geographischen Sinne bis in die Zeiten der historischen Dämmerung hinauf, denn der Mensch bildet einen ebenso integrierenden Bestandteil der gegenwärtigen Erde, wie Tier und Pflanze, Luft und Wasser, Gesteinshülle und Erdkern. Es kann uns die Thatsache, daß jeder dieser Planetenteile (mit Ausnahme des zuletzt genannten, von dem wir noch so wenig sicheres wissen) bereits Gegenstand einer selbständigen Disziplin geworden ist, an der Existenzberechtigung der Geographie nicht irre machen. Weicht sie doch von diesen Spezialwissenschaften wesentlich durch ihre Methode ab, die in der beständigen Betrachtung der Wechselwirkung der einzelnen Planetenteile besteht. Man kann sie daher definieren als die Wissenschaft von den sieben Planetenteilen in ihren gegenseitigen Beziehungen innerhalb der historischen Zeit. Begriff der Geographie.

§ 14. Die Abgrenzung der Geographie von den Wissenschaften der Organismen ist verhältnismäßig leicht. Dagegen ist mehrfach die Ansicht ausgesprochen worden, die Meteorologie sei nur ein Teil der Geographie. Die Luft ist insofern Gegenstand der geographischen Betrachtung, als ihre Erscheinungen, die wir im Begriff Klima zusammenfassen, einen wahrnehmbaren Einfluß auf die übrigen Planetenteile mit Ausnahme des Erdinnern ausüben. Solange die Meteorologie nur Klimalehre war, war ihre Selbständigkeit in der That eine rein äußerliche. Aber jede selbständig gewordene Wissenschaft wird mit der Zeit eigene Wege aufsuchen. Die gegenwärtige Meteorologie ist vorwiegend Witterungskunde, ihr Haupt- Geographie und Meteorologie.

augenmerk ist auf die Gesetze gerichtet, nach welchen sich die Veränderungen im Luftmeere vollziehen; ihr ideales Ziel ist die sichere Wetterprognose. Dieser Teil der Meteorologie ist seinem Wesen nach nicht geographisch, aber es würde Unkenntnis oder Undankbarkeit verraten, wollte man leugnen, daß er die Klimalehre mächtig gefördert hat. Ist doch das Klima nichts anderes als ein bestimmter Witterungstypus, repräsentiert durch eine Reihe von Mittelwerten; und es ist natürlich von hohem Interesse zu erfahren, wie diese Mittelwerte zustande kommen. Schon jetzt läßt es sich ahnen, welche gewaltige Umwandlung die Klimatologie erfahren wird, wenn einmal die Witterungskunde die ganze Nordhemisphäre umfaßt.

Auch in einer anderen Beziehung ist das Verhältnis der Meteorologie zur Geographie lehrreich. Erstere betrachtet alle Phänomene innerhalb des Luftmeeres mit gleichem Interesse, letztere aber nur jene, die auf die übrigen Planetenteile von entscheidendem Einflusse sind. Für den Meteorologen ist das Problem der täglichen Schwankung des Luftdruckes ebenso wichtig, wie das der täglichen Wärmeschwankung, während der Geograph nur dem letzteren Beachtung schenkt. Die geheimnisvolle magnetische Kraft der Erde erregt unsere größte Aufmerksamkeit, aber die Lehre von derselben würde in einer physischen Erdkunde ganz isoliert dastehen, solange man nicht nachgewiesen hat, daß sie mit den großen Erscheinungen des Erdenlebens inniger und in umfassenderer Weise zusammenhängt, als bloß durch das lokale Phänomen des Nordlichtes. Nichts hat dem Ansehen der Geographie mehr geschadet, als jene Lehrbücher der physischen Erdkunde, die im einfachen Kompendienstile die Ergebnisse der Spezialwissenschaften mehr oder weniger zusammenhangslos neben einander stellten.

Geographie und Geologie.

§ 15. Die meisten Grenzstreitigkeiten bestehen zwischen Geologie und Geographie. Zwei Sätze dürften indes von Niemandem bestritten werden: 1. die historische Geologie ist kein Teil, aber eine der wichtigsten Hilfswissenschaften der Geographie, denn die gegenwärtige Erscheinungsform der Erdoberfläche ist ja nur ein Produkt ihrer Entwickelungsgeschichte. 2. Von der dynamischen Geologie ist wenigstens jener Teil beiden Wissenschaften gemeinsam, der von den, auch in der Gegenwart noch thätigen Kräften handelt. Dagegen ist in der Frage, ob der Geograph sich damit begnügen solle, die Oberflächenformen zu beschreiben und zu klassifizieren, ohne sich um ihre Bildungsgeschichte zu kümmern, noch immer keine Übereinstimmung erzielt. Aber wohl auf keinem Gebiete sind alle Arbeiter über die Grenzen desselben einig; die Zeit der chinesischen Mauern in der Wissenschaft ist eben vorüber. In gewissen Stadien ihrer Entwickelung mag sich eine Disziplin damit begnügen, Thatsachen zu konstatieren, und besonders nach den Zeiten ausgelassener Spekulationssucht kehrt der unbefriedigte Geist gerne wieder zu dieser nüchternen Arbeit zurück; aber stets wird die Erforschung der Kausalität die Hauptaufgabe des Menschengeistes bleiben, und es wäre vergeblich, ihm zuzurufen: bis hierher und nicht weiter! Es ist übrigens eitle Furcht, daß eine Wissenschaft an Wert verliere, wenn sie mit einer anderen ein Gebiet teilt. Ist doch die Geologie in dem gleichen Falle. Die dynamische Geologie ist ein geographisches Erbstück, und die sog. physiographische Geologie ist nichts anderes, als eine Zusammenstellung geographischer Thatsachen, zu deren Kenntnis die Geologen fast gar nichts beigetragen haben.

§ 15. Je nachdem man die Wechselwirkung der Planetenteile über die ganze Erde verfolgt oder sich nur auf einen Teil des Festlandes beschränkt, ist die Geographie Erd- oder Landeskunde. Bei der einen wie bei der anderen unterscheidet man noch einen physischen und einen politischen oder historischen Teil. Im Grunde genommen giebt es freilich weder eine physische noch eine politische Geographie, sondern nur eine Geographie schlechtweg. Aber trotzdem lassen Erwägungen praktischer Natur jene Untereinteilung als wünschenswert erscheinen. Man mag den Menschen theoretisch immerhin nur als ein Glied der organischen Schöpfung auffassen, man mag ihn immerhin als eine Spezies in das zoologische System einreihen; in der That ist er doch eine Welt für sich. Es ist auch ganz gleichgiltig, ob seine intellektuellen und moralischen Eigenschaften aus derselben natürlichen Quelle stammen, wie ähnliche Erscheinungen in der Tierwelt, oder ob sie höheren Ursprungs sind. Sie sind einmal vorhanden, und gerade sie sind es, die den Menschen selbst über die höchstorganisierten Tierklassen weit emporheben. Die Untersuchung seiner Beziehungen zu der Natur werden infolgedessen auch in anderer Weise geführt werden müssen und zu anderen Resultaten führen, als jene der geographischen Verbreitung der Pflanzen und Tiere. Man kann sich nicht mehr auf die Frage beschränken: wie wirkt die Natur auf den Menschen ein? sondern man muß auch die andere, nicht minder wichtige Frage beantworten: wie wirkt der Mensch auf die Natur ein? Wohl steht auch Tier und Pflanze nicht ganz passiv der unorganischen Welt gegenüber. Die Pflanzen spielen eine wichtige Rolle im Zerstörungsprozeß der oberen Gesteinsschichten. Sie verkleinern durch allmäliches Vorrücken den Umfang der Seen, und an den tropischen Flachküsten verschieben Rhizophoren und Avicennien sogar die Grenze von Meer und Land zu gunsten des letztern. Regenwürmer lockern nach Darwin den Boden auf und sind ein Hauptfaktor bei der Humusbildung. H. Credner schildert uns, wie in gewissen Teilen von Nordamerika der Biber geradezu terrainbildend wirkt, indem er fließendes Wasser zu Teichen aufstaut, Kanäle anlegt, Wasserscheiden

Einteilung der Geographie.

durchbricht, Wälder lichtet und in Wiesen verwandelt. Am wichtigsten sind jedoch die riffbildenden Korallen, denen zahllose Inseln in den tropischen Meeren ihre Entstehung verdanken. Aber in allen diesen Fällen handelt es sich doch nur um vereinzelte Wirkungen, während der Mensch überall, wo er hingedrungen ist, Spuren seiner Thätigkeit hinterläßt. Freilich ist in dieser Beziehung ein gewaltiger Unterschied zwischen einem Kultur- und einem Naturvolke. Je höher ein Volk in der Gesittung steigt, desto mehr löst es sich aus der Abhängigkeit von der Natur los; aber gerade dadurch werden die Bande, die beide umschlingen, nur noch fester geknüpft, weil die Ausbeutung der Naturschätze an Intensität zunimmt. So durchmißt der Mensch in seinem Verhältnis zur Natur alle Stadien vom Sklaven bis zum Herrscher, und es ist klar, daß so mannigfache Beziehungen auch in der wissenschaftlichen Behandlungsweise zum Ausdrucke kommen müssen.

Es ist also eine Vereinfachung unserer Aufgabe, wenn wir uns bei der Untersuchung der Wechselwirkung der Planetenteile nur auf jene beschränken, die unter der Herrschaft fester Naturgesetze stehen. Wir werden mit der Betrachtung der Lufthülle beginnen, da diese die ganze Erde umgiebt, sodann die Erdoberfläche in ihren verschiedenen Gestaltungen kennen lernen und zum Schlusse die geographische Verteilung der Pflanzen und Tiere besprechen. Da aber die Klimalehre die Kenntnis einiger wichtigen geographischen Thatsachen voraussetzt, so wollen wir vorerst diese dem Leser vorführen, ehe wir an unsere eigentliche Aufgabe herantreten.

Erstes Kapitel.

Allgemeines über die Gestaltung der Erdoberfläche.

Die Verteilung von Wasser und Land.

(S. Karte I.)

§ 17. Da die bekannten Landmassen nach **Behm** und **Wagner** einen Flächenraum von 136 038 872 (in runder Summe 136 Mill.) qkm einnehmen, so entfallen, wenn wir die Besselschen Dimensionen der Erde zu grunde legen, auf die Wasserfläche 373 911 842 (in runder Zahl 374 Mill.) qkm. Die Erdoberfläche besteht also aus 26·7 Prozent Land und 73·3 Prozent Wasser (wovon wir aber alle Landgewässer ausschließen), oder die Landfläche verhält sich zur Wasserfläche wie 1 : 2³/₄. Verhältnis von Wasser und Land.

Dieser Ausdruck, wenn auch im großen und ganzen richtig, dürfte doch durch die vermehrte geographische Erkenntnis in den Bruchteilen einige Modifikationen erleiden. Man bedenke nur, daß die Berechnung des Areals noch vielfach auf mangelhaftem Kartenmaterial basiert, ja daß von manchen polaren Ländern nicht einmal alle Grenzen bekannt sind. Außerdem giebt es hier noch Räume, die, soweit die historische Kunde reicht, noch kein Mensch betreten hat. Im arktischen Gebiete erreichte **Perry** 1827 unter ca. 20° O. 82° 45′ B., **Payer** 1874 unter ca. 58¹/₂° O. 82° 5′ B., **Markham** 1876 unter ca. 63° W. die höchste Breite: 83° 20′. Im ganzen schätzt man hier die noch unbekannte Fläche auf 6.3 Mill. qkm. Um den Südpol beträgt sie sogar 16·5 Mill. qkm; **Weddell** drang hier 1823 unter 45° W. nur bis 74° 15′, **Roß** 1842 unter ca. 162° W. bis 78° 10′ B. vor. Diese noch absolut unbekannten Areale — 4¹/₂ Prozent der gesamten Erdoberfläche — wurden oben (obwohl die Existenz eines antarktischen Kontinentes sehr wahrscheinlich ist) dem Wasser zugerechnet; aber selbst wenn sie ganz vom Lande eingenommen würden, würde die Wasserfläche noch immer 2¹/₅ mal größer als die Landfläche sein.

Ungleichmäßige Verteilung.

§ 18. Land und Wasser sind ungleichmäßig verteilt. Die nördliche Halbkugel hat 39, die südliche nur 14 Prozent Land[1], und in demselben Gegensatze zu einander stehen die östliche Hemisphäre mit 36 und die westliche mit 17 Prozent Land. Man hat auch die Erde in eine Land- und eine Wasserhalbkugel geteilt; im Pole der ersteren, die beinahe alles Trockene der Erdoberfläche enthält, liegt London, im Pole der letzteren die Antipodeninsel bei Neuseeland. Kreisförmig umlagern die großen Kontinentalmassen das arktische Binnenmeer: Amerika dringt bis 71° 50′, Europa bis 71° 10′, Asien bis 77° 42′ B. vor; von da an strecken sie mit abnehmender Breitenentwickelung polypenartig ihre Arme nach Süden aus, um auf der südlichen Hemisphäre in drei Spitzen zu enden: Südamerika in 56°, Australien mit Tasmanien in 43° 40′, Afrika sogar schon 34° 51′ B. Dagegen hat der Ozean seine Heimat auf der südlichen Halbkugel, wo das antarktische Eismeer, die Südsee und der indische Ozean den Stamm einer zusammenhängenden Wasserfläche bilden, die in zwei Armen, dem nordpazifischen und dem atlantischen Ozean mit dem arktischen Meere auf die Nordhemisphäre übergreift.

Im Gegensatze zur ununterbrochenen Meeresfläche erscheint das Trockene allerdings in der Form von getrennten Massen, Kontinenten und Inseln, von denen aber die letzteren — nur 7·6 Proz. der ganzen Landfläche — eine verhältnismäßig untergeordnete Rolle spielen. Doch ist es, dank der nahen Aneinanderrückung der Kontinente an ihrer arktischen Breitenseite, möglich, von jeder Südspitze eines Südkontinentes zu den beiden anderen zu reisen, ohne das Land aus den Augen zu verlieren. Die Beringsstraße, die Asien von Amerika trennt, ist nur $1^1/_2$ Längengrade (111 km) breit. Zwischen Neufundland und Irland erstreckt sich allerdings der Ozean über 48 Längengrade oder 3300 km, aber zwischen Grönland und Norwegen engt er sich schon auf 1500 km ein. Wie ganz anders gestalten sich die Verhältnisse an den Ausläufern der Kontinente! Das Kap Hoorn ist vom Kap Agulhas 89, das letztere vom South Kap 137, und dieses vom Kap Hoorn 144 Längengrade entfernt.

Einteilung des Festlandes.

§ 19. Die landläufige Einteilung unterscheidet 5 Kontinente und 5 Ozeane. Untersuchen wir nun, ob diese Einteilung auch in der Natur begründet

[1] Die allmähliche Landabnahme nach Süd, womit die Zersplitterung und Zuspitzung der Kontinente Hand in Hand geht, tritt in folgenden, Lubbock entlehnten Prozentwerten sehr deutlich hervor:

N.	60°	50°	40°	30°	20°	10°	0°	10°	20°	30°	40°	50°	60° S.
Wasser	45·3	40·7	52·7	53·6	67·7	71·0	77·1	78·6	77·7	79·1	95·1	97·2	100·0
Land	64·7	59·3	47·3	46·4	32·3	29·0	22·9	21·4	22·3	20·9	4·9	2·7	0·0

Der Umschwung zu gunsten des Meeres tritt also schon zwischen 40 und 50° N. B. ein.

ist. Zunächst zeigt uns jede Weltkarte zwei große zusammenhängende Kontinentalmassen, eine West- und eine Ostfeste, wovon die erstere 31.1, die letztere 68·9 Prozent alles Trockenen umfaßt. Wir zählen zur letzteren auch Australien, das trotz seiner insularen Lage mit der alten Welt durch eine ununterbrochene Inselkette verbunden ist. Neben dem Gegensatze der Alten und Neuen Welt fällt uns aber auch sofort der zwischen den Nord- und Südkontinenten in die Augen, und dies führt uns wieder zur Frage nach den festen Grenzen der Erdteile, wobei wir aber vorläufig von allem insularen Zugehör absehen wollen.

§ 20. Von allen Kontinenten ist nur Australien ringsum von Meer umflossen und bildet somit gleichsam ein Mittelglied zwischen Insel und Erdteil. Diese Isolierung verleiht ihm eine ausgeprägte Individualität, und dieser Charakterzug wird noch durch den Umstand verschärft, daß die Abtrennung von Asien bereits vor der Tertiärzeit erfolgte, wie man aus der altertümlichen Tracht seiner Säugetierwelt mit Sicherheit schließen kann. Wohl ist auch Amerika, irrtümlich als ein einziger Erdteil bezeichnet, allseitig von Wasser umgeben, aber schon ein flüchtiger Blick auf die Karte läßt ihn als Doppelkontinent erkennen. An verschiedenen Stellen des Mittelgliedes wird der westliche Hochgebirgswall vollständig unterbrochen; die granitischen Gesteine und kristallinischen Schiefer verschwinden und an ihre Stelle treten vulkanische Gesteine mit submarinen Konglomerat- und Tuffbildungen und jungen Anschwemmungsmassen. Die Wasserscheide erniedrigt sich auf der Landenge von Tehuantepec auf 208, beim Hafen von Brito auf 46 (13 m über dem Nicaragua-See), zwischen Aspinwall und Panama auf 87, auf dem Isthmus von Darien zwischen dem Caquirri und der Paya auf 142, in der Provinz Choco zwischen dem Mittellaufe des Rio Atrato und der Mündung des Rio Jurador auf 154, endlich im Westen von der Cupica auf 186 m. So trennen die Isthmen von Tehuantepec und Panama mit dem centralamerikanischen Zwischenstück Nord- und Südamerika nicht minder scharf, wie die Landenge von Suez Afrika und Asien; und bald wird, wie hier, so auch bei Panama ein Kanal anstatt der nur 72·5 km langen Eisenbahn beide Ozeane verbinden. Daß noch in junger geologischer Vergangenheit natürliche Kanäle beide Kontinente schieden, Kanäle, die durch submarine Eruptionen in der Tertiärzeit und durch Hebungen (worauf die 16—34° starke Neigung der Tertiärschichten im Innern der Panamaenge hindeutet) verstopft wurden, das beweist die auffallende Übereinstimmung der Seefische und die nahe Verwandtschaft der Meeres-Mollusken zu beiden Seiten des Isthmus von Panama. Morphologisch endet Nordamerika schon bei der Enge von Tehuantepec, und auch der faunistische Charakter Central-Amerikas, das

Grenzen der Kontinente.

seine Tierwelt vom Südkontinente empfing, während in Mexiko nördliche und südliche Fauna sich mischen, führt zu dieser Grenzbestimmung.

Ein noch ungelöstes Rätsel bietet der Suez-Isthmus. Nach Th. Fuchs' genauen Untersuchungen besteht derselbe nur aus recenten Bildungen von meist lockerer Beschaffenheit, wodurch die Anlage des Kanals, der nur südlich von den Bitterseen eine feste Gipsbank durchbricht, wesentlich gefördert wurde. Den nördlichen Teil bedecken Ablagerungen des Mittelmeeres, den südlichen Ablagerungen des roten Meeres, zwischen beiden schiebt sich ein Streifen von Nilsedimenten ein. Der zur Hälfte ausgetrocknete Menzaleh-See und die in Marschland verwandelten Seen von Ballah sind ebenso abgetrennte Stücke des Mittelmeeres, wie die Bitterseen, die bis zur Durchstechung des Kanals trocken lagen, Reste des roten Meeres sind, mit dem sie vielleicht noch in historischer Zeit verbunden waren. Alles drängt uns zu dem Schlusse, daß die Vereinigung von Asien und Afrika erst in der geologischen Gegenwart sich vollzog. Aber dem widerspricht die fundamentale Verschiedenheit der Faunen des roten und Mittelmeeres, die erst seit der Eröffnung des Kanals durch Hin- und Herwanderungen zu schwinden beginnt — ein Beweis, daß nicht verschiedene Lebensbedingungen, sondern nur eine feste Barrière die frühere Vermischung verhinderte.

Während Australien völlig isoliert ist, Asien und Afrika wie Nord- und Südamerika nur durch schmale Landbrücken zusammenhängen, erscheint der fünfte Kontinent, Europa, nur als eine große asiatische Halbinsel. Fügen wir noch hinzu, daß er die Flora und Fauna mit den benachbarten Gegenden Asiens teilt, so scheint er jede Berechtigung seiner kontinentalen Selbständigkeit eingebüßt zu haben. In der That verdankt er seine Würde zunächst nur der eigenartigen und hohen Kultur seiner Bewohner, und es wäre ebenso kleinliche Pedanterie, wie vergebliche Mühe, wollte man ihn jetzt zum asiatischen Anhängsel degradieren. Die Landesgrenze, die mit der Kultur immer weiter nach Osten rückte, ist freilich schwankender Natur. Eine gute Marke bildet nur das Uralgebirge, während der Uralfluß lediglich nur eine konventionelle Grenze ist. Im Südosten ragt zwar auch ein Gebirge empor, aber mit besseren Gründen, als auf den Kamm des Kaukasus, verlegen wir die Grenze in die Manytsch-Niederung, wo die Wasserscheide zwischen dem schwarzen und kaspischen Meere nur 10 m über dem Spiegel des ersteren liegt, und noch in junger geologischer Vergangenheit ein natürlicher Kanal beide Wasserbecken verband.

Ein morphologischer Charakterzug spricht aber doch für die Selbständigkeit Europas. Es läuft wie Asien im Süden in drei Halbinseln aus; und dasselbe finden wir bei Nordamerika, wo Mexiko erst seit dem

Zusammenschlusse mit Südamerika seine Halbinselnatur eingebüßt hat. Den dreispitzigen Nordkontinenten stehen die einspitzigen Südkontinente gegenüber; nur bei Australien wurde durch die Abtrennung Tasmaniens diese Eigentümlichkeit etwas verwischt. Auch sonst haben sie manche gemeinsame Züge. So entspricht die flache Bucht von Arica dem Busen von Guinea und dem australischen Golfe, und es ist bemerkenswert, wie die Größe dieser Einschnitte gegen Osten stetig zunimmt.

Sehen wir von dem insularen Zubehör vorläufig ganz ab (bei Amerika auch von dem centralen Zwischengliede), so erhalten wir für die Areale der Kontinente folgende abgerundete Zahlen:

Nordamerika	19·3 Mill. qkm.	Südamerika	17·6 Mill. qkm.
Europa	9·2 „ „	Afrika	29·3 „ „
Asien	41·9 „ „	Australien	7·6 „ „
Nordkontinente	70·4 „ „	Südkontinente	54·5 „ „
	(56·4 Prozent).		(43·6 Prozent).

In bezug auf die geographische Lage entspricht stets ein Nordkontinent einem Südkontinente. Aber in ihren gegenseitigen Größenverhältnissen weicht jedes Paar von den anderen ab. Europa-Afrika und Asien-Australien stellen die Extreme dar, zwischen denen die fast gleich großen amerikanischen Zwillinge vermitteln.

§ 21. Die offizielle Einteilung des Weltwassers grenzt zunächst die beiden Eismeere von den übrigen Ozeanen durch die Polarkreise ab; und da die südlichen Festländer schon in niederen Breiten enden, so werden die kontinentalen Grenzen des atlantischen, indischen und stillen oder pazifischen Ozeans durch die Meridiane der drei Südspitzen (67° W., 20° und 146° O. Gr.) bis zum südlichen Polarkreise ergänzt. Einteilung des Ozeans.

Aber Meridiane und Polarkreise sind keine natürlichen Grenzen, und doch lassen sich morphologische Gesichtspunkte, die uns bei der Einteilung des Festlandes leiteten, auch hier zur Geltung bringen. So ist die Südgrenze des arktischen Meeres durch eine Reihe von unterseeischen Bodenanschwellungen gegeben, und wir werden in einem späteren Kapitel nachweisen, welchen Einfluß sie auch auf die Verteilung der Tiefentemperaturen haben. Auf der pazifischen Seite ist die Beringsstraße schon oberflächlich eine gute Grenze, ihre Bedeutung wird aber noch verstärkt durch ein submarines Plateau, das sich vom asiatischen Ostkap über die Diomedes- und Krusenstern-Insel zum Kap Prinz von Wales hinüberzieht. Auf der atlantischen Seite finden wir solche Bodenschwellen unter dem Polarkreise zwischen Baffinsland und Grönland, und eine zweite, besonders wichtige, die von der grönländischen Ostküste über Island und die Färöer zu den Shetlands-Inseln hinüberstreicht; von hier bis zur Süd-West-Spitze Norwegens ist die Grenze freilich nur eine künstliche. Die Nordgrenze des antarktischen Meeres wird morphologisch durch die Loxodromen (Linien, die auf Karten in Mercators Projektion als Gerade erscheinen) gebildet, die die Südspitzen der drei südlichen Erdteile mit einander verbinden. Dieses Meer ist das einzige, welches ohne kontinentale Schranken und wahrscheinlich nur von kleinern Inseln unterbrochen die ganze Erde umgiebt, es ist der circumterrane Ozean im Gegensatz zu den interkontinentalen.

Für einen physiologischen Einteilungsgrund trat Krümmel ein. Darnach giebt es nur drei Ozeane mit selbständigen Systemen von Meeresströmungen. Die Grenzmeridiane der offiziellen Einteilung werden beibehalten, aber bis zum Südpol oder bis zu den Spitzen des hypothetischen Kontinentes am Südpol verlängert. Das südliche Eismeer verschwindet somit ganz aus der Liste der Ozeane, während das nördliche zu einem Dependenten des atlantischen Ozeans herabsinkt. Da wir aber über das antarktische Meer und seine Strömungen noch so wenig wissen, so empfiehlt sich diese Einteilung derzeit noch nicht.

Krümmel verdanken wir auch eine Berechnung des Flächeninhaltes der einzelnen Ozeane, wobei er sich auf der nördlichen Hemisphäre an die morphologischen, auf der südlichen aber aus Bequemlichkeitsrücksichten an die offiziellen Grenzen hielt. Er fand für das arktische Eismeer 15·3, für den atlantischen Ozean 88·6, für den indischen 74, für den pazifischen 175·6, und für das südliche Eismeer 20·5 Mill. qkm. Der pazifische Ozean ist also fast um das Areal Asiens, des gewaltigsten Kontinentes, größer, als das gesammte Festland der Erde. Es bedeckt am Äquator die Hälfte unseres Planeten, ist noch unter 44° S. 11 300 km breit, verengt sich aber am Nordende auf 111 km. Der indische Ozean wiederholt im abgeschwächten Maße die Gestalt der Südsee, während der atlantische Ozean thalförmig zwischen der alten und neuen Welt eingebettet ist. Daher ist seine Breite so ziemlich gleichmäßig, wenn man sie nach Parallelgraden mißt. Nach km gemessen, zeigen sich natürlich erhebliche Unterschiede: so beträgt die Breite unter 35° S. 6800, unter 25° N. 7300, unter 65° N. aber nur 3800 km, und außerdem wird hier die Meeresfläche noch durch Grönland unterbrochen.

Die Oberfläche des Festlandes.

Europa und Asien.

§ 22. Wir haben oben Europa und Asien in gewisser Hinsicht als einen einzigen Kontinent bezeichnet. Auch die Oberflächenbildung verknüpft sie fest miteinander. Ein Hochlandgürtel durchzieht beide Festländer vom pazifischen bis zum atlanischen Ozean, aber in Europa besteht er vorwiegend aus Kettengebirgen, während er in Asien zu mächtigen Plateaumassen anschwillt, die von Kettengebirgen umschlossen werden und selbst wieder solche tragen. Die gewaltigste Massenerhebung der Erde, das centralasiatische Hochland, sendet wieder drei große Gebirgssysteme aus: das hinterindische, chinesische und ostsibirische. Im Westen reiht sich daran das iranische und armenisch-kleinasiatische Hochland, die östlichen Gebirge der Balkanhalbinsel, das Alpensystem, wozu wir mit Sueß die westlichen Gebirge der Balkanhalbinsel, die Karpaten, Apenninen und den Jura rechnen, ferner das deutsche und französische Mittelgebirge, um endlich mit dem britischen Gebirge, dem iberischen Hochland und dem Atlassystem auf afrikanischem Boden abzuschließen. Seine größte Breite (5500 km) erreicht diese Hochlandszone unter ca. 105° O., während sie im Hindu-Kusch auf ca. 400 km sich verengt. In der Richtung von Osten nach Westen zeigt sich eine stetig fortschreitende Auflockerung. Das zentral-asiatische Hochland mißt 6.6 Mill., das iranische 2.6 Mill., das armenisch-anatolische 165 000 qkm, und in Europa tritt nur mehr vereinzelte Plateaubildung auf. In gleicher Richtung werden die Kulminationspunkte der Gebirge niedriger, wenn auch ein streng durchgeführtes Gesetz vermißt wird. Der Gaurisankar hat 8840, der Demawend 5628, der Elbrus 5660, der Montblanc 4810, der Mulahacen 3567 m.

An den Hochlandgürtel lehnt sich im Norden ein Tieflandgürtel an, der vom ostsibirischen Gebirge bis zu den Pyrenänen reicht und nur in der russischen Ebene beiderseits vom Meere begrenzt wird. Dieser Anordnung entspricht die vorherrschende Abdachung des Tieflandes nach Norden, und die stufenförmige Erniedrigung des centralasiatischen und westeuropäischen Hochlandes in gleicher Richtung. Für die zentralasiatischen Gebirge lassen sich derzeit freilich nur die Kulminationspunkte zum Vergleiche heranziehen, aber ihrer Abstufung dürften wohl auch die Mittelhöhen entsprechen.

In der nordsüdlichen Richtung folgen auf einander:

Westsibirisches Tiefland	ca. 100 m	
Altaï (Kulm.)		3745 m
Dsungarei	500 „	
Thianschan (Kulm.)		6500 „
Tarim-Becken	1000 „	
Kuenlun (Kulm.)		6800 „
Plateau von Tibet	3900 „	
Himalaya (Kulm.)		8840 „

Für Mitteleuropa haben wir nach Leipoldts Berechnungen folgende Mittelwerte gefunden:

unterseeische Verbindungsrücken und die südamerikanische Küste von S. Roque bis Guajiro, die Antillen und Bahamas.

Großartig entfaltet sich dieses System aber in Nordamerika und an der pazifischen Westküste, die nur vom Feuerland bis Arica eine nahezu meridionale Richtung mit leiser nordöstlicher Tendenz einschlägt. Besonders einfach ist der Raum zwischen den Westküsten Grönlands und Nordamerikas gestaltet. Hier herrscht überall ausgesprochene Nordwest-Richtung, nicht nur in den Küsten und im Cordillerengebirge, sondern auch in den Flußläufen des Mackenzie, Missouri, Arkansas und Red River, in der Formationsgrenze zwischen Silur und kristallinischem Gestein und in der Anordnung der Süßwasserbecken vom Großen Bären- bis zum Erie-See, wobei aber alle mit Ausnahme des Winnipeg-Sees ihre Längsachse nach Nordost richten.

Resultat. § 30. Diese Schilderung, die allerdings nur die Grundlinien in der Architektonik des Festlandes berücksichtigte, ergiebt ein ziemlich klares Gesetz. Die beiden Hauptsysteme lösen sich in der Richtung von Ost nach West viermal einander ab. Das nordwestliche reicht einerseits vom westlichen Grönland bis zum nordöstlichen Australien, beherrscht also den pazifischen Ozean, wie anderseits den Westen der alten Welt. Dazwischen liegen die Gebiete der Nordost-Richtung: der Osten der alten Welt und der atlantische Streifen vom östlichen Amerika bis zur Westküste Nordafrikas und Europas. Doch herrscht nirgends über sehr weite Erstreckungen ein System allein; dadurch ist die Oberfläche der Erde vor Einförmigkeit bewahrt.

Der nordpazifische Ozean verdankt seine Gestalt einem großartigen, fast rechtwinkeligen Zusammenstoße beider Systeme. Der südliche hat parallele Gestade, die bis ca. 30° S. nach Nordwest und von da ab nach Nordost gerichtet sind. Im Gegensatze dazu hat der nordatlantische Ozean parallele und der südatlantische (südlich von 10° S.) divergierende Ufer. Der indische Ozean steht im Allgemeinen unter demselben Gestaltungsgesetze wie die Südsee. Nordamerika und die südlichen Kontinente erhalten ihre zugespitzte Form durch die Konvergenz beider Hauptrichtungen, sind also die kontinentalen, aber umgekehrten Spiegelbilder des nordpazifischen Weltmeeres, während der nordhemispärische Teil der alten Welt mit gleichlaufenden Ost- und Westküsten der Pendant des nordatlantischen Ozeans ist.

Zweites Kapitel.

Die Verteilung der Lufttemperatur.

Die Höhe und Zusammensetzung der Luft.

§ 31. Die Lufthülle umgiebt den festen Erdkörper in der Form eines Hohlsphäroides. Theoretisch muß ihre äußerste Grenze dorthin verlegt werden, wo Schwerkraft und Fliehkraft sich das Gleichgewicht halten, und somit das Reich des Irdischen endigt. Nach Laplace findet dies unter dem Äquator in einer Höhe von 35 677 km statt. Allein der Schauplatz der meteorologischen Erscheinungen beschränkt sich auf eine verhältnismäßig geringe Höhe. Die Atmosphäre ist nämlich, wie alle Körper schwer; eine bis zum Meeresniveau herabreichende Luftsäule hält im Mittel einer 760 mm hohen Quecksilbersäule das Gleichgewicht. Mit der Höhe nimmt der Luftdruck ab, denn die auf dem Barometer lastende Luftsäule wird kleiner. Dem Luftdrucke ist aber auch die Dichte proportinal, den jede Schicht drückt auf die untere und preßt sie zusammen. Schon in 5513 m Seehöhe ist die Luft um die Hälfte dünner, als im Meeresniveau (Dichte = 1), und in einer Höhe von 59 400 m ist der Barometerstand schon auf $^1/_4$ mm und die Dichte auf 0·0003 herabgesunken. Höhe der Luft.

§ 32. Die Atmosphäre ist ein Gemenge von Stickstoff und Sauerstoff, die in der Regel im Volumverhältnis von 79 : 21 stehen. Der letztere ist der wichtigste Bestandteil, da er den Atmungsprozeß des tierischen Organismus unterhält, dessen Existenzfähigkeit aufhört, wenn der Sauerstoffgehalt auf 17·2 Prozent sich vermindert hat. Da dünnere Luft weniger Sauerstoff enthält, als dichtere, so ist dem tierischen Leben eine Höhengrenze gesetzt, die 10 000 m nicht beträchtlich übersteigt. Die sogenannte „Bergkrankheit", die jeden in bedeutender Seehöhe befällt, wird weniger durch die geringe Dichtigkeit der Atmosphäre als durch die Abnahme des Sauerstoffgehaltes verursacht. In den Tropen ist die Luft oxygenärmer, als in unseren Breiten; aber man hat es noch nicht untersucht, ob dieser Unterschied beträchtlich genug ist, um im menschlichen Organismus größere Veränderungen hervorzurufen. Hauptbestandteile.

§ 33. Unter den zufälligen Bestandteilen spielt die Kohlensäure, die Ernährerin der Pflanzen, eine hervorragende Rolle, wenn sie sich auch im Mittel nur mit ca. 0·03 Prozent an der Zusammensetzung der Atmosphäre Nebenbestandteile.

beteiligt. Noch geringer ist der Ammoniakgehalt. Wasserdämpfe sind zwar immer und überall vorhanden, aber ihre Menge ist außerordentlichen Schwankungen unterworfen. Staub, gasförmige Fäulnisprodukte und mikroskopische Organismen, die häufig die Träger ansteckender Krankheiten sind, verunreinigen überall die Luft. In Palermo beträgt der Gehalt an organischen Substanzen von Februar bis Mai 0·102 und steigert sich im trockenen Sommer auf 0·160 Volumsprozente. Der Regen wäscht also gleichsam die Atmosphäre und ist daher von eminenter sanitärer Bedeutung.

Die Erleuchtung und Erwärmung der Erdoberfläche.

Wärmequellen. Die Sonne.

§ 34. Licht und Wärme bedingen das organische Leben. Die ungleiche Erwärmung der unteren Luftschichten ist die letzte Ursache aller meteorologischen Prozesse, die ihrerseits wieder die Oberfläche der Erde umgestalten. Und alle diese Wirkungen gehen von der Sonne aus, unserer Licht- und Wärmequelle. Die Eigenwärme der Erde ist ohne Einfluß auf die Oberfläche, und die Wärme, die die Fixsterne aussenden, kommt uns nur indirekt zu Gute, indem sie die Temperatur des Weltraumes erhöht.

Die Sonne ist ein glühendflüssiger Körper, umgeben von einer ebenfalls glühenden Atmosphäre, die für uns allein sichtbar ist. Auf ihrer Oberfläche bemerkt das bewaffnete Auge wechselnde Flecken, die Kirchhoff für Wolken, Zöllner für Schlackenbildungen des eigentlichen Sonnenkörpers, v. Lüdinghausen-Wolff für Teile des glühenden Sonnenköpers hält, die sichtbar werden, wenn stellenweise die Atmosphäre zerreißt, aber dunkel erscheinen müssen, weil die von dort ausgehenden Strahlen außerhalb der Grenzen des für uns wahrnehmbaren Lichtes stehen. Rudolf Wolf erkannte in dem Auftreten der Sonnenflecken eine gewisse Regelmäßigkeit, indem von einem Maximum bis zum nächsten durchschnittlich ein Zeitraum von 11 Jahren verstreicht. Wir werden sehen, wie diese Fleckenperiode auch in einigen meteorologischen Erscheinungen sich wiederspiegelt.

Diathermanität der Luft.

§ 35. Ein kleiner Teil der Wärmestrahlen, welche die irdische Lufthülle passieren, wird von derselben gleichsam verschluckt; von den senkrecht auf die Erde fallenden ca. $^1/_4$, von den schief einfallenden aber mehr, weil sie einen längeren Weg durch die Atmosphäre zurücklegen. Daraus erklärt es sich, daß die Erwärmung der Erdoberfläche zunächst abhängt von dem Winkel, unter welchem die Sonnenstrahlen dieselbe treffen. Die Wärmedurchlässigkeit oder Diathermanität der Luft vermindert sich mit zunehmender Feuchtigkeit, und es ist jedermann bekannt, wie sehr dichter Nebel oder eine ununterbrochene Wolkendecke die Bestrahlung verhindern.

Ausstrahlung. Tag und Nacht.

§ 36. Die Erdoberfläche strahlt die empfangene Wärme, die nur langsam und nur bis zu einer geringen Tiefe in den Boden eindringt (vgl. § 10), wieder in den kalten Weltraum zurück. Die Temperatur des letzteren kann zwar nicht gemessen werden, aber sie ist jedenfalls niedriger, als die niedrigste auf der Erdoberfläche beobachtete, also unter —63·2. Infolge der Achsendrehung der Erde wechseln Tag und Nacht, d. h. ein Zeitraum, wo die Wärmezufuhr die Ausstrahlung überwiegt, und ein anderer, in dem nur Ausstrahlung stattfindet. Der Tag ist daher wärmer als die Nacht, und die Temperatur ist einer 24stündigen Periode unterworfen.

Entstehung der Jahreszeiten.

§ 37. Würde die Bahn, auf der die Erde die Sonne umwandelt, mit der Äquatorialebene zusammenfallen und die Erdachse senkrecht auf derselben stehen, so würde jeder Punkt der Erdoberfläche das ganze Jahr hindurch die Sonnenstrahlen unter dem gleichen Winkel empfangen, Tag und Nacht wären immer und überall von gleicher Dauer, und es gäbe keine Jahreszeiten und keine jährliche Temperaturperiode. Nun bildet aber die Erdbahn mit der Äquatorialebene einen Winkel von $23^1/_2{}^0$ und die Erdachse, die während des ganzen Umlaufes mit sich selbst parallel bleibt, ist unter einem Winkel von $66^1/_2{}^0$ gegen die Erdbahn geneigt. Die beistehenden Figuren zeigen die Stellung der Erde zur Sonne in den vier Epochen des Jahres. Die Sonnenstrahlen können wegen der großen Entfernung beider Himmelskörper von einander als parallel gedacht werden.

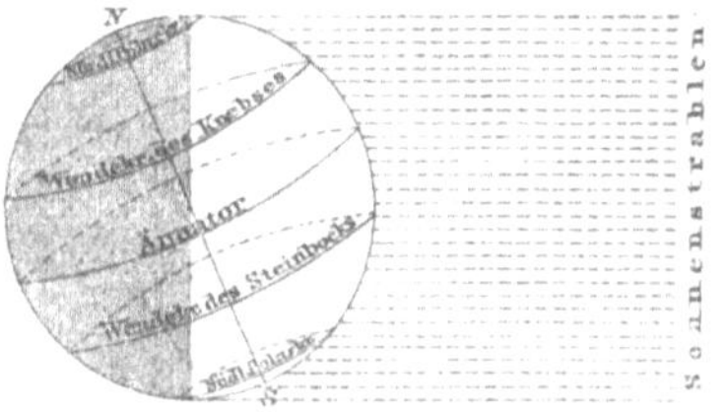

Fig. 3. Stellung der Erde am 21. Dezember.

Fig. 3 stellt die Erde am 21. Dezember dar. Nur der Wendekreis des Steinbocks, $23^1/_2{}^0$ südl. vom Äquator, wird von senkrechten Strahlen getroffen. Die ganze Kalotte innerhalb des nördlichen Polarkreises ($66^1/_2$ B.) fällt in die unbeleuchtete, die ganze Kalotte innerhalb des südlichen Polarkreises in die beleuchtete Erdhälfte. Die südliche Hemisphäre hat den längsten, die nördliche den kürzesten Tag; auf jener beginnt der astronomische Sommer, auf dieser der Winter, und zwar einerseits wegen der Kürze des Tages, anderseits weil jeder Punkt der Nordhalbkugel die Sonnenstrahlen unter einem schieferen Winkel empfängt, als ein unter gleicher Breite befindlicher Punkt auf der südlichen Hemisphäre.

Am 21. März und 23. September steht die Erde in den Schnittpunkten der Bahn und Äquatorialebene (s. Fig. 4). Senkrechte Strahlen treffen nur den Äquator; der Winkel, unter dem die Strahlen auf die beiden Hemisphären einfallen, ist unter gleicher geographischer Breite gleich. Ebenso ist auf der ganzen Erde (mit Ausnahme der Pole) Tag und Nacht gleich lang. An diesen beiden Tagen beginnen die astronomischen Übergangsjahreszeiten Frühling und Herbst.

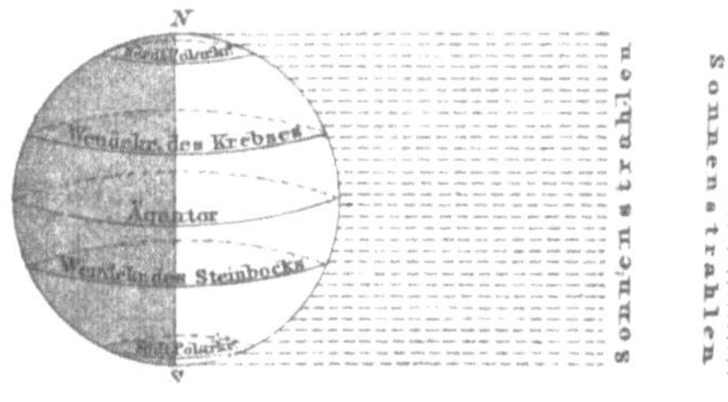

Fig. 5 zeigt die Stellung der Erde zur Sonne am 21. Juni. Senkrechte Sonnenstrahlen fallen auf den Wendekreis des Krebses ($23^1/_2{}^0$ n. B.). Die nördliche Hemisphäre hat den längsten Tag und Sommeranfang, die südliche den kürzesten Tag und Winteranfang; und in gleicher Weise verhalten sich die beiden polaren Calotten gerade umgekehrt, wie am 21. Dezember.

Von den vier astronomischen Jahreszeiten weichen die meteorologischen nur in bezug auf die Begrenzung und Dauer etwas ab:

	Nordhemisphäre	Südhemisphäre
Dezember—Februar	Winter	Sommer
März—Mai	Frühling	Herbst
Juni—August	Sommer	Winter
September—November	Herbst	Frühling.

Elliptische Form der Erdbahn.

§ 38. In einer Beziehung besteht aber ein Gegensatz zwischen beiden Halbkugeln. Das astronomische Winterhalbjahr dauert auf der südlichen 186 Tage (21. März bis 23. September), auf der nördlichen nur 179 Tage (23. September bis 21. März), und dem entsprechend ist das nördliche Sommerhalbjahr um 7 Tage länger als das südliche. Der Grund dieser Ungleichheit ist in der elliptischen Gestalt

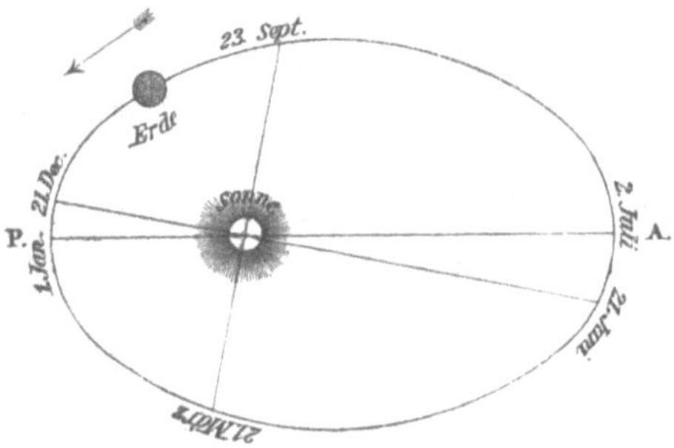

der Erdbahn zu suchen. Die Sonne steht, wie Fig. 6 zeigt, in einem Brennpunkte, und die Erde befindet sich daher einmal des Jahres in der Sonnennähe

(Perihel) und einmal in der Sonnenferne (Aphel). Während die Erde im Mittel in 24 Stunden einen Bogen von 59′ 8″ zurücklegt, rückt sie im Perihel um 61′ 10″, im Aphel nur um 57′ 12″ vor. Da die Erde jetzt am 1. Januar im Perihel und am 2. Juli im Aphel steht, so gelangt sie rascher vom Herbst- zum Frühlingspunkte, als vom Frühlings- zum Herbstpunkte, woraus die längere Dauer des südlichen Winters und nördlichen Sommers sich erklärt.

Das Perihel hat aber keine konstante Lage. Etwa 4000 Jahre v. Chr. fiel es mit dem Herbstpunkte zusammen und infolge dessen waren beide Halbjahre gleich lang. Bis jetzt hat es einen Bogen von nahezu 101° zurückgelegt und wird im Jahre 6470 den Frühlingspunkt erreicht haben, d. h. die Sommer- und Winterhälfte des Jahres werden wieder gleich sein. Von da an wird die Südhemisphäre die begünstigtere sein, und in ca. 10500 Jahren werden Perihel und Aphel ihre Plätze gewechselt haben, und der nördliche Winter länger sein als der südliche. In einem Zeitraume von beiläufig 21000 Jahren vollführt somit die Apsidenlinie (*AP* in Fig. 6) einen Umlauf.

§ 39. Die Erwärmung der Erdoberfläche ist, wie aus dem § 36 hervorgeht, zunächst abhängig von der geographischen Breite, d. h. von dem Winkel, unter dem die Strahlen einfallen. Als man noch keine Ahnung davon hatte, daß auch andere Faktoren die Verteilung der Temperatur wesentlich beeinflussen, unterschied man auf jeder Hemisphäre drei Klimazonen, die durch Wende- und Polarkreise von einander getrennt werden. Einen gewissen Wert besitzt diese Einteilung noch immer, doch darf man die drei Gürtel nicht als Wärme-, sondern nur als Beleuchtungszonen auffassen, und muß ihnen daher andere, als die üblichen Namen beilegen. Wir nennen den Gürtel zwischen Äquator und Wendekreis die Tropen-, den zwischen Wende- und Polarkreis die mittlere und den Kugelabschnitt innerhalb des Polarkreises die polare Zone. Nur bis zur Grenze der Tropenzone treffen senkrechte Strahlen die Erdoberfläche, und zwar zweimal des Jahres und nur an den Wendekreisen, zwischen denen die Sonne scheinbar in einer Spirallinie hin- und herwandert, einmal. Die mittlere Zone hat mit der tropischen nur den regelmäßigen Wechsel von Tag und Nacht innerhalb 24 Stunden gemein.

Die Beleuchtungszonen.

Vom Äquator, wo Tag und Nacht immer gleich sind, bis zu den Polen, wo ein halbjähriger Tag mit einer halbjährigen Nacht wechselt, nimmt im Sommer die Tages-, und im Winter die Nachtlänge stufenweise zu:

Tropische und mittlere Zone:

G. B.	0°	10°	20°	30°	40°	50°	60	66½°
Längster Tag (bez. Nacht)	$12^h 0^m$	$12^h 35^m$	$13^h 13^m$	$13^h 56^m$	$14^h 51^m$	$16^h 9^m$	$18^h 30^m$	24^h

Nordpolare Zone:

	G. B. 66½°	70°	80°	90°	
Die Sonne geht nicht unter	1	65	134	186	Tage.
Die Sonne geht nicht auf	1	60	127	179	=

Für die südliche Hemisphäre sind die Zahlen umzukehren. Am antarktischen Pol geht z. B. die Sonne 179 Tage nicht unter und 186 Tage nicht auf.

Die Dämmerung.

§ 40. Die astronomische Dauer der Nächte wird aber durch die **Dämmerung** beschränkt. Indem die Lichtstrahlen in immer dichtere Luftschichten

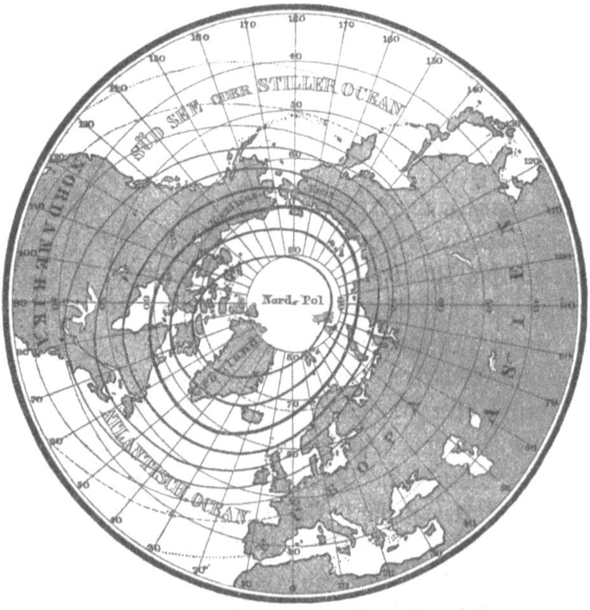

Fig. 7. Geographische Verbreitung des Nordlichtes nach **Fritz**.

gelangen, werden sie gebrochen, so daß man Sonne und Sterne schon über dem Horizonte sieht, wenn sie sich thatsächlich noch unter demselben befinden. Die volle Nacht dauert nur solange, als der Stand der Sonne unter dem Horizonte mehr als 16° beträgt. Je größer der Winkel, unter dem die Sonnenstrahlen einfallen, desto länger die Dämmerung; ihre Dauer wächst also mit der geographischen Breite. In der Tropenzone gehen Tag und Nacht fast unvermittelt ineinander über. Dagegen giebt es von 50½° B. an zur Zeit des höchsten Sonnenstandes keine eigentlichen Nächte mehr, indem Abend- und Morgendämmerung ineinander fließen. In der

Breite von St. Petersburg z. B. dauern diese hellen Nächte vom 27. April bis 15. August. Für die polare Zone erweist sich die Dämmerung, die die monatelange Nacht verkürzt, als eine besondere Wohlthat. Unter 70° B. währt der Tag vom 20. Mai bis 23. Juli, aber die Nächte vorher vom 30. März angefangen und nachher bis zum 12. September werden ganz von der Dämmerung erfüllt. Am Nordpol beginnt die Morgendämmerung am 4. Februar, die Sonne geht am 21. März auf und am 23. September unter, und am 6. November erlischt auch die Abenddämmerung. So wird die volle Nacht auf 90 Tage eingeschränkt.

§ 41. Die polare Winternacht wird auch zeitweise von jenen eigentümlichen und rätselhaften Lichterscheinungen erhellt, die wir unter dem Namen Das Polarlicht.

Fig. 8. Draperien-Nordlicht nach J. Payer.

Polarlichter zusammenfassen, und je nach der Hemisphäre, auf welcher sie auftreten, als **Nord-** und **Südlichter** bezeichnen. Das erstere, das natürlich häufiger beobachtet und eingehender studiert wurde, ist besonders in einem 5—10 Meridiangrade breiten Gürtel in der Nähe des Polarkreises heimisch, wo es ein fast tägliches Phänomen ist, und wird nach Norden wie nach Süden immer seltener. Fig. 7 stellt die Orte gleicher Häufigkeit der Nordlichter durch Linien verbunden dar, die sich in kreisähnlicher Gestalt um den magnetischen Nordpol gruppieren. Da letzterer im arktischen Archipel von Nordamerika unter ca. 70° B. und 96° w. L. von Greenwich sich befindet, so erklärt es sich leicht, daß die Linien gleicher Häufigkeit in der neuen Welt viel weiter gegen den Äquator herabsinken als in der alten, und somit die Parallelkreise schneiden. Nur ausnahmsweise ist das Polarlicht auch in niederen Breiten sichtbar, wie das große Nordlicht vom Jahre 1859 fast bis zum Äquator; und auch von der südlichen Hemisphäre wissen wir, daß den Bewohnern der alten Incastadt Cuzko unter $12\frac{1}{2}^0$ B. dieses Phänomen nicht unbekannt ist. Am glänzendsten zeigt es sich aber stets nur in der Maximalzone, wo es hauptsächlich in zwei Grundformen, als Draperienlicht und als Strahlenlicht, auftritt. Das erstere (Fig. 8) besteht aus einer Reihe nebeneinander gereihter senkrechter Lichtstreifen, die den Eindruck von in der Luft fliegenden Bändern oder herabhängenden Draperien machen. Die zweite Form ist ein leuchtender Bogen am nördlichen Himmel, dessen Enden sich

Fig. 9. Strahlen-Nordlicht zu Bergen in Norwegen nach H. Sattler.

auf dem Horizont stützen. Er umsäumt ein völlig dunkeles Kreissegment; aber der Umstand, daß es hellere Sterne durchscheinen läßt, beweist uns, daß die Finsternis nur eine durch den Kontrast hervorgerufene optische Täuschung ist. Aus dem Lichtbogen schießen Strahlen in den mannigfachsten Farben hervor, um sich nicht selten über dem Scheitel des Beobachters zu einer glänzenden Krone zu vereinigen. Manchmal erscheint auch ein Bogen über dem andern. Nur eine Modifikation des Strahlenlichtes ist der gewöhnliche Nordlichtbogen ohne Bewegung und ohne Strahlen, der in den höheren Breiten jenseits der Maximalzone am häufigsten ist; manchmal erscheint hier aber noch ein zweiter Bogen im Süden und beide tauschen Strahlen aus. Im innersten Polarraume wird meist nur ein heller Nebel am südlichen Horizont sichtbar, und die geringe Lichtentwickelung erklärt es, daß man hier Nordlichter nur selten beobachtet hat. In unseren Breiten wird meist nur eine mattrote Wolke oder eine rote Beleuchtung des nördlichen Himmels wahrgenommen. Doch ist sie in den Perioden größter Häufigkeit intensiv genug, um das Lesen zu gestatten und Schattenwurf zu erzeugen. Gewöhnlich ist aber die Lichtstärke auch in höheren Breiten so gering, daß Sterne I. und II. Größe durchschimmern, und selten wird die Leuchtkraft des Vollmondes übertroffen, daher auch die Häufigkeit der Polarlichter zur Vollmondszeit ein Minimum erreicht.

Wie die Erscheinungsweise und Intensität, ist auch die Höhe der Polarlichter verschieden, doch scheinen sie in höheren Breiten näher der Erde zu sein. Bald sind sie nur innerhalb enger Grenzen sichtbar, bald beleuchten sie einen beträchtlichen Teil der Hemisphäre; bald dauern sie nur wenige Minuten, bald ganze Nächte, ja manchmal erstrecken sie sich sogar über einen größeren Zeitraum, wie das Nordlicht, das vom 28. August bis 7. September 1859 dauerte. Es gilt als Regel, daß große Erscheinungen sich allmählich entwickeln und allmählich verschwinden.

Eine allseitig befriedigende Theorie des Polarlichtes fehlt noch, und auf die vielen, sich widersprechenden Hypothesen einzugehen, liegt nicht in der Aufgabe dieses Werkchens. Es ist noch fraglich, ob und inwiefern die Polarlichter von der Witterung abhängig sind, und ebenso wenig ist eine bestimmte Beziehung zu der Luftelektrizität nachweisbar. Doch wurde sichergestellt, daß bei stärker entwickelten Polarlichtern, ebenso wie bei heftigem Gewitter, elektrische Ströme auftreten, die auf den Telegraphenverkehr störend einwirken. Unleugbar ist der Zusammenhang mit dem Erdmagnetismus, denn die Perioden beider Erscheinungen fallen zusammen.

Am häufigsten sind die Polarlichter 1 bis 2 Stunden vor Mitternacht, nur in der Nähe des magnetischen Nordpoles verspäten sie sich etwas. Über die jährliche Periode giebt Figur 10 Aufschluß. Die Curve *aa* stellt die Periode der Nordlichter dar, *bb* die der Südlichter (beide in Prozenten der Jahresmengen) und *cc* die mittere tägliche Variation der Deklinationsnadel in München und Hobartown (in Minuten). Alle drei Kurven zeigen Maxima zur Zeit der Nachtgleichen (März und Oktober) und Minima zur Zeit des höchsten und tiefsten Sonnenstandes (Juni und Januar). Am seltensten sind die Polarlichter zur Zeit der Sonnenferne, also im arktischen Sommer und antarktischen

Fig. 10. Jährliche Periode des Polarlichtes.

Winter. Es ist somit auch in dieser Hinsicht die nördliche Halbkugel die begünstigtere.

Der geheimnisvolle Zusammenhang zwischen Erdmagnetismus, Polarlicht und Sonne, der schon in der jährlichen Periode deutlich zu erkennen ist, tritt noch schärfer in der cyklischen Periode hervor. Allerdings ist der Katalog der Polarlichter noch mangelhaft, aber trotzdem kann man schon jetzt den Satz aufstellen, daß die Polarlichter am häufigsten in den Jahren der Sonnenfleckenmaxima und am seltensten zur Zeit der Sonnenfleckenminima auftreten. Die magnetische Variation unterliegt demselben Gesetze.

Die Abnahme der Temperatur mit der Höhe.

Wärmequellen der oberen Luftschichten.

§ 42. Die erwärmte Erdoberfläche teilt ihre Temperatur zunächst den unteren Luftschichten mit. Für die höheren Schichten der freien Atmosphäre giebt es verschiedene Wärmequellen. Sie behalten zunächst einen Teil der sie durchstrahlenden Sonnenwärme zurück (s. § 34), sodann empfangen sie auch von der Erdoberfläche ausgehende Wärmestrahlen. Von weitaus größerer Bedeutung sind aber die aufsteigenden Luftströme. Indem die untersten atmosphärischen Schichten erwärmt werden, dehnen sie sich aus und steigen in die Höhe, während kältere Luft von oben ihren Platz einnimmt. So schreitet allmählich — wie Hann sich ausdrückt — die Erwärmung der Luft durch das Spiel aufsteigender wärmerer und niedersinkender kälterer Luftsäulchen von unten nach oben fort, und das Werk des einen Tages wird nach nächtlicher Unterbrechung am anderen wieder fortgesetzt.

Nach den Prinzipien der mechanischen Wärmetheorie kühlt sich aufsteigende trockene Luft um 1° C. für je 100 m Erhebung ab, und es ist sowohl die Anfangstemperatur, wie die Höhe, von wo aus das Aufsteigen stattfindet, ohne Einfluß darauf. Umgekehrt wird herabsinkende trockene Luft um 1° für je 100 m erwärmt. Anders verhält sich die mit Wasserdampf gesättigte Luft. Einerseits kühlt sie sich bedeutend weniger ab, weil der Wärmeverlust zum Teil durch die bei der Kondensation des Wasserdampfes frei werdende Wärme ersetzt wird; anderseits ist die Temperaturabnahme um so geringer, je höher das Niveau, von wo das Aufsteigen stattfindet, und je höher die Anfangstemperatur ist:

Anfangstemperatur	—10°	0°	10°	20°	30°
Wärmeabnahme für 100 m H.	0·76°	0·63°	0·54°	0·45	0·38°

Ist die aufsteigende Luft nicht mit Wasserdampf gesättigt, so verhält sie sich bis zum Zeitpunkte, wo Kondensation eintritt, wie trockene, dann wie gesättigte Luft.

Unten allen Umständen ist also die Hauptquelle der Lufttemperatur die erwärmte Erdoberfläche, und die Temperatur muß daher abnehmen, je weiter wir uns von dieser Quelle entfernen.

§ 43. Über die Wärmeabnahme in der freien Atmosphäre geben die Beobachtungen auf verschiedenen Ballonfahrten, besonders die von Glaisher, Aufschluß. Dieser fand für je 100 m Höhe folgende Werte: Wärmeabnahme in der freien Atmosphäre.

	im Sommer	im Frühling und Herbst
6700—8800 m H.	0·17°	—
5500—6700 „ „	0·21	0·18°
4570—5500 „ „	0·36	0·34
3660—4570 „ „	0·47	0·44
2700—3660 „ „	0·42	0·43
1800—2700 „ „	0·49	0·43
900—1800 „ „	0·60	0·50
0—900 „ „	0·88	0·78

Eine zweite Reihe enthält auch eine Winterbeobachtung:

Abnahme für 100 m Höhe.

0—150 m H.	Winter 0·46°	Frühling und Herbst 0·62°	Sommer 0·78°
150—3000 „ „	„ —	„ „ „ 0·42	„ 0·48

Aus diesen und den obigen Zahlen lassen sich folgende, auch durch andere Beobachtungen bestätigte Gesetze ableiten: 1) die Wärmeabnahme erfolgt in geometrischer Progression, d. h. sie verlangsamt sich mit der Höhe. Es erklärt sich dies aus dem Verhalten der aufsteigenden feuchten, aber nicht dampfgesättigten Luft. 2) Die Wärmeabnahme ist in verschiedenen Jahreszeiten verschieden. Den größten Wert erreicht sie im Sommer, wo die Luft trocken ist, die Verdichtung des Wasserdampfes erst in größeren Höhen erfolgt und der erhitzte Erdboden durch Leitung und Strahlung die untersten Luftschichten stark erwärmt. Im Winter wirkt dagegen der Erdboden erkältend auf die untersten Luftschichten ein, und der Kondensationspunkt wird schon in geringer Höhe erreicht, daher in dieser Jahreszeit die vertikale Temperaturabnahme am langsamsten stattfindet.

Auf dieselbe Weise erklärt sich auch die tägliche Periode der Wärmeabnahme, die Glaisher durch Beobachtungen in einem befestigten Ballon nachwies. Am schnellsten nimmt die Temperatur um Mittag und in den ersten Nachmittagsstunden ab. Für heitere Tage fand Flammarion eine durchschnittliche Abnahme von 0·54°, für trübe Tage aber nur 0·51° für je 100 m. Die Wolkendecke verhindert einerseits eine zu starke Erwärmung der Erdoberfläche und untersten Luftschichten und anderseits eine zu rasche Wärmeabgabe an den Weltraum.

Wärmeabnahme im Gebirge.

§ 44. Auf Anhöhen und Berggipfel wird die Luft einerseits in derselben Weise erwärmt, wie in der freien Atmosphäre in gleicher Höhe, nämlich durch Zufluß von unten, anderseits ist aber auch die eigene Wärmeaufnahme und Ausstrahlung der Böschungen und Gipfel wirksam. Dem Hinzutreten dieser zweiten Wärmequelle ist es wohl zuzuschreiben, daß die Temperaturabnahme im Gebirge im allgemeinen in arithmetischer Progression, d. h. gleichmäßig, erfolgt.

Nachstehende Tabelle zeigt die vertikale Wärmeabnahme für je 100 m in einigen Gebirgen von Europa, Asien, Nordamerika und der Insel St. Helena.

Gegend	Winter	Frühling	Sommer	Herbst	Jahr
Bei Christiania	0·05°	0·72°	0·91°	0·52°	0·55°
Harz	0·43	0·67	0·70	0·51	0·58
Erzgebirge	0·47	0·67	0·67	0·56	0·59
Rauhe Alp	0·26	0·53	0·55	0·42	0·44
Nördliche Schweiz	0·34	0·65	0·61	0·47	0·52
Südliche Schweiz	0·47	0·64	0·66	0·56	0·58
Schafberg (bei Ischl)	0·27	0·57	0·56	0·40	0·45
Serra da Estrella	0·53	0·72	0·71	0·63	0·65
Nördlicher Kaukasus	0·19	0·40	0·46	0·30	0·44
Südlicher Kaukasus	0·39	0·56	0·63	0·42	0·50
Bengalen	0·56	0·52	0·47	0·57	0·52
Indische Nordwest-Provinzen	0·47	0·64	0·57	0·59	0·56
Ceylon	0·57	0·58	0·62	0·59	0·59
Insel Hongkong	0·54	0·76	0·94	0·63	0·72
Mt. Washington (New-Hampshire)	0·40	0·59	0·67	0·52	0·55
Felsengebirge	0·44	0·71	0·69	0·55	0·60
St. Helena	0·84	0·99	0·97	0·88	0·93

Die mittlere Jahrestemperatur nimmt ferner in Indien um 0·42 bis 0·60°, im Himalaya um 0·45—0·48°, in Tibet um 0·46°, im Kuenlun um 0·48°, in Mexiko um 0·53°, und in den Andes um 0·41—0·52° für je 100 m Erhebung ab.

Man ersieht aus dieser Zusammenstellung, daß die Abnahme der mittleren Jahrestemperatur auf der ganzen Erde ziemlich gleichmäßig ist, im Mittel 0·54° für 100 m, wenn wir Hongkong und St. Helena von der Rechnung ausschließen. Aber gerade die abnormen Verhältnisse zu St. Helena sind sehr lehrreich. Die untere Station, Jamestown, ist außerordentlich trocken, und die von hier aufsteigende Luft befolgt im Frühjahr und Sommer (Regenmenge 6 und 22 mm) nahezu das Gesetz der Temperaturabnahme dampfleerer Luft. Im Herbst steigt die Regenmenge auf 49 mm, und dem entsprechend sinkt die Wärmeabnahme auf 0·88°; im Winter endlich erreicht die Niederschlagshöhe ihr Maximum (68 mm) und die Wärmeabnahme ihr Minimum. Dieses Beispiel beweist, daß für isolierte Anhöhen die aufsteigende Luft die fast ausschließliche Wärmequelle ist, während sie in ausgedehnten Gebirgen gegenüber der Wärmeaufnahme und Ausstrahlung der Abhänge und Thalflächen naturgemäß etwas zurücktritt.

Aus denselben Gründen, wie in der freien Atmosphäre, nimmt auch im Gebirge die Wärme im Winter am langsamsten, im Sommer am raschesten mit der Höhe ab. Nur Bengalen macht davon eine Ausnahme, aber hier ist der Sommer bedeutend feuchter als der Winter. Heiteres und trübes Wetter beeinflussen die vertikale Temperaturabnahme im Gebirge in gleicher Weise, wie in der freien Atmosphäre, und ebenso ist die tägliche Periode, die ihr Minimum in den Morgenstunden und ihr Maximum zwischen 4 und 5 Uhr nachmittags erreicht, in beiden Fällen dieselbe. Einen bedeutenden Einfluß übt auch der Wind aus: je stärker derselbe, desto größer die Wärmeabnahme. Die Ursache davon liegt nach Hann zumeist in dem raschen, gezwungenen Aufsteigen der Luft.

§ 45. Die folgende Tabelle giebt als Beispiele des Bergklimas die mittleren Monats- und Jahrestemperaturen der drei höchsten, unter verschiedenen Breiten gelegenen Beobachtungsstationen. Charakter des Bergklimas.

	Alpen. Theodulpaß	Felsengebirge. Pikes Peak	Andes. Antisana
Geogr. Breite	45° 56′ N.	38° 48′ N.	0° 21′ S.
Höhe m	3333	4313	4060
Dezember . . .	— 10·0°	— 14·7°	6·0°
Januar	— 13·9*	— 15·9*	**6·2**
Februar .	— 13·1	— 15·7	5·1
März	— 12·5	— 13·1	5·6
April	— 9·0	— 11·0	5·9
Mai . . .	— 5·8	— 5·5	5·5
Juni	— 1·3	0·1	4·5
Juli	0·5	**4·5**	3·0*
August	**1·7**	3·9	3·0
September	— 2·3	— 0·7	4·0
Oktober	— 5·3	— 6·1	5·0
November . . .	— 8·6	— 11·3	5·5
Jahr	— 6·8	— 7·1	4·9

Es ist eine landläufige Vorstellung, daß das Bergklima in größeren Höhen einen polaren Charakter annehme. Die mittlere Jahrestemperatur vom Theodulpaß und Pikes Peak ist allerdings nahezu gleich der von Omenak an der grönländischen Westküste unter 70° 51′ B. (— 7°), aber hier sinkt im kältesten Monat die Mitteltemperatur auf — 21° und steigt im wärmsten auf 6·7°. Noch auffälliger ist der Kontrast von Antisana und Westerås an der schwedischen Küste unter 59° 37′. Die Jahrestemperatur ist an beiden Orten dieselbe, aber die tiefste Monatstemperatur ist an letzterem — 4·6° und die höchste 16·3°. Das Höhenklima unterscheidet sich also vom polaren wesentlich durch kühle Sommer und verhältnismäßig milde Winter.

Aber es besitzt noch einen anderen Vorzug, der selten entsprechend gewürdigt wird. Die mittleren Temperaturen einer Beobachtungsstation sind Schattentemperaturen; in den alpinen Hochthälern ist aber bei vorwiegend heiterem Himmel und Windstille die Insolation außerordentlich kräftig, und daher im Winter der Unterschied zwischen Sonnen- und Schattentemperatur, der in der polaren Nacht natürlich wegfällt, sehr bedeutend. In Davos (1650 m hoch) stieg z. B. die Lufttemperatur am 30. Dezember 1873 nicht über — 12·8°, aber in der Sonne zeigte das Thermometer um 9 Uhr Morgens 25·5° und um 1½ Uhr Nachmittags 38·5°. Von dem bekannten Kurorte Meran sagt Fuchs, daß vom Dezember bis März die Nächte Winter, die Tage aber sommerliches Frühjahr sind. Auch im Sommer ist der Unterschied zwischen Sonnen- und Schattentemperatur bedeutender als in der Ebene. Er beträgt nach H. Hoffmann im Juli und August in den Alpen 16·4°, in Gießen (an den gleichen Tagen gemessen) dagegen nur 4·9°. Im Gebirge ist die Luft trockener und reiner, während im Tiefland der größere Dampfgehalt, die größere Dichtigkeit und die Trübung der untersten Luftschichten einen beträchtlichen Teil der eingestrahlten Sonnenwärme absorbiert.

Wärmeabnahme auf Plateaus.

§ 46. Über ausgedehnten Plateaus, die stellenweise, wie z. B. im südlichen Centralasien, zu alpiner Höhe ansteigen, werden die untersten Luftschichten in derselben Weise erwärmt, wie über dem Tiefland. Von einer Wärmemitteilung durch aufsteigende Luftmassen aus der Tiefebene kann keine Rede sein, am wenigsten bei den großen, gebirgsumschlossenen Tafelländern der Erde. Man könnte daraus schließen, daß hier die Seehöhe ohne Einfluß auf die Temperatur sei. Allein die Beobachtungen beweisen, daß hier dasselbe Gesetz zu Recht besteht, wie für die freie Atmosphäre und das Gebirge, nur ist die Ursache eine andere. Die Luft über den Hochebenen ist dünner als über dem Tieflande, daher wird der Boden und die untere Luftschicht zwar rasch erwärmt, aber ebenso rasch abgekühlt. An hellen Sommertagen mag es hier ebenso heiß sein, als wenige Meter über dem Meeresniveau, aber die Nächte sind bedeutend kälter, und dieser Gegensatz steigert sich mit der Seehöhe. Daher muß die letztere auch in der Tagestemperatur zum Ausdrucke kommen, denn diese ist ein 24 stündiges Mittel, oder wenigstens auf ein solches reduziert.

Es wäre für den Geographen von höchster Wichtigkeit, das Maß der Wärmeabnahme auf den Hochebenen festzustellen. Leider stoßen wir hier auf zwei bedeutende Hindernisse. Von den großen Tafelländern der Erde besitzen wir — mit Ausnahme des nordamerikanischen — nur spärliche und kurze Beobachtungen. Wir sind ferner meist darauf angewiesen, Plateau- und Tieflandstationen miteinander zu vergleichen, aber diese liegen häufig weit entfernt voneinander und stehen unter verschiedenen klimatischen Bedingungen. Ein Vergleich der Stationen auf dem Prairienplateau und am Mississippi ergiebt folgende Wärmeabnahme für je 100 m:

Winter 0·54°, Frühling 0·37°, Sommer 0·21°, Herbst 0·40°, Jahr 0·38°.

Die jährliche Periode nimmt also den umgekehrten Verlauf, wie im Gebirge, und die Abnahme der mittleren Jahrestemperatur ist etwas geringer. Dagegen liefert der Vergleich von Hasaribag und Barhampur in Bengalen ein ganz anderes Resultat:

Winter 0·39°, Frühling 0·22°, Sommer 0·44°, Herbst 0·56°, Jahr 0·40°.

§ 47. Wie die Wahl der Vergleichsstationen die höchste Vorsicht erfordert, zeigt folgendes Beispiel. Valparaiso und das um 489 m höher gelegene Santiago, nur 110 km voneinander entfernt, scheinen zu einer Untersuchung über die vertikale Temperaturänderung vollkommen geeignet zu sein. Santiago ist im Juli (Winter) um 4·6° kälter als Valparaiso, von November bis März dagegen wärmer, im Januar sogar um 2·8°. Ist da der Schluß gestattet, daß die Temperatur im Sommer mit der Seehöhe zunimmt? Keineswegs, denn Valparaiso repräsentiert das unter dem Einflusse der kalten Meeresströmung stehende Küstenklima, Santiago das Binnenklima; sie sind daher nicht miteinander vergleichbar. Santiago wäre jedenfalls noch viel wärmer, wenn es tiefer läge. Nördlich vom 27° B. zeigen die chilenischen Inlandstationen auch im Winter eine **scheinbare vertikale Temperaturzunahme**, die in der Wärmeausstrahlung der kahlen Felsen und in der Abwesenheit der Küstennebel begründet ist.

Scheinbare vertikale Wärmezunahme.

§ 48. Es giebt allerdings Fälle, wo das **Gesetz von der vertikalen Wärmeabnahme außer Wirksamkeit** gesetzt wird. Es geschieht dies manchmal in Gebirgsthälern, wenn die kalte schwere Luft über dem Boden

Wirkliche vertikale Wärmezunahme.

lagert und die wärmeren Schichten darüber. Die Grundbedingung dieses Phänomens ist hoher Barometerstand, denn mit demselben ist meist heiterer Himmel, der die Wärmeausstrahlung des Bodens befördert, und schwach bewegte Luft oder Windstille verbunden, die die Mischung der atmosphärischen Schichten verhindert. Am häufigsten wurde es im Winter beobachtet, wenn der schneebedeckte Boden die untersten Luftschichten erkältet; so beispielsweise im Dezember 1879, als Mitteleuropa drei Wochen lang permanent hohen Luftdruck hatte, und in den schweizer und österreichischen Alpen, in Baden, im Seinebecken und im centralfranzösischen Plateau die Temperatur mit der Höhe zunahm. Auch im Sommer findet dies statt, aber nur in den Morgenstunden, und stets tritt wieder die normale Wärmeabnahme ein, wenn die Insolation die Ausstrahlung überwiegt.

Das sind allerdings nur vorübergehende Witterungszustände, die geographisch von keiner Bedeutung sind. Es giebt aber Gegenden, in welchen die Wärmeumkehr auch in langjährigen Mittelwerten zum Ausdrucke kommt, also zum habituellen klimatischen Charakter gehört. In den Alpen sind zwei große Längenthäler, das Engadin und das Drauthal, wo die kalte Luft im Winter am Abflusse gehindert ist, durch diese Abnormität ausgezeichnet. Sils im Engadin (1810 m hoch) ist im Januar (— 8·1°) ebenso kalt als der St. Bernhard in 2478 m H., und Bevers, nur 1715 hoch gelegen, hat sogar — 9·6°, ist also um 4·1° kälter als der etwas höhere, aber isolierte Rigi. Im Drauthale nimmt, wie folgende kleine Tabelle zeigt, im Juli und Jahresmittel die Temperatur normal mit der Höhe ab, im Januar aber sind noch die Stationen in 1300 m H. wärmer, als die Thalsohle:

			Jahr	Januar	Juli
4.	Stufe	Obir 2040 m	1·1°	— 6·6°	9·4°
3.	"	Drauthal 12—1300 m	4·5	— 5·1	13·8
2.	"	" 8—900 "	6·6	— 3·6	16·2
1.	"	" 4—600 "	7·5	— 5·4	18·2

Daß übrigens die regelmäßige winterliche Wärmeumkehr in den Alpen weit häufiger ist, als sie nach den, meist nur in den Hauptthälern angestellten Beobachtungen erscheint, beweist schon die Anlage der menschlichen Wohnstätten, die mit auffallender Regelmäßigkeit selbst breite, fruchtbare Thalsohlen meiden, und sich auf die Gehänge zurückziehen. Im Gebiete des ostsibirischen Kältepols rufen dieselben Ursachen, wie in den Alpen, dieselbe Wirkung hervor. Auf dem ca. 2200 hohen Alibertberge ist nach Wojeikoff die Temperatur im Januar um 4° höher als im benachbarten Irkutsk (460 m H.), dagegen im Juli in ganz normaler Weise um 6·6° und im Jahresmittel um 5·1° tiefer.

§ 49. Von den großen Faktoren, die die mathematische, d. h. allein von der geographischen Breite abhängige Wärmeverteilung auf der Erdoberfläche modifizieren, haben wir den am meisten wechselnden, die Seehöhe, soeben kennen gelernt. Wir können ihn ausschließen, indem wir die beobachteten Temperaturen auf das Meeresniveau reduzieren; wenn wir sodann die Orte mit gleicher Temperatur durch Linien (Isothermen) miteinander verbinden, so gewinnen wir ein einfaches und übersichtliches Bild, das uns die Ursachen der thatsächlichen Wärmeverteilung sofort verrät. Reduktion der Temperatur auf das Meeresniveau.

Die Frage nach dem besten Reduktionsmaßstabe dürfte wohl kaum jemals mit Sicherheit zu beantworten sein. Für die beiliegenden Isothermenkarten wurden die von Wild benützten Werte (Abnahme für 100 m im Jahresmittel 0·47°, im Januar 0·36°, im Juli 0·59°) angewendet. Sie empfehlen sich deshalb, weil es sich ja meist um Plateaustationen handelt und hier die Wärmeabnahme etwas langsamer stattfindet als im Gebirge. Eine andere Frage ist die, ob ein einheitlicher Maßstab für die ganze Erde angewendet werden darf. Solange wir über die Temperaturabnahme auf Hochebenen nicht besser unterrichtet sind, als bis jetzt, ist dies Verfahren jedenfalls nicht nur das bequemste, sondern auch sicherste. Denn wollte man z. B. für Nordamerika und Vorderindien die in § 45 angegebenen Werte benützen, so müßte man erst untersuchen, ob sie nicht bloß lokale Bedeutung haben und auf große Länderkomplexe angewendet werden dürfen. Wollte man aber für jeden einzelnen Fall ein eigenes Reduktionsmaß berechnen, so käme man zu demselben Resultate, wie wenn man alle Stationen mit größerer Seehöhe ausschließen würde. Ein einheitlicher Maßstab liefert zwar nur ein ideales, aber jedenfalls ein einheitliches Bild. Es muß derselbe aber auch dann in Anwendung kommen, wenn thatsächlich die Wärme mit der Höhe zunimmt; denn nur auf diese Weise wird z. B. die Kälte des Thalbodens im Draugebiete auf der Isothermenkarte des Januar klar hervortreten, während eine umgekehrte Reduktion alle lokalen Eigentümlichkeiten verwischen würde. Man muß sich nur stets vor Augen halten, was das Isothermenbild eigentlich darstellen will. Es sagt uns nicht, so würde die Wärmeverteilung sich gestalten, wenn die ganze Erdoberfläche eine ununterbrochene Ebene im Meeresniveau wäre; sondern es setzt die wirklichen Terrainverhältnisse mit allen ihren modifizierenden Einflüssen voraus, und elimiert *nur* die thermische Wirkung der Seehöhe.

Die horizontale Verteilung der Temperatur.

(S. Karte III—VII.)

Thermisches Verhalten von Wasser u. Land.

§ 50. Bestände die Erdoberfläche nur aus Land oder nur aus Wasser, so wäre die horizontale Verteilung der Temperatur nur von der Polhöhe abhängig und die Isothermen würden mit den Breitenkreisen parallel laufen. Vor solcher Einförmigkeit schützt zunächst der Wechsel von Land und Wasser und die ungleiche Verteilung derselben, und noch mannigfaltiger gestaltet sich das Bild unter dem Einflusse der Faktoren zweiter Ordnung, von denen die Winde und Meeresströmungen und das Relief der Kontinente die maßgebendsten sind.

Land und Wasser empfangen, wenn sie auch unter gleicher Breite liegen, doch verschiedene Wärmemengen, denn die Luft über dem Lande ist im allgemeinen trockener und läßt mehr Wärme durch, als die über großen Wasseransammlungen, vor allem über dem Weltmeere. Als schlechter Leiter erwärmt sich ferner das Wasser langsamer als das Land, hält aber die aufgenommene Wärme länger zurück, zunächst wegen seiner größeren spezifischen Wärme und dann, weil die erkalteten oberen Schichten als die schwereren zu Boden sinken und wärmeren Schichten ihren Platz überlassen. Die Temperatur über dem Wasser ist daher im Winter höher und im Sommer niedriger als über dem Lande.

Der thermische Gegensatz von Ozean und Kontinent kommt darin zum Ausdrucke, daß die Abnahme der Wärme mit der Breite ungleichmäßig erfolgt, ja stellenweise sogar in Zunahme umschlägt. Große Seen verhalten sich ähnlich wie das Meer, wie besonders das Beispiel der canadischen Gruppe zeigt, aber auch kleine sind nicht ganz einflußlos, insofern sie wenigstens frühzeitige Nachtfröste von ihrer nächsten Umgebung fernhalten.

Wärmeverteilung im Januar.

§ 51. Werfen wir zunächst einen Blick auf den Verlauf der Januar- und Juli-Isothermen, in denen die winterliche und sommerliche Wärmeverteilung ihren schärfsten Ausdruck findet. Der Januar ist im allgemeinen der kälteste Monat der nördlichen und der wärmste der südlichen Hemisphäre. Da die Sonne Ende Dezember ihren südlichsten Stand erreicht hat, so liegt jetzt auch der thermische Äquator südlich vom mathematischen, aber durchschnittlich nur zwischen 3 und 4° B., weil die Wasserhalbkugel sich nur langsam erwärmt. Die größte Hitze herrscht im Innern der drei Kontinente: über 28° im tropischen Australien und im Innern Brasiliens, und über 30° im Innern der kompaktesten Landmasse der Südhemisphäre: Afrika. Die 20°-Isothermen, die wir als die Grenzlinien des warmen

Gürtels betrachten, liegen durchschnittlich im 35° S. und 22° N. Von hier nimmt auf der südlichen Hemisphäre, wo die Wasserbedeckung immer allgemeiner wird, die Temperatur ziemlich gleichmäßig mit der Breite ab, und nur die kalten und warmen Meeresströmungen beeinflussen noch stellenweise den Verlauf der Isothermen. Auf unserer Halbkugel nehmen dagegen die Wärmelinien immer seltsamere Gestalten an, je mehr wir uns dem Pole nähern. Da die Temperaturabnahme auf den Meeren langsamer stattfindet als auf den Kontinenten, so steigen die Isothermen auf den ersteren polwärts an und sinken auf den letzteren gegen den Äquator herab. Bemerkenswert ist besonders das ungleichmäßige Verhalten der Küsten. Die westlichen nehmen im allgemeinen am See-, die östlichen am Landklima teil, aber die Westküste der alten Welt ist etwas begünstigter als die der neuen, während bei den Ostküsten der umgekehrte Fall eintritt. Die 0°-Isotherme überschreitet an der norwegischen Küste den Polarkreis, sinkt im östlichen Asien bis zum 34. Breitengrad herab, steigt dann in Japan wieder bis 40° und an der amerikanischen Westküste bis 59°, um im Innern der Union bis 38° herabzusinken und die Ostküste unter ca. 40° B. zu erreichen. Schanghai unter der Breite von Alexandrien hat dieselbe mittlere Januartemperatur wie Thorshaven auf Färöer unter 62° B. und die amerikanische Ostküste in der Breite von Sizilien. Am schroffsten sind die Gegensätze im atlantischen Norden, wo in Christiansund und Aalesund an der norwegischen Küste die mittlere Tagestemperatur nie unter 0° sinkt, während am amerikanischen Gegengestade selbst die mittlere Monatstemperatur —20° und darunter beträgt.

Erst später, wenn wir alle wichtigeren meteorologischen Phänomene und die Meeresströmungen kennen gelernt haben werden, wird sich uns das volle Verständnis dieser abnormen Wärmeverteilung erschließen. Hier genügt es, auf die Hauptursachen kurz hinzuweisen. Die Westküsten werden von warmen See-, die Ostküsten von kalten Landwinden bestrichen; die kontinentale Winterkälte schiebt sich infolgedessen im Osten bis in das Meer vor, und die ozeanische Winterwärme in gleicher Richtung bis in das Festland. Dazu kommt noch, daß die Westküsten im Winter regenreicher sind, als die Ostküsten (besonders die asiatische); die bei der Kondensation frei werdende Wärme steigert die Lufttemperatur und der wolkenbedeckte Himmel vermindert die Ausstrahlung.

Die Ozeane der nördlichen Hemisphäre sind in höheren Breiten aber auch bedeutend wärmer, als ihrer Polhöhe zukommt. Aus dem Südwesten kommende Meeresströmungen, der Kuro Siwo im pazifischen und der Golfstrom im atlantischen Becken, erhöhen die Temperatur der Meeresoberfläche und mittelbar auch die der unteren Luftschichten weit über ihr normales Maß. Der Golfstrom ist wärmer als der Kuro Siwo und findet — was besonders schwer ins Gewicht fällt — eine breite offene Straße in das Polarmeer, das er, soweit sein Einfluß reicht, bis über 70° B. von Eis frei erhält, während das seichte Beringsmeer und die enge Beringsstraße den Kuro Siwo an südlichere Breiten bannt und Alaska jener Wohlthat beraubt, die Norwegen zur Wohnstätte einer blühenden Kultur gemacht hat.

Von geringerer thermischer Bedeutung sind die kalten Polarströme an den Ostseiten der Nordkontinente. Sie sind schmal und ihre Temperatur wird nicht durch die herrschenden Winde den benachbarten Küstenstrichen mitgeteilt, wie die der warmen Strömungen den westlichen Gestaden. Nur in der nordostasiatischen Inselwelt, die an der Westküste von einem Zweig des Kuro Siwo und an der Ostküste von einer kalten Strömung aus dem ochotskischen Eismeere berührt werden, schaffen sie Gegensätze, die im Kleinen den Kontrast zwischen den West- und Ostseiten der Kontinente wiederholen.

Südlich vom 40. Parallel wird dieser Kontrast etwas milder. Der Golfstrom und Kuro Siwo biegen nach Süden um und erwärmen nun nicht mehr die Westküsten, da sie aus höheren Breiten kommen. Außerdem werden die warmen westlichen Seewinde seltener, um zwischen 30 und 35° B. dem Nordost-Passat ganz das Feld zu räumen. Die Isothermen steigen nicht mehr so kühn gegen den Pol an, wie weiter nördlich, und ihr Scheitel liegt nicht mehr in der Nähe des östlichen Gestades, sondern in der Mitte des Ozeans. Wenn in der alten Welt trotzdem die Westküste bis ca. 20° N. um mehr als 12—13° wärmer erscheint als die östliche, so ist das lediglich eine Wirkung der kalten Landwinde, die in China bis zum Wendkreise ihre Herrschaft behaupten. Die südatlantischen Vereinsstaaten, die auch Winde vom warmen mexikanischen Golf erhalten, sind dagegen um durchschnittlich 6° wärmer, als das südöstliche Asien, und stehen thermisch nur noch wenig hinter der kalifornischen Küste zurück.

Je weiter die Ausläufer des Golfstroms und Kuro Siwo dem Äquator sich nähern, desto mehr macht sich ihr erkältender Einfluß geltend, und etwa vom 20. Parallel angefangen werden die Westküsten kälter als die Ostküsten. Einen noch schärferen Ausdruck findet dieses Gesetz in Südamerika und Südafrika, die im Westen von kalten, in Osten von warmen Meeresströmungen begleitet werden. Der größeren Mächtigkeit der südamerikanischen Polarströmung entspricht eine Wärmedifferenz zwischen der Ost- und Westküste von 4—9°, während sie in Südafrika 3° wohl nirgends übersteigt. In Australien, das allseitig von warmen Strömen umflossen wird, ist die Westküste etwas wärmer.

Die Lage des antarktischen Kältepols kennen wir zwar nicht, doch läßt sich vermuten, daß er mit dem mathematischen zusammenfällt oder wenigstens in dessen Nähe sich befindet. Dagegen wissen wir bestimmt, daß der Nordpol nicht der absolut kälteste Punkt unserer Halbkugel ist. Vielmehr treten hier zwei Kältepole auf, von denen der westliche, dessen Lage nicht genau bekannt ist, in der Nähe von Nord-Grönland sich befindet. Die nördlichste Beobachtungsstation, Floeberg Beach (82° 27′ N., 61° 22′ W.), hat eine Januartemperatur von —36·1°, die 3/4° südlicher gelegene Discovery-Bai dagegen —40·4°. Bezüglich der Frage, ob dieser Kältepol auf dem Meere oder Lande zu suchen sei, läßt sich nicht einmal eine Vermutung aussprechen, denn das eisbedeckte Meer verhält sich der Wärme gegenüber ebenso wie das Festland.

Der zweite, merkwürdigere Kältepol liegt in Ostsibirien, in einer Breite, wo die Lufttemperatur auf dem atlantischen Ozean sich über dem Gefrierpunkte hält und die norwegische Küste so warm ist, wie das pontische Gestade Südrußlands. In Jakutsk (62° N.) beträgt die mittlere Januartemperatur —42·8°, sie sinkt in Werchojansk am Janaflusse auf —49° und steigt in Ustjansk an der arktischen Küste wieder auf —41·4°. Dies ist die Gegend, wo überhaupt die tiefsten Temperaturen beobachtet wurden: so in Irkutsk —62° und in Werchojansk am 30. Dezember 1871 —63·2°, während das absolute Minimum auf der westlichen Hemisphäre (am Floeberg Beach) nur —58·7° beträgt. Die südliche Grenze des Gebietes, wo noch Minima unter —40° vorkommen und daher Weingeistthermometer im Gebrauche sind, geht (nach Wild) von Lappland quer durch Finland bis St. Petersburg, von da etwas östlich an Smolensk und westlich von Kursk vorbei bis Lugan (Breite von Wien und Paris), steigt dann wieder bis Orenburg in der Polhöhe von London und sinkt am Balchaschsee wieder bis 47° B. und in der Nähe der Ostküste sogar bis 40°, d. h. bis zur Breite von Kalabrien!

Eine so intensive Erkaltung wird durch die Massenhaftigkeit des Kontinentes nur teilweise erklärt, wenn letztere auch die primäre Ursache ist. Gesteigert wird die Kälte zunächst durch die Schneedecke, die einerseits die Verbindung zwischen der Luft und dem im Winter wärmeren Erdboden unterbricht, anderseits durch Ausstrahlung, besonders bei heiterem Himmel, außerordentlich erkaltet und diese Temperaturerniedrigung natürlich auch den unteren Luftschichten mitteilt. Außer dieser, in den höheren Breiten des Festlandes allgemein wirkenden Ursache, tritt speziell in Ostsibiren noch der Umstand hinzu, daß das Stanawoigebirge das Abfließen der kalten Luft zum benachbarten warmen pazifischen Ozean verhindert. In der höchstens von schwachen Winden bewegten, meist aber ruhigen

Atmosphäre lagern sich die kälteren Luftschichten ungestört über dem Boden, daher auch die Temperatur mit der Höhe zunimmt (s. § 48). Auf dem nordamerikanischen Kontinente kommt es dagegen nicht zur Ausbildung eines Kältepoles, weil die kalte Luft ungehindert zum atlantischen Ozean und mexikanischen Golf abfließen kann, ja sogar das hohe Felsengebirge erweist sich nicht als eine unübersteigliche Barriere. Hier endet aber unser Erklärungsversuch; denn warum das Stanawoigebirge sich wirksamer zeigt als die höheren Rocky Mountains, vermögen wir nicht mehr anzugeben.

An den Westseiten beider Nordkontinente nimmt die Temperatur sowohl in normaler Richtung gegen Norden als auch gegen Osten ab. In der alten Welt ist der Gegensatz von West und Ost stärker als der von Süd und Nord. Zwischen der südlichsten und nördlichsten Stadt Europas, Tarifa und Hammerfest, beträgt die durchschnittliche Wärmeabnahme für 100 km 0·44°, dagegen zwischen Europa und Westsibiren, auf das gleiche Maß reduziert, im 56. Parallel 0·51° und im 63. sogar 0·82°. Einen meridionalen Verlauf der Januar-Isothermen, wie im nordöstlichen Rußland, finden wir übrigens auch an den Westseiten Südamerikas und Südafrikas, wo Gebirge das erhitzte Innere vom kalten Küstenstriche trennen.

Das Auftreten von zwei Kältepolen hat zur Folge, daß auf unserer Halbkugel stellenweise die Temperatur mit der Breite zunimmt. Solch eine völlige horizontale Wärmeumkehr ist außerdem noch in Lappland und Armenien beobachtet, und es steht außer Zweifel, daß sie auch anderwärts noch vorkommt. Zum Unterschied von den absolut kältesten Punkten oder Kältepolen nennen wir solche Gegenden, von wo aus nach allen Richtungen die Wärme zunimmt, Kältecentra oder Kälteinseln.

Wärmeverteilung im Juli.

§ 52. Im Juli, dem im allgemeinen wärmsten Monat der nördlichen und kältesten Monat der südlichen Hemisphäre, rückt der thermische Äquator mit der Sonne bis durchschnittlich 16—18° N. vor; er erreicht also eine größere Polhöhe als im Januar auf der Südhalbkugel, da die großen nördlichen Landmassen stark erhitzt werden. Mitteltemperaturen über 30° kommen nur auf den Kontinenten vor, aber in Asien und Nordamerika bis über den 40. Parallel hinaus; und am heißesten sind die vegetationsarmen Gegenden. Im allgemeinen nehmen die nordhemisphärischen Isothermen im Juli den entgegengesetzten Verlauf wie im Januar, indem sie sich auf dem Festlande mehr dem Pole, auf dem Meere mehr dem Äquator nähern. Aber die Gegensätze sind nicht so schroff wie im Winter, wenn auch stellenweise die Wärmelinien die Parallelen unter steilen Winkeln schneiden; nur im westlichen Nordamerika zeigen die dichtgedrängten meridionalen oder sogar übergekippten Isothermen eine beispiellos rasche Wärmezunahme von der Küste in das Innere des Landes an. San Diego am kalifornischen Gestade, das unter dem Einfluß der auf S. 46 erwähnten kühlen Meeresströmung und vorherrschender Seewinde steht, hat eine mittlere Julitemperatur von 21·3°, das nur 240 km davon entfernte Fort Yuma in der Koloradowüste dagegen 34·1°; das ergiebt in östlicher Richtung eine Wärmesteigerung von 1° für nicht ganz 19 km.

In den höheren Breiten unserer Halbkugel sind die Westküsten noch immer etwas wärmer als die Ostküsten, wenn auch die Differenz gegenüber der winterlichen unbedeutend ist. Gegen Süden zu tauschen die Küsten wie im Winter ihre Rollen, doch liegen die Grenzen beider Gebiete beträchtlich nördlicher; in der alten Welt in ca. 40, in der neuen in ca. 50° B. Der sibirische Kältepol ist verschwunden. Die kältesten Gegenden, die wir kennen, sind die Karasee und der östliche Teil des arktischen Archipels von Nordamerika, wo das auftauende Eis Wärme bindet. Aber soweit Beobachtungen reichen, sinkt die mittlere Monatstemperatur nirgends unter den Gefrierpunkt, während auf der südlichen Hemisphäre Roß im Jahre 1843 schon in der Breite von Island einen Januar mit − 0·7° Mitteltemperatur verlebte.

Auf dieser Halbkugel nehmen die Isothermen einen einfacheren Verlauf als im Sommer, weil die Kontinente nicht in hohe Breiten hineinreichen. Die West- und Ostküsten von Afrika und Südamerika zeigen dasselbe thermische Verhalten wie im Januar, nur ist die Wärmedifferenz in der Nähe des Äquators größer, weiter gegen Süden aber kleiner als im heißesten Monat. Den schärfsten Gegensatz bilden die brasilianische und die peruanische Küste. Lima unter 12° B. und 172 m H. hat eine mittlere Julitemperatur von 15·1°, die im Osten erst unter 27° B. erreicht wird. Der Unterschied von 15 Breitengraden wird zwar auf der Nordhemisphäre übertroffen, aber nirgends finden wir wieder eine so niedrige Temperatur so nahe dem Äquator.

§ 53. In den Jahresisothermen kommen die Gegensätze der Monatsisothermen zum Ausgleich, aber nicht vollständig. Sartorius von Waltershausen hat nachgewiesen, daß unter 33·4° B. Land- und Seeklima einander gleich sind. Weiter gegen die Pole, wo die Wärmeausstrahlung überwiegt, wirkt das Meer, gegen den Äquator aber, wo unter senkrechter Bestrahlung die Insolation überwiegt, das Land temperaturerhöhend. Daraus erklären sich viele Eigentümlichkeiten der Jahresisothermen. Zunächst die Lage des Wärmeäquators auf der Landhalbkugel in ca. 10° N. Die heißeste Gegend der Erde ist der Sudan, die kompakteste Landmasse in der Nähe des Äquators. Die höheren Isothermen buchten sich auf den Kontinenten, die niedrigeren auf den Meeren polwärts aus, oder mit anderen Worten: in den

Verteilung der mittleren Jahrestemperatur.

niederen Breiten bestimmen die Juli-, in den höheren die Januarisothermen den Verlauf der Jahreswärmelinien; maßgebend sind somit jene Monatsisothermen, die am meisten von den Parallelkreisen abweichen. So steigt z. B. die Nulllinie, wie im Winter, auf dem nordatlantischen Ozean zur größten Polhöhe (ca. 72°) an und sinkt in Ostasien zur tiefsten herab (50°). In Europa nimmt die Jahrestemperatur nach N. und nach O. ab, aber die normale Abnahme überwiegt, und die winterliche Abnormität erscheint gleichsam nur in einem verblaßten Bilde. Der Gegensatz der Ost- und Westküsten kommt auch im Jahresmittel zum Ausdruck; nördlich vom 33. Breitengrad in der neuen, und vom 20. in der alten Welt sind die letzteren wärmer, südlich davon, mit alleiniger Ausnahme von Australien, kälter als die ersteren. Der winterliche Kältepol von Asien ist noch vorhanden, aber nur mehr als Kältecentrum, ähnlich dem lappländischen. Werchojansk hat eine mittlere Jahrestemperatur von — 16·7, während sie am Floeberg Beach — 19·8 und in der Discovery-Bai — 20·1° beträgt. Hier ist wieder der Sommer die bestimmende Jahreszeit; im nordwestlichen Grönland erreicht auch der heißeste Monat nur eine Mitteltemperatur von höchstens 3·5°, dagegen in Werchojansk eine solche von 15·4°. Es giebt also auch auf der nördlichen, wie höchst wahrscheinlich auf der südlichen Halbkugel, nur einen Hauptkältepol, der — wie die Beobachtungen vermuten lassen — zwischen dem mathematischen Pol und der arktischen Inselwelt von Nordamerika liegt.

Temperaturzonen.

§ 54. Da wir nun zur Überzeugung gelangt sind, daß die faktische Wärmeverteilung von der mathematischen beträchtlich abweicht, so ist es an der Zeit, an die Stelle der alten, durch Wende- und Polarkreise begrenzten Klimagürtel (s. § 39) Temperaturzonen zu setzen, die durch die beiden wichtigsten Jahresisothermen, die von 20. und 0.° von einander geschieden werden. Die erstere fällt im großen und ganzen mit der Polargrenze der Palmen zusammen, die Grisebach den reinsten Ausdruck des Tropenklimas nannte; die letztere ist schon deshalb bedeutungsvoll, weil sie positive und negative Temperaturen trennt, also das, was man im gewöhnlichen Leben Wärme und Kälte nennt. Die Zone innerhalb der Nulllinie ist außerdem durch beständiges Bodeneis charakterisirt. Nach Wilds Untersuchungen beträgt die Jahrestemperatur in 1 m Tiefe um 0·9° mehr als die mittlere Lufttemperatur (T) des betreffenden Ortes. Von da an nimmt die Bodenwärme zu (um 2·97° für 100 m) und in 23 m Tiefe, wo die Temperatur das ganze Jahr hindurch konstant bleibt (s. § 10), ist diese (t) somit $= T + 0 \cdot 9^0 + 22 \, . \, \frac{2 \cdot 97^0}{100} = T + 1 \cdot 6^0$. Dort, wo $t = 0^0$ oder $T = -1 \cdot 6^0$ (in runder Zahl — 2°) ist, muß die thermisch unveränderliche Bodenschicht beständig gefroren sein, während in geringerer Tiefe das Eis in der warmen

Jahreszeit auftaut. Im Meeresniveau fällt also die Südgrenze des permanenten Bodeneises mit der Jahresisotherme von — 2° zusammen; da aber die Jahrestemperatur für je 213 m um 1° abnimmt, so liegt z. B. für 426 m Seehöhe die Südgrenze schon unter der Nulllinie. Ueber die Tiefe des Bodeneises entscheiden freilich auch lokale Verhältnisse. So ist im Yukonterritorium in Alaska der Boden schon in 1 m, stellenweise sogar schon in 46 cm Tiefe gefroren, was Dall dem Mangel einer natürlichen Drainage und der Moosbedeckung zuschreibt. Wo dieser schlechte Wärmeleiter fehlt, wie im Mündungsalluvium, da ist auch das Bodeneis tiefer.

Die drei Hauptzonen lassen sich wieder durch wichtige Monatsisothermen in je zwei Subzonen scheiden, so daß wir für jede Hemisphäre folgende thermische Einteilung erhalten, wobei die Temperaturen natürlich auf das Meeresniveau sich beziehen:

1. Warme Zone, Jahrestemperatur über 20°.

a) Tropengürtel, mittlere Temperatur des kältesten Monats über 20°.
b) Ektropengürtel, mittlere Temperatur des kältesten Monats unter 20°.

2. Gemäßigte Zone, Jahrestemperatur zwischen 20 und 0°.

a) Äquatorialgürtel, mittlere Temperatur des kältesten Monats über 0°.
b) Polargürtel, mittlere Temperatur des kältesten Monats unter 0°.

3. Kalte Zone, Jahrestemperatur unter 0°.

a) Äquatorialgürtel, mittlere Temperatur des wärmsten Monats über 0°.
b) Polargürtel, mittlere Temperatur des wärmsten Monats unter 0°.

Die folgende Tabelle giebt den Flächeninhalt der Temperaturzonen in Prozenten des Gesamtareals:

	Kalte Zone Pol. G.	Kalte Zone Äq. G.	Gemäßigte Zone Pol. G.	Gemäßigte Zone Äq. G.	Warme Zone Ekt. G.	Warme Zone Trop. G.
Europa	·	8·3	65·0	26·7	·	·
Asien	·	26·6	28·7	12·7	22·6	3·9
Europa-Asien	·	23·2	35·4	15·3	18·5	7·6
Nordamerika	·	29·6	35·8	15·9	12·5	6·1
Südamerika	·	·	·	15·9	25·1	59·0
Afrika	·	·	·	2·8	36·7	60·5
Australien	·	·	·	34·2	52·7	13·1
Nordhemisphäre	0·2	14·6	14·0	17·8	17·5	35·8
Südhemisphäre	6·7	6·4	7·2	34·3	12·8	32·6
Die ganze Erde	3·5	10·5	10·6	26·0	15·2	34·2

In dieser Tabelle tritt der thermische Gegensatz der Nord- und Südkontinente scharf hervor. Die ersteren reichen in den Äquatorialgürtel der kalten, die letzteren nur in den der gemäßigten Zone hinein; die ersteren sind die Kontinente der gemäßigten, die letzteren die der warmen Zone. Die ersteren sind ferner, wenn man Nordamerika dem europäisch-asiatischen Festlande gegenüberstellt, relativ einander so ziemlich gleich, während absolut freilich Nordamerika als weniger begünstigt erscheint, indem hier das Cordillerensystem der hohen Wintertemperatur nicht gestattet, über den schmalen pazifischen Küstenstrich hinaus binnenwärts vorzudringen, während in Westeuropa ausgedehnte Länder der Wohlthat der atlantischen Winterwärme teilhaftig werden. Von den südlichen Erdteilen hat jeder infolge verschiedener geographischer Lage einen eigentümlichen thermischen Charakter; Afrika als der absolut wärmste Kontinent der Erde überhaupt und Australien als der relativ kälteste Kontinent der antarktischen Hälfte stellen die Extreme dar, zwischen denen Südamerika schön vermittelt.

Auf der ganzen Erde entfallen in runden Zahlen 49 Prozent auf die warme und nur 37 auf die gemäßigte und 14 auf die kalte Zone. Die beiden extremen Zonen nehmen auf der kontinentalen, die gemäßigte auf der ozeanischen Halbkugel größere Flächen ein; es zeigt sich also auch darin wieder der ausgleichende Einfluß des Wassers. Ein anderer Gegensatz kommt in den Normaltemperaturen der Breitengrade, die Dove und Hann aus dem vorhandenen Beobachtungsmaterial berechneten, zum Ausdrucke. Die folgende Tabelle zeigt, daß in den niederen Breiten (bis ca. 43°) die nördliche, in den höheren die südliche Hemisphäre im Jahresmittel wärmer ist, wodurch das von Sartorius auf anderem Wege gefundene Gesetz, dessen auf S. 49 Erwähnung geschah, bestätigt wird.

Breite	90°	80°	70°	60°	50°	40°	30°	20°	10°	0°
N.-Hem. (+)	−16·6°	−14·0°	−8·9°	−1·2°	5·8°	13·6°	21·0°	25·3°	26·6°	26·5°
S.-Hem. (−)	·	·	·	0·3	6·5	13·0	19·4	23·4	25·5	26·5
Differenz	·	·	·	−1·5	−0·7	+0·6	+1·6	+1·9	+1·1	0·0

Die Wärmeverteilung scheint demnach für die südliche Erdhälfte vorteilhafter zu sein. Unser Urteil wird sich aber anders gestalten, wenn wir die Tabelle der Temperaturzonen genauer betrachten und sie mit der folgenden Tafel vergleichen, welche die nach den Normaltemperaturen berechnete mittlere Lage der Grenzisothermen angibt:

	N.-Hem. (+) Breite	S.-Hem. (−) Breite	Differenz
Jahresisotherme vom 20°	31·5°	28·7°	+ 2·8°
0-Isotherme des kältesten Monats	44·1	53·0	− 8·1
Jahresisotherme vom 0°	58·3	60·5	− 2·2
0-Isotherme des wärmsten Monats .	86·1	69·3	+16·8

Die höhere Begünstigung unserer Hemisphäre zeigt sich in der hohen Breite der Nullisotherme des wärmsten Monats. Soweit man im arktischen Becken vorgedrungen, überall fand man wenigstens Stellen, wo die Sommerwärme das Eis schmilzt und eine, allerdings kümmerliche Vegetation ins Leben ruft. Die Polarkalotte der kalten Zone, die absolute Eiswüste, ist auf der südlichen Halbkugel mindestens dreißigmal größer als auf der nördlichen.

§ 55. Die Berechnung der Normaltemperaturen führte Dove zur Aufstellung des Begriffes der thermischen Anomalie. Man versteht darunter die Abweichung der Temperatur eines Ortes von der Normaltemperatur seiner Breite. Ist die Anomalie positiv, so ist der betreffende Ort zu warm, im entgegengesetzten Falle zu kalt. Auf den Karten 6 und 7 sind die Orte gleicher Anomalie durch Linien, sogenannte Isanomalen, verbunden. Thermische Anomalie.

Im Januar sind auf der nördlichen Hemisphäre die Kontinente zu kalt und die Meere mit den Westseiten des Festlandes zu warm. Auf der südlichen Halbkugel findet das umgekehrte statt, nur der landumschlossene indische Ozean, der kontinentalste aller Weltmeere, hat auch positive Anomalie. Die relativ kälteste Gegend ist Ostsibiren mit seinem in abnorm niederer Breite gelegenen Kältepol, die relativ wärmste das Golfstromgebiet des nordatlantischen Ozeans und norwegischen Meeres. Im Juli ist nördlich vom Wendekreise des Krebses das Festland zu warm und das Meer, mit Ausnahme des norgwegischen, zu kalt; die Westseite der alten Welt nimmt auch im Sommer an der positiven Anomalie teil, während die pazifische Küste von Nordamerika, wie das Meer, zu kalt ist. Die positive Anomalie erstreckt sich auch noch auf die tropischen Partien der Südhemisphäre, mit Ausnahme der Meeresteile mit kalten Strömungen und der benachbarten Küsten. Die relativ heißesten Gegenden liegen in der Koloradowüste, in der Sahara und wahrscheinlich auch auf den Plateaus von Centralasien, wo in Ordos unter 40° B. nicht nur Sand, sondern auch Ton zuweilen auf 70° erhitzt wird und Przewalski im Alaschan einmal eine Mittagstemperatur von 45° notierte.

Die mittleren Schwankungen und die mittlere Veränderlichkeit und Abweichung der Temperatur.

(S. Karte VIII.)

§ 56. Das Klima eines Landes wird nicht bloß durch die mittleren Temperaturen des Jahres und der Monate, sondern auch durch die Schwankungen und die Veränderlichkeit der Wärme charakterisiert. Wie alle meteorologischen Elemente hat auch die Temperatur eine dreifache Periode, eine Die tägliche Wärmeschwankung.

tägliche, eine jährliche und eine cyklische; von der letzteren, die noch nicht genau festgestellt ist, werden wir bei einer anderen Gelegenheit sprechen.

Das tägliche Minimum und Maximum fällt nicht mit dem tiefsten und höchsten Sonnenstande zusammen, sondern verspätet sich um ein paar Stunden. Das Minimum tritt ein, wenn die Ausstrahlung der tagsüber empfangenen Wärme ihren Höhepunkt erreicht hat, im Seeklima 1—2^h vor Sonnenaufgang, an kontinentalen Orten dagegen bei Sonnenaufgang oder einige Minuten nachher. Ihr Maximum erreicht die Wärme auf dem Meer und an den Küsten zwischen 12 und 1^h Mittags und im Sommer etwas früher als im Winter, auf den Kontinenten dagegen zwischen 2 und 3^h Nachmittags und im Sommer etwas später als im Winter.

Den mittleren Unterschied zwischen der höchsten und tiefsten Tagestemperatur, wie sie am Maximum-Minimum-Therometer abgelesen werden können, nennt man die unperiodische tägliche Wärmeschwankung, die Differenz zwischen der größten und kleinsten Ordinate der mittleren Tageskurve dagegen die periodische. Unmittelbar läßt sich diese nur durch wenigstens stündliche Beobachtung finden, mittelbar durch geeignete Interpolation der fehlenden Beobachtungen. Die unperiodische Schwankung, die stets größer ist als die periodische, kennen wir von vielen Stationen, da sie leicht zu eruieren ist, während die periodische nur für verhältnismäßig wenig Orte berechnet wurde. Die Schwierigkeit besteht nun in der Vermengung des nicht streng miteinander vergleichbaren Materials, daher auch die Lehre von der geographischen Verbreitung der täglichen Wärmeschwankung leider noch auf keiner allseitig gesicherten Basis ruht. Doch treten jetzt schon die Grundzüge derselben deutlich hervor.

Im allgemeinen steigt die tägliche Temperaturschwankung mit abnehmender und fällt mit zunehmender Bewölkung, da letztere sowohl die Insolation als auch die Ausstrahlung vermindert. Sie ist daher in unseren Breiten im Winter kleiner als im Sommer, verhält sich aber in Ostindien, soweit die Winter trocken sind, gerade umgekehrt. Auf dem Meere beträgt sie einerseits infolge der größeren Bewölkung, anderseits wegen der geringen thermischen Leitungsfähigkeit des Wassers nur 1—2°; an den Küsten ist sie etwas größer, und noch größer im kontinentalen Tieflande. So steigert sie sich im Jahresmittel auf dem 55. Breitengrade von 3·7° in Kopenhagen auf 4·8° in Moskau und 5·1° in Kasan. In der turanischen Niederung, wo der vegetationslose Boden sich rasch erwärmt und abkühlt, erreicht sie unter 41—42° B. 12° und darüber. Noch größer ist sie in den australischen Ebenen, selbst in geringer Entfernung vom Meere. So hat z. B. Hollow in Queensland, nur 40 km von der Küste entfernt und ca. 60 m hoch, eine unperiodische Schwankung von 13·1°, und Deniquil im Murraygebiet eine solche von 19·2°; es ist also auch die periodische im letzteren Falle unzweifelhaft größer als in Turan. Die höchsten Werte erreicht sie aber auf regenarmen Hochebenen, wo die dünne, trockene Luft die Ein- und Ausstrahlung der Wärme außerordentlich befördert. So groß auch die Temperaturschwankung in der aral-kaspischen Steppe ist, so ist sie doch im August und September um 9 bis nahezu 12° kleiner als auf den Plateaus und in den Hochthälern der Pamir. Auch auf dem Karakorumplateau fand Shaw im September eine durchschnittliche Variation von 19·5°, im Karakaschthale aber bei trübem Wetter nur 13°. Im westlichen Tibet beobachtete Przewalski selbst noch im Dezember eine mittlere Differenz von 17·3° zwischen den Temperaturen um 8^h früh und 1^h nachmittags und ein Maximum von 26·5°. Schon diese Beispiele belehren uns, daß die tägliche Variation auf dem centralasiatischen Hochlande selbst die in den Sandwüsten der Sahara übertrifft, welche man bisher als die Gegend der extremsten Wärmeschwankungen ansah. Allerdings sank in der Oase Murzuk während des Aufenthaltes von Rohlfs im Winter 1865/66 die Temperatur in der Nacht mehrere Male unter den Gefrierpunkt, sogar bis — 5°, aber selbst in der lybischen Wüste beobachtete Jordan im Mittel von 21 Tagen im Dezember und Januar nur eine Variation von 13·6°, während sie in Kairo in derselben Zeit nur 10·1° betrug. Zwischen Murzuk und Schimmedru fand Nachtigal sogar zur Zeit des Zenithalstandes der Sonne und bei heiterem Himmel nur eine mittlere Schwankung von 22·4°. Die größte Differenz in der afrikanischen Wüste, die Barth unter 27·8° B. und in 300 m Seehöhe erlebte, beträgt allerdings 35°, aber sie wird in Schatten gestellt durch die Beobachtungen auf den westlichen Plateaus von Nordamerika. So betrug die Schwankung zu Wickenburg in Arizona (34° N., 112·7 W., 620 m hoch) am 28. Juli 1877 38·9°, am 31. 42·2° und am 1. August 40°. Das sind einzelne Fälle; aber auch die stündlichen Beobachtungen der amerikanischen Vermessungsingenieure auf den Plateaus des Felsengebirges zwischen 35 und 42° B. ergaben für die Seehöhe von 1500—1600 m so enorm hohe monatliche Mittelwerte (Juli 24·2°, August 20·8 und November 19·2), wie sie kaum noch irgendwo vorkommen dürften. Dieser Charakterzug ist übrigens auch den tropischen Hochebenen insofern eigen, als die Wärmevariation hier größer ist als im benachbarten Tieflande. So beträgt sie z. B. auf dem Plateau von Guatemala (1480 m H.) 9·6°, in Belize an der Küste aber nur 2·9°.

Im Gebirge ist die tägliche Temperaturschwankung in den Hochthälern größer als in der Ebene, auf den Berggipfeln dagegen kleiner; und der Satz, daß sie mit der Höhe abnehme, findet daher nur auf die letzteren Anwendung. Nachstehende, von Wojeikoff entlehnte Tabelle ist in dieser

Beziehung sehr lehrreich. Man vergleiche nur Altstätten mit dem benachbarten Gäbris oder Bevers mit dem nur wenig höheren Rigi. Nicht bloß die größere Trockenheit der Atmosphäre in den Thälern, sondern auch die stärkere Abkühlung in den Winternächten, wenn die schwere kalte Luft an den Gehängen herabfließt, um sich ruhig über dem Thalboden zu lagern, begünstigt die Steigerung der Wärmeschwankung. Die Pässe, nicht so frei wie die Berggipfel, aber auch nicht so eingeschlossen wie die Thäler, vermitteln zwischen diesen Extremen.

	Höhe m	Jahr	Winter	Sommer
Hochebene				
Bern . .	574	7·0°	4·0°	9·2°
Altstätten	478	6·3	3·0	9·3
Hochthal				
Bevers	1715	10·6	7·9	11·9
Paß				
St. Bernhard . . .	2478	4·3	2·3	5·8
Gipfel				
Gäbris . .	1250	3·8	2·3	4·7
Rigi	1784	2·8	1·3	3·5

Zunächst ist also die tägliche Wärmeschwankung von den topographischen Verhältnissen abhängig. Der Einfluß der Polhöhe kommt erst in zweiter Linie in Betracht. An den Küstenstationen in der Nähe des Äquators ist die Variation nicht größer als in unseren Breiten, und nur darin besteht ein wesentlicher Unterschied, daß sie dort — wie die Tageslänge — das ganze Jahr hindurch ziemlich gleich bleibt. In St. Thomé (0° 20′ N.) beträgt sie 6·5°, zu Tschintschoscho (5° 9′ S.) 6·4°, zu Zanzibar (6° 10′ S.) 4·1°, in Batavia (6° 11′ S.) 5·9° und auf Ascension (7° 55′ S.) 5·1°. Auf den Kontinenten tritt unter übrigens gleichen Verhältnissen ihre Abnahme mit der Breite schärfer hervor. So ist sie z. B. in Lugan um 2·9° größer als in Moskau, und selbst noch in Odessa um 1·4°, trotz der Nähe des Meeres. Ihr Maximum erreicht sie auf den Hochplateaus zwischen 30 und 50° B., während weiter im Norden die Insolation in den kurzen Wintertagen und die Ausstrahlung in den kurzen Sommernächten zu geringfügig ist, als daß die Wärme innerhalb 24 Stunden beträchtlich variieren könnte. Im polaren Gürtel mit seinen monatelangen Winternächten und ebenso langen Sommertagen ist sie naturgemäß sehr gering.

So auf Nowaja Semlja unter $73^1/_2{}^0$ und auf der Sabine-Insel unter $74^1/_2{}^0$ B. 2·5°, in der Mosselbai (79·9° B.) 0·9° und in der Polarisbai (81·6° B.) 1·6°. An den Polen, wo ein halbjähriger Tag mit einer halbjährigen Nacht wechselt, fällt die tägliche Wärmeschwankung mit der jährlichen zusammen.

§ 57. Aus demselben Grunde, wie in der täglichen, fallen auch in der jährlichen Temperaturperiode Maximum und Minimum nicht mit dem höchsten und tiefsten Sonnenstande zusammen, sondern treten etwas später ein. In den mittleren und höheren Breiten des nördlichen Festlandes ist der Juli der wärmste und der Januar der kälteste Monat, auf dem Meere sind dagegen im allgemeinen Februar und August die extremen Monate. In der tropischen Zone steigt das Thermometer am höchsten, wenn die Sonne den Scheitelpunkt erreicht; so ist in Columbia der März, in Centralamerika der April und in Mexiko der Mai der wärmste Monat. Während sonst überall die mittleren Monatstemperaturen eine einfache Kurve darstellen, zeigt diese in der Äquatorialzone, wo die beiden Zenithstände der der Sonne weit auseinanderliegen, zwei Erhebungen. Doch ist dies keineswegs eine allgemeine Erscheinung. Deutlich ausgeprägt ist das doppelte Maximum z. B. im südäquatorialen Teile des malayischen Archipels, dagegen in Singapore nur in einer leisen Hebung der Kurve im Oktober angedeutet. In Westafrika tritt es scharf an der Elfenbeinküste und in Tschintschoscho, also unter 5° N. und S. hervor, aber undeutlich am Äquator, und schon in Zanzibar unter 6° S. ist die einfache Kurve wieder hergestellt. Die jährliche Wärmeschwankung.

Die Differenz der extremen Monatstemperaturen nennen wir die jährliche Wärmeschwankung (s. Taf. 8). Vom Äquator, wo sie durchschnittlich 1·3° beträgt und auf den ostindischen Inseln sogar auf 0·8° herabsinkt, nimmt sie gegen die Pole zu, gleichzeitig aber auch von den Küsten gegen das Innere der Kontinente. Ein Klima mit einer mittleren Jahresvariation bis höchstens 15° bezeichnen wir als Äquatorial-, beziehungsweise Seeklima, von 15—20° als Übergangsklima, von 20—40° als Landklima und über 40° als exzessives Landklima. Das Seeklima wird durch warme Winter und kühle Sommer, das Landklima durch kalte Winter und warme Sommer charakterisiert. Das erstere ist auf unserer Hemisphäre nördlich vom 30. Parallel nur auf die Westküsten beschränkt, wogegen die Ostküsten wegen der bedeutenden Winterkälte Landklima haben. Auch in den höheren Breiten mit Ausnahme von Grönland und in den mittleren Breiten der Südhalbkugel ist die jährliche Schwankung an den Westküsten kleiner als an den östlichen, und dem gleichen Gesetze begegnen wir an den Gestaden der südeuropäischen Halbinseln und Vorderindiens. Das Landklima nimmt auf den Südkontinenten wegen ihrer niederen Breite nur ein verhältnismäßig kleines Areal ein, während es den weitaus größten Teil der nördlichen Festländer umfaßt. Der Gegensatz der ozeanischen und kontinentalen Erdhälfte macht sich wieder geltend; schon unter 40° N. ist die Jahresschwankung durchschnittlich um 10·4° größer als auf dem entsprechenden südlichen Parallel, und die Differenz steigert sich mit der Annäherung an die Pole. Durch exzessives Landklima ist die Umgebung der winterlichen Kältepole ausgezeichnet; das Maximum erreicht die jährliche Temperaturschwankung in Ostsibirien (Werchojansk 64·4°), während sie selbst im nördlichen Grönland 44° nirgends übersteigt. Überall in den gemäßigten und kalten Zone erscheinen die Linien gleicher Variation abhängig von den Winterisothermen und im warmen Gürtel von den Sommerisothermen; sie verhalten sich also ebenso, wie die Kurven gleicher Jahreswärme.

Auf isolierten Berggipfeln ist die Jahresschwankung kleiner als in der Ebene, weil die Wärme im Winter langsamer mit der Höhe abnimmt, als im Sommer. Der Einfluß des Land- und Seeklimas macht sich aber auch hier geltend:

	H. m	Winter	Sommer	Differenz
Pikes Peak, Felsengebirge 38·8° N.	3000	−8·5°	11·7°	20·2°
Casa inglese, Ätna 37·8° N. . . .	2996	−4·9	5·3	10·2

In den Hochthälern ist die jährliche Schwankung nicht nur beträchtlicher als auf freien Berggipfeln in gleichem Niveau, sondern auch größer als in der Ebene. Folgende Tabelle giebt auch die Ursache dieser Erscheinung an:

	H. m	Kältester M.	Wärmster M.	Differenz
Rigi	1784	−5·5°	9·4°	14·9°
Bevers	1715	−9·6	12·7	22·3
Bern	574	−2·0	18·4	20·4

Für die Plateaus läßt sich ein präzises Gesetz noch nicht aufstellen. Auf einigen differieren die extremen Monatstemperaturen etwas mehr, auf anderen etwas weniger, als im kontinentalen Tieflande; aber nirgends ist der Unterschied so bedeutend, daß man auf eine bestimmte Abhängigkeit von der Seehöhe schließen könnte.

Vergleichen wir die Verteilung der jährlichen Wärmeschwankung mit der der täglichen, so gelangen wir zur Aufstellung folgender klimatischer Typen:

1. Das Äquatorialklima. Auf dem Meere und auf dem Lande in nicht beträchtlicher Seehöhe sind beide Schwankungen gering, aber die tägliche ist größer als die jährliche. Erstere beträgt im Mittel der auf S. 56 angeführten Stationen 5·6°, letztere nur 2·8°; und lediglich in diesem

Sinne ist der bekannte Satz aufzufassen, daß die Nacht der Winter der Tropen sei.

2. Im Seeklima der mittleren und höheren Breiten sind beide Schwankungen gering, aber die jährliche größer als die tägliche. Landeinwärts nehmen beide zu. Die jährliche Variation nimmt unter übrigens gleichen Verhältnissen auch mit der Breite zu, die tägliche aber ab.

3. Das Polarklima mit großer jährlicher und kleiner täglichen Schwankung.

Mit Bezug auf die Seehöhe lassen sich folgende Typen unterscheiden:

1. Das Bergklima. Beide Schwankungen sind kleiner, als im benachbarten Tieflande. Das Bergklima gleicht somit dem Seeklima.

2. Das Plateau- und Hochthälerklima hat dagegen einen streng kontinentalen Charakter. Die tägliche Temperaturschwankung ist unter allen Umständen und unter allen Breiten größer als im Tieflande, während die jährliche von der in den Niederungen nicht beträchtlich differiert.

§ 58. Ein klimatologisches Moment von eminent geographischer Bedeutung, aber bislang noch wenig gewürdigt, ist die mittlere Veränderlichkeit der Temperatur von einem Tage zum andern. Schon Hann, auf dessen bahnbrechende Untersuchungen wir in diesem Punkte allein angewiesen sind, hat darauf aufmerksam gemacht, wie die größere Wärmevariabilität in Nordamerika, Australien und Neuseeland auf den körperlichen Habitus, wie auf den Charakter der europäischen Einwanderer merklich einwirkt, und wir fügen die Vermutung hinzu, daß der erschlaffende Einfluß des Tropenklimas hauptsächlich in der geringen Veränderlichkeit begründet ist. Es liegt ferner auf der Hand, daß auch die Verbreitung der Pflanzen zum Teil von diesem Moment abhängt, und es ist nur zu bedauern, daß Untersuchungen in dieser Richtung noch nicht eingeleitet wurden. Temperaturveränderlichkeit.

Infolge des Wechsels der Jahreszeiten nimmt die Tagestemperatur bis zum Maximum zu und dann wieder ab. Das ist das periodische Element in der Veränderlichkeit. Nebstdem wirken aber auch Winde, Bewölkung, Niederschläge u. s. w.; und das ist das unperiodische Element, welches sich schon dadurch als das maßgebendere erweist, daß die Werte für die mittlere Veränderlichkeit sich nicht erheblich ändern, wenn man den Einfluß des periodischen Elements eliminiert. Daraus erklärt es sich, daß in der Zone der regelmäßigen Winde, in den Tropen, die Tagestemperatur weniger variiert (in Georgetown z. B. durchschnittlich nur um 0·6°) als im Gebiete der wechselnden Luftströmungen. Die mittlere Veränderlichkeit nimmt daher mit der Breite zu, aber in ganz unregelmäßiger Weise, wie folgende Tabelle in der letzten Kolonne zeigt:

	Mittlere Breite	Dez. Febr.	März Mai	Juni Aug.	Sept. Nov.	Jahr
Arktisches Nordamerika . .	71·9°	**3·4°**	2·4°	1·3°*	2·5°	2·4°
Amerikanische Westküste . .	47·3	**2·0**	1·4	1·1 *	1·5	1·5
Westliches Plateau . . .	40·3	**3·2**	2·9	2·3 *	2·6	2·8
Inneres von Nordamerika .	43·0	**4·7**	3·5	2·4 *	3·3	**3·5**
Östliches Nordamerika . .	42·8	**4·1**	2·8	2·1 *	2·7	2·9
Südost-Nordamerika . . .	30·6	**2·9**	1·9	1·1 *	1·8	1·9
Plateau von Mexiko .	19·2	1·1	**1·6**	0·7 *	0·7	1·0
England	53·7	**2·1**	1·6	1·5 *	1·9	1·8
Mitteleuropa	49·3	**2·2**	1·9	1·9	1·7 *	1·9
Europäisches Rußland . .	56·8	**3·7**	2·5	2·0 *	2·3	2·6
Westsibirien	56·0	**4·6**	3·1	2·2 *	3·1	**3·2**
Ostsibirien	57·1	**3·2**	2·6	2·1 *	2·7	2·6
Ostasien	50·2	**2·8**	2·1	1·7 *	2·2	2·2
Westliches Mittelmeer . .	42·1	1·3	1·3	**1·4**	1·2 *	1·3
Östliches Mittelmeer . .	35·5	1·5	**1·7**	1·2	1·1 *	1·4
Südliche Halbkugel . . .	33·8	1·9	1·5*	1·7	**2·0**	1·8

Die nördliche Hemisphäre hat zwei Maximalbezirke, von denen nach allen Seiten hin — auch gegen die Pole — die Veränderlichkeit abnimmt. Der eine liegt im Innern von Nordamerika und umfaßt wahrscheinlich die nördlichsten Teile der Vereinsstaaten und den südlichen und mittleren Teil der Hudsonsbai-Länder; der andere liegt in Westsibirien, etwas nördlicher als der amerikanische, und auch etwas schwächer ausgebildet. Der Gegensatz der Ost- und Westküsten tritt auch hier wieder zu Tage, indem die erstere eine etwas variablere Temperatur hat (europäische Westküste 48·7° N. 1·5°, asiatische Ostküste 47·8° N. 2°); es ist dies wahrscheinlich eine Folge davon, daß hier die Wärme im Winter rasch mit der Breite zunimmt. Wenn auch die Veränderlichkeit in der Regel landeinwärts sich steigert, so darf man doch nicht dem Seeklima als solchem einen mildernden Einfluß zuschreiben, denn in diesem Falle müßte sie auf der südlichen Halbkugel geringer sein, als auf der nördlichen, während doch thatsächlich das Umgekehrte stattfindet. Den durchschnittlichen Wert von 1·8°, der jenseits des Äquators schon in 33·8° B. erreicht wird, finden wir auf unserer Erdhälfte im Mittel erst unter 49·3° B. Mit der Höhe nimmt die Veränderlichkeit zu, und zwar zum Unterschiede von den Schwankungen, gleichmäßig auf Berggipfeln, wie auf Plateaus. In Zürich (480 m) beträgt sie im Jahresmittel 1·8°, auf dem Ütliberg (874 m) 2·0° und auf dem Rigi (1784 m) 2·4°. In Stuttgart (270 m) beträgt sie 1·8°, in München (479 m) dagegen 2·1°.

In den mittleren und höheren Breiten unserer Halbkugel erreicht die Veränderlichkeit ihr Maximum im Winter und ihr Minimum im Sommer. Die geographische Anordnung bleibt aber das ganze Jahr dieselbe, nur sind im Sommer die Unterschiede beträchtlich kleiner als im Winter. Die winterlichen Werte sind also für das Jahresmittel das Entscheidende, und dieses giebt uns auch den Schlüssel zur Erklärung der Maximalbezirke in die Hand. Sie liegen an den Grenzen der winterlichen Regionen hohen Luftdruckes, wo eine häufige Verschiebung der Windgebiete stattfindet. So gelangt z. B. Westsibirien bald unter die Herrschaft warmer Winde vom Atlantischen Ozean, bald unter die der kalten Luftströmung vom asiatischen Kältepol. Nordamerika, der kleinere und daher wärmere Kontinent, dessen meridionale Gebirge ein Abfließen der kalten Luft zu den Meeren im Osten und Süden gestatten, erfährt aus diesem Grunde (wie wir später ausführlicher erörtern werden) auch raschere Windwechsel, und die Tagestemperatur ist daher größerer Veränderlichkeit unterworfen. Man muß sich auch stets vor Augen halten, daß die Winde nicht nur direkt die Temperatur beeinflussen, sondern auch indirekt, indem warme Winde im Winter, weil sie meist von der See kommen, auch Bewölkung und Niederschläge bringen, die kalten Landwinde aber Heiterkeit und trockene Luft; und wir haben schon gehört, daß das eine die Temperatur erhöht, das andere sie erniedrigt.

Lokale Einflüsse spielen im Sommer eine viel größere Rolle als im Winter. Namentlich wird die Variabilität gesteigert, wenn in der Nähe eines erhitzten Landstriches ein höheres Gebirge oder eine größere Wasserfläche sich befindet, wie an der Hudsonsbai und im kanadischen Seegebiete, oder auf der bayerischen Hochebene und im oberitalischen Tieflande. Besonders auffallend ist im Sommer die geringe Veränderlichkeit in den Polargegenden, die nicht größer ist als in den Mittelmeerländern. Auf der südlichen Hemisphäre sind Frühling und Herbst die extremen Jahreszeiten, und der Sommer ist sowohl an den Küsten, wie im Binnenlande veränderlicher als der Winter.

Klimatologisch wichtig ist auch die G r ö ß e der Veränderungen und ihre Häufigkeit. Auch hier wiederholt sich die geographische Verteilung, die wir schon kennen gelernt haben, wenn auch mit einigen Unterschieden. So sind z. B. Veränderungen von mehr als 6° in Ostsibirien seltener als im europäischen Rußland, geringere Änderungen aber häufiger. In beiden Maximalbezirken sind Änderungen von 20° und darüber nicht sehr selten, und auch solche von 25° kommen noch vereinzelt vor, aber der westsibirische Bezirk scheint öfter bedeutenden Schwankungen unterworfen zu sein, als der inneramerikanische. Dagegen reichen in Amerika die großen Temperaturwechsel viel weiter nach Süden, als in der alten Welt, was H a n n mit

Recht den „Northes" zuschreibt, jenen von Norden kommenden Winterstürmen, die manchmal bis in den Golf von Mexiko, also bis über die Grenze der warmen Zone hinaus die binnenländische Kälte tragen.

Temperaturabweichung. § 59. Der Ausdruck „Veränderlichkeit" wurde vom Altmeister der Meteorologie, Dove, in einem andern Sinne gebraucht. Er verstand darunter die Abweichung der Monatstemperaturen und Jahrestemperatur einzelner Jahrgänge von den langjährigen Mittelwerten oder der Normaltemperatur der betreffenden Station ohne Rücksicht auf das Zeichen (plus oder minus). Wir bezeichnen dies mit Hann kurzweg als „Abweichung". Nur meteorologisch wichtig sind die beiden Gesetze, daß beträchtliche Abweichungen stets über große Strecken sich verbreiten, und daß einer zu hohen Temperatur in einer Gegend eine zu niedrige in einer anderen Gegend das Gleichgewicht hält. Dagegen ist die geographische Verteilung der mittleren Abweichung auch von großer klimatologischer Bedeutung. Es zeigt sich dabei, daß Abweichung und Veränderlichkeit nicht parallel laufen. Zwar gilt auch für erstere im allgemeinen das Gesetz, daß sie vom Äquator gegen die Pole und von den Küsten landeinwärts zunimmt. Dagegen ist die mittlere Abweichung der Monatstemperaturen in der alten Welt (nach Wild) am größten in der Umgebung des weißen Meeres, und nimmt von da rasch gegen den atlantischen, langsamer gegen den pazifischen Ozean ab, außerdem auch, mit Ausnahme der Westküste, nach Süden. Die mittlere Abweichung der Jahrestemperatur erreicht ihr Maximum von 1° im nördlichen Teile von Mittel- und Westsibirien, am weißen Meere und in Nordfinland, und nimmt in der gleichen Richtung ab, wie die monatliche. In Nordamerika liegt zwar auch das Gebiet der größten Abweichung im Innern, und sind die Monats- und Jahrestemperaturen an der Ostküste variabler als an der westlichen, aber hier hört auch der Parallelismus auf. Die neue Welt hat die größte Veränderlichkeit, die alte die größte Abweichung; die störenden Elemente, welche die Temperaturkurve von einem Tage zum andern beeinflussen, sind dort mächtiger, aber sie treten auch regelmäßiger von Jahr zu Jahr auf, als auf unserer östlichen Feste. Die Abweichung im amerikanischen Binnenland ist nicht größer als im nördlichen Deutschland, und in den östlichen Vereinsstaaten sogar geringer als in Westeuropa. Ebenso ist die Abweichung auf der südlichen Hemisphäre kleiner, als auf der nördlichen unter entsprechender Breite. Alles das beweist, daß sie von der Kontinentalität des Klimas weit abhängiger ist, als die Veränderlichkeit. Dagegen nehmen beide mit der Höhe zu, aber die Abweichung nur um 0·007 für 100 m. In den einzelnen Monaten ist sie verschieden. Am größten ist sie im Winter, wo die Temperatur am meisten von den Winden abhängt; am kleinsten ist sie in Mittel-, West- und Südeuropa im Herbst, in Osteuropa, Asien, Mittel- und Ostamerika und in der Polarzone dagegen im Sommer.

Die mittlere Abweichung ermöglicht es auch, den Grad der Zuverlässigkeit unserer sogenannten Normaltemperaturen und damit auch der Isothermenkarten zu prüfen. Nach der Wahrscheinlichkeitsrechnung ist die Zahl der Jahre, die erforderlich ist, um den wahrscheinlichen Fehler der Mitteltemperatur auf $\pm$ 0·1° C. zu reduzieren, folgende:

Für	Moskau	Jahresmittel 43,	Januar 742,	Juli 139
„	Peking	„ 15	„ 94	„ 71

Man ersieht aus diesem Beispiele, daß selbst die besten Isothermenkarten, besonders die der Monate, noch weit davon entfernt sind, uns ein bis in die Details richtiges Bild der mittleren Wärmeverteilung zu bieten. Doch haben sie sich anderseits der Wahrheit schon so weit genähert, daß sie uns über die Hauptgesetze Aufschluß zu geben vermögen.

Drittes Kapitel.

Die Luftströmungen.

Windsysteme und Windgebiete.

§ 60. Zu wiederholten Malen hatten wir schon Gelegenheit, den Einfluß der Winde auf die Wärmeverteilung kennen zu lernen. In einem späteren Kapitel werden wir erfahren, daß der Wind einer der wichtigsten Faktoren ist, die die Verteilung der Niederschläge regeln. Es ist daher nicht Überschätzung, wenn man den Wind als den eigentlichen Träger des Klimas bezeichnet, und zugleich — da die klimatischen Verhältnisse das organische Leben und damit auch die Entwickelung der Menschheit bedingen — als eine Kulturmacht ersten Ranges. *Bedeutung der Winde.*

§ 61. Direkt erscheinen die Winde von der Verteilung des Luftdruckes abhängig. Dieses Grundprinzip der modernen Meteorologie ergab sich unmittelbar aus den sogenannten synoptischen Witterungskarten, welche den Zustand der Atmosphäre über einen größeren oder kleineren Teil der Erdoberfläche (Europa, nordatlantischen Ozean, Vereinigte Staaten von Amerika) in einer bestimmten Stunde (meist 7 h früh nach Lokalzeit) dar- *Windgesetze.*

stellen. Auf diesen sieht man die Orte gleichen Luftdruckes durch Linien, die sogenannten Isobaren, miteinander verbunden. Die beobachteten Barometerstände muß man zu diesem Zwecke, um sie miteinander vergleichbar zu machen, auf das Meeresniveau reduzieren; und außerdem muß man noch, da das Gewicht aller Körper, somit auch der Luft, mit der Polhöhe zunimmt, eine Schwerekorrektur anbringen, d. h. die unter verschiedenen Breiten beobachteten Barometerstände auf einen gemeinsamen Parallel (gewöhnlich den 45.) reduzieren. Der Vergleich der Isobaren mit den Winden ergiebt nun folgende zwei Gesetze, die nach ihren Entdeckern benannt werden:

1) Das Buys-Ballot'sche Gesetz: Die Luft strömt von der Gegend höheren Luftdruckes nach der niederen Luftdruckes und wird dabei durch die Erdrotation auf der nördlichen Hemisphäre nach rechts und auf der südlichen nach links abgelenkt.

2) Das Stevenson'sche Gesetz: Die Windstärke wird bedingt durch den barometrischen Gradienten, d. h. durch die Druckdifferenz, welche in der Richtung senkrecht zu den Isobaren gemessen und auf eine Längeneinheit (jetzt allgemein 1^0 am Äquator = 111 km) bezogen wird. Je steiler der Gradient, desto dichter gedrängt die Isobaren, desto größer auch die Windgeschwindigkeit.

Buchan, der zuerst mittlere Monats- und Jahresisobaren konstruierte, wies nach, daß diese beiden Gesetze auch für die mittleren Zustände des Luftmeeres, mit denen sich der Geograph zunächst beschäftigt, Gültigkeit haben.

Ursachen der Luftbewegung und Ablenkung der Winde.

§ 62. Ehe wir uns zur Naturgeschichte der Luftströmungen wenden, wollen wir die beiden Gesetze noch etwas näher betrachten. Ein ungleich verteilter Luftdruck zeigt an, daß das Gleichgewicht der Atmosphäre gestört ist, und die Winde haben die Tendenz, dasselbe wieder herzustellen. Eine Störung des Gleichgewichtes der Atmosphäre tritt aber stets ein, wenn zwei benachbarte Luftsäulen ungleich erwärmt sind und verschieden viel Wasserdampf enthalten. Letzterer wirkt direkt auf den Luftdruck, indem er leichter ist, als eine gleiche Quantität Luft, und indirekt, indem in feuchter Atmosphäre die Wärme langsamer mit der Höhe abnimmt, als in trockener, und dadurch die Mitteltemperatur der ganzen Luftsäule erhöht wird. Die warme Luftsäule dehnt sich aus, und dadurch erhöht sich ihre Oberfläche über die der kälteren. Sofort beginnt die Luft von der höheren Säule zur niederen zu fließen, um die Oberfläche beider wieder in das gleiche Niveau zu bringen. Dadurch wird aber in der kälteren Säule mehr Luft angehäuft, während die wärmere Luft verliert; an der Basis der ersteren wird also der Luftdruck steigen und an der Basis der letzteren fallen. Den Überschuß an Luft in der kälteren Säule führt eine untere Strömung zur wärmeren zurück.

Aus dieser kurzen Auseinandersetzung entnehmen wir, 1) daß die ungleiche Wärmeverteilung die letzte Ursache der Luftbewegung ist, 2) daß jedem Winde an der Erdoberfläche ein entgegengesetzter in den oberen Schichten der Atmosphäre entspricht, der als die primäre Bewegung anzusehen ist.

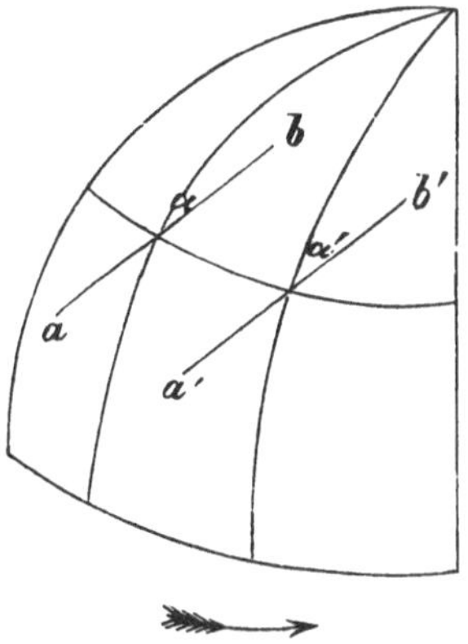

Fig. 11. Ablenkung der horizontal sich bewegenden Körper.

Auf der ruhenden Erde würde die Luft direkt von der Gegend höheren zu der niederen Barometerstandes strömen, auf der rotierenden Erde wird sie aber abgelenkt, und zwar auf der nördlichen Halbkugel stets nach rechts, auf der südlichen stets nach links. Sie teilt dieses Schicksal mit **allen** in horizontaler Richtung sich bewegenden Körpern, nur daß die Luft viel ungehinderter diesem Gesetze zu folgen vermag, als z. B. das fließende Wasser. Die Ursache dieser Ablenkung ist eine doppelte; zunächst die Beibehaltung der Richtung der bewegenden Kraft. In Figur 11, die einen Erdquadranten vorstellt, bewegt sich ein Körper in einer gewissen Zeit von *a* nach *b*, während in derselben Zeit infolge der Rotation *a* nach *a'* gelangt. Die Wirkung dieser Doppelbewegung ist dieselbe, als wenn auf der stillstehenden Erde die Bewegung von *a'* ausginge und parallel mit der ursprünglichen Richtung (*ab*) nach *b'* gelangen würde. Die dadurch hervorgerufene Ablenkung nach rechts tritt in der Zeichnung deutlich hervor, indem der Winkel *α'* größer ist als *α*. Die Bewegungsrichtung ist dabei ganz gleichgültig, und es muß besonders betont werden, daß auch die äquatoriale (d. h. ostwestliche) der Ablenkung unterliegt.

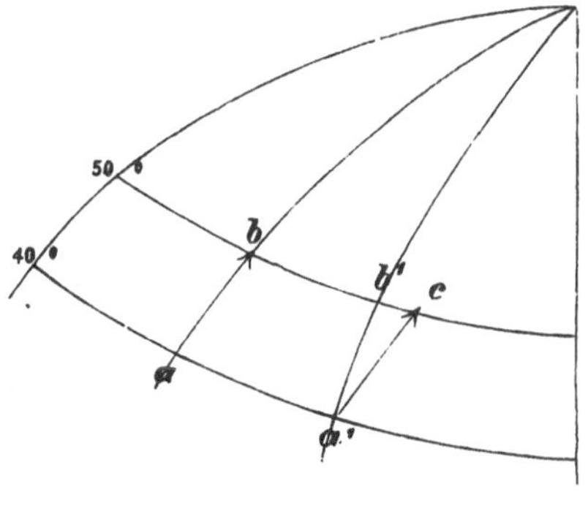

Fig. 12. Ablenkung der horizontal sich bewegenden Körper.

Eine zweite Ursache der Ablenkung liegt in der Beibehaltung der Rotationsgeschwindigkeit (Fig. 12). Ein Luftteilchen bewege sich z. B. vom 40. zum 50. Breitengrade, also in meridionaler Richtung nach Norden. Es würde von *a* nach *b* gelangen, wenn sich nicht inzwischen *a* nach *a'* und *b* nach *b'* fortbewegt hätte. Es läßt sich wieder annehmen, daß die Erde ruhe und die Bewegung von a' ausgehe; wir setzen ferner der Einfachheit wegen voraus, daß die erstgenannte Ursache der Ablenkung nicht vorhanden sei. Wird dann das Luftteilchen in b' anlangen? Nein, denn die Geschwindigkeit des Punktes a ist größer als die von b ($b : a = 1 : 1{\cdot}2$), und mit dieser größeren Geschwindigkeit erreicht a den 50. Parallel. Es wird daher dem Punkte b' vorauseilen und den Punkt c treffen, d. h. die aus Süd kommende Strömung wird in eine südwestliche verwandelt. Diese Ablenkung ist bei meridionalen Bewegungen am größten, bei äquatorialen dagegen null. Die Größe der Ablenkung, mag diese durch beide Ursachen oder (wie bei den Bewegungen im Parallel) nur durch die erste bewirkt werden, ist stets proportional dem Sinus der geographischen Breite, erreicht somit an den Polen ihr Maximum und wird am Äquator gleich Null.

Die Ablenkung der Winde erfolgt also im Sinne der Pfeile:

Nördliche Hemisphäre.

⟶

N. NO. O. SO. S. SW. W. NW. N.

⟵

Südliche Hemisphäre.

Ein Südwind wird z. B. auf unserer Halbkugel zu einem SW.- und W.-Wind, auf der andern zu einem SO.- und O.-Wind.

Außer durch die Achsendrehung wird die Richtung des Windes auch durch die Reibungswiderstände zwischen den einzelnen Luftschichten und an der Erdoberfläche bedingt. Ozeanische Winde unterliegen einer größeren Ablenkung als kontinentale, weil die letzteren auf dem unebenen Boden des Festlandes nicht völlig dem Einflusse der Rotation zu folgen vermögen. Stets aber bildet die Windrichtung mit dem Gradienten einen Winkel, der jedoch nie 90° erreicht.

Windstärke. § 63. Die Geschwindigkeit oder Stärke des Windes, die zunächst von der Steilheit der Gradienten abhängig ist, wird ebenfalls durch die Reibung wesentlich modifiziert. Sie steht zur letzteren im umgekehrten Verhältnisse, daher sie mit der Höhe zunimmt. Von geographischem Interesse ist auch ihre tägliche Periode. Mit Ausnahme der Berggipfel, erreicht sie auf dem Festlande unter allen Breiten ihr Minimum in den ersten Morgenstunden und ihr Maximum ein paar Stunden nach Mittag; sie steigt und fällt also mit der Temperatur, und dieser Parallelismus kommt auch darin zum Ausdruck, daß sie an heiteren Tagen schärfer ausgeprägt ist als an trüben. Auf dem Meere scheint das Maximum am Morgen und das Minimum um ca. 3^h nachmittags einzutreten; doch widersprechen sich die

Angaben, wenn auch alle darin übereinstimmen, daß die Differenz zwischen den Extremen beträchtlich geringer ist als auf dem Kontinente. In den höheren Luftschichten ist der Wind bei Nacht bedeutend stärker als bei Tag, wie die Beobachtungen auf dem Rigi, Mt. Washington und Dodabetta, also schon in einer durchschnittlichen Höhe von 1800 m zeigen. Die unteren Schichten werden also am meisten zur Zeit der größten Erwärmung in die allgemeine Luftcirkulation hineingezogen, während sich diese in der Nacht hauptsächtlich nur auf die oberen Schichten beschränkt. Köppen erklärt dies dadurch, daß in den Mittagsstunden die unteren Luftschichten sich ausdehnen und in die Höhe steigen, während die oberen, stärker bewegten herabsinken. Infolge dessen findet ein stärkerer Austausch zwischen den verschiedenen Niveaus statt und die horizontale Geschwindigkeit der ganzen Luftmasse wird eine gleichförmigere.

§ 64. Es giebt eine dreifache Art der Luftbewegung: eine passatische, cyklonische und anticyklonische. Doch bestehen sie nicht unabhängig nebeneinander, sondern Passate und Cyklonen treten stets in Verbindung mit Anticyklonen auf. Anticyklonen (Fig. 13) sind kreisähnliche oder elyptische Gebiete hohen Barometerstandes, in denen die Luft allseits von der Gegend des höchsten Luftdruckes, dem sogenannten barometrischen Maximum, ausströmt. Innerhalb des Gebietes steigt die Luft herab und dieser vertikale Strom wird durch horizontalen Zufluß in der Höhe ernährt. Dafür spricht außer der Wolkenrichtung, die gegen das Maximum gekehrt ist, die große Konstanz der Anticyklonen, die natürlich bald sich auflösen müßten, wenn beständig nur Luft ausströmte; endlich auch die vertikale Temperaturzunahme, von der bereits im § 48 die Rede war. Wenn auch Anticyklonen ihren Ort verändern (besonders in Nordamerika), so ist ihnen doch im Vergleich zu den Cyklonen eine gewisse Ruhe und Unveränderlichkeit eigentümlich. Das Wetter ist meist ruhig, klar und im Winter kalt, doch können sie ausnahmsweise — wie im Winter 1881/2 in Mitteleuropa — auch von anormal hoher Temperatur begleitet sein. Innerhalb der Anticyklone ist der Wind meist schwach und schwankend; Kalmen sind häufig.

Arten der Luftbewegung. Anticyklonen.

§ 65. Ganz anders ist der Charakter der Cyklonen. Man versteht darunter Gebiete niederen Luftdruckes von kreisähnlicher oder elliptischer Gestalt; die Gegend des tiefsten Luftdruckes heißt das barometrische Minimum. Allseitig strömt ihm die Luft in Spirallinien zu, einerseits vom Minimum angezogen, anderseits durch die Erdrotation abgelenkt. Eine von NNO. nach SSW. gezogene Linie (xy in Fig. 13) teilt die Cyklonen unserer Breiten in zwei Hälften mit entgegengesetztem Witterungscharakter, von dem Mohn folgende schematische Übersicht entworfen hat:

Cyklonen.

	Hintere (linke) Seite:	Vordere (rechte) Seite:
Windrichtung . . .	O. NO. N. NW. W.	W. SW. S. SO. O.[1]
Barometer	steigt	fällt
Temperatur, Feuchtigkeit und Bewölkung	fällt	steigt
Niederschlag . . .	nimmt ab	in der Regel bedeutend.

Die hintere Seite wird also durch kalte Polar-, die rechte durch warme Äquatorialwinde ausgezeichnet. Doch bezeichnen diese, für beide Hemisphären gleichmäßig anwendbaren Ausdrücke nicht etwa den Ort der Entstehung,

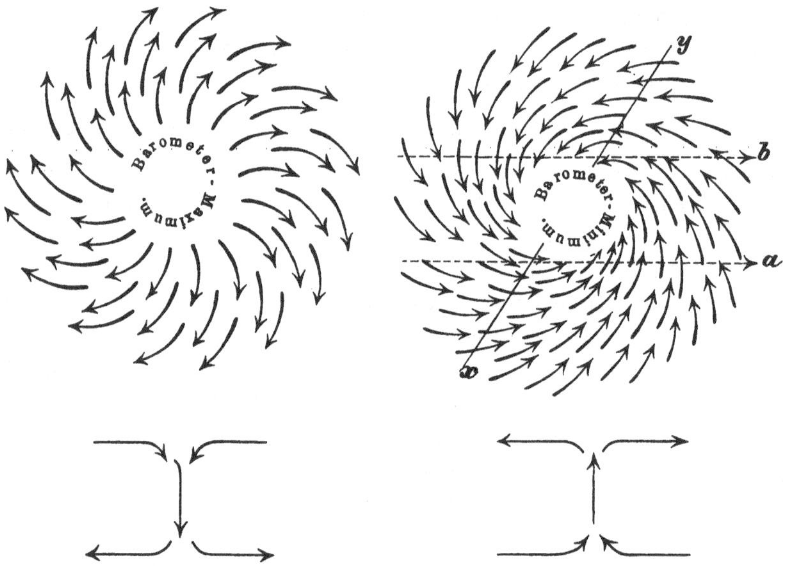

Fig. 13a. Anticyklonen und Cyklonen auf der nördlichen Halbkugel.

sondern lediglich nur die Richtung, aus der die Winde wehen. Wir werden im folgenden die hintere Seite der Cyklonen die Polar- und die vordere die Äquatorialseite nennen. Im Centrum der barometrischen Depression sind die Winde veränderlich und Windstillen häufig. Der Gradient und damit auch die Windgeschwindigkeit ist nicht in allen Teilen der Cyklonen gleich; der größte liegt im nördlichen und westlichen Europa meist im südlichen, der kleinste im nördlichen Quadranten; auf jenen sind daher die meisten europäischen Stürme beschränkt. Aber auch innerhalb eines Quadranten nimmt der Gradient vom Centrum gegen die Peripherie erst zu, dann wieder ab. Bei gleichem Gradienten sind in unseren Breiten die

[1] Für die südliche Hemisphäre ist S. statt N. und umgekehrt zu setzen.

nördlichen und östlichen Winde stärker, als die südlichen und westlichen; und im Sommer sind alle Winde stärker, als unter gleichen Verhältnissen im Winter.

Bis zu welcher Höhe die cyklonische Bewegung reicht, ist noch wenig untersucht worden. In der Bai von Bengalen vermögen die Cyklonen nicht einmal die 300—600 m hohen Ostghats zu überschreiten. In der östlichen Union erreichen sie selten die Höhe des Mt. Washington (1900 m), während in der westlichen selbst das über 4000 m hohe Felsengebirge keine absolute Schranke für sie bildet.

In der Höhe geht, wie die Wolkenbeobachtungen bezeugen, die cyklonische Bewegung in eine anticyklonische über, d. h. die von allen Seiten zugeführte Luft steigt im Centrum in die Höhe, um oben abzufließen. So speist in den oberen Schichten die Cyklone die sie umgebenden Anticyklonen, und in den unteren Schichten ernähren die Anticyklonen die Cyklonen.

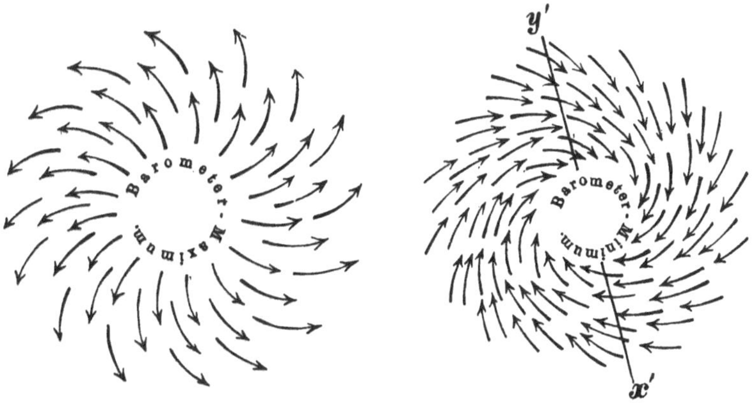

Fig. 13 b. Anticyklonen und Cyklonen auf der südlichen Halbkugel.

Die obere Bewegung ist die primäre; sie entsteht, wenn die Oberfläche einer wärmeren und dampfreicheren Luftsäule sich über die benachbarten erhebt. Ist aber an der Erdoberfläche einmal der Anstoß zu einer cyklonalen Bewegung gegeben, dann wird unter besonders günstigen Umständen das barometrische Minimum durch den um dasselbe entstehenden Luftwirbel immer mehr vertieft. Je mehr das Barometer im Centrum sinkt, desto steiler wird der Gradient, desto heftiger der Wirbel, desto geringer auch der Luftdruck im Mittelpunkte. So trägt die Cyklone in sich selbst die Bedingungen ihres Wachstums. Die in der Regel, wenn auch nicht ausnahmslos, sie begleitenden Niederschläge unterstützen diesen Prozeß, indem die bei der Condensation frei werdende Wärme das Aufsteigen der Luft im Centrum befördert. Hört diese vertikale Bewegung auf, dann wird das Minimum durch die zuströmende Luft bald ausgefüllt. Damit hört aber auch die

Ernährung der Anticyklonen durch die obere Strömung auf. Der Luftdruck verringert sich im Maximum, weil die abfließende Luft nicht mehr durch zufließende ersetzt wird, und er steigert sich im Minimum, weil die zuströmende Luft keinen Abfluß mehr findet. Mit Einem Wort: die barometrischen Unterschiede gleichen sich aus.

Von ihrer Geburt bis zu ihrem Erlöschen sind die Cyklonen in beständiger, bald schnellerer, bald langsamerer Wanderung begriffen. Es ist dies so zu verstehen, daß das Minimum stets auf der hinteren Seite ausgefüllt und dadurch in die vordere verlegt wird. In der tropischen Zone bewegen sie sich nach Osten, biegen dann an der Polargrenze der Passate nach Norden, beziehungsweise Süden um, wobei sie an Tiefe verlieren, aber an Ausdehnung gewinnen, und schlagen dann in den mittleren und höheren Breiten einen westlichen Weg ein. Das letztere gilt auch von jenen Depressionen, die in den außertropischen Gegenden entstehen. Wenn einmal dieser Zweig der meteorologischen Statistik genügend erforscht sein wird, dann erst wird die Klimalehre auf einer sicheren wissenschaftlichen Grundlage ruhen. Derzeit sind wir aber noch weit davon entfernt. Nur die mittleren Zugstraßen der Minima zwischen dem Felsengebirge und Ural kennen wir etwas genauer, namentlich durch die Arbeiten von Bebber, Köppen und Hoffmeyer. Die arktischen Minima aus der Baffinsbai und Davisstraße ziehen entweder parallel mit dem 70. Breitenkreise oder über Island nach Europa. In Nordamerika wandert die Mehrzahl unter ca. 45° B. durch die Seenregion, während andere aus dem SW. auf den atlantischen Ozean gelangen. Mehr als die Hälfte der nordamerikanischen Minima durchkreuzt denselben in 4—5 Tagen und erreicht Europa. Die einen ziehen über Labrador oder entlang der Küste nach Grönland und von da nach Osten; die Bahnen der anderen teilen sich in der Nähe von Neuschottland, um entweder über Island, oder quer über den Ozean oder über die Azoren nach Europa zu führen. Hier ist der Norden das Hauptdurchzugsgebiet der Minima. Eine Straße beginnt an der NW.-Küste von Island, zieht dem norwegischen Gestade entlang über den Polarkreis hinaus und führt von da entweder nordwärts in das Eismeer, oder zum weißen Meere oder nach SO. in das Innere von Rußland. Von den britischen Inseln und ihrer Umgebung wandern die Minima entweder über die Nordsee, Südschweden und die mittlere und südliche Ostsee nach den baltischen Provinzen und nach Finland; oder — jedoch in selteneren Fällen und im Sommer fast nie — über Frankreich nach dem Mittelmeere. Hier vereinigt sich diese Zugstraße mit der vom westlichen Mittelmeer kommenden, um im weiteren Verlauf teils nach SO., teils in das schwarze Meer, teils nach NO. in das innere Rußland zu führen. Besonders ausgezeichnet sind die Kreuzungspunkte der Zugstraßen, wie die Lorenzomündung, die Gegenden südlich von der Davisstraße, südwestlich von Island und bei den Lofoten, das südliche Schweden und der atlantische Ozean zwischen 50 und 52° N. und 34 und 38° W. Gr. Hier pflegen die Minima länger zu verweilen und schlagen häufig sogar auf kurze Zeit eine retrograde Bewegung ein; hier bilden sich auch die meisten, so einflußreichen stationären Depressionen.

Die mittlere 24stündige Geschwindigkeit der Minima beträgt in Nordamerika 1000, auf dem nordatlantischen Ozean 770 und in Europa 640 km. Daraus ergiebt sich ein bedeutungsvoller Unterschied zwischen dem nordamerikanischen und europäischen Klima. Denn die direkte Folge der fortschreitenden Cyklonen ist die Veränderlichkeit des Wetters; je rascher sie wandern, desto größer auch die Veränderlichkeit. Die Punkte *a* und *b* in Fig. 13 (S. 68) gelangen, wenn die Cyklone nach rechts fortschreitet, von der Äquatorial- auf die Polarseite, wobei sich in *a* (entsprechend dem sogenannten Dove'schen Drehungsgesetze, das aber nur beschränkte Geltung hat) der Wind im Sinne eines Uhrzeigers von SO. über SW. nach NW., in *b* aber im entgegengesetzten Sinne von SO. über NO. nach NW. dreht.

Innerhalb einer größeren Depression können sich auch sekundäre oder Teilminima bilden, am häufigsten auf der Südseite derselben. Im ersten Stadium ihrer Entwickelung verraten sie sich durch eine seitliche Ausbuchtung der Isobaren. Unter günstigen Bedingungen lösen sie sich vom Hauptminimum los und verfolgen selbständig ihren Weg.

Die eigentliche Heimat der Cyklonen sind die mittleren und höheren Breiten beider Hemisphären. In einem schmalen Gürtel zu beiden Seiten des Äquators fehlen sie ganz, denn hier ist die ablenkende Wirkung der Erdrotation zu schwach, als daß sie einen Wirbel erzeugen könnte. In dem übrigen Teile der Tropenzone fehlen sie zwar nicht, und sind insofern wichtig, als sie meist von verheerenden Stürmen begleitet sind, aber sie sind nur auf einige Monate beschränkt. Genauer bekannt sind nur die Hurricane des nordatlantischen Tropenmeeres, die Teifune der Chinasee und die Cyklonen des indischen Ozeans. Von den erstgenannten kommen nach Loomis 88 Prozent auf die Monate August bis Oktober, wo der thermische Äquator am weitesten vom mathematischen sich entfernt. Die niedrigste Breite ihres Vorkommens ist 10·3° N., das Umbiegen der Bahn erfolgt im Sommer im Mittel in 30·6°, im September in 29·7° B.; die durchschnittliche tägliche Geschwindigkeit beträgt 460 km. Von den Wirbelstürmen im pazifischen und indischen Ozean kommen 52 Prozent auf den Herbst (September bis November) und 43 Prozent auf den Frühling (April bis Juni). Es sind das die Zeiten der sogenannten Monsunwechsel, wovon wir im nächsten Abschnitte hören werden. Ihre niedrigste Breite ist 6·1°, die Umbiegung ihrer Bahn nach Norden geschieht im Durchschnitt schon unter 19·8° B., die mittlere Geschwindigkeit in 24 Stunden beträgt 310 km.

Passate. § 66. Im Gegensatze zu den Cyklonen sind die Passate nur an die warme Zone gebunden, und auch hier vorwiegend nur auf den Meeren entwickelt. Als weiteste Grenzen der Passatregion kann man im allgemeinen 35° N. und S. annehmen. Die Entstehung dieser regelmäßigen Winde schrieb man früher einem aufsteigenden Luftstrome am thermischen Äquator zu, zu dessen Ersatz kältere Luft von Norden und Süden zuströmt. Von einem solchen aufsteigenden Luftstrome, wie er wohl im Centrum der Cyklonen oder in der heißesten Zeit in Gebirgsthälern sich entwickelt, kann über ausgedehnten Flächen keine Rede sein. Wohl aber wird die ganze Luftmasse über dem thermischen Äquator durch das ununterbrochene Spiel aufsteigender warmer und herabsinkender kälterer Luftsäulchen allmählich erwärmt und dadurch aufgelockert, so daß die Oberfläche derselben über die des benachbarten Luftmeeres ansteigt. Es entwickelt sich nun die obere Strömung, die, zwischen den immer mehr sich nähernden Meridianen eingezwängt, an Tiefe gewinnen muß, was sie an Breite verliert. Sie sinkt daher schon zwischen 30 und 40° B. zu Boden und erzeugt hier permanente Gebiete hohen Luftdruckes, von denen die untere (passatische) Strömung zum thermischen Äquator ausgeht. Die barometrischen Maxima liegen stets an der Ostseite der Meere, weil — wie Hettner richtig bemerkt hat — nach dieser Seite die durch die Erdrotation abgelenkte obere Strömung gerichtet ist.

In zwei Punkten unterscheidet sich die passatische Bewegung wesentlich von den cyklonalen: in ihrer Regelmäßigkeit und in der Gestalt des Minimums.

Das äquatoriale Minimum, die Gegend größter Luftauflockerung, mit variablen Winden und Stillen (daher häufig, aber nicht ganz zutreffend, als Kalmengürtel bezeichnet), erstreckt sich zwar nicht zonenartig und gleichmäßig durch die ganze Breite des Meeres, hat aber stets eine langgestreckte Form. Daher kann kein Wirbel entstehen; es ist eigentlich nur der Nord- und Südquadrant einer Cyklone entwickelt, und auch diese anormal, weil die Luft von beiden Seiten der Gegend größter Rotationsgeschwindigkeit zuströmt und daher beiderseits nach Westen abgelenkt wird. Da die Ursache, welche den Luftdruck am Äquator verringert, beständig wirkt, so sind auch die Passate konstant, nur verschiebt sich das ganze System, welches aus dem äquatorialen Minimum, den beiden subtropischen Maxima und den zwischen Minimum und Maximum liegenden Gürteln des NO.- und SO.-Passates besteht, mit der Sonne, so daß zeit- und stellenweise der Passat der einen Hemisphäre auf die andere übertritt. Neben diesen periodischen Veränderungen sind aber auch beträchtliche unperiodische Verschiebungen der Grenze, besonders der polaren, an der Tagesordnung, so daß man sich von der Regelmäßigkeit der Passate keine übertriebene Vorstellung machen darf.

Von einem ununterbrochenen Passatbande kann man auf der nördlichen Hemisphäre niemals und auf der südlichen nur im Winter sprechen. Aber auch da ist das Band nicht gleichmäßig entwickelt, indem es auf dem Meere von Osten nach Westen immer schmäler wird. Im Westen nimmt der Passat eine rückläufige Bewegung an; der SO. der Südhemisphäre, wo diese Erscheinung besonders kräftig ausgebildet ist, geht allmählich in O., NO., NW., W. über, so daß dadurch ein vollkommen geschlossener anticyklonischer Kreislauf um die subtropischen Maxima hervorgerufen wird. Die Passate selbst erscheinen nur als ein verlängerter Zweig desselben.

Über der passatischen Bewegung in den unteren Schichten zieht die antipassatische in den oberen Schichten in entgegengesetzter Richtung, wodurch der vertikale Kreislauf geschlossen wird. Der Pic von Teneriffa, 3700 m hoch, ragt bereits in diese Region westlicher Winde hinein, und der Himalaya wird im Winter bereits in 2000 m Höhe von denselben getroffen.

§ 67. Nachdem wir eine Übersicht über das Wesen der verschiedenen Luftströmungen gewonnen haben, wollen wir noch einen Blick auf ihre geographische Verteilung werfen. Man kann die Erdoberfläche, soweit man sie bislang kennt, in dreierlei Windgebiete teilen: 1) die Gebiete beständigen Passates, 2) die Gebiete wechselnder cyklonaler und anticyklonaler Luftbewegung, 3) Gebiete, welche im Winter in die erstere, im Sommer in die letztere Zone aufgenommen werden. Über die Verbreitung dieser Gebiete in den extremen Jahreszeiten wird uns der nächste Abschnitt belehren. Windgebiete.

Luftdruck- und Windverteilung in den extremen Jahreszeiten.

(S. Karte IX. und X.)

§ 68. Wie die Isothermen von Tag zu Tag ihre Gestalt wechseln, so auch die Isobaren. Ein Ort in unseren Breiten kommt bald in den Bereich einer Anticyklone, bald in den einer Cyklone, bald liegt er auf der Vorderseite, bald auf der Hinterseite einer Depression. Der klimatische Charakter einer Gegend wird aber nur durch Mittelwerte repräsentiert und damit hat es der Geograph zunächst zu thun. Er muß sich also die Frage Die Isobarenkarten.

stellen: welches ist der mittlere Zustand des Luftmeeres und inwiefern hängen die vorherrschenden Winde, die eben deshalb, weil sie die anderen Windrichtungen an Häufigkeit übertreffen, die eigentlichen Träger des Klimas sind, damit zusammen? Wie uns die mittleren Monatsisothermen zeigen, ist die Ungleichheit in der Wärmeverteilung nicht ein vorübergehendes, sondern dauerndes Phänomen, und ebenso dauernd muß die dadurch bewirkte Störung des Gleichgewichtes der Atmosphäre sein. Diese kommt in den mittleren Monatsisobaren zum Ausdruck; sie stellen das Dauernde im Wechsel der Witterungserscheinungen dar, aber keinen permanenten Zustand. Karte IX sagt uns z. B. nicht, daß sich beständig ein Minimum im SW. von Island befindet, denn in diesem Falle müßte Europa stets von SW.- und die östlichen Staaten der Union stets von NW.-Winden überweht werden. Aber sie sagt uns, daß die nördlichen Meere und das benachbarte Festland der Hauptschauplatz der Cyklonenbildung sind, wie die Kontinente der der Barometermaxima. Die Ausbuchtung der Isobaren in der Davisstraße und westlich von Norwegen sagt uns, daß auch hier Cyklonen häufig erscheinen. Die Abnahme des Luftdruckes vom Festlande zum isländischen Meere ist mit Einem Worte der normale Zustand, und diesem müssen die herrschenden Winde entsprechen. Nur in diesem Sinne werden wir im folgenden von Cyklonen und Anticyklonen sprechen, denen wir eigentlich stets die Bezeichnung „mittlere" beifügen sollten.

Luftdruck- und Windverteilung im nördlichen Winter.

§ 69. In unseren Wintermonaten (s. Karte IX) umgiebt ein breites Band hohen Luftdruckes die ganze nördliche Hemisphäre, die Meere zur Hälfte, die Kontinente ganz bedeckend. Innerhalb desselben finden wir vier barometrische Maxima. Die beiden marinen liegen an der Grenze der Tropenzone (daher wir sie die subtropischen nennen), das atlantische südlich von den Azoren, das pazifische nordöstlich von den Sandwichinseln. Es sind dies jene Maxima, von denen der Passat ausgeht, und daher, wie dieses Windsystem, permanent. Die beiden anderen liegen auf den Kontinenten in den Gebieten größter negativer Wärmeanomalie (vergl. Karte VI). Das ostsibirische Maximum ist größer als das nordamerikanische, weil auch die Kälte dort intensiver ist. Die Ausbuchtungen der asiatischen Isobaren von 770 und 765 mm zeigen sekundäre Maxima an; das westliche, das bis nach Europa hineinreicht, ist ebenfalls durch die Isanomalen vorgezeichnet; das östliche ist das Ursprungsgebiet des westpazifischen Passates, und kann daher als ein untergeordnetes subtropisches Maximum aufgefaßt werden.

Das äquatoriale Minimum liegt auf allen Meeren mit negativer Wärmeanomalie nördlich vom Gleicher, während es auf den relativ zu warmen Meeren mit der Sonne auf die südliche Hemisphäre gewandert ist, doch nur bis ca. 10° B.

Diesseits der Zone hohen Barometerstandes nimmt der Luftdruck auf dem nordatlantischen und nordpazifischen Ozean wieder ab, um bei Island und den Aleuten sein Minimum zu erreichen. Wir bezeichnen diese Minima wegen ihrer Lage als subpolare. Auch hier zeigt sich wieder die Abhängigkeit der Isobaren von den Isanomalen in drastischer Weise. Die relativ wärmsten Gebiete sind auch Gebiete niederen Luftdruckes, und die größere Tiefe des nordatlantischen Minimums ist bedingt durch den höheren Grad der positiven Anomalie. Sogar die Biegungen der Isobaren sind in den Isanomalen vorgezeichnet, so u. a. auch die beiden so wichtigen Teilminima in der Davisstraße und an der Nordwest-Küste von Norwegen.

Der thermische Gegensatz von West und Ost, der das Winterklima unserer Halbkugel beherrscht, kommt auch darin zum Ausdruck, daß in derselben Richtung Windsysteme von entgegengesetztem Charakter einander ablösen. Auf die nordatlantische Cyklone folgt die ostasiatische Anticyklone, dann die nordpazifische Cyklone und endlich die nordamerikanische Anticyklone. Eine Linie, welche auf den Meeren beiläufig mit den 30. Parallel zusammenfällt, auf den Kontinenten aber — wie Karte IX zeigt — beträchtlich höher ansteigt, bildet, gleichsam wie ein barometrisches Gebirge, die Hauptwindscheide zwischen den vier nördlichen und den südlichen Systemen.

Von jenen ist die nordatlantische Cyklone für uns am wichtigsten, überdies auch am eingehendsten erforscht. Eine von den Bermudas gegen Island gezogene Linie trennt die Polar- von der Äquatorialseite. Auf der letzteren herrschen südliche und westliche Winde vor, welche die höhere Lufttemperatur des Golfstromgebietes, größere Feuchtigkeit und Niederschläge über das mittlere und polare Europa bis nach Westsibirien verbreiten, aber natürlich in immer geringerem Maße, je weiter sich die ozeanischen Winde von ihrer Ursprungsstätte entfernen, und je mehr kontinentale Massen in den Wirbel gezogen werden. Die folgende Tabelle, welche die mittlere Differenz der Polar- (−) und Äquatorialwinde (+) in Prozenten für einige Gegenden angiebt, zeigt uns am besten den Kontrast zwischen beiden Seiten der Cyklone.

Polarseite.		Äquatorialseite.	
Neu-England	−31·4	Irland	+20·0
Küste von New-York bis zur Chaspeakbai . . .	−21·1	Schottland	+26·8
		England	+ 7.5
Küste von der Chaspeakbai bis Savannah . . .	− 9·0	Norwegische Westküste . .	+33·6
		" Südküste . .	15·0
Hudsonsthal	− 9.2	Südschweden	+ 9·5

Polarseite.		Äquatorialseite.	
Seenregion	+ 4.6	Baltische NW.-Küste . .	+ 3.0
Ohio und Tennessee . .	+11.0	Belgien und Nordfrankreich	+22.2
Oberes Mississippithal .	− 4.0	Französische Westküste . .	+ 8.3
		Niederlande, Deutschland und Dänemark . . .	+26.2
		Nord-Alpen (Rigi und Schafberg)	+21.5
		Inneres Böhmen . . .	+15.0
		Nordabhang der Karpaten	+10.3
		Ostseeprovinzen und Finland	+27.3
		Nord-Rußland .	+21.0
		Central-Rußland	+23.5
		Westsibirien	+20.0

Man ersieht aus dieser Tabelle, daß in Europa nicht alle Gegenden gleichmäßig begünstigt sind. England und das südliche und östliche Skandinavien haben im Osten und Süden wärmere Meeresflächen, die häufig der Schauplatz von Cyklonenbildungen sind, aber ohne auf unseren Isobarenkarten als Teilminima klar hervorzutreten. Jene Lokalitäten liegen daher oft auf der Polarseite von Barometerdepressionen. In Nordamerika nimmt die Häufigkeit der nördlichen Winde nach Süden rasch ab (und infolge dessen die Temperatur ebenso rasch zu), ja stellenweise herrschen sogar die Äquatorialwinde, wenn auch nicht bedeutend vor. Es erklärt sich dies aus der regelmäßigen Wanderung von Cyklonen aus dem Inneren der Vereinsstaaten gegen Osten, wodurch ihre Zugstraßen, sowie die südlich davon gelegenen Landstriche häufig der Wohlthat äquatorialer Winde teilhaftig werden.

Die nordpazifische Cyklone unterscheidet sich von der atlantischen in einigen wesentlichen Punkten. Sie umfaßt auf der einen Seite die Ostabdachung Asiens, stellenweise — wie am oberen Hoangho — ziemlich tief in das Innere eindringend, und auf der anderen den schmalen pazifischen Rand von Nordamerika. Ihre kontinental abgeschlossene Nordseite ist viel ausgebildeter, als die offene der atlantischen Cyklone; überall in der Umgebung der Beringsstraße herrschen Polarwinde vor, wie noch kürzlich die Vega-Expedition bestätigen konnte. Aus dem gleichen Grunde liegt das Minimum hier wenigstens 10 Breitengrade südlicher als im atlantischen Ozean; Alaska befindet sich daher schon auf der Polarseite, während Skandinavien noch auf der Äquatorialseite liegt. Die letztere ist also in der neuen Welt in nordsüdlicher Richtung beschränkter, als in der alten Welt, aber auch gegen Osten hin, weil Gebirge ein tieferes Eindringen nicht verstatten. Ein ebenso bemerkenswerter Unterschied liegt in der gleichförmigen Entwickelung der Polarseite bis an den Wendekreis. Eine Linie von den Bonininseln zu den Aleuten trennt sie von den äquatorialen.

Polarseite.		Äquatorialseite.	
Ochotskische Küste und Kamtschatka	−41·5	Pazifische Küste von Nordamerika . .	+15·7
Sachalin, Japan und China	−46·7	Oberes Columbia . . .	+18·0

Ein Vergleich mit den auf S. 75 mitgeteilten Zahlen zeigt uns deutlich, daß das östliche Nordamerika in den mittleren Breiten ungleich begünstigter ist als das östliche Asien. Die Wärme nimmt hier nicht so rasch nach Süden zu; noch Schanghai hat eine mittlere Januartemperatur von 3·2°. Noch schärfer tritt der Gegensatz in den Niederschlagsverhältnissen hervor, wie wir später sehen werden. Woher dieser Unterschied? Offenbar findet in Ostasien keine so lebhafte Cyklonenbewegung statt, wie in den Vereinigten Staaten. Alle Bewegung nimmt in diesen Breiten eine östliche Richtung, und in dieser liegen hier hohe Gebirge. Ebensolche verhindern auch den Abfluß der Luft nach Süden. So gewinnt die sibirische Anticyklone eine größere Festigkeit als die nordamerikanische, und dadurch ist wohl auch zum Teil die abnorme Höhe des Luftdruckes bedingt.

Außer den beiden genannten Anticyklonen dürfte noch eine dritte im Gebiete des amerikanischen Kältepols sich befinden. Darauf deuten die sehr beständigen NW.-Winde, die das ganze arktische Amerika bis in die Baffinsbai und Davisstraße überwehen.

An der Hauptwindscheide finden wir schwankende Strömungsverhältnisse, da die Grenzen der Windgebiete, der Beweglichkeit des Elementes entsprechend, sich beständig verschieben. Je weiter wir aber gegen Süden vordringen, desto mehr nimmt die Luftcirkulation einen passatischen Charakter an. Die Polargrenze des eigentlichen NO.-Passates liegt im Osten des atlantischen Ozeans in ca. 30° B. und sinkt gegen Westen auf ca. 25°; die westliche Sahara auf der einen Seite und Centralamerika und der nördliche Teil von Südamerika auf der anderen gehören noch diesem Gebiete an. Im pazifischen Ozean treffen wir den ausgebildeten Passat ebenfalls erst jenseits des 30. Parallels im Osten und des 21—25. im Westen an. In der östlichen Sahara, in Arabien und in Mesopotamien zieht eine sehr beständige NW.-Strömung zum indischen Ozean. In Centralasien beginnt das passatische System erst jenseits des Himalaya, der weit in die Region der antipassatischen Strömung hineinragt; diesseits desselben bis zum 50. Breitengrade ist ein Übergangsgebiet mit schwankenden

Winden, unter denen aber doch die polaren vorherrschen. Wie hier das Relief des Erdbodens die Passatgrenze nach Süden schiebt, so rückt im Westen das Mittelmeer die Hauptwindscheide nach Norden. Auch hier nimmt der Luftdruck vom Festlande gegen die See ab; aber das vielfach gegliederte Mittelmeer beherbergt mehrere Minima, und die Windverhältnisse sind daher ziemlich komplizierter Natur. Doch herrschen an den nördlichen und westlichen Küsten im allgemeinen nördliche und an den südlichen südliche Winde vor.

Jenseits des Himalaya fließt die Luft den großen Thälern des Ganges und Brahmaputra entlang zum indischen Ozean, wo die Strömung erst die regelmäßige passatische Richtung annimmt. Überall, wo der Kalmengürtel im Süden des Äquators liegt, also im ganzen indischen Ozean und in der westlichen Südsee, dringt der NO.-Passat auf die Südhemisphäre hinüber bis ca. 10° B. und in Australien noch weiter. Er wird hier durch die Rotation in einen NW.- bis W.-Wind umgewandelt, und daher im malayischen Archipel und in Australien als NW.- oder Australmonsun bezeichnet. Unter dem Ausdruck Monsun (vom arabischen mausim = Jahreszeit) versteht man einen mit der Jahreszeit wechselnden Wind; so führt auch der indische Passat den Namen NO.-Mosun, nur weil er im Sommer vom SW.-Monsun abgelöst wird.

Auf der südlichen Halbkugel folgt zunächst, wie auf der nördlichen, auf den äquatorialen Gürtel niederen Luftdruckes eine Zone hohen Luftdruckes, welche aber durch die stark erwärmten Kontinente unterbrochen wird. Die Luftauflockerung schafft hier Minima, die ringsum von der kälteren Umgebung Luft anziehen und in cyklonale Bewegung setzen. Wir haben also hier, entsprechend den drei Meeren, drei Passatgebiete, die durch die festländischen Cyklonen von einander getrennt werden.

Auch der SO.-Passat, der in dieser Jahreszeit (Sommer) nur in den östlichsten Teilen des atlantischen und pazifischen Ozeans den Äquator überschreitet, während er sonst überall von dem nördlichen Passat bis ca. 10° s. B. zurückgedrängt wird, erreicht seine höchste Breite (33—34°) im Gebiete der subtropischen Maxima, und von da nähert sich seine Polargrenze immer mehr dem Äquator. Im Osten wird er durch die benachbarten kontinentalen Minima in SW. umgewandelt (besonders deutlich ist diese Ablenkung an der afrikanischen Westküste ausgebildet), im Westen vollzieht sich, ebenfalls unter dem Einflusse jener Minima, die schon im § 66 geschilderte Umkehr, wodurch die anticyklonische Bewegung um die subtropischen Maxima geschlossen wird. Nirgends und niemals ist dieses Phänomen kräftiger ausgebildet, als in dieser Jahreszeit auf der Südhemisphäre. Wir finden es sogar mitten in der Südsee wieder, wo das östliche Passatgebiet von dem schwächer entwickelten westlichen durch ein Gebiet des rückkehrenden Passates getrennt wird.

Jenseits der Zone hohen Luftdruckes fällt das Barometer sehr rasch, um dann wieder gegen den Pol hin zu steigen. Die Lage des subpolaren Minimums, das jenseits der 40° B. allenthalben stürmische NW.-Winde hervorruft, kennen wir aber nicht; nur vermuten läßt sich, daß die Isobaren auf der einförmigen Wasserfläche — ähnlich wie die Isothermen — nicht beträchtlich von den Parallelkreisen abweichen. Wir bezeichnen dieses Windgebiet, von dem wir nur wenig wissen, als das antarktische.

Luftdruck- und Windverteilung im nördlichen Sommer.

§ 70. Betrachten wir nun die mittlere Luftdruck- und Windverteilung in unserem Sommer (s. Karte X und vergl. damit Karte VII). Beginnen wir mit der südlichen Halbkugel, wo die Verhältnisse außerordentlich einfach sind. Ein Band hohen Luftdruckes von verschiedener Breite umschlingt die ganze Hemisphäre, und hängt im atlantischen Ozean, wo auch die äquatoriale Zone relativ zu kalt ist, mit dem nördlichen Gebiete hohen Barometerstandes zusammen. Die subtropischen Maxima liegen zwischen 25 und 30° B.; auch auf den Kontinenten entwickeln sich solche in den Gegenden der größten negativen Wärmeanomalie. Die Hauptwindscheide schwankt zwischen 30 und 35° B., liegt also im ganzen etwas nördlicher als im südhemisphärischen Sommer. Nördlich davon dehnt sich die Passatzone aus, die sich nicht mehr auf die Meere allein beschränkt, wenn sie auch auf den Kontinenten nicht so regelmäßig ausgebildet ist. Die drei, bez. vier sommerlichen Passatgebiete lassen sich trotzdem auch jetzt noch unterscheiden, nur verschmelzen die beiden pazifischen, wenigstens im Norden, völlig miteinander. Die anticyklonische Bewegung um die subtropischen Maxima ist noch gut erkennbar, aber sie vollzieht sich erst in höheren Breiten. Auffällig dürfte in dieser Jahreszeit (Winter) die Ablenkung des Passates gegen die südafrikanische Westküste erscheinen; aber sie erklärt sich leicht, wenn man bedenkt, daß hier das Meer durch die antarktische Benguelaströmung stets abgekühlt wird, während die Küste im Verhältnis dazu das ganze Jahr wärmer und überdies breit genug ist, um durch Luftauflockerung den Seewind anzuziehen.

Die Polargrenze des eigentlichen Passates liegt in ca. 25° B., im atlantischen Ozean reicht sie aber bis gegen 30°. Jenseits des 40. Parallel herrscht überall die westliche Strömung des antarktischen Windgebietes. Die geringe jährliche Wärmeschwankung in diesen Breiten macht es wahrscheinlich, daß die Lage und Tiefe der subpolaren Depression seit dem Sommer sich nicht wesentlich geändert hat.

Welcher Kontrast zwischen beiden Jahreszeiten tritt uns aber auf der nördlichen Halbkugel entgegen! Lassen wir die alte Welt vorläufig außer Betracht. Das äquatoriale Minimum ist mit dem thermischen Äquator allenthalben nach Norden gerückt, im Mittel bis ca. 10° N., nur an den Westseiten der Festländer bis 15—20° N. Überall folgt ihm der SO.-Passat auf unsere Hemisphäre, und wird dabei in der Nähe des erhitzten östlichen Festlandes in SW. umgewandelt. Auch das Gebiet hohen Luftdruckes ist auf dem Meere beträchtlich weiter gegen den Pol fortgeschritten (bis ca. 60° B.); seine nördliche Grenze fällt im atlantischen Ozean fast genau mit der Grenze der negativen Wärmeanomalie zusammen. Ebenso liegen die subtropischen Maxima nördlicher als im Winter (das atlantische bis 40°, das pazifische bis 45° B.), und damit steigt natürlich auch die Hauptwindscheide höher an. Auf den Kontinenten, die wärmer sind als das Meer in gleicher Breite, biegen sich dagegen die Isobaren nach Süden, und der Luftdruck nimmt landeinwärts ab. Daher sinkt die Hauptwindscheide in Amerika bis zum Wendekreis und in der alten Welt verschwindet sie vollständig.

Es dürfte nun an der Zeit sein, einen vergleichenden Blick auf die horizontale Luftdruckverteilung im Sommer und Winter zu werfen. Auf den Meeren folgen in beiden Jahreszeiten aufeinander: das äquatoriale Minimum, das subtropische Maximum, das subpolare Minimum und das polare Maximum. Die Festländer beherbergen dagegen im Winter Maxima und im Sommer Minima. Es besteht also ein fundamentaler Gegensatz zwischen den marinen und kontinentalen Maxima und Minima; jene sind permanent, wandern aber mit der Sonne, diese sind periodisch.

Die nordhemisphärische Passatzone reicht im Sommer nur von der Saharaküste westwärts beiläufig bis zum Meridian von Sachalin. Ihre Polargrenze liegt auf den Meeren zwischen 26 und 27° B., steigt aber im Osten über 30° an. Die Nähe der erhitzten Kontinentalflächen erzeugt eine vollständige anticyklonische Bewegung um die subtropischen Maxima, wie wir sie sonst nur auf der Südhemisphäre beobachten konnten.

In den mittleren und höheren Breiten lagern vier cyklonische Windgebiete nebeneinander, nur das der alten Welt reicht auch in die Tropenzone hinein. Eine strenge Scheidung durch ausgedehnte anticyklonische Systeme findet nur in den mittleren Breiten statt, in den höheren treten die Windscheiden nur auf sehr detaillirten Isobarenkarten deutlich hervor. Überdies sind die Winde nicht so stark wie im Winter, denn die Druckdifferenzen sind nach allen Richtungen viel geringer, ebenso wie die Temperaturunterschiede. Sie sind auch in den höheren Breiten von geringerer klimatologischer Bedeutung als im Winter, weil die Verteilung der Temperatur hauptsächlich durch die Insolation bedingt wird, und wir werden ihnen daher auch keine so eingehende Betrachtung widmen, als im vorigen Paragraph.

Im nordatlantischen Cyklonengebiete liegt das Minimum (nach einer brieflichen Mitteilung von Hrn. Hoffmeyer) zwischen Island und den Färöer. Amerika im Osten des Mississippi und einer Linie, die man sich zwischen der Seenregion und der Hudsonsbai nach Nordwesten gezogen denkt, der atlantische Ozean nördlich einer Linie von Florida bis Frankreich, die britischen Inseln, Frankreich und das westliche Deutschland gehören dazu. Nördlich einer Linie von der Jamesbai nach Island herrschen Polar-, südlich davon Äquatorialwinde vor. Die Nähe der großen ostkontinentalen Barometerdepression macht sich aber auch hier insofern geltend, als in Westeuropa die Polarströmung häufiger ist, als im Winter. Über die Lage des Minimums in der pazifischen Cyklone ist nichts genaues bekannt. Die amerikanische Cyklone zieht S.- und SO.-Winde aus dem Golf von Mexiko an, die das ganze Prärienplateau überströmen, und erzeugt anderseits NW.-Winde an der pazifischen Küste. Weitaus am wichtigsten ist aber das Cyklonengebiet der alten Welt. Das Hauptminimum liegt wahrscheinlich in Centralasien, aber die Biegungen der Isobare von 755 mm verraten schon die Existenz von nicht minder wichtigen Teilminima, wie im westlichen Sibirien, in der Sahara und in China. Überall ist in den weiten erhitzten Ebenen Gelegenheit zur Bildung barometrischer Minima vorhanden, an allen Seiten saugt der Kontinent Luft ein, wie er im Winter Luft ausatmet. Im Süden wird — das einzige Beispiel dieser Art — der indische NO.-Passat ganz unterdrückt, und der SO.-Passat über den Äquator herübergezogen und in einem SW.-Wind (SW.-Monsun) umgewandelt. Thalaufwärts strömt er in Hindustan bis zur großen Himalaya-Barrière, ja vielleicht noch in tieferen Einschnitten darüber hinweg. Nach Westen herrscht dieser Monsun bis Arabien, nach Osten bis zu den Philippinen. In der Sahara dringt ebenfalls der SO.-Passat bis gegen 20° N. vor; in China, Japan und dem benachbarten Festland löst der SO.-Wind den winterlichen NW. ab. Auf der andern Seite des großen Depressionsgebietes herrschen vom östlichen Deutschland und der Balkanhalbinsel bis Sibirien und Turan polare Strömungen vor.

Dasselbe Gesetz, das hier die Luftcirkulation über ein Drittel der Erdoberfläche regelt, macht sich auch im kleinen geltend. Skandinavien und die iberische Halbinsel sind ebenfalls abgeschlossene Cyklonengebiete. Auch Italien zieht Seewinde an, während im südlichen Mittelmeere nördliche Winde zur Sahara ziehen.

Schematische Übersicht der Hauptwindgebiete.

§ 71. Folgende schematische Übersicht der Hauptwindgebiete dürfte geeignet sein, das in den beiden vorhergehenden Paragraphen gesagte dem Gedächtnisse einzuprägen:

Winter.					
Nordpazifische Cyklone	Nordamerik. Anticyklone		Nordatlantische Cyklone		Ostasiatische Anticyklone
Nordpazifisches Passatgebiet		Nordatlantisches Passatgebiet		(Mittelmeer-Gebiet)	Nordindisches Passatgebiet
West- u. Ostpazifisches Passatgebiet	Südamerik. Cyklone	Südatlant. Passatgebiet	Südafrikan. Cyklone	Südindisches Passatgebiet	Australische Cyklone
Antarktisches Windgebiet.					

Sommer.			
Nordpazifische Cyklone	Nordamerikanische Cyklone	Nordatlantische Cyklone	Cyklonengebiet der alten Welt
Nordpazifisches Passatgebiet	Nordatlantisches Passatgebiet		
Südpazifisches Passatgebiet	Südatlantisches Passatgebiet		Südindisches Passatgebiet
Antarktisches Windgebiet.			

Verteilung der mittleren monatlichen Barometerschwankungen.

§ 72. Wie die Wärmeschwankungen, so sind auch die mittleren Schwankungen des Luftdruckes ein bedeutungsvolles klimatisches Element, und es ist ein großes Verdienst Köppen's, dieselben zuerst kartographisch dargestellt zu haben. Je größer sie sind, desto unruhiger ist durchschnittlich das Wetter, desto steiler ist wahrscheinlich der Gradient und desto stärker daher die Winde. Betrachten wir zunächst nur die Nordhemisphäre. Vom Äquator bis zum 60. Parallel, der Gegend der subpolaren Minima, nimmt die durchschnittliche monatliche Barometerschwankung zu, dann wieder ab. Überall ist sie im Winter größer als im Sommer, aber die Differenz zwischen beiden ist in der Tropenzone auf den Kontinenten und von 30° B. ab auf dem Meere beträchtlicher. Vergleichen wir Meer und Festland miteinander, so ergiebt sich ein sehr bemerkenswerter Gegensatz. Bis zum 20. Parallel ist das Wetter auf dem Meere im Gebiet des regelmäßigen Passates stets beständiger als auf den Kontinenten, nördlich vom 30° B. ist umgekehrt das maritime Wetter schwankender. Zwischen 20 und 30° ist eine Übergangszone. Im Sommer steigt mit der Polargrenze des Passates auch der tropische Typus bis zu

30° B. und im Winter sinkt mit jener der Typus der gemäßigten Zone bis 20° B. herab.

Auf der südlichen Hemisphäre ist dasselbe Gesetz der Abhängigkeit von der Breite wirksam, wie auf der nördlichen, aber die Schwankungen sind dort beträchtlicher, namentlich wenn wir die Sommer miteinander vergleichen. Die Maximalwerte unserer Halbkugel werden jenseits des Äquators schon zwischen 50 und 55° B. erreicht — ein Beweis, daß in der südlichen gemäßigten Zone Cyklonen- und Anticyklonenbildungen ebenso wechseln, wie bei uns, und daß die barometrischen Gradienten steiler sind. In der That berichten alle, die die antarktische See durchfuhren, von dem stürmischen Charakter der dort herrschenden westlichen Winde.

Lokale Winde.

§ 73. Die lokalen Winde können wir in zwei Hauptarten teilen. Zur ersten gehören die lokalen Winde in des Wortes strengster Bedeutung, welche nicht durch die allgemeine geographische Verteilung des Luftdruckes, sondern durch örtlich beschränkte barometrische Unterschiede hervorgerufen werden. Es ist selbstverständlich, daß solche lokale Druckdifferenzen nur dann zur Geltung gelangen können, wenn die Atmosphäre nicht von beträchtlichen Störungen heimgesucht wird. Die Winde dieser Kategorie sind daher nicht nur örtlich, sondern auch zeitlich beschränkt. Die zweite Hauptart bilden jene Winde, die zwar Teile der allgemeinen Luftcirkulation sind, aber in bestimmten Gegenden oder nur unter bestimmten Umständen eine lokale Färbung erhalten. Einteilung.

§ 74. Zur ersten Art gehören die Land- und See-, Berg- und Thalwinde. Die ersteren, deren Theorie Blanford ausgebildet hat, finden wir an den Gestaden aller größeren Wasserflächen, hauptsächlich aber an den Meeresküsten. Wenn in den Vormittagsstunden das Land sich erwärmt, steigen die Luftsäulen über demselben zu einer größeren Höhe an, als über dem kühleren Meere; es entsteht infolge dessen eine obere Strömung vom Lande zur See, und zum Ausgleich in den unteren Luftschichten der Seewind. Die Circulation reicht in ziemlich bedeutende Höhen, wie die Beobachtungen mittels eines befestigten Ballons in der Bucht der Coneyinsel (New York) lehren: Land- und Seewinde.

	10. Aug. 1879 $1^h\ 19^m$ p. m.	10. Aug. 1879 $3^h\ 10^m$ p. m.	13. Aug. 1879 $11^h\ 50^m$ a. m.
Oberes Ende des Landwindes	270 m	330 m	320 m (?)
Unteres „ „ „	150	150	210
Oberes „ „ Seewindes	120	150	200

In den Abendstunden gleichen sich die Druckdifferenzen aus, und nach Mitternacht, wenn sich das Land mehr abgekühlt hat als das Meer, entwickelt sich die umgekehrte Bewegung: in den oberen Schichten ein Seewind, in den unteren ein Landwind.

Berg- und Thalwinde und verwandte Erscheinungen.

§ 75. Ein echter Tagesmonsun sind auch die Berg- und Thalwinde, ein allen Gebirgsländern gemeinsames Phänomen, wenn auch kaum irgendwo großartiger und regelmäßiger entwickelt, als in Tibet und Kaschgarien. Wenn mit steigender Sonne die Luft im Thale und an den Berghängen sich erwärmt, dehnen sich — wie Hann auseinandersetzt — die Luftsäulen *ab* und *cd* bis *b'* und *d'* aus, und es entsteht nun ein Gradient von der freien Atmosphäre gegen den Bergeshang hin. Das gleiche Resultat wird noch durch einen anderen Umstand erzielt. Die Luft am Abhang wird mehr erwärmt, als in der freien Atmosphäre im gleichen Niveau; jene strebt als spezifisch leichter in die Höhe, und muß durch zuströmende Luft ersetzt werden. So entwickelt sich bei Tag ein Steigungswind die Gehänge hinan, und zum Ersatz fließt Luft aus der Ebene thalaufwärts. Bei Nacht ziehen sich die Luftsäulen *ab* und *cd* bis *b''* und *d''* zusammen, und dem neuen Gradienten folgt ein Fallwind an den Gehängen hinab und thalabwärts zur Ebene hinaus.

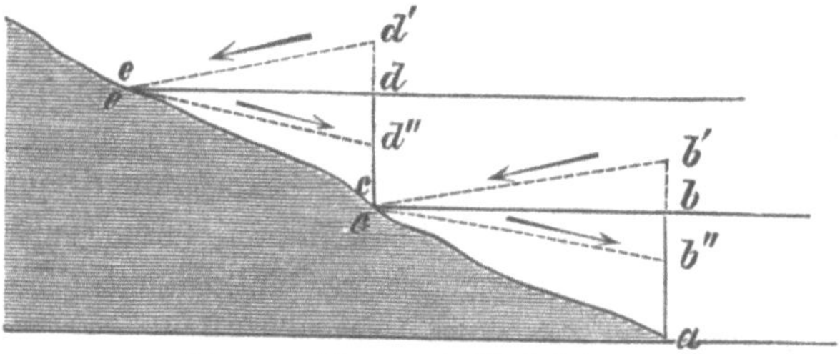

Fig. 14. Berg- und Thalwinde.

Wo die Berghänge mit Schnee und Gletscher bedeckt sind und daher erkaltend auf die Luftschichten wirken, da entsteht auch bei Tag ein kalter Fallwind. Dieser Art sind z. B. die Nevados oder Schneestürme auf dem mit hohen Bergen gekrönten Plateau von Quito.

Auch im oberen Engadin weht im Sommer bis nach Scanfs bei Tag ein Thalwind. Diese Anomalie bereitete der Theorie einige Schwierigkeiten, bis sie Billwiller durch die eigentümlichen orographischen Verhältnisse des Thales befriedigend erklärte. Auch hier finden wir den regelrechten Steigungswind, aber der Ersatz dafür kommt nicht von dem stark eingeengten unteren Thale, sondern von dem ganz offenen oberen Ende.

Enge Nebenthäler, die von hohen und steilen Felswänden eingeschlossen und daher nur wenige Stunden von der Sonne beschienen werden, senden oft, besonders im Sommer, kalte Winde in das viel wärmere Hauptthal. Bekannt ist der Wisperwind, der, aus dem Taunus kommend, manchmal das um 12—18° wärmere Rheinthal heimsucht. Eine ähnliche Wirkung erzeugt die Nachbarschaft von Gebirge und Ebene, besonders im Frühjahr und Herbst; das Klima des baierischen Plateaus und der Po-Ebene wird zum Teil durch diesen Gegensatz bedingt. Zu den echten lokalen Winden gehört auch jene eigentümliche und, wie es scheint, ganz abgeschlossene Luftcirculation im Ghôr, wo im Sommer Süd- und im Winter Nordwinde ausschließlich herrschen.

§ 76. Zweige der allgemeinen Luftbewegung können durch bestimmte lokale Verhältnisse in ihrer ursprünglichen Richtung oder Stärke verändert werden oder auch einen eigentümlichen klimatischen Charakter erhalten. So werden im meridionalen Champlain-Hudsonthal im Staate New York die winterlichen NW.-Winde in N.- und die sommerlichen SW.-Winde in S.-Winde umgewandelt. Das von NW. nach SO. ziehende Ebrothal kennt eigentlich nur zwei Luftströmungen: den Cierzo (NW.) und Bochorno (SO.). Ein großartiges Beispiel dieser Art liefert auch Hindustan, wo der Wintermonsun thalabwärts und der Sommermonsun thalaufwärts fließt, und selbst die antipassatische Strömung in 2000 m Höhe im Winter genau den Bahnen des Sommermonsuns folgt. Auf wie weite Strecken hin ein Gebirge die Windrichtung zu bestimmen vermag, beweisen die Gegenden an der Ostseite der Karpaten, wo NW.- und SO.-Winde von Bessarabien bis in die Nähe von Lemberg entschieden vorherrschen. Einfluß lokaler Verhältnisse auf Richtung, Stärke und Temperatur der Winde.

In noch höherem Grade, als die Richtung, unterliegt die Stärke des Windes der lokalen Beinflussung, besonders von Temperaturunterschieden, wie zwischen dem Meere und einem gebirgigen Hinterlande im Winter, oder zwischen einem solchen und einer erhitzten Küstenebene im Sommer. Auf diese Weise erhält der Mistral, ein stürmischer N.- oder NW.-Wind, der die Küstengegenden von der Ebromündung bis zum innersten Winkel des genuesischen Golfs so häufig heimsucht, seinen eigentümlichen Charakter. Besonders heftig ist er in der Province und Languedoc, wo die Gebirgsmauern der Cevennen und Alpen aneinander stoßen, und wo er nach Dersch's Untersuchungen regelmäßig auftritt, wenn ein Minimum sich im S. oder SO. der Province befindet, während eine Anticyklone über dem mittleren und südwestlichen Frankreich lagert. Diese Druckverteilung ist im Winter die normale, daher auch der Mistral in dieser Jahreszeit am häufigsten. Seine Heftigkeit erklärt sich dadurch, daß die Gegensätze nicht sofort ausgeglichen werden, indem die von Norden kommende Luft einige Zeit hinter dem Gebirge sich staut. Ähnlich verhält sich die Bora an den gebirgigen Küsten von Triest, Dalmatien und Albanien. Man versteht darunter die NO.- und O.-Winde, die besonders im Winter durch Minima auf dem adriatischen Meere erzeugt werden. Die zeitweise Stauung und das plötzliche Hereinbrechen über die Pässe des Gebirges kommt in dem stoßweisen Wehen dieser oft gefährlichen Stürme zum Ausdruck, die am wütendsten dort sind, wo der Gebirgskamm mindestens 300—600 m hoch und zugleich in horizontaler Richtung nur ein paar Kilometer von der warmen See entfernt ist. Solche Borastürme kommen übrigens auch bei Noworossisk am NO.-Ufer des schwarzen Meeres und am Fuße eines ca. 550 m hohen Ausläufers des Kaukasus vor, und Middendorf berichtet von einer gleichen Erscheinung an der ochotskischen Küste.

Alle diese Winde sind kalt und trocken, und diese Eigenschaft bedarf einer Auseinandersetzung. Ein Beispiel wird hier am schnellsten zum Ziele führen. An einem Januartage mit mittlerer Monatstemperatur bewegt sich die Luft von Alessandria (Seehöhe 98 m, Temperatur −0·9°) über den Bocchettapaß (780 m hoch) nach Genua (48 m hoch, Temp. 8°). Auf dem Bocchettapaß wird sie sich von −0·9° auf −3·6° abkühlen (Abnahme für 100 m 0·4°), beim Herabsinken auf der anderen Seite aber nach der Theorie um 1° für je 100 m erwärmen. In der That beträgt die Zunahme nach Mohn's Berechnung freilich nur 0·984°, weil ein Teil der Wärme zum Verdampfen des ausgeschiedenen Wassers verbraucht wird, aber immerhin hat die Luftströmung am Südfuße des Apennin eine Temperatur von 3·5°. Sie ist also wärmer als in Alessandria und daher relativ trockener, aber in Genua erscheint sie dennoch als relativ kalter Wind. Wäre aber der Bocchettapaß 2000 m hoch, dann würde ihre Temperatur auf demselben sich zwar auf −8·5° erniedrigen, aber am Südfuße desselben auf 10·7° erhöhen, d. h. sie würde in Genua als trockener und relativ warmer Wind, als sogenannter Föhn ankommen.

Die Temperatur eines Windes hängt also unter übrigens gleichen Umständen 1) von der Wärmedifferenz der Anfangs- und Endstation ab, 2) von der Höhe des Gebirges, das er zu überschreiten hat.

Föhn. § 77. Der Föhn ist eine zahlreichen Gebirgsländern gemeinsame Erscheinung, während man ihn früher nur auf die Nordalpen beschränkt glaubte. Hier ist dieser warme und trockene Südwind (SW.—SO.), der sich zeitweise zum Sturm steigert, von Besançon am Jura bis Vorarlberg zu Hause, erreicht aber in seinen östlichen Ausläufern auch das untere Innthal und manchmal sogar die Thäler von Salzburg und des Salzkammergutes. Er erzeugt, besonders im Winter und im Frühling, oft plötzliche und gefährliche Schneeschmelze und Überschwemmungen, ist aber auch von dauerndem Einfluß auf das Klima[1] und ermöglicht die Maiskultur in Gegenden, von denen sie sonst ausgeschlossen wäre.

[1]	Höhe	Winter	Frühling	Sommer	Herbst	Jahr
Zürich	470 m	−0·3°	8·9°	17·6°	8·8°	8·7°
Altdorf (Föhngebiet)	454	1·1	9·5	17·3	10·0	9·5

Der Föhn tritt nach Hann auf der Nordseite der Alpen dann auf, wenn sich eine tiefere Barometerdepression auf dem atlantischen Ozean zwischen dem Golf von Biscaya und Nordschottland einstellt. Der Luftdruck ist dann am Nordfuße der Alpen viel tiefer, als am Südfuße, weil die mächtige Gebirgsmauer eine Ausgleichung der Dichtigkeit der unteren Luftschichten verhindert. Die Luft wird durch jenes Minimum aus den nördlichen Thälern gleichsam ausgepumpt und zum Ersatze strömt nun Luft vom Südabhang über die Pässe in jene hinein, wobei durch die Abkühlung der aufsteigenden Luft am Südabhang häufig Niederschläge erzeugt werden. Daß bei der Föhnbildung die Höhe des Gebirges das maßgebende Moment ist, beweist der Nordföhn, der in den südlichen Thälern erscheint, wenn hier der Luftdruck beträchtlich tiefer ist, als auf der Nordseite.

Heutzutage weiß man, daß der Föhn ein allgemein verbreitetes Phänomen ist. Der sogenannte Scirocco auf der Nordseite der Pyrenäen und in Algier ist nach Hebert nichts anderes als Föhn. In Modena nimmt der SW.-, in Simferopol auf der Krimhalbinsel der SO.-, in Trapezunt und im Kurthal der SW.-, in Kutais dagegen der ONO.-Wind zeitweise einen föhnartigen Charakter an. Auch an der Ostseite der nordamerikanischen Gebirge, der Rocky Mountains sowohl, wie der Alleghanies zeigt sich diese Windform häufig. In Neuseeland ist er besonders entwickelt auf der Ostseite der Südalpen. Von großer klimatischer Bedeutung ist er an der grönländischen Westküste, wo im Winter und Frühjahr, wenn hier das Barometer tiefer steht als um Island, ein SO.-Föhn auftritt und die Temperatur häufig über den Gefrierpunkt hebt. In Jakobshavn ist die durchschnittliche Zahl der Föhntage 16·1 (in der Schweiz 40). In Nischne-Kolymsk erwähnt schon Wrangell einen trockenen und warmen Wind aus SO., in welcher Richtung ein Ausläufer des Stanowoigebirges liegt. Wojeikoff hat auch den Föhn herangezogen, um manche Eigentümlichkeiten des ostasiatischen Winterklimas zu erklären. Wo der Gebirgsrand unterbrochen ist, bringt der herrschende NW. die Temperatur des Kältepols bis an die Küste; wo er aber ein Gebirge übersteigen muß, erwärmt er sich beim Herabsinken. Daher ist z. B. Ajan im Januar um 2·8° wärmer als Nikolajewsk und Peking um 4·8° wärmer als Niutschwang.

§ 78. Die Trockenheit und Wärme hat der Föhn mit den Wüstenwinden gemein und lange Zeit hielt man ihn auch für einen solchen. Er erhält aber seinen Charakter durch lokale Verhältnisse und verliert ihn auch wieder, sobald diese zu wirken aufhören; während die Wüstenwinde ihn aus der Wüste, in der sie entstehen oder die sie passieren, mitbringen. So sendet die Sahara den Khamsin nach Ägypten, den Harmattan nach Oberguinea und sogar über breite Meeresstrecken den Leste nach Madeira Wüstenwinde.

und den canarischen Inseln, den Leveche an die spanische Ostküste vom Kap Gata bis zum Kap Não, und den Scirocco (nicht zu verwechseln mit den ebenso genannten feucht-warmen Winden in Italien und auf dem adriatischen Meere) nach Sicilien. Ein Wüstenwind ist ferner der bekannte Samum im mittleren und nördlichen Arabien. Auch von der Mohavewüste im westlichen Nordamerika sind solche Winde bekannt. Aber keine sind heißer und trockener als die aus dem Innern von Australien kommenden. Neumayer beobachtete einmal in Melbourne, wie durch einen solchen Wüstenwind die Äpfel an den Bäumen buchstäblich gebraten wurden. In Neu-Süd-Wales schwankt die Temperatur dieses Windes zwischen 27 und 43°, im Binnenlande ist sie aber viel höher. So beobachtete Sturt in Centralaustralien am 21. Januar 1845 55° im Schatten, und im Dezember 1828 zerstörte ein heißer Wind am Hunt River auf eine Strecke von nahezu 50 km allen Weizen.

Viertes Kapitel.

Die Niederschläge.

Der Wasserdampf in der Atmosphäre und die Ursachen seiner Kondensation.

Absolute Feuchtigkeit.

§ 79. Alle Wasserflächen und die Pflanzendecke entsenden fortwährend Wasserdampf in die Atmosphäre. Man bezeichnet den absoluten Feuchtigkeitsgehalt der Luft als Dunstdruck, und die Höhe einer Quecksilbersäule (ausgedrückt in mm), welche der Expansivkraft des Wasserdampfes das Gleichgewicht halten würde, gilt noch allgemein als Maßstab desselben, obwohl die Angabe des Gewichtes des Wasserdampfes in einem Kubikmeter Luft (ausgedrückt in Gramm) vorzuziehen wäre. Die folgende Tabelle zeigt aber, daß beide Ausdrücke nicht sehr voneinander abweichen.

Die Erfahrung lehrt, daß die Luft bei einer bestimmten Temperatur nur eine bestimmte Menge Wasserdampf in sich aufnehmen kann:

Temperatur	—10°	—5°	0°	5°	10°	15°	20°	25°
Maximaldunstdruck	2·1	3·1	4·6	6·5	9·2	12·7	17·4	23·6
Maximalgewicht	2·3	3·4	4·9	6·8	9·4	12·7	17·1	22·8

Es ergiebt sich daraus, daß die Verdunstung mit der Temperatur steigt, wobei freilich auch der Wind insofern von Einfluß ist, als er die feuchte Luft immer wieder fortführt und dadurch eine rasche Sättigung verhindert. Je größer die Verdunstung, desto größer ist die absolute Feuchtigkeit der Luft; sie muß daher, wie sie an jedem Orte mit der Temperatur steigt und fällt, auch in ihrer geographischen Verteilung sich an die der Wärme anschließen. Die Linien gleichen Dunstdruckes, wie sie Mohn entworfen, wiederholen in der That alle Biegungen der Isothermen und nur die regenarmen Gebiete der Kontinente machen begreiflicherweise davon eine Ausnahme. Die jährliche Schwankung des Dunstdruckes steigert sich wie die der Temperatur vom Äquator gegen die Pole und von den Küsten landeinwärts, wobei in unseren Breiten der Gegensatz von Ost- und Westküsten in derselben Weise hervortritt, wie auf der Karte der jährlichen Wärmeschwankung. Ebenso nimmt die absolute Feuchtigkeit mit der Höhe ab und zwar in der freien Atmosphäre rascher als im Gebirge und hier wieder (mit Ausnahme des Pic von Teneriffa und vielleicht der ganzen Passatzone) unter höheren Breiten schneller als unter niedrigen. Schon in einer Höhe von 1960 m hat der Feuchtigkeitsgehalt um die Hälfte abgenommen und über 6400 m Höhe finden wir nur mehr $^1/_{10}$ des ganzen atmosphärischen Dampfgehaltes.

§ 80. Das prozentische Verhältnis des wirklichen Dunstdruckes zu dem der Temperatur entsprechenden Maximum nennt man die **relative Feuchtigkeit**. Der Dunstdruck (d) sei z. B. 2·3 und die Temperatur 0°; der Maximaldunstdruck (m) beträgt dann (nach S. 88) 4·6 und die relative Feuchtigkeit $\left(=100\,\frac{d}{m}\right)$ 50. Aus der Formel ergiebt sich, daß die relative Feuchtigkeit im umgekehrten Verhältnisse zum Maximaldunstdrucke und damit zur Temperatur steht. Ihre jährliche Kurve verläuft daher im entgegengesetzten Sinne, wie die der Temperatur und nur im asiatischen Monsungebiete und in den Polargegenden, wo die Winter sehr trocken sind, steigt und fällt sie mit der Wärme, wobei aber dieser Parallelismus auf kein direktes Verhältnis zwischen beiden Elementen hindeutet. Wie die absolute Feuchtigkeit nimmt auch die relative von den Küsten (mit Ausnahme der asiatischen Ostküste) gegen das Innere des Landes ab und ist am geringsten in den Wüsten und Steppen, aber im Gegensatz zu jener ist sie in höheren Breiten durchschnittlich größer als in niederen. In vertikaler Richtung nimmt sie unter allen Umständen bis zu einer gewissen Höhe zu und dann beständig ab. Die Höhe dieser Maximallinie ist aber sehr schwankend; **Flammarion** traf sie auf seinen Ballonfahrten am 10. Juni 1867 in 150 m, am 15. Juli dagegen in 1100 m H. an. Im Gebirge machen sich lokale Einflüsse geltend. Am Antisana in den Andes von Quito, 4060 m hoch, sinkt die relative Feuchtigkeit selten bis 74 herab und erreicht meist den Sättigungspunkt. Doch war **Mühry's** Schluß, daß sich die

Relative Feuchtigkeit.

ganze Äquatorialzone durch große Feuchtigkeit bis in eine Höhe von 5700 m auszeichne, voreilig, denn Junghuhn belehrt uns, daß auf Java die relative Feuchtigkeit in 3400 m Höhe 48 und in 3700 m Höhe nur mehr 10 Prozent beträgt. Das ist bedeutend weniger, als auf dem Gipfel des Montblanc (4810 m), wo im August 55 Prozent gemessen wurden. Jedenfalls ist die relative Feuchtigkeit im Gebirge größer, als im gleichen Niveau der freien Atmosphäre, weil dort aufsteigende Luftströme, die wir als Bergwinde kennen gelernt haben, beständig Wasserdampf von unten hinauf tragen.

Die Winde als Verbreiter des Wasserdampfes.

§ 81. Da die Luft in fortwährender Bewegung ist, so kann der an einem Orte erzeugte Wasserdampf auch anderen, oft weit entfernten Orten zu gute kommen. Die Regelung der Verteilung des Wasserdampfes und damit auch der Niederschläge ist die zweite Hauptaufgabe der Winde im Haushalte der Natur. Seewinde sind selbstverständlich feuchter als Landwinde, büßen ihren Charakter aber immer mehr ein, je weiter sie landeinwärts vorrücken. Winde, die aus kälteren in wärmere Gegenden kommen, sind relativ trocken, weil sich ihr Dampfgehalt immer weiter vom Sättigungsgrad entfernt; umgekehrt sind Luftströmungen (mit Ausnahme der von Natur aus trockenen Wüstenwinde) relativ feucht, wenn sie aus wärmeren in kältere Gegenden versetzt werden. Auf diese einfachen Sätze werden wir uns berufen, wenn wir von der geographischen Verteilung der Niederschläge sprechen werden.

Ursachen der Kondensation.

§ 82. Es entsteht nun die Frage: unter welchen Bedingungen schlägt sich die Luftfeuchtigkeit nieder? Offenbar kann nur solange Wasserdampf aufgenommen werden, als die Luft noch nicht gesättigt ist; sobald aber die relative Feuchtigkeit 100 Prozent übersteigt — und dies kann nur geschehen, wenn ganz oder nahezu gesättigte Luft mehr oder weniger rasch abgekühlt wird —, muß ein Teil des Wasserdampfes ausgeschieden werden. Wir haben uns also die Frage vorzulegen: unter welchen Bedingungen kann rasche Abkühlung der feuchten Luft eintreten?

Berührung feuchter Luft mit Körpern, deren Temperatur durch nächtliche Ausstrahlung unter die der umgebenden Atmosphäre herabgesunken ist, oder starke Verdunstung des Bodens und der Pflanzen in hellen, windstillen Nächten, wenn die unterste Luftschicht kälter ist als der Boden — eine von diesen Ursachen, meist aber (wie Chistoni nachwies) beide zusammen erzeugen den Tau und Reif (gefrorenen Tau). Messungen am Observatorium von Montsouris im Februar 1874 ergaben für diese Niederschlagsform eine monatliche Höhe von 2·5 mm; in regenarmen Gegenden kann also der Tau eine nicht ganz unbedeutende Rolle spielen. Eine andere Ursache der Kondensation ist die Vermischung ungleich temperierter Luftmassen. Daher sind die warmen, feuchten Winde in unseren

Gegenden meist Regenbringer, besonders in der kälteren Jahreshälfte; aber auch kalte Winde können zu Niederschlägen Veranlassung geben, wenn sie plötzlich in eine dampfgeschwängerte Atmosphäre einbrechen. Die Quelle der reichlichsten Niederschläge sind aber die freiwillig oder gezwungen emporsteigenden Luftströme. Zu den ersteren gehören die aufsteigenden Luftströme im Centrum einer Barometerdepression, der Bergwind im Gebirge und alle jene emporsteigenden Luftströme, die sich in den heißen Nachmittagsstunden windstiller Sommertage lokal über größeren und kleineren Ebenen entwickeln. Die zweite Art bilden horizontale Luftströmungen, welche durch orographische Hindernisse, besonders durch Gebirge gezwungen werden, sich aufwärts zu bewegen, wodurch selbst relativ trockene Winde in Regenwinde verwandelt werden können. Ein ähnliches Hindernis bildet jede Küste, gleichgültig ob gebirgig oder flach, für den Seewind, denn der plötzliche Zuwachs an Reibung staut nach Stevenson die unteren Luftschichten und lenkt dadurch die oberen ab. Derselbe Effekt muß aus ähnlichen Gründen auch durch die, oft anscheinend ganz geringfügigen Unregelmäßigkeiten der Erdoberfläche erzielt werden.

§ 83. So lange der Wasserdampf in der Form kleiner und großer Tröpfchen spärlich und ziemlich gleichmäßig in der Atmosphäre verteilt ist, ist er vollkommen durchsichtig. Die blaue Farbe des Himmels ist ihm zuzuschreiben, daher dieselbe um so dunkler erscheint, je höher der Standpunkt des Beobachters, oder je trockener die Luft ist. Zunehmender Wasserdampf erzeugt aber Trübung und eine weißliche Färbung des Firmamentes. Eine örtliche Anhäufung von Wassertröpfchen verschiedener Größe (oder in bedeutenden Höhen von Eisnadeln) nennt man in den untersten Luftschichten Nebel und in den oberen Wolken. Ersterer tritt als eine beständige und daher geographische wichtige Erscheinung besonders an den Berührungsstellen kalter und warmer Meeresströme (z. B. an der Bank von Neufundland) auf, ebenso wie an den von kalten Meeresströmungen begleiteten tropischen Küsten. Nebel, Wolken und Niederschläge.

Ein geographisch wichtiges Element, dem aber bisher nur Renou einige Beachtung schenkte, ist der mittlere Grad der Bewölkung[1], da von derselben die Verbreitung mancher Pflanzenarten (z. B. der Dattelpalme) ebenso abhängig ist, wie von der Temperatur. Welch' ein gewaltiger, tiefgreifender Gegensatz besteht z. B. in dieser Beziehung zwischen den Wüsten und unseren heimatlichen Gegenden! Biskra am Nordrand der Sahara hat im Jahr durchschnittlich 264·4 heitere Tage, dagegen Berlin nur 30·5. Und der letztere Ort stellt etwa nicht ein Extrem dar, denn die Bewölkung

[1] Ausgedrückt in Zahlen von 1 (ganz heiter) bis 100 (ganz bewölkt).

nimmt in Europa in nordwestlicher Richtung zu und erreicht ihr Maximum auf den britischen Inseln und in Skandinavien. Die 50°-Linie gleicher mittlerer Bewölkung fällt beiläufig mit dem 40. Parallel zusammen, steigt aber im Innern der beiden Nordkontinente bedeutend höher an, besonders auf der Ostfeste, wo sie schon im Petschoragebiet den Polarkreis erreicht. Von dieser Linie nimmt die Bewölkung nach Norden zu und nach Süden ab, sinkt in den Wüsten unter 20, steigt aber dann wieder auf dem Meere, wie auf dem Festlande gegen den Äquator hin, zu dessen beiden Seiten sie mehr als 50 beträgt. Auf der Südhemisphäre finden wir ebenfalls zuerst Abnahme, dann Zunahme gegen den Pol hin, nur dürfte wegen der überwiegenden Wasserfläche die mittlere Bewölkung dieser Halbkugel größer sein, als die der nördlichen.

Der Kondensationsprozeß des atmosphärischen Wasserdampfes, der mit der Wolkenbildung beginnt, führt in seiner weiteren Entwickelung zu Niederschlägen in der Form von Regen, Schnee oder Hagel. Sie sind neben der Wärme und den Winden das dritte klimatologische Hauptelement, von dem nicht bloß das organische Leben, sondern auch die Formen der Erdoberfläche zum großen Teile abhängig sind.

Die Verteilung der jährlichen Niederschlagsmengen.

(S. Karte XI.)

Gesetze der Verbreitung der Niederschläge.

§ 84. Kein zweites meteorologisches Element ist so sehr von lokalen Verhältnissen abhängig, keines wechselt so sehr von Jahr zu Jahr, als die Niederschlagsmenge und zwar — zum Unterschied von der Temperatur — in den Tropenländern ebenso, wie in der gemäßigten Zone. Es sind daher zur Feststellung verläßlicher Mittelwerte langjährige Beobachtungsreihen nötig, und wie wenig solche besitzen wir außer Europa! Trotzdem sind die Hauptgesetze schon jetzt erkennbar und ist eine kartographische Darstellung möglich, vorausgesetzt, daß sie sich nur auf das Festland beschränkt und auf alle Details verzichtet (s. Karte XI, eine Umarbeitung der Regenkarte von Loomis).

Zunächst zeigt sich eine Abnahme der jährlichen Niederschlagsmenge mit der Breite. Mittelwerte von mehr als 500 cm sind aus der gemäßigten Zone nicht bekannt, und über 100 cm steigt hier die Niederschlagshöhe nur an den Windseiten der Gebirge, während sie im Äquatorialgürtel nur stellenweise darunter sinkt. Die arktischen Gegenden sind, soweit wir sie kennen, regenarme Gebiete. Dagegen stehen, wie Ziemer's Sammlung lehrt, die 24 stündigen Maxima der Regenhöhe in unseren Breiten den tropischen nicht nach. Das größte bekannte Maximum (889 mm) weist zwar eine tropische Station, Purneah in Bengalen, auf, aber nur wenig kleiner ist das zu Joyeuse am Ostabhang der Cevennen (792 mm). Tägliche Regenmengen von 200 mm und darüber sind auch in der warmen Zone nicht allgemein, und anderseits kommen solche auch in England, im südöstlichen Frankreich und in den Südalpen vor und verursachen plötzliche Überschwemmungen.

Die Abnahme der jährlichen Niederschlagsmenge mit der Breite erklärt sich daraus, daß der atmosphärische Dampfgehalt gegen die Pole immer geringer wird. Dagegen ist ein direkter Zusammenhang mit der relativen Feuchtigkeit nicht ersichtlich:

		Winter	Frühling	Sommer	Herbst	Jahr
Port Saïd	Relative Feuchtigkeit	70	66	67	67	67%
	Regen	34	10	0	8	52mm
Rom ..	Relative Feuchtigkeit	74	64	58	70	67%
	Regen	225	181	80	335	821mm

Wir entnehmen aus diesem Beispiele, daß die Luft trotz beträchtlicher Feuchtigkeit doch wenig Regen liefern kann. Mangel an größeren orographischen Hindernissen und starke Erhitzung der unteren Luftschichten, in denen die Regentropfen wieder verdunsten, ehe sie den Boden erreichen, sind die Ursachen dieser scheinbaren Anomalie. Przewalski konnte sich auf dem Alaschanplateau mehrmals von der Richtigkeit dieser Erklärung durch unmittelbare Beobachtung überzeugen.

Da die Meere der gemäßigten und warmen Zone die Hauptquelle der Niederschläge sind, so müssen die letzteren von der Küste landeinwärts abnehmen. Anderseits müssen von den Küsten wieder jene regenreicher sein, welche vorherrschend von Seewinden getroffen werden, also in höheren Breiten die westlichen und im Passatgebiet die östlichen. Südamerika illustriert dieses Gesetz in prägnantester Weise. Aus dem in § 82 Gesagten ergiebt sich ferner, daß das Relief des Erdbodens von maßgebendem Einfluß auf die Niederschlagsmenge ist. Sie nimmt mit der Annäherung an das Gebirge zu und in diesem selbst mit der Höhe. In Hindustan liegt nach Hill die Maximalregion des Regens in 1270 m Höhe, d. h. dort, wo im Mittel eine von der Ebene aufsteigende Luftmasse den Sättigungspunkt des Wasserdampfes erreicht. Es ist daher einleuchtend, welche wichtige Rolle die Gebirge, besonders in sonst regenarmen Gegenden spielen. Selbst in der Sahara vermögen sie noch zeitweise kräftige Flüsse zu entsenden, im regenlosen Sommer Südeuropas werden die Gebirge immer noch benetzt, und in der Sandwüste am oberen Hoangho ist der Alaschan mit einem Waldgürtel bekleidet.

Wenn ein Gebirgszug mehr oder weniger senkrecht steht zur Richtung der feuchten Luftströmungen, so ist die Windseite regenreicher, als die Leeseite und dieser Kontrast steigert sich mit der Höhe des Gebirges.[1] Sein Einfluß reicht auch noch weit über seine orographischen Grenzen hinaus, indem er kleineren oder größeren Strecken des im Windschatten gelegenen Flachlandes Regen entzieht, bis eine abermalige Erhebung des Bodens eine abermalige Steigerung der Niederschläge hervorruft. Darauf beruht die Bedeutung so vieler Gebirge als Wetter- und Klimascheiden. Wenn aber ein Gebirge in der Streichrichtung der Regenwinde liegt, so ist es ohne Einfluß auf die Regenverteilung. Ein Beispiel ist das nordöstlich streichende Erzgebirge. Die SO.-Seite desselben hat in einer mittleren Höhe von 293 m 53 cm, die NW.-Seite in 268 m Mittelhöhe 54 cm jährlichen Niederschlag.

Europa, Asien und Nordafrika.

§ 85. Halten wir uns diese wenigen Hauptsätze vor Augen und erinnern wir uns an die Verteilung der Winde, so wird uns die Karte auf Karte XI sofort verständlich werden. Für Europa und Asien nördlich vom Hochlandgürtel ist der atlantische Ozean der Regenspender. Daher die Abnahme der Niederschläge von Westen nach Osten, ein Gesetz, das ebenso zutage tritt, wenn wir den ganzen Festlandkomplex betrachten, wie wenn wir die West- und Ostküsten der Halbinseln und Inseln miteinander vergleichen. Die größten Mengen finden wir an den westlichen Küstengebirgen (Dommesten in Norwegen 195, Styepaß in Schottland 481, Santiago in Spanien 173 cm), an den Alpenrändern, besonders am südlichen (Tolmezzo in Friaul 235 cm) und in einigen anderen Gebirgen. Da die

[1] Wie dieser Gegensatz auch innerhalb eines Gebirgssystems sich geltend macht, zeigt folgendes Beispiel. Der Regen kommt hier, wie in ganz Europa, vom Westen.

	Westseite						Ostseite	
	Feldkirch	Bludenz	Tschagguns	Klösterle	Steuben	St. Christof	St. Anton	Landeck
Gerade Entfernung von Arlberg in km	45·6	30·4	24·0	10·1	5·1	1·2	3·8	26·6
Seehöhe m	455	590	690	1062	1405	1798	1297	796
Niederschlag cm	106	120	127	137	173	182	82	57

Terraingestaltung in der europäischen Westhälfte so mannigfaltig ist, so wechselt natürlich auch die Regenhöhe auf kurze Distanzen, aber im allgemeinen beträgt sie mehr als 50 cm. Unter dieses Maß sinkt sie nur in einigen Teilen von Schweden, im östlichen Teile des Seinebeckens, im gebirgsumschlossenen Böhmen und südlichen Marchgebiet, vor allem aber in den inneren Plateaulandschaften (Salamanca 24 cm) und an der SO.-Küste von Spanien, dem niederschlagsärmsten Gebiet von Westeuropa, wo nach Willkomm drei und mehr Jahre ohne einen einzigen anhaltenden Regen vergehen, die Bewölkung saharisch gering ist, und die Dattelpalme ihre Früchte reift.

In Osteuropa beträgt die jährliche Niederschlagsmenge schon allenthalben unter 50 cm, in Westsibirien ca. 40, im Lenagebiet 23 und am ochotskischen Eismeere, soweit nicht das Gebirge an die Küste herantritt, ca. 12 cm. Da doch auch das arktische Meer Niederschläge, wenn auch spärliche sendet, so nimmt im russischen Reich die Regenmenge in südöstlicher Richtung ab, und erreicht ihr Minimum im turanischen Tieflande bis zum Kaspisee, einem echt kontinentalen Gebiet, das von allen Meeren entweder durch weite Flachlandstrecken oder Hochgebirge getrennt ist (nördlicher Kaspisee 11 cm, Aralsee 9—10 cm).

Jenseits des asiatischen Hochlandgürtels liegt das pazifisch-indische Monsungebiet. Das östliche Kamtschatka, Japan, China südlich vom Jangtse-Kiang und fast ganz Ostindien haben eine Niederschlagsmenge von mehr als 100 cm. Da an der pazifischen Seite der sommerliche SO.-Wind der Regenbringer ist, so nimmt der Niederschlag natürlich in nordwestlicher Richtung ab. Für die beiden indischen Halbinseln ist der SW.-Monsun der Regenwind, daher die Westküsten 2—3 mal mehr Niederschläge haben, als die Ostküsten. In Hindustan weht dieser Monsun aus dem bengalischen Golfe thalaufwärts und in gleicher Richtung nehmen die Niederschläge ab. Im östlichen Bengalen beträgt ihre jährliche Höhe überall über 200 cm; am Südabhang des Khassiagebirges liegt in 1250 m Höhe der einzige bekannte Ort der Erde mit mehr als 10 m Regenhöhe (Tscharapundschi 1253 cm). Im westlichen Bengalen schwankt die Niederschlagshöhe zwischen 1—200 cm, in der Ebene am mittleren Ganges und an der Dschamuna beträgt sie durchschnittlich 85 cm und im Pendschab und am mittleren Indus sinkt sie schon unter 20 cm herab. Auf dem Plateau von Dekan dürfte sie im Mittel etwas über 70 cm betragen.

Zwischen dem atlantisch-arktischen und pazifisch-indischen Regengebiet schieben sich die niederschlagsarmen Plateauflächen von Centralasien, Iran und zum Teil auch Kleinasien ein, deren Gebirgsumrahmung allseitigen Windschatten erzeugt. Regenlos sind freilich auch die mongolischen Wüsten und

Steppen nicht, wie Przewalski bezeugt, aber selbst der nördliche Gebirgsrand hat nur ca. 24 cm Niederschlag, und im Innern von Iran erreicht die jährliche Regenmenge nach St. John nicht viel mehr als 12—13 cm. Dagegen verdankt jenes Wüstengebiet, das sich von Mesopotamien über Syrien, Arabien und die Sahara bis zum atlantischen Ozean ausdehnt, seine Regenarmut lediglich den beständigen Nordwinden, die, wenn sie auch vom Meere kommen — wie im Sommer in der Sahara —, wegen der höheren Temperatur der Wüstenluft relativ trocken sind. Nur der Nordabhang des Atlas und die Libanonküste werden etwas ausgiebiger benetzt. Von den Rändern dieses Gebietes (Biskra 22, Alexandrien 21, Jerusalem 49 cm) nimmt die Regenmenge nach dem Innern rasch ab: Bagdad 15, Port Saïd 5·2, Kairo 3·4, Suez 2·6 cm. Es zeigt sich also, daß selbst die unmittelbare Nachbarschaft des Meeres dieses Schicksal nicht zu wenden vermag.

Nordamerika. § 86. In Nordamerika gestaltet sich die Regenverteilung infolge verschiedener orographischer Verhältnisse wesentlich anders. Der pazifische Regenbezirk, der dem atlantischen der alten Welt entspricht, reicht nur bis zur Küstencordillere, dagegen ist der des mexikanischen Golfs und des atlantischen Ozeans verhältnismäßig viel weiter ausgedehnt, als die entsprechenden südlichen und östlichen Gebiete Asiens. Das Hauptreservoir für die nordamerikanische Ostabdachung ist der Golf von Mexiko, dessen warme und dampfreiche Luft einerseits durch die, die Vereinigten Staaten durchquerenden Minima, anderseits durch die kontinentale Barometerdepression im Sommer landeinwärts gezogen wird, da keine Gebirge mit äquatorialer Richtung hindernd in den Weg treten. Daher ist das Areal, welches trotz des Vorherrschens der Ebene über 100 cm jährlichen Niederschlags empfängt, hier größer, als irgendwo in der alten Welt nördlich vom 30. Breitengrade. Erst von Virginia an beginnt das eigentliche Regengebiet des atlantischen Ozeans. In den nördlichen Territorien der Union und westlich von der Hudsonsbai sinkt die Niederschlagshöhe unter 25 cm, entsprechend den trockenen Gegenden von Turan und Ostsibirien. Auch Vertreter der beiden anderen Arten regenarmer Gebiete finden wir hier. Wo an der pazifischen Küste die Äquatorialwinde aufhören und selbst der nach Westen abgelenkte Passat, weil er eine kühle Meeresströmung überweht, relativ trocken ankommt, werden, wie an der atlantischen Küste Nordafrikas, die Niederschläge immer seltener und dürftiger. Mogador an der marokkanischen und S. Diego an der kalifornischen Küste, nahezu unter gleicher Breite, haben auch fast gleichviel Regen (27 und 24 cm). Doch dehnt sich in der alten Welt, entsprechend der breiten atlantischen Abdachung, der Einfluß der nördlichen Winde weit landeinwärts aus. In Nordamerika reicht er aber nur bis zur Küstenkette, und daran schließt sich unmittelbar eine von bedeutenden Bodenerhebungen eingeschlossene Windschattenregion, die nördlich über Nevada und und östlich bis zum Felsengebirge sich ausdehnt. In der Coloradowüste ist der Niederschlag kaum reichlicher als in der Sahara, denn Fort Mohave hat nur 6 cm und selbst Fort Yuma in der Nähe des Meeres nur 9 cm.

§ 87. Die Landstriche zu beiden Seiten des Äquators haben mit wenigen Ausnahmen eine jährliche Niederschlagshöhe von mehr als 100 cm, so der ostindische Archipel und der nördlichste Teil von Australien bis $15^1/_2{}^0$ B. am Überlandstelegraphen und bis $18^1/_2{}^0$ B. in Queensland; das mittlere Afrika, wo wahrscheinlich die ganze, in tropischer Pflanzenfülle prangende Äquatorialzone sehr regenreich ist, da die Messungen in der östlichen Seenregion kaum minder hohe Resultate ergaben, als an den Küsten; endlich in der neuen Welt Centralamerika, der größte Teil von Westindien, das nördliche Südamerika, mit Ausnahme der centralen Gegenden, die ganze Amazonenebene und sogar die äquatorialen Hochthäler der Andes. Jenseits des Gleichers ändert sich die Regenverteilung aber bald und zwar auf allen drei Kontinenten in demselben Sinne. Niederschläge bringt hier der Passat, teils der regelmäßige, teils der rückläufige; die Hauptregenquelle ist daher für Australien die Südsee, für Südafrika der indische und für Südamerika der atlantische Ozean. Überall nimmt die Niederschlagshöhe nach Westen ab, wobei aber die ungleiche Terrainbildung der drei Festländer tiefgreifende Unterschiede hervorruft. Südamerika, das seine lange Abdachung nach Osten kehrt, ist bis an den Fuß der Andes wohl bewässert und nur das Innere des brasilianischen Massivs, die sogenannten Campos dürften etwas trockener sein. Dagegen ist der im Windschatten gelegene pazifische Küstenstrich von 5—30° S. ein fast absolut niederschlagsloses Gebiet, wo Jahre ohne einen Tropfen Regen verfließen, womit aber ebensowenig, wie in anderen Wüsten, gelegentliche wolkenbruchartige Regengüsse (z. B. im Winter 1881 in der Atacamawüste) ausgeschlossen sind. Die kalte Meeresströmung erzeugt im Winter dichte Nebel (garúas), die aber nach Wojeikoff's Angabe auf die Region von 300—1000 m Seehöhe beschränkt sein sollen. Südkontinente.

Einen schroffen Gegensatz zu Südamerika bildet Australien. Die Lage des Gebirges am Ostrand beraubt die inneren Ebenen bis gegen die Westküste hin der pazifischen Feuchtigkeit. Zwar hat das Flußgebiet des Darling und Murray noch immer eine mittlere Niederschlagsmenge von 40 cm und erst in den centralen Niederungen zwischen 25 und 30° B. sinkt sie unter 20 cm, aber Mittelwerte geben hier kein ganz zutreffendes Bild von den Regenverhältnissen. Der eigentliche Charakterzug derselben ist vielmehr die Unregelmäßigkeit, der Wechsel von oft jahrelangen Dürreperioden und verheerenden Gewitterregen.

Auch Südafrika senkt sich nach Westen, aber der östliche Hochrand ist zwischen den Drakenbergen und dem Seenplateau mehrfach unterbrochen. Daher beträgt erst in der Westhälfte die Niederschlagsmenge unter 50 cm und selbst die Kalahariwüste erhält regelmäßigere und nachhaltigere Niederschläge, als z. B. die Sahara. Fast regenlos ist nur die Küstenterrasse vom Kap Negro (16° S.) bis über den Garib hinaus. Auch hier finden wir, wie am Gestade von Peru und Nordchile, eine kalte Meeresströmung, die den nach Westen abgelenkten Passat trocken macht, aber auch hier im Winter dichten Nebel erzeugt.

Wie mit einem Zauberschlage verändert sich die Situation, sobald wir über die Hauptwindscheide in das Gebiet der vorherrschenden NW.- und W.-Winde treten. In Südamerika[1] wird nun die Westseite der Andes regenreich und die Ostabdachung kommt in den Windschatten. An der Südküste des Kaplandes ist ebenfalls eine Regenabnahme nach Osten bemerkbar, und auf Neuseeland kommt der Gegensatz zwischen dem niederschlagsreicheren Westen und niederschlagsärmeren Osten zur vollen Geltung.

Verteilung der mittleren Regenwahrscheinlichkeit.

§ 88. Wir haben bisher nur von den jährlichen Regenmengen gesprochen, ohne auf die Regendauer oder Regenwahrscheinlichkeit[2] Rücksicht zu nehmen. Da Menge und Dauer der Niederschläge aber nicht gleichmäßig wachsen und abnehmen, so müssen wir — soweit es das Beobachtungsmaterial gestattet — wenigstens einen flüchtigen Blick auf die geographische Verteilung der Regenwahrscheinlichkeit werfen. Es erscheint dies um so notwendiger, als nur auf diesem Wege ein Vergleich der Niederschlagsverhältnisse auf dem Meere und Festlande möglich ist.

Auf dem atlantischen wie auf dem indischen Ozean nimmt die Regenwahrscheinlichkeit von der äquatorialen Kalmenzone nach Norden und Süden ab, jenseits der Passatgrenze im Gebiet der Äquatorialwinde wieder zu, im Norden der subarktischen Cyklonen aber jedenfalls wieder ab. Die Abhängigkeit von der Windverteilung tritt somit ganz deutlich hervor, und — was besonders beachtenswert ist — am öftesten regnet es nicht in der Äquatorialzone, sondern in den mittleren Breiten.

[1] Den raschen Übergang an der chilenischen Küste macht folgende Tabelle ersichtlich:

Copiapó	27 ° S.	0·8 cm jährl. Regenmenge
Serena	29·9	4
Valparaïso	33·2	34
Talca	35·4	50
Conception	36·8	237

[2] Der Quotient aus der Anzahl der Regentage einer Periode (Monat, Jahr u. s. w.) dividiert durch die Gesamtzahl der Tage der betreffenden Periode. Eine Regenwahrscheinlichkeit von 0·50 sagt also, daß von 100 Tagen 50 Regentage sind.

Atlantischer Ozean nach Köppen und Sprung.	Mittlere Regenwahrscheinlichkeit
Gebiet der Äquatorialwinde (40—50° N.) .	0·61
Übergangsgebiet (20—40° N.)	0·35
Permanentes NO.-Passatgebiet (10—20° N.) . .	0.27*
Übergangsgebiet (5—10° N.) . .	0·45
Kalmenzone (0—5° N.)	0·50
Gebiet des permanenten SO.-Passates	0·22*
Gebiet des zeitweilig rückläufigen SO.-Passates . .	0·34
Jenseits 30° S. . . . . über	0·40
Jenseits 50° S. . . . . über	0·50
Indischer Ozean nach v. Danckelman.	
0—8° N.	0·54
0—10° S. (zwischen 80 und 100° O.)	0·59
Passatgebiet bis 36° S.	0·43*
Gebiet der Äquatorialwinde bis 50° S.	0·64

Auf den Kontinenten finden wir den marinen Typus der mit der Breite ab-, dann zu- und endlich wieder abnehmenden Regenwahrscheinlichkeit nur an den Westseiten vollkommen ausgebildet, während an den Ostseiten eine ziemlich gleichmäßige Abnahme gegen die Pole stattfindet. Zwischen 40° N. und beiläufig ebensoviel S. sind eben die regenarmen Gebiete nur auf die Westseite beschränkt.

Auch auf dem Festland ist die Äquatorialzone durch eine Regenwahrscheinlichkeit von mehr als 0·40, stellenweise von über 0·50 ausgezeichnet. Dann folgt in der alten Welt eine Zone von 0·30—0·40 Regenwahrscheinlichkeit, wozu die oberen Nilgegenden, die Malabarküste, das östliche Hinterindien und Südchina gehören. In Oberguinea, Bengalen und Nipon schwankt die Regenwahrscheinlichkeit zwischen 0·20 und 0·30 und sinkt in Senegambien, in Vorderindien mit Ausnahme der genannten Teile und des Pendschab und in den Ebenen von Peking auf 0·10—0·20 herab. Im Wüstengebiet beträgt sie weniger als 0·10, steigt aber von da wieder in nordwestlicher Richtung. Die Zone 0·10—0·20 umfaßt Syrien, Kleinasien, Mesopotamien und Turan; die von 0·20—0·30 das mediterrane Europa, Südrußland, die Kirgisensteppe und Sibirien; die Zone 0·30 bis 0·40 das mittlere und südliche Frankreich, den Nordrand der Alpen und die Karpaten, ferner Nord- und Centralrußland; endlich die Zone 0·40 bis 0·50 Britannien, fast ganz Deutschland und Norwegen.

Eine ähnliche Anordnung finden wir an der schmalen Westabdachung

Nordamerikas, eine wesentlich andere aber im Osten. In Centralamerika und an der Golfküste von Mexiko beträgt die Regenwahrscheinlichkeit 0·30 bis 0·40, auf dem mexikanischen Tafelland und in den Vereinigten Staaten östlich vom Felsengebirge 0·20—0·30, stellenweise, wie in Virginien, Georgia und Carolina sogar weniger als 0·20. Unter diesen Mittelwert sinkt sie auch im ganzen arktischen Gebiete. Auf den Südkontinenten erreicht sie nur in der Zone der Äquatorialwinde (Chile und westliches Neuseeland) 0·40 und mehr, sonst hält sie sich fast überall unter 0·30 und in den regenarmen Gegenden unter 0·10.

Es ergeben sich schon aus dieser kurzen Beschreibung zwei wichtige Gesetze: 1. Zwischen ca. 35° N. und S. ist der Regen an der Westküste seltener als an der Ostküste, jenseits dieser Grenzparallelen werden aber die Westküsten häufiger von Regen heimgesucht. Die beiden Küsten verhalten sich also in Bezug auf die Häufigkeit (wie im allgemeinen auch bezüglich der Menge) der Niederschläge ebenso zu einander, wie in Bezug auf die Erwärmung. 2. Die Regenwahrscheinlichkeit ist im allgemeinen auf dem Meere größer, als auf dem Festlande in gleicher Breite. Ganz besonders gilt dies von der ozeanischen Passatzone im Vergleich zu den Wüsten. Auf dem atlantischen Ozean regnet es in diesem Gürtel ebenso häufig wie in Südeuropa, und im südindischen sogar ebenso oft, wie in Norddeutschland. An und für sich ist allerdings der Passat als ein aus höheren Breiten kommender Wind trocken, aber man darf nicht vergessen, daß seine Polargrenze von einem Tag zum anderen bedeutenden Schwankungen unterliegt, daß gelegentlich (besonders im südindischen Ozean) Cyklonen diesen Gürtel durchschneiden, und daß seine Äquatorialgrenze ebenfalls jahreszeitlichen Verschiebungen unterworfen ist. Der Passatzone der Südsee könnte man zwar geneigt sein, wüstenähnliche Regenarmut zuzuschreiben, denn auf der Backerinsel (0·2° N.) beträgt die Regenwahrscheinlichkeit nur 0.16 (4½ monatliche Beobachtung) und auf der Maldeninsel (4° S.) nach mehr als zweijähriger Beobachtung nur 0·10. Aber Hague erzählt, wie oft ein der Insel sich nähernder Regenguß in zwei Arme sich teilte, indem die Wolke durch die vom weißen Korallensand aufsteigende erhitzte Luft gespalten wurde. Es regnete also auf dem Meere öfter als auf der Insel.

Über die Niederschlagsmenge des Passatgürtels wissen wir freilich nichts sicheres. Anhaltender Regen kommt nicht vor, sondern nur vorübergehende „Passatschauer", wie sie der deutsche Seemann nennt. Die Messungen der „Novarra" zwischen 6 und 12° N., die ein durchschnittliches Maximum von 5·3 mm pro Stunde ergaben, beziehen sich leider nicht auf die eigentliche Passatzone, und auch die Beobachtungen auf den Inseln derselben geben uns keine unzweideutige Antwort auf unsere Frage, da orographische Verhältnisse die Regenmenge beeinflussen. St. Helena hat auf der Leeseite 13 und auf der Windseite 105 cm, die Angaben von Ascension schwanken zwischen 8 und 28 cm, Praia auf den Kapverdeschen Inseln hat 32, Malden 34 cm. Es ist also wahrscheinlich, daß auch die Regenmengen der ozeanischen Passatzone die der regenarmen Gebiete des Festlandes übertreffen.

Ist dies auch in den außerpassatischen Breiten der Fall? Folgende

		Regenwahrscheinlichkeit	Jährliche Regenmenge	mm pro Tag (Regendichtigkeit)
Insel St. Paul im Beringsmeer	57·6° N.	0·86	109 cm	3·5
Thorshavn, Färöer . . .	62 „	0·82	181	6·7
Stanleyhafen, Falklandinseln	51·7 S.	0·64	52	2·2
New-York	—	0·34	113	8·9
Florenz	—	0·27	108	11·0
Victoria, Hongkong . . .	—	0·32	233	20·2
Tscharapundschi	—	0·52	1253	66·2

Tabelle zeigt uns, daß die Regendichtigkeit auf dem Lande infolge mannigfaltiger Terraingestaltung und sommerlicher Platzregen, auf die wir noch zurückkommen werden, größer ist als auf dem Meere. In den mittleren und höheren Breiten, wo die Zahl der Regentage auf dem Meere selbst die in den Tropen übertrifft, ist die Niederschlagsmenge doch verhältnismäßig gering. Es fehlen dem Ozean, wie in Bezug auf die Temperatur, so auch in Bezug auf die Niederschläge die Extreme des Festlandes.

Die jahreszeitliche Verteilung der Niederschläge.

(S. Karte XII.)

§ 89. Neben der mittleren Menge und Dauer der Niederschläge ist ihre jahreszeitliche Verteilung namentlich für das Pflanzenleben von größter Bedeutung. Karte XII. stellt die Haupttypen derselben dar. Auf dem atlantischen Ozean, nach dessen Muster sich wahrscheinlich auch die Regenverhältnisse auf der Südsee regeln, und auf dem südindischen Ozean folgt auf eine schmale, äquatoriale Zone mit Regen zur Zeit des Zenithstandes der Sonne (Tropenregen) eine Zone vorherrschender Winterregen, und zwar in zwei Modifikationen: im Westen bis ca. 35—40° B. ist der Sommer arm an Niederschlägen (subtropischer Regen), während in den übrigen Teilen des Meeres keine Jahreszeit durch besondere Trockenheit sich auszeichnet. Auf den Kontinenten ist die Zone der Tropenregen mächtig entwickelt, und daran schließt sich gegen die Pole hin die Zone des Regens zu allen Jahreszeiten mit dem Maximum im Sommer. Haupttypen.

Winterregen sind also der ozeanische, Sommerregen der kontinentale Typus. Im Westen schiebt sich das ozeanische Regime in die Kontinente hinein, im Osten das kontinentale in das Meer hinaus. Jenseits des Äquatorialgürtels begegnen wir also auch hier wieder einem scharfen Gegensatz der westlichen und östlichen Küsten.

Das ozeanische System ist gleichsam das natürliche, denn die relative Luftfeuchtigkeit ist in der kälteren Jahreshälfte größer, als in der wärmeren, und überdies wird im Winter die Atmosphäre von bedeutenden Störungen heimgesucht, die barometrischen Gradienten sind steiler und die Winde heftiger, als im Sommer. Wenn auf den Kontinenten eine andere Ordnung besteht, so ist dies einerseits eine Folge jener vertikalen Luftströme, die an windstillen, heiteren Sommernachmittagen vom erhitzten Boden aufsteigen und lokal beschränkte und kurz dauernde, aber oft heftige Gewitterregen veranlassen; anderseits erklärt es sich aus dem Umstande, daß im allgemeinen wenigstens im Winter Land- und im Sommer Seewinde vorherrschen.

Tropenregen. § 90. Die Tropenregen sind streng periodisch, so daß darauf die Bewohner jener Zone, in welcher die gleichmäßige Wärme den Gegensatz von Winter und Sommer verwischt, die klimatologische Einteilung des Jahres in eine trockene und eine Regenzeit gründen. Der Regen tritt im allgemeinen mit dem Zenithstand der Sonne ein, also in der Nähe des Äquators zweimal und gegen die Wendekreise hin einmal; hier beschränkt er sich auf ein paar Monate, dort dehnt er sich über einen größeren Teil des Jahres aus, umsomehr, da die Zeit zwischen den beiden Regenperioden auch nicht ganz der Niederschläge entbehrt. So kommt es, daß in einigen äquatorialen Gegenden, besonders in der Amazonasebene, auf Sumatra und an der Südspitze von Malacca die Regenverteilung einen Charakter annimmt, der ihr sonst nur in höheren Breiten eigen ist.

Man hat früher die Tropenregen nur den aufsteigenden Luftströmen zugeschrieben, indem man sich darauf berief, daß sie in flachen Gegenden hauptsächlich aus kurzen nachmittägigen Güssen bestehen. Man hat dabei stillschweigend vorausgesetzt, daß der nötige Wasserdampf an Ort und Stelle erzeugt wird. Aber schon Karte XI. lehrte uns, daß der größte Teil der atmosphärischen Feuchtigkeit vom Meere stammt und daß sie daher durch Winde landeinwärts geschafft werden muß. In der That sind auch an den Gebirgsabhängen die Tropenregen echte Landregen, d. h. hier setzen die feuchten Winde unmittelbar ihren Dampfgehalt ab, während sie in den Ebenen die Kondensation desselben zum Teil den örtlichen vertikalen Luftströmen überlassen. Aber stets ist eine Windänderung die letzte Ursache der Tropenregen, und insofern sind diese mit Monsunregen identisch. Selbst auf dem Meere treten sie erst dann ein, wenn die betreffende Stelle in den Kalmengürtel mit seinen veränderlichen Winden gelangt, oder wenn sie von dem Passat aus der anderen Hemisphäre oder dem rückläufigen Passat überweht wird. Auf den Kontinenten ist die tropische Niederschlagszone ausgedehnter, weil hier die sommerlichen Minima, welche Seewinde in das Land ziehen, viel weiter mit der Sonne wandern, als das äquatoriale Minimum auf dem Ozean. So ist es in Amerika, in Afrika und in Asien-Australien; das Gebiet der jedesmaligen Cyklonenbildung hat Regen. In Ostindien und Australien ist der Monsuncharakter der Zenithalregen schon lange bekannt, und allerdings ist er hier mit typischer Schärfe ausgebildet. Freilich liegt auch hier die Sache nicht so einfach, als man gewöhnlich glaubt. Für Kalkutta wies Blanford nach, daß der Regen nicht dann am wahrscheinlichsten eintritt, wenn der SW.-Monsun stetig weht, sondern wenn er durch gewisse Unregelmäßigkeiten der Druckverteilung von seiner normalen Richtung abgelenkt wird; und auch auf Benares scheint dieser Satz Anwendung zu finden. Immerhin ist aber für Ostindien der SW. der feuchte und der NO. der trockene Wind. Die Regenzeit dauert im Pendschab von Juli bis September, in Hindustan und Centralindien von Juni bis September, an der Malabarküste von Mai bis Oktober (dagegen an der Coromandelküste von Juli bis Dezember), und auf Ceylon finden wir schon eine doppelte Regenzeit im Frühjahr und Herbst. Regenlos sind im allgemeinen die Monate von November bis März, nur im Pendschab bringt der niedersinkende Antipassat auch im Winter Niederschläge.

Während aber sonst das tropische Regensystem — wie schon der Name besagt — den 30. Parallel nirgends beträchtlich überschreitet, reicht es in Ostasien mit allen seinen Eigentümlichkeiten bis über die Amurmündung hinaus. Die Bodenständigkeit der winterlichen Anticyklone in Ostsibirien bewirkt eine ebenso große, nahezu passatische Konstanz jener NW.-Winde, die nicht bloß die peripherischen Länder, sondern auch einen großen Teil von Centralasien fast von aller Zufuhr ozeanischer Feuchtigkeit abschneiden, während sich in Nordamerika aus schon erörterten Gründen die Verhältnisse wesentlich anders gestalten. In Japan hat der NW.-Wind schon etwas von seiner Beständigkeit eingebüßt, und außerdem auf seinem Wege über das Meer Feuchtigkeit aufgenommen. Hier weist also die jährliche Verteilung der Niederschläge keine strenge Periodizität mehr auf.

§ 91. Ebenso periodisch, wie die tropischen Regen, sind die subtropischen, nur im umgekehrten Sinne, indem der Winter die meisten Niederschläge bringt und der Sommer trocken ist. Da wir hier auf die jährliche Niederschlagsmenge keine Rücksicht nehmen, so zählen wir zum Subtropengebiete auch die Wüsten, in denen die Niederschläge auf den Winter beschränkt sind, so die Sahara, Arabien, Mesopotamien, Iran (wo

Subtropische Regen.

es nach St. John nur von November bis April regnet) und Turan. Dies ist der einzige Fall, daß sich die Subtropenzone weit in den Kontinent hineinerstreckt: eine Anomalie, die ihres Gleichen nur in der weiten Ausdehnung der Tropenregen in Ostasien hat.

Das Eigentümliche der subtropischen Regen liegt nicht im winterlichen Maximum, denn das ist ja überhaupt ein Charakterzug der Meere und Westküsten in den mittleren und höheren Breiten, sondern in der Regenlosigkeit des Sommers. Den Schlüssel zur Erklärung dieser Eigentümlichkeit giebt uns die Lage dieser Gebiete im Westen der passatischen Barometermaxima. Wenn diese im Sommer in höhere Breiten rücken, kommen die subtropischen Niederschlagsregionen unter die Herrschaft der anticyklonischen Luftbewegung oder des Passates. Im Winter werden sie dagegen wenigstens zeitweise in das Windsystem der subarktischen Minima einbezogen. So ist also auch hier, wie in der Tropenzone, die Passatzeit die trockene und die Cyklonenzeit die nasse Periode. In der großen afrikanischen Wüste, in Westasien und in der arabischen Ebene ist die nördliche Windrichtung im Sommer ebenfalls beständiger als im Winter, wo sie zeitweise von äquatorialen Strömungen abgelöst wird. Wenn aber in Italien und auf der iberischen Halbinsel der Sommer trocken ist, trotzdem Seewinde vorherrschen, so ist zu beachten, daß diese nicht von weit herkommen und daher auf den erhitzten Ebenen als relativ trocken auftreten müssen, während sie den Gebirgen thatsächlich Niederschläge bringen.

Gleichmäßige Niederschläge.

§ 92. Den periodischen Regen der niederen Breiten stehen die gleichmäßigen Niederschläge der mittleren und höheren Breiten gegenüber, und zwar gleichmäßig nur in dem Sinne, daß keine Jahreszeit völlig trocken ist, wobei aber eine jährliche Periode mit dem Maximum im Winter- oder Sommerhalbjahr überall deutlich hervortritt. Auch in der der warmen Zone sind einige Gegenden durch gleichmäßige Niederschläge ausgezeichnet; als solche wurden schon oben einige äquatorialen Striche bezeichnet; auch die gebirgigen Ostküsten der Kontinente und Inseln, an denen der winterliche Passat durch Steigung zum Regenwind wird, gehören hierher. Aber immer bleibt dieser Regentypus im Tropengürtel eine Ausnahme, während er im allgemeinen jenseits des 30., in der alten Welt jenseits des 40. Parallels und auf dem Meere sogar in noch niedrigerer Breite fast allein herrscht. Ob auch in den polaren Gegenden, ist noch ganz unentschieden. Unrichtig ist es jedenfalls, die Umgebung der winterlichen Kältepole als selbständige Gebiete mit trockenem Winter aufzufassen; die wenigen Beobachtungen berechtigen nicht dazu, ja der kälteste Ort, Werchojansk, zeichnet sich besonders durch reichliche Schneefälle aus.

Die einzelnen Typen gehen langsamer oder schneller ineinander über, aber ganz unvermittelt bestehen sie wohl nirgends nebeneinander, den Südrand der Sahara und die Cordillerenkette vielleicht ausgenommen. Wenn wir uns vom ostasiatischen Monsunbezirk nach Westen begeben, so wird das sommerliche Maximum immer kleiner, es verschiebt sich endlich auf den Herbst und am atlantischen Gestade auf den Winter. In gleicher Weise wächst das winterliche Minimum und wird endlich in den Frühling verlegt. Die folgende Tabelle zeigt auch, daß die Verhältniszahl zwischen Maximum und Minimum gegen Westen immer kleiner wird, d. h. daß die Niederschläge sich immer gleichmäßiger über die Jahreszeiten verteilen.

	Winter	Frühling	Sommer	Herbst	Min.: Max. =
	Prozente der Jahresmenge				
Oberer Amur . . .	2·0*	12·2	69·0	16·8	1:34·5
West-Sibirien	11·1*	14·8	51·1	23·0	4·6
Central-Rußland . . .	16·5*	22·2	37·0	24·2	2·2
Östliches Norddeutschland . .	19 *	20	36	25	1·9
Westliches Norddeutschland	22·5	20·5*	30·5	26·5	1·5
England	24·5	19·8*	26·3	29·5	1·5
Irland	27·8	21·5*	24·1	26·6	1·3*

Jenseits des atlantischen Ozeans mit seinem ausgesprochenen Wintermaximum finden wir in den östlichen Vereinsstaaten von Nordamerika eine Regenverteilung ähnlich derjenigen in der westlichen Hälfte von Norddeutschland, und erst allmählich bildet sich das Sommermaximum schärfer heraus. Begeben wir uns von Mitteleuropa über die Alpen in das subtropische Gebiet, so gelangen wir, wie die zweite Tabelle uns lehrt, fast

	Winter	Frühling	Sommer	Herbst	Min.: Max. =
	Prozente der Jahresmenge				
Nordalpen von Wien bis Bregenz	16·4*	24·2	37·9	21·5	1:2·3
Südfuß der Centralkette . . .	13·2*	22·1	35·9	28·8	2·7
Südalpen	17·3*	24·5	27·7	30·5	1·8
Oberitalienische Ebene . . .	19·2*	24·5	25·4	30·9	1·6
Emilia	21·0*	23·1	23·9	32·0	1·5*
Toskana, Umbrien und die Marken	25·5	22·3	20·5*	31·7	1·5
Latium und Neapel . . .	32·0	23·0	10·1*	34·9	3·4
Sicilien	37·7	24·1	3·3*	34·9	11·4
Malta	72·5	17·6	0·4*	9·9	181·2

unvermerkt aus dem Bezirk der Sommerregen in den der Winterregen. Nur werden wir gewahr, daß höhere Gebirge, wie die Alpen und der Apennin, den Übergang beschleunigen. Am Südfuße der ersteren beginnen schon die Herbstregen, und südlich vom letzteren wird plötzlich der Sommer die trockenste Jahreszeit.

Nur nebenbei sei erwähnt, daß die höheren Stationen des deutschen und centralfranzösischen Gebirges dem ozeanischen System der Winterregen angehören. Eingehendere Untersuchungen werden lehren, ob die Seehöhe überall im Gebiet der Sommerregen ihren Einfluß in gleicher Weise äußert. Es wäre dies ein weiterer Beleg dafür, daß das Bergklima dem marinen ähnlich ist.

Regengebiete der Erde.

§ 93. Überblicken wir noch einmal das in diesem und dem früheren Abschnitt Vorgetragene, so gelangen wir zu folgender Einteilung der Erdoberfläche:

1. Gebiete dauernder Regenarmut.
   a) Arktische Gebiete.
   b) Innercontinentale Gebiete.
   c) Windschattengebiete.
   d) Gebiete beständiger Polarwinde.
2. Gebiete periodischer Regenarmut.
   a) Gebiet der Tropen- (Monsun-) Regen.
   b) Gebiete der Subtropenregen.
3. Gebiete gleichmäßiger Niederschläge.
   a) Maximum im Sommerhalbjahr.
   b) Maximum im Winterhalbjahr.

Gewitter und Hagel.

Gewitter.

§ 94. Aus der geographischen Verteilung und jährlichen Periode der Gewitter kann man den Schluß ziehen, daß sie Begleiterscheinungen des Kondensationsprozesses des Wasserdampfes sind. Die rein physikalische Frage, wie bei dieser Gelegenheit eine so hohe elektrische Spannung zustandekomme, harrt noch der Lösung, ist aber glücklicherweise für unsere Zwecke nur von nebensächlicher Bedeutung.

Wie die Regenmenge, nehmen auch die Gewitter mit der Breite ab. Nirgends tritt dieses Phänomen, das in seiner schauerlichen Schönheit auf den Menschengeist stets einen tiefen Eindruck machte, häufiger und großartiger auf, als in den Tropen. In Abessinien sind jährlich im Mittel 423·7 Gewitter, welche sich auf 216·2 Tage verteilen. Auf den Hochebenen von Mexiko, Bogota und Quito ist durchschnittlich jeder dritte Tag ein Gewittertag. Natürlich ist die Regenperiode auch die gewitterreichste Zeit, aber die Beobachtungen lehren zugleich, daß nicht jeder Regenguß von Gewitter und nicht jedes Gewitter von Regen begleitet ist. In Europa, wo die Verteilung dieses Meteors am besten gekannt ist, zeigt sich neben der Abnahme nach Norden auch eine solche gegen Westen. Das legt uns die Frage nahe, ob es auf dem Meere überhaupt weniger wettere, als auf dem Festlande — eine Frage, die Arago einst mit Ja beantwortete. Klein, v. Danckelman u. a. haben diese Ansicht berichtigt. Für den tropischen Teil ist sie entschieden zurückzuweisen; nur im Passatgebiet sind Gewitter selten, was mit der relativen Regenarmut dieser Gegenden übereinstimmt. In den höheren Breiten sind sie nach der allgemeinen Ansicht der Seefahrer hauptsächlich an die warmen Meeresströmungen gebunden. Ziemlich frei von elektrischen Entladungen der Atmosphäre sind die Wüsten und die polaren Gegenden, aber es ist eine Fabel, daß sie dort ganz unbekannt seien. Lima an der peruanischen Küste, das besonders in diesem Rufe stand, erlebte am 31. Dezember 1877 ein heftiges Gewitter, und Unterägypten und die algerische Sahara sind sogar gewitterreicher als Norwegen. Lokale Verhältnisse sind in dieser Beziehung von großem Einfluß, sonst wäre es nicht zu verstehen, warum es z. B. an der Südspitze der iberischen Halbinsel so außerordentlich selten wettert. Allgemein ist bekannt, daß dieses Phänomen in der Ebene minder häufig auftritt, als im Gebirge, wo besonders der Bergwind an ruhigen Sommernachmittagen Regen mit Gewitter erzeugt. Bis zu einer Höhe von 1300 bis 1400 m nehmen sie zu, dann wieder ab.

Auf dem Meere der mittleren und höheren Breiten wiegen die Winter-, auf dem Festlande die Sommergewitter vor. Doch zeigt sich eine solche Übereinstimmung mit der jährlichen Niederschlagsperiode nicht in jedem einzelnen Falle. Madrid und Biskra mit regenarmen Sommern haben doch in dieser Jahreszeit am meisten Gewitter und dasselbe gilt von Schottland, trotzdem auch hier das Maximum der Niederschläge in die kälteste Jahreszeit fällt. Anderseits nehmen aber die Wintergewitter entschieden ab, je weiter wir uns vom atlantischen Gestade in das Gebiet der Sommerregen begeben, und in Osteuropa und Sibirien sind sie bereits ganz verschwunden.

Die Sommergewitter des Festlandes sind meist ein Erzeugnis der aufsteigenden Luftströme, daher am häufigsten in den Nachmittagstunden und gewöhnlich lokal beschränkt. Sie gehören also in überwiegender Mehrzahl zur großen Klasse der Wärmegewitter, denen Mohn die Wirbelgewitter entgegenstellt, welche wohl alle Wintergewitter und überhaupt alle elektrischen Phänomene in den außertropischen Teilen des Ozeans umfassen. Sie sind die Begleiter der Cyklonen, wandern mit denselben und gelangen dadurch oft zu einer weiten Verbreitung.

§ 95. Nur kurz sei der Verteilung des Hagels gedacht, da dieser wegen seiner verderblichen Wirkungen auch geographisches Interesse bietet. Freilich ist die Statistik desselben ziemlich mangelhaft, und überdies werden nur von wenigen Beobachtern Hagel (Eiskörner) und Graupen (kleine Hagel.

Schneeballen) auseinander gehalten, was freilich auch schwer möglich ist, da beide Formen vielfach in einander übergehen. So ist es noch nicht einmal mit Sicherheit festgestellt, ob die mittleren Breiten die eigentliche Heimat dieses Phänomens sind, denn auch in den Tropen ist es nicht selten. Humboldt's Ansicht, daß der Hagel hier nur in größerer Höhe vorkomme, da in den tieferen Niveaus die Eiskörner von der Hitze rasch aufgezehrt werden, hat wohl für das äquatoriale Südamerika Giltigkeit, aber weder für die Küstenebene von Guatemala, noch für die tiefer gelegenen Flußthäler der brasilianischen Provinz Minas Geraes, noch endlich für Java und den Sudan, die heißeste Gegend der Erde, oder für das Innere von Australien im Sommer.

Als die Hauptbedingung der Hagelbildung erscheint eine größere Menge von Wasserdampf. Daher schließt sich die jährliche Periode des Hagels enge an die des Regens an, enger sogar als die der Gewitter. Daher nimmt auch in Europa der Hagel- und Graupenfall mit dem Regen von West nach Ost ab, aber die Zahl der reinen Hagelfälle steigt in derselben Richtung. Selten ist dieses Phänomen in den polaren Gegenden und Wüsten. Lokale Einflüsse sind ganz besonders maßgebend, daher in jeder Gegend neben den Hagelstrichen Land liegt, das nur selten unter dieser Heimsuchung zu leiden hat. Das Beobachtungsmaterial genügt noch nicht zur Feststellung allgemein giltiger Gesetze, doch läßt es sich jetzt schon aussprechen, daß es im Gebirge häufiger hagelt als in der Ebene, und im Mittelgebirge häufiger, als im Hochgebirge. Vom Kaukasus (vielleicht die hagelreichste Gegend der Erde) sagt Abich, daß alle zum Gebirge herbeiziehenden Ungewitter den Charakter verheerender Hagelstürme erst in der Region der weiten Thalmündungen zur Ebene annehmen und von da ab gerne der Zone der niedrigen Vorberge folgen. Ähnlich ist es auch in den Alpen. In der Schweiz wird am meisten die Hochebene und der Jura durch Hagelfälle geplagt, in Kärnten das niedrige Bergland der Osthälfte, und ebenso in Steiermark das Hügelland gegen die ungarische Grenze hin.

Verbreitung des Schnees.

Horizontale Verbreitung des Schnees.

§ 96. Unsere Gegenden gehören der Zone der gemischten Niederschläge an: in der kälteren Jahreszeit schneit es, in der wärmeren regnet es. Schon im mittleren Italien sind Schneefälle in den Niederungen selten, aber immerhin hat noch Rom durchschnittlich 1·4 Schneetage im Jahr. Jenseits des Atlasgebirges und der Südgrenze von Syrien ist der Schnee in der Ebene unbekannt, an der Ostseite der alten Welt aber rückt seine Äquatorialgrenze, den Winterisothermen folgend, weiter nach Süden, bis über Canton hinaus (23° B.), und dieselbe Anordnung wiederholt sich auch in Nordamerika.

Begeben wir uns nach Norden, so wird die feste Niederschlagsform immer häufiger. Mit Ausnahme von Norwegen dürfte die Grenze der sommerlichen Schneefälle sich in der Nähe des Polarkreises halten; schon auf Boothia Felix unter 70° B. betragen sie von Juni bis August 40% der Niederschläge, und auf ähnliche Verhältnisse deuten die Beobachtungen Nordenskjöld's in der Nähe der Beringsstraße. Auf der Südhemisphäre scheint die Grenze des Sommerschnees schon in der Nähe des 50. Parallels zu liegen. Aber überall, soweit man auf den Polarcalotten vorgedrungen ist, regnet es auch in den warmen Monaten; und es ist ganz ungewiß, ob eine Zone des festen Niederschlags überhaupt existirt.

Schneelinie.

§ 97. Wie in horizontaler, so verändert sich auch in vertikaler Richtung mit der abnehmenden Temperatur die Form der Niederschläge. Während in unseren Gegenden die steigende Sonne den winterlichen Schnee in der Ebene und in den unteren Gebirgsregionen aufzehrt, bleibt er in den höheren Partieen das ganze Jahr liegen und wird noch durch gelegentliche sommerliche Schneefälle vermehrt. Die untere Schneegrenze im Sommer wird als Schneegrenze schlechtweg oder als Schneelinie bezeichnet. Auch sie ist Schwankungen unterworfen, denn nicht in jedem Jahre halten sich Schneefall und Schneeschmelze das Gleichgewicht. Ihre Seehöhe wird also durch den jedesmaligen sommerlichen Witterungscharakter bedingt, und daher haben einmalige Messungen keinen hohen wissenschaftlichen Wert. Trotzdem müssen wir uns mit solchen begnügen, da langjährige Beobachtungen, aus denen man die mittlere Höhe der Schneelinie berechnen könnte, nicht vorliegen; und so zweifelhafter Natur auch manche Zahlen in der nachstehenden Tabelle sein mögen, so lassen sich doch einige Hauptsätze aus derselben abstrahiren.

Arktische Gegenden.			
Franz-Josef-Land (Payer) .	ca. 81° N. B.		0 m
Spitzbergen (Malmgren) . .	80		330
„ (Dunér und Nordenskjöld)	77		460
Nordgrönland (Rink) . . .	75		715
Upernivik, Westgrönland (Helland)	73		890
Jan Mayen (Scoresby) . .	71		870
Island, Osterjökul (Morks und Olafsen)	64		940
Südgrönland (Rink) . . .	61—73		650—970

Europa, Westasien und Afrika.			
Nordkap	71° N. B.		720 m
Lappland (Wahlenberg)	67	W.-Abhang	1000
		O.- "	1300
Norwegen (Mittelwert)	60—61 ½	W.- "	1130
		O.- "	1400
Tatra (Partsch)	49		ca. 2300
Alpen (Sonklar)	45—48	Westalpen	2660
		Mittelalpen	2740
		Tirol	2860
		Kärnten	2920
Pyrenäen (Ramond und Parrot)	42—43	N.-Abhang	2730[1]
		S.- "	3050[2]
Kaukasus (Radde, Abich 2c.)	40—44	Westen	2930[3]
		Mitte	3230[3]
		Osten	3720[3]
		N.-Abhang	3700
Ararat (Chodzko)	40		3350[4]
Argäus (Tschihatscheff)	38		3450
Ätna (Humboldt)	38		2900(?)
Sierra Nevada (Pascual)	37	N.-Abhang	3000
		S.- "	3100
Taurus (Kotschy)		N.- "	2900
		S.- "	3200
Abessinien (Rüppell)	13		4300
Kilima-Ndscharo (v. d. Decken)	3° S. B.		5000
Centralasien.			
Sajangebirge (Radde)	52° N. B.		3230
Altaï (Ledebour)	50		2140[5]
Altau (Semienow)	43		3640
Thian-schan (Semienow)	42—43	N.-Abhang	3520
" (Kaulbars)	41	Südseite (Kok-Kijageb.)	ca. 4100
Kansugebirge (Przewalski)	ca. 37		über 4150
Nan-schan (Przewalski)	37		4100
Kün-lün (Schlagintweit)	ca. 36	N.-Abhang	4600
		S.- "	4800
Karakorum (Schlagintweit)	28—36	N.- "	5670
		S.- "	5970
Himalaya (Schlagintweit)	27—34	N.- "	5670
		S.- "	4940
Ostasien.			
Kamtschatka (Erman)	56		1600
Japan (Wojeikoff)	30—40		unter 2500

[1] 2900 nach Grad. [2] 3200 nach Grad. [3] Südabhang 3300.
[4] 4320 Parrot, 3800 Abich. [5] 2600 Gebler.

Amerika.			
Küstengebirge (Wahlenberg) .	60° N. B.		1500 m
Unalaschka (Lütke)	53½		1070
Felsengebirge (Palliser) . .	51		2600
" (Frémont) . .	43		3800
Mexiko (Mittelwert, Humboldt)	17—21		4500
S. Nevada de S. Marta (Acosta)	11		4690
S. Nevada de Merida (Codazzi)	8		4550
Andes von Columbia (Mittelwert, Humboldt)	2—5		4680
Andes von Quito (Mittelwert, Humboldt)	0—1° S. B.		4850
Andes von Bolivia (Mittelwert, Pentland)	14—18	O.-Cordilleren . . .	4850
		W.- " . . .	5630
Andes von Chile (Pissis) . .	28		5500
	30		4900
	32		4300
	34		3400
	36		2600
	38		2100
	40		1700
	42		1600
	44		1400
	46		1200
	48		1000
	50		800
Südhemisphärische Inseln.			
Neuseeland (v. Hochstetter) .	43—45		2300—2400
" (Green)		Westseite	ca. 1520
Südgeorgia (nach Hann) . .	55		0

Die Schneelinie variiert also zwischen 6000 m (Südabhang des Karaforum) und dem Meeresniveau (Franz-Josef-Land und Süd-Georgia); doch mag es immerhin noch als zweifelhaft gelten, ob innerhalb der erreichten Breiten auch längere Beobachtungen das Herabsinken der Schneelinie bis zum Seespiegel bestätigen würden. Zunächst zeigt die Tabelle, daß die Schneegrenze von der Sommerwärme abhängig ist. Daher senkt sie sich, je weiter wir uns vom Äquator entfernen; und liegt auf der Sonnenseite höher als auf der Schattenseite und auf der Landseite höher als auf der Seeseite. Aus demselben Grunde steigt sie in der alten Welt an, je weiter wir uns von Westen nach Osten begeben; und dieses Gesetz tritt ebenso klar hervor, wenn wir die West- und Ostseiten eines Gebirges (Alpen, Kaukasus) beobachten, wie wenn wir verschiedene Gebirge in gleichen Breiten miteinander vergleichen. Allerdings wirkt hier noch eine andere Ursache mit. Die auffällige Thatsache, daß vom Kaukasus bis zum Himalaya die Schneegrenze an der besonnten Südseite tiefer herabsteigt als an der Nordseite, beweist uns, daß sie auch von der Menge der Niederschläge abhängig ist. Ihre außerordentlich hohe Lage in Centralasien wird durch das trockene Klima bedingt. Aus demselben Grunde erreicht sie in Amerika ihre Maximalhöhe nicht unter dem Äquator, sondern im regenlosen Gebiet von Bolivia, sinkt aber außerordentlich rasch, sobald wir in die Zone der feuchten NW-Winde kommen. Die massenhafte Anhäufung von Schnee drückt hier seine sommerliche Grenze schon in der Breite von Prag auf 800 m herab, sodaß unter gleichen Verhältnissen alle Häupter des deutschen Mittelgebirges mit ewigem Schnee bedeckt wären.

Auch unter der Schneelinie finden wir stellenweise, in Schluchten und Mulden, die nie von der Sonne beschienen werden, Schneelagen, die wenigstens in dem einen oder andern Jahr auch den Sommer überdauern; anderseits ragen auch über jener Grenze nackte Felsen empor, an deren steilen Wänden der Schnee nicht haften bleibt. Auch andere örtliche Einflüsse mannigfacher Art können auf das Niveau der Linie einwirken, ja in manchen arktischen Gegenden machen sie eine Bestimmung der Schneegrenze geradezu unmöglich.

Gletscher.

Mittel gegen die Anhäufung des Schnees.

§ 98. Wenn auch in der Region des ewigen Schnees der Verdunstungsprozeß nicht stille steht, so fällt ihm doch nur ein geringer Bruchteil der jährlichen Niederschlagsmenge zum Opfer und das Wachstum der Schneemassen wird dadurch nur wenig gehindert. Es giebt aber ein wirksameres Gegenmittel: die Bewegungsfähigkeit des Schnees. Er wird dadurch den wärmeren Regionen zugeführt und hier aufgelöst, um entweder in den mütterlichen Schoß des Meeres zurückzukehren oder in Dampfform seinen Kreislauf wieder zu beginnen. Die übliche Bezeichnung „ewiger Schnee" ist demnach eine unrichtige.

Plötzlich gleitende Schneemassen nennt man Lawinen. Namentlich im Frühjahr sind solche häufig, wenn der erweichte Schnee an den steileren Hängen nicht mehr haften kann. Der Schuß eines Jägers, der Pfiff einer Lokomotive, das Jauchzen eines sangfrohen Älplers genügt dann, um den auf das Äußerste gespannten Gleichgewichtszustand aufzuheben. Aber so gewaltige Massen auch dadurch dem Thale zugeführt werden, so verheerend auch eine solche Katastrophe wirken kann, so trägt doch die langsame, aber stetige Thalbewegung des Gletschers unendlich mehr zur Entlastung der Hochgebirge bei und ist auch in ihren sonstigen Wirkungen eines der wichtigsten erdphysikalischen Phänomene.

§ 99. Die eigene Schwere und das Spiel der Winde führt den pulverig trockenen Hochschnee von den steileren Gehängen der Gipfel und Kämme in tiefere Regionen, wo er, zusammen mit dem daselbst gefallenen Schnee, in den cirkusartig erweiterten obersten Thalstücken oder in muldenförmigen Einsenkungen der Gehänge angehäuft wird. Der wechselnde Prozeß des Auftauens an Sommertagen und des Wiedergefrierens in den Entstehung, Begriff und Einteilung der Gletscher.

Fig. 15. Firnfeld des Gurgler Gletschers.

Nächten giebt der Oberfläche dieses Schnees, den man Firn nennt, ein graupenförmig grobkörniges Gefüge. In unseren Alpen erreicht der Firn eine Mächtigkeit von 3—500 m. Er besteht aus 2—3 m dicken Schichten, von denen jede einem einjährigen Schneefall entspricht. Nach unten geht er infolge des Druckes seiner eigenen Masse in Eis über. Die Schneedecke wird thalabwärts immer dünner, bis sie endlich an der Schneegrenze ganz verschwindet. Hier hört der Firn auf und der Gletscher beginnt, das Bodeneis wird zum Oberflächeneis. In der Firnregion übersteigt die Menge des im Jahre gefallenen Schnees die des geschmolzenen, in der Gletscherregion findet das Umgekehrte statt. Höfer will gefunden haben, daß die Grenze zwischen beiden, die sogen. Firn- oder Schneelinie (s. Fig. 20), stets in halber Höhe zwischen dem Firnkamm und Gletscherende liege, doch ist der Beweis dafür thatsächlich nur für die Alpen erbracht.

Der vollkommen ausgebildete Gletscher bewegt sich nun als Eisstrom thalabwärts. Freilich tritt auch hier, selbst im Sommer, nicht das glatte Eis zu Tage, sondern ist mit Firngraupen, die scheinbar eine Schneeschichte bilden, bedeckt. Wie mehrere Flüsse zu einem Hauptflusse sich vereinigen, so auch mehrere Gletscher zu einem einzige Eisstrom. Die vorliegende

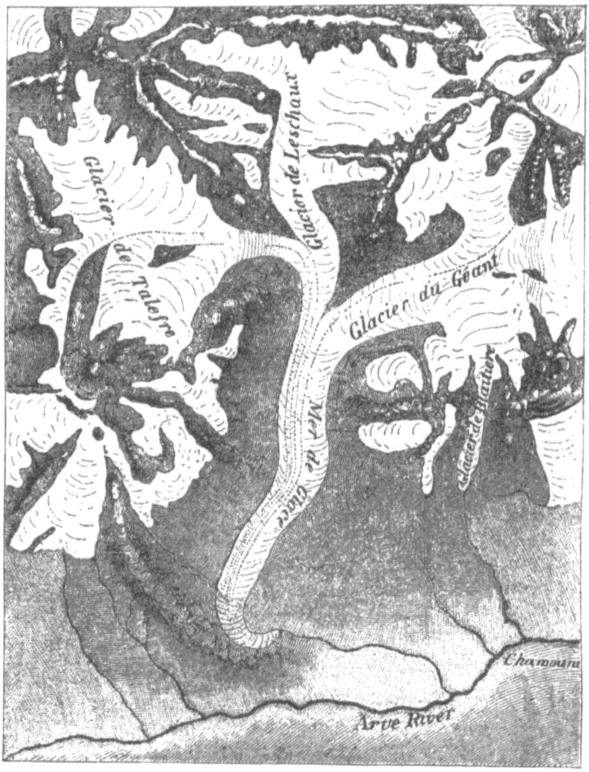

Fig. 16. Mer de Glace.

Kartenskizze, die einen Teil der Montblanc-Gruppe darstellt, zeigt dies deutlich. Aus dem Zusammenflusse dreier Gletscher entsteht die berühmte Mer de Glace, die den Aveiron zur Arve entsendet. Von der Größe der drei Firnmulden geben folgende, von Pfaff entlehnte Zahlen eine Vorstellung:

Größe der Firnmulden der Mer de Glace	Größte Breite m	Größte Tiefe m	Fläche qkm
Firnmulde des Glacier du Géant	5200	4400	16
des Glacier de Leschaux . . .	4400	2000	5·7
des Glacier de Talèfre . . .	4400	3000	8·4

Bei der Vereinigung ist der Eisstrom 2000 m breit, später wird er auf ca. 1000 m eingeengt. Sein Ende erreicht dieser vielbesuchte Gletscher, der bis zu den Eiskatarakten des Géant 9800 m mißt, in 1125 m Seehöhe, also nur 75 m über Chamounix.

Fig. 17. Gorner Gletscher.

In der Regel ist der Eisstrom in der Mitte etwas höher als an den Ufern, wo er unter dem Einflusse der erwärmten Berggehänge rascher schmilzt. Beim Aletschgletscher in den Berner Alpen betrug die Erhöhung der Mitte über dem Rande im August 1872 nahezu 60 m. Wo aber die Ränder eine dichte Schuttdecke tragen, während der mittlere Teil schutzlos der Wirkung der Sonnenstrahlen preisgegeben ist, da ist der letztere tiefer eingesenkt, wie dies z. B. beim Vernagtgletscher in Tirol der Fall ist. In unseren Alpen beträgt die Mächtigkeit des Gletschers in seinen oberen Partien 2—300 m, am Ende aber, besonders wenn es in die Kulturregion hineinreicht, übersteigt sie kaum Baumhöhe. Niemals läuft aber der Gletscher allmählich aus, sondern bricht als eine mehr oder weniger hohe Eismauer ab, die aus einem gewölbten Thor den Schmelzwasserbach entläßt. Während dieser in den Alpen im Winter meist versiegen soll, tritt im nördlichen

Grönland nach Kane's Beobachtungen selbst bei den niedrigsten Temperaturen keine völlige Erstarrung ein. Die Eismasse ist hier mächtig genug, um die unterste Schichte vor der Luftkälte zu schützen und sie stets bis zum Taupunkt warm zu erhalten. Auch auf der Oberfläche des Gletschers ruft die Sommersonne zahlreiche Bäche und Seen hervor, aber die Nacht legt sie wieder in Eisfesseln, die erst der folgende Tag wieder sprengt.

Überblicken wir das bisher Vorgetragene. Während im Winter Berg und Thal gleichförmig unter Schnee begraben liegen, folgt im Sommer thalaufwärts auf die Region des Wassers die des Eisstroms und endlich die Firnregion, die Geburtsstätte des Gletschers, der thatsächlich unter dem Firnschnee schon vorhanden ist. Im weiteren Sinne verstehen wir also unter Gletscher den Eisstrom samt dem Firn und können ihn daher als dauernde Eisbildung auf der Oberfläche des Festlandes definieren. Im engeren Sinne versteht man aber unter Gletscher nur den Eisstrom, der im Sommer unverhüllt zu Tage tritt, und durch den darauf gefallenen Schnee nicht vergrößert wird. Das Verhältnis des Areals der Eiszunge zu dem des Firns bewegt sich in den Alpen innerhalb weiter Grenzen (beim Miagegletscher = 1 : 1·5, beim Gornergletscher = 1 : 7·4); in den Ötzthaler Alpen und in der Tauerngruppe ist es durchschnittlich gleich 1:3·7, beziehungsweise 1 : 3·8.

Fassen wir den Gletscherbegriff im weiteren Sinne auf, so können wir Gletscher erster und zweiter Ordnung unterscheiden. Die ersteren sind die Thalgletscher mit mächtig entwickeltem Eisstrom, die letzteren die Firngletscher, die entweder keine oder nur eine unbedeutende Eiszunge besitzen. A. Schuster führt daneben auch noch halbausgebildete Gletscher in Tibet an, die er als zusammengefrorene Schneemassen mit äußerst geringer Bewegung charakterisirt, aber sie dürften nur eine Unterart der Firngletscher bilden. Eine rein lokale Erscheinung sind jene Gletscher, deren oberes Ende unter der allgemeinen Schneelinie des betreffenden Gebirges liegt, wie beispielsweise das Blaueis am Hochkalter bei Berchtesgaden.

Gletscherbewegung.

§ 100. Firn und Gletscher befinden sich in ununterbrochener Bewegung, die aber einer täglichen und einer jährlichen Periode unterworfen ist. Sie ist bei Tag und im Sommer rascher, als bei Nacht und im Winter, weil die Plastizität des Eises zunächst von der Intensität der Besonnung abhängt. Der Hauptsache nach ist sie, entsprechend dem Zuge der Schwerkraft, thalabwärts gerichtet, und folgt auch genau denselben Gesetzen, wie das fließende Wasser. Die Geschwindigkeit hängt unter sonst gleichen Umständen von der Neigung des Bettes ab, und wechselt daher mit dieser innerhalb eines und desselben Gletscherkörpers. An der Mer de Glace nimmt sie nach abwärts zu (z. B. bei Trélaporte 508, bei Montavert 864 mm pro 24 Stunden im Sommer), am Morteratschgletscher dagegen ab. Auch steigert sie sich, wenn die Eismasse durch das sich verengende Bett zusammengepreßt wird. Zahlreiche Beobachtungen haben ferner gelehrt, daß sie von den Rändern nach der Mitte zunimmt, daß sie in gekrümmten Thälern am konvexen Rand stärker ist als am konkaven, und daß dann die Linie größter Geschwindigkeit nicht genau in der Mitte, sondern näher dem konvexen Rande liegt. Auch gelang es Tyndall am Glacier de Géant nachzuweisen, daß die Bewegung von der Oberfläche nach dem Grunde abnimmt.

Die Thatsache, daß das Eis fließt, beweist zur Genüge seine Plastizität. Wie ein zähflüssiger Körper schmiegt es sich den wechselnden Formen seines Bettes an. An der Westküste Grönlands reicht unter 62° 40′ B. ein Ausläufer des Binnensees in einen schmalen, nordöstlich streichenden See, den er in T-Form ausfüllt. Von den Gletschern des Franz-Josef-Landes berichtet Payer, daß die durch Bergvorsprünge geteilten Arme am Fuße der ersteren wieder zusammenfließen. Vielleicht den drastischesten Beweis liefert aber der kleine norwegische Gletscher von Raagan (70° B.), in dem Forbes die Form einer herabrinnenden Thräne so schön ausgeprägt fand.

Das Rätsel, daß ein anscheinend so spröder Körper, wie das Gletschereis, sich wie eine unvollkommene Flüssigkeit verhält, löste erst die Entdeckung der Regelation. Man versteht darunter jene, noch immer nicht ganz befriedigend erklärte Eigenschaft tauender Eisstücke, an den Berührungsstellen sofort wieder zusammenzufrieren. Jede Formveränderung des Bettes ruft Brüche im Eise hervor, aber die Regelation heilt sofort wieder die Wunden; und sie ist es auch, die zwei oder mehrere Gletscher zu einem einzigen Strome vereinigt.

Freilich reicht die Plastizitätstheorie nicht aus, um alle Eigentümlichkeiten der Gletscherbewegung, die man erst in den letzten Jahren durch stündliche Beobachtungen erkannte, zu erklären. Pfaff, der zuerst nachwies, daß der Firn nach denselben Gesetzen wie der Gletscher sich thalabwärts bewegt, belehrte uns auch, daß jedes Teilchen desselben neben der horizontalen auch eine vertikale Bewegung ausführt, daß aber beide Bewegungen unregelmäßig vor sich gehen. Klocke und Koch machten ähnliche Beobachtungen am Morteratschgletscher. Derselbe Punkt bewegt sich bald zu Thal, bald zu Berg, bald vertikal aufwärts, bald abwärts, und dabei sind alle möglichen Kombinationen beider Bewegungen neben

Stillstand im einen oder anderen Sinne möglich. Besonders unregelmäßig sind die Bewegungen von Sonnenaufgang bis gegen Mittag.[1]

Die Geschwindigkeit der horizontalen Bewegung ist sehr verschieden. Bei den großen Alpengletschern beträgt sie durchschnittlich nur 0·2 bis 0·8 m in 24 Stunden. An der Mer de Glace erreichte sie ein Maximum von 1.3 m, und nur der Vernagtgletscher rückte einmal über 45 m im Tage vor. In Norwegen wird die tägliche Bewegung des Krondalgletschers auf 0·14 m geschätzt. Im Himalaya beobachtete man ein sommerliches Vorrücken von 2—3·7 m in 24 Stunden. Die am schnellsten fließenden Gletscher besitzt — soweit unsere jetzige Kenntnis reicht — das nördliche Grönland, trotzdem die Neigung derselben sehr gering ist. Am Torsukatakgletschers (69° 50′ N.) konstatierte Helland im Sommer ein tägliches Vorrücken von 10 m und am Gletscher von Jakobshavn ein solches von 19·3 bis 22·5 m in der Mitte und von 14·3 bis 15·2 m in einer Entfernung von 400 m vom Ufer. Hammer besuchte diesen Gletscher, der nur $^1/_2{}^0$ Neigung besitzt, im März und April 1880 und fand selbst in dieser Jahreszeit noch eine durchschnittliche tägliche Geschwindigkeit von 5·1 und 12·6 m für eine Entfernung von 282, beziehungsweise 875 m vom Rande. Aber jedenfalls sind diese Fälle nur als Ausnahmen zu betrachten, denn an den Gletschern des Bezirks Julianehaab beobachtete Steenstrup eine alpine Langsamkeit. Dasselbe berichtet Payer von den Gletschern einer anderen arktischen Gegend, des Franz-Josef-Landes.

Gletscherspalten und -Mühlen.

§ 101. Die nächste Folge der Gletscherbewegung ist die Spaltenbildung; sie ist der Ausdruck des Kampfes der Kohäsion mit der Streckung, und erfolgt stets senkrecht zur Spannungslinie. Vom Bergschrund an, jener Spalte, die die Schneemasse des Firn von der des Gipfelkörpers trennt, bis zum Gletscherende ist der Firn- und Eiskörper in allen Gegenden viel-

[1] Folgende Zahlen geben nur das Gesamtresultat für je 24 Stunden. + bedeutet Abwärts-, — Aufwärtsbewegung.

	Skala I. Entfernung vom Gletscherrand 35 m		Skala II. Entfernung vom Gletscherrand 90 m	
	Horizontale Bewegung	Vertikale Bewegung	Horizontale Bewegung	Vertikale Bewegung
1880 3. Sept.	+11·8	+6·0	+15·2	+9·9 cm
	— 4·3	—2·5	— 9·6	—4·6
	+ 7·5	+3·5	+ 5·6	+5·3
4. „	+ 5·7	+4·4	+11·3	+4·4
	— 1·9	—3·2	—10·6	—0·7
	+ 3·8	+1·2	+ 0·7	+3·7

fach zerklüftet, wenn auch im allgemeinen die nordischen Gletscher elastischer erscheinen, als unsere alpinen. Querspalten werden durch die verschiedene Neigung des Bettes hervorgerufen, vernarben aber wieder, wenn das Gefälle sich vermindert. Beim Fall über Thalstufen löst sich der Gletscher in ein wildes Gewirr von Eisblöcken auf. Eine eigentümliche Art der Querspalten sind die Randspalten (s. Fig. 17, *r* in Fig. 18), welche einen Winkel von 30 bis ca. 45° mit den Seiten einschließen und durch die schnellere Bewegung der Mitte erzeugt werden. Infolge dessen nimmt in Fig. 18 das Stück *A* nach einer gewissen Zeit die Form *A'* an, und das Quadrat *a* wird zu *a'* verzerrt. Dadurch erfährt die Linie *xy* eine Streckung (*x' y'*), der aber das Eis nicht folgen kann. Es muß reißen und zwar senkrecht zur Linie der größten Spannung (Spalte *ss*). Ist das Bett gekrümmt, so ist die Spaltung an der konvexen Seite stets größer, als an der konkaven. Längsspalten bilden sich, wenn der Gletscher aus einem engen in ein weites Bett tritt, denn dann wirkt die Spannung in der Querrichtung des Gletschers.

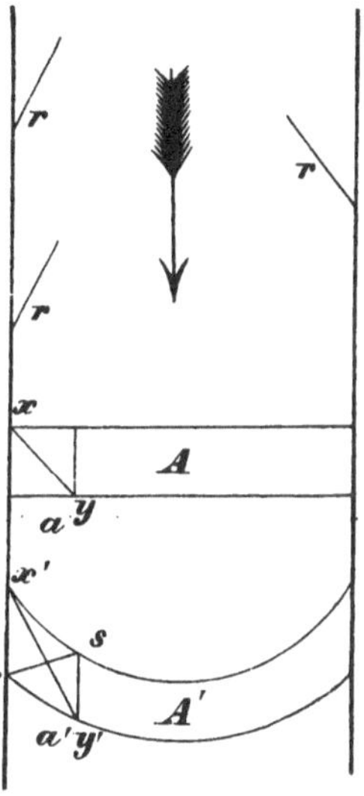

Fig. 18. Randspalten.

Wenn im Sommer die an der Oberfläche des Gletschers entstehenden Bäche in eine Spalte hinabstürzen (sogen. Gletschermühlen), so höhlen sie mit der Zeit tiefe und beinahe zylindrische Löcher im Eise aus, die manchmal bis auf den Grund reichen. Gelangen Steine in ein solches Loch, so werden sie von den Sturzbächen in kreisende Bewegung gesetzt und können unter günstigen Verhältnissen in dem Boden Vertiefungen, sog. Riesentöpfe ausschleifen. Berndt fand zwei solche von 0·8 und 1·2 m Durchmesser im verlassenen Bett des Rosenlauigletschers. Allerdings wandert die Gletschermühle mit der Spalte abwärts, aber an gewissen Stellen erzeugt die Unebenheit des Bodens immer wieder Spalten, und die Ausarbeitung des Riesentopfes, die die eine Kaskade begonnen, setzt einige Tage nachher eine andere fort.

§ 102. Mit der Bewegung des Gletschers hängt auch dessen Struktur zusammen. Das Gletschereis ist keine gleichförmige Masse, es besteht vielmehr aus wechselnden, mehr oder weniger dicht gedrängten Bändern oder Streifen von weißem Eis, das seine Farbe den kleinen Luftblasen verdankt, mit denen es angefüllt ist, und von blauem Eis, aus denen die Luftblasen ausgetrieben sind (Fig. 19). Das erstere schmilzt wegen seiner größeren Porosität leichter und bildet Vertiefungen, das letztere dagegen Erhöhungen. Überblickt man den Eisstrom von einem erhabenen Standpunkte aus und

Struktur.

bei günstiger Beleuchtung, so scheinen die zahllosen kleinen Erhebungen zu Linien (Ogiven) zu verschmelzen, die quer über den Gletscher hinlaufen, und in der Nähe des Firns kaum merkbar gekrümmt sind, nach abwärts aber, entsprechend der schnelleren Bewegung der Gletschermitte, immer spitzigere Bogen beschreiben. Jeder Zufluß bringt sein eigenes Ogivensystem mit sich, so daß nach der Vereinigung mehrere solche Systeme nebeneinander laufen, bis sie endlich verschmelzen oder bis die stärkere Ogive die schwächere verdrängt (Fig. 20).

Fig. 19. Ein Stück Gletschereis. (*a* der Tisch, auf dem das aus blauem und weißem Eis zusammengesetzte Eisstück ruht.)

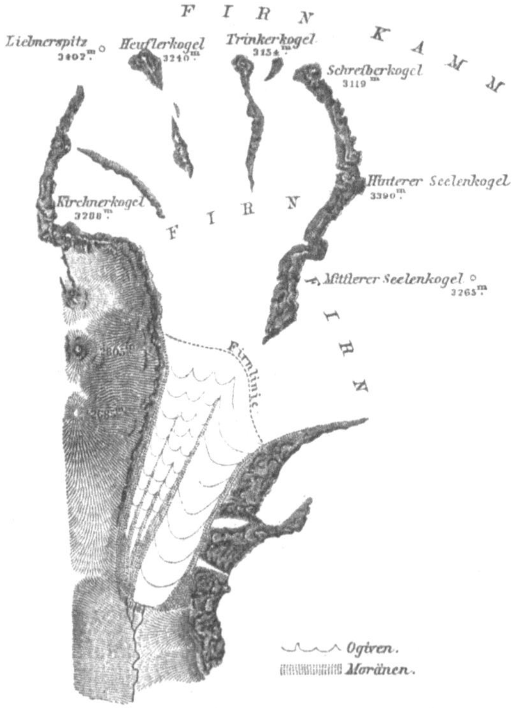

Fig. 20. Rotmoosgletscher nach v. Sonklar.

Die gebänderte Struktur tritt mit voller Klarheit an den Spaltenwänden hervor. Daß die Bänder ganz verschieden sind von den Firnschichten, beweist eine Stelle am Furkagletscher, die Tyndall entdeckte. Hier beobachtete er deutliche horizontale Schichtung des Eises, die offenbar aus der Firnschichtung hervorging, und in lotrechter Richtung verlaufend die blauen Adern. Diese Entdeckung bewog ihn hauptsächlich, die Gletscherstruktur als eine Wirkung des Druckes, den jede hintere nachschiebende Partie auf die vordere ausübt, und auf dessen Richtung die Bänder senkrecht stehen, zu erklären. Dadurch wird es auch verständlich, daß die Zahl und Größe der blauen Bänder thalabwärts zunimmt. Doch sind die Akten über diese Frage noch nicht geschlossen. Man wird auch die nordischen Gletscher studieren müssen, da hier die Bandstruktur besonders schön ausgebildet ist. So bemerkt man z. B. auf Spitzbergen an frischen Querschnitten tiefblaue Adern bis zu $1^1/_2$ m Dicke und 2—4 m Länge, die in verschiedenen Richtungen sich kreuzen, wobei jedoch die horizontale dominiert.

§ 103. Eine andere, mit der Gletscherbewegung zusammenhängende Erscheinung sind die Moränen. Die Oberflächenmoränen werden durch die größeren und kleineren Gesteinsstücke gebildet, die von den nackten Felsmassen sich losbröckeln und auf den Gletscher herabfallen. Wallartig häufen sie sich an den beiden Seiten des Eisstromes an. Fließen zwei Gletscher zusammen, so vereinigen sich ihre inneren Seitenmoränen zu einer Mittelmoräne, und die Anzahl der letzteren giebt uns somit über die der Zuflüsse Aufschluß (Fig. 20 und 21). Moränen.

Fig. 21. Moränen und Gletschertische.

Nicht alle Gletscher haben ausgebildete Oberflächenmoränen, wenn diese auch in unseren Breiten nie ganz fehlen. Dagegen sind sie — wie wir später eingehender besprechen werden — in den polaren Gegenden selten. Keinem Gletscher fehlt aber die Grundmoräne. Dringt man durch die Höhle, aus der der Gletscherbach kommt, unter die Eismasse ein, so findet man, daß diese nicht unmittelbar auf dem Felsboden aufruht, sondern von demselben durch eine Lage von Sand, Grus und Schlamm mit eingebetteten Gesteinsblöcken von verschiedener Größe getrennt ist. Die letzteren sind mehr oder weniger gerundet, ihre Oberfläche ist geglättet und — wenn das Gestein nicht besonders hart ist — mit Schrammen und Kritzen bedeckt. In gleicher Weise findet man, wenn man die Grundmoräne entfernt, den Felsboden poliert und mit geradlinigen Kritzen in der Richtung der Gletscherbewegung bedeckt. Dasselbe Phänomen beobachtet man auch an den Seitenwänden des Eisstromes; ihre ursprünglichen Unebenheiten sind abgerundet und ihre Oberfläche ist blank gescheuert und geschrammt.

Selbst solche, die — wie Penck — dem Gletscher die Kraft zuschreiben, Seebecken auszuschaufeln, sprechen ihm ausdrücklich die Fähigkeit ab, selbst abschleifend zu wirken. Dieses Geschäft besorgen vielmehr nach der Ansicht der meisten Forscher teils jene Gesteinstrümmer, die zwischen der Thal- und Gletscherwand auf den Grund gelangen, teils Stücke der Oberflächenmoräne, die durch Spalten immer tiefer und tiefer sinken und endlich den Grund erreichen. Man denkt sich mit anderen Worten die Seiten- und die Unterfläche des Gletschers mit eingebackenen Gesteinsblöcken wie mit Zähnen besetzt, und diese polieren und kritzen die Felsen und werden dabei selbst zermalmt. Das Endprodukt dieses Prozesses ist eine schlammig-sandige Masse, die zum Teil die Grundmoräne bildet, zum Teil durch den Gletscherbach („Gletschermilch“ wegen seiner trüben Farbe) herausbefördert wird.

Wir werden später sehen, daß diese Theorie zur Erklärung der Grundmoränen der polaren Gletscher nicht ganz ausreicht.

Während der Gletscher die Oberflächenmoräne auf seinem Rücken thalabwärts trägt, schiebt er unter sich auch die Grundmoräne vorwärts. An seinem Ausgange lagert er beide als Endmoräne ab, die bald als ein schmaler niedriger Steinwall, bald als eine weite Schlamm- und Kiesfläche uns entgegentritt, in der mächtige Felstrümmer zwischen kleinen unregelmäßigen Schutthügeln zerstreut liegen. Mit dem transportierten Material vermischt sich manchmal der vom Gletscher zusammengeschobene lockere Boden des Vorlandes.

Abschmelzung. § 104. Außer der Bewegung ruft auch die Abschmelzung in der wärmeren Jahreszeit Veränderungen im Eiskörper hervor. Mancherlei Erscheinungen sind direkte Beweise dafür. Die Mittelmoräne befindet sich auf einem Eiswulste, weil sie ihn vor dem Einflusse der Besonnung schützt. Denselben Dienst leistet ein einzelner größerer Steinblock, der infolge der Abschmelzung der Umgebung gleichsam aus dem Eise hervorzuwachsen scheint. So entstehen die bekannten, stets nach der Mittagsseite geneigten Gletschertische, denen freilich auch nur eine vergängliche Existenz beschieden ist. Die Sandkegel, die auch oft eine Höhe von mehreren Meter erreichen, ruhen ebenfalls auf geschützten Eiserhöhungen. Dagegen sind dünne Sand- und

Schlammlagen, wie sie von den Abhängen herabgeschwemmt oder durch den Wind herbeigeführt werden, nicht nur kein Schutzmittel, sondern geradezu Beförderer der Abschmelzung, und bewirken Vertiefungen im Eise, die ogivenartig nach abwärts gekrümmt sind (die sogenannten Schmutzbänder). Allgemein herrscht in den Alpenländern die Überzeugung, daß der Gletscher fremde Körper ausstoße; und dies ist auch insofern richtig, als jeder Körper, der in eine Spalte fällt, an einem thalabwärts gelegenen Punkte infolge der Abschmelzung wieder an die Oberfläche kommt.

§ 105. Die Abschmelzung nimmt mit der Temperatur thalabwärts zu. Wo sie durch die Zufuhr von oben nicht mehr ersetzt wird, dort muß der Gletscher enden. Ist die Zufuhr bedeutend, so rückt der Gletscher immer weiter vor; übersteigt der Betrag der Abschmelzung schon weiter oben den der Zufuhr, so wird das Gletscherende immer weiter thalaufwärts verlegt: der Eisstrom zieht sich zurück, er schrumpft ein. Periodische Längenänderungen der Gletscher.

In einem solchen Zustande befindet sich z. B. der Rhonegletscher, an dem seit 1874 genaue Beobachtungen angestellt werden. Das Resultat war Ende 1880 folgendes:

Abschmelzung des Rhone-Gletschers.	1874 Entfernung vom Gletscherende	1874 Seehöhe	1874—80 Abschmelzung	1874—80 Vorrücken in der Curvenlinie
Rote Linie	4050 m	2553 m	0 m	600 m
Gelbe „	2450	2420	0	680
Grüne „ . . .	750	1917	30	150
Schwarze Linie . . .	400	1854	50—60	40

Schon ca. 400 m oberhalb des Gletscherendes ist also die Abschmelzung bedeutender als das Vorrücken, und damit ist die unmittelbare Ursache des Rückganges gegeben.

Aber freilich ist damit noch wenig erklärt. Die Geschichte der alpinen Gletscher belehrt uns, daß Vorstoß und Rückzug periodenweise erfolgen, und daß wenigstens der letztere innerhalb eines längeren Zeitraumes konstant ist. Fritz unterscheidet in den Alpen folgende Hauptperioden:

1595—1610 Vorrücken	1760—86 Vorrücken
1677—81 „	1800—12 Rückzug
1710—16 „	1811—22 Vorrücken.
1750—67 Rückzug	

Im Jahre 1850 begann die große Rückzugsperiode, die außer den Alpen auch in Norwegen und im Kaukasus beobachtet wurde. Sie scheint aber bereits ihrem Ende sich zu nähern, denn in den letzten Jahren waren zehn alpine Gletscher wieder im Vorrücken begriffen.

Noch rätselhafter wird dieses Phänomen dadurch, daß benachbarte Gletscher sich häufig verschieden verhalten, und daß ebenso oft in kalten Sommern ein Rückzug wie in warmen ein Vorstoß stattfindet. Es beweist dies, daß der Abschmelzungsbetrag des betreffenden Sommers nicht über die Lage des Gletscherendes entscheidet.

Nach Forel hängt die Länge des Gletschers von seiner Geschwindigkeit ab, und diese wieder von der Mächtigkeit des Eises. Je dicker es ist, desto schneller fließt es. Wir haben also nach den Ursachen der wechselnden Mächtigkeit des Gletscherkörpers zu fragen, und diese sind offenbar die Abschmelzung und die Speisung durch den Firn. Die erstere wird zwar durch die Mitteltemperatur des Sommers bedingt, aber sie wirkt nicht sogleich auf die Dicke des ganzen Eisstromes ein. Ist sie nur vorübergehend sehr groß oder sehr gering, so wird sie auf die Lage des Gletscherendes am Schlusse des betreffenden Sommers wenig Einfluß haben; vielmehr entscheidet darüber unter sonst gleichen Verhältnissen der durchschnittliche Gesamtcharakter einer größeren Reihe früherer Sommer.

In zweiter Linie kommt die Niederschlagsmenge in Betracht, denn von ihr hängt die Mächtigkeit des Firns und damit der Betrag der Zufuhr ab. Forel zeigte, daß diese Ursache von oben nach unten ihre Wirkung steigert. Nur mit etwas geminderter Mächtigkeit gelangt z. B. das Firneis bis zu einem gewissen Punkte des oberen Gletscherthales. Die Folge davon ist Abnahme der Geschwindigkeit und Zunahme der Abschmelzung. Schon stärker vermindert fließt die betreffende Eispartie weiter thalabwärts und zwar mit noch geringerer Geschwindigkeit und daher noch mehr dem Abschmelzungsprozeß preisgegeben. In einer gewissen Anzahl von Jahren kann diese eine Ursache die ganze Länge des Gletschers durchwandert haben und dann erst auf die Lage des Gletscherendes bestimmend einwirken. Nicht die Niederschlagsmenge des betreffenden Jahres ist also dafür maßgebend, ob der Eisstrom in demselben vor- oder zurückrückt, sondern das Mittel der Schneemassen, welche in den letzten 50—100 Jahren gefallen sind.

Die geographische Verteilung der Gletscher.

(S. Karte XIII.)

Die mittleren und niederen Breiten der Nordhemisphäre.

§ 106. Die beiliegende Karte zeigt, daß die Gletscher vorzüglich ein polares Phänomen sind. Penck schätzt die vereisten Gebiete der Nordhemisphäre auf $2^1/_5$ Mill. qkm, welche Angabe auf ca. 3 Mill. zu erhöhen sein dürfte, und die der südlichen Halbkugel auf nahe an 14 Mill. qkm, die Existenz eines antarktischen Kontinentes vorausgesetzt. In den mittleren und niederen Breiten fehlen zwar die Gletscher nicht, aber sie sind in der geologischen Gegenwart nur auf die höchsten Schneegebirge beschränkt, von denen sie stellenweise allerdings bis in die Kulturregion herabsteigen. Dieselben Ursachen, welche die Höhe der Schneelinie bedingen, bewirken auch, daß das Gletscherphänomen einerseits mit der Breite, andererseits in der Richtung von Westen nach Osten abnimmt, und dieses Gesetz macht sich sowohl innerhalb der Kontinente, wie innerhalb der einzelnen Gebirge geltend. So beträgt in den Alpen das vergletscherte Areal der Schweiz 1839 (nach anderer Angabe 2096) qkm, das der österreichischen Zentralalpen aber nur 1196 qkm. Die mächtigsten Eisströme besitzen die Montblanc-Gruppe, das Berner Oberland, die penninischen Alpen und der östliche Teil des Ötzthaler Hochgebirges. Nur dreizehn erreichen eine Länge von mehr als 10 km, und von diesen gehören nur zwei den Ostalpen an. Der Aletschgletscher allein ist über 20 km lang, und samt dem Firn bedeckt er eine Fläche von 149 qkm, d. h. beinahe das doppelte der Republik San Marino. Die mittlere Seehöhe des Endes der alpinen Thalgletscher wird zu 1860 m angenommen; unter 1000 m steigt nur der untere Grindelwaldgletscher herab (bis 983 m), der aber jetzt auch im Rückgang begriffen ist.

Sehen wir vom skandinavischen Hochland vorläufig ab, so finden wir auf europäischem Boden Gletscherbildung nur noch in den iberischen Gebirgen. Doch beherbergen selbst die Pyrenäen meist nur Firngletscher und vorwiegend nur auf der Nordseite. Selbst der Maladettagletscher endet hier schon in 2286 m Höhe. Ein kleines Eisfeld soll auch die Sierra de Gredos besitzen. Der südlichste Eisstrom unseres Erdteiles ist der Corralgletscher am Nordabhang der Sierra Nevada in 2845—2930 m Höhe.

In Asien senden außer dem Kaukasus vor allem die Hochgebirge Zentralasiens, der Altaï, Kuenlun, Karakorum und Himalaya, Gletscher aus, und auch in Japan wurden an der Ostseite des Tateyma Firngletscher gefunden. Am Kaukasus erlangt die Eisbildung nur im zentralen Teil eine größere Ausdehnung. Das Gletscherende liegt im Mittel in 2260 m Höhe (der 7½ km lange Kaltschidon-Gletscher bis 1738 m). Eine Eigentümlichkeit der Kasbekgletscher ist es, daß sie sich in ihrem Unterlaufe teilen und in mehrere Thäler hineindrängen, doch ist uns eine ähnliche Erscheinung auch von einigen sekundären Eisströmen des Pitzthales in Tirol bekannt. Reich an Gletschern ist der Himalaya; die erster Ordnung enden durchschnittlich in 3500—4500 m Höhe, am tiefsten reicht der Bephogletscher in Tibet (bis 3010 m). Der größte Eisstrom Hochasiens wurde im Karakorum entdeckt, es ist der Baltórogletscher, 58 km lang und 1½ bis 4 km breit. Keiner geringeren Berühmtheit erfreut sich der Biafogletscher, der sich mit einem anderen am entgegengesetzten Abhange vereinigt und dadurch eine Länge von 103 km erreicht.

In Nordamerika ist das Cordillerensystem der Sitz einer bedeutenden Eisbildung, und zwar vor allem die pazifischen Ketten, wenn sie auch dem zwar höheren, aber niederschlagsärmeren Felsengebirge nicht fehlt. Besonders zeichnen sich das Kaskadengebirge und die Sierra Nevada durch Gletscherreichtum aus; und daß sie auch echt alpine Eisströme beherbergen, geht schon aus der Thatsache hervor, daß der Uisquallygletscher des Mt. Rainier noch am Ende eine Mächtigkeit von 160 m besitzt. In Mexiko tragen einige Vulkane Gletscher. Auch die äquatorialen Andes entbehren nicht der Eisbildung, wie man vielfach glaubte, obwohl schon ältere Reisende davon berichtet hatten. In neuerer Zeit hat Reiß das Vorkommen von Gletschern zweiter Ordnung bestätigt. Da an der Firnlinie (4630—4770 m) das ganze Jahr hindurch eine gleichmäßige Temperatur von ca. 1° herrscht, so findet hier ein gleichmäßiges Abtauen, aber keine Herabbewegung des Eises statt.

Die mittleren Breiten der Süd-hemisphäre.

§ 107. Das niederschlagsreiche Seeklima der südlichen Hemisphäre ist der Gletscherentwickelung besonders günstig. In den Breiten von Triest bis Hamburg steigen von den kaum 2600 m hohen Andes Eisströme bis zum Meeresspiegel herab, an den Abhängen begleitet von Hochwäldern der antarktischen Buche und Birke. Kolibri und Papageien, die wir als tropische Vögel zu betrachten gewohnt sind, bewohnen hier Gletscherlandschaften. An der Westseite der neuseeländischen Alpen endet der Franz-Josef-Gletscher in der Breite von Florenz erst in 213 m Höhe, wo die mittlere Jahrestemperatur (10°) der von Wien gleicht, und eine üppige Tieflandvegetation von Nadelhölzern, Buchen, Baumfarnen und Fuchsiabüschen gedeiht. An der trockeneren Ostseite liegt das Gletscherende durchschnittlich in 1170 m Höhe, also auch hier noch immer um 680 m tiefer als in unseren Alpen. Auf den Kerguelen-Inseln in der Breite von Nürnberg und Prag senkt sich der Zeyegletscher bis ca. 210, der Lindenberggletscher bis ca. 75 und der Naumanngletscher bis ca. 60 m Seehöhe herab.

Polares Inlandeis.

§ 108. In den polaren Ländern, in Grönland, auf Spitzbergen, auf Nowaja Semlja nördlich vom 74° B., im Franz-Josef-Land, in einigen Teilen Norwegens und wahrscheinlich auch auf Island, unterscheidet sich die Gletscherbildung wesentlich von der unserer Gegenden. Der Firn lagert nicht in den Mulden des Hochgebirges, sondern überzieht weite Hochplateaus und zum Teil auch die höchsten Erhebungen. Nordenskiöld nennt ihn mit Recht einen Eissee, der in die zum Meer mündenden Thäler polypenartig Eisströme (die Gletscher im engeren Sinne) aussendet oder — wo Thäler fehlen — als Eismauer plötzlich abbricht. Dieses Inlandeis steigt von allen Seiten, wenn auch unter verhältnismäßig kleinem Winkel, gegen das Innere an. Wir begegnen diesem Phänomen schon in einigen Teilen des skandinavischen Hochlandes, so am Jostedalsbrä, wo das Eis eine Fläche von der Ausdehnung des Herzogtums Sachsen-Altenburg bedeckt, am Svartisen und auf dem Jökulfjeld. Am großartigsten ist es aber in Grönland entwickelt. Etwa 15 km von der Westküste beginnt das große Binneneis, das Sermerßuak der Eskimos, über das sich nur stellenweise schneefreie Berge, die sogenannten Nunataks, bis zu ca. 600 m erheben. Nicht überall entsprechen die Eiszungen den gewaltigen Firnmassen; es hängt dies vielmehr ganz von den orographischen Verhältnissen ab. Der größte bekannte Gletscher ist der nach Humboldt benannte im westlichen Grönland, der 110 km lang ist und mit einer 100 m hohen Eiswand endet. Im östlichen Grönland ist der größte Gletscher über 70 km lang. Die Breite ist ebenfalls beträchtlicher als in unseren Alpen. Dagegen erreicht im benachbarten Grinell-Land unter 81° B. kein Gletscher das Meeresniveau, und auch Spitzbergen hat verhältnismäßig kleine Eisströme. Der größte am Bellsund ist nur 16 km lang und 5·3 km breit, und der kleinste 650 m lang und 240 m breit.

Fig. 22. Grönländisches Binneneis nach Jensen.

Ein wichtiger Charakterzug des arktischen Binneneises ist der Mangel an Oberflächenmoränen. Solche können nur in der Nähe von Nunataks vorkommen, verschwinden aber bald in den Spalten. Ob sie trotzdem hinreichen, die Grundmoräne, die nirgends fehlt, zu erzeugen, oder ob diese hauptsächlich nur aus tertiärem Verwitterungsschutt besteht, ist noch eine offene Frage.

Das Gletscherende liegt in Norwegen nach Hartung durchschnittlich in 375 m Höhe. Die Gletscher des Fondalen (66—67° B.) reichen allerdings bis an das Meer, aber weiter nördlich ist dies nicht mehr der Fall. Im Jökulfjord baut sich zwar eine Eismauer bis in die See hinein, aber sie besteht nur aus abgebrochenen Eisstücken, die von den schroffen Wänden herabfallen. In den höheren Breiten schieben sich dagegen die Gletscher in der Regel bis in das Meer hinein, und zwar bis zu der Stelle, wo das Eis leichter wird, als das von ihm verdrängte Wasser. Hier erfolgt ein Bruch von unten nach oben, und die abgerissenen Gletscherstücke setzen nun als Eisberge ihren Weg im Meere fort, häufig auch Erde und Felsblöcke — Bruchstücke der Moränen — mit sich führend. Zahlreiche Luftblasen verringern ihr spezifisches Gewicht, so daß meist noch $^1/_7$ der ganzen Masse aus dem Meere hervortaucht. Ursprünglich große Klötze mit meist senkrechten Wänden und ebener geneigter Oberfläche, werden sie von der Sommersonne zu phantastischen Gestalten umgeformt, bis sie endlich, in Trümmer zerfallen, mit dem Meereis verschmelzen, oder im offenen Ozean vergehen.

Fig. 23 Eisberg nach Payer.

Grönland und Franz-Josef-Land sind die Hauptgeburtsstätten der großen arktischen Eisberge, deren Masse in einzelnen Fällen zu 21 Mill. kbm bestimmt wurde. Dagegen fehlen sie an der ganzen West- und Nordküste von Nowaja Semlja, wie an der Südspitze von Spitzbergen, weil hier das Meer an den Küsten zu seicht ist, und daher nur kleine Stücke von den Gletschern losbröckelt.

Weitaus häufiger und größer, als im Nordpolarmeer, sind die Eisberge in der antarktischen See. Sie beweisen uns, daß um den Südpol ein weiter Kontinent sich ausdehnen muß, denn nur ein solcher kann so mächtige Gletscher erzeugen, wie wir sie nach den Dimensionen der Eisberge voraussetzen müssen. Jene Eismauer, an der Roß mehre hundert Kilometer weit entlang fuhr, ohne ihr Ende zu erreichen, war in der That nichts anderes als die Bruchfläche eines kolossalen Gletschers.

Fünftes Kapitel.

Das Klima.

Die Klimaprovinzen.

(S. Karte XIV.)

§ 109. Als die Hauptfaktoren des Klimas haben sich Wärme und Niederschlag erwiesen, indirekt auch die Winde und die orographischen Verhältnisse, da sie die Verteilung der beiden ersteren Elemente wesentlich mitbedingen. Es ist nun die Aufgabe der physischen Geographie, das Zusammenspiel dieser vier Faktoren in den einzelnen Lokalitäten zu untersuchen, gemeinsames zusammenzufassen, und nach dem vorherrschenden Witterungstypus Klimaprovinzen aufzustellen. In jeder dieser großen Abteilungen lassen sich noch eine Reihe von Klimabezirken, oder wie man sie sonst nennen will, unterscheiden, und in manchen Gegenden wird das Beobachtungsmaterial noch eine weitere Untereinteilung gestatten. Es liegt in der Natur der Sache, daß über die Zahl und Grenzen der Haupt- und Unterabteilungen wohl niemals eine, alle Zweifel ausschließende Übereinstimmung erzielt werden dürfte; und auch Karte XIV, die sich nur auf die Darstellungen der Provinzen beschränkt, ist lediglich als ein Versuch aufzufassen. Klimatische Einteilung.

§ 110. Von den 34 Klimaprovinzen — unter diese Zahl dürfte keine Einteilung herabgehen — entfallen 21 auf die östliche Landfeste mit Polynesien, 12 auf die neue Welt und 1 auf die Nordpol-Zone. Wir müssen uns, um Wiederholungen zu vermeiden, auf eine kurze, aphoristische Schilderung derselben beschränken. Klimaprovinzen.

1. Östliche Kontinente und Inseln.

1. Westeuropäische Provinz. Milde Wintertemperatur unter dem Einflusse der westlichen Winde und des Golfstromes. Jährliche Wärmeschwankung unter 15°. Reichliche Niederschläge mit ziemlich gleichmäßiger Verteilung über die Jahreszeiten. Summen sehr variabel, da die Terraingestaltung außerordentlich wechselvoll ist. Überhaupt wechseln die klimatischen Verhältnisse oft auf kurze Distanzen, und es wird daher eine eingehende Untersuchung zur Aufstellung zahlreicher Unterabteilungen führen.

2. Osteuropäische Provinz. Es beginnt schon das Gebiet des Landklimas. Vorherrschen der Ebene, daher Unterschiede hauptsächlich nur von der geographischen Breite abhängig. Die Niederschläge sind geringer, als in der 1. Provinz, und nehmen nach SO. ab; ausgeprägtes Sommermaximum.

3. Westsibirische Provinz. Die Grenze gegen die osteuropäische Provinz liegt dort, wo die positive Jahresanomalie, die Europa auszeichnet, aufhört; und es ist zu betonen, daß sie fast genau mit der Urallinie zusammenfällt. Im übrigen unterscheidet

sich diese Provinz von der vorhergenannten nur durch ein schärferes Hervortreten aller Charaktereigentümlichkeiten. Große Temperaturveränderlichkeit.

4. Ostsibirische Provinz. Jenseits des Jenissei beginnt eine allgemeine Hebung des Landes, Tiefebene nur an den Flüssen. Gebiet eines winterlichen Kältepols. Jährliche Wärmeschwankung am größten. Niederschläge im allgemeinen gering.

5. Kamtschatka-Provinz. Das Meer mildert die Temperaturextreme und führt reichlicheren Regen zu.

6. Chinesisch-japanische Provinz. Auf dem Festland relativ bedeutende Winterkälte und streng periodische Regen. In Japan treten diese Eigentümlichkeiten etwas gemildert auf.

7. Asiatische Hochlandprovinz umfaßt alle gebirgsumschlossenen Hochländer, die im allseitigen Windschatten liegen; daher sehr trocken. Winterkälte durch die bedeutende Seehöhe gesteigert, Sommerwärme durch die kontinentale Lage. Tägliche Wärmeschwankung sehr bedeutend.

8. Aral-Provinz. Trockenes Tiefland; Niederschlagsmaximum im Norden im Sommer, im Süden im Winter. In Turan strenge Winter und sehr heiße Sommer.

9. Indus-Provinz, durch Trockenheit und Hitze ausgezeichnetes Tiefland.

10. Mittelmeer-Provinz. Große Mannigfaltigkeit wegen reicher horizontaler Gliederung und wechselnder Oberflächenbeschaffenheit. Mild ist das Klima überall mit Ausnahme der inneren Hochländer. Winterregen.

11. Sahara-Provinz, bis nach Mesopotamien reichend, Gebiet der trockenen Nordwinde, wahrscheinlich regenärmste Gegend der Erde. Kontinentalität und vegetationsarmer Boden steigern die Sommerhitze außerordentlich, jährliche und tägliche Wärmeschwankung beträchtlich.

12. Tropische Provinz von Afrika. Wärme auf dem inneren Hochland durch die Seehöhe gemildert, desto größer aber auf den schmalen Küstenebenen. Tropenregen, nach Westen abnehmend.

13. Kalahari-Provinz, umfaßt das ganze regenarme Gebiet von SW.-Afrika.

14. Kap-Provinz, subtropisch.

15. Ostindisch-australische Monsunprovinz. Mit Ausnahme einiger Gegenden im Archipel streng periodischer Regen mit SW-Wind, bezw. NW-Wind. Temperatur ziemlich gleichmäßig trotz beträchtlicher Ausdehnung der Provinz; Jahresschwankung sehr mäßig.

16. Australische Binnenprovinz. Große Temperaturextreme; unregelmäßige Niederschläge, vorherrschend trocken.

17. Australische SW.-Provinz, subtropisch.

18. Australische Ost-Provinz, bis an die Wasserscheide auch die SO.-Küste und Tasmanien umfassend. Niederschläge ergiebig und ziemlich gleichmäßig. Wärmeschwankung mäßig.

19. Neuseeländische Provinz, wahrscheinlich auch die kleineren Inseln in der Umgebung umfassend. Mildes Klima mit ziemlich gleichmäßigem Regen.

20. Polynesische Tropenprovinz. Tropenklima, durch die See gemildert, eigentlich das ganze Jahr ein milder Sommer. Regen auf den hohen Inseln reichlich und mit tropischer Periodizität.

21. Sandwich-Provinz. Temperatur ebenfalls gleichmäßig mild. Regen subtropisch.

2. Amerika.

1. Hudson-Provinz. Zum größten Teil extremes Landklima und wenig Niederschläge.

2. Nordwestliche Küstenprovinz. Regenreiches, mildes, gleichmäßiges Klima.

3. Kalifornische Provinz. Verhältnismäßig kühl, besonders im Sommer. Streng subtropische Regenperiode.

4. Hochlandprovinz. Trocken, große jährliche und tägliche Wärmeschwankung.

5. Atlantische Provinz. Im Winter großer Temperaturgegensatz zwischen Norden und Süden, Landklima auch an der Küste. Regen reichlich und gleichmäßig über das Jahr verteilt. Große Veränderlichkeit.

6. Westindische Provinz, auch den Südrand von Nordamerika umfassend. Gleichmäßige Wärme, Niederschläge zu allen Jahreszeiten, aber mit ausgesprochenem Sommermaximum.

7. Tropische Cordillerenprovinz. Im inneren Tafelland wegen beträchtlicher Seehöhe ewiger Frühling. In Mexiko und Centralamerika ausgeprägte Zenithalregen, in Südamerika gleichmäßige Niederschläge.

8. Tropenprovinz von Südamerika. Der Gegensatz von Gebirgs- und Tiefland dürfte eine ziemliche Mannigfaltigkeit des Klimas hervorrufen, doch wissen wir darüber nichts sicheres.

9. Peruanische Provinz, auch einen Teil von Chile bis zum 30. ° B. umfassend. Regenlos und abnorm kühl.

10. Nordchilenische Provinz, subtropisch.

11. Südchilenische Provinz, außerordentlich niederschlagsreich. Temperatur gleichmäßig, Sommer kühl.

12. Pampas-Provinz. Regen nicht reichlich; jährliche Temperaturschwankung, wenigstens im Norden ziemlich groß.

Arktische Provinz. Die Eigentümlichkeiten des polaren Klimas wurden schon mehrfach erörtert. Auch hier lassen sich viele Unterabteilungen unterscheiden. Die Südgrenze auf den Kontinenten ist unsicher, man kann die 10°-Isothermen des wärmsten Monats, die annähernd mit der Baumgrenze übereinstimmt, als solche annehmen.

Die Veränderlichkeit des Klimas.

§ 111. Schon bei einer anderen Gelegenheit wurde auf die cyklische Periode der meteorologischen Elemente aufmerksam gemacht. Sie umfaßt ca. elf Jahre und steht nach der Ansicht zahlreicher Meteorologen in innigem Zusammenhange mit der Sonnenfleckenperiode. Doch muß im voraus bemerkt werden, daß die cyklische Periode bei weitem nicht so scharf ausgeprägt ist, als die beiden andern, ja bei vielen Stationen durch lokale Einflüsse gänzlich verwischt wird. Am klarsten tritt sie noch in den Niederschlägen hervor, die mit der Zahl der Sonnenflecken steigen und fallen; aber nur in den Tropen ist diese Abhängigkeit von praktischer Bedeutung, insofern die Zeit der Fleckenminima — wie für Vorderindien, China, Brasilien und die Insel Mauritius nachgewiesen wurde — Dürre und häufig sogar Hungersnot bringt. Dagegen ist es noch immer nicht ausgemacht, ob die fleckenarme Sonne der Erde mehr Wärme zusendet, als die fleckenreiche; und überdies ist die cyklische Temperaturschwankung zu gering, als daß sie mehr als bloß theoretisches Interesse erwecken könnte. Cyklische Periode.

Geologische Klimata. Eiszeit.

§ 112. Wichtiger ist für den Geographen die Frage nach der Beständigkeit oder Veränderlichkeit des Klimas. Seine Veränderlichkeit muß im vorhinein zugestanden werden, denn ewiger Wechsel herrscht in der Natur und auch die klimatischen Bedingungen sind nicht immer dieselben. Die Verteilung von Wasser und Land ändert sich, Gebirge entstehen und vergehen: und — was vielleicht noch tiefer eingreifende Folgen hat — auch unsere kosmischen Verhältnisse sind periodischen Schwankungen unterworfen. Schon in § 38 wurde von dem Vorrücken der Absidenlinie gesprochen, und hier muß hinzugefügt werden, daß auch die Exzentrizität der Erdbahn ein schwankender Wert ist.

Noch sind die Spuren jener Klimaperiode, die die Geologie als Eiszeit bezeichnet, und die der europäische Mensch miterlebte, dem Antlitz der Erde tief eingeprägt. Ein gewaltiges Inlandeis, das auf dem skandinavischem Hochland seinen Ursprung nahm, bedeckte England bis zum 51., Deutschland bis zum 50. Breitengrade und Rußland bis zur Linie Charkow-Kasan-Mesen. In Nordamerika reichte es bis zum 39. Parallel herab und dürfte eine Mächtigkeit von ca. 2000 m erreicht haben (s. Karte XIII). Die Alpen und zahlreiche andere Gebirge trugen ebenfalls eine Eisdecke von mehr als 1000 m Mächtigkeit, und sandten Gletscher in die umgebenden Niederungen. Nach Penck's Schätzung waren von den Nordkontinenten 21 Mill. qkm und von den nördlichen Meeren 6 Mill. qkm unter Gletschern begraben; und ein gleiches Areal dürfte das Landeis auf der südlichen Hemisphäre bedeckt haben.

Von einer anderen Klimaänderung in der Quartärperiode erzählt uns die Lößbedeckung ausgedehnter Landstriche, denn sie konnte nur zu einer Zeit entstehen, als die betreffenden Gegenden weit niederschlagsärmer waren als jetzt. Anderseits erkennen wir aus den Erosionsspuren in den Wüsten, daß diese einst von gewaltigen Strömen durchfurcht wurden; und wir müssen aus diesen beiden Thatsachen schließen, daß die einstige Verteilung des Regens von der gegenwärtigen beträchtlich abwich.

Angebliche Veränderungen der Niederschläge.

§ 113. Von diesen geologischen Problemen wesentlich verschieden ist die rein geographische Frage: hat sich das Klima in der historischen Zeit nachweislich geändert, oder mit anderen Worten: sind die Grenzen der Klimaprovinzen schwankend oder konstant?

Es leuchtet ein, daß eine exakte Lösung dieses Problems nur auf Grund vielhundertjähriger Beobachtungen mit genau geprüften Instrumenten möglich ist. Leider ist uns dieser Weg verschlossen, denn erst im 17. Jahrhundert begann man meteorologische Tagebücher zu führen, und erst in unserem wurden sie allgemeiner. Wir sind also nur auf indirekte Beweise angewiesen, und in allen solchen Fällen findet die menschliche Phantasie einen weiteren Spielraum, als es sich mit dem nüchternen Charakter der Wissenschaft verträgt. Noch immer wird uns von Zeit zu Zeit das Märchen aufgetischt, daß stetige Regenabnahme Griechenland, Kleinasien, Syrien und andere Kulturstätten des Altertums zur Verödung und Barbarei verurteilt habe, anstatt die Untüchtigkeit der jetzigen Bewohner dafür verantwortlich zu machen. Denn einerseits hat Unger schon vor Jahren nachgewiesen, daß jene Länder auch im Altertum an Wassermangel litten und anderseits blüht die alte Fruchtbarkeit wieder auf, wenn — wie bei Urfa, Aintab, Meſſ'r u. a. a. O. — der Boden durch ein ausgebreitetes Kanalsystem genügend benetzt wird. Für die Gebiete an der Äquatorialgrenze der Subtropenzone glauben viele Forscher, wie G. Fritsch, Loew, Fraas, Theobald Fischer u. a., eine Klimaänderung im Sinne zunehmender Trockenheit nachweisen zu können; allein alle Erzählungen laufen doch nur darauf hinaus, daß die Quellen und Flüsse an Wasserreichtum abgenommen haben oder ganz versiegt sind. Wir werden aber später sehen, daß auch die Vernichtung von Waldbeständen und die Abnahme der Bodenkultur zu diesem traurigen Resultate führen kann, ohne daß die jährliche Niederschlagsmenge sich wesentlich verändert. Es kann dies namentlich der Fall sein in Ländern, wo keine winterliche Schneedecke allmählich das Wasser in den Boden versinken läßt, und der Regen sich nur auf wenige Monate beschränkt. Allseitig zwingende Beweise für die Wanderung der saharischen und arabischen Wüste gegen Norden sind noch nicht erbracht, ebenso wenig wie für das Vorrücken der afrikanischen Tropenregen in gleicher Richtung. Wenn Whitney aus dem Verschwinden von Seen in Tibet und Turkestan auf zunehmende Trockenheit des Klimas schließt, so ist dies logisch auch nicht gerechtfertigt; wir sehen darin nur ein Resultat des fortschreitenden Verdunstungsprozesses in jenem großen Windschattengebiete. In Amerika ist der Glaube ziemlich allgemein verbreitet, daß die jährliche Regenmenge in jenen Teilen der Prärien, welche von der Kultur in Besitz genommen wurden, beträchtlich gestiegen ist. Wenn aber neue Quellen hervorbrechen und Rinnsale, die einst trocken lagen, sich mit Wasser füllen, so ist dies nur ein Beweis dafür, daß das atmosphärische Wasser jetzt weniger rasch verdunstet und tiefer in den Boden eindringt, anstatt sofort oberflächlich abzufließen. Besonders wird den Wäldern die Fähigkeit zugeschrieben, die Regenmenge zu steigern, da die relative Feuchtigkeit im Walde infolge niedrigerer Mitteltemperatur höher ist, als auf kahler Bodenfläche. Aber die gewiegteste Autorität in dieser Frage, Ebermayer, ist höchstens geneigt, die Möglichkeit einer lokalen Regenvermehrung im Walde selbst anzuerkennen, betont aber ausdrücklich, daß der Einfluß des Waldes nicht über seine Grenzen hinaus reicht. Trotzdem gilt es fast schon als Axiom, daß mit der Entwaldung das Klima trockener werde; aber man vergißt, daß die klimatischen Bedingungen sich nicht ändern, wenn an die Stelle des Waldes eine andere Vegetationsdecke tritt. Übrigens lehrte uns die Regenkarte, daß der weitaus größte Teil der Niederschläge vom Ozean stammt und die kontinentale Feuchtigkeit nur eine untergeordnete Rolle spielt. Wex hat allerdings zahlenmäßig nachzuweisen gesucht, daß in unserem Erdteile, der immer mehr seines Waldschmuckes beraubt wird, die Flüsse wasserärmer werden. Aber schon Helmersen und Wild machten darauf aufmerksam, daß Pegelbeobachtungen nicht hinreichen, um einen solchen Schluß zu rechtfertigen, sondern daß auch die Quantität des jährlich von einem Strome bewegten Wassers an mehreren Querschnitten gemessen werden müßte; und Frauenholz bemerkt, daß wegen der in kurzer Zeit oft sehr bedeutenden Umgestaltungen der Flußbette die Pegelbeobachtungen nicht immer als vollwertig betrachtet werden können, um so mehr, als lange keine Einheit im Nullpunkt des Pegels vorhanden war.

Temperaturänderungen.

§ 114. Vielleicht mit mehr Recht wird dem Walde ein Einfluß auf Temperaturänderungen zugeschrieben. Die Beobachtungen an den forstwirtschaftlichen Stationen in Bayern haben gezeigt, daß im Walde die jährliche und tägliche Schwankung der Luftwärme geringer ist als im Freien, und zwar ist dort die Temperatur im Winter und bei Nacht höher, im Sommer und bei Tag dagegen tiefer als hier. Die Temperaturmaxima sind ebenfalls im Walde stets kleiner, die Minima aber nur stellenweise. Die Entwaldung verschärft also die Extreme und erhöht gleichzeitig die mittlere Jahrestemperatur um $^1/_2$—1°, aber zunächst nur an der abgeholzten Stelle. Wie weit der Einfluß des Waldes auf die Umgebung sich erstreckt, ist noch nicht beobachtungsgemäß ermittelt, aber jedenfalls dürfte er nicht weiter reichen und mächtiger sein, als der ausgedehnterer Wasserflächen. Die Austrocknung von Seen, die Entsumpfung und Entwaldung können also wohl lokale und geringfügige Wärmeänderungen bewirken, aber niemals das Isothermensystem wesentlich umgestalten; und es wird wohl niemand so kühn sein, zu behaupten, daß die Winterisothermen der alten Welt ihren meridionalen Verlauf aufgeben würden, wenn der ganze Kontinent vom atlantischen bis zum pazifischen Gestade ein einziger Wald wäre.

Auch sonst hat man sich in bezug auf Temperaturänderungen leichtfertige Schlüsse erlaubt. Wenn der Weinbau aus Gegenden verschwunden ist, in denen er noch im Mittelalter heimisch war, so erklärt sich dies einfach daraus, daß sich die Leute bei den jetzigen Verkehrsverhältnissen nicht mehr mit einem sauern Weine begnügen, und die einst mit Reben bepflanzten Flächen zu anderen Zwecken verwenden. Sehr oft werden

Kulturen aufgegeben, weil sich ihr Erträgnis aus äußeren Gründen vermindert. So verschwindet der Maulbeerbaum aus Südtirol, weil die Konkurrenz der ostasiatischen Seide zu mächtig geworden ist, und in einigen Jahrhunderten könnte ein Gelehrter daraus eine Klimaänderung folgern, wenn ihn nicht die zahlreichen Geschichtsquellen der Gegenwart über die wahren Ursachen belehren würden.

Ebenso wenig verschmäht man es, unsichere oder längst widerlegte Nachrichten zu Gunsten der Theorie von der Klimaänderung in das Feld zu führen. Zwar nicht in der Absicht, um zu täuschen, sondern weil sich die Naturforscher selten auf historische Kritik verstehen. Dahin gehört z. B. die Geschichte von der mittelalterlichen Kolonie an der Ostküste Südgrönlands oder die vom einstigen Kornreichtum Islands. Andere schlossen aus dem Vorrücken der Gletscher auf eine stetige Verschlechterung des Klimas, aber sie bedachten nicht, daß auf Perioden des Wachstums wieder Perioden des Rückzugs folgen, oder daß die fortschreitende Vereisung an einem Orte durch ein Schwinden derselben an einem anderen Orte kompensiert wird.

Die ältesten Temperaturbeobachtungen, die in Oberitalien bis in die Zeit Galileis zurückreichen und bis in die Gegenwart fortgesetzt werden, ergeben keine Veränderung, trotzdem der Apennin seit jener Zeit seinen Waldschmuck zum größten Teil verloren hat. Nach Glaisher ist die Mitteltemperatur in Greenwich von 1770 bis 1860 um 0·72 gestiegen und in New-Haven nach Loomis von 1778 bis 1865 um 0·08° gefallen. Aber man darf nicht vergessen, daß die Vergleichbarkeit der zu verschiedenen Zeiten angewendeten Instrumente nicht festgestellt ist. Die Frage nach der Klimaänderung ist also noch nicht spruchreif. Wenn man aber auch zugiebt, daß lokale Veränderungen weder unmöglich, noch unwahrscheinlich sind, so muß man doch — mit Rücksicht auf die Kürze der historischen Zeit im Vergleich zu den geologischen Perioden — die Klimaprovinzen als etwas beständiges betrachten.

Sechstes Kapitel.

Das Meer.

Die Gliederung des Meeres.

§ 115. Schon im § 21 wurde der Einteilung des Weltmeeres gedacht. Einteilung der Meere.
Die offizielle, wie die morphologische Einteilung unterscheiden fünf Ozeane, und weichen von einander nur in der Grenzbestimmung ab; die physiologische kennt dagegen nur drei Ozeane.

Neben den Ozeanen giebt es noch zahlreiche unselbständige Meeresräume, die zwar nur 6·8 Prozent der ganzen Meeresfläche einnehmen, aber wegen ihrer Lage in der unmittelbaren Nähe des Festlandes von besonderer Bedeutung für den Menschen sind. Krümmel hat dieselben in Mittel- und Randmeere geteilt, und wir wollen diese Namen beibehalten, wenn wir ihnen auch eine etwas abweichende Bedeutung beilegen. Zwei Momente sind in das Auge zu fassen: die Stellung jener Meere zu den Ozeanen und zu den Kontinenten. Mehrere derselben sind in das Festland gleichsam eingesenkt und stehen mit dem Weltmeer nur durch eine einzige Pforte in Verbindung, mag sich diese auch, wie bei der Ostsee, der Hudsonsbai und dem roten Meer, durch insulare Mittelpfeiler in zwei oder mehrere Eingänge teilen. Diese morphologische Eigentümlichkeit hat zur Folge, daß die Binnenmeere von den großen Meeresströmungen nicht berührt werden. Sie gleichen geschlossenen Häusern mit einem einzigen Thore, während die zweite Hauptart unselbständiger Meere, welche durch Inselketten vom Ozean geschieden werden, offenen Säulenhallen ähnlich sind. Durch die zahlreichen Eingänge können die Meeresströme ungehindert ein- und ausfließen, wenn nicht die Tiefenverhältnisse Hindernisse bereiten. Die meisten dieser Meere haben eine kontinentale Rückwand, sind also an das Festland angelehnt, während das austral-asiatische Inselmeer und das Beringsmeer von mehreren Seiten zugänglich sind und als echte Durchgangsmeere Ozeane miteinander verbinden. Ihrer ganzen Natur nach sind diese insular abgeschlossenen Meere ozeanischer als die Binnenmeere, womit auch ihr größeres durchschnittliches Areal und ihre größere Tiefe zusammenhängt.

In bezug auf die Stellung dieser Meere zum Festland können wir Mittel- und Randmeere unterscheiden. Die ersteren sind Meeresräume, die Kontinente voneinander trennen, und auch durch ihre Größe vor den Randmeeren ausgezeichnet, welche einerseits vom Festlandsrumpfe, anderseits von Halbinseln oder Inseln umschlossen werden. Wir rechnen daher auch das rote Meer zu dieser Gruppe, obwohl es die Grenze von Asien und Afrika bildet. Es ist bemerkenswert, daß die Durchgangsmeere zur ersten Art gehören und daß die beiden anderen Mittelmeere in junger geologischer Vergangenheit wenigstens zeitweise ebenfalls Durchgangsbecken waren: ein Zustand, der durch den Suez- und Panamakanal teils schon wiederhergestellt ist, teils in nächster Zukunft wieder hergestellt werden wird.

Gliederung des Weltmeeres.

§ 116. Aus dem Gesagten ergiebt sich nachstehende Gliederung des Weltmeeres; die Areale und mittlere Tiefe (bei den Ozeanen nach den offiziellen Grenzen berechnet) fügen wir nach Krümmel bei.

Gliederung des Weltmeeres.

	Areal in qkm	Mittlere Tiefe in m
I. Ozeane.		
Großer Ozean	161 125 673	3900 (?)
Atlantischer Ozean	79 721 274	3700
Indischer Ozean	73 325 872	3300
Südliches Eismeer	20 477 800	3300 (?)
Nördliches Eismeer	15 292 411	1500 (?)
II. Unselbständige Meere.		
1. Mittelmeere.		
a. Binnenmeer.		
Europäisches Mittelmeer	2 885 522	1300
b. Inselabgeschlossene Meere.		
Austral-asiatisches Mittelmeer	8 245 954	890
Amerikanisches Mittelmeer	4 586 174	1800
Beringsmeer	2 323 127	1000 (?)
2. Randmeere.		
a. Binnenmeere.		
Hudsonsbai	1 069 578	370
Rotes Meer	449 010	440
Ostsee	415 480	67
Persisches Meer	236 835	37
Kalifornisches Meer	167 224	?
Weißes Meer	72 545	70
b. Inselabgeschlossene Meere.		
Ochotskisches Meer	1 507 609	1260
Ostchinesisches Meer	1 228 440	120
Japanisches Meer	1 043 824	2200 (??)
Nordsee und brit. Randmeer	751 313	88
Meer von St. Lorenzo	274 370	290

Der Meeresboden.

Unterseeische Böschungen.

§ 117. Der ozeanographische Zweig der physischen Erdkunde war bis in die letzten Jahrzehnte ein seltsames Gemisch von wahren und falschen Vorstellungen, guten Beobachtungen und willkürlichen Annahmen; und erst die wissenschaftlichen, mit zuverlässigen Apparaten ausgerüsteten Seeexpeditionen, die seit den sechziger Jahren begannen und unter denen die des britischen Kriegsschiffes „Challenger" (1872—76) vor allen hervorragt, haben eine wissenschaftliche Meereskunde begründet. Ihnen verdanken wir zunächst eine richtigere Vorstellung von der Tiefe und Beschaffenheit des Meeresbodens. Auf Grund der von ihnen ausgeführten Lotungen ist die beiligende Tiefenkarte (Karte I) entworfen, für die die Tiefenkarte des atlantischen Ozeans, welche die deutsche Seewarte herausgab, unmittelbar verwendet werden konnte, während die Karten von Petermann, Mohn und Krümmel erst aus dem englischen Faden- in das metrische Maß übertragen werden mußten. Freilich bietet auch unser Entwurf nur ein annähernd richtiges Bild von den Tiefenverhältnissen des Meeres, da die Lotungen sehr ungleichmäßig verteilt sind. Glücklicherweise wird dieser Übelstand dadurch etwas gemildert, daß der Meeresboden ebener ist als die Oberfläche des Festlandes, und zwar aus zwei Gründen: 1) weil seine Vertiefungen mit Sedimenten ausgefüllt werden, und 2) weil er nicht der allmählichen Zerstörung durch den Verwitterungsprozeß unterliegt. Ein anderer Faktor, der das Relief des Festlandes ebenfalls fortwährend umgestaltet: die Erosion durch fließendes Wasser, kann in der Flachsee, soweit ihr Boden aus losen Massen besteht, wohl auch wirksam sein. Nach Delesse läßt die Wellenbewegung im schlammigen Grunde noch bis 188 m Tiefe Spuren zurück, und nach Cialdi kann bei heftigen Stürmen Sand in einer Tiefe von 40 m im Kanal, bis zu 50 m Tiefe im mittelländischen Meere und bis zu 200 m Tiefe im Ozean fortbewegt werden. Der Boden der Tiefsee ist aber vor Zerstörung wohl vollständig geschützt, und hier findet nur Ablagerung statt. Seine Erhebungen zeichnen sich daher durch sanfte Böschungen aus. Der nordatlantische Rücken zwischen Sombrero und Teneriffa steigt im Osten unter einem mittleren Winkel von 0° 8′ und im Westen unter einem solchen von 0° 5′ an. Als festländische Parallelen mögen folgende Werte dienen: Oberes Salzachthal 0° 14′, Zillerthal 0° 12′, von der Kammhöhe der Cevennen bis zum atlantischen Gestade unter 44° B. 0° 10′, von der Höhe der Plateaus von Langres bis zum Ozean 0° 4′, die deutsche Tiefebene im Meridian von Berlin 0° 1′. Um so überraschender sind daher die jüngst durch Krümmel bekannt gewordenen Lotungen am Südabfalle der submarinen felsigen Faradayhügel (49° N. und 29° W.), die Böschungen von 19—35° ergeben.

An den Küsten — selbst an flachen — ist die Abdachung des Seebodens in der Regel steiler, als im offenen Ozean. So beträgt sie von der Insel Noirmoutier bis zu 1000 m T. 0° 19′ und von der Küste der Landes bis zur gleichen Tiefe (unter 44° B.) 0° 34′, also mehr als auf dem Festlande. Noch höhere Werte erreicht der unterseeische Böschungswinkel an Steilküsten, doch verflacht er mit zunehmender Tiefe. Vom Kap Sicie an der französischen Mittelmeerküste beträgt er bis 200 m Tiefe 3° 49′ und von da bis 1000 m Tiefe 1° 41′. An der norwegischen Steilküste wurden unter 69° B. folgende Tiefen gelotet, woraus sich beistehende Böschungswinkel ergeben:

Östliche Länge	14° 47′		14° 43′		14° 38′		14° 35′		14° 33′		13° 49′		12° 26′		11° 10′
Tiefe m . .	148		439		616		759		980		2639		2886		2939
Böschung .		5° 46′		3° 3′		4° 6′		9° 25′		3° 14′		0° 15′		0° 4′	

Ein ähnliches Gefälle finden wir in den steileren Querthälern der Alpen (Sillthal 1° 27′, Ahren-Tauferertal 2° 50′, Gastein 3° 10′, Krimmler Achenthal 5° 28′, Habachthal 8° 32′, Ammerthal 10° 21′); dagegen sind die Berggehänge im allgemeinen viel steiler. Doch beobachtete man auch an Inseln korallinischer und vulkanischer Natur so steile Abstürze, wie sie selbst in Gebirgen nur ausnahmsweise vorkommen. So lotete z. B. die „Gazelle" schon in einer Entfernung von 254 m von der Insel Amsterdam 1485 m Tiefe, was einen Abfallswinkel von 80° ergiebt.

§ 118. Ehe wir an die Schilderung des Reliefs des Meeresbodens gehen, müssen wir uns über einige Bezeichnungen verständigen. Die Erhebungen nennen wir Plateaus, wenn Länge und Breite nicht erheblich differieren, und Rücken, wenn sie langgestreckt sind. Unter Becken verstehen wir dagegen die Haupteinsenkungen und unter Tiefen die tiefsten Stellen derselben. Die lokalen Vertiefungen von geringem Umfange bezeichnen wir einfach als Senkungen. Wie man sieht, sind dies nur relative Begriffe. Absolut ist dagegen nur der Begriff „Flachsee", wozu wir alle Meeresteile von weniger als 200 m (etwas mehr als 100 Faden) Tiefe rechnen. Terminologie.

§ 119. Die Flachsee umgiebt die Kontinente und Inseln entweder auf weite Entfernungen hin, wie im nordwestlichen Europa oder bei Hinterindien oder an der Nordseite von Australien; oder sie fällt schnell zu größeren Tiefen ab, wie an der Westküste Amerikas zwischen 50° N. und 40° S. Br. Wir können sie als unterseeische Fortsetzungen des Festlandes auffassen, denn auch im ersteren Falle senkt sich jenseits der 200 m-Linie der Boden rasch zu den eigentlichen ozeanischen Tiefen. Doch nimmt die Tiefe nicht stetig gegen die Mitte der Meeresbecken zu; die tiefsten Stellen, die man mit zuverlässigen Apparaten erreicht hat, liegen vielmehr nahe an den Rändern, und zwar im nordpazifischen, nord- und südatlantischen am westlichen, und im südpazifischen und indischen Ozean am östlichen Rande: Gestalt des Meeresbodens im allgemeinen.

Größte Tiefe des Meeres:	Breite	Länge	Tiefe in m
Nordpazifischer Ozean . .	44° 55′ N.	152° 26′ O.	8513 m[1]
Südpazifischer „ . .	11 51 S.	78 45 W.	6160 „
Nordatlantischer „ .	19 41 N.	66 24 „	8341 „
Südatlantischer „ . .	19 55 S.	24 50 „	6006 „
Indischer „ .	16 11 „	117 32 O.	5523 „
Nördliches Eismeer . .	75 5 N.	2½ — W.	4846 „
Südliches „ . . .	62 26 S.	95 44 O.	3612 „

[1] Vergl. damit die höchste Erhebung, den Gaurisankar, 8840 m.

Bodenrelief der Ozeane.

§ 120. Die allerdings spärlichen Lotungen südlich vom 60. Grad S. B. lassen vermuten, daß der Boden des antarktischen Meeres ein Plateau von kaum mehr als 1000—1500 m Tiefe bildet. Größere Tiefen wurden nur südlich vom indischen Ozean gefunden, südlich vom großen Ozean übersteigt nur eine Messung 2000 m, und jenseits des Polarkreises lotete Roß nur Tiefen von 350—1100 m.[1] Von diesem antarktischen Plateau senkt sich der Boden nach Norden zu den eigentlichen ozeanischen Tiefbecken. Am einfachsten scheint der Bau im indischen Becken zu sein, welches sich nach Osten neigt, aber wir dürfen nicht vergessen, daß gerade hier auf weite Strecken hin die Lotungen gänzlich fehlen.

Im großen Ozean sehen wir zwei Becken, die nur durch eine schmale, von Inseln unterbrochene Pforte miteinander in Verbindung stehen. Zwei Plateaus von weniger als 4000 m Tiefe gehen von den beiden südlichen Grenzkontinenten aus; das westliche, das die Mehrzahl der polynesischen Inseln trägt, aber wenigstens an vier Stellen von Senkungen unterbrochen wird, ist nur eine Fortsetzung des antarktischen Plateaus. Genauere Kenntnis von der Ausdehnung des südöstlichen Plateaus verdankt man erst den in den letzten Jahren ausgeführten Lotungen des „Alert" und „Bismarck", doch sind seine Umrisse noch immer etwas schwankend, namentlich ist sein Verhältnis zum Paumotu-Plateau noch nicht ganz aufgeklärt.

Im großen nordpazifischen Becken, das den ungeheueren Raum zwischen Amerika und Asien einnimmt, sind direkte Tiefenmessungen nur im östlichen und nördlichen Teile angestellt worden. In der japanischen und Alaska-Tiefe[2] sinkt der Meeresboden unter 6000 m und in jener sogar unter 8000 m; ob sie zusammenhängen, ist noch unbekannt. Bedeutendere Tiefen, aber von geringerer Ausdehnung liegen noch bei den Mariannen (ebenfalls über 8000 m) und bei den Fanning- und Phönixinseln, und können nach denselben benannt werden. Es ist bemerkenswert, daß Senkungen und Erhebungen hier rasch wechseln, eine Eigentümlichkeit, die dem ganzen pazifischen Südwestteile zukommt.

Zwischen 25° N. und 19° S. und östlich vom 145. Meridian w. v. Gr. fehlen mit Ausnahme der Küstengewässer alle Lotungen. Glücklicherweise werden wir aber über die mittlere Tiefe dieses ausgedehnten Meeresteiles

---

[1] Die mittlere Tiefe in Krümmel's Verzeichnis (s. S. 137) ist also wohl um mehr als das Doppelte übertrieben.

[2] Die Unsitte, Teile des ozeanischen Bodenreliefs nach Schiffen, deren Kapitänen oder anderen verdienten Männern zu benennen, eine Unsitte, welche die Geographie mit einer schwerfälligen Nomenklatur zu belasten drohte, ist von der deutschen Seewarte für den atlantischen Ozean glücklich beseitigt worden, und wir folgen allenthalben diesem Beispiele.

durch den Verlauf der Erdbebenfluten unterrichtet, welche am 23. August 1868 von Arica und am 9. Mai 1877 von Iquique an der peruanischen Küste ausgingen, durch den fraglichen Meeresraum sich fortpflanzten und endlich die Sandwichinseln erreichten. Aus der Geschwindigkeit dieser Wellen läßt sich mit Hilfe der Formeln von Airy und Russel[1] die mittlere Tiefe des durchwanderten Meeres berechnen. Die von F. v. Hochstetter und Geinitz gefundenen Werte sind nun folgende:

	Mittlere Tiefe.
Arica—Sandwichsinseln (Mittel aus zwei Berechnungen)	4691 m
Iquique—Hilo	4252 „
Iquique—Honolulu	4060 „

Die Inselarmut dieses Meeresteiles läßt vermuten, daß der Boden ziemlich gleichmäßig in einer Tiefe von mehr als 4000 m verharrt. Daß er aber stellenweise unter 6000 m sich senkt, beweisen die Lotungen der „Alaska" an der peruanischen Küste (1881); doch ist über die Ausdehnung dieser Tiefe nichts näheres bekannt.

Im atlantischen Ozean trennt ein zusammenhängender Rücken, der die S-förmige Gestalt des Ozeans wiederholt und der Träger der vulkanischen Inselbildung ist, die beiden westlichen vom östlichen Becken. Meist beträgt seine Tiefe nicht erheblich mehr als 2000 m, und nur im Norden, wo er sich stark verbreitet, birgt er einige Einsenkungen. Eine Abzweigung dieses Rückens, die in der Nähe von Tristan d'Acunha vom Hauptkörper sich loslöst und zum afrikanischen Festland hinüberzieht, scheidet das Kapbecken vom ostatlantischen. Wir werden später sehen, wie wichtig diese Anordnung für die ozeanische Wärmeverteilung ist.

Tiefen von mehr als 5000 m sind in den drei atlantischen Becken häufig, solche von mehr als 6000 m enthält dagegen nur der nordwestliche. Es läßt sich schon jetzt mit Bestimmtheit aussprechen, daß der nördliche Seeboden ein mannigfaltigeres Relief besitzt, als der südliche, und daß in gleicher Weise der westliche vor dem östlichen ausgezeichnet ist. Im Westen sind nicht bloß zwei Hauptbecken vorhanden, sondern das nördliche zerfällt wieder in drei nur durch verhältnismäßig enge Straßen verbundene Becken, und zwischen denselben erhebt sich ein Plateau von weniger als 2000 m Tiefe.

---

[1] Airy's Formel $h = \left(\frac{v}{5 \cdot 671}\right)^2$, Russel's Formel $h = \frac{v^2}{32 \cdot 1908}$, wobei v die Geschwindigkeit der Welle in englischen Fußen und h die mittlere Tiefe in demselben Maße bedeutet. Diese Formeln gelten für alle Wellen, deren Höhe klein ist gegen die Tiefe des Wassers, diese Tiefe aber wieder klein ist gegen die Wellenlänge oder Wellenbreite. Die Fortpflanzungsgeschwindigkeit hängt dann von der Tiefe ab.

Der nordatlantische Rücken geht endlich in das breite isländische Plateau über, das von der flachen Nordsee nach Grönland hinüberzieht; die höchsten Teile desselben, südlich von den Färöer und in der Dänemarkstraße, nähern sich bis auf 649, bezw. 660 m dem Meeresspiegel. Jenseits dieser Erhebung setzt sich das atlantische Thal im Eismeerbecken fort, das zwischen Spitzbergen und Grönland seine größte bekannte Tiefe erreicht. Die atlantische Tiefenlinie ist also die wahre Grenze zwischen der alten und neuen Welt, die wohl kaum jemals in der geologischen Vergangenheit von Festlandbildungen überschritten wurde, während im Beringsmeer eine Flachsee beide Landfesten verbindet. Die größte Tiefe der Beringsstraße beträgt auf Dall's Messungslinie nur 52 m und damit hängt wohl auch ihre geringe Breite im Vergleich zu den drei isländischen Kanälen zusammen.

Von den Reliefverhältnissen des übrigen arktischen Meeresbodens wissen wir nur wenig, aber dieses wenige läßt uns vermuten, daß die Flachsee hier außerordentlich große Räume einnimmt. Da nur verhältnismäßig schmale Meeresströme das polare Wasser nach Süden entführen, so häufen sich die von den großen Flüssen, hauptsächlich Sibiriens, herbeigeführten Sedimente auf dem arktischen Meeresboden wie in einem See an und erhöhen ihn beständig. Dazu kommen noch die Moränenlasten der Eisberge, über deren Massen man aber freilich nichts Näheres weiß. Für das antarktische Eismeer dürften sie von größerer Bedeutung sein, als für das nordpolare. Aber auch anderwärts schufen sie Flachseen, wie z. B. die über 700 km lange Neufundlandbank an der Stelle, wo die von der polaren Meeresströmung mitgeführten Eisberge mit dem warmen Golfstrom zusammentreffen. So mögen, wie Hahn auseinandergesetzt hat, auch andere Meeresräume ihre Flachheit den Gletschern der Eiszeit direkt oder indirekt (durch Eisberge) verdanken. Dieser Gesichtspunkt mag auf die Ostsee; auf die Hudsonsbai, auf das Meer bei Patagonien und vielleicht auch auf das Beringsmeer und die Nordsee Anwendung finden (wenn sich auch wohl nie mit Bestimmtheit wird ermitteln lassen, bis zu welchem Grade diese Anwendung gestattet ist), aber keinesfalls auf die australischen Flachseen, auf die Sundasee, das ostchinesische und persische Meer, zu deren Gestaden keine diluvialen Gletscher herabstiegen.

Bodenrelief der unselbständigen Meere.

§ 121. Den soeben genannten flachen Randmeeren stehen die tiefen gegenüber. Die Mittelmeere gehören insgesamt zu den Tiefseen, doch das australische und Beringsmeer nur zum Teil. Naturgemäß sind aber alle unselbständigen Meeresräume weniger tief, als die ozeanischen Becken, und nur im karaibischen Meere und im östlichen malayischen Inselmeer sank das Lot über 4000 m. Mit wenigen Ausnahmen (wie das persische und kalifornische Meer), die sich in der Form einer schiefen Ebene zum Ozean senken, sind die Mittel- und Randmeere trogartig gestaltet, so daß die ozeanischen Ausgangspforten flacher sind, als der innere Raum; ein Umstand, der für die vertikale Wärmeverteilung besonders wichtig ist. Am typischsten ist die Trogform im roten Meere ausgeprägt; die tiefste Stelle (1927 m) liegt fast genau in der Mitte. In anderen Meeren ist der Boden unebener; am mannigfaltigsten ist das Relief des australasiatischen, amerikanischen und europäischen Mittelmeeres, also gerade dort, wo auch die Gliederung der Küstenländer am reichsten ist. Das letztgenannte spielt selbst wieder die Rolle eines Ozeans gegenüber einzelnen seiner Zweige. Das Eingangsthor zwischen den Kaps Trafalgar und Spartel ist meist weniger als 200 m tief, und nur einige Durchfahrten reichen unter 400 m herab; aber schon zwischen Gibraltar und Ceuta erreicht die Tiefe 950 m und darüber. Das Mittelmeer selbst gliedert sich in zwei Becken von mehr als 2000 m Tiefe; das westliche erreicht eine Maximaltiefe von 3070 m, das östliche eine solche von 3968 m. Italien mit Sizilien und der tunesische Landvorsprung trennen die Becken; in der sie verbindenden sizilischen Straße beträgt die größte Tiefe nur 454 m. Das zur Hälfte flache adriatische Meer (Maximaltiefe über 1590 m) und der Pontus (1100 m) sind echte Binnenmeere, das Marmarameer (größte Tiefe 1344 m) eine abnorme Binnenmeerform mit zwei Ausgängen, das ägäische Meer (größte Tiefe 1225 m) eine durch Inseln abgeschlossene Randbildung. Auch hier bestätigt sich somit das Gesetz, daß die Randmeere flacher sind als das Hauptmeer.

Das amerikanische Mittelmeer zerfällt durch die Landvorsprünge und Inseln, nämlich durch Yukatan—Cuba und Mosquitoland—Jamaika—Haiti, in drei Becken, von denen das mittlere eine Tiefe von 6270 m erreicht. Ganz eigenartig ist das Relief des australasiatischen Mittelmeeres. Zwischen den größeren Inseln und Inselgruppen sinkt der Boden zapfenförmig zu isolierten Tiefen von 3758 bis 5120 m herab, während die Tiefe der sie untereinander und mit dem Ozean verbindenden Meeresteile nur zwischen 700 und 1800 m schwankt. Rasche Bodensenkungen von geringer Ausdehnung sind übrigens dem ganzen westpazifischen Ozean eigen, aber nirgends ist dieser Charakterzug schärfer ausgeprägt, als zwischen Formosa, Borneo und Neuguinea.

§ 122. Nur an wenigen Stellen berührt das Lot Felsboden, meist ist der Grund des Meeres mit lockerem Material bedeckt. Die geologische Arbeit nimmt eben ungestörten Fortgang; die Ablagerungen in den Meeren sind die eigentlichen Alluvionen. Nach Ursprung und Beschaffenheit unterscheidet man Küsten- und Tiefseeablagerungen. Zu den ersteren liefert teils die von den Meereswogen beständig benagte Küste das Material, *Bedeckung des Meeresbodens.*

teils das Innere der Festländer, von wo es durch die Flüsse dem Meere zugeführt wird. Stets aber wird das Material einem natürlichen Schlemmprozesse unterworfen. Die gröberen Stücke bleiben in der nächsten Nachbarschaft der Küste, der Sand wird etwas weiter hinausgeführt, der Schlamm aber am weitesten. Die Küsten werden also in der Regel von Sandablagerungen begleitet; dort wo sich zwei einander entgegenkommende sand- und schlammbeladene Strömungen treffen, lassen sie ihre Last zu Boden fallen und bauen jene für die Schifffahrt so gefährlichen Sandbänke oder Barren auf, die oft auf viele Kilometer Erstreckung den Küsten entlang ziehen. Manche steigen dauernd über den Seespiegel empor, manche nur zur Ebbezeit, manche — und diese sind die gefürchtetsten — verbergen sich stets unter dem Meeresniveau. Häufig werden sie von Einsenkungen unterbrochen, die den Schiffen als Durchfahrten dienen, aber die Lage und Tiefe dieser Kanäle ist vielfachen Veränderungen unterworfen; andere Barren sind nur zur Flutzeit und auch dann oft nur mit kleinen Fahrzeugen passierbar.

Auf die Sandablagerungen folgen seewärts die Schlammlager, die z. B. den ganzen Boden des europäischen Mittelmeeres mit Ausnahme der Litoralzone und den Boden der Ostsee bedecken, während die Nordsee sandigen Grund hat. Auch die abgeschlossenen Tiefen des australasiatischen Mittelmeeres werden von grünem und blauem Ton anorganischen Ursprungs erfüllt, und ausnahmsweise wurde solcher auch an der tiefsten Stelle den atlantischen Ozeans gefunden. Örtlich treten an die Stelle des blauen Küstenschlammes andere Ablagerungen, so in der Nähe von vulkanischen Inseln graue Schlamm- und Sandmassen, in der Nähe von Koralleninseln Korallenschlamm, eine amorphe kalkige Masse mit Trümmern von Korallenriffen und Foraminiferen-Schalen; oder an der südamerikanischen Küste von Kap St. Roque bis Bahia roter Schlamm, der von den ockerhaltigen Massen herrührt, die die dortigen Flüsse dem Meere zuführen.

Feinere Küstenablagerungen können durch Meeresströmungen oft über die Gestadezone hinaus (bis zu ca. 300 km Entfernung) verbreitet werden, aber die eigentlichen ozeanischen Becken erreichen sie nicht. Hier liefert hauptsächlich die organische Welt das Material zu Ablagerungen. Auch in bezug auf die Verbreitung der marinen Lebewesen haben die Untersuchungen in den letzten Jahrzehnten zu überraschenden Resultaten geführt. Allerdings erlischt das Pflanzenleben wegen Lichtmangel schon ca. 200 m unter dem Seespiegel, aber das Tierleben kennt keine Tiefengrenzen, wenn es auch am reichlichsten in der obersten nnd in der untersten Region entwickelt ist. Die Tierleichen fallen zu Boden und schichten sich hier auf. Welche Massen sich an diesen Ablagerungen beteiligen, geht schon daraus hervor, daß der „Travailleur“ an der tiefsten Stelle des biskayschen Meerbusens (5100 m) in einem Kubikcentimeter Schlamm 116000 Foraminiferen und Radiolarien fand. Diese mikroskopischen Wurzelfüßer sind auch hauptsächlich die Baumeister der Tiefseeschichten. Die Erhebungen des atlantischen Seebodens in 1000 bis über 4000 m Tiefe bedeckt der Globigerinenschlamm, aus den Kalkschalen mehrerer Arten pelagischer Foraminiferen bestehend, von denen es aber noch nicht sicher gestellt ist, ob sie lebend diese Tiefen bewohnen, oder ob sie erst nach ihrem Tode dahin gelangen. In den Becken von mehr als ca. 4200 m Tiefe lagert dagegen der kieselhaltige, durch Eisenoxyd rotgefärbte Tiefseethon; mehr oder weniger kalkhaltiger grauer Thon bildet den allmählichen Übergang vom Kalkschlamm der Plateaus zum kalkfreien roten Schlamm. Auf der Strecke von den Canaren bis St. Thomas in Westindien bedeckt die Globigerinenschicht nach den Beobachtungen des „Challenger“ 1336, der Thon aber 3525 km. Woher stammt nun dieser anscheinend unorganische Thon, und was geschieht mit den Kalkschalen jener Foraminiferen, die ja auch über dem Gebiete des Tiefseeschlammes leben? Ein Experiment Buchanan's löste diese Fragen. Globigerinenschalen mit schwachen Säuren behandelt, verloren ihren Kalkgehalt und lieferten als Rückstand eine kleine Menge von roter Substanz, die vollkommen mit dem Tiefseethon übereinstimmt. Der mit der Tiefe zunehmende Kohlensäuregehalt des Meerwassers wiederholt dieses Experiment im Großen. Das Vorkommen von mikroskopischen Mineralpartikelchen (von Lava, Bimsstein u. dergl.) im Tiefseethon zeigt aber auch, daß er nicht ausschließlich organischen Ursprungs ist. Vulkanische Ausbrüche am Meeresgrunde oder überseeische Eruptionen, deren lockere Produkte (Asche) durch den Wind weit fortgeführt werden, liefern ebenfalls Material. Endlich ist es auch möglich, daß kosmischer Staub an der Zusammensetzung des Tiefseethones wie anderer Meeresablagerungen sich beteiligt, doch sind die Beobachtungen in dieser Beziehung (von Nordenskiöld) noch allzu spärlich, als daß man daraus weitgehende Schlüsse zu ziehen berechtigt wäre.

Daß tiefreichende Strömungen auch auf die Anordnung der Tiefseeablagerungen von Einfluß sind, beweisen die jüngsten Forschungen im Gebiet des Floridastromes. Der Pteropodenschlamm (Ruderschneckenschlamm), der die Tiefen des amerikanischen Mittelmeeres bedeckt, wird von der Floridaströmung bis zum Parallel von Charleston verbreitet; und erst hier, an der südlichen Grenze der Polarströmung, macht er dem Globigerinenschlamm Platz. Den Boden des Floridastromes selbst bedecken harte Stücke zertrümmerter Korallen.

Im großen Ozean südlich von 10° N. scheinen Globigerinenschlamm und Tiefseethon in derselben Weise angeordnet zu sein, wie im atlantischen Ozean. Im westlichen und mittleren Teile zwischen 15 ° N. und 10 ° S. wird der rote Thon durch massenhafte Anhäufung der Kieselskelette der Radiolarien zum sog. Radiolarienthon. Im nördlichen pazifischen Ozean fehlt der Globigerinenschlamm gänzlich; seine Stelle scheint ein gelblich-brauner Schlamm zu vertreten, der in der Nachbarschaft der Aleuten mit vulkanischem Sande gemischt ist. Im arktischen Eismeerbecken, dessen Boden stellenweise mit Steinen übersät ist, fand man unter 1800 m Tiefe überall den Bilokulinenschlamm, der an Kalkgehalt die Globigerinenschichten noch übertrifft. Im indischen Ozean, dessen Tiefseeablagerungen am wenigsten bekannt sind, scheinen Globigerinenschlamm und roter Thon vorzuherrschen. Zwischen 53 und 63 ° S. und 80—110 ° O. liegt das merkwürdige Gebiet des Diatomeenschlammes, welcher aus einer Anhäufung der feinen Kieselpanzer dieser mikroskopischen Algen besteht. Südlich davon fand man grünen und blauen Thon, wie in der Nachbarschaft von Nordamerika: wieder ein Anzeichen von der Existenz eines antarktischen Kontinentes.

Das Meerwasser.

Meeresniveau. § 123. Wir haben uns bis jetzt mit dem ozeanischen Behältnis beschäftigt; betrachten wir nun den Inhalt desselben. Zunächst dessen Niveau, da sich daran Folgerungen von außerordentlicher Tragweite knüpfen. Im Gegensatz zu der starren, unebenen Festlandoberfläche galt die frei bewegliche Oberfläche des Meeres bis in die letzten Dezennien als eine ungestörte sphäroidale Fläche, deren einzelne Teile innerhalb gleicher geographischer Breite gleichweit vom Erdmittelpunkte entfernt sind. Aus diesem Grunde wählte man das Mittelwasser eines benachbarten Meeres, dem der Nullpunkt des Pegels an einer bestimmten Küstenstelle entspricht, zum Ausgangspunkte aller Höhenmessungen, ebenso wie die Tiefenmessungen auf das Nieveau jener Meeresstelle bezogen werden, wo das Schiff sich befindet.

Wir berühren hier nur vorübergehend jene geringfügigen Störungen von nur lokaler Bedeutung, wie das Ansteigen des Ostseespiegels von Eckernförde und Kiel bis gegen Memel um ca. $^1/_2$ m, das als eine Folge der vorherrschenden westlichen Winde aufgefaßt wird, oder wie die um $^4/_5$ m tiefere Lage des mittelländischen Meeres gegenüber dem atlantischen Ozean an der französischen Küste. Allgemein und ungleich größer sind die Störungen, die durch die Anziehung der Festlandmassen hervorgerufen werden. Allerdings ist der Meeresspiegel eine Gleichgewichtsfläche, die im ruhigen Zustande stets senkrecht auf der Lotlinie stehen muß. Die letztere erfährt aber am Rande der Kontinente eine Ablenkung von 70 bis 80'' von der normalen gegen das Festland hin, und somit muß auch das Meeresniveau in derselben Richtung ansteigen. Da nach Ph. Fischer eine Lotablenkung von 1'' einer Steigung des Meeres um 8 m entspricht, so liegt dessen Spiegel an den Küsten 560—640 m, in manchen Fällen aber über 850 m höher, als in gleicher Breite mitten im Ozean. Zu ähnlichen Resultaten führen die Pendelbeobachtungen. Auf den küstenfernen Inseln ist die Schwere beträchtlicher, als an den kontinentalen Gestaden in gleicher Breite; jene müssen also dem Erdmittelpunkte näher liegen, oder die Erdrinde muß, wie Faye meint, unter dem Meere dicker sein. Die erstere Annahme stimmt mit den Lotablenkungen und ist daher wahrscheinlicher. Eine Pendelschwingung im Tage weniger als an einem andern Orte in gleicher Polhöhe entspricht dann einer Erhebung von ca. 120 m über dem regelmäßigen Erdsphäroid. So berechnete Listing, daß der atlantische Meeresspiegel an der Nordostküste von Südamerika 500 m über und bei St. Helena 847 m unter der normalen Sphäroidfläche liegt, was eine Niveaudifferenz von 1347 m ergiebt. Bei Kalkutta steht das Meeresniveau um 360 und bei Madras um 564 m höher als bei der Insel Minicoy (Malediwen); man ersieht daraus, daß an den Festlandsküsten selbst auf verhältnismäßig kurze Distanzen das Meeresniveau um mehrere 100 m sich ändern kann. Die Größe der Anziehungskraft des Festlandes wird eben durch verschiedene Faktoren bedingt; einerseits durch seine Erhebung über dem Meere, anderseits durch seine unterseeische Masse, oder mit anderen Worten durch die Meerestiefe. Die sog. absoluten Höhen und Tiefen sind also keine streng vergleichbaren Werte; sie sind eigentlich auch nur relative Werte.

In Preußen wurden vor 1866 alle Höhenangaben in den östlichen Provinzen auf den Nullpunkt des Pegels zu Swinemünde, und in den westlichen auf den Nullpunkt des Pegels zu Amsterdam bezogen. Dieser liegt aber um 1·077 m höher als der Swinemünder. Man verlegte daher den Ausgangspunkt des Nivellements der neuen Landesaufnahme seit 1879 in die Berliner Sternwarte, wo an einem tief fundierten Pfeiler der Normal-Höhenpunkt angebracht ist. Gerade 37 m unter demselben befindet sich die Normalnull, auf die alle neuen Höhenmessungen bezogen werden, und die im gleichen Niveau liegt, wie der Nullpunkt des Amsterdamer Pegels. Es wäre ein bedeutsamer Fortschritt, wenn alle Festlandsstaaten Europas über einen gemeinsamen Nullpunkt sich verständigen würden. Würde man sich dann auch in anderen Kontinenten auf je einen oder sehr wenige Pegelnullpunkte beschränken, die Höhe derselben über der normalen Sphäroidfläche mittels Pendelbeobachtungen bestimmen und den betreffenden Fixpunkt in das Innere des Festlandes verlegen, wo er vor den Veränderungen des Mittelwassers geschützt ist, dann erst könnte man durch Reduktion aller gemessenen Höhen auf die sphäroidale Fläche streng vergleichbare Werte schaffen; und ebenso könnte man durch Pendelbeobachtungen auf allen ozeanischen Inseln die Tiefenmessungen wenigstens annähernd untereinander und mit den Höhenmessungen in Einklang zu bringen. Wie man sieht, ist der Hypsometrie ein Ziel gesteckt, das sie wohl nicht sobald erreichen wird.

Salzgehalt und Dichte.

§ 124. 32 Elemente sind bislang im Meerwasser nachgewiesen worden und es unterliegt keinem Zweifel, daß künftige Untersuchungen diese Zahl noch vermehren werden. Sie erscheinen teils als Bestandteile des Wassers selbst, teils als solche der absorbierten Luft und Kohlensäure, zum größten Teil aber als solche der aufgelösten chemischen Verbindungen. Von dem durchschnittlichen Salzgehalt, 3·48 Proz., entfallen 2·72 auf das Kochsalz.

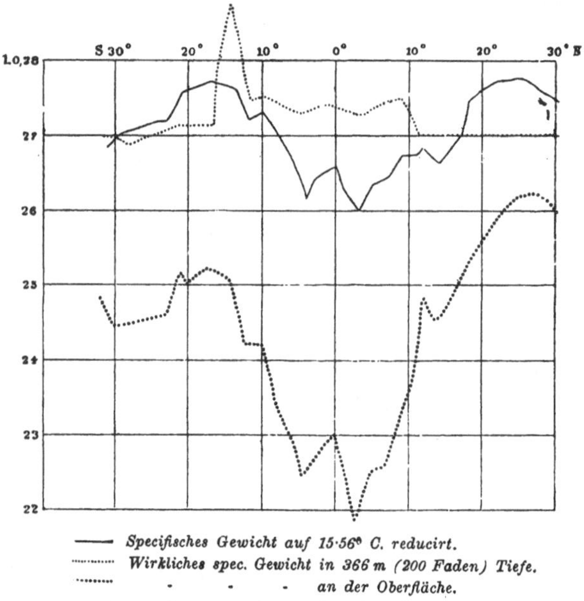

Fig. 24. Spezifisches Gewicht des Meerwassers.

Infolge seiner Zusammensetzung ist das Meerwasser schwerer als das Süßwasser. Sein spezifisches Gewicht oder seine Dichte (destilliertes Wasser von 4° C. als Einheit angenommen) ist aber außer vom Salzgehalt auch von der Temperatur abhängig, da es wie alle Körper sich mit der steigenden Wärme ausdehnt und dadurch leichter wird. Daher hat die Dichte des Meerwassers auch eine tägliche und jährliche Periode und muß mit der geographischen Breite zunehmen. Im allgemeinen bestätigen die Beobachtungen auch diesen Satz, wie Fig. 24 zeigt, wenn auch Anomalien nicht selten sind, die in Jahresmitteln aber wohl verschwinden würden. Fig. 24 zeigt auch, daß die durch die Temperaturverteilung hervorgerufenen Gegensätze sich nur auf die oberen Schichten beschränken, und daß sie schon in einer Tiefe von 366 m nahezu ausgeglichen sind. Diese Thatsache, die ihre Erklärung in der gleichförmigen Temperatur der unteren

Schichten findet, ist von fundamentaler Bedeutung, denn sie lehrt uns, daß die Gewichtsverschiedenheiten des Meerwassers nicht imstande sein können, große Strömungen zu erzeugen, ähnlich den Passaten der Atmosphäre.

Reduziert man die beobachteten spezifischen Gewichte auf eine gemeinsame Temperatur (meist 60° F. = 15°·56 C.), so wird der eine Faktor, die Wärme, ausgeschieden und die Dichte erscheint dann nur abhängig vom Salzgehalte:

Salzgehalt in Prozenten	= 3·377	3·505	3·634	3·764	3·895
Dichte	= 1·025	1·026	1·027	1·028	1·029

Aus Buchanan's Karte ergeben sich folgende Hauptsätze: der Salzgehalt der oberen Schichten ist am größten in der Passatzone und zwar in der Nähe der subtropischen Anticyklonen, wo der Niederschlag verhältnismäßig gering ist, und die Verdunstung, die dem Meere nur reines Wasser entzieht und so das übriggebliebene Wasser salzreicher macht, überwiegt. Gegen die Kalmenzone nimmt der Salzgehalt ab, denn hier führen die reichlichen Regen beständig reines Wasser dem Meere zu; anderseits nimmt er auch polwärts ab, weil hier die Niederschläge der an sich geringeren Verdunstung das Gleichgewicht halten oder dieselbe übertreffen.

Im atlantischen wie im pazifischen Ozean ist der Salzgehalt der Südhälfte größer als der der nördlichen, was zum Teil mit der intensiveren Entwickelung der südlichen Passatzone zusammenhängt. Daher tritt jener Gegensatz im großen Ozean ungleich schärfer hervor, als im atlantischen; und im indischen Ozean, wo der Nordpassat nur eine periodische Erscheinung ist, ist auch nur ein Maximum des Salzgehaltes vorhanden. Außerdem sind auch die außertropischen Teile der Nordatlantik, soweit der Einfluß des Golfstromes reicht, viel salzreicher, als der pazifische Ozean in gleicher Polhöhe. Aus diesen Gründen, sowie wahrscheinlich auch deshalb, weil er steten Zuschuß vom schweren europäischen Mittelmeer erhält, ist der atlantische Ozean an Salzgehalt den übrigen Ozeanen weit überlegen. Ob auch den Eismeeren, ist fraglich. Aus dem Umstande, daß bei der Eisbildung im Meere Salz ausgeschieden wird, welches dem nicht gefrorenen Wasser zu gute kommt, schloß Buchanan auf einen hohen Salzgehalt der Polarmeere. Nach Tornöe ist aber das warme Meer westlich von Norwegen weit salzreicher, als das echte Eismeer östlich von Grönland, und zwar sowohl an der Oberfläche, die hier durch Schmelzwasser versüßt wird, wie auch am Grunde.

In den unselbständigen Meeren, die nur durch Inselreihen oder -gruppen abgeschlossen sind, ist der Salzgehalt ähnlich wie in den benachbarten Teilen des Ozeans. Anders in den Binnenmeeren. Im heißen, regenarmen Roten Meer, in das kein größerer Fluß einmündet, erreicht er

3·9 bis 4 Prozent; und im europäischen Mittelmeer, wo auch die Verdunstung den Niederschlag übertrifft und die Flüsse klein sind im Verhältnis zur Meeresfläche, beträgt er 3·79 Prozent. Dagegen vermindert die Überfülle des vom Lande zuströmenden Süßwassers den Salzgehalt im schwarzen Meer auf 1·82 und in der Ostsee sogar auf 0·49 Prozent.

Während das spezifische Gewicht in Wirklichkeit ziemlich regelmäßig mit der Tiefe zunimmt, ist es, auf 15·56° C. reduziert, in der Nähe der Oberfläche am größten, nimmt bis ca. 730 m mehr oder weniger regelmäßig ab, und dann langsam bis zum Boden wieder zu.

Im Gegensatz zur Menge der Salze ist ihre Mischung in allen Ozeanen und in allen Tiefen eine so gleichartige, daß man zur Annahme einer raschen Vermengung des Meerwassers verschiedener Gegenden durch horizontale und vertikale Strömungen gedrängt wird.

Farbe.

§ 125. Mit dem Salzgehalt steht nach den Beobachtungen der „Gazelle" auch die Färbung des Meerwassers im engen Zusammenhang, indem sie mit zunehmender Versüßung von blau über blaugrün in dunkelgrün übergeht. In der Nähe der Küsten wird das Meer durch die von den Flüssen herbeigeschafften Sedimente verschieden gefärbt; so erhält z. B. das gelbe Meer von den Lösmassen des Hoangho Farbe und Namen. In anderen Gegenden rufen Milliarden mikroskopischer Organismen verschiedene Farben hervor. Sie erzeugen auch jenes herrliche, besonders den Tropenmeeren eigentümliche Phänomen, das als Meeresleuchten bekannt ist.

Die schwingende Bewegung des Wassers.

I. Wind- und Erdbebenwellen.

Wesen der Wellenbewegung.

§ 126. Wirft man einen Stein in ein stehendes Wasser, so wird der Gleichgewichtszustand desselben durch die Bildung konzentrischer Wellen vorübergehend gestört. An der Stelle, wo der Stein die Wasserfläche trifft, wird das Wasser herabgedrückt, seine leicht verschiebbaren Teilchen weichen aus, und indem sie dadurch einen Druck auf alle benachbarten Wasserteilchen ausüben, wird um die Depressionsstelle eine Erhöhung des Wasserspiegels, ein Wellenberg erzeugt. Dieser sinkt wieder in sich zusammen, schwingt aber vermöge des Gesetzes der Trägheit noch über seine Gleichgewichtslage hinaus, und so entsteht an der Stelle des früheren Wellenberges ein kreisförmiges Wellenthal, das an seiner äußeren Peripherie wieder einen Wellenberg erzeugt. Auf diese Weise pflanzt sich die Bewegung fort, bis die Reibung die bewegende Kraft aufgezehrt hat. Ihr Wesen besteht also darin, daß sich die einzelnen Wasserteilchen einerseits vertikal, andrerseits seitlich (von Thal zu Berg und umgekehrt) bewegen, um nach Verlauf einer Schwingung stets wieder ihre ursprüngliche Lage einzunehmen. Nur die Bewegungsform schreitet fort, nicht die einzelnen Wasserteilchen; dadurch unterscheidet sich die schwingende Bewegung von der strömenden, bei der die Wasserteilchen ihre Lage im Raume dauernd verändern.

§ 127. Zu der Gattung der fortschreitenden Wellen gehören auch die durch den Druck des Windes erzeugten. Zunächst bilden sich nur kleine und — da die Windrichtung immer etwas schwankt — unregelmäßige Wellen, die sich aber allmählich, wenn sie genügenden Raum haben, zu großen, weitgedehnten Wellenzügen vereinigen. Das Meer ist daher der Hauptschauplatz mächtiger Wellenbewegung. Da die Wirkung die Ursache stets etwas überdauert, so wogt die See auch noch, wenn der Wind sich schon gelegt hat; und dieses Steigen und Fallen (Dünung), das mit der Atembewegung täuschende Ähnlichkeit hat, setzt sich auch über die Grenzen des Sturmfeldes in weite Entfernungen fort, so z. B. aus den mittleren Breiten des atlantischen Ozeans durch die Passatzone hindurch bis zu den Inseln St. Paul, Ascension und St. Helena. Starke Dünung kann oft dem Schiffe längere Zeit vorher den kommenden Sturm verkünden. Windwellen.

Selbst bei den höchsten Meereswellen erreicht der vertikale Abstand zwischen der tiefsten Thal- und höchsten Bergstelle, der einerseits von der Windstärke, andrerseits von der Wassertiefe abhängt, kaum mehr als 15 m (nach Kapitän Kiddle) und höhere Angaben müssen jedenfalls mit Mißtrauen aufgenommen werden. Da die Länge (von einem Wellenkamme zum anderen gemessen) das zehn- bis zwanzigfache der Höhe beträgt, so schwankt der mittlere Böschungswinkel zwischen 2.8 und 5·7°. Die Steilheit der Wellen wird in Wort und Bild ebenso übertrieben, wie die Höhe derselben, und es läßt sich Beides aus den Schwierigkeiten einer richtigen Schätzung zur Genüge erklären. Von der Wellenhöhe ist auch die Tiefe abhängig, bis zu der das Wasser an der schwingenden Bewegung teilnimmt, und die nach den Versuchen der Gebrüder Weber 350 mal größer ist als die Höhe. Die höchsten Wellen des Ozeans würden also das Wasser bis zu einer Tiefe von 4550 m aufwühlen, aber schon in 130 bis 260 m Tiefe beträgt die Wellenhöhe nur mehr $^1/_{500}$ derjenigen an der Oberfläche, also selbst im äußersten Falle nur 3 cm. Wir müßten daher der Wellenbewegung jeden Einfluß auf die Verteilung der Tiefseeablagerungen absprechen. Die Geschwindigkeit beträgt bei höherem Wogengange 6—10 m in der Sekunde, so daß sich die Wellenbewegung in 24 h von der Südküste Frankreichs bis Algier fortpflanzen kann; das Maximum ist nach Stevenson $14^1/_2$ m. Ist die Wassertiefe größer als die halbe Wellenlänge, so ist die Geschwindigkeit der Länge direkt proportional, im entgegengesetzten Falle aber der Tiefe des Wasserbeckens. Die Windwellen des Meeres gehören der ersten Kategorie an, nur auf seichtem Grunde gehen sie in die zweite über.

An den Ufern sind die Wellen mannigfachen Veränderungen unterworfen. Verhältnismäßig am einfachsten ist der Vorgang, wenn die Woge eine steil bis zu größerer Tiefe abfallende Wand trifft. Sie wird von dieser zurückgeworfen, d. h. sie erfährt eine Gegenwirkung, als ob eine Welle von gleicher Form und Geschwindigkeit ihr entgegenliefe. Der Rückstoß wirkt auch auf entferntere Wogen und in den meisten Fällen ist damit eine bedeutende Steigerung der Wellenhöhe verbunden. Ein Wogenchaos macht die Steilküsten oft unnahbar. Auch an sanfter ansteigenden Gestaden erheben sich die Wellen, denn, indem sie dasselbe hinanlaufen, werden die Wellenteilchen, deren Schwingung nach vorn gehindert ist, genötigt, um so höhere Schwingungen nach oben auszuführen. Zugleich verschwindet die symmetrische Wellenform der offenen See, indem die vorderen und unteren Teile der Welle durch die Reibung am Grunde in ihrer Bewegung mehr gehemmt werden als die hinteren und oberen. Die Vorderseite der Wellenberge wird immer kürzer und steiler, bis die Wellenköpfe sich überstürzen (*branden*). Eine Folge ungleicher Reibung ist es, daß die Wellen flachere Ufer stets senkrecht treffen, wenn der Wind auch schräg gegen dasselbe weht. Fig. 25 stellt dies schematisch dar. Die Wellen *a b*, die in einiger Entfernung vom Ufer in der Richtung des Windes verlaufen, machen in der Nähe des Landes eine Schwenkung, weil die *a*-Hälften sich auf tieferem Grunde und daher rascher bewegen, als die *b*-Hälften. Bei heftigen und lange andauernden, gegen das Land gerichteten Stürmen verbindet sich mit der Brandung der *Windstau*, eine Erhebung des Wasserspiegels, die besonders in trichterförmig sich verengenden Buchten den Betrag von mehreren Meter erreichen kann und die Flüsse oft zwingt, aufwärts zu fließen. Solche *Sturmfluten* setzen flache Küstenländer oft weithin unter Wasser, und gehören daher zu den verheerendsten Phänomenen.

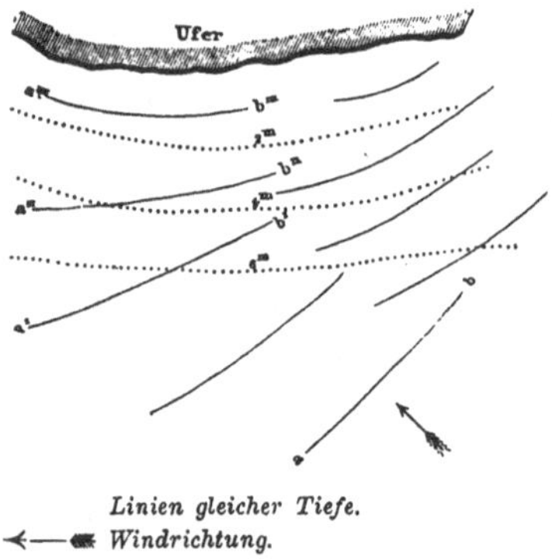

Fig. 25. Wellen am Ufer.

Stehende Wellen. § 128. Indem das Ufer des Meeres oder eines Sees die herankommenden Wellen reflektiert, entstehen mannigfaltige *Interferenzerscheinungen*. Eine von diesen ist besonders wichtig. Begegnen sich zwei entgegengesetzte Wellen, eine primäre und eine reflektierte, so bilden sich zwei *stehende*

Wellen von der halben Länge der fortschreitenden, die durch einen Ruhepunkt oder Knoten (*K* in Fig. 26) von einander getrennt sind. In jeder Welle befinden sich alle Teilchen in demselben Zeitpunkt in demselben Schwingungszustand (entweder aufwärts oder abwärts), aber beide Wellen befinden sich in entgegengesetzter Phase. Solche Erscheinungen sind in den Seen der Schweiz von Forel untersucht worden; nach Ratzel's Beschreibung sind sie auch den kanadischen Seen eigentümlich. Der Genfer Lokalname Seiche hat sich jetzt allgemein dafür eingebürgert. Der Seespiegel nimmt die Form *A C' K D' B* an und nach einer gewissen Zeit die Form *A C'' K D'' B*, um hierauf wieder über *A C K D B* nach *A C' K D' B* zurückzukehren. Während das Niveau an dem einen Ufer steigt, fällt es am entgegengesetzten; und solche Schwingungen, die durch rasche lokale Veränderungen des Luftdruckes, plötzliche Windstöße von den Bergen herab, Stürme u. s. w., hervorgerufen werden und längere oder kürzere Zeit andauern, stören den Gleichgewichtszustand des Sees sowohl in der Längs- wie in der Querachse.[1] Es sei nur beiläufig erwähnt, daß Forel die merkwürdigen, des Tages 4—14 mal in ihrer Richtung wechselnden Strömungen des Euripus durch Seichebildung im Kanal von Talauli erklärte. Die eigentliche geographische Bedeutung der Seichetheorie werden wir im nächsten Abschnitte kennen lernen.

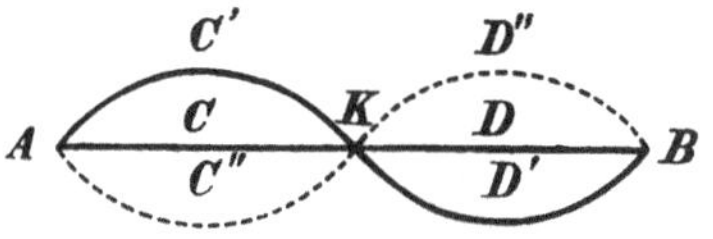

Fig. 26. Stehende Wellen.

§ 129. Wesentlich verschieden von den Windwellen sind die Erdbebenwellen, deren Geschwindigkeit von der Meerestiefe abhängig ist (vgl. S. 141). Bei den beiden peruanischen Erdbeben, die von solchen Erscheinungen begleitet waren, schwoll das Meer an der Küste an, zog sich hierauf zurück, um dann das Gestade zu überschwemmen. Diese Flutwoge wiederholte sich mehrere Male, und die Wellenbewegung pflanzte sich bis zu den Sandwichsinseln in ca. 14, bis Japan in 22—23 und bis Australien in $22^1/_2$ Stunden fort. Erdbebenwellen.

Die schwingende Bewegung des Wassers.

II. Die Tiden.

§ 130. Das Meeresniveau ist einem periodischen Schwanken unterworfen, indem es innerhalb eines Mondtages von 24 h 50 m zweimal fällt und zweimal steigt. Beistehende Figur versinnlicht uns Beobachtungen am Wesen der Tidenbewegung. Terminologie.

[1] Die halbe Schwingungsdauer (in Sekunden) $t = \frac{1}{\sqrt{gh}}$; l = Länge des Sees (in m), h = mittlere Tiefe desselben (in m), g (Beschleunigung der Schwere) = 9·806.

Pegel von Cuxhaven zwischen 5 h früh und 8 h abends. Der höchste Wasserstand (**Hochwasser**) tritt ein, wenn der Mond den Meridian des Ortes passiert (obere Kulmination) und wenn er 180° davon entfernt ist (untere Kulmination), das **Niedrigwasser** aber beiläufig zur Zeit des Mond-Auf- und -Unterganges. Daher hatte Cuxhaven am 19. August 1866 Hochwasser früh und abends, und Niedrigwasser mittags und um Mitternacht, während sieben Tage

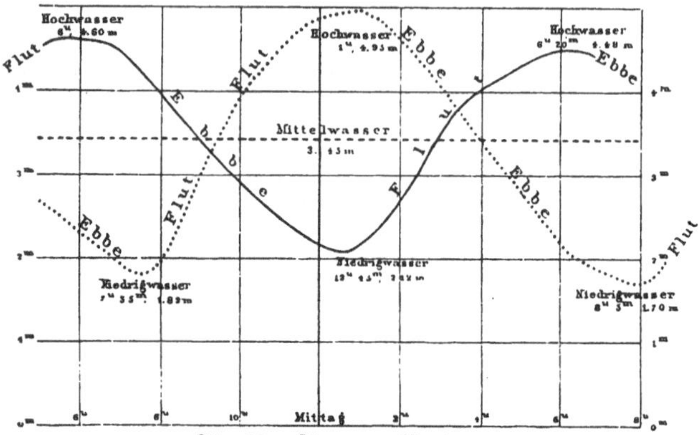

Fig. 27. Tiden zu Cuxhaven.

nachher der umgekehrte Fall eintrat. Das Steigen des Wassers nennt man **Flut**, das Fallen **Ebbe**; beide Bewegungen zusammen **Tiden** oder **Gezeiten**. Aus dem angeführten Beispiel ersieht man, daß die Zeitdauer von Ebbe und Flut nicht immer gleich ist, ebenso wie Hoch- und Niedrigwasser nicht immer den gleichen Punkt am Pegel berühren. Durch Rechnung läßt sich das **Mittelwasser** finden, d. h. die Höhe des Wasserstandes, wenn sich das Meer unter dem Einfluß des Mondes (und der Sonne) weder heben noch senken würde.

Theoretische Tiden.

§ 131. Nach dem von **Newton** entdeckten Gesetz der Schwere besitzen alle Körper Anziehungskraft, die im geraden Verhältnisse zu ihrer Masse und im umgekehrten zum Quadrate ihrer Entfernung steht. So wird nicht bloß der Mond von der Erde, sondern auch die Erde vom Monde angezogen; und die Tidenbewegung wäre eine ebenso einfache als regelmäßige Erscheinung, wenn die Erde flüssig oder von einem Meer von gleichmäßiger Tiefe bedeckt wäre, das den anziehenden Kräften sofort Folge zu leisten vermöchte. Befindet sich der Mond in der Äquatorialebene (Fig. 28), so wird der Punkt *A* am meisten, *C* weniger, *B* am wenigsten angezogen. *A* wird also von *C*, und *C* von *B* entfernt, oder mit andern Worten: der Durchmesser *A B* zu *A' B'* verlängert. Dadurch wird notwendigerweise der Durchmesser *OW* verkürzt, und die Äquatorialebene *A O B W* nimmt die Gestalt *A' O' B' W'* an. Nördlich und südlich von *A* und *B* werden die Teilchen nicht bloß von *C* entfernt, sondern auch nach *A* und *B* hinübergezogen, so daß z. B. *D* nach *D'* gelangt; und infolge dessen muß auch eine Verkürzung der Achse *NS* eintreten. *A* und *B* bewegen sich also nur in vertikaler Richtung, alle übrigen Punkte aber auch horizontal gegen *A* und *B* hin, und die horizontale Bewegungskomponente nimmt von *A* und *B* gegen *O*, *W*, *N* und *S* immer mehr auf Kosten der vertikalen zu. Das Niedrigwasser in den Meridianen *NOS* und *NWS* und das Hochwasser in den Meridianen *NAS* und *NBS* bedingen sich ebenso gegenseitig, wie Thal und Berg in der Windwelle. In der That haben wir es auch hier mit zwei großen Wellen zu thun, die dem scheinbaren Mondumlauf folgend, in 24 h 50 m einmal die Erde umkreisen, so daß in *A* auf das Hochwasser das Niedrigwasser *O'*, dann das Hochwasser *B'*, endlich das Niedrigwasser *W'* folgt. Dasselbe geschieht auch auf allen übrigen Parallelkreisen, und nur an den Polen[1] bleibt der Wasserstand unverändert.

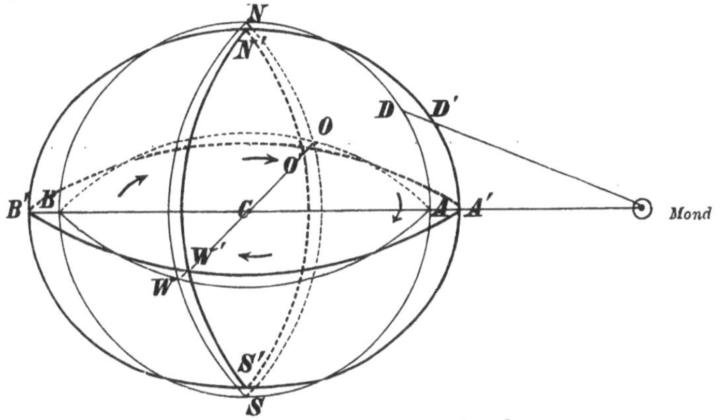

Fig. 28. Entstehung der theoretischen Tiden.

Die Tidenbewegung des Wassers ist also ebenfalls ein Schwingen um die Ruhelage. Trotzdem spricht der Küstenbewohner von Ebbe- und Flutströmungen, da die Wasserteilchen sowohl im vertikalen, wie im horizontalen Sinne oszillieren, und die Schwingungen wegen ihrer langen Dauer (sechs Stunden nach der einen und dann sechs Stunden nach der entgegengesetzten Richtung) — besonders an gewissen Küstenstellen, wo sie eine größere Geschwindigkeit erlangen — den Eindruck von Strömungen machen.

Neben dem Monde übt auch die Sonne eine merkliche Anziehungskraft auf die Erde aus, aber wegen ihrer 386·7 mal größeren Entfernung verhält sich das von ihr erzeugte Hochwasser zu dem vom Monde erzeugten nur wie 4:9, obwohl ihre Masse um ca. $26^1/_2$ millionmal die des

[1] In der Figur 28 ist Hoch- und Niedrigwasser der Deutlichkeit wegen in übertriebener Größe dargestellt worden.

Mondes übertrifft. In 24 h umkreisen also zwei Sonnenwellen und in 24 h 50 m zwei Mondwellen von Ost nach West die Erde. Mond- und Sonnenwelle vereinigen sich

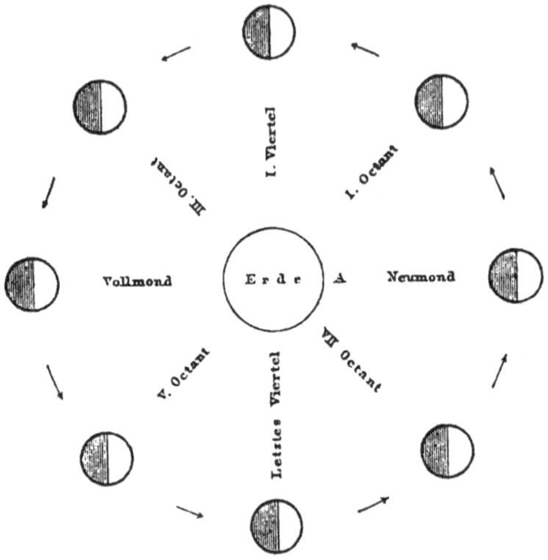

Fig. 29. Mondesphasen.

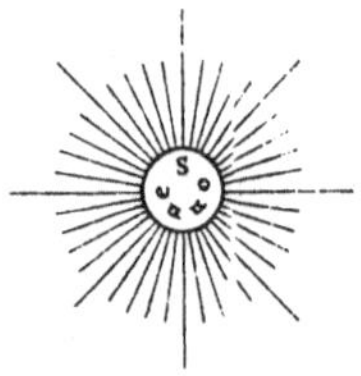

zu einer einzigen Welle, deren Höhe und Eintrittszeit von der wechselnden Stellung beider Gestirne zu einander abhängt. In der Phase des Neumondes passieren sie gleichzeitig den Meridian, und das Sonnenhochwasser tritt gleichzeitig mit dem Mondhochwasser ein. Das wirkliche Hochwasser stellt also die Summe beider da, und ebenso das wirkliche Niedrigwasser die Summe beider Niedrigwasser. Der umgekehrte Fall tritt im ersten Viertel ein; wenn *A* Sonnenhochwasser hat, hat es Mondniedrigwasser und umgekehrt, und die wirklichen Tiden sind gleich dem Unterschiede der Mond- und Sonnentiden. Zur Zeit des Vollmondes trifft die untere Kulmination des Mondes mit der oberen der Sonne zusammen, und das Resultat muß somit dasselbe sein wie bei Neumond. Innerhalb eines Monats erreicht also die Fluthöhe zweimal ihren höchsten (Springtiden) und zweimal ihren niedersten Wert (taube oder Nipptiden); die Übergänge zwischen

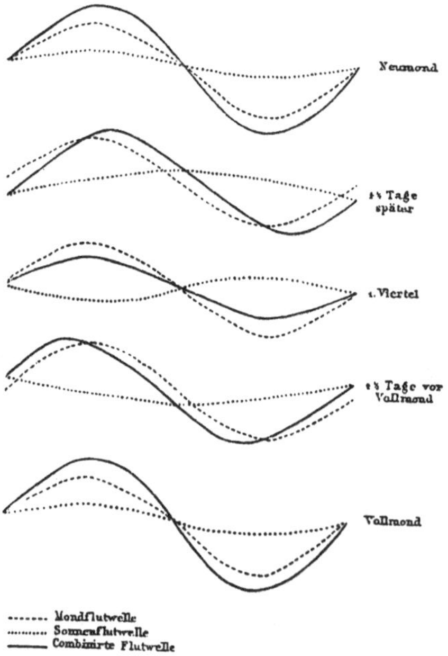

Fig. 30. Sonne- und Mondwelle.

diesen Extremen stellt Fig. 30 dar. Aus dem Verhältnis der Mond- zur Sonnenflut ergiebt sich das der Spring- zu den Nipptiden = 9 + 4 : 9 − 4. Den Unterschied zwischen den Fluthöhen zur Zeit der Syzygien und Quadraturen nennt man die halbmonatliche Ungleichheit.

Die größte Fluthöhe fällt stets in die durch die Mittelpunkte der Erde und des Mondes, beziehungsweise der Sonne gelegte Ebene, in Fig. 28 also in die äquatoriale. Da aber die Mondbahn um ca. 28 ° und die Ekliptik um ca. 23$^1/_2$ ° gegen die Ebene des Äquators geneigt ist, so muß das Maximum der Mondfluthöhe innerhalb eines halben Monats zwischen 0 und 28 ° B. und das der Sonnenfluthöhe innerhalb eines halben Jahres zwischen 0 und 23$^1/_2$ ° B. oszillieren. Wir betrachten hier nur den einfachsten Fall: die Deklination beider Himmelskörper betrage 23$^1/_2$ ° N. (Fig. 31)

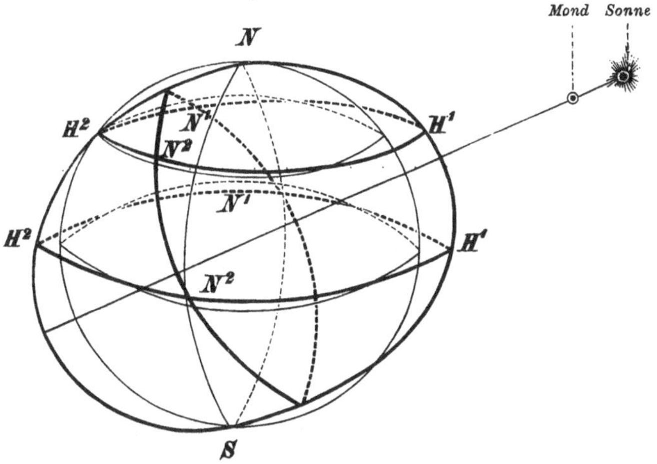

Fig. 31. Halbmonatliche Periode der Tiden.

Am Äquator ist (im Vergleich zu Fig. 28) zwar die Fluthöhe gesunken, aber Ebbe und Flut dauern noch immer gleichlang ($H^1 N^1 = N^1 H^2 = H^2 N^2 = N^2 H^1$). Wesentlich anders gestalten sich aber die Verhältnisse nördlich und südlich davon. In 40 ° n. Br. z. B. ist das Hochwasser bei der oberen Kulmination (H^1) größer als bei der unteren (H^2) und ebenso differieren die niedrigsten Wasserstände. Ferner ist die Dauer der Ebbe zwischen H^1 und N^1 bedeutend länger, als die der darauffolgenden Flut ($N^1 H^2$), worauf dann wieder eine kurze Ebbe ($H^2 N^2$) und eine lange Flut ($N^2 H^1$) folgen. Man nennt diese Unterschiede die tägliche Ungleichheit.

Fassen wir das bisher Gesagte noch einmal in Kürze zusammen. Die Flutgröße und die Eintrittszeit des Hoch- und Niedrigwassers hängen ab: 1) von der Stellung des Mondes zur Sonne, 2) von der Deklination beider Gestirne, und — wir fügen dies noch hinzu — 3) von der Entfernung derselben von der Erde. Die theoretischen Tiden ändern sich also mit der Breite. Am Äquator findet keine tägliche Ungleichheit statt, unter den übrigen Breiten aber nur dann nicht, wenn die Deklination von Mond und Sonne = 0 ist. Jenseits der Breiten 28° N. und S. nimmt die Flutgröße stetig gegen die Pole ab. An den Polen selbst wechseln Ebbe und Flut innerhalb eines halben Monats einmal.

Wirkliche Tiden. § 132. Die Bedingungen, die die Theorie stellt, werden in der Natur nicht erfüllt. Das Gesetz der Trägheit gestattet dem Wasser nicht, den anziehenden Kräften sofort Folge zu leisten. Die Ungleichmäßigkeit der Meerestiefen erlaubt es ferner der Flutwelle nicht, mit dem scheinbaren täglichen Umlauf der Sonne und des Mondes gleichen Schritt zu halten. Von noch entscheidenderem Einflusse ist die Unterbrechung der ozeanischen Fläche durch Festlandmassen. Eine fortschreitende Flutwelle, ähnlich der theoretischen, könnte sich höchstens in der Südsee entwickeln, und in der That stellte Laplace die Hypothese auf, daß hier die Geburtsstätte der Tidenbewegung sei, die sich von da erst in den atlantischen Ozean fortpflanze. Er wurde zu dieser Annahme durch die Erfahrung geführt, daß die Spring- und Taubtiden erst anderthalb bis drittehalb Tage nach den Syzygien und Quadraturen an den atlantischen Küsten anlangen. Neuere Untersuchungen haben aber gelehrt, daß diese Anomalie lediglich durch die Verspätung der Sonnenwelle bewirkt wird; eine Erklärung, die freilich wieder ein neues Rätsel enthält, da in anderen Gegenden die Springtiden rechtzeitig eintreffen, oder, wie in Toulon, sich sogar verfrühen. Gegen die Laplace'sche Hypothese, die besonders von Whewell ausgebildet wurde, spricht noch besonders die Thatsache, daß nicht nur Binnenmeere, wie das mittelländische und die Ostsee, sondern auch das von aller ozeanischen Verbindung abgeschlossene Becken des Michigansees Ebbe und Flut haben.

Es unterliegt also keinem Zweifel, daß jedes Meer seine eigene Flutwelle erzeugt, die von O. nach W. fortschreitet. An den westlichen Gestaden wird sie reflektiert und dadurch (wenigstens im atlantischen und nordpazifischen Ozean) in eine stehende Welle (Seiche) umgewandelt, die über die ganze Meeresbreite von Küste zu Küste hinüberreicht. In einer solchen entspricht stets dem Niedrigwasser auf der einen Seite ein Hochwasser auf der anderen; die schwingende Bewegung folgt zwar im allgemeinen den erregenden Kräften, wird aber (nach der S. 153 mitgeteilten Formel) durch die Tiefe und Ausdehnung des Beckens wesentlich modifiziert.

Leider sind die Tiden auf dem offenen Ozean der Beobachtung nicht zugänglich. In der Nähe des Festlandes werden sie aber durch die zunehmende Seichtheit des Wassers und die Unregelmäßigkeit der Küsten so verändert, daß sie mit den theoretischen selbst in wesentlichen Zügen nicht mehr übereinstimmen. So werden nach der Theorie durch die nach N. und S. deklinierenden Gestirne mächtige Wassermassen vom Äquator gegen die Pole bewegt und infolge dessen müßte der mittlere Wasserstand an den Küsten einer halbmonatlichen, beziehungsweise halbjährlichen Schwankung unterworfen sein. Aber Thomson und Lentz sind auf verschiedenen Wegen zu demselben Resultate gelangt, daß an den untersuchten Küstenstellen die Schwankungen des Mittelwassers nicht durch Sonne und Mond, sondern lediglich durch die Winde hervorgebracht werden. Auch die Abhängigkeit von der geographischen Breite tritt ganz zurück, dagegen haben die Tiden mehr oder weniger abgeschlossener Meere eine auffallende Familienähnlichkeit. So zeichnen sie sich beispielsweise im atlantischen Ozean (Fig. 32) durch eine geringe tägliche Ungleichheit von fast konstantem Betrage aus, während ihnen im nordpazifischen Ozean (Fig. 33) gerade die große tägliche Ungleichheit, die im Golfe von Tongkin und in Manila

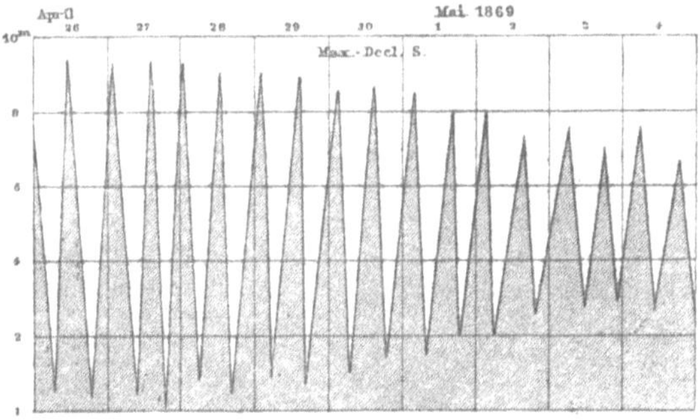

Fig. 32. Tiden zu Liverpool nach Lentz.

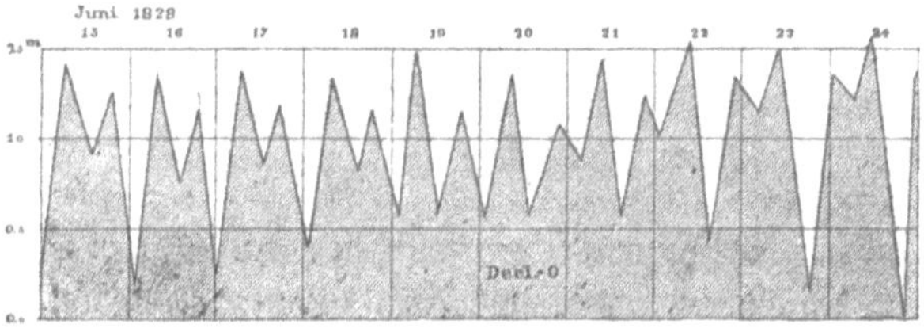

Fig. 33. Tiden zu Peterpaulowsk nach Lentz.

Die Tiden in Liverpool zeigen sehr deutlich die halbmonatliche Ungleichheit, die auch in den Tiden von Peterpaulowsk zur Darstellung gelangt (Nippflut zur Zeit des 1. Viertels). Die tägliche Ungleichheit ist in Liverpool (nordatlantischer Typus) kaum merkbar, obwohl der Mond am 1. Mai das Maximum der Deklination erreicht, dagegen sehr bedeutend in Peterpaulowsk (nordpazifischer Typus), obwohl die Monddeklination am 21. Juni = 0 ist. Bis zum 19. Juni ist das vormittägige Hoch- und Niedrigwasser das größere, vom 19. Juni an aber das nachmittägige. Man beachte auch, wie an beiden Orten die Eintrittszeit von Hoch- und Niedrigwasser sich allmählich verschiebt.

zeitweise sogar bis zum völligen Verschwinden der zweiten Welle sich steigert, ein eigentümliches Gepräge verleiht.

Hafenzeit. § 133. Von praktischer Wichtigkeit ist die Bestimmung der Hafenzeit (d. i. des Zeitunterschiedes zwischen dem Meridiandurchgange des Voll- und Neumondes und dem darauffolgenden Hochwasser) und der Flutgröße oder des Höhenunterschiedes zwischen Hoch- und Niedrigwasser.

Entgegen der Theorie kommt die Flutwelle an die atlantische Küste unseres Erdteiles von Westen her. Um die bedeutenden Unregelmäßigkeiten in der Zeit ihres Eintreffens zu erklären, entwarf Whewell Linien gleicher Hafenzeit, bezogen auf den Meridian von Greenwich (sog. Cotidal lines

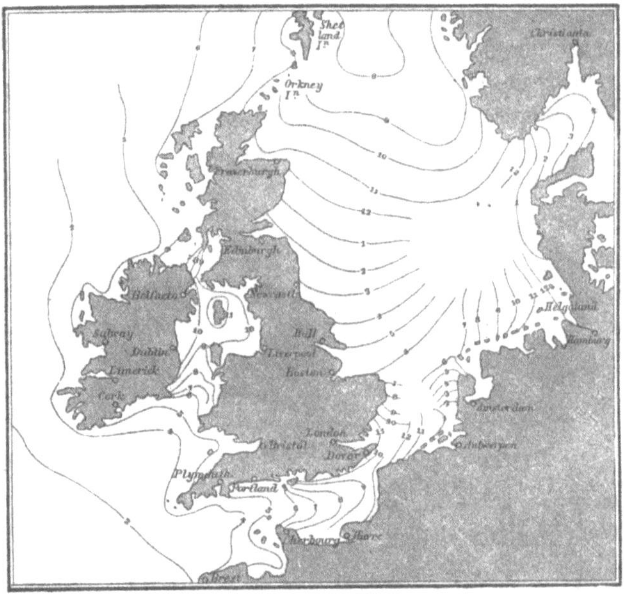

Fig. 34. „Cotidal lines“ nach Whewell.

oder Isorachien). Sie stimmen zwar mit den beobachteten Hafenzeiten an den Küsten völlig überein, aber ihre Verlängerung in das Meer hinaus ist — wie der Autor selbst später zugab — lediglich ein Phantasiegemälde.

Nach dieser Darstellung erreicht die Flutwelle zuerst die iberischen, dann die französischen Küsten, dringt sodann in den Kanal und in die irische See ein und umzieht Irland und Schottland, so daß sie an der nordöstlichsten Küste Schottlands und an der Themsemündung gleichzeitig (11 h nach dem Meridiandurchgang in Greenwich) eintrifft. Zwischen diesen beiden Punkten ist aber die Hafenzeit kleiner und nimmt von Norden nach Süden zu. Whewell erklärt dies durch die Annahme, daß die Flutwelle in dieser Gegend nur eine Fortsetzung der vom nördlichen Schottland herkommenden sei. An der Themsemündung trifft also die Kanalwelle mit der zwölf Stunden älteren schottischen Welle zusammen, oder mit anderen Worten: in der Zeit, als die Flutwelle Schottland umzieht, um bis London zu gelangen, passieren zwei Wellen die Straße von Dover. In ähnlicher Weise sollen sich auch zwei Flutwellen in der irischen See treffen, und aus der Interferenz beider Wellen erklärt man es, daß bei Courtown an der irischen Ostküste der Meeresspiegel trotz der starken Tidenströmung unverändert bleibt, während bei der Insel Man starke Niveauschwankungen stattfinden, ohne daß eine Strömung bemerkbar ist.

Nach den vorgetragenen Anschauungen verwandelt sich also die stehende Tidenwelle des offenen Ozeans in der Nähe des Festlandes in eine fortschreitende Welle. Aber noch gibt es manches Rätsel zu lösen. Lentz fragt mit Recht: „Wie sollen die zwölfstündlich neu eintreffenden Flutwellen sich in diesen geschlossenen Zirkeln Aufnahme erzwingen, und wie entkamen die alten?" Wie ist es zu erklären, daß eine so kleine ozeanische Inselgruppe, wie die Färöer, so verschiedene Hafenzeiten hat? Warum ist an an der Ostküste der Vereinigten Staaten auf eine Länge von 2200 km die Hafenzeit überall gleich, um sich dann plötzlich um drei bis vier Stunden zu verspäten? Wie man sieht, sind wir von einer allseitig befriedigenden Erklärung der wirklichen Tidenerscheinungen noch weit entfernt.

§ 134. Die Flutgröße ist von lokalen Verhältnissen sehr abhängig, namentlich von der Tiefe der Küstengewässer und der Form des Gestades. Besonders günstig erweisen sich dreieckförmige Buchten, deren Boden allmählich ansteigt, da hier die Flutwelle an Höhe gewinnt, was sie an Breite verliert. So ist an der europäischen Küste besonders der Bristol-Kanal durch hohe Flutwellen ausgezeichnet (an einer Stelle bis 15·9 m) und auf der amerikanischen Seite erreicht die Flutgröße in der Fundybai sogar 21·3 m. Überhaupt ist im nordatlantischen Ozean nördlich von ca. 40° B. die Flutwelle höher, als irgendwo anders, was Ferrel aus der Seichenatur der Tidenbewegung und der Tiefe dieses Meeresbeckens zu erklären versuchte. Auf offener See ist die Flutgröße naturgemäß unbedeutend; selbst an den Gestaden ozeanischer Inseln dürfte sie nirgends $2^1/_2$ m übersteigen. Ebenso gering ist sie in Binnenmeeren, und es ist daher erklärlich, daß man diesen früher die Tiden ganz absprach. An der Ostküste der Adria beträgt sie z. B. durchschnittlich nur 0·16 m und in Triest und Venedig 0·7 m. Nur in den Syrten steigt sie angeblich bis 3 m. In den Belten und im Sund schwankt sie zwischen 0·06—0·62 m und an der deutschen Ostseeküste sogar zur Zeit der Syzygien nur zwischen 0·01 und 0·11 m. Bei Chikago am Michigansee erreicht die Springflut Flutgröße.

0·07 m. Es muß übrigens nochmals betont werden, daß auch Stürme den Wasserstand wesentlich beeinflussen, indem sie Wasser zur Küste hintreiben (Windstau) oder von derselben entfernen; die beobachtete mittlere Flutgröße ist also nicht allein das Resultat der Tidenbewegung.

Flut in den Flußmündungen.

§ 135. Die Flut dringt auch in die Flüsse ein, indem sich das schwerere Salzwasser keilförmig unter das Flußwasser einschiebt, um in manchen Strömen mauerartig aufwärts fortzuschreiten. Das Gefälle des Flusses wird dadurch vermindert, ja häufig wird seine Strömung völlig zum Stillstand gebracht. Natürlich ist dieses Phänomen nur bei ozeanischen Flüssen von Bedeutung. So dringt die Flutwelle in der Weser 67, in der Elbe 148, in den Hauptarmen des Ganges ca. 250, im Amazonas sogar 320 km flußaufwärts. Ihr Endpunkt ist die eigentliche Grenze von Land und Meer; hier entwickelten sich zahlreiche der bedeutendsten Handelsstädte.

Tiden des Erdinnern.

§ 136. Wir haben bei unseren bisherigen Betrachtungen die stillschweigende Voraussetzung gemacht, daß nur die leicht verschiebbaren Wasserteilchen der Anziehung durch Sonne und Mond Folge leisten. Diese Annahme hat jedoch nur für eine absolut starre Erde Giltigkeit. Da aber Thomson nachgewiesen hat, daß die Erde selbst dann noch der Tidenbewegung unterworfen wäre, wenn ihr Inneres die Festigkeit von Stahl oder Glas besitzen würde, so ist es wenigstens im höchsten Grade wahrscheinlich, daß auch das Festland wie der Boden des Meeres zweimal des Tages sich hebt und senkt. Es wäre in diesem Falle also auch der Nullpunkt des Pegels, nach dem man Hoch- und Niedrigwasser bestimmt, kein fixer Punkt. Wenn am 26. August 1866 der Wasserstand zu Cuxhaven von 1·82 bis 4·95 m stieg (s. Fig. 27), so entfernte sich das Meeresniveau nicht bloß um 3·13 m vom Erdmittelpunkte, sondern um 3·13 m plus dem Betrage, um welchen der Pegelnullpunkt selbst gestiegen war. In diesem Falle wäre also die beobachtete Flutgröße gleich der wirklichen Flutgröße des Wassers weniger der Flutgröße der festen Erde, oder mit anderen Worten: die beobachteten Tiden wären Differentialtiden.

Da man die Größe der durch den Deklinationswechsel des Mondes erzeugten vierzehntägigen Schwankung des Erdinnern (entsprechend der vierzehntägigen Schwankung des mittleren Wasserstandes) unter der Voraussetzung, daß es eine nahezu homogene Masse ist, für verschiedene Festigkeitsgrade berechnen kann, so dürften uns Tidenbeobachtungen an geeigneten Orten (z. B. auf ozeanischen Inseln) einigen Aufschluß über die Beschaffenheit des Erdinnern gewähren.

Die Meeresströmungen.

(S. Karte XIV.)

§ 137. Strömungen können durch verschiedene Ursachen bewirkt werden. Von den fälschlich sogenannten Tidenströmungen wurde bereits gesprochen; es ist aber wahrscheinlich, daß Flut und Ebbe unter günstigen orographischen Verhältnissen (z. B. in engen Meeresstraßen) wirkliche Strömungen hervorrufen. Diese geben wieder Veranlassung zu Wirbelbildungen, von denen der Maelstrom bei den Lofoten und die Scylla und Charybdis in der Meerenge von Messina die bekanntesten Beispiele sind. Zwischen Binnenmeeren und dem Ozean entstehen Strömungen zur Ausgleichung des Salzgehaltes. Vom salzreicheren Meere geht ein Unterstrom zum salzärmeren und zum Ersatz dafür ein Oberstrom in entgegengesetzter Richtung. So fließt das Wasser der Ostsee oberflächlich zur Nordsee ab, während ein Tiefenstrom aus der Nordsee in die Ostsee eindringt, der in der Kadettenrinne zwischen Darßerort und Gjedser sein Ende findet. Atlantisches und pontisches Wasser strömt oberflächlich in das salzreiche Mittelmeer ein, von dem wieder Tiefenströme zum Ozean und zum schwarzen Meere ausgehen. Tiden- u. Ausgleichsströmungen.

§ 138. Wesentlich anderer Art sind die großen ozeanischen Strömungen, die im Haushalte der Natur eine so bedeutsame Rolle spielen. Flußartig und scharf begrenzt, wie sie in der schematischen Darstellung der meisten Karten erscheinen, sind sie freilich nicht; meist werden wir nur — wie bei Flüssen von sehr schwachem Gefälle — durch indirekte Anzeichen belehrt, daß die Wasserteilchen in einer bestimmten Richtung fortschreiten. Amerikanisches Treibholz gelangt z. B. nach Island und Norwegen; Flaschen, welche einen Zettel mit genauer Angabe der Stelle und Zeit des Aussetzens enthalten, werden an weit entlegenen Orten wieder aufgefunden. Die Geschichte erzählt uns, daß Cabral i. J. 1500, als er nach Ostindien segeln wollte, von den Strömungen nach Westen entführt und so der unfreiwillige Entdecker Brasiliens wurde. Vor allem aber ist die Temperaturverteilung im Meere ein sicherer Beweis für das Vorhandensein von Strömungen sowohl an der Oberfläche, wie in der Tiefe des Ozeans. Ozeanische Strömungen.

§ 139. Betrachten wir nun die Strömungen im atlantischen Ozean, die man begreiflicherweise am besten kennt. In der Zone zwischen ca. 20° N. und 10° S. fließen die beiden Äquatorialströmungen nach Westen, die nördliche in ihren Grenzen etwas schwankend, die südliche stets über den Äquator auf unsere Hemisphäre übersetzend. Ihre Geschwindigkeit ist am größten, wenn die Sonne in den Wendekreisen steht, nimmt aber stets vom Äquator gegen die Ränder ab. Im Mittel beträgt Nordatlantischer Ozean.

sie in der nördlichen Strömung 24, in der südlichen 30 km pro Tag. Zwischen beiden bewegt sich die Guineaströmung mit einer durchschnittlichen Geschwindigkeit von 28 km in entgegengesetzter Richtung. Stets breitet sie sich fächerartig gegen Osten aus; ihre Spitze liegt nach Krümmel im Jahresmittel in $35^1/_2{}^0$ W., schwankt aber zwischen 25 und 50^0 W., und ebenso schwankend ist ihre Breite im Osten.

Beim südamerikanischen Kap S. Roque teilt sich der südliche Äquatorialstrom. Der eine Arm verläuft, mit der nördlichen Äquatorialströmung vereinigt, teils an der Außenseite der westindischen Inseln nach Nordwesten,[1] teils dringt er durch den Kanal zwischen Venezuela und der Insel Grenada, durch die zahlreichen Passagen zwischen den kleinen Antillen und endlich durch den Windwärts-Kanal zwischen Haïti und Kuba in die karaïbische See und durch den Yukatankanal in den Golf von Mexico ein. Hier staut sich die Wassermasse auf und bildet so eine Art Reservoir für den Floridastrom, der, im Süden der Mississippimündungen beginnend, direkt nach der Straße von Florida fließt. Die langsamen Strömungen im mexikanischen Golf hängen, wie die amerikanischen Untersuchungen endgiltig erwiesen haben, mit dem Floridastrome nicht zusammen.

Beim Eintritt in die Floridastraße vereinigt sich dieser große Strom mit jenem Ausläufer des ozeanischen Armes, der zwischen Kuba und den Bahamabänken gegen Westen fließt. Durch bedeutenden Salzgehalt, tiefblaue Färbung und hohe Temperatur ausgezeichnet, bewegt er sich dann entlang der 200 m-Linie und parallel mit der nordamerikanischen Küste, nach NW. bis zum Kap Hatteras. Von da entfernt er sich, seine frühere Richtung beibehaltend, immer weiter vom Festland und endet beiläufig in 40^0 W. Die Breite schwankt zwischen 90 und nahezu 190 km; die Tiefe nimmt von 800 m in der Floridastraße bis 183 m im Norden der Bermudas ab; die tägliche Geschwindigkeit beträgt im Durchschnitte 111 km, ist aber ziemlich variabel, und wie bei einem Flusse in der Mitte am größten. Auch die Temperatur nimmt gegen die Ränder ab, und gleichzeitig sinkt sie auch mit wachsender Breite im Winter von 25 auf $16 \cdot 7^0$ und im Sommer von $28 \cdot 3$ auf $25 \cdot 6^0$. Die frühere Ansicht, daß der ganze Floridastrom, wie andere warme Strömungen, aus wechselnden warmen und kalten Bändern bestehe, haben die neuesten Untersuchungen zwar nicht bestätigt, wohl aber muß in seinem Unterlaufe ein ähnlicher Fall eintreten, da nur dadurch seine deltaförmige Teilung erklärt werden kann.

---

[1] Wir nennen diese Strömung den ozeanischen Arm, da die Krümmel'sche Bezeichnung „Antillenströmung" mit den neuesten Ergebnissen der amerikanischen Forschungen nicht harmoniert. Sie scheint nach älteren Untersuchungen wenigstens bis 65^0 W. zu reichen.

Der ozeanische Zweig der Äquatorialströmung bewegt sich wahrscheinlich parallel mit dem Floridastrom nach Nordwest und dann nach Nordost. Als eine Fortsetzung beider Ströme kann jener Arm betrachtet werden, der in östlicher Richtung den Ozean durchquert, um, an der afrikanischen Küste nach Süden umbiegend, in die nordatlantische Äquatorialströmung einzulaufen. Da der meridionale nordafrikanische Strom von höheren in niedere Breiten fließt, so wirkt er abkühlend auf die Meeresoberfläche.

Innerhalb des großen nordatlantischen Stromwirbels breitet sich eine verhältnismäßig ruhige See aus. Hier sammeln sich die vom Strande oder seichtem Meeresgrunde losgerissenen und von Strömen mitgeführten Tange vom Sargassumgeschlecht an, die sich vermöge des Reichtums an Luftblasen in ihren oberen Teilen im Wasser aufrecht erhalten. Nach Kuntze bedecken sie das Meer nur in lockeren, oberflächlichen Streifen von höchstens 30—40 m Länge; die Bezeichnung „Sargassomeer", die man auf vielen Karten findet, enthält also eine ziemlich starke Übertreibung dieses untergeordneten Phänomens.

§ 140. Unmittelbar an den Floridastrom schließt sich jene berühmte nordöstliche[1] Strömung an, die für das Klima unseres Kontinentes so außerordentlich wichtig ist, und auf die wir nach Petermann's Vorgang den Namen Golfstrom beschränken, während ihn andere auch auf den verhältnismäßig seichten Floridastrom ausdehnen. Nicht bloß eine oberflächliche Schicht warmen Wassers fließt dem arktischen Meere zu; liegt doch noch beim Felseneiland Rockall (57·6° B.) die Tiefenisotherme von 5° um 650 m tiefer als im atlantischen Äquatorialgürtel. Im Sommer erreicht der Golfstrom seine größte Ausdehnung. Ein Ausläufer dringt in die Baffinsbai ein, aber höchstens bis zum 75. Parallel; ein zweiter bespült die Westküste Spitzbergens und ein dritter gelangt bis Nowaja Semlja, hat aber (nach einer Messung im Jahre 1881) am Eingang in die Matotschkinstraße nur mehr eine Mächtigkeit von höchstens 2 m. Über dieselbe hinaus gelangt er wohl nicht; und wenn auch im Spätsommer, wenigstens im September, eine eisfreie Rinne die Schifffahrt vom Jenissei bis zum Kap Tscheljuskin ermöglicht, so ist dies nur ein Werk der großen sibirischen Flüsse, deren Gewässer nach dem Austritt in das Meer durch die Erdrotation nach Osten abgelenkt werden. Golfstrom und atlantische Polarströme.

Im Winter erlischt der Golfstrom schon in geringerer Polhöhe, aber noch immer umgiebt er ganz Island (wie Hoffmeyer nachwies) und ganz Norwegen mit einem warmen Mantel.

[1] Im Gegensatz zur Richtung der Winde bezeichnet man die der Meeresströmungen nach der Himmelsgegend, nach welcher sie fließen.

An drei Stellen trifft er mit Polarströmen zusammen, die im Sommer Eisberge und Meereis nach Süden entführen. Der Labradorstrom, der aus der Baffinsbai kommt und durch zahlreiche Zuflüsse aus dem arktischen Archipel von Nordamerika verstärkt wird, begegnet dem Floridastrom bei Neufundland, und weicht ihm, durch die Erdrotation abgelenkt, nach links aus. Er bildet den sog. „kalten Wall" an der Ostküste der vereinigten Staaten und dringt auch — wie der Verlauf der Tiefenisothermen in Fig. 36 (S. 171) lehrt — unter die warme Strömung ein. Daß übrigens ein Teil des kalten Wassers schon bei Neufundland unter den Floridastrom untertaucht und direkt nach Süden fließt, ergiebt sich daraus, daß gelegentlich Eisberge den letzteren durchqueren. Ähnlich verhält sich die ostgrönländische Strömung, die an der Südspitze Grönlands nach Norden umbiegt, zum Golfstrom bei Island, nur daß hier im Sommer das kalte Wasser nicht bloß unterseeisch unter das warme eindringt, sondern auch oberflächlich dasselbe überflutet, weil sein spezifisches Gewicht durch das Schmelzwasser des Eises verringert wird. Eine dritte arktische Strömung begegnet dem Golfstrom im Sommer bei der Bäreninsel und teilt ihn in zwei Arme. Über das Verhalten dieses, sowie des vorhergenannten Polarstromes im Winter wissen wir nichts Sicheres.

Die übrigen Ozeane. § 141. Der südliche Arm der atlantischen Äquatorialströmung fließt nach den neuesten Untersuchungen von Krümmel als Brasilstrom der Küste von Südamerika entlang bis 48° S. und biegt dann nach Westen um, um als Benguelastrom in die Äquatorialströmung wieder einzumünden. Zwischen dem Brasilstrom und der Küste zieht der Falklandstrom, ein Ausläufer der antarktischen Strömung und somit ein Pendant des Labradorstromes, bis Rio Janeiro.

Demselben Kreislauf begegnen wir auch in den übrigen Ozeanen: zwei äquatoriale Strömungen, die durch eine Gegenströmung getrennt werden; warme Ströme, die als Ausläufer der äquatorialen an den Ostküsten der Kontinente höherer Breiten zueilen (der Kuro Siwo entspricht dem Florida-, die ostaustralische und Agulhasströmung dem Brasilstrome); kalte Ströme, die an den Westseiten der Festländer gegen den Äquator vordringen, um sich mit der äquatorialen Strömung zu vereinigen (californisch-mexikanische Strömung, Perustrom und westaustralische Strömung, letztere aber ausnahmsweise durch einen warmen Stromarm von der Küste getrennt), und endlich östliche Strömungen, die die meridionalen Flüsse miteinander verbinden.

Ist aber auch diese Anordnung allen Ozeanen gemeinsam, so hat doch jeder wieder seine Eigentümlichkeiten. Im indischen Ozean und in der Chinasee ist die nördliche Äquatorialströmung und die Gegenströmung nur zur Zeit des NO.-Monsuns ausgebildet; in der Periode des SW.-Monsuns verschwinden sie aber ganz und die südliche Äquatorialströmung nimmt ihre Stelle ein. Über die äquatorialen Strömungen im stillen Ozean besitzen wir nur mangelhafte Kenntnisse. So ist es z. B. fraglich, ob die Gestalt der Gegenströmung so sehr abweicht von der des Guineastromes. Neuere Beobachtungen auf der Route Apia (Samoa)-Torresstraße sprechen von konstant östlichen Strömungen, während alle Karten hier westliche angeben. Der Kuro Siwo ist nur ein schwächliches Gegenstück zum Floridastrom. Er wird durch das ostasiatische Inselgewirr vielfach geteilt und aufgehalten, und außerdem ein Drittel der Zeit durch widrige Winde abgelenkt oder wenigstens gehemmt. Eine dem Golfstrom ähnliche Strömung kann sich hier nicht entwickeln, denn in der Breite, in welcher jener im atlantischen Ozean erst beginnt, liegen die Aleuten und jenseits derselben steigt der Meeresboden rasch zur seichten Beringsenge an. Kein Ausläufer des Kuro Siwo dringt über den Aleutengürtel vor, wie Dall kürzlich nachgewiesen hat, und ebenso dringt auch kein Strom aus dem arktischen Meere durch die Beringsstraße in den stillen Ozean ein. Wohl kommt eine kalte, aber wechselnde Strömung aus dem Beringsmeer; die eigentlichen kalten Ströme sendet aber das ochotskische Meer aus: den kurilischen längs der Westküste Kamtschatkas bis nach Nipon, den sachalischen an der Ostseite Sachalins und die Amur-Liman-Strömung, die an der Festlandsküste wahrscheinlich bis nach Korea gelangt.

Auch aus dem antarktischen Ozean kommen Strömungen bis gegen 40° S.; ein Beweis dafür ist die weit vorgeschobene Äquatorialgrenze des Treibeises, von der wir später eingehender sprechen werden (s. Karte XIII). Die Ströme verlaufen im allgemeinen in östlicher und nordöstlicher Richtung; doch sind unsere Kenntnisse davon keineswegs so eingehend, als manche Karten vermuten lassen. Eine andere Frage ist die, ob die kalten Strömungen an den Westküsten der Südkontinente mit den Polarströmen zusammenhängen. In Bezug auf den kältesten unter denselben, den Perustrom, hat Hettner diese Frage verneint. Käme er nämlich aus dem Eismeer, so müßte er auch an der westpatagonischen Küste die Temperatur bedeutend erniedrigen, was aber keineswegs der Fall ist. Sein erkältender Einfluß macht sich erst bei Chile geltend und steigert sich gegen den Äquator zu (s. Fig. 36). Schon früher haben wir darauf aufmerksam gemacht, daß auch die nördlichen Westküsten von kalten Strömen begleitet werden, von denen wir sicher wissen, daß sie nicht aus den Polarmeeren kommen. Es können also die Fortsetzungen der relativ warmen östlichen Verbindungsströme ihren thermischen Charakter völlig verändern, sobald sie sich aus höheren in niedere Breiten bewegen; sie erscheinen dann als kalt im Vergleich zu ihrer Umgebung. Es ist übrigens auch möglich, daß — wie Toynbee in Bezug auf die Benguelaströmung annimmt — ihre Temperatur durch aufsteigendes Tiefenwasser, welches das durch die Passate weggetriebene Oberflächenwasser zu ersetzen bestimmt ist, erniedrigt wird.

Theorie der Meeresströmungen.

§ 142. Vergleicht man eine Karte der Meeresströmungen mit einer Windkarte, so drängt sich jedem vorurteilsfreien Beobachter die Überzeugung auf, daß beide Phänomene in irgend einem Zusammenhange stehen müssen. Daß die Winde das Wasser nicht bloß in Schwingung versetzen, sondern auch in ihrer Richtung fortbewegen, ist eine tägliche Erfahrung der Seefahrer, und seekundige Männer haben auch zuerst die Ansicht ausgesprochen, daß die Meeresströmungen ein Produkt der Winde sind. Man hat auch von jeher unregelmäßige oberflächliche Strömungen als Erzeugnisse der Winde angesehen; aber diesen sog. Triftströmungen stellte man die tiefgehenden echten Meeresströme gegenüber, die man aus den Temperaturgegensätzen zwischen Pol und Äquator, aus der Verschiedenheit des spezifischen Gewichtes und dergleichen zu erklären suchte.

Diese genetische Einteilung ist durch die theoretischen Untersuchungen von Zöppritz hinfällig geworden. Die Resultate sind in Kürze folgende.

Wenn sich die oberste Wasserschicht aus irgend einem Grunde mit gegebener Geschwindigkeit in ihrer eigenen Ebene fortbewegt, so erhält die zweite Schicht infolge ihres molekularen Zusammenhanges mit der obersten einen Antrieb zur Bewegung in gleicher Richtung, und ihre Geschwindigkeit muß sich der der ersten Schicht immer mehr nähern, wenn die gleichförmige Bewegung fortdauert. In gleicher Weise pflanzt sich die Bewegung bei genügend langer Dauer auf die dritte, dann auf die vierte Schicht fort, und endlich bis zum Boden. In einem 4000 m tiefen Ozean wird unter der Voraussetzung, daß der Wind an der Oberfläche mit konstanter Richtung und Geschwindigkeit weht, die Schicht in 100 m Tiefe in 41 Jahren $^1/_{10}$ und in 239 Jahren die halbe Oberflächengeschwindigkeit erreichen. In ca. 200 000 Jahren wird der stationäre Zustand hergestellt sein, in welchem die Geschwindigkeit von der Oberfläche bis zum Boden proportional der Tiefe abnimmt.

In Wirklichkeit bleibt sich aber weder die Richtung noch die Geschwindigkeit des Windes immer gleich. Aber auch die Veränderungen pflanzen sich nur mit großer Langsamkeit nach der Tiefe fort, sodaß rasch vorübergehende nur die obersten Schichten beeinflussen. Die tieferen Schichten werden dagegen im Laufe der Zeit eine Bewegung in der Richtung der vorherrschenden Winde annehmen, und ihre Geschwindigkeit wird durch die mittlere Geschwindigkeit an der Oberfläche bestimmt.

Die Meeresströmungen der Gegenwart sind also ein Produkt aller

Winde, die seit ungezählten Jahrtausenden über die betreffenden Gegenden des Ozeans hinweggestrichen sind. Die große anticyklonische Luftbewegung um die subtropischen Barometermaxima ruft einen gleichen Wirbel von Meeresströmen hervor. Die kalten meridionalen Ströme an den Westküsten und die Äquatorialströme folgen den Passaten, und der rückläufige Passat erzeugt auch eine rückläufige Wasserbewegung. Von den Äquatorialströmungen sind die südlichen konstanter und geschwinder, wie der südliche Passat, und dringen mit diesem in die nördliche Hemisphäre ein. Die östlichen Strömungen der höheren Breiten entsprechen der vorherrschend westlichen Windrichtung und die arktischen Strömungen, soweit wie sie kennen, den nördlichen und nordwestlichen Winden.

Infolge der ihm eigenen Bewegungsenergie setzt jedes Wasserteilchen seinen einmal eingeschlagenen Weg fort, solange es auf kein Hindernis stößt und die Reibung mit den ruhigen Wasserteilchen, die es ebenfalls in Bewegung setzen muß, seine Geschwindigkeit nicht aufgezehrt hat. Die durch einen bestimmten Wind, z. B. den Passat, erzeugte Bewegung kann sich also auch außerhalb seines Bereiches fortsetzen. Aber im Gegensatz zu den Luftströmungen sind die Meeresströme an feste Ufer gebunden, und ihre ursprüngliche Anordnung wird durch die Gestalt der Küsten wesentlich modifiziert. Wenn die Ströme *a* und *b* (Fig. 35) die Vertikalwand *xy* treffen, so müssen sie sich in je zwei Ströme (*a'a''* und *b'b''*) teilen, welche dieselbe Geschwindigkeit, wie die Mutterströmung, aber nur deren halbe Breite besitzen. Während dann *a'* und *b'* ihren Weg der Wand entlang fortsetzen, vereinigen sich *a''* und *b''* zur Gegenströmung *c*, welche die Geschwindigkeit und Breite der Stammströme besitzt.

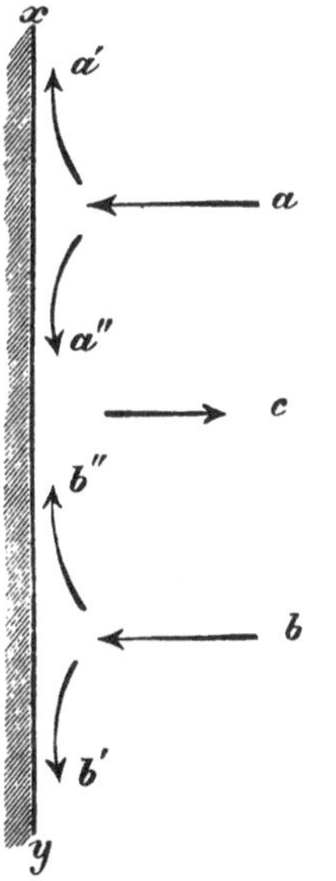

Fig. 35. Teilung der Meeresströmung und rückläufiger Strom.

In der Natur sind die Verhältnisse freilich komplizierter. Die Kontinente werden nicht von gerade verlaufenden Vertikalwänden begrenzt; sie steigen allmählich vom Meeresboden an, und ihre Küsten sind unregelmäßig und häufig durch Inselreihen gedeckt. Trotzdem vollzieht sich die Teilung der Äquatorialströme an den Ostküsten der beiden Festlandmassen in ähnlicher Weise, wie unter den theoretischen Voraussetzungen, und ebenso finden wir auch in allen Meeren äquatoriale Gegenströmungen.

§ 143. Aus unseren bisherigen Betrachtungen ergibt sich folgendes System der Meeresströmungen: System der Meeresströmungen.

I. **Meeresströmungen, durch Winde erzeugt.**

1. Passatströmungen bestehend aus drei Gliedern: a) Kalte Strömungen an den Ostküsten; b) Äquatorialströmungen; c) Strömungen des rückläufigen Passates.
2. Ausläufer der Passatströmungen: a) Warme Ströme an den Westküsten der Ozeane; b) Äquatoriale Gegenströme.
3. Die Monsunströmungen des nordindischen Ozeans und der Chinasee, offenbar nur Oberflächenströmungen.
4. Die östlichen Strömungen mittlerer und höherer Breiten.
5. Polarströmungen.

II. **Meeresströmungen, durch andere Ursachen erzeugt.** Z. B. die Strömungen zur Ausgleichung des spezifischen Gewichtes, Tidenströmungen, Strömungen, die durch Flüsse erzeugt werden, u. dergl. Zu der zweiten Hauptkategorie gehören wohl auch manche ozeanische Strömungen, wie z. B. der Arm des Golfstromes, der entgegen den stetig wehenden NW.-Winden in die Baffinsbai eindringt. Überhaupt wird sich ein definitives System der Meeresströmungen erst dann feststellen lassen, wenn eingehende Beobachtungen aus allen Meeren vorliegen und einige wichtige Fragen, die wir im folgenden Abschnitt berühren wollen, beantwortet sein werden.

Die Wärmeverteilung im Meere.

Oberflächentemperatur.

§ 144. Schon in § 50 wurde erwähnt, daß das Wasser die Sonnenwärme langsamer aufnimmt, aber auch langsamer abgibt, als das Land. Daraus erklärt sich einerseits die verhältnismäßig geringe Wärmeschwankung an der Oberfläche des Meeres, anderseits die Verspätung der Maxima und Minima gegenüber denen der Lufttemperatur. Im allgemeinen ist in den mittleren und niederen Breiten die Meeresoberfläche im März am kältesten und im September am wärmsten.

Die Oberflächentemperatur ist von der geographischen Breite und von den Strömungen abhängig. Die Isothermen der Meeresoberfläche (und unter ihrem Einflusse auch die der Luft) sinken im Bereiche kalter Strömungen gegen den Äquator herab, und steigen im Gebiet warmer Ströme polwärts an (Fig. 36). Daher ist zwischen ca. 40° N. und 40° S. das Meer im Osten kälter und jenseit dieser Parallelen wärmer als im Westen. Die Mächtigkeit des Golfstromes verrät sich durch die weit nach Norden geschwungenen Isothermenkurven, und das Zusammenrücken der Wärmelinien bei Neufundland ist ein Werk der Labradorströmung. Für den atlantischen, wie für den stillen und indischen Ozean gilt das gemeinsame Gesetz, daß die nördlichen Partien wärmer sind als die entsprechenden südlichen. Für die Zone von 0 bis 20° N. beträgt das Plus im atlantischen Ozean 2·1°, im stillen 1·8° und im indischen 0·8°; für die Breiten 20—50° N. im atlantischen Ozean 3·1° und im pazifischen 0·8°. Dieser Gegensatz von Nord und Süd ist in letzter Linie eine Folge der stärkeren Entwicklung des SO.-Passates. Die südliche Äquatorialströmung, die im atlantischen Ozean beständig, im indischen aber nur zur Zeit des SW.-Monsuns den Äquator überschreitet, führt unserer Hemisphäre eine Menge erwärmtes Wasser zu, und dieses ernährt wieder die mächtigen warmen Ströme der nördlicheren Breiten. Die Ozeane der südlichen gemäßigten Zone erhalten dagegen nicht nur weniger Tropenwasser, sondern stehen überdies noch mit dem Eismeer in offener Verbindung. Dies ist wahrscheinlich auch der Grund der ziemlich gleichmäßigen Temperaturverteilung jenseit des 30. Südparallels. Diesseit desselben sind die Gegensätze bedeutend größer. Innerhalb des Tropengürtels (20° N. bis 30° S.) ist der indische Ozean am wärmsten, der atlantische am kältesten. Dagegen ist nördlich von 20° N. der atlantische Ozean beträchtlich wärmer als der pazifische, obwohl dieser vom Eismeer abgesperrt ist: wieder ein Beweis für den hohen Vorrang des Golfstromes vor dem Kuro Siwo.

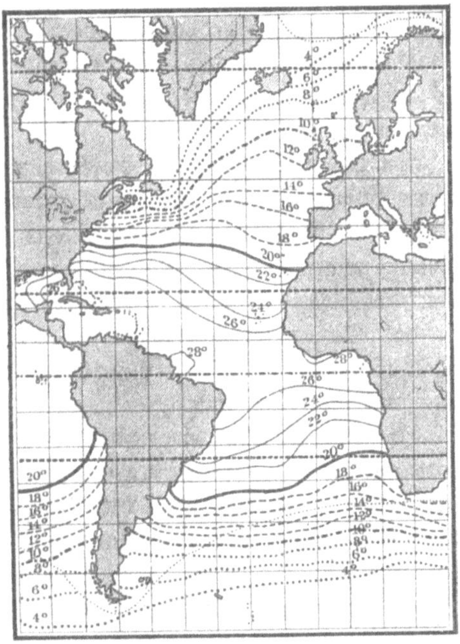

Fig. 36. Isothermen der Oberfläche des atlantischen Ozeans nach der Darstellung der deutschen Seewarte.

§ 145. Wie in der Lufthülle unseres Planeten die Temperatur mit der Höhe abnimmt, so in der Wasserhülle mit der Tiefe. In derselben Richtung vermindert sich auch die Wärmeschwankung, die in ca. 200 m Tiefe völlig erlischt, sodaß in den tieferen Schichten das ganze Jahr hindurch eine gleichmäßige Temperatur herrscht. **Tiefentemperatur in Süßwasserseen und im Meer.**

Während aber die Atmosphäre hauptsächlich von unten erwärmt wird, empfängt das Wasser seine Wärme von oben, und die Temperaturverteilung in einer Wassersäule gestaltet sich daher wesentlich anders, als in einer Luftsäule von gleicher Höhe. In den tieferen Süßwasserseen unserer Gegenden erhitzt die Sommersonne nur eine dünne Oberflächenschicht, während die

Winterkälte viel tiefer eindringt; denn die Oberflächenschicht, die durch Abkühlung schwerer geworden ist, sinkt unter, um wärmeren Tiefenschichten Platz zu machen. In der Tiefe kann sich aber die Temperatur nie weit von 4° entfernen, denn bei diesem Wärmegrade erreicht das Süßwasser seine größte Dichte. Im Sommer nimmt also die Wärme mit der Tiefe ab, im Anfange rasch, dann langsam, bis die mehr oder weniger mächtige Schicht mit einer konstanten Temperatur von ca. 4° erreicht ist;[1] im Winter findet dagegen in derselben Richtung eine zeitweise Temperaturzunahme statt.[2] Die Eisbildung beginnt daher stets an der Oberfläche und schreitet langsam nach unten fort. Aber niemals können unsere tieferen Landseen bis auf den Grund gefrieren, und so kann das organische Leben derselben auch den Winter überdauern.

Im Meere gestalten sich die Verhältnisse etwas anders. Die Sommerwärme pflanzt sich nicht bloß durch Leitung nach unten fort, sondern auch durch eine absteigende Strömung, indem die Oberflächenschicht, durch Verdunstung relativ salzreicher und daher schwerer geworden, untersinkt. Ferner erreicht das Meerwasser sein Dichtigkeitsmaximum bei tieferen Temperaturen als das Süßwasser, und zwar bei um so tieferen, je höher sein Salzgehalt ist. Doch kann selbst im polaren Klima die marine Bodentemperatur nicht unter ca. —4° sinken.

In jenen trogartig eingesenkten Binnenmeeren, die durch eine hohe Bodenschwelle vom Ozean getrennt sind, ist die Temperatur der tieferen Schichten von der mittleren Wintertemperatur der Luft abhängig. Im europäischen Mittelmeer hat während der kälteren Jahreszeit fast die ganze Wassermasse ca. 13°. Im Sommer wird die Oberfläche auf 21 bis 27° erhitzt, und dringt die Wärme im östlichen Becken tiefer ein als im westlichen; aber schon in seiner Tiefe von 560 m sinkt überall das Thermometer auf ca. 13°, und diese Temperatur bleibt konstant bis zum Boden.

Haben wir das Eingangsthor zwischen den Caps Trafalgar und Spartel überschritten und das ozeanische Reich betreten, so finden wir eine ganz andere Anordnung. Die oberste Schicht, bis ca. 200 m Tiefe reichend, ist dem Einflusse der Sonnenstrahlen ausgesetzt, und die Tempe-

[1] Simony beobachtete im Oktober 1878 folgende Temperaturen:

		Oberfläche	30 m T.	Boden
Attersee . . .	171 m T.	14·7°	4·7°	4·0°
Gmundener See	191 m T.	13·1	10·1	4·6

Je geringer der Zufluß ist, desto wärmer ist die Oberfläche, aber desto mächtiger auch die thermische Tiefenschicht.

[2] Die Temperaturverteilung im Züricher See war am 25. Januar 1880 nach Forel folgende:

Tiefe m	0	20	40	60	80	100	120	133
Temp.	0·2°	2·9°	3·5°	3·7°	3·8°	3·9°	4·0°	4·0°

ratur nimmt außerordentlich rasch mit der Tiefe ab. In der mittleren Schicht, zwischen ca. 200 und 1000 m Tiefe, vermindert sich die Wärme langsamer, aber immer noch um mehr als $^1/_2{}^0$ für je 100 m. Jenseits der Tiefenlinie von durchschnittlich 1000 m sinkt die Temperatur bis zum Boden nur mehr um 4—5^0. Diese Dreiteilung ist in allen Ozeanen der tropischen und gemäßigten Zone beobachtet worden. Von ca. 1800 m an verschwindet hier der Einfluß der Breite völlig und die Temperatur ist überall ziemlich gleichmäßig; ja selbst am Grunde der Polarmeere ist sie nur um etwa 5^0 niedriger, als die höchsten Bodentemperaturen der mehr als 4000 m tiefen See niederer Breiten.

Atlantischer Ozean.

§ 146. Berücksichtigt man die Durchschnittstemperatur der ganzen Wassermasse, so ist der *atlantische Ozean*[1] (s. Fig. 37—39) zwischen 30 und 40^0 N. der wärmste Teil des ganzen Weltmeeres. Über einer Fläche von ca. 4 Mill. qkm lagert eine 550 m mächtige Schicht von mehr als 15·6^0 mittlere Wärme. Hier ist die Geburtsstätte jener allgemeinen nordöstlichen Wasserbewegung zu suchen, die wir als Golfstrom bezeichnen. Selbst im Tropengürtel ist das Wasser schon in 180 m Tiefe beträchtlich kälter, ja in den mittleren Schichten der südlichen Hälfte (0—20^0 S.) sogar kälter, als zwischen 20 und 40^0 S. Auch zwischen West und Ost bestehen Gegensätze, wenn auch nicht so tiefgreifender Natur, wie zwischen Nord und Süd. Bis zu einer Tiefe von rund 550 m ist der nordatlantische Ozean im Westen, d. h. im Gebiet des Ausläufers der Äquatorialströmung wärmer, als im Osten; in den unteren Schichten aber kälter, weil durch die untergesunkenen Polarströme abgekühlt. Auch in der Südatlantik sind die oberen Partien der Westhälfte durch höhere Wärme ausgezeichnet, während in den mittleren

---

[1] Vergleichende Übersicht der Wärme des Atlantischen und Stillen Ozeans:

	Atlantischer Ozean.							
Tiefe: Faden	0	50	100	200	300	500	1000	1500
Meter	0	91	183	366	549	914	1829	2743
40—20^0 N.	21·2^0	17·8^0	16·9^0	14·5^0	12·7^0	7·7^0	3·6^0	2·5^0
20—0 „	25·4	16·4	14·1	10·3	7·2	4·9	3·3	2·6
0—20 S.	24·8	18·3	13·2	9·2	6·5	4·3	3·4	2·6
20—40 „	19·1	16·3	14·1	10·8	6·8	3·6	2·6	2·2
	Stiller Ozean (nach Boguslawski).							
40—20^0 N.	20·8^0	16·0^0	13·9^0	9·8^0	6·2^0	3·8^0	1·9^0	1·4^0
20—0 „	26·7	24·3	17·3	9·6	7·4	4·8	2·3	1·4
0—20 S.	26·6	25·6	21·2	11·5	7·4	4·4	2·3	1·5
20—40 „	20·2	18·3	16·5	12·4	8·4	5·6	2·0	(1·5)

Vertikale Temperaturverteilung im atlantischen Ozean.

(Nach den Beobachtungen des „Challenger", 1872—73 u. 1876.)

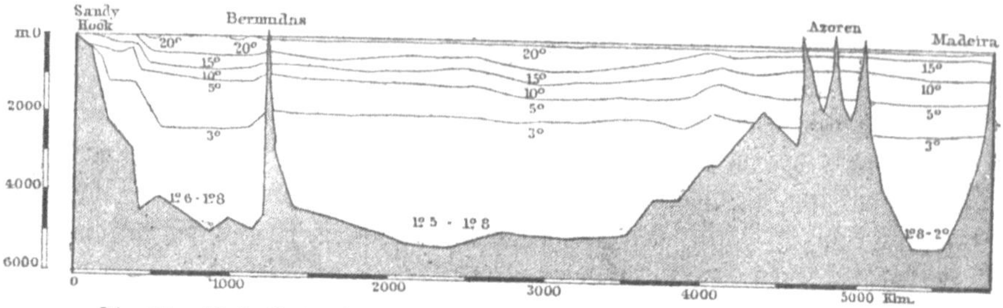

Fig. 37. Tiefenisothermen des atlantischen Ozeans zwischen 30 und 40° N.

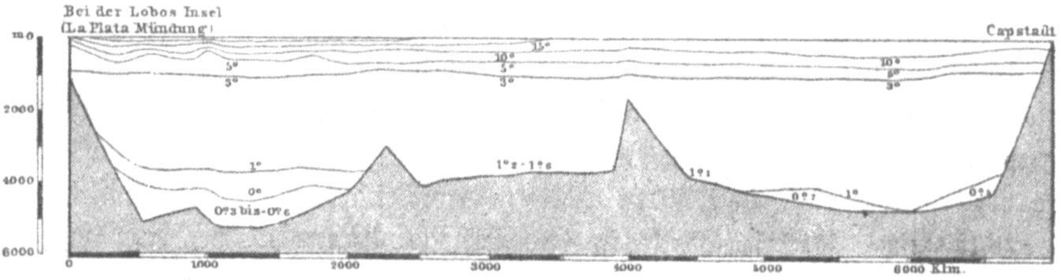

Fig. 38. Tiefenisothermen des atlantischen Ozeans zwischen 30 und 40° S.

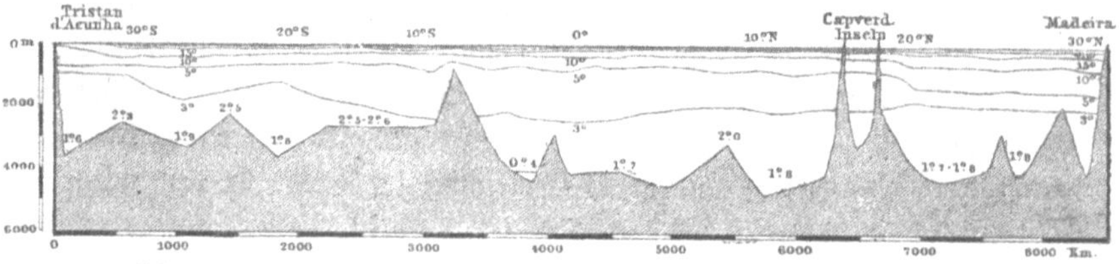

Fig. 39. Meridianaler Durchschnitt durch den atlantischen Ozean.

keine ausgesprochenen Differenzen zwischen West und Ost bestehen. In den Bodentemperaturen der Becken tritt aber der Gegensatz wieder scharf zu Tage, wie folgende Übersicht zeigt:

NW.-Becken
1·3° bis 1·8°

SW.-Becken
Norden 0·2° bis 0·9°
Mitte 0·6 bis 0·8
Süden 0·4 bis —0·6

Nordhälfte des O.-Beckens
1·6° bis 2·7°

Südhälfte des O.-Beckens
2·1° bis 2·4°

Kap-Becken
0·5° bis 1·0°

Es ist klar, daß diese niederen Temperaturen nicht an Ort und Stelle entstanden sein können. Ein anderes Beispiel wird dies noch besser zeigen.

Nur neun Bogenminuten nördlich vom Äquator (unter 30·3° W.) beobachtete der „Challenger" folgende Temperaturen:

Oberfläche	25·3°	Tiefe 914 m	4·0°
Tiefe 91 m	19·6	1829	3·0
183	13·4	2377	2·0
366	8·2	4160	
549	5·4	(Boden)	0·9.

Wir haben hier eine Wassermasse von fast 4000 m Mächtigkeit, deren Temperatur niedriger ist, als die tiefste hier mögliche Lufttemperatur. Wir schließen daraus, daß das Tiefenwasser vom Polarmeer stammt und daß es durch eine dauernde unterseeische Strömung beständig erneuert wird, da es ja sonst schon eine höhere Temperatur hätte annehmen müssen.

Es kann auch keinem Zweifel unterliegen, daß das äquatoriale Tiefenwasser antarktischen Ursprungs ist, denn nur nach S. sinkt die Bodentemperatur, während sie nach Norden hin steigt. Wir werden hier aufmerksam auf die hohe Bedeutung des unterseeischen Reliefs. Am ungehindertsten ergießt sich das polare Wasser in das südwestliche Becken, wobei noch zu beachten ist, daß diese Strömung infolge der Ablenkung durch die Rotation der Erde überhaupt die Tendenz hat, nach Westen sich zu wenden. Auch in das Kap-Becken gelangt noch Wasser von weniger als 1°, aber in die anderen, die durch zusammenhängende Bodenanschwellungen vom südwestlichen Becken geschieden sind, nur das wärmere Wasser jener Schicht, die in gleicher Höhe mit dem submarinen Rücken liegt. Aus demselben Grunde bleibt das Mittelmeerwasser vor dem Einbruche der atlantischen Kälte geschützt, und die nordatlantischen Tiefen vor dem Eindringen des arktischen Wassers. Die von Krümmel berechneten Zugangsdimensionen beweisen dies:

	Zugangsbreite	Zugangstiefe	Zugangsquerschnitt[1]
Arktische	1521 km	585 m	890 qkm
Antarktische	9186	2740	25170

§ 147. In der Fortsetzung des atlantischen Thales liegt das nördliche Eismeerbecken. Die Temperatur nimmt in den Polarmeeren — wenigstens im Sommer — nicht überall regelmäßig mit der Tiefe ab; häufig ist eine kalte Schicht zwischen zwei wärmeren[2] oder auch eine

Nördliches Eismeer.

[1] Die Breite multipliziert mit der Tiefe.

[2] Z. B. 68·2° N., 15·7 O. (19. Juni 1878, nach Mohn)

Tiefe m	0	18	37	73	110	146	183	366	624 (Boden)
Temp. °	10·7	8·0	5·7	4·4	5·1	5·8	5·9	6·4	6·5

warme Schicht zwischen zwei kälteren eingeschlossen.[1] Nachstehende Durchschnitte werden uns über die vertikale Wärmeverteilung Aufschluß geben. Im Süden des Grenzplateaus, das hier bis 649 m aufsteigt, breitet sich das warme atlantische Wasser aus, während im Eismeerbecken und in dessen südlicher Fortsetzung, der Färöer-Shetlands-Rinne, die warme

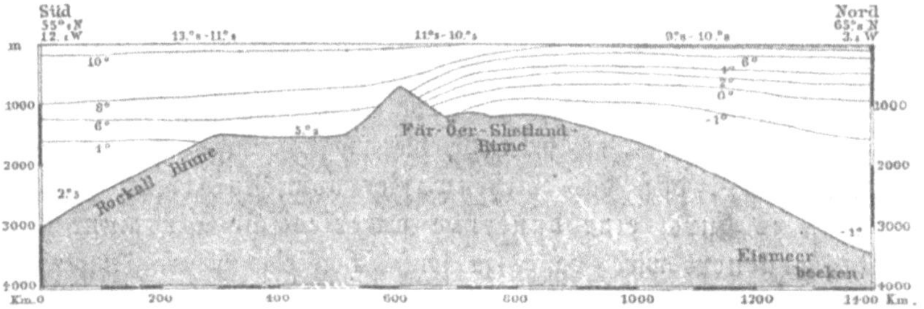

Fig. 40. Vertikale Temperaturverteilung im europäischen Nordmeer nach Mohn.

Schicht, die offenbar aus dem atlantischen Ozean stammt, verhältnismäßig dünn ist (Fig. 40). Unter derselben hat das Meer Minus-Temperaturen, aber ohne den Gefrierpunkt des Salzwassers zu erreichen; die Bodentemperaturen schwanken zwischen —1·2° und —1·7°. Eine Vermischung beider verschieden warmen Wassermassen verhindert das Plateau. Im folgenden Durchschnitt (Fig. 41), der senkrecht zum ersten gezogen ist, sehen wir, wie die warme

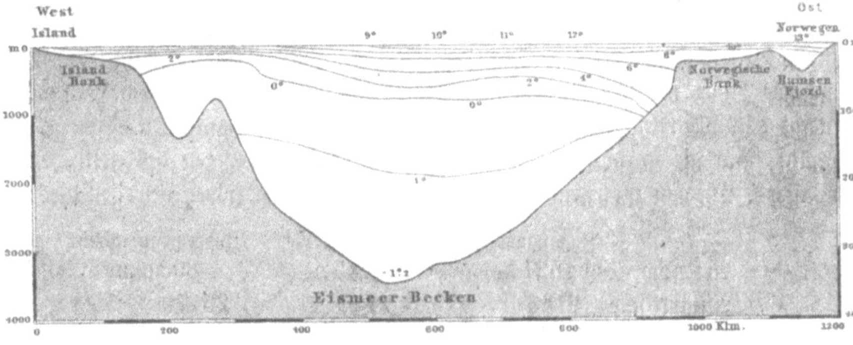

Fig. 41. Vertikale Temperaturverteilung im europäischen Nordmeer nach Mohn.

Golfstromschicht von Westen nach Osten an Mächtigkeit zunimmt. Die 0°-Isotherme liegt in der östlichen Hälfte zwischen 549 und 1225 m und und im Mittel in 860 m Tiefe. Dieser Gegensatz erklärt sich dadurch daß

[1] Z. B. 76·4° N. 45·5° O. (31. Juli 1878, Beob. „W. Barents")

Tiefe m	17	34	51	68	85	102	119	136	153	170	187	204	221
Temp. °	2·0	1·5	0.5	—0·1	—0·5	—0·6*	—0·4	0·0	0·3	0·5	0·2	0·0	—0·9*

der Golfstrom sowohl durch die westlichen Winde wie durch die Erdrotation nach Osten gedrängt wird.

Der norwegischen Küste sind mehr oder weniger breite Bänke vorgelagert, in die der beckenartige Boden der Fjorde eingesenkt ist. Niemals gefriert das Wasser der letzteren, selbst nicht unter den höchsten Breiten. Ihre Bodentemperatur ist durchschnittlich um 8·7° höher als die mittlere Januartemperatur der Luft, ja nördlich vom 62. Parallel sogar um 2·2° höher, als die mittlere Jahrestemperatur. Es ist dies wieder ein augenscheinlicher Beweis dafür, daß das norwegische Küstenwasser seinen Wärmevorrat ans niederen Breiten bezieht; die Bänke schützen aber die Fjorde vor dem Eindringen des kalten Wassers des Eismeerbeckens. Auf so mannigfachen Bedingungen beruht also die abnorme klimatische Begünstigung des nordwestlichen Europa.

Die warme Oberflächenschicht wurde an der Westküste von Spitzbergen bis über den 80. Parallel und östlich von der Bäreninsel bis ca. 75° B. verfolgt. In der Barentsee sinkt die 0°-Isotherme nur noch an einer Stelle bis 200 m Tiefe herab, nähert sich aber im Norden schon bis auf 12 m dem Meeresspiegel. Nördlich und nordöstlich von Nowaja Semlja ist das ganze Meer unter 0° abgekühlt. Nur an einigen Stellen wird bei Windstille die Oberfläche durch die Sommersonne vorübergehend stärker erwärmt, aber schon von 50 m an findet man eine nahezu konstante Temperatur von —2·05 bis —2·2°, und merkwürdigerweise im Winterhalbjahr um ca. 0·7° höher als im Sommer. Im sibirischen Eismeer beobachtete man schon in 30—50 m Tiefe —1 bis —2·4°.

Es liegt also der Schluß nahe, daß das kalte Wasser des Eismeerbeckens und der Färöer-Rinne arktischen Ursprungs ist. Dem widerspricht aber der für polares Wasser erfahrungsgemäß zu hohe Salzgehalt und anderseits der geringe Stickstoffgehalt[1] desselben; denn wir wissen, daß die Luftmenge, welche das Seewasser von der Atmosphäre aufnimmt, im umgekehrten Verhältnisse zu seiner Temperatur steht. In der That finden wir auch im Gebiet der unzweifelhaft polaren ostgrönländischen Strömung geringeren Salz- und höheren Stickstoffgehalt, als am Boden des Eismeerbeckens. Wir müssen daher annehmen, daß das kalte Wasser des letzteren wenigstens zum Teil aus dem atlantischen Ozean stammt, oder mit anderen Worten, daß hier der Golfstrom in einer absteigenden Bewegung begriffen ist.

§ 148. Im stillen Ozean ist die vertikale Temperaturverteilung im großen und ganzen zwar ähnlich der im atlantischen Ozean, doch be- Stiller Ozean.

[1] Die Stickstoffmenge des Wassers nimmt man als Maß der gesamten Luftmenge, da der Sauerstoffgehalt zum Teil von Zufälligkeiten abhängig ist.

stehen auch einige wichtige Unterschiede. Der kälteste Teil ist der außertropische nördliche Ozean. Am wärmsten ist in den oberen Schichten die äquatoriale Zone und in den mittleren der südliche Teil jenseits von 20° s. B. In größeren Tiefen herrscht weitaus mehr thermische Übereinstimmung als im atlantischen Ozean. Ebenso fehlen auch die verhältnismäßig bedeutenden Extreme der atlantischen Bodentemperaturen, denn in der Nordpazifik schwanken sie im allgemeinen nur zwischen 0·5 und 1·6° und in der Südsee zwischen 0·6 und 1°.

Wir sehr die Mächtigkeit der nordatlantischen warmen Strömung die der nordpazifischen übertrifft, zeigen die Beobachtungen des „Challenger" in beiden Meeren zwischen 32 und 38° N.

	Mittlere Tiefe der Isothermen		
	20°	15°	10°
Atlantischer Ozean 20—70° W.	40 m	430 m	786 m
Stiller Ozean 170° W.—140° O.	22	119	355

Dagegen ist bis ca. 1000 m Tiefe der tropische und südliche stille Ozean wärmer als der atlantische in gleicher Breite, in größeren Tiefen aber entschieden kälter, wenn auch nirgends so tiefe Bodentemperaturen gefunden wurden, als zwischen Südamerika und Tristan d'Acunha.

Eigentümlich ist die Wärmeverteilung in den isolierten Bodensenkungen der östlichen Pazifik und des austral-asiatischen Mittelmeeres. In der Celebessee (zwischen dem Sulu-Archipel und Celebes) beträgt z. B. die Temperatur von 1460 m bis zum Boden (in 4755 m Tiefe) gleichmäßig 3·6°. Eine Barrière von 1190 m Tiefe sperrt nämlich das kältere Tiefenwasser des offenen Ozeans von dieser Bodensenkung ab. In der benachbarten, allseitig abgeschlossenen Sulusee, die nur indirekt durch die China- und Celebessee mit dem Ozean in Verbindung steht, hat die Wassersäule von 730—4664 m Tiefe (Boden) sogar eine konstante Temperatur von 10·3°. Das sind weitere Beweise für die Annahme, daß die ozeanische Tiefenkälte vom Südpole herstammt.

Antarktischer Ozean. § 149. Verhältnismäßig wenig wissen wir von den Temperaturverhältnissen des indischen Ozeans. Kaltes Bodenwasser erreicht auch hier den Äquatorialgürtel. Weiter als irgendwo anders drang hier der „Challenger" gegen die antarktische See vor. Zwischen 52 und 54° B. beträgt die Temperatur an der Oberfläche selbst im Sommer nur 3°, in 183 m Tiefe nie mehr als 1°, und am Grunde in 3566 m Tiefe —0·6°. Welcher Gegensatz zwischen dem südlichen und nördlichen Ozean! Selbst in der verhältnismäßig kalten Nordpazifik fand man unter gleichen Breiten an der Oberfläche um 5·7° und in 183 m Tiefe um 2·1° wärmeres

Wasser, und auch die Bodentemperatur ist dort höher. Es müssen also die warmen Strömungen in den höheren südlichen Breiten — wenigstens im Süden des indischen Ozeans — viel unbedeutender sein, als in den nördlichen Meeren. Gerade dieser Umstand regt eine Reihe hochwichtiger Fragen an, die noch ihrer Lösung harren. Es ist Thatsache, daß eine Wassercirkulation zwischen dem Nordpol und dem Äquator durch das atlantische Thor mittels Oberflächenströmungen, die allerdings auch in beträchtliche Tiefen hinabreichen, stattfindet. Ob außer dem Falkland-Strom noch andere südpolare Oberflächenströmungen bis in die Tropenzone hinaufgehen, ist zweifelhaft; aber sicher ist, daß eine submarine antarktische Strömung den Äquator erreicht und auch auf die nördliche Hemisphäre hinübertritt. Sie ist zwar außerordentlich langsam und verrät sich nur dem Thermometer, aber jedenfalls verdient sie den Namen einer Strömung, denn sie bewirkt eine Wasserversetzung. In welcher Beziehung steht sie nun zu den Oberflächenströmen? Und auf welche Weise erhält das südliche Polarmeer Ersatz? Denn nur dann, wenn ebensoviel Wasser zufließt, als abfließt, kann sich eine konstante Strömung entwickeln. Ist es endlich wahrscheinlich, daß die schwachen warmen Strömungen der Südhemisphäre diesen Ersatz leisten?

Wyville Thomson stellte die Hypothese auf, daß auf der Wasserhalbkugel die Niederschläge größer seien als die Verdunstung, während auf den Meeren der Landhalbkugel, auf dem atlantischen, nordindischen und nordpazifischen Ozean die Verdunstung den Niederschlag überwiege. Die antarktische Strömung gleiche nun dieses Mißverhältnis aus. So bestechend auch diese Erklärung auf den ersten Blick erscheint, so erweist sie sich doch bei näherer Betrachtung als ziemlich haltlos, da sie auf ganz willkürlichen Annahmen beruht. Aber noch niemandem ist es gelungen, etwas Besseres an ihre Stelle zu setzen.

Das Meereis.

§ 150. Während die übrigen Meere die Kontinente mehr verbinden als trennen, sind die Polarmeere, als der Schauplatz einer ausgedehnten und regelmäßigen Eisbildung, auch für das tauglichste Schiff ein ernstliches Verkehrshindernis, das jeder Berechnung spottet. Wie viele Opfer hat es gekostet, ehe man den Gedanken aufgab, durch die NW.-Passage in den stillen Ozean zu gelangen; und wenn auch die NO.-Passage von Nordenskiöld glücklich überwunden wurde, so ist doch auch diese ruhmreiche That ohne praktische Folgen für den atlantisch-pazifischen Verkehr. Die marine Eisbildung ist überdies auch von hoher klimatischer Bedeutung, denn das Eis verhält sich gegen die Wärme wie Land, erkaltet also im Winter durch

Bedeutung der marinen Eisbildung.

Ausstrahlung rasch und intensiv, und ruft Barometermaxima und polare Winde hervor, während es in der sommerlichen Tauperiode Wärme verbraucht und dadurch ebenfalls abkühlend auf die Umgebung wirkt.

Eisbildung von polarem Charakter findet auch im Berings- und ochotskischen Meere statt. Auch das asow'sche Meer und die Ostsee nördlich von der Linie Stockholm-Ösel gefrieren jeden Winter teilweise oder ganz, was offenbar durch den geringen Salzgehalt begünstigt wird. Süßwasser gefriert nämlich schon bei 0°, Salzwasser aber erst bei ca. $-2^1/_2$°.

Arten des Meereises.

§ 151. Das Eis der Polarmeere besteht aus Eisbergen und Eisfeldern. Die ersteren stammen fast ausschließlich von Gletschern her (s. § 108), doch können auch Teile der aufgebrochenen Eisdecke eines Flusses durch Aufeinanderpressung wahre Berge bilden und wie das Gletschereis Gesteinsmaterial mit sich führen. Das Eisfeld ist marinen Ursprungs; Stücke desselben nennt man je nach ihrer Größe Flarden, Schollen oder Brocken. Die Vorposten gegen das offene Meer bilden lose Eismassen, das sog. Treibeis, während das innere Polarmeer mit schwerem Packeis besetzt ist, das aber freilich auch nicht eine ununterbrochene Eismasse bildet. Vielmehr werden die einzelnen größeren und kleineren Felder durch Stellen offenen Wassers, sog. Wacken, von einander getrennt.

Bildung des Meereises.

§ 152. Verfolgen wir nun die Bildung und Umformung des Polareises an der Hand der klassischen Schilderung von Weyprecht. Beim Beginn der kalten Jahreszeit ist noch altes Eis vorhanden, dazu kommt nun neue Eisbildung. Vom Sommer her hat das Polarmeer ein gewisses Wärmequantum, das ihm durch warme Strömungen, durch das Schmelzwasser des Eises, und (auf unserer Hemisphäre) durch die Flüsse zugeführt wurde. Die erkalteten Oberflächenschichten sinken unter, die warmen steigen in die Höhe. Eigentlich könnte die Eisbildung erst beginnen, wenn die ganze Wassermasse unter $-2^1/_2$° abgekühlt ist, aber in der That gefriert das Wasser schon an der Oberfläche, ehe die warmen Schichten heraufkommen. Bei der raschen Eisbildung an der Oberfläche wird nur ein Teil des Salzgehaltes ausgeschieden, bei der langsam nach unten fortschreitenden aber der ganze; dadurch werden die nächsten Schichten salzreicher, ihr Gefrierpunkt wird herabgesetzt (bei 4 Prozent Salzgehalt auf -3°) und die vertikale Cirkulation geht rascher vor sich. Erfahrungsgemäß beträgt die größte Dicke des in einem arktischen Winter gebildeten Eises nur $1-2^1/_2$ m. Ursprünglich hat es eine glatte Oberfläche, aber bald entstehen infolge der Bewegung der Felder durch Wind und Strömungen, infolge von Gleichgewichtsstörungen und Temperaturdifferenzen zwischen Luft und Wasser Risse und Sprünge. Sofort schießt in den Öffnungen Wasser empor und treibt die Stücke des Feldes auseinander, wird aber bald selbst von jungem Eise bedeckt. Die hin und her getriebenen Felder schieben sich über und unter einander (Eispressung, Fig. 42), und verwachsen endlich durch Regelation und Ausfrieren der Zwischenräume zu einer kompakten Masse. Aber auch jetzt sind dem Wachstum Grenzen gesteckt: nach unten, wenn das Eis den Gefrierpunkt erreicht, und auch nach oben, denn je massenhafter es wird, desto seltener werden Brüche und Überschiebungen. Nach Weyprecht kann Salzwassereis nur eine Mächtigkeit von 10 m erreichen, und wenn höheres beobachtet wurde (z. B. 25 m hohes im Smithsund), so war es nur durch unterschobene lose Massen gehoben worden.

Fig. 42. Eispressung nach Payer.

Von dieser Art ist also das winterliche Packeis: ein beständig sich bewegender und umformender Trümmerhaufen aus altem und jungem Eis, dessen Oberfläche noch dazu durch Schneestürme fortwährend verändert wird. Ihre Unebenheit macht auch weite Schlittenreisen unmöglich.

Ende Mai beginnt es in den arktischen Gegenden zu tauen. Die steigende Temperatur, vor allem aber Nebel und Regen beschleunigen diesen Prozeß. Es entstehen Seen und Flüsse, die dem Meere Süßwasser zuführen. Die Wacken erweitern sich, und Schollen und Brocken schwimmen darin herum. Die Polarströmungen führen die losen Massen in wärmere Gegenden. Die äquatoriale Treibeisgrenze (s. Karte XII) schwankt auf der südlichen Halbkugel zwischen 56° B. im Süden von Amerika und 35° B. am Kap der guten Hoffnung. Echtes arktisches Treibeis betritt nur den westlichen atlantischen Ozean, während bis über den 70. Breitengrad hinauf kein Eisstück den Golfstrom zu passieren vermag. Nach einer allerdings nicht ganz sicheren Berechnung von Börgen ist am Ende der warmen Jahreszeit $^1/_3$ der Gesamtoberfläche des Eisgebietes eisfrei. Aber der kurze Sommer vermag nicht alles zu zerstören, was der lange Winter geschaffen hat. Es müßte sich daher in den Polarmeeren immer mehr Eis anhäufen, wenn es nicht thatsächlich nur so lange wachsen würde, bis die winterliche Zunahme genau gleich ist dem sommerlichen Verluste.

Das „offene Polarmeer".

§ 153. Die Geschichte der Polarfahrten lehrt, daß die Eisgrenzen von Jahr zu Jahr großen Schwankungen unterworfen sind. Sie sind weniger von der Sommerwärme, als von den Wind- und Strömungsverhältnissen innerhalb des ganzen Polarbeckens abhängig. Traurige Erfahrungen haben den Glauben an ein offenes Polarmeer zerstört. Doch hält Nordenskiöld noch daran fest, daß es kaum jemals bis in bedeutendere Tiefen und abseits vom Lande dauernd gefriert. Jenseit des sibirischen Küsteneises wurden auch im Winter breite eisfreie Stellen (sog. Polynia) beobachtet. Aber von praktischem Werte sind alle diese Öffnungen nicht, denn launenhaft verschließen sie sich dem einen Schiffe, während sie sich dem anderen öffnen. Nur dem Luftballon ist es vielleicht noch vorbehalten, in diesen Gegenden eine große Rolle zu spielen.

Siebentes Kapitel.

Die horizontale Gliederung des Festlandes.

Küstenveränderungen. 1. Die Arbeit des Meeres.

Flach- und Steilküste.

§ 154. Wir haben den flüssigen Teil der Erdoberfläche kennen gelernt und betreten nun den festen Teil desselben, die Wohnstätte des Menschen. Unsere Betrachtung sei vorerst der Grenze von Wasser und Land, der Küste gewidmet. In zwei Hauptformen tritt sie uns entgegen: als Flach- und als Steilküste. In einigen Gegenden herrscht eine Hauptform auf lange Strecken allein, wie die Flachküste an der Ostseite der Vereinigten Staaten südlich von Long Island, oder die Steilküste an der Westseite von Nordamerika; in anderen wechseln sie auf längere oder kürzere Distanzen, wie an der Ostküste von Spanien. Im allgemeinen hängt die Küstenform von der Oberflächengestaltung des Hinterlandes ab: Tiefebenen endigen mit Flachküsten und setzen sich unterseeisch mit langsamer Senkung bis zur Tiefenlinie von 200 m fort, während Gebirgsländer mit Steilküsten an das Meer herantreten. Aber diese Regel gilt nicht ausnahmslos. Die

Kreideküste zwischen der Seine- und Sommemündung gehört nach hypsometrischen Begriffen einem Tieflande an, und ist trotzdem eine Steilküste mit ca. 100 m hohen senkrechten Wänden. Ebenso ist das östliche Gestade von Rügen eine prächtige Steilküste, obwohl das Vorgebirge Arcona nur 55 m über den Meeresspiegel ansteigt; auch die samländische Niederung endigt mit einer 30—50 m hohen Steilküste. Anderseits schieben sich häufig mehr oder weniger schmale Küstenebenen zwischen das Meer und den Gebirgsrand ein. So begleitet beispielsweise der sandige Küstenstrich Germesir den südlichen Steilabfall des iranischen Hochlandes und schafft ein flaches Gestade. Auch ist es unrichtig, daß der Küstencharakter sich immer auf weite Entfernungen unter dem Seespiegel fortsetze. Die norwegische Steilküste wird von zwei ausgedehnteren Ebenen (Örland 63·7° B., und Jädern 58·8° B.) unterbrochen, aber die unterseeische Böschung verflacht sich hier nicht in gleicher Weise, denn schon in einer Entfernung von 3—4 km von Jädern lotet man eine Tiefe von 235 m. Anderseits erheben sich die Steilufer Dalmatiens und der britischen Inseln aus einem sehr seichten Meere.

§ 155. Die Umrisse der Festländer und Inseln unterliegen fortwährenden **Veränderungen**. Jede Küste befindet sich nach **Pfaff's** trefflichem Ausdruck im Belagerungszustand, beständig bedroht durch das von Wellen und Strömungen bewegte Meer. Hauptsächlich sind die Wind- und Flutwellen bei dem Zerstörungswerke beteiligt. Wie groß die Gewalt der Brandung ist, läßt sich daraus entnehmen, daß sie vom Damm von Biarritz einen Felsblock von 34000 kg 10—12 m und einen anderen von 43000 kg bei Barra-Head $1^1/_2$ m weit fortbewegte. Auf den Leuchtturm von Bell-Rock übt sie einen Druck von 17000 und auf den von Skerryvore einen Druck von 30500 kg pro Quadratmeter aus. Selbstverständlich wächst die Kraft der Brandung mit der Windstärke, und ihren Höhepunkt erreicht sie, wenn der Sturm senkrecht die Küste trifft, denn die Wellenbewegung kombiniert sich dann mit dem Windstau. Daher bieten uns die steilen Westküsten höherer Breiten ein Bild völliger Zerrissenheit dar. Mit gleichmäßigerer Stärke tobt die Brandung gegen die tropischen Gestade, offenbar infolge der Regelmäßigkeit des Passates. Rufen wir uns ferner in das Gedächtnis zurück, was über die Verbreitung des Tidenphänomens, namentlich über die Steigerung der Fluthöhe an gewissen Küstenstellen gesagt wurde, so werden wir leicht einsehen, daß der Kampf zwischen Land und Meer nicht überall mit gleicher Heftigkeit geführt wird. Küstenzerstörung.

§ 156. Auch die Küstenbeschaffenheit selbst ist von wesentlichem Einflusse darauf. Die Steilheit aller marinen Felsufer beweist uns schon, daß hier der Zerstörungsprozeß rasche Fortschritte macht. Verschiedene Zerstörung der Steilküsten.

Faktoren wirken hier zusammen. Indem die Woge an den Felsen schlägt, preßt sie die in den Spalten befindliche Luft zusammen und lockert dadurch das Gefüge. Durch den Stoß der Brandung werden kleine Teilchen vom Felsen losgelöst, seine Ecken werden abgebrochen und dadurch neue Angriffspunkte für die Woge geschaffen. Gesteinstrümmer, die die Brandung mit sich führt, wirken wie Geschosse auf die Felsenfestung und in ähnlicher Weise wirkt auch schwimmendes Eis, wie Milne an den Küsten Neufundlands beobachtete.

Hand in Hand mit der mechanischen Zertrümmerung des Gesteins geht dessen chemische Zersetzung durch das Meerwasser und durch den Verwitterungsprozeß. Das Ergebnis aller dieser feindlichen Angriffe ist

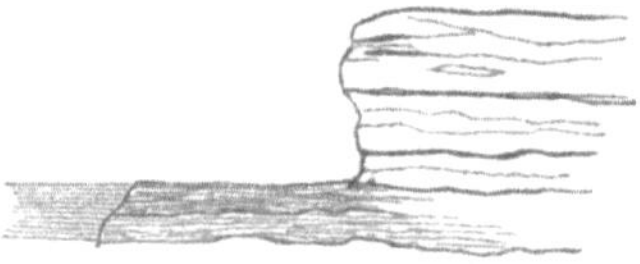

Fig. 43. An der Küste von Neu-Süd-Wales nach Dana.

Fig. 44. „Der alte Hut", Neuseeland, nach Dana.

zunächst eine Vertiefung innerhalb der Zerstörungszone, deren untere Grenze etwas über dem Niveau des Niedrigwassers und deren obere Grenze etwas über dem Niveau des Hochwassers liegt. Aber auch oberhalb dieser Zone tritt die Küste immer weiter zurück, indem die unterwaschenen Partien, ihrer Stütze beraubt, endlich herabstürzen. Die feineren Zerstörungsprodukte werden von den Strömungen fortgeführt, die gröberen schichten sich am Fuße der Steilküste auf und bilden meistens einen schmalen Schuttwall, der unter Umständen die Küste vor weiteren Angriffen schützt. Nur solch einem natürlichen Wellenbrecher verdankt es z. B. der waldgekrönte Kreidefelsen der Stubbenkammer auf Rügen, daß er nicht schon längst in den Fluten versunken ist. Das gewöhnliche Endresultat des ganzen Erosionsprozesses (Abrasion) ist eine Terrasse, deren Plattform als sanft geneigte Ebene vom Niveau der Ebbe gegen die Rückwand ansteigt (s. Fig. 43 u. 44). Die Bildung solcher Terrassen hat Th. Wolf an der Küste von Ecuador, Rich. Lehmann bei der Skydsstation Bolgen in Norwegen und Th. Studer am basaltischen Gestade der Kergueleninsel beobachtet. Ob das Meer schneller oder langsamer an Terrain gewinnt, hängt hauptsächlich von der Stärke der Brandung, der Fluthöhe und der Widerstandsfähigkeit des Gesteins ab. An den Küsten des unruhigen Kanals wird das jährlich vom Meere fortgeführte Material auf 10 Millionen Kubikmeter geschätzt. Rasch brechen hier die unterwaschenen Kreidefelsen zusammen, während der feste Kalkstein der ligurischen Küste überhängende Wände bildet. Granit,

Gneis, Syenit, Basalt u. s. w. können lange der Brandung trotzbieten, aber auch sie sind nicht gegen die Zerstörung gefeit. Leichtes Spiel haben dagegen die Wogen, wo sie eine aus lockerem Material aufgebaute Steilküste bespülen. So dringt z. B. bei Holderneß in Yorkshire, wo Geschiebelehm das schroff abstürzende Gestade bildet, das Meer auf eine Länge von 58 km jährlich 2·3—3 m landeinwärts vor. Bei festem Gestein ist aber der zerstörenden Gewalt des Meeres ein Ziel gesetzt, solange keine Niveauänderungen eintreten; denn wenn die Terrasse eine gewisse — von den obengenannten Faktoren abhängige — Breite erreicht hat, muß die Flutwelle, indem sie die schiefe Ebene hinaufläuft, infolge der Reibung endlich ihre Kraft vollständig einbüßen.

Aber nicht immer erzeugt das Meer Terrassen. In Kalkstein, der bekanntlich im Wasser direkt löslich ist, gräbt die Woge tiefe Höhlen, Kammern und Gänge ein, vorausgesetzt, daß die Decke fest genug ist, um nicht einzustürzen. Von solcher Bildung ist beispielsweise die Küste der australischen Kolonie Viktoria in der Nähe des Kaps Otway. In anderen, nicht löslichen Gesteinen scheint die Höhlenbildung an das Vorhandensein von Spalten gebunden zu sein, die vom Meer allmählich erweitert werden. Von solchen Erosionserscheinungen am norwegischen Steilufer, die jetzt freilich infolge der Niveauveränderung dem Bereiche der Brandung entrückt sind, berichtet Reusch. Die Sjongheller-Grotte auf Valderö ist z. B. 142 m lang und am Eingang 38 m hoch, wird aber gegen die Tiefe zu immer niederer. Dieser Umstand, sowie die Glätte der Wände beweist, daß sie vom Meer ausgewaschen wurde. Weltberühmt ist die Insel Torghat (65·4° B.), deren Felsenkappe in einer Seehöhe von 110—125 m von einem gewaltigen Loche durchquert wird. Die Länge desselben beträgt 280 m, seine Höhe 20—75 m und seine Breite 11—28 m. Die glatten Wände dieses Riesenthores weisen mit Bestimmtheit darauf hin, daß es ein Werk der Meereserosion ist. Auch Riesentöpfe wurden mehrfach auf ehemaligem Meeresboden beobachtet. Strömungen in engen Sunden erzeugen nischenartige Vertiefungen in den Wänden, gerade so wie die Flüsse des Festlandes. Der Wechsel von Schichten von verschiedener Beschaffenheit bringt es mit sich, daß die Küste nicht überall gleichmäßig zurückweicht. Die St. Brides-Bai im südwestlichen Wales ist in Carbonschichten eingeschnitten, während die Eruptivgesteine zu beiden Seiten als Vorgebirge erhalten blieben; und dieselbe Erscheinung, daß weicheren Schichten Buchten, härteren hingegen Vorgebirge entsprechen, wiederholt sich an der ganzen britischen Westküste, soweit sie aus solidem Gestein besteht. Daher sind Steilküsten auch viel hafenreicher als Flachküsten. Häufig können Teile des Steilufers, die sich durch besondere Härte auszeichnen oder die schon früher durch Spaltenbildungen sich von ihrer Umgebung ganz oder teilweise losgelöst haben, als Inselpfeiler stehen bleiben, die einstige Küstenausdehnung verratend. Namentlich die steilen Westküsten der höheren Breiten werden von dichten Schwärmen solcher Felseneilande und Klippen begleitet. Aber auch diese Vorposten werden mit der Zeit vom Meere weggeräumt, um als blinde Klippen den Schiffen nur noch gefährlicher zu werden. So sieht man bei Arbroath an der schottischen Westküste eine lange Riffreihe aus festem Gestein bei Ebbe bloßgelegt. Ein anderes ausgezeichnetes Beispiel ist das Sandsteinriff, das die Küste Brasiliens durch acht Breitengrade vom Cabo Frio bis zum Cabo do Calcanhar begleitet.

Zerstörung der Flachküsten.

§ 157. Auch Flachküsten fallen der Meereserosion zum Opfer, wie die Geschichte des deutschen und englischen Nordseestrandes beweist. Aber nicht unablässig wirkt hier die Brandung zerstörend, wie an den Steilküsten, sondern hauptsächlich nur bei Windstau, wenn das Meer weite Gebiete überschwemmt; aber dann mit furchtbarer Gewalt. Sehr lehrreich ist in dieser Beziehung die Geschichte der Zuidersee (Fig. 45). Etwa $^3/_4$ derselben, von der Inselreihe Wieringen-Ameland bis beiläufig zur Linie Edam-Kampen, war noch zur Römerzeit Land. Der südliche Teil bildete den Binnensee Flevo; ihn durchfloß der Rheinarm Ysel, der wahrscheinlich zwischen Vlieland und Ter Schelling mündete. Vom 4. Jahrhundert unserer Zeitrechnung an beginnt das große Zerstörungswerk, das besonders durch Überflutungen bei NW.-Stürmen gefördert wurde. Am Ende des 7. Jahrhunderts waren Ter Schelling und Ameland schon Inseln. Im Jahre 1170 wurde alles Land zwischen Texel, Medemblik und Stavoren verschlungen, mit Ausnahme der insularen Reste. 1237 erweiterte sich der Flevosee beträchtlich, indem eine große Fläche zwischen Enkhuizen, Stavoren und Kampen dauernd überflutet wurde. Im Jahre 1395 fiel endlich auch der schmale Isthmus zwischen Medemblik und Stavoren, und die nördliche Meeresbucht verband sich mit dem südlichen Binnensee. Der Landverlust seit der Zeit Cäsars beträgt hier ca. 3600 qkm. Im Jahre 1218 schuf eine Sturmflut den Jadebusen, und bis Weihnachten 1277 lag an der

Fig. 45. Zuidersee.

Stelle des heutigen Dollart das fruchtbare Reiderland. Den friesischen Inseln, dem alten Küstenrande Deutschlands, ist auch eine vergängliche Existenz beschieden. Borkum wurde im 9. Jahrhundert in zwei Teile zerrissen, die nur noch bei Niedrigwasser zusammenhängen, und Langeoog im Laufe der Zeit in drei Stücke. Das Dorf auf der Insel Wangeroog wurde durch die Sturmfluten des Dezembers 1854 zerstört und Kirchturm wie Leuchtturm werden jetzt von der Flut bespült. Auch Helgoland hat bedeutend an Umfang verloren, wenn auch nicht soviel, als man früher — verleitet durch eine angeblich alte Karte, die sich als eine Fälschung erwies — glaubte. Die Insel Nordstrand war einst sowohl mit Sylt und Föhr als mit dem Festland verbunden. Dieser Komplex maß in meridionaler Richtung 67—82 und in ostwestlicher 45—60 km. 1240 wurde Nordstrand von Sylt und Föhr, wie vom Festland getrennt, aber noch im 16. Jahrhundert hatte es 30 km Umfang. Die Sturmflut von 1634 zerstückelte es in drei Eilande: Nordstrand, Nordstrandisch-Moor und Pellworm, die 1791—93 abermalige Landverluste zu beklagen hatten. Nach Guthe's Schätzung hat die Küste von Flandern bis Jütland seit dem Mittelalter 5045 qkm an fruchtbarem Marschland eingebüßt, von denen nur 2588 qkm durch Menschenfleiß wieder zurückgewonnen wurden. In ähnlicher Weise hat die englische Nordseeküste gelitten. An der Stelle, wo einst die Orte Autburn, Hartburn und Hyde standen, dehnen sich jetzt Sandbarren aus.

§ 158. Aber nicht alles Zerstörungsmaterial wird auf dem Meeresboden abgelagert, sondern es wird zum Teil auch wieder der Küste zugeführt und vergrößert durch Anschwemmung das Land. Das Meer, das an der einen Stelle eroberungssüchtig über seine Grenzen hinausgreift, schränkt an einer andern selbst seinen Bezirk ein. Auch an der friesischen Küste finden solche Neubildungen statt. Das nur bei Niedrigwasser trockene Watt zwischen den Inseln und dem Festlande wird bei jeder neuen Flut durch hinzugeführte Schlammteilchen etwas erhöht. Zwischen den Pflanzen, die sich darauf ansiedeln, bleibt immer mehr Schlamm zurück, bis endlich die gewöhnliche Flut die Fläche nicht mehr zu überschwemmen vermag. Neue Gräser und Kräuter erhöhen und verfestigen immer mehr den Boden, der schon als Weide benützt wird (Kelter), bis er, durch Eindeichung völlig vom Meere geschützt, als Polder ein fruchtbares Ackerland liefert. Im Hafen von Nauset an der Ostküste der Union haben sich seit historischer Zeit Untiefen in Wiesen verwandelt. Das Kap Cod wird an der Ostseite zerstört und wächst im Westen in das Meer hinaus. Eine zweite Art der Küstenvergrößerung, durch Deltabildung der Flüsse, werden wir an einer anderen Stelle besprechen. Von außerordentlicher Bedeutung für

Anschwemmungen.

die Verbreitung der Sinkstoffe sind die Strömungen. Eine solche, beladen mit dem Zerstörungsmaterial der englischen Küste, versandet die französischen Häfen des Kanals. Die Rennelsströmung bringt den Detritus der spanischen Nordküste an den Strand der Gironde. Eine vom Golf von Triest nach Westen fließende Strpmung fängt die Sedimente auf, die die Flüsse von Isonzo bis zum Po von den Alpen bringen, und füllt damit die Lagunen aus. Mit den Sinkstoffen des Dnjepr, Dnjester und der Donau vergrößert eine Litoralströmung die Küste der Dobrudscha, und in gleicher Weise kommt das Material, das der Rhône den Alpen entführt, der Küste der Languedoc zu gute; Hoff gibt ihr Wachstum auf 1—2 m pro Jahr an. Inseln werden durch angeschwemmte Sand- und Schlammmassen landfest gemacht, wie beispielsweise Portland an der südenglischen, Giens an der südfranzösischen, S. Antioco an der sardinischen oder der Mt. Argentario an der toskanischen Küste. Aber die Neubildungen, so bedeutend sie auch an manchen Stellen erscheinen können, ersetzen nicht den Verlust; das beweist die große Ausdehnung der submarinen Küstenablagerungen, von denen auf S. 143 f. die Rede war. Das Ringen zwischen Meer und Land endet stets zu Ungunsten des letzteren.

Küstenveränderungen. 2. Niveauveränderungen.

(S. Karte XV.)

Arten der Niveauveränderungen.

§ 159. Die Geologie lehrt uns, daß die Verteilung von Wasser und Land in den früheren Perioden mehrfach wechselte, und daß jede Stelle des heutigen Festlandes ein oder mehrere Male Meeresboden war. Auch in der Gegenwart ruhen die Niveauveränderungen nicht. Zuerst beobachtete man solche in Schweden, und Celsius erklärte sie durch ein Sinken des Ostseespiegels. Am Beginn unseres Jahrhunderts stellten Playfair und L. v. Buch die Theorie auf, daß Skandinavien langsam aus dem Meere emporsteige. Bis auf unsere Tage blieb diese Ansicht die herrschende. Man sprach von Hebungen und Senkungen der Küsten, und unterschied instantane oder plötzliche und säkulare oder langsame Bodenbewegungen. Man ging dabei von der Ansicht aus, daß das Meeresniveau eine unveränderliche sphäroidale Fläche sei. Wir wissen aber, daß diese Annahme unrichtig ist; der Meeresspiegel steigt nicht nur von der offenen See gegen die Kontinente hin, sondern hat auch an verschiedenen Küstenstellen verschiedene Höhe. Jede Veränderung des Landes alteriert ferner dessen Anziehungskraft, und größere Veränderungen müssen auch ein merkbares Steigen oder Fallen des Meeres hervorrufen. Solche Veränderungen gehen aber auch in der Gegenwart vor sich. Das Land verliert und gewinnt an Masse durch die Thätigkeit des Meeres an den Küsten. Die Flüsse führen Material aus dem Innern des Landes in die See und verrücken dadurch — wie Zöppritz gezeigt hat — einerseits den Schwerpunkt gegen die Küste hin, anderseits vergrößern sie den Sockel des Festlandes und verstärken dadurch dessen Anziehungskraft. Vulkanische Eruptionen und Eisbildung vermehren die Masse des Landes, und endlich bewirkt das fortdauernde Zusammenschrumpfen der Gesteinshülle, das sich in den sogenannten geotektonischen Erdbeben äußert, Veränderungen, die sich freilich erst im Laufe langer Zeiträume zu größeren Wirkungen summieren.

Das früher als so einfach angenommene Phänomen gestaltet sich daher in der That zu einem sehr komplizierten. Eine Verschiebung der Küstenlinie kann nämlich bewirkt werden:

1. Durch eine mehr oder weniger lokale Niveauveränderung des Meeres.

2. Durch eine Niveauveränderung des Landes infolge von Faltungserscheinungen und Verwerfungen, wodurch auch eine Hebung oder Senkung der Küstengegenden bewirkt werden kann, oder infolge des Einsturzes unterirdischer Hohlräume. In allen diesen Fällen wird die Niveauveränderung des Landes auch von einer Niveauveränderung des Meeres begleitet und zwar wirken beide einander entgegen. Eine Hebung des Landes bewirkt auch eine Hebung des Seespiegels, und bei einer Landsenkung sinkt auch das Meeresniveau.

3. Durch die Erosionsthätigkeit des Meeres. Auch dieser Faktor kann sich mit den beiden anderen kombinieren, aber ohne daß wir es bestimmt nachweisen können. Hebung des Landes oder Sinken des Seespiegels begünstigt die Anschwemmung, und die entgegengesetzten Phänomene befördern die Zerstörung der Küsten.

Diese Auseinandersetzung hat uns wohl die Überzeugung verschafft, daß wir — wenigstens derzeit — noch nicht in der Lage sind, in jedem einzelnen Falle mit Bestimmtheit anzugeben, welche Ursachen die Verschiebung der Küstenlinie bewirkt haben. Wir müssen daher vor allem neutrale Bezeichnungen wählen, und werden im folgenden mit Sueß nur von negativen (Hebung des Landes oder Sinken des Meeres = Landgewinn) und positiven Niveauveränderungen (Sinken des Landes oder Steigen des Meeres = Landverlust) sprechen.

§ 160. Die Sucht, überall Niveauveränderungen nachzuweisen, hat zu einem sehr unkritischen Verfahren geführt. Vermutungen traten oft an die Stelle von Beweisen (die Phrase, diese oder jene Küste „stehe im Verdachte" der Hebung oder Senkung, begegnet uns allzuhäufig), und die Beweise selbst sind nicht immer stichhaltig. An Flachküsten lagert die

Beweise für die Niveauveränderungen.

Flut Sand- und Schlammmassen nebst Meeresorganismen ab, die zur Zeit der Ebbe nur zum Teil wieder fortgeführt werden. Diese Anhäufungen bilden die Strandlinie; und wenn wir eine solche außerhalb des jetzigen Bereiches der Flut finden, so schließen wir mit Recht, daß hier die Küste weiter gegen das Meer vorgerückt ist. Aber immer bleibt es noch fraglich, ob infolge von Anschwemmung oder von Niveauveränderung; und wir werden uns mit einiger Sicherheit zu Gunsten der letzteren nur dann entscheiden können, wenn sich der Landgewinn auf weite Strecken verfolgen läßt. Ebensowenig ist das Anwachsen von Inseln an das Festland ein genügender Beweis für eine negative Niveauveränderung. Auf Sardinien fand Lamarmora Meermuschelreste mit Töpferwerk untermischt bis zu einer Höhe von 98 m über dem Meeresspiegel, aber es ist noch nicht erwiesen, ob wir es hier nicht mit Überresten menschlicher Mahlzeiten zu thun haben. Die häufig wiederkehrenden Nachrichten vom Versanden der Häfen deuten ebenfalls nicht mit Bestimmtheit auf eine negative Niveauveränderung, denn Vernachlässigung oder Verwendung größerer Fahrzeuge kann ebenfalls einen Hafen untauglich machen. Das Zusammensinken der Anschwemmungsmassen ist ein rein lokales Phänomen, das mit anderen positiven Niveauveränderungen ebensowenig in Vergleich gesetzt werden kann, wie beispielsweise die Senkung der Küste bei Folkestone (südl. England) infolge von Abrutschungen. Häufig begegnen uns noch unter den Argumenten für Senkungen Märchen von im Meer versunkenen Städten, oder die Angabe eines alten Pflasters unter dem neuen in einer Seestadt, obwohl schon Forchhammer gezeigt hat, daß viele Städte auf dem Schutt der alten, durch Krieg oder Brand zerstörten, aufgebaut wurden. Ganz verkehrt ist es endlich, wenn aus Küstenformen auf Niveauveränderungen geschlossen wird; ist doch z. B. die Form der Lagunenküste mit Landgewinn (Languedoc) und Landverlust (Ostküste der Vereinigten Staaten) verträglich.

Skandinavien. § 161. Am eingehendsten wurden die Niveauveränderungen an der skandinavischen Küste studiert. Bis zu einer Höhe von 200 m lassen sich in Norwegen die Spuren der Anwesenheit des Meeres verfolgen.

Fig. 46. Norwegische Thalterrassen nach Kjerulf.

Zwischen 16 und 166 m Seehöhe findet man Muschelbänke, von denen die tieferen nur solche Meerestiere enthalten, die noch jetzt die Küstengewässer bewohnen. Der Stufenbau der meisten norwegischen Thäler ist ein ebenso sicherer Beweis für eine negative Niveauveränderung. Die Stufen (1—4 in Fig. 46) sind sanft gegen das Meer geneigte Ebenen, deren Zusammensetzung aus Sand- und Thonschichten mit Resten von Meeresorganismen sich leicht erkennen läßt, weil sie jetzt von den Flüssen (die punktierte Linie in Fig. 46) in tiefen Kanälen durchschnitten werden. Jede Stufe fällt zur nächstfolgenden unter einem Winkel von 25—30° ab. Diese Terrassen erweisen sich als submarine Deltabildungen der Flüsse, wie sie auch unter dem gegenwärtigen Meeresspiegel noch stattfinden (5 in Fig. 46). Der Stufenbau ist also zugleich auch ein Beweis für die ruckweise Niveauveränderung.[1] Dasselbe bezeugen ferner die sog. Strandlinien (Fig. 47 u. 48). Es sind dies die in der Felsenküste durch die Brandung eingegrabenen Terrassen, deren Bildungsgeschichte wir im vorigen Abschnitt kennen gelernt haben.

Fig. 47. Doppelte Strandlinie bei Grötnes mit entsprechenden Terrassen an dem Thalausgang in der Mitte nach Mohn.

Fig. 48. Strandlinie zwischen Vang und Skaarliodden nach Mohn.

Meist sind sie horizontal, manchmal aber auch sanft geneigt, wie ja auch die Höhe des Meeresniveaus differieren kann. Die Länge schwankt zwischen 0·8 und 22 km, die Höhe zwischen 5 und 178 m. Mit den Thalterrassen stehen sie im innigen Zusammenhang, wie Fig. 46 und 47 (die weißen Linien sind Strandlinien) zeigen. An einigen Stellen tritt nur eine Strandlinie auf, an anderen mehrere. Ein Beispiel aus Rich. Lehmann's lehrreichen Abhandlungen möge hier genügen. Bei Kverve, nordöstlich von Aalesund ($62^1/_2{}^0$ N.), fand er 5 Linien übereinander:

[1] Von den einheimischen Forschern halten nur noch Sexe und Blytt an der Annahme einer langsamen ununterbrochenen Hebung fest.

	Seehöhe des unteren Randes der Stufe	Seehöhe des oberen Randes der Stufe	Mittlere Seehöhe	Breite der Stufe ca.	Abfallswinkel zur nächsten Stufe
I.	28.1 m	31.1 m	29.9 m	66 m	30°
II.	19.7	21.7	20.7	40	27
III.	—	—	14.5	12.6	26
IV.	—	—	9.4	13	40
V.	4.2	5.2	4.7	35	ziemlich steil zur See hin.

Die Verteilung der Strandlinien zeigt keine Abhängigkeit von der Gesteinsbeschaffenheit der Felsküste oder von der Stellung der Schichten. Im Norden sind sie häufiger und besser ausgebildet als im Süden; die schönsten findet man in den Sunden. Es ist klar, daß das Meer nicht überall solche Marken in den Felsen eingrub, aber ebenso sicher ist es, daß manche derselben später durch Verwitterung und Erosion verwischt wurden. Doch lassen sich Strandlinien von annähernd gleicher Meereshöhe zu einem System vereinigen, welches dem Meeresniveau in einer bestimmten Zeit entspricht. Indem man sie in Fjorden landeinwärts verfolgte, bemerkte man, daß sie in immer höhere Niveaus hinaufrücken. Aber wer bürgt uns dafür, daß sie einem einzigen System angehören? Bravais' Schluß, daß die Felsenterrassen sich gegen das Meer hinneigen, war also voreilig; aber selbst wenn er richtig wäre, so dürfte man — wie Penck nachwies — daraus noch immer nicht folgern, daß das Land sich gehoben habe, der Seespiegel aber stabil sei. Denn nichts steht der Annahme entgegen, daß das Meer, angezogen durch die Eismasse, die in der Glacialzeit das skandinavische Hochland bedeckte, im Innern der Fjorde höher stand, als außerhalb derselben.

Negative Niveauveränderungen.

§ 162. Von der negativen Niveauveränderung der schwedischen Küste wurde schon oben gesprochen. Die recenten Muschellager Finnlands weisen ebenfalls auf eine solche hin. Alte Strandlinien und Muschelbänke beobachtete man auch in Livland, Esthland und auf der Insel Ösel. An den britischen Küsten findet man solche bis zu 182 m Höhe, und ebenso an der Küste der französischen Departements Pas de Calais und Somme. Alle arktischen Länder sind seit der Diluvialzeit in das Meer hinausgewachsen. Schöne Strandterrassen entdeckte man überall an der grönländischen Felsenküste, sowohl im Osten, soweit man dieselben kennt, als auch im Westen von der Südspitze bis 82° N. Auch hier ging also die Niveauveränderung nicht gleichmäßig, sondern absatzweise vor sich (unter 78° 40′ B. zählte z. B. Kane 41 Strandlinien über einander), und scheint von Norden nach Süden abgenommen zu haben; denn zwischen 81 und 82° B. fand man noch in 300 m Höhe Seemuscheln, während weiter im Süden die Terrassen in der Regel nur wenig über 30 m und nur ausnahmsweise über 100 m ansteigen. Die Tundren, welche die polare Flachküste der alten Welt begleiten, sind nach Middendorf jüngst verlassener Meeresboden. Zwischen der Lenamündung und der Beringsstraße finden sich Treibholz-Ansammlungen über 50 km vom heutigen Strande entfernt; und recente Muschelablagerungen beweisen, daß das Meer einst an der Taimyrbucht wenigstens 214 km und im Süden des weißen Meeres ca. 400 km weiter landeinwärts reichte. Alte Strandlinien sieht man auch an der arktischen Küste Amerikas. Auf Labrador haben die recenten Muschellager eine Höhe von 120—150 m (nach Dana), bei Montreal eine solche von 158 m und sinken dann gegen Süden: am Champlainsee auf 90, an der Küste von Maine auf 60—67 und in den südlichen Neu-England-Staaten auf 4·5 bis 7·6 m. Von der Mündung des Hudson bis zur Mündung des Rio grande del Norte ist das atlantische Gestade den Vereinigten Staaten ein, erst in der geologischen Gegenwart vom Meere gewonnener Boden. Von negativen Niveauveränderungen im tropischen Teil des atlantischen Amerika haben wir nur vereinzelte und unsichere Nachrichten. Der Landgewinn von Guyana kann wohl auf Rechnung der Anschwemmung gesetzt werden. Jenseits Rio de Janeiro finden wir aber wieder allenthalben Spuren eines einst höheren Wasserstandes. In Brasilien kommen weit landeinwärts sog. Sambaquis vor, d. h. künstliche Muschelanhäufungen, die aber hier deshalb beweiskräftig sind, weil man weiß, daß sie stets dicht am Strande angelegt wurden. In Patagonien sind die Küstenterrassen bis zu einer Höhe von 290 m auf das schönste ausgebildet, und recente Muschellager reichen bis 122 m Höhe. Dieses Gebiet der negativen Niveauveränderung setzt sich an der pazifischen Küste von Südamerika wenigstens bis Callao (12° S.) fort. Die alten Strandlinien und Muschelbänke steigen bei Valparaiso bis 396 m über den jetzigen Seespiegel und sinken dann gegen den Äquator hin (bei Callao nur 26 m Höhe). Wahrscheinlich haben wir es auch hier nur mit einem Sinken des Meeresspiegels zu thun, da die verschiedenen Nachrichten von plötzlichen, durch Erdbeben verursachten Hebungen der Küste bei einer genauen Prüfung, wie sie vor kurzem Sueß angestellt hat, als wenig glaubwürdig sich erwiesen. Von den tropischen Küsten wissen wir auch hier nichts Sicheres. Th. Wolf spricht zwar von einer negativen Niveauveränderung in Ecuador, und v. Seebach von einer solchen im Golf von Nicoya (Costarica), aber ohne stichhaltige Beweise beizubringen. An der Küste der Union beginnen aber wieder die Strandlinien, und sie lassen sich über dieselbe hinaus bis zum Königin-Charlotte-Archipel verfolgen. Auf der anderen Seite des stillen Ozeans finden wir Anzeichen eines Landgewinnes auf der Beringsinsel, auf Sachalin und Jeso, in Korea, auf den Liu-Kiu-Inseln und an der chinesischen Küste. Recente Muschelbänke und Korallenriffe im Binnenland oder weit über der Fluthöhe (auf Neuguinea z. B. 75 m hoch) bezeugen ferner eine starke negative Niveauverschiebung in der ostindischen Inselwelt von Sumatra bis Timor und von Luzon über die Mollukken bis Neuguinea und bis zum neubritannischen Archipel. Alte Strandlinien besitzt auch Tasmanien und die Ostseite von Neuseeland.

Auch an den Küsten des indischen Ozeans begegnen wir zahlreichen Spuren eines einst höheren Wasserstandes. So an der Küste von Birma, an der Ostküste von Vorderindien, wo alte Uferlinien bis zu 64 km landeinwärts gerückt sind, auf Ceylon, an verschiedenen Punkten der NW.-Küste von Vorderindien, besonders zwischen den Golfen von Cambaja und Katscha; an der Küste von Belutschistan und des Busens von Oman, im persischen Meer und am Vorgebirge Ras Mombas in Südarabien. Auch in der Äquatorialzone des östlichen Afrika, bei Bagamoyo, liegen alte Strandlinien mit recenten Seetierresten in 60—90 m Meereshöhe, und in jüngster Zeit fand Thomson hier auch Korallenfelsen. Korallenbänke mit modernen Arten, die bis ca. 50 m über den Seespiegel hinaufreichen, umsäumen auch die Küste des roten Meeres, und schon auf S. 18 wurde der früheren größeren Ausdehnung des Golfes von Suez gedacht. Die Gestade des Mittelmeeres sind im Laufe der geologischen Gegenwart ebenfalls — wenigstens stellenweise — weiter in das Meer hinausgerückt. Beweise dafür liefern die Küsten der Krim, Thraziens und Kleinasiens, die Westküste von Kreta, die alten Strandlinien des Peloponnes, von Malta und Sizilien, wo (wie bei Kleinasien) Landgewinn seit dem Altertum nachgewiesen ist, die 2 m hohe Austernbank auf einer Insel des Etang de Diane auf Corsika, das bei Livorno gebrochene Baumaterial Panchina, welches recente Muschelschalen enthält; die Bohrlöcher der Pholaden (Bohrmuscheln) und marine Ablagerungen in 20—25 m Höhe an der ligurischen Steilküste, die 12 m hohen Muschelbänke auf den Balearen, die alten Strandlinien mit den Schalen noch lebender Meeresconchylien bei Malaga und endlich die Terrassen an der Südseite des Gibraltarfelsens mit Bohrlöchern von Pholaden und Resten junger Meeresablagerungen.

Oszillierende Bewegung.

§ 163. An einigen der genannten Küstenstellen ist die negative Niveauveränderung wieder in eine positive übergegangen. Dies ist wahrscheinlich der Fall an der SW.-Küste von Grönland, obwohl die neuesten Forscher, Jensen und Steenstrup, darüber nicht einig sind. An den Küsten von Großbritannien sind submarine Wälder mit aufrechten Stämmen, die man zu den zuverlässigsten Anzeichen einer positiven Niveauveränderung zählt, häufig. In diesem Falle werden wir auch geneigt sein, das Phänomen allgemein wirkenden Ursachen zuzuschreiben, wenn es auch möglich ist, daß hier und da Wälder durch langsames Abrutschen ihres Bodens unter den Seespiegel gelangen. An der Küste von Lancaster befindet sich ein Teil des ausgedehnten submarinen Waldes noch auf dem Lande, ist aber von Dünensand bedeckt. Aus den Beobachtungen über das Wachstum der Dünen berechnete Mallard Reade für die ganze Sandablagerung und damit auch für die positive Niveauveränderung ein Alter von 2180 Jahren.

Das großartigste Beispiel einer oszillierenden Bewegung bietet aber die nordamerikanische Ostküste von Georgia bis Neuschottland. Unterseeische Wälder, bis zu 5 km vom Strande entfernt, sind auch hier sehr häufig. Daß auch seit den Zeiten der Kolonisation das Meer noch bedeutend an Terrain gewonnen hat, ist unzweifelhaft und wohl nicht seiner Erosionsthätigkeit allein zuzuschreiben. Ein Beispiel möge genügen. Die Entfernung eines Hauses vom Meere am Kap May (Delawaremündung) betrug nach Hoff:

1804	1808	1812	1816	1820
101·8	83·2	77·4	68·6	54·9 m

In 16 Jahren ist also das Meer um 46·9 m dem Hause näher gerückt, die Bewegung ging aber sehr unregelmäßig vor sich. Submarine Wälder, deren Holz noch seine Elastizität bewahrt hat, begleiten auch die Südküste von Chile; und der neuen positiven Niveauveränderung, deren Nordgrenze Pissis in die Nähe der Mündung des Rio Lebu (37·6° B.) versetzt, ist es vielleicht zuzuschreiben, daß die patagonischen Inseln nicht auch landfest geworden sind, wie die einstigen chilenischen, die jetzt als Hügel aus der Küstenebene hervorragen. Ein unterseeischer Wald von 382 Stämmen von Khairbäumen bei Bombay weist darauf hin, daß der Wasserstand hier mindestens um 10 m gestiegen ist. Auch im südlichen China soll eine positive Niveauveränderung eingetreten sein.

Eine umgekehrte oszillierende Bewegung zeigt in der historischen Zeit nur das südliche Schweden. Bei Ystad (Schonen) liegt auf dem Diluvium eine Torfschicht mit Eichen- und Erlenstämmen und zwei Artefakten, die, nach der Verzierung zu urteilen, schon der christlichen Zeit angehören. Darauf liegt Meeressand von durchschnittlich 2 m Mächtigkeit mit Ostseeconchylien und zahlreichen menschlichen Produkten, denen man ein Alter von 100 bis höchstens 400 Jahren zuschreibt. Da Torflager sich nur auf dem Lande bilden können, so muß hier auf eine positive Niveauveränderung eine negative gefolgt sein. Einen Beweis dafür liefert auch eine Hütte am untern Södertelje-Kanal bei Stockholm, die bis zu einer Höhe von 20 m mit recenten marinen Ablagerungen bedeckt ist, aber zur Zeit der Auffindung sich bereits wieder im Meeresniveau befand. Derzeit rückt die ganze schwedische Küste in das Meer vor, wie Forßmann aus den Wasserstandsbeobachtungen von 1852 bis 75 definitiv nachwies, aber diese Bewegung ist keineswegs an allen Punkten gleichförmig und erreicht bei Ystad ihren höchsten Wert.

Gegenden, wo nur eine positive Bewegung beobachtet wurde.

§ 164. Von einigen — aber verhältnismäßig sehr wenigen — Küstenstellen liegen nur Nachrichten von positiven Niveauveränderungen vor. Auf eine solche deuten die submarinen Wälder und Torflager an der deutschen Küste der Ost- und Nordsee; aber seit ca. 500 Jahren hat sich nach Lenz der Wasserstand nicht mehr verändert. Dasselbe gilt wohl auch von den Niederlanden, wo allerdings in zahlreichen Fällen die Oberfläche des Marschlandes seit dessen Eindeichung und infolge derselben im Laufe von etwa zwei Jahrhunderten um 1—2 m sich gesenkt hat. Daß aber eine allgemeine positive Niveauveränderung nicht mitwirkt, beweist schon der Umstand, daß — wie Franzius auseinandersetzt — die über 300 Jahre alten Schleusen- und Sielböden sowohl in Bezug auf Hoch- wie auf Niedrigwasser sich noch immer in durchaus zweckmäßiger Lage befinden. Zuverlässige Beweise besitzen wir dagegen von den Fortschritten, die das Meer in der normannischen Bucht (Bretagne und Cotentin) seit den Römerzeiten gemacht hat. Unterseeische Wälder werden an der ozeanischen Küste von Frankreich und angeblich auch an der Nordküste von Spanien gefunden. Gut beglaubigt ist auch die positive Niveauveränderung an der dalmatinischen und istrianischen Küste seit dem Altertum. In diesem unterminierten Kalkgebiet läßt sich wohl auch an Bodensenkungen infolge von Einstürzen unterirdischer Hohlräume denken; und ebenso deuten die zahlreichen Erdbeben darauf hin, daß der Faltungsprozeß dieses Gebirges noch nicht abgeschlossen ist. Landverluste sollen in neuerer Zeit auch die Küsten von Barka und des Nildeltas erlitten haben; bei der erstgenannten ist aber wohl hauptsächlich — nach v. Beurmann's ausdrücklichem Zeugnis — die Brandung das zerstörende Element. An der Mündung des Amazonenstromes stehen Leuchttürme, welche 1837 in einer Entfernung von $^1/_2$ km von der Küste erbaut wurden, bereits in Gefahr, unterwaschen zu werden. Dieser Umstand, sowie die Verkleinerung und Zerteilung der Inseln, werden als Anzeichen einer fortdauernden positiven Niveauveränderung betrachtet, doch muß wohl auch die Uferzerstörung durch die stromaufwärts fortschreitende Flutwelle mit in Rechnung gezogen werden. Nach Brough Smyth zeigt auch das nördliche Australien eine positive Niveauveränderung.

Zum Schlusse unserer Aufzählung wollen wir nur noch kurz der sog. Schaukelbewegung gedenken, von der man früher mit besonderer Vorliebe sprach. So sollen Schweden und Grönland im Norden sich heben und im Süden sinken. Daß diese Annahme in Bezug auf Schweden unrichtig ist, haben wir schon auseinandergesetzt; und wenn man auch in Bezug auf Südgrönland an einer neueren positiven Niveauschwankung festhält, so sind doch für die Fortsetzung der negativen Niveauveränderung im Norden bis in die Gegenwart hinein keine Anzeichen vorhanden. Ebenso sprach man von der Hebung der westlichen und der Senkung des östlichen Patagonien, konnte aber für letztere nur vage indirekte Beweise, die man der Küstenform entnahm, in das Feld schicken. Ebensowenig stichhaltig sind die Argumente für die Senkung der östlichen Küste von Kreta, und der westlichen Küste der neuseeländischen Südinsel, aber noch immer figurieren diese beiden Inseln als klassische Beispiele der „Schwengelbewegung" in den Lehrbüchern.

§ 165. Überblicken wir die Resultate der Beobachtungen. Sichere Spuren einer negativen Niveauveränderung in der geologischen Gegenwart sind an zahlreichen Küstenstellen vorhanden. Selbst dort, wo eine positive Verschiebung der Strandlinie eingetreten ist, erreicht ihr Betrag noch immer nicht den der vorhergegangenen negativen Bewegung. Nur an verhältnismäßig wenigen kontinentalen Küstenstellen ist eine positive Niveauveränderung allein bemerkbar; aber wir dürfen nicht vergessen, daß sie — wie Darwin sagt — ihre Zeugnisse selbst verbirgt, während die negative noch nach Jahrhunderten konstatiert werden kann. Ob diese Veränderungen auch in die historische Gegenwart oder gar bis in unsere Tage hineinreichen, ist eine ganz andere Frage, die nur für wenige Punkte in dem einen oder anderen Sinne beantwortet werden kann. Endlich haben wir gesehen, daß die Veränderungen, wenn sie auch eine längere Küstenstrecke betreffen, doch in ihrem Betrage sehr schwanken. Gerade diese Thatsache hat den Glauben an eine vertikale Bewegung des Festlandes erschüttert, um so mehr als eine solche wellenförmige Bewegung doch auch in dem Schichtenbaue Störungen erzeugen müßte. Dagegen lassen sich derartige Unregelmäßigkeiten wohl dem beweglichen Meere zutrauen; und Sueß und Penck gebührt das Verdienst, dieses Element in seine Rechte wieder eingesetzt zu haben. Rückblick und Schlüsse.

Schmick stellte die Theorie auf, daß periodisch bald die eine, bald die andere Halbkugel höheren Wasserstand habe. Dadurch wollte er die gegenwärtige Kontinentalität der nördlichen Hemisphäre erklären; aber diese Theorie wird schon durch die einzige Thatsache widerlegt, daß die höheren südlichen Breiten ebenso Land gewonnen haben, wie die nördlichen. Sueß sprach in einer vorläufigen Anzeige die Meinung aus, daß das Meer periodisch von den Polen zum Äquator und umgekehrt ocsilliere. Gegenwärtig seien die Äquatorialgegenden das Gebiet positiver und die höheren

Breiten die Gebiete negativer Niveauveränderung. Penck hat diesen Gedanken nach einer Richtung weiter ausgeführt, und bringt das Sinken des Meeresspiegels in den höheren Breiten in Zusammenhang mit dem vollständigen oder teilweisen Schwinden der diluvialen Eisdecke, die Nordeuropa, Nordamerika, Patagonien, Neuseeland u. s. w. bedeckte (s. Karte XIII). Eine Bestätigung seiner Ansicht findet er darin, daß im südwestlichen Grönland das Meer dort steigen soll, wo die Gletscher im Vorrücken begriffen sind.

Die Annahme von einer vorherrschenden positiven Niveauveränderung in der Tropenzone wird durch die Beobachtungen im ostindischen Archipel und an der Sansibarküste nicht begünstigt. Es ist aber nur zweierlei möglich: entweder werden die negativen Veränderungen durch die positiven völlig kompensiert oder nicht. Im letzteren Falle muß das Wasser auf der Erde abnehmen, was allerdings nicht unmöglich, wohl aber schwer zu erweisen ist. Im ersteren Falle könnten wir, da weder die Schmick'sche noch die Sueß'sche Hypothese mit den Beobachtungen vereinbar sind, annehmen, daß das Meer periodisch gegen die Kontinente flute und sich dann wieder zurückziehe. Aber auch da begegnen wir wieder Schwierigkeiten. Zahlreiche von den hohen Inseln des pazifischen Ozeans zeigen unzweifelhafte Spuren einer negativen Niveauveränderung, und in Bezug auf die Koralleninseln der Südsee und des indischen Ozeans, die Darwin für das Produkt einer gewaltigen Senkung erklärte, haben sich auch die Ansichten etwas geändert. Es wird später auseinandergesetzt werden, daß die Annahme einer bedeutenden Senkung in den Thatsachen nicht begründet ist; und auch neuere positive Niveauschwankungen in diesen Gebieten sind sehr zweifelhaft. Alle Nachrichten von der zunehmenden Verkleinerung oder dem gänzlichen Verschwinden dieser nur wenige Meter hohen Inseln, deuten nur auf eine energische Thätigkeit der Wogen hin; und nur auf den Bermudas im nordatlantischen Ozean, wo man bei einer Felssprengung in 13 m Tiefe auf eine $^{3}/_{5}$ m mächtige Schicht roter Erde mit deutlich erkennbaren Resten der Bermuda-Ceder (die noch diese Inseln bewohnt) stieß, ist eine positive Niveauveränderung sicher nachgewiesen. Dagegen sind Beweise für negative Niveauveränderungen im Paumotu-, Tonga- und Palau-Archipel vorhanden. Wir werden daher gut daran thun, wenn wir uns vorläufig von theoretischen Erörterungen fern halten und uns auf die Vermehrung und kritische Sichtung des Beweismaterials beschränken. In den folgenden Abschnitten werden wir von einigen Anzeichen einer älteren Niveauveränderung sprechen, die noch bedeutsame Spuren im Antlitz der Erde zurückgelassen hat.

Küstenformen.

§ 166. Niveauschwankungen und die Thätigkeit des Meeres im Verein mit der deltabildenden Kraft der Flüsse verändern die Küsten unausgesetzt. Ob sie in gerader Linie fortziehen, oder ob sie Einschnitte und Vorsprünge zeigen, in beiden Fällen ist ihre heutige Gestalt das Resultat eines langen Entwickelungsprozesses. Die gezähnte oder ausgeschweift gezähnte Form der Steilküsten wiederholt sich im großen im bogenförmigen Verlauf mancher weit gedehnter Küstenstrecken, wobei Vorgebirge oder vorgeschobene Deltas gleichsam die Aufhängepunkte der Uferguirlanden bilden. Zwischen dem Karstgebirge und Ancona, wo wieder ältere Gesteine an das Meer herantreten, breitet sich der flache alluviale Bogen des venetianischen Golfes aus, nur unterbrochen vom Podelta; und von Ancona bis zum Monte Gargano, der ebenfalls aus festen Kreide- und Juraschichten sich aufbaut, erstreckt sich der flache pliocäne Bogen, in dessen Mitte Pescara liegt. Ebenso wellenförmig gestaltet ist die europäische Küste des östlichen Mittelmeerbeckens vom Golf von Palermo bis zum flachen Golf von Cartagena. Die weicheren Schichten weichen vor der Brandungswoge immer weiter zurück, wo nicht ein sedimentreicher Fluß ihr entgegenarbeitet, während Ausläufer von Gebirgen oder nur vereinzelte Schollen festeren Gesteines ihr erfolgreichen Widerstand leisten. An der italienischen Küste sind es auch landfest gewordene Inseln, die Vorsprünge bilden. Nur der Golf von Genua ist kein Werk der Meereserosion, sondern durch den Bau der Apenninen vorgezeichnet. Schön ausgebildete Bogenformen zeigen auch die atlantischen Küsten von Patagonien und der Vereinigten Staaten. Ob wir es in allen diesen Fällen nur mit Schöpfungen des Meeres zu thun haben, ist freilich noch nicht mit voller Sicherheit zu bejahen. Häufig wiederholen nämlich die Tiefenlinien die Bogenform der benachbarten Küste, wenn auch in der Regel in geschwächtem Grade. Es ist aber wohl zu beachten, daß bei der Spärlichkeit der Lotungen der Verlauf der Tiefenlinien zum Teil von der Willkür des Zeichners abhängt und für unsere Frage nicht ganz beweiskräftig ist. Wohl aber ist anzunehmen, daß auf flachem Meeresboden auch die unterseeische Erosion an weicherem Material sich kräftiger erweist, als an härterem; daß also auch die Bogenform der Tiefenlinien unter Umständen ein Produkt der Meereserosion ist.

Bogenform.

§ 167. Vereinigt sich an einer Steilküste mit der Brandung eine positive Niveauänderung, so macht die Zerstörung des Landes die raschesten Fortschritte, wie v. Richthofen in neuester Zeit mit besonderem Nachdruck betonte. Die Terrassenbildung, die bei stabilem Meeresspiegel nach Erreichung der Maximalbreite stille steht (s. S. 185), rückt in der allmählich

Abrasionsflächen.

in die Fluten versinkenden Litoralzone immer weiter landeinwärts vor. Die Plattform der Terrasse wird immer breiter und ihre Rückwand weicht immer mehr zurück. Alle Unebenheiten des Bodens, einige besonders widerstandsfähige Partien vielleicht ausgenommen, werden von dem siegreich vordringenden Meere wie mit einem scharfen Messer wegrasiert, und die so geschaffene schiefe Ebene trägt daher den charakteristischen Namen Abrasionsfläche. Junge Meeresablagerungen von größerer oder geringerer Mächtigkeit bedecken sie allmählich in horizontalen Schichten. Solche Abrasionsplateaus sind vielleicht die norwegischen Bänke und der ausgedehnte unterseeische Sockel der britischen Inseln, denn eine Reihe von Erscheinungen, von denen wir die Fjorde sogleich kennen lernen werden, deutet darauf hin, daß diese Länder vor ihrer negativen Niveauveränderung einer starken positiven Bewegung unterworfen waren.

Fjorde. § 168. Die Fjordbildung, die mit allen ihren charakteristischen Eigentümlichkeiten nur auf Steilufer beschränkt ist, ist die höchste Potenz der Küstenentwickelung. Die thatsächliche Länge der norwegischen Küste ist 6·8 mal und die der Küste von Maine sogar 13·3 mal größer als die in gerader Linie gemessene Küstenlänge. Unter einem Fjord versteht man eine thalartige Bucht, die senkrecht oder unter einem steilen Winkel mehr oder weniger tief in das Ufer einschneidet. Meist treten sie gesellig und in Verbindung mit dichten Schwärmen von Felseneilanden auf und bestimmen so den Küstencharakter auf lange Strecken. Im übrigen herrscht aber auch hier große Mannigfaltigkeit. Den extremsten Typus stellt der norwegische Lysefjord dar. Er ist bei einer Länge von 41 km nur 600—1900 m breit, und seine Felswände erheben sich senkrecht oder stellenweise sogar überhängend bis ca. 950 m Höhe. Dagegen begrenzen den größten Teil des Christiania- und den südlichen und östlichen Teil des Trondhjemfjordes sanft ansteigende Böschungen. Die Thalform zeigt in drastischer Weise der 237 km lange Sognefjord (Fig. 49), ein aus einem Haupt- und mehreren Nebenfjorden bestehendes System. Die Vereinigung mehrer Fjorde zeigt auch Fig. 50. Im Trondhjemfjord (Fig. 51) tritt der Parallelismus der Wände schon etwas zurück, und noch mehr im Laxefjord (Fig. 52). Aber dasselbe ist ja auch bei Thälern der Fall, die sich bald verengen, bald erweitern. Jeder unbefangene Beobachter wird daher die Fjorde für untergetauchte Thäler halten, um so mehr, als sie sich meist auch als Thäler oberirdisch

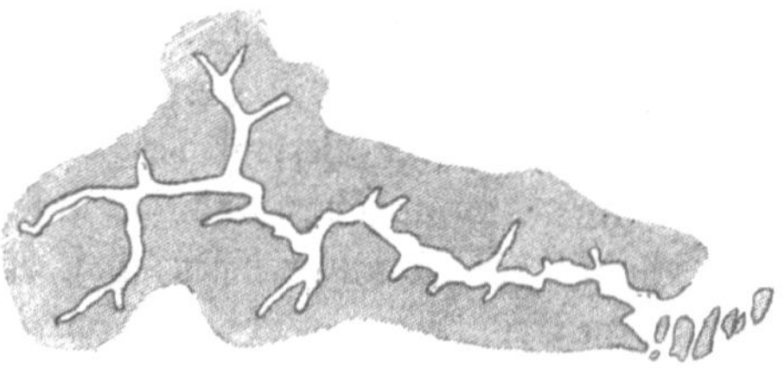

Fig. 49. Sogne-Fjord (Norwegen).

fortsetzen. Zwar scheint dagegen zu sprechen, daß viele Fjorde sich an ihrem Ausgange in mehrere Arme teilen (s. Fig. 50 und 53), allein schon Hartung hat diese Eigentümlichkeit befriedigend erklärt. Zwischen den 1000 m und darüber hohen Bergen Norwegens führen tiefeingesenkte flache

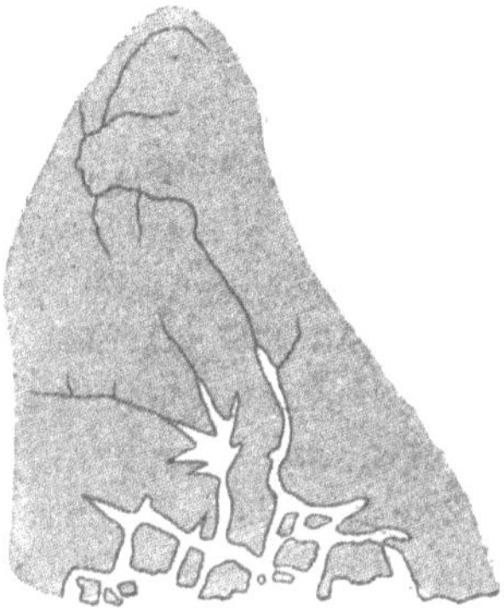

Fig. 50. Fjorde bei Christiansund (Norwegen).

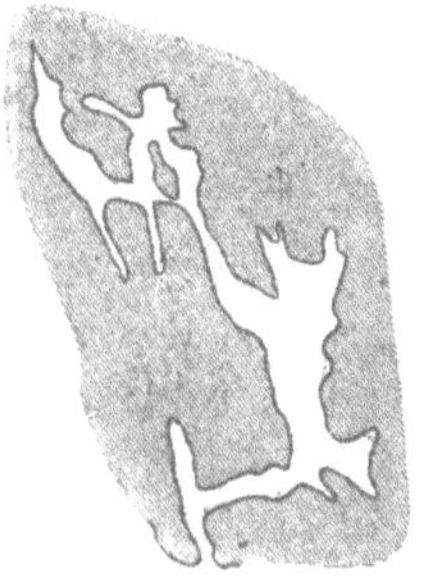

Fig. 51. Trondhjem-Fjord (Norwegen).

Fig. 52. Laxe-Fjord (nördl. Norwegen).

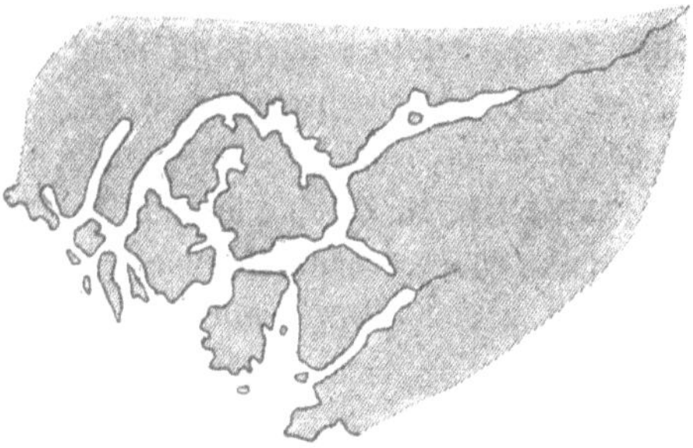

Fig. 53. Fiske- und Aniggok-Fjord (West-Grönland).

Pässe (Eide) aus einem Thal in das in entgegengesetzter Richtung verlaufende. Überstieg der Betrag der positiven Niveauveränderung die Seehöhe der Eide, die in manchen Fällen nicht einmal 100 m beträgt, so mußten mehrere Thäler zu einem einzigen Fjordensystem verschmelzen, dessen Arme Gebirgsinseln einschließen. Ein ähnlicher Vorgang ist übrigens schon beobachtet worden. Auf der Insel Caviana im Mündungsgebiet des Amazonas gab es zwei entgegengesetzt laufende Flüsse. 1850 drang die Flut zum erstenmal in den östlichen Fluß ein und überschritt die

Wasserscheide. Dieser Vorgang wiederholte sich öfter, bis endlich die Insel durch einen Meeresarm in zwei Teile getrennt war. Auf gebirgigem Terrain entstehen so Fjordenstraßen mit parallelen Wänden, wie beispielsweise der Matotschkin Scharr zwischen der Nord- und Südinsel von Nowaja-Semlja.

Auch die Tiefenverhältnisse der Fjorde widersprechen unserer Auffassung nicht. Schon Ratzel erklärte, daß das Seichterwerden an der Mündung nicht eine allgemeine Eigenschaft der Fjorde sei. Dafür spricht auch der sehr gleichmäßig tiefe Sermilikfjord an der grönländischen Westküste ($63^1/_2{}^0$ B.); die Lotungen in der tiefsten Rinne ergaben hier nur Unterschiede von 8 m. Dagegen hat der Jervisfjord in Britisch-Columbia zwei Senkungsstellen: eine von 380 m im Innern und eine von 475 m Tiefe am Ausgang. Immerhin ist aber jener obenerwähnte Charakterzug zahlreichen Fjorden, wie den norwegischen und schottischen, eigentümlich. Der Lysefjord ist z. B. im Hintergrunde 19·5, in der Mitte 406 und an der Mündung 30 m tief (s. auch Fig. 41). In diesen Fällen haben wir es mit untergesunkenen Seebecken zu thun, die entweder durch Schutt (vielleicht Moränen) oder durch festes Gestein abgedämmt sind. In der That liegen auch in der Fortsetzung der Fjorde (besonders in Schottland) solche Seebecken, die, wie wir später hören werden, nur abgedämmte Thalstücke sind. Wie diese Thäler und Seebecken entstanden, ist eine andere Frage, die uns vorläufig noch nicht berührt.

In den höheren Breiten sind die Fjorde am häufigsten und schönsten ausgebildet. So an der norwegischen Küste, an der Westseite der britischen Inselwelt, in Grönland und auf den anderen arktischen Inseln, an der Ostseite von Nordamerika von Labrador bis Maine und an der Westseite nördlich vom 50. Parallel, an der westlichen Küste von Südamerika jenseit des 40.° B., auf den Kerguelen, in Tasmanien und auf der Südinsel von Neuseeland. Dana sprach daher den Satz aus, daß die Verbreitung der Fjorde sich auf ehemalige Gletschergebiete beschränke. Einige nahmen an, daß die Fjorde durch Gletscher ausgepflügt wurden, andere behaupten, das Eis habe die Fjordenbecken nur vor frühzeitiger Verschüttung bewahrt. Daher seien auch hauptsächlich die regenreichen Westküsten durch Fjordenreichtum ausgezeichnet, denn an diesen hätten sich die diluvialen Gletscher länger erhalten. Peschel verschärfte noch den Ausspruch Dana's, indem er die Jahresisotherme von 10° als die Äquatorialgrenze der Fjordenbildung bezeichnete.

Gegen diese Annahme spricht noch nicht die Entdeckung echter Fjorde im kanadischen Seengebiet (besonders am Norduser des Huronsees), von denen Ratzel und in neuester Zeit Spencer berichteten. Sie beweisen aber, daß die Fjordbildung nicht auf die Meeresküsten beschränkt ist. Dagegen überschreiten die 10°-Isotherme bereits die schön ausgebildeten Fjorde der Bretagne, und noch weiter nach Süden liegen die Rias von Galicia, ebenfalls echte Fjorde, die aber wohl noch in der Eiszeit von Gletscherströmen erfüllt waren. Alle äußeren Kennzeichen der Fjorde haben die sog. Canali in Istrien (z. B. der Canali di Leme, 12 km lang und nur ca. 460 m breit) und ähnliche Bildungen an der dalmatinischen Steilküste, vor allem die berühmte Bocche di Cattaro, die in ihrer Form dem Eisfjord auf Spitzbergen ähnlich ist, und deren Boden auch beckenartig im Innern sich senkt. Nichts hindert uns, im Bosporus eine der schönsten Fjordenstraßen der Welt zu finden, wenn wir einmal vorgefaßten Meinungen entsagt haben. Noch näher dem Äquator finden wir Fjordbildungen an der chinesischen Küste, südlich von 30° B. v. Richthofen spricht von den langen, gewundenen Einfahrten und von den Untiefen an den Mündungen. Auch diese Einschnitte setzen sich landeinwärts als Thäler fort, und zahllose Klippeninseln umschwärmen die Küste. Eine ähnliche Gestaltung zeigt die NW.-Küste von Australien (14—17° S.) auf Petermann's Spezialkarte. Der tiefste Einschnitt ist hier der Cambridgegolf, 120 km lang und bei der Adolphusinsel 15 km breit. Diese Breite scheint allerdings für einen Fjord zu groß zu sein, aber wir müssen uns erinnern, daß der Skagafjord an der Nordküste von Island nicht schmäler ist. Angesichts solcher Thatsachen läßt sich Dana's Theorie wohl nicht mehr festhalten, aber ebensowenig können wir Rütimeyer's Erklärungsversuch, der nur auf Untersuchungen in der Bretagne basiert, allgemeine Gültigkeit zuerkennen. Auch der berühmte Schweizer Geologe verschließt sich nicht der Thatsache, daß die Fjorde Fortsetzungen oberseeischer Thäler sind, aber ihre eigentliche Ausbildung und Vertiefung betrachtet er als eine durch das krystallinische Gestein bedingte Wirkung der Meereserosion. Allerdings kommen Fjorde hauptsächlich in krystallinischen Gebieten vor, aber unsere Aufzählung zeigte, daß sie nicht ausschließlich daran gebunden sind. In manchen Fällen mag wohl ein Vorgang, wie ihn Rütimeyer schildert, stattgefunden haben. Die sechs fjordartigen Buchten im südwestlichen Irland (Kerry und Cork) z. B. entsprechen genau den Carbonkalkmulden, während der widerstandsfähigere devonische Sandstein die dazwischen befindlichen Halbinseln bildet. Aber problematisch erscheint uns die Annahme, daß die Brandungswelle so tief einschneidende und mannigfach verzweigte Fjorde aushöhlen könne, wie wir sie beispielsweise in Norwegen kennen gelernt haben; aber selbst dieses zugestanden, so können wir doch nicht die Beckenform des Bodens so zahlreicher Fjorde für ein Produkt der Meereserosion halten. Es bleibt also wohl nichts anderes übrig, als das Fjordenphänomen mit positiven Niveauveränderungen in Verbindung zu bringen.

Dünen. § 169. Die charakteristischen Formen der Flachküste, die übrigens auch zusammen auftreten können, sind die Dünen- und die Lagunenküste. Der von der Flut am Strande (jenem amphibischen Küstenstrich, der bei Niedrigwasser Land und bei Hochwasser Meeresboden ist) zurückgelassene Sand wird, sobald er trocken geworden, von dem Seewind landeinwärts getragen. Da oder dort staut er sich vor einem Hindernis auf, beispielsweise wie in Fig. 54, vor einem Pflocke, den man absichtlich in den Boden gesteckt hat, um daran die Art der Dünenbildung experimentell zu erweisen. Der Sandhügel wächst immer höher an, bis seine Böschung in eine Linie mit dem oberen Pflockende kommt, worauf der Sand sich auch an der Leeseite des Hindernisses anhäuft. Endlich wird auch der leere Raum, den die kleine Wirbelbewegung des Windes vor dem Pflocke offen hielt, ausgefüllt; das Hindernis ist völlig mit Sand bedeckt, und die Düne kann nun weiter wachsen, soweit es das zugeführte Material, also indirekt die Stärke der Tiden und der Wind gestatten. Stets ist die Böschung auf der Windseite sanfter als auf der Leeseite, wo der Sand nur der Schwerkraft folgt. In den Landes steigen die Dünen unter einem Winkel von 7—12° von der Seeseite an und fallen unter einem Winkel von 29—32°, stellenweise sogar unter einem solchen von 35° gegen das Land ab. An der Westküste der Sahara, wo der Passat Dünenhügel aufwirft, ist natürlich die Seeseite die steilere. Da das Baumaterial nicht immer gleichmäßig ist, so tritt auch Schichtung ein, wie Fig. 54 (III. Stadium) zeigt.

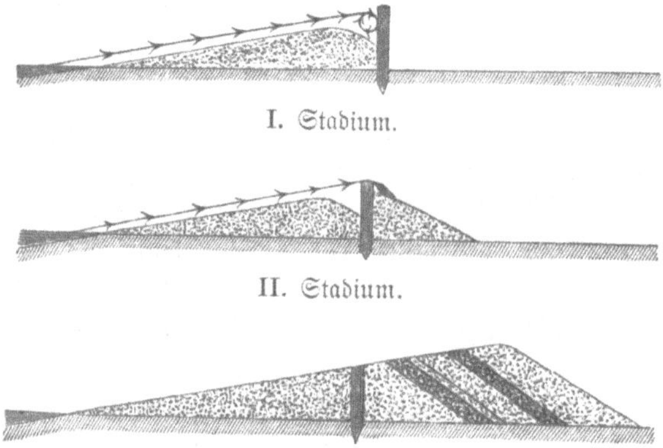

Fig. 54. Dünenbildung.

In der Natur veranlassen die verschiedenartigsten Hindernisse, wie Baumstümpfe, Haufen ausgeworfener Muscheln und dergleichen, Sandansammlungen. Kein Hindernis ist zu klein, denn der Sand macht es selbst von Tag zu Tag größer. Sind sie dicht gedrängt, so entstehen statt einzelner Hügel ganze Dünenwälle, die manchmal, halbmondförmig gebogen, ihre konkave Seite dem Lande zukehren. Wird das Hindernis vernichtet, so verliert die Düne ihren Halt und wird wieder ein Spiel der Winde. Man sagt dann, die Düne wandere landeinwärts. Weite Strecken werden dadurch versandet, die menschlichen Wohnsitze zurückgedrängt und Wälder verschüttet, die, wenn sie auch ein günstiges Geschick wieder von ihren Fesseln befreit, ihre Lebenskraft doch unwiederbringlich eingebüßt haben. In den Landes rücken die Dünen im Durchschnitte jährlich 1—2 m landeinwärts, an manchen Stellen aber — wie die Dünen von Teste und Lége — 20 bis 25 m; ferner in Schleswig 7, auf der frischen Nehrung 3·7—5.6 und auf der kurischen Nehrung ca. $5^1/_2$ m. So entstehen mehrere Hügelreihen hinter einander, landeinwärts stetig an Höhe zunehmend. In der Tropenzone, wo sogleich Pflanzen, besonders Mangrovebäume von den Dünen Besitz nehmen, ist ihre Beweglichkeit gering, und auch in Europa scheinen sie ehemals natürliche Wälder getragen zu haben, denn Montaigne berichtet im 16. Jahrhundert, sie hätten erst seit kurzer Zeit zu wandern angefangen. In unseren Tagen sucht man sie durch Anpflanzung von Gewächsen mit langen Wurzeln wie Sandhalm, Sandhafer, Sandroggen und Sandweide, zu befestigen; hat sich dann aus den Abfällen derselben eine dünne Humusschicht gebildet, so siedeln sich auch andere Pflanzen an, die die Seeluft vertragen.

Größere Dünen können sich nur an jenen Flachküsten bilden, wo eine breite Strandfläche den nötigen Sand nachhaltig liefert. Schon wiederholt wurde der Dünen der Landes zwischen den Pyrenäen und der Gironde gedacht. Hier, wo das Meer im Jahre durchschnittlich fünf Millionen Kubikmeter Sand auswirft, besitzt die Dünenzone nach Delesse eine Länge von 250 km und eine durchschnittliche Breite von 5 km und bedeckt 1200 qkm Land. Die Hügel erreichen eine Höhe von 75—89 m. Nördlich von der Gironde sind die Dünen zu Inseln zerbrochen, und hinter denselben schuf das ruhige Meer durch Ablagerung feinen Schlickes, der hauptsächlich von den großen Flüssen der See zugeführt, aber von der Flutströmung stets wieder zum Lande hingetrieben wird, das fruchtbare Marschland der Vendée. Dasselbe ist der Fall an der friesischen Küste, wo die im 17. Jahrhundert begonnene Eindeichung die Marsch wenigstens vor allzuhäufiger Zerstörung durch das Meer schützt. In den Niederlanden bedeckt das Marschland 18170 qkm; gegen Osten nimmt es ab, und auf der jütischen Halbinsel beträgt sein Areal nur mehr 2533 qkm. Auch die britische Nordseeküste wird, soweit sie flach ist, von Dünen begleitet, und ebenso die frische und kurische Nehrung der Ostsee. Auf der letzteren ist der Dünenzug ohne Unterbrechung 67 km lang; sein Kamm hat 30—50 m Höhe und seine Gipfel steigen bis zu 60 m empor. Eine beträchtliche Ausdehnung besitzen auch die Dünenbildungen an der Ostküste der Vereinigten Staaten von Long Island bis zur Chesapeak-Bai, an den Küsten von Florida, Texas, Mexiko (zwischen Veracruz und Tampico), Brasilien, Peru und am Gestade der Atacamawüste. In Afrika finden wir sie am Nildelta, an den Syrten, an der Westküste der Sahara, wo sie am Kap Bojador ihre größte Höhe — 120 bis 180 m — erreichen, und an der Küste des Namaqualandes. An der australischen Süd- und Westküste werden sie durch ein kalkiges Bindemittel, das die Muschelschalen liefern, zu einem festen Sandstein verkittet.

Lagunen. § 170. Mit der Dünenbildung steht häufig die Lagunenbildung im Zusammenhang. Lagunen oder Strandseen sind Meeresteile, die durch eine schmale, langgestreckte Landzunge mit oder ohne Dünen — die sog. Nehrung — von der offenen See getrennt sind. Bald stehen sie mit der letzteren durch einen oder mehrere Ausgänge in Verbindung, bald sind sie völlig abgeschlossen. An der südrussischen Limanküste oder im Donaudelta lassen sich alle diese Verhältnisse mit allen ihren Übergängen gut studieren. An der Küste der Landes treiben die fortschreitenden Dünen die Strandseen (Etangs) immer weiter landeinwärts und versetzen sie damit in ein immer höheres Niveau, das jetzt schon ca. 20 m über dem Meeresspiegel liegt.

Die Nehrung war ursprünglich eine Sandbarre, die meist durch die vereinigte Thätigkeit von Meer und Fluß geschaffen wurde. Dort nämlich, wo ein Fluß der Brandung begegnet, hemmen sie sich gegenseitig in ihrer Weiterbewegung und lassen ihre Sedimente fallen. Die Sandbank wächst immer höher an, bald tauchen einige Inseln auch über das Hochwasser empor, endlich verwachsen sie zu einem Landstreifen, der gelegentlich mit dem Festland in Verbindung tritt. Wohl nur ausnahmsweise vermag das Meer allein eine Nehrung zu bilden, wie Dana von der Küste von Long Island berichtet. Deltas sind in der Regel reich an Lagunen, aber auch Küsten mit offenen Flußmündungen werden häufig von Nehrungen umsäumt. Das zeigt am besten die Ostküste Nordamerikas, wo von New-Jersey bis Nicaragua das Lagunenphänomen im großartigsten Maßstabe entwickelt ist, und die Nehrungen von Nord-Carolina, Florida und vom südlichen Texas eine Länge von 350, beziehungsweise 300 und 390 km (gleich der Entfernung zwischen Wien und Triest!) erreichen. Die Betrachtung der Karte lehrt uns auch, daß hier nicht immer den größten Flüssen Nehrungen vorgelagert sind. Die größten Lagunen liegen nicht im Donaudelta, sondern zu beiden Seiten desselben; und während der Strandsee von Mesolungi nur einen ganz unbedeutenden Zufluß erhält, münden die großen Flüsse, Achelous und Phidaris, außerhalb desselben. In allen diesen Fällen sind entweder die Flüsse kräftig genug, ihre Mündungen offen zu halten, oder sie haben ihre Lagunen bereits ausgefüllt, oder ihre Sedimente werden von einer Strömung erfaßt und einem benachbarten Gestade zugeführt, wo sie sich hinter einem schützenden Ufervorsprung ablagern. Über die Bedeutung der Strömungen wurde schon auf S. 188 gesprochen. Auch die Windrichtung ist von Einfluß, wie das Beispiel der Dobrutschaküste zeigt, wo trotz des Mangels größerer Flüsse der herrschende SO.-Wind im Verein mit der Literalströmung mächtige Sandbarren aufhäuft und dadurch die Lagunenbildung außerordentlich fördert. Auch unterseeisch austretendes Süßwasser kann im Kampfe mit dem Meer Nehrungen schaffen, wie Schott von der Küste des nördlichen Yukatan meldet.

Selbstverständlich sind auch Niveauveränderungen von großem Einfluß. Eine negative Bewegung hob einst die kurische Nehrung — wie Berendt nachwies — so weit über den Meeresspiegel, daß die Dünen auf derselben aufhörten zu wachsen und sich mit einem dichten Wald bekleiden konnten, wodurch die Nehrung eine größere Festigkeit erhielt; dann trat wieder eine positive Bewegung ein. Eine solche schuf auch das Oderhaff und den Ran (Vorderindien), zwei uneigentliche Lagunen, denn die sie abschließenden Landstücke sind keine Nehrungen. Dasselbe gilt auch vom Coorong, einem schmalen, 130 km langen Strandsee an der südaustralischen Küste, denn die Dünen der Nehrung ruhen nach Jung auf einer Unterlage von Kalkfelsen. Dagegen war offenbar eine negative Niveauveränderung bei der Bildung des faulen Meeres und der ca. 60 km langen Nehrung von Arabat beteiligt.

Nehrungen und Lagunen sind sehr veränderliche und rasch vergängliche Bildungen. Flüsse und das bei Ebbe zurückströmende Meer benagen fortwährend die Innenseite der Nehrungen, die sich durch ihre unregelmäßige Form wesentlich von der geradlinig verlaufenden Außenseite unterscheidet. Häufig wird die Nehrung, besonders durch Sturmfluten, durchbrochen, und ebenso häufig versanden wieder die Ausgänge. An der kurischen Nehrung wies Berendt vier Öffnungen nach, aber bis auf die von Memel haben sich bereits alle geschlossen. Die Lagunen werden durch die Flußsedimente ausgefüllt, und Seestädten, wie Ravenna, wird dadurch ihr Lebensnerv abgeschnitten. An der Außenseite des jungen Landes können wieder neue Nehrungen entstehen, und so schreitet die Landbildung siegreich gegen das Meer fort, aber nur zu häufig unterbrochen von Perioden mariner Reaktion, besonders wenn eine positive Niveauveränderung die letztere unterstützt. An der Stelle des Menzalehsees im Nildelta standen einst die Städte Tanis und Tennis, und der See von Abukir entstand erst 1784. Dagegen kann eine negative Niveauveränderung das angeschwemmte Land dauernd vor Überflutungen schützen.

Die Halbinseln.

Formen der Halbinseln.

§ 171. Wie die Küstenformen im kleinen, so sind auch die Umrisse der Festländer im großen das Produkt einer langen Entwickelungsgeschichte. Niveauveränderungen, sowohl des Landes wie des Meeres, spielen dabei die Hauptrolle. In zutreffender Weise hat man die Kontinente mit Organismen verglichen, und Halbinseln und küstennahe Inseln als Glieder bezeichnet, die in der That auch wie Arme nach benachbarten Erdräumen hinübergreifen.

Die Halbinseln, zu deren Betrachtung wir nun übergehen, sind sehr ungleichmäßig verteilt. Ihr Areal beträgt nämlich in Prozenten der Gesamtfläche des Kontinentes (ohne die Inseln):

Nordkontinente		Südkontinente	
Europa	29·7	Australien	1·4
Asien	20·5	Südamerika	0·4
Nord- und Centralamerika	10·9	Afrika	0·0

Die Halbinselbildung ist also vorwiegend ein den nördlichen Festländern eigentümliches Phänomen, und von diesen ist wieder Europa am meisten gegliedert. Es besitzt überdies alle Hauptformen derselben. Die mit dem Festland innig verwachsene Bretagne, eigentlich nur ein scharf markierter Vorsprung desselben, stellt uns das kontinentale Extrem; die Krim dagegen, welche nur durch den 11 km breiten, sandigen Isthmus von Perekop mit dem Festland zusammenhängt, das insulare Extrem dar. Übergänge finden wir in der Balkanhalbinsel, die sich zwar schon deutlich vom Kontinent abgliedert, aber doch nur ganz allmählich aus demselbem hervorwächst; in der italienischen, die nur mehr mit einem schmalen Gebirgsstück an das Festland gekettet ist; endlich in der orographisch selbständigen pyrenäischen Halbinsel, die als ein fremdes Anhängsel am europäischen Körper erscheint. Nur ist hier, im Gegensatze zur Krim, das Verbindungsglied eine breite Ebene.

Abgegliederte Halbinseln.

§ 172. Schon aus dieser kurzen Betrachtung ergibt sich, daß Halbinseln auf zweierlei Weise sich bilden können: durch Ab- und durch Angliederung; die erstere geschieht durch eine positive, die letztere durch eine negative Niveauveränderung. In den abgegliederten Halbinseln setzt sich stets die Terrainform des benachbarten Festlandteiles fort. Die beiden unteren Stufen des Karstes bilden die Halbinsel Istrien, und dasselbe Gebirgssystem zieht durch die ganze Westhälfte der Balkanhalbinsel bis in den Peloponnes fort. Ebenso gehören das serbische und das Banatergebirge geognostisch und orographisch zusammen. Zwei Gebirgszüge aus kryſtalliniſchem Geſtein ziehen aus Armenien in die kleinaſiatiſche Halbinſel hinein, endigen am Kyſyl Irmak und tauchen im Weſten wieder aus der tertiären Ebene auf. Die Gebirge, die Hinterindien in ſüdſüdöſtlicher Richtung durchziehen, beginnen nach von Richthofen auf dem Kontinent ſchon unter 32° B. Das granitiſch-vulkaniſche Gebirge des nördlichen Teiles der kaliforniſchen Halbinſel endigt auf dem Feſtlandsrumpfe erſt bei Los Angelos. Zu gleichen Ergebniſſen dürfte wohl auch eine genaue geologiſche Unterſuchung der Gebirge von Korea und Kamtſchatka führen. Auch die Apenninen Italiens ſind nur ein Ausläufer des alpinen Syſtems, während die Poebene erſt in der Quartärzeit dem Meere abgerungen wurde. Italien gehört alſo nur ſcheinbar zu den abgegliederten Halbinſeln mit breiter Baſis. Noch ſchmäler als der Apennineniſthmus iſt das Verbindungsglied zwiſchen Neuſchottland und Neubraunſchweig. Es beſteht aus Karbonſchichten, die vom Feſtland auf die Halbinſel hinüberſtreichen; und es unterliegt keinem Zweifel, daß die abnorm hohe Flutwelle der Fundybai weſentlich zur Zerſtörung der Landenge beigetragen hat. Wo das Hinterland flach oder hügelig iſt, finden wir dieſelbe Terrainform auch auf den abgegliederten Halbinſeln, ſo auf der jütiſchen und wahrſcheinlich auch in Labrador und Arabien.

Angegliederte Halbinſeln.

§ 173. Die angegliederten Halbinſeln ſind geologiſch und orographiſch ſelbſtändige Individuen, und dieſer Charakterzug drückt ſich auch meiſt in den geſchichtlichen Schickſalen ihrer Bewohner aus. Eine Tiefebene von jugendlichem Alter verbindet ſie mit dem kontinentalen Rumpfe. Der Anſchluß der iberiſchen Halbinſel an Frankreich vollzog ſich zugleich mit der letzten Aufrichtung der Pyrenäen; die miocänen Schichten, die die ſüdfranzöſiſche Tiefebene bedecken und an der Gebirgsfaltung nicht mehr teilgenommen haben, ſind Süßwaſſerablagerungen. In gleicher Weiſe gewann Aſien das altkryſtalliniſche Maſſiv von Dekan bei der Aufrichtung des Himalaya, alſo ebenfalls in der Tertiärzeit, und ſeitdem wurde die Verbindung durch die Aufſchüttung von Flußſedimenten in der hinduſtaniſchen Tiefebene eine immer feſtere. Erſt in der Quartärzeit ſchloß ſich die Krim mit ihrem iſolierten Jailagebirge, und das aus altkryſtalliniſchen Geſteinen beſtehende finniſch-ſkandinaviſche Plateau an das Feſtland an. Der Ladoga- und Onegaſee ſind noch Überreſte der einſt die Oſtſee mit dem weißen Meer verbindenden Waſſerſtraße.

Kombinierte Halbinſeln.

§ 174. Eine Kombination beider Arten iſt Florida. Soweit es aus tertiärem Kalk beſteht (d. h. der größte Teil der Halbinſel), iſt es eine kontinentale Fortſetzung. Nach allen Seiten hat es ſich aber durch Anſatz junger Muſchel- und Korallenkalke vergrößert, namentlich im Süden, jenem eigentümlichen Mittelding von Sumpf und See, das nur $1^1/_2$—2 m über dem Meeresspiegel liegt. Bei anderen abgegliederten Halbinseln sind die angegliederten Stücke orographisch noch viel schärfer markiert. Die Stiefelgestalt Italiens ist das Produkt einer solchen Kombination. An zwei Stellen (im Cratithal und zwischen den Buchten von Eufemia und Squillace) wird das krystallinische Gebirge der Halbinsel Calabrien von horizontal gelagerten Meeresbildungen tertiären Alters, die von Küste zu Küste reichen, durchschnitten, und diesen geologischen Unterbrechungen entsprechen auch orographische Depressionen. Hier wurden also zwei Inseln angegliedert, die aber doch — wie wir später auseinandersetzen werden — mit dem Apenninensystem und einem inneren Zusammenhang stehen. Dagegen ist der Sporn von Italien, der Mte. Gargano, ein den Apenninen ganz fremdes Gebirgsstück und von diesen auch durch eine weite Ebene getrennt. Seine Landschneckenfauna trägt nach Kobelt's Untersuchungen auch jetzt noch nicht den italienischen Charakter an sich. Noch schärfer ausgeprägt sind die sekundären Halbinselbildungen der Balkanhalbinsel. Die mittlere und östliche Landzunge von Chalkidike sind erst in der jungtertiären Zeit angewachsen, während die westliche eine abgegliederte Halbinsel ist. In die spätere tertiäre Periode fällt auch die Angliederung des Peloponnes, denn zwischen den aus Kreidekalk bestehenden Bergen, dem Mte. Geraneo in Megara (1057 m) und dem onranischen Berg in Morea (582 m), bilden horizontal gelagerte Tertiärschichten, die mit marinem Pliocän abschließen, den nur 5940 m breiten Isthmus von Korinth, dessen Maximalhöhe nur 78 m beträgt. Malacca war ebenfalls eine Insel, wie jetzt noch Sumatra, dem es auch in seiner Gestalt sehr ähnlich ist, und seine Verwandlung in eine Halbinsel konnte noch nicht seinen faunistischen Charakter verwischen, denn noch jetzt gleicht seine Tierwelt der der Sundainseln, nicht der Hinterindiens.

Inseln. I. Festländische Inseln.

Größe und Anordnung der Inseln.

§ 175. Im Gegensatz zu den großen Landmassen oder Kontinenten nennt man die kleinen von Meer umgebenen Landstücke Inseln.[1] Diese Definition scheint auf den ersten Blick allerdings der nötigen Schärfe zu entbehren, in der That reicht sie aber vollständig aus, denn zwischen dem kleinsten Kontinent mit 7·6 Millionen qkm (Australien) und der größten Insel mit 0·8 Millionen qkm (Neu-Guinea) ist doch ein gewaltiger Unterschied. Ein Mittelglied bildet Grönland mit ca. 2·1 Millionen qkm; da wir aber noch nicht wissen, wie weit es sich nach Norden erstreckt, so

[1] Hier werden nur die Meeresinseln berücksichtigt, da nur diese einen Gegensatz zu den Kontinenten bilden.

können wir es vorläufig weder zu den Kontinenten, noch zu den Inseln zählen. Das Areal aller bekannten Inseln beträgt beiläufig 8·3 Mill. qkm, davon kommen 57 Prozent auf die 23 Inseln mit mehr als 50000 qkm[1] und nur 43 Prozent auf die übrigen ungezählten Tausende von Eilanden, die zusammengenommen nur $^2/_3$ des europäischen Rußlands bedecken würden.

Verhältnismäßig selten sind vereinzelte Inseln, wie St. Helena (123 qkm), Ascension (88 qkm) oder Sala y Gomez (4 qkm); meist treten sie gesellig auf. Entweder wird eine Hauptinsel nur von einigen Klippen umgeben, wie Island, oder von größeren Eilanden wie Madagaskar. Zwei Hauptinseln enthalten die britische und die Spitzbergen-Gruppe. Doppelinseln sind Neuseeland und Nowaja-Semlja. Eine reihenweise Anordnung zeigen die Antillen, die Alëuten, u. a. Eine anscheinend unregelmäßige Anhäufung größerer und kleinerer Inseln, die aber meist nur aus mehreren Reihen bestehen, nennt man einen Archipel. Auch hier finden wir bezüglich der Größe wieder dieselben Unterschiede, wie bei den einzelnen Inseln. Der malayische Archipel hat 2·8 und der arktisch-amerikanische 1·3 Millionen qkm; auf beide zusammen entfallen also ca. 50 Prozent des gesamten Inselareals. Dagegen sind die 180 Bermudainseln (50 qkm) nicht einmal so groß, wie die Repulik San Marino.

§ 176. Die Bildung von Inseln durch Abtrennung vom Festland wurde auch in historischer Zeit gelegentlich beobachtet, und im § 157 wurde ein solcher Fall bereits erwähnt. Übergangsbildungen sind solche, Geologische Beweise.

[1] Diese sind mit Ausschluß derjenigen Inseln des amerikanischen Polararchipels, deren Grenzen nicht genauer bekannt sind:

	qkm		qkm
1. Neu-Guinea	774 362	11. Luzon	110 670
2. Borneo	731 440	12. Neufundland	110 670
		13. Island	104 785
3. Madagaskar	591 563		
4. Sumatra	430 954	14. Nowaja-Semlja	91 070
		15. Mindanao	84 730
5. Neuseeland	256 004	16. Irland	83 751
6. Nippon	223 555	17. Jesso	77 999
7. Britannien	217 720	18. Haïti	77 253
		19. Sahalin	71 546
8. Celebes	178 833	20. Banksland	68 200
9. Java	125 896	21. Tasmanien	64 644
10. Cuba	112 191	22. Ceylon	63 976
		23. Norddevon	53 400

die, wie die friesischen Inseln oder der Mount St. Michael in der Mounts-Bai (Cornwallis), zur Flutzeit Inseln und zur Ebbezeit Halbinseln sind. Solche direkte Beweise der Zugehörigkeit zum Festland oder zu einer anderen Insel können aber natürlich nur selten erbracht werden. Doch haben wir einen Ersatz dafür in indirekten Beweisen zuverlässigster Art. Die zahlreichen größeren und kleineren Felseneilande, die viele Steilküsten umschwärmen, verraten sofort ihre kontinentale Abkunft, ehe man sich noch davon überzeugt hat, daß auch ihre geologische Beschaffenheit genau mit der der Küste übereinstimmt. Ein Beispiel dafür sind die dalmatinischen Inseln, die aus demselben Kreidekalk (mit untergeordneten Tertiärbildungen) bestehen, wie das dalmatinische Gebirge. Von Veglia bis Zuri streichen sie nach Nordwesten, d. h. parallel mit der Küste und mit dem Streichen der Schichten. Südlich von Sebenico liegt noch ein Stück vollständig erhaltenes Küstenland, und genau in der Richtung desselben liegt weiter nach Süden die Insel Solta. Dagegen sind die süddalmatinischen Inseln in äquatorialer Richtung gestreckt, die durch eine Wendung im Streichen der Schichten bedingt ist, wie man auf der Halbinsel Sabbioncello gut beobachten kann. Die Cykladenreihen bis Sikinos, Nios und Naxos sind geologisch die Fortsetzungen von Attika und Euböa, die Spitzen eines untergesunkenen Gebirges. Nach den Forschungsergebnissen der österreichischen Geologen haben wir es nämlich hier mit einer bedeutenden nachpliocänen Niveauveränderung des Landes zu thun, der das ägäische Meer seine Existenz verdankt. Durch denselben Prozeß, durch den Abgliederungshalbinseln entstehen, werden also auch an den Rändern derselben die flachen Teile unter Wasser gesetzt und dadurch die Erhebungen in Inseln verwandelt. Die jütische und die Balkan-Halbinsel, Italien, Hinterindien und das polare Amerika mit Labrador werden von solchen festländischen Inseln begleitet.

Flora und Fauna.

§ 177. Auch aus der Pflanzen- und Tierwelt einer Insel läßt sich auf deren Abkunft schließen, ja sogar bis zu einem gewissen Grade der Sicherheit auch auf die Zeit der Abtrennung vom Festland. Die britischen Inseln haben z. B. die Flora und Fauna mit Westeuropa gemein, und wie schließen daraus, daß sie noch in der geologischen Gegenwart mit dem Kontinente verbunden waren. Denn wenn auch die Samen mancher Pflanzen und manche Vögel über die zwar schmale, aber unruhige Meeresstraße von Frankreich nach Britannien gelangen konnten, so hätte dieselbe doch für die überwiegende Mehrzahl der Organismen, namentlich für die Säugetiere eine unüberschreitbare Barriere gebildet. Die Annahme, daß der Mensch alle Pflanzen und Tiere eingeführt habe, die nützlichen wie die schädlichen, ist — ganz abgesehen von ihrer Unwahrscheinlichkeit

— schon deshalb nicht stichhaltig, weil der Reichtum der britischen Fauna in der historischen Zeit abgenommen hat; ja manche Tierformen, wie der Löwe, das Rhinozeros, das Mammuth u. s. w., die in der vorgeschichtlichen Periode Britannien bevölkerten, sind gänzlich ausgestorben. Bestätigt wird das — geologisch gesprochen — jugendliche Alter der Lostrennung durch die geringe Tiefe des Meeres und durch die geognostische Identität der beiden Ufer der Doverstraße; vielleicht fielen die letzten Reste der Landbrücke der Meereserosion zum Opfer, wie ja auch jetzt noch die Straße immer mehr erweitert wird.

Der Landzusammenhang wurde aber früher aufgehoben, ehe die ganze kontinentale Lebewelt in Britannien einwandern konnte, und Irland war schon eine Insel, als die Brücke von Dover noch bestand.[1] Auch deutet das Vorhandensein einiger eigentümlichen Arten auf längere Isolierung hin. Der insulare Endemismus läßt sich auf verschiedene Weise erklären. In den seltensten Fällen ist er ursprünglich, d. h. die betreffenden Organismen (wohl nur Pflanzen und niedere Tiere) waren nur auf einen kleinen Verbreitungsbezirk beschränkt, und dieser wurde vom Festland abgetrennt. Wahrscheinlich ist der Reichtum der deutschen Insel Borkum an eigentümlichen Pflanzen darauf zurückzuführen. Häufiger ist der Fall, daß organganische Formen unter günstigen Bedingungen auf einer Insel sich erhielten, während sie auf dem Festland überhaupt oder wenigstens in dem Mutterlande im Kampf ums Dasein zu Grunde gingen. In den meisten Fällen haben sich aber die eingewanderten Tiere und Pflanzen den neuen Lebensbedingungen allmählich angepaßt. Veränderliche Artenmerkmale konnten sich befestigen, weil eine Vermischung mit der Stammart nicht mehr möglich war. Wie rasch die insulare Abgeschlossenheit unter besonders günstigen Umständen solche Veränderungen erzeugen kann, lehrt uns folgende Thatsache. Auf den Keelingsinseln wurden durch ein gescheitertes britisches Schiff Ratten eingeführt, und ihre Nachkommen unterscheiden sich von den

[1] Anzahl der Arten nach Wallace:

	Festland	England	Irland
Säugetiere	ca. 90 (Deutschland)	40	22
Reptilien und Amphibien . . .	22 (Belgien)	18	4
Landvögel	—	130	110
Phanerogamen und Farne . .	—	1425	970

englischen Verwandten bereits dadurch, daß sie kleiner und heller gefärbt sind.

Junge Abgliederungsinseln.

§ 178. Der größere oder geringere Reichtum einer Insel an eigentümlichen Arten ist also bis zu einem gewissen Grade ein Zeugnis für ihr relatives Alter. Berücksichtigen wir nur den Endemismus in den höheren Tierklassen, so erhalten wir beispielsweise nachstehende Reihenfolge: Die britischen Inseln mit 3 Vogelarten, Hainan mit einer Säugetierart und 20 Vogelarten, Formosa mit 14 Säugetierarten, 43 Vogelarten und sogar einem Vogelgeschlecht, endlich Japan mit 25 Landsäugetieren (von 30), aber nur 11 Vögeln (von 165 dort lebenden). Alle übrigen Arten stimmen mit denen des benachbarten Festlandes überein, und auch die endemischen sind mit letzteren verwandt. Auf derselben relativen Altersstufe, wie Hainan, stehen die Falklandinseln, deren eigentümliche Arten: der Fuchs, einige Singvögel und ca. 30 Gefäßpflanzen, mit den patagonischen Arten sehr nahe verwandt sind. Alle die genannten Inseln sind durch die 200 Meter-Linie mit dem Festland verbunden.

Sehr lehrreich sind die faunistischen Verhältnisse im malayischen Archipel, um deren Kenntnis sich Wallace unsterbliche Verdienste erworben hat. Eine Linie zwischen Bali und Lombok, durch die Makassarstraße und die Celebessee trennt zwei fundamental verschiedene Tierwelten: die indische und die australische. In Übereinstimmung damit sinkt hier auch der Meerboden zu größeren Tiefen ab, während Borneo, Sumatra und Java durch ein unterseeisches Plateau von nur ca. 50 m mittlere Tiefe an Hinterindien gekettet sind. Die Fauna dieser Inseln trägt einen echt kontinentalen Charakter. Von den 154 Familien derselben sind 144 hinterindisch und nur fünf werden im übrigen indischen Gebiet nicht gefunden. Unter den letzteren ist besonders der Tapir interessant, dessen Verwandte derzeit nur noch im tropischen Südamerika leben, aber im Tertiär auch Nordamerika, Europa und Indien bewohnten. Am längsten blieben Sumatra und Borneo mit dem Festland verbunden; hier ist die Säugetierfauna am vollständigsten. Dagegen fehlen in Java der Elefant, der Tapir, mehrere Geschlechter von menschenähnlichen Affen, Igel, Zibethkatzen u. s. w. Noch merkwürdiger ist das Vorkommen einiger Vogelgeschlechter, die weder auf Sumatra, noch auf Borneo, sondern erst im Himalaya wiedergefunden werden. Wallace erklärt dies auf folgende Weise. In der Eiszeit waren noch alle drei großen Inseln Festlandsteile, und himalayische Arten verbreiteten sich bis nach Java. Dann wurde diese Insel abgetrennt, und jene Vogelarten blieben hier gleichsam wie in einem Käfig gefangen, während sie von Borneo und Sumatra, durch die Klimaänderung verdrängt, wieder in die ihnen angemessceneren Hochgebirgsgegenden zurückkehren konnten.

Noch früher als Java wurden die Philippinen, die auch außerhalb der 200 Meter-Linie liegen, in Inseln verwandelt. Auch hier ist nicht etwa ein besonderer Reichtum an endemischen Formen, sondern das Fehlen großer Affen-, Raubtier- und Einhufergeschlechter ein Beweis dafür. Kleinere Inseln führen nach Formosa und Celebes hinüber, und auf diesen Straßen fanden spätere Einwanderungen chinesischer und australischer Vogeltypen statt.

Auf der anderen Seite sind Neu-Guinea und Tasmanien mit Australien durch eine Flachsee verbunden. Als die jüngste Insel erscheint Tasmanien, aber auch hier fehlen einige Beuteltiergeschlechter und zwei sind endemisch. Ähnliche Verhältnisse finden wir auf Neu-Guinea, wo aber auch das australische Schnabeltier fehlt. In seiner Vogelwelt gibt es zwar zahlreiche indische Elemente, ebenso wie unter seinen Reptilien und Insekten, aber das weist noch nicht auf eine Landverbindung mit dem westlichen Archipel hin. Die Vögel und Insekten konnten sich in diesem inselreichen Meer, wo so viele Ruhepunkte sich ihnen boten, leicht verbreiten; und von den Schlangen, die auf Neu-Guinea hauptsächlich indischen Ursprungs sind, wissen wir, daß sie auf schwimmenden Baumstämmen und Schiffen längere Seereisen ausführen können. Auf einem Baumstamm gelangte eine Boa constrictor lebend von Südamerika nach St. Vincent, das in kürzester Distanz 300 km vom Kontinent entfernt ist. Dagegen sind auf Neu-Guinea die Amphibien, die mit seltenen Ausnahmen allein auf den Landweg angewiesen sind, insgesamt australisch. Außerhalb der 200-Meter-Linie liegen die Molukken und die westliche Inselreihe bis Lombok, und auch die Fauna dieser Inseln zeigt uns, daß sie sich früher als Neu-Guinea von dem australischen Erdteile losgelöst haben. Noch älter ist das merkwürdig gestaltete Celebes, das an drei Seiten von tiefen Meeresbecken umgeben ist. Neben australischen und indischen Tierformen, die auf zeitweilige Landverbindung mit dem östlichen wie mit dem westlichen Archipel schließen lassen, beherbergt es noch Überreste einer uralten Fauna (eine Affenart, Cynopithecus nigrescens, der wilde Stier Anoa depressicornis und die Schweineart Babirusa alfurus, nebst fünf Vogelgeschlechtern), deren Verwandte — wie wir annehmen müssen — sonst überall ausgestorben sind.

Faunistische Untersuchungen haben uns bisher bei der Altersbestimmung der Inseln geleitet, aber auch sie reichen nicht in allen Fällen aus. A. Kirchhoff hat darauf aufmerksam gemacht, daß die Halligen an der schleswigschen Küste, die nachweisbar erst im Mittelalter den Zusammenhang mit dem Festland verloren (s. S. 187), weder Amphibien noch Säugetiere besitzen außer den von den Menschen hierhergebrachten Haustieren; denn die Sturmfluten, die sich über diese kaum mehr als tischhohen

Eilande ergossen, vernichteten die ursprüngliche Fauna. Anderen Schwierigkeiten begegnen wir im arktischen Meer. Zwar braucht es keines weitläufigen Beweises, um den kontinentalen Charakter des nordamerikanischen Archipels zu erkennen; und auch Grönlands einstige Verbindung mit Amerika, mit dem es eine Lemmingsart, den Bisamochsen und den Schneehasen gemein hat, kann als ziemlich sichergestellt betrachtet werden. Desto weniger Anhaltspunkte bietet uns aber die gegenwärtige Tierwelt der übrigen arktischen Inseln. Sie alle besitzen sedimentäre Gesteine, meist von hohem Alter. Nowaja-Semlja ist, wie Höfer nachweisen konnte, eine Fortsetzung des Ural, also eine kontinentale Insel; aber Spitzbergen, König Karl-Land und Franz-Josef-Land liegen weiter vom Festland entfernt und sind auch durch ein tieferes Meer von demselben getrennt. Die Gesteinsbeschaffenheit ist, wie wir später sehen werden, nicht allein entscheidend, und auch die Säugetierfauna fordert hier nicht eine Landverbindung in der Quartärzeit. Denn der Eisbär kommt mit dem Treibeis überall hin, die Renntiere unternehmen weite Wanderungen über gefrorene Meeresstraßen, und auch der Polarfuchs, obwohl nicht so kühn, kann doch gelegentlich mit Treibeis auf eine fern abliegende Insel gelangen. Ob auch der gemeine Fuchs, der in Spitzbergen gefunden wird, und die überall verbreiteten Lemminge ähnliche Reisen ausführen, ist uns nicht bekannt. Dagegen ist ein stichhaltiges Zeugnis für den einstigen Landzusammenhang das fossile Vorkommen von Mammut und Rhinozeros auf den neusibirischen Inseln und der Fund eines großen Mammutzahnes im Innern des Wrangellandes. Zwischen diesen Inseln und der sibirischen Küste dehnt sich auch ein ganz flaches Meer aus.

Reihenfolge der Niveauveränderungen.

§ 179. Halten wir einen Augenblick inne, um einige allgemeine Folgerungen aus den uns bisher bekannt gewordenen Thatsachen zu ziehen. Die meisten der bisher genannten Inseln haben ihren Zusammenhang mit dem Festland in nachtertiärer Zeit verloren, wenn sie auch beträchtliche Altersunterschiede aufweisen. Es ist augenscheinlich, daß die Meereserosion allein nur bei wenigen dieser Inseln die Hauptursache der Abtrennung gewesen sein kann, wenn sie auch im Verein mit einer positiven Niveauveränderung mächtige Wirkungen erzielen konnte. Berücksichtigen wir außerdem noch einige andere Erscheinungen, von denen früher die Rede war, so erhalten wir folgende schematische Übersicht der Niveauveränderungen, deren Spuren noch jetzt sichtbar sind:

1. Positive Bewegung: Abgliederung von Halbinseln, Inseln, Entstehung der Fjorde.

2. Negative Bewegung: Entstehung der alten Strandlinien. Angliederung Skandinaviens.

3. In manchen Gegenden folgte darauf wieder eine positive Bewegung.

Es läßt sich allerdings weder mit Bestimmtheit behaupten, daß alle großen Abgliederungsinseln gleichalt mit den Fjorden sind, noch daß die Inseln oder die Fjorde oder beide älter sind als die Strandlinien. Es ist auch sehr leicht möglich, daß in verschiedenen Gegenden die Altersfolge eine verschiedene ist, und nur eingehende Detailstudien werden diese Frage beantworten können.

§ 180. Aber auch noch ältere Niveauveränderungen haben bedeutungsvolle Spuren zurückgelassen. Schon in Celebes haben wir ein Beispiel einer alten festländischen Insel kennen gelernt. Ein zweites ist Ceylon. Zwar ist seine Säugetierfauna entschieden vorderindisch, und weder durch eine größere Zahl endemischer Formen noch durch den Mangel hervorragender Geschlechter ausgezeichnet, aber für seine lange Isolierung spricht die Erhaltung altertümlicher Typen, deren Verwandte in Hindustan nicht gefunden werden, wohl aber in den benachbarten Teilen von Dekan, das — wie wir gehört haben — erst in der Tertiärzeit an das Festland angegliedert wurde. Gegenüber Dekan ist Ceylon also eine junge Insel, worauf schon die Küstennähe und noch mehr die geringe Tiefe der Palksstraße hindeutet, gegenüber dem Festland aber eine alte Insel. Zu jenen altertümlichen Typen gehört das Fischgeschlecht Eutroplus, dessen Verwandte nur noch in Syrien, Afrika und Südamerika vorkommen, und besonders die Lemurengattung Loris. Darauf baute man einst die Hypothese von einem versunkenen Kontinent, Lemuria, auf, der von Indien bis Madagascar gereicht haben soll. Auf dieser Insel, die durch eine Tiefsee von Afrika getrennt, und ca. 400 km von demselben entfernt ist, leben nämlich noch sechs Lemurengeschlechter und die ihnen verwandte Familie der Aye-Aye. Außerdem finden sich Lemuren noch in Süd- und Westafrika und im indischen Gebiet. Sie sind also offenbar die Überreste einer einst weit verbreiteten Familie, die auch im Eocän von Europa und Nordamerika nachgewiesen wurde, und nicht etwa durch direkte Wanderung von Afrika nach Indien gelangt. Auch sonst erhielten sich noch auf Madagaskar und den benachbarten Inseln seltsame Tiergestalten, wie die endemische Familie der Cryptoproctidä, ein Kollektivtypus von Katze und Zibethkatze, oder die flugunfähigen Riesenvögel oder die Riesenschildkröte auf der Insel Aldabra. Die Erhaltung dieser interessanten Faunaüberreste erklärt sich aus der Abwesenheit der mächtigen Feinde, die erst nach der Abtrennung Madagaskars Afrika bevölkerten, wie der echten Affen, der meisten Insektenfresser und Raubtiere, aller Einhufer mit Ausnahme des kosmopolitischen Schweines und aller Zahnarmen und Nager mit Ausnahme der ebenfalls kosmopolitischen Ratten und Mäuse. Auch die übrigen madagassischen

Alte Abgliederungsinseln.

Tierklassen zeigen bedeutende Lücken, und ebenso bürgt der Reichtum an endemischen Pflanzen für das hohe Alter der ganzen Inselgruppe, die einst wahrscheinlich von Madagaskar über die granitischen Seychellen bis zu den Kokosinseln ein zusammenhängendes Land bildete, während die Maskarenen und möglicherweise auch die Comoren ursprüngliche Inseln sind.

Ebenso alt oder noch älter sind die Antillen, die trotz ihrer Küstennähe allseitig von Tiefsee umgeben sind. Ihre Fauna weist auf Südamerika als Mutterland hin; die Annäherung an Nordamerika trat erst dann ein, als dieses in das Meer hinauswuchs. Die Tierwelt ist außerordentlich dürftig an Formen[1], und ebenso wie die Flora durch starken Endemismus ausgezeichnet. Besonders bemerkenswert ist der igelartige Solenodon, der nur einen Verwandten auf Madagaskar hat. Es sind dies die einzigen Überbleibsel einer einst weiter verbreiteten, in den Miocänzeit auch in Südfrankreich lebenden Familie. Ob Westindien immer so arm an Säugetieren war, wie jetzt, wurde zwar bezweifelt, seit man in den Höhlen von Anguilla Reste einer ausgestorbenen Nagerfamilie fand, und man glaubte, die Verkümmerung der Säugetierfauna durch die Verminderung des Areals erklären zu können. Daß die Antillen einst größer waren, ist wohl sehr wahrscheinlich: die Zinken der gabelförmig gestalteten Insel Haïti setzen sich in der Sierra Maestra Cubas und in Jamaica fort, dürften also einmal zusammengehangen haben; und ebenso deuten die zahlreichen kleinen Eilande um Cuba auf eine einst größere Ausdehnung dieser Insel hin. Aber Wallace macht mit Recht darauf aufmerksam, daß die jetzigen Hauptinseln noch geräumig genug wären, um die mannigfaltigsten Säugetiere zu ernähren. Auch ist jene ausgestorbene Nagerfamilie in dieser Frage nicht beweiskräftig, da sie ja auch im tropischen Südamerika erloschen ist.

Restinseln. § 181. Die älteste festländische Insel ist Neuseeland, denn es besitzt nur einige fliegende Säugetiere und ein einziges Amphibium (die Froschart Liopelma), das nur mit Arten in Südamerika und in Europa verwandt ist. Die Abwesenheit aller mächtigen Tiergeschlechter gestattete hier, wie auf den madagassischen Inseln, die Erhaltung großer flügelloser Vögel, die außerdem noch auf der Chatam-, Auckland-, Lord Howe- und

[1] Von den in den benachbarten Ländern lebenden Tieren sind in Westindien nur vorhanden:

Säugetiere . .	17	(11)	Prozent
Amphibien . .	26	(22)	=
Reptilien . . .	44	(37)	=
Landvögel . .	47	(18)	=

Die eingeklammerten Zahlen geben den Prozentsatz nach Abzug der Kosmopoliten.

Norfolkinsel vorkommen. Das sind die äußersten nachweisbaren Grenzen des einstigen neuseeländischen Festlandes. Nach Süden reichte es nicht mehr bis zur Campbellinsel, wie Filhol's Untersuchungen (im Gegensatz zur Annahme von Wallace) lehren. Es fragt sich nun, in welchem Verhältnis Neuseeland zu Australien steht, von dem es durch ein nahezu 2000 km breites und tiefes Meer getrennt ist. Eine Verbindung konnte allenfalls über Neucaledonien stattfinden, das ebenfalls aus Sedimentgesteinen besteht und nach Heurteau in seinem ganzen geologischen Bau mit der Südinsel von Neuseeland übereinstimmt. Bis hierher gelangten auch noch die australischen Beuteltiere, die die neuseeländische Gruppe nicht mehr erreichten. Bestand also eine Verbindung mit Australien, so mußte sie sich doch schon in der Sekundärzeit gelöst haben. Allerdings enthält die neuseeländische Vogel- und Pflanzenwelt eine beträchtliche Anzahl australischer Elemente, aber bezüglich jener erklärt Wallace und bezüglich dieser Engler, daß sie nicht notwendig auf einen ehemaligen Landzusammenhang hinweisen. Vielleicht repräsentiert uns also Neuseeland mit seinen Trabanten eine eigene Art festländischer Inseln, die Kirchhoff im Gegensatz zu den Abgliederungsinseln verschiedenen Alters als Restinseln bezeichnete.

Seit Wichmann's Untersuchung der Gesteine der Fidschiinseln ist die Frage aufgetaucht, ob nicht auch einige von den hohen polynesischen Inseln, denen man bislang vulkanischen Ursprung zuschrieb, zu den Restinseln zu zählen seien. Sicher ist, daß Fidschi-Levu neben tertiären Eruptivgesteinen und Tuffen alte massige Gesteine und krystallinische Schiefer besitzt. Paläozoische und mesozoische Schichten fehlen ganz, und dies deutet auf eine Festlandperiode. Ältere sedimentäre Gesteine sollen auch auf Neubritannien und den Salomonsinseln vorkommen. Auf den Palauinseln werden sowohl am Meeresstrand wie in Höhen von 400 m Blöcke aus Granit und Diabas angetroffen; und es ist wahrscheinlich, daß sie auch anstehend gefunden werden. Endlich wird von den weit im Osten liegenden Marquesas gemeldet, daß sie aus Granit und Gneiß bestehen. Diese letzteren Angaben sind allerdings noch nicht zuverlässig genug, um als Grundlage einer neuen Theorie über den Ursprung der hohen Inseln in der Südsee zu dienen; aber jedenfalls muß die Frage, ob diese Inseln oder wenigstens ein Teil derselben nicht als Reststücke eines untergetauchten Kontinentes zu betrachten seien, offen gelassen werden.

Inseln. II. Ursprüngliche Inseln.

§ 182. Diese zweite Kategorie umfaßt alle Inseln, die im Meer entstanden sind und niemals mit dem Festland verbunden waren. Im

Hebungs- und Aufschüttungsinseln.

Gegensatz zu den kontinentalen bezeichnet man sie auch als **ozeanische**, weil die überwiegende Mehrzahl derselben in der offenen See liegt, doch ist der von A. **Kirchhoff** gewählte Name, den auch wir anwenden, ungleich zutreffender, da einerseits solche Inseln auch in den Küsten sich vorfinden, andererseits auch fernliegende Inseln (wie Neuseeland) zu den festländischen gezählt werden müssen.

Ihrer Entstehung nach unterscheidet A. **Kirchhoff** wieder **vulkanische, Aufschüttungs- und nichtvulkanische Hebungsinseln**. Von verhältnismäßig geringer Bedeutung sind die letztgenannten: submarine Bänke und Klippen, die durch eine negative Niveauveränderung über den Meeresspiegel gehoben werden, wie die Klippeninsel Harrilaid, die in unseren Tagen an der östlichen Küste zwischen Dagö und Worms auftauchte, oder wie die Golfstrominseln an der Nordseite von Nowaja-Semlja, die man 1871 genau an der Stelle entdeckte, wo 1594 eine Sandbank von 33 m Tiefe gelotet wurde. Derselben Ursache verdankt vielleicht auch der St.-Pauls-Felsen in der Mitte des äquatorialen atlantischen Ozeans sein Dasein (Fig. 55). Wahrscheinlich zu den Aufschüttungsinseln gehört die Insel Edmondstone zwischen der Mündung das Hugli und dem Kanal de la Baye (Gangesdelta), die nach einem Berichte von 1819 innerhalb von fünf Jahren aus einer Sandbank zu einem Eiland von 3 km Länge und ca. $^4/_5$ km Breite heranwuchs und eine solche Höhe erreichte, daß sie nur noch von den höchsten Sturmfluten überspült wurde. Es ist aber klar, daß hier auch eine negative Niveauveränderung mitgewirkt haben kann, ebenso wie bei anderen Deltainseln oder bei jenen Inselchen, die allmählich zu einer Nehrung sich zusammenschließen. Die wichtigste Art der Aufschüttungsinseln sind die flachen Koralleninseln, die zusammen mit den hohen vulkanischen Eilanden die weitaus größte Menge der ursprünglichen Inseln bilden.

Vulkanische Inseln.

§ 183. Unterseeische vulkanische Ausbrüche haben auch in der historischen Zeit mehrfach zu Landbildung Veranlassung gegeben. Werden die Inseln nur aus lockeren Massen (Asche und Schlacken) aufgebaut, so fallen sie bald wieder den Meereswogen zum Opfer, wie beispielsweise die Insel Ferdinandea v. J. 1831; dagegen verleiht ihnen der Erguß von Lava größere Festigkeit und sichert ihren Bestand. Von den Inseln der liparischen Gruppe (bei Sicilien) entstanden wahrscheinlich mehrere in der geschichtlichen Zeit; mit Bestimmtheit weiß man dies freilich nur von der Insel Volcanello (ca. 200 v. Chr.). Andere Beispiele sind die Inseln Joanna Bogoslowa bei den Aleuten (1796) und Didica nördlich von den Philippinen (1856). Zu den merkwürdigsten vulkanischen Inselbildungen gehört **Santorin** im ägäischen Meer (Fig. 56). Innerhalb eines Kraterrandes aus vorhistorischer

Zeit, dessen Reststücke die Inseln Thera, Therasia und Aspronisi sind, dauert die Schöpfung von Neuland durch vulkanische Ausbrüche seit dem Altertum bis in unsere Tage fort. Nach Fouqué's eingehenden Untersuchungen

Fig. 55 *a*.

Fig. 55 *b*. St. Paul im indischen Ozean. (Beispiel einer vulkanischen Insel.)

entstand 197 v. Chr. die Untiefe Banco, 46 n. Chr. die Insel Paläo-Kaimeni, die 726 beträchtlich an Ausdehnung gewann, aber 1457 zum Teil wieder einstürzte; 1570 oder 1573 die Mikra-Kaimeni und 1707 die Nea-Kaimeni, die durch die Eruption von 1866 um das Doppelte vergrößert wurde. Übrigens ist nicht ganz Santorin als eine ursprüngliche Insel zu betrachten, denn der Kern von Thera, der große St. Eliasberg, besteht aus krystallinischen Schiefern und Kalkstein, und erweist sich somit als ein echtes Glied der kontinentalen Inselgruppe der Cykladen. Ebenso ist (nach Dölter) Zannone, eine der pontinischen Inseln, nur ein durch vulkanische Neubildung vergrößertes Reststück der innern apenninischen Gebirgskette, und derselbe Forscher hat jüngst die Wissenschaft mit der Entdeckung bereichert, daß die Vulkangruppe der Capverden einst den Westrand von Afrika bildete, da sich, mit Ausnahme der westlichsten Insel, auch krystallinische Schiefer und andere Sedimentgesteine an ihrem Bau beteiligen. Aber selbst dann, wenn eine küstennahe Insel nur aus vulkanischen Massen zusammengesetzt ist, kann man sich über ihre Vorgeschichte täuschen, wenn man nicht alle maßgebenden Momente berücksichtigt. Die drei Inseln im Guineagolf bestehen aus Eruptivgesteinen, wie das Camerongebirge an der Küste, aber im Gegensatz zu S. Thomè und der Prinzeninsel beherbergt Fernando Po zahlreiche Säugetiere, und von diesen, wie von der übrigen Fauna ist wahrscheinlich keine Art endemisch. Fernando Po ist also eine festländische Insel von sehr jugendlichem Alter, während die beiden anderen ursprüngliche Inseln sind. Schwierig ist die Entscheidung bezüglich der Comoren, wo zwei endemische und zwei madagassische Landsäugetiere gefunden werden; aber Wallace läßt die Frage offen, ob sie nicht auf schwimmenden Bäumen hierher gebracht wurden. Dagegen sind die Maskarenen, die weder einheimische Landsäuger noch Amphibien besitzen, sicherlich Meeresgeburten. Die meisten Schwierigkeiten bietet Island, das noch immer nicht genügend erforscht ist. Nach

Fig. 56. Santorin im Jahre 1866 nach v. Seebach.

Winkler gehört es zum Teil der Miocänformation an, und Wallace rechnet es daher auch zu den altkontinentalen Inseln, aber ohne zu bedenken, daß gleiche Schichten auch auf St. Martha in der Azorengruppe vorkommen, und diese trotzdem nach ihrer organischen Welt unbedingt zu den ursprünglichen Inseln gezählt werden muß. Ein anderer Geologe, Paykull, der 1865 Island bereiste, sagt dagegen wörtlich: „Die ganze Insel ist aus Basalten mit den dieselben begleitenden Tuffen entstanden." Sicheren Aufschluß könnte man von der Fauna erwarten, aber auch sie läßt uns im Stich. Von den drei Säugetieren können der Polarbär und der arktische Fuchs, die eine cirkumpolare Verbreitung haben, auf Treibeis hierher gelangt sein, und die angeblich endemische Mausart gehört einer kosmopolitischen Familie an, die vielleicht durch die ersten Kolonisten eingeführt wurde. Von den Vögeln sind 3 endemisch, 20 europäisch und 2 amerikanisch; aber auch sie deuten nicht mit Notwendigkeit auf einen einstigen Landzusammenhang, denn noch jetzt besuchen alljährlich 45 europäische und 1 grönländische Vogelart die Insel. Sollten künftige Forschungen ergeben, daß Island niemals kontinental war, so würde es jedenfalls wegen seiner Größe unter allen ursprünglichen Inseln einzig dastehen.

§. 184. Zu den interessantesten Erscheinungen der Erdoberfläche gehören die Koralleninseln. Die riffbildenden Korallen, diese unermüdlichen „Arbeiter des Meeres", sind bekanntlich gallertartige Zellen, die eine kalkige Substanz ausscheiden. Die Vermehrung geschieht durch Knospung, wobei keine vollständige Trennung der Individuen eintritt, so daß jede Familie mit ihren lebenden wie mit ihren abgestorbenen Gliedern einen gemeinsamen Stock bildet. Fester Meeresgrund, ungetrübtes Salzwasser, genügende Nahrungszufuhr durch Wellenschlag oder Strömungen, und eine Temperatur, die selbst im Mittel des kältesten Monats nicht unter 20° sinkt, sind die unerläßlichen Bedingungen ihrer Existenz. Aus dem letzteren Grunde sind sie einerseits an die Tropenmeere gebunden, und bleiben auch hier den Gebieten der kalten Meeresströme fern (s. Karte XVII), anderseits sind sie nur auf die oberen Schichten des Meeres beschränkt. Leider ist ihre Tiefengrenze nicht durch Beobachtung festgestellt, und die Angaben schwanken daher zwischen 30 und 100 m; aus der Tabelle auf S. 173 ergiebt sich, daß ihnen die Temperatur im stillen Ozean zwischen 0 und 20° S. wenigstens stellenweise das Leben bis zu einer Tiefe von 180 m und darüber gestatten würde. Koralleninseln.

In den meisten Fällen vereinigen sich mehrere Korallenarten zu einer Kolonie, von denen die einen, entsprechend ihren besonderen Lebensbedürfnissen, vorzugsweise auf die unteren, die anderen vorzugsweise auf die oberen Wasserschichten sich beschränken. In dem Maße, in welchem die Ansiedler sich vermehren und die Individuen an der Basis oder im Innern des Baues absterben, wächst dieser in die Höhe und Breite. Eine Grenze bildet nur das Niveau des Niedrigwassers; aber einige Korallen, die sich einer zeitweisen Besonnung ohne ernste Folgen aussetzen können, wachsen sogar über dasselbe hinaus, etwa bis zu einem Drittel der Fluthöhe. Zu diesen gehören besonders die Poriten, das widerstandfähigste aller Polypengeschlechter, da es sogar im getrübten Wasser noch leben kann. Die Korallenstöcke bilden aber nur das Skelett des Riffes; auch andere Meerestiere nisten sich in den Zwischenräumen desselben ein, vor allem aber ist es das Meer, welches dem Baue Festigkeit verleiht. Unablässig zerbröckelt es die Außenseiten des Riffes, zerreibt die abgerissenen Stücke zu Sand und lagert denselben einerseits in den Fugen des Bauwerkes ab, anderseits wirft es ihn bei heftigen Stürmen auf der Oberfläche desselben auf und erhöht somit allmählich den Korallenfels über das Niveau des Hochwassers. Wir haben also zwei Teile zu unterscheiden, den unterseeischen oder das Riff, und den oberseeischen, aufgeschütteten, insularen Teil, der aber manchmal ganz fehlt.[1]

Über das Wachstum der Korallen lauten die Angaben verschieden. Eine sehr interessante Thatsache hat jüngst v. Lehnert mitgeteilt. Das große Bum-Bum-Riff an der Nordostküste von Borneo, das 1875 ganz nahe der Meeresfläche lag, erscheint auf den Plänen der Bum-Bum-Inseln, die Sir Edward Belcher im Jahre 1843 aufnahm, nicht einmal angedeutet; und da die Möglichkeit des Übersehens wohl ganz ausgeschlossen ist, so muß das Riff damals mindestens 6 m tiefer gewesen sein. Das ergiebt eine jährliche Höhenzunahme von wenigstens 20 cm, oder, wenn man die Ausdehnung des ganzen Korallenfeldes (193 qkm) berücksichtigt, eine jährliche Vermehrung der Kalkmasse um ca. 36 Mill. Kubikmeter.

In Bezug auf die geographische Verbreitung unterscheiden wir Saumriffe und selbständige Riffe. Die einfachste Form der Saumriffe — so genannt, weil sie Festländer oder Inseln umsäumen — sind die Küstenriffe, die sich unmittelbar an das Gestade anschließen, mit Ausnahme jener Stellen, wo die Küste zu größeren Tiefen abstürzt, oder wo einmündende Flüsse oder Strömungen das Meerwasser trüben. Der Außenrand des Riffes ist meist etwas erhöht, weil hier, wo die Nahrungszufuhr am reichlichsten ist, die Korallen kräftiger gedeihen und rascher wachsen.

---

[1] Die Terminologie ist übrigens schwankend. Manche verstehen unter Korallenriffen die die Küsten der Kontinente und Inseln umsäumenden Korallenbildungen, und unter Koralleninseln die isolierten Korallenbildungen auf hoher See.

Von dem Außenrande gegen das Land hin vertieft sich etwas das Riff und bildet einen schmalen seichten Kanal, der durch das Material, welches die Wogen in denselben hineinschleudern, bald ausgefüllt werden würde, wenn nicht eine rückläufige Strömung aus dem Kanal heraus für dessen Reinhaltung sorgte. Die Breite der Riffe schwankt zwischen ca. 45 und 90 m; ihre bei Ebbe kaum bedeckte Oberfläche ist hart und glatt; Inselbildungen sind selten. Sehr beträchtlich ist die Entfernung zwischen der Küste und den Wallriffen,[1] die die zweite Art der Saumriffe bilden. Besonders bekannt ist das Riff, das die Nordostküste von Australien in einer Entfernung von 30—50, stellenweise von 80—140 km und in einer Länge von ca. 1770 km begleitet; die Tiefe des Kanals zwischen Riff und Küste beträgt 20—80 m, und steigert sich im Süden sogar bis 110 m. Meist sind es aber einzelne oder mehrere Inseln aus sedimentären oder altvulkanischen Gesteinen, die von Wallriffen umgeben werden (Fig. 57). Die Tiefe des Kanals variiert hier von ein paar bis über 100 m. Sein Boden ist von Korallensand und -Schlamm oder von Riffen bedeckt. Öffnungen in verschiedener Anzahl, oft tief genug, um größeren Schiffen den Eingang zu gestatten, führen aus dem Meer in die ruhige Lagune, die dann einen

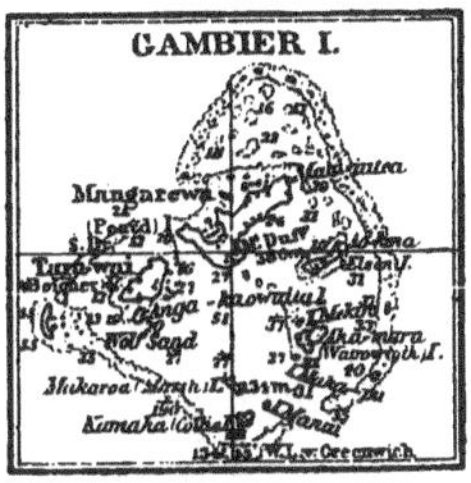

Fig. 57. Wallriff um die Gambier-Inseln (Paumotu-Gruppe). Höhen und Tiefen in m.

Fig. 58. Bolabola-Insel (Gesellschafts-Gruppe) mit einem Teil ihres Wallriffes nach Darwin.

natürlichen Hafen bildet. Der Durchmesser des Riffes schwankt zwischen 5 und 74 km. Größere und kleinere Inseln bedecken dasselbe, aber nur selten ist (wie in Fig. 58) ein beträchtlicher Teil des Korallenbaues in Land verwandelt.

---

[1] Andere Benennungen sind: Barriere-, Damm- und Kanalriffe.

Ungefähr dasselbe gilt auch von den langgestreckten Atollen oder den selbständigen Korallenbildungen der Tiefsee, aus der sie meist unter einem steilen Winkel von 45° und darüber sich erheben (Fig. 59). In der

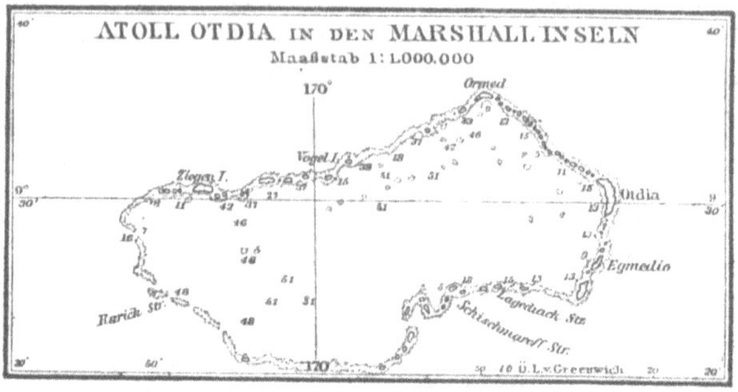

Fig. 59. Atoll Otdia (Marshall-Inseln). Tiefen in m.

Regel umschließen sie eine Lagune, die nur bei wenigen kleinen Atollen fehlt, d. h. wahrscheinlich ausgefüllt ist. Das meist von mehreren Öffnungen

Fig. 60. Pfingstinsel (Paumotu-Gruppe) nach Darwin.

unterbrochene Riff trägt Inseln, die an der Windseite am höchsten sind; nur in wenigen Fällen (Fig. 60) finden wir es in eine vollständige Ring-

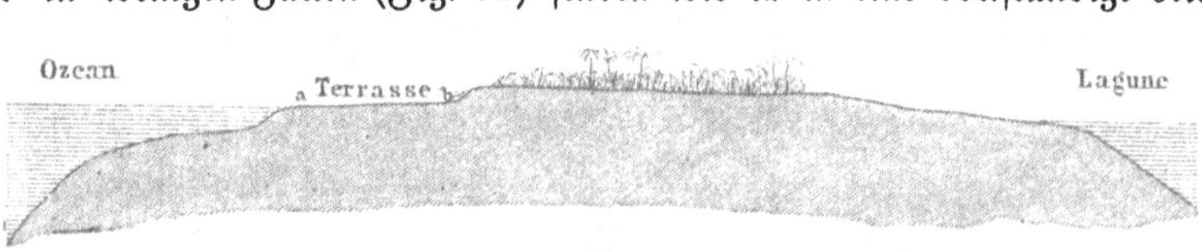

Fig. 61. Querschnitt durch ein Atoll nach Dana.

insel verwandelt. Auch aus der bald seichten, bald bis zu 90 m tiefen Lagune steigen Inselchen empor, die beispielsweise in den nördlichen Malediven selbst wieder kleine Seen klaren Salzwassers enthalten. Fig. 61 stellt einen Durchschnitt durch eine Insel dar. *ab* ist eine Terrasse aus Korallenfels, ungefähr 90 m breit und nur bei Ebbe trocken. Darüber erhebt sich 2—2½ m hoch und gewöhnlich 250—360 m breit die aus Korallensand aufgeschüttete Insel, die die tropische Lebensfülle mit einer dichten Pflanzendecke bekleidet hat. „Die Unendlichkeit des Ozeans," sagt Darwin, „die Wut der Wellen im scharfen Gegensatz zur niedrigen Erhebung des Landes und zur Glätte des hellgrünen Wassers innerhalb der Lagune kann man sich kaum vorstellen, ohne dies alles gesehen zu haben." Aber nicht alle Koralleninseln sind flach, manche haben — wie schon auf S. 198 erwähnt wurde — durch eine negative Niveauveränderung eine beträchtliche Höhe erlangt. Daß die Existenz der niederen Inseln beständig gefährdet ist, und daß wohl kein Jahr vergeht, ohne daß eine oder die andere verschwindet, ist ebenso verständlich, wie es anderseits einleuchtend ist, daß Sturmfluten hierzu völlig ausreichen und daß die Annahme einer positiven Bewegung ganz überflüssig ist.

Theorie der Koralleninseln.

§ 185. Wenn man aber an dieser Annahme hartnäckig festhielt, so hat dies seinen Grund darin, daß sie eine mächtige Stütze der Darwin'schen Theorie von der Entstehung der Koralleninseln bildete. Darwin ging von der, zu seiner Zeit auch begründeten Voraussetzung aus, daß der ozeanische Steilabfall der Atolle und Wallriffe nur von Korallenmauern gebildet werden könne, da selbst Vulkane sanft sich abdachen. Man gelangte infolgedessen zu der Vorstellung von einer bedeutenden Mächtigkeit der Wallriffe und Atolle. Für die ersteren suchte man in einigen Fällen die Mächtigkeit zu berechnen,[1] und fand für dieselbe Beträge bis zu 600, ja bis zu 900 m. Bringt man dieses Resultat in Verbindung mit der Thatsache, daß die Polypen nur bis zu einer gewissen Tiefe leben können, so kommen wir notwendigerweise zu dem Schlusse, daß hier eine positive Niveauveränderung — Darwin hielt, entsprechend den damaligen Ansichten, nur eine Senkung des Meeresgrundes für möglich — stattgefunden hat,

---

[1] Da es wichtig ist, die Rechnungsmethode kennen zu lernen, in deren Resultaten die Darwin'sche Theorie eigentlich ihre Begründung sucht, so möge hier ein Beispiel von Dana folgen; Fig. 62, in welcher die ausgezogenen Linien dem der Beobachtung Zugänglichen, die punktierten Linien aber dem Hypothetischen entsprechen, dient als Erläuterung. Bekannt ist nur der Böschungswinkel φ und die Entfernung (l) der Küste von dem Außenrand des Riffes; angenommen wird 1. daß $\varphi = \varphi^1$; und 2. daß die Inselböschung sich als eine schiefe Ebene mit gleichmäßigem Gefälle unter dem Meeresspiegel fortsetze, m (Mächtigkeit des Riffes) ist dann $= l\,tg\,\varphi$. Ist $l = 1$ engl. Meile (1609·3 m) und $\varphi = 8^0$, so ist $m = 226$ m.

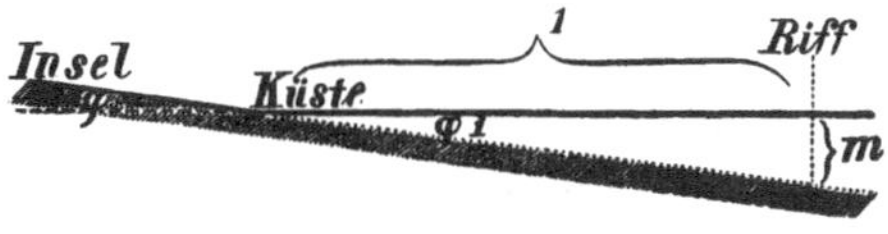

Fig. 62. Mächtigkeit der Korallenriffe.

daß dieselbe aber so langsam war, daß die Fortführung des Korallenbaues bis an den Meeresspiegel damit gleichen Schritt halten konnte. Jedes Atoll begann nach dieser Theorie seine Laufbahn als Küstenriff um eine Insel, wie Fig. 63 im Durchschnitt darstellt. Steigt das Meeresniveau von m'm' auf m''m'' (oder sinkt der Boden um denselben Betrag), so erhöht sich die äußere Korallenmauer und es entsteht zwischen ihr und dem Gestade ein breiter und tiefer Kanal. Dauern diese Vorgänge fort, so verschwindet endlich die zentrale Insel und wird von Korallen überwuchert; aber das Atoll behält die ursprüngliche Form des Wallriffes bei, und der Kanal schließt sich zu einer Lagune zusammen. Jedes Atoll ist also der Leichenstein einer begrabenen Insel.

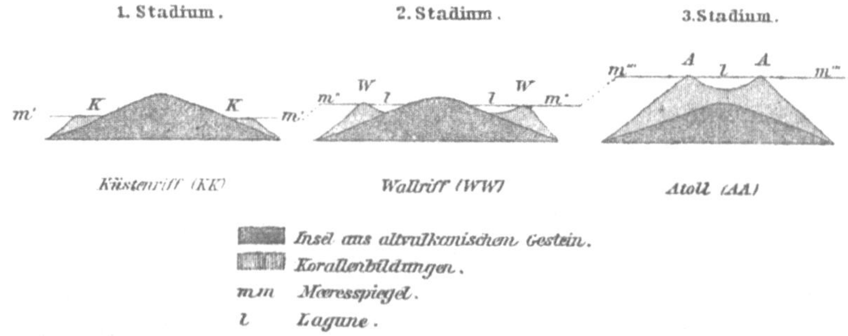

Fig. 63. Darwin'sche Riff-Theorie.

Die Herrschaft dieser geistreichen Theorie, die die wichtigsten Korallenbildungen genetisch mit einander verbindet, ist zwar noch nicht völlig gebrochen, aber durch die Untersuchungen von Semper, Rein und Murray doch bedeutend erschüttert. Als unrichtig hat es sich herausgestellt, daß nur die Wallriffe und Atolle steil in die Tiefsee abstürzen, und die Angaben von der großen Mächtigkeit der Riffe finden keinen Glauben mehr, da sie auf willkürlichen Voraussetzungen beruhen. Bohrungen könnten darüber zuverlässigen Aufschluß geben, aber solche sind noch nicht ausgeführt worden. In einigen Fällen wurde Korallenkalk durch eine negative Niveauveränderung über den Seespiegel erhoben und damit der direkten Messung zugänglich gemacht. So beträgt z. B. seine Mächtigkeit auf der Insel Wawau in der Tongagruppe ca. 180 m. In einer Tiefe von 180 m können aber vielleicht noch Polypen leben, wie oben angedeutet wurde; auch ist uns unbekannt, ob nicht in der pliocänen Zeit, der jener Kalk angehört, die Tiefentemperatur des stillen Ozeans höher war. Günstiger für Darwin's Theorie scheint folgende Thatsache zu sein. Zwischen den Sandwichinseln und Japan fand die „Tuscarora" sieben unterseeische Erhebungen und auf und zwischen ihnen in Tiefen von 2000—4000 m

Korallenschlamm nebst Stücken von Korallenkalk und Lava. Man meinte, hier sei die Senkung so rasch erfolgt, daß die Polypen auf den sieben Erhebungen absterben mußten; aber wenn es auch richtig ist, daß hier Korallenriffe in Tiefen gelangten, in welchen sie unmöglich entstanden sein konnten, so läßt sich dies doch ebensogut mit der Rein'schen Theorie, derzufolge die Atolle die Krönungen submariner Berge sind, vereinigen, wie mit der Darwin'schen. Bedenken gegen die letztere erregt in uns das Vorkommen emporgehobener Koralleninseln neben Atollen in der Palaugruppe, also die unmittelbare Nachbarschaft von sicheren Beweisen einer negativen und den angeblichen Zeichen einer positiven Niveauveränderung. Es zwingt uns also nichts, die Darwin'sche Hypothese anzunehmen, es spricht manches gegen ihre allgemeine Anwendung, aber andererseits auch nichts für ihre absolute Verwerflichkeit.

Um die Form der Atolle zu erklären, nahm einst Chamisso und in neuester Zeit Murray an, sie seien auf den Kratern submariner Vulkane, mit denen sie in der That überraschende Ähnlichkeit haben (vgl. Fig. 56 und 59), aufgebaut; aber schon Darwin hat das Unwahrscheinliche einer solchen Annahme dargelegt. Sie ist außerdem überflüssig, denn die selbständigen Riffe der Flachseen, die auf ebenem Grunde ruhen, zeigen ebenfalls atollähnliche Formen, und manche von ihnen haben auch bereits begonnen, sich in Inseln zu verwandeln. An den Rändern einer Korallenbank wachsen eben die Polypen rascher, als gegen die Mitte zu. Schwieriger ist eine befriedigende Erklärung der Wallriffe und ihrer breiten Kanäle, an deren Ausweitung und Vertiefung vielleicht die oben erwähnten rückläufigen Strömungen gearbeitet haben.

Geographische Verbreitung der ursprünglichen Inseln.

§ 186. Ein noch ungelöstes Rätsel bietet uns die geographische Verbreitung der Koralleninseln. Der atlantische Ozean hat keine Wallriffe und nur ein einziges Atoll: die Bermudas. Häufiger sind sie im indischen Ozean, wo die drei großen Atollgruppen: die Lakkadiven, die Malediven und der Tschagos-Archipel eine meridionale Kette bilden. Ihre eigentliche Heimat ist aber die Südsee. Die größten Anhäufungen von Koralleninseln sind hier der Karolinen-, Marshall-, Gilbert-, Elice- und Paumotu-Archipel; aber obwohl jede dieser Gruppen aus tausenden von Eilanden besteht, ist doch keine größer, als eines der kleinen thüringischen Fürstentümer. Schon an einer früheren Stelle wurde gezeigt, daß ihre Anordnung in nordwestlich streichenden Linien eine auffallende Regelmäßigkeit besitzt; und die Tiefenkarte lehrt uns, daß sie selbst oder die Erhebungen, die sie tragen, auf ausgedehnten submarinen Plateaus ruhen. Warum fehlen sie aber im atlantischen Ozean? Hängt dies zusammen mit der Bodenbildung desselben, oder mit der raschen vertikalen Temperaturabnahme, oder mit dem Mangel an genügender Nahrung, oder mit der Anwesenheit zahlreicher Feinde? Die Antwort auf diese Fragen muß der Zukunft überlassen bleiben. Auffallend ist auch die Armut des atlantischen Ozeans an ursprünglichen Inseln überhaupt, im Gegensatz zum Reichtum der Südsee zwischen Asien und dem 130. Meridian westlich von Greenwich. Die Kartenbilder derselben sind freilich nicht ganz wahrheitsgetreu. Mit Ausschluß der kontinentalen Inseln und der beiden größten ozeanischen (Hawaii und Viti Levu) haben alle die unzähligen pazifischen Inseln, sowohl hohe als niedere, zusammen nur einen Flächeninhalt von 28000 qkm, d. h. nur soviel wie Böhmen. Da sie sich auf eine Meeresfläche von wenigstens 37 Millionen qkm verteilen, so kommt durchschnittlich auf ca. 13000 qkm Meer 1 qkm Land, oder — um dies an einem Beispiele klar zu machen — auf ein Meer von der Größe Europas ein Land von der Ausdehnung des Großherzogtums Hessen.

Flora und Fauna. § 187. Auf den ursprünglichen Inseln müssen Tiere und Pflanzen erst einwandern, und es kann uns daher nicht wunder nehmen, daß diese Inseln dürftiger ausgestattet sind, als die festländischen. Auf St. Paul im atlantischen Ozean fand Darwin keine Vegetation, nur zwei Vögel, wenig Insekten, aber zahlreiche Spinnen. Auf Ascension haben sich zwar schon einige Pflanzen angesiedelt, aber die Flora ist doch noch recht ärmlich. Von den Tieren sind die Säuger, mit Ausnahme der fliegenden und schwimmenden, und die Lurche fast völlig von den ursprünglichen Inseln ausgeschlossen. Ratten und Mäuse sind zwar auf den Färöer, den Galapagosinseln und den Andamanen einheimisch; aber wir wissen, daß sie dem Menschen überallhin folgen, und sie sind daher wahrscheinlich eingeführt. Auf den letztgenannten Inseln wurde auch eine Schweineart gefunden, aber die Andamanen sind wahrscheinlich vom Festlande abgetrennt worden, da die südlichen nach Kurz geologisch und floristisch ganz mit der Küste von Arakan übereinstimmen. Aus ihrer kontinentalen Vergangenheit stammt wohl auch ihre Amphibienfauna. Sonst bewohnen einheimische Lurche nur noch einige westpolynesische Inseln, aber alle gehören der Baumfroschfamilie Polypedatidae an. Dagegen sind Landvögel allgemein verbreitet. Einige sind mit großer Flugkraft ausgestattet — so besuchen alljährlich 170 nordamerikanische Vögel die 1100 km entfernten Bermudas —; andere werden durch Stürme weithin verschlagen. Dasselbe widerfährt in noch höherem Grade den Insekten, die überdies noch eine Zeitlang den Wirkungen des Salzwassers widerstehen können, und deren Larven und Eier auch auf schwimmenden Pflanzen weithin transportiert werden können. Eine genaue Analyse der Käferfauna von Madeira ergab, daß mit wenigen und gut zu erklärenden Ausnahmen nur jene europäischen Käfer fehlen, die flügellos sind oder eine geringe Flugkraft besitzen. Um so auffallender ist hier (wie auf den Kerguelen) die ungewöhnlich große Zahl flügelloser Insekten. Darwin hat dies durch das Prinzip der natürlichen Zuchtwahl erklärt. Bei jenen Insekten, die die Flügel nicht unbedingt brauchen, trat eine Verkümmerung dieses Organs ein, da sie für den Aufenthalt auf einer stürmereichen Insel förderlich war. Bei den anderen mußte aber aus demselben Grunde das Organ sich stärker entwickeln, und in der That haben die geflügelten Arten auf Madeira meist größere Flügel, als ihre europäischen Verwandten.

Im Gegensatz zu den Vögeln und Insekten werden Kriechtiere und Landschnecken nur zufälligerweise über die See verschleppt; aber ihre weite Verbreitung zeigt, daß diese Zufälligkeiten nicht allzu selten eintreten. Reptilien findet man mit Ausnahme der Azoren, Madeiras, der Canaren, Färöer und der Revillagigedo-Gruppe fast überall. Seltener scheinen Landschnecken Seereisen zu unternehmen, daher gerade in dieser Tierklasse der insulare Endemismus so stark ausgebildet ist.

Pflanzen verfügen über verschiedene Transportmittel. Winde und Vögel scheinen dabei die wichtigste Rolle zu spielen. Manche Samen, die mit borstigen oder stacheligen Fortsätzen versehen sind, bleiben am Gefieder, andere in Verbindung mit erdigen Teilchen an den Füßen der Vögel haften. Noch bedeutungsvoller für die Pflanzenverbreitung erscheint die Gewohnheit dieser Tiere, manche genossene Früchte unverdaut wieder auszuscheiden, da die Keimkraft des Samens dadurch nicht nur nicht zerstört, sondern sogar erhöht wird. Sporen und kleine Samen, die oft nur Hunderttausendstel eines Grammes wiegen, können durch die Winde, und einige Pflanzen, deren Samen, durch besonders harte Schalen geschützt, auch im Salzwasser ihre Lebensfähigkeit bewahren, durch Meeresströmungen weithin geführt werden. Die Äquatorialströmung brachte die ursprünglich amerikanische Cocospalme den Inseln der Südsee und verbreitete sie von da bis nach Madagaskar und zu den Seychellen. Im übrigen ist aber die Flora Polynesiens ostindischer Abkunft, also wahrscheinlich durch die äquatoriale Gegenströmung und die rückläufigen Passatströmungen der Luft und des Meeres verbreitet. Madeira, die Canaren uud Azoren sind durch den Passat mit Südeuropa verbunden, und von da stammt auch ihre Pflanzenwelt. Die meisten Gewächse der Bermudas sind mit dem Floridastrom aus Westindien eingewandert. Eine lokale Strömung von der Panamabai zur Nordostseite der Galapagosinseln brachte dorthin zentralamerikanische Pflanzen. Tristan d'Acunha liegt dem Kaplande um das Doppelte näher als dem südamerikanischen Kontinent, mit dem es aber westliche Winde und Strömungen floristisch auf das engste verknüpfen.

Im allgemeinen sind aber Pflanzenwanderungen über weite ozeanische Strecken doch nur zufällige Ereignisse. Sie werden öfter eintreten, je stürmischer ein Meer ist, wie die Armut der Galapagos an Pflanzen (wie an Vögeln) im Gegensatze zum Reichtum der Azoren oder der Bermudas lehrt. Aber selbst die am besten ausgestattete Flora einer ursprünglichen Insel ist ärmlich im Vergleich mit kontinentalen oder auch mit Floren festländischer Bruchstücke. Der Umstand, daß jene Eilande nur auf spärliche Almosen angewiesen sind, bewirkt einerseits, daß die Geschlechter meist nur durch wenige Arten vertreten sind, und begünstigt anderseits den Endemismus. Letzterer ist freilich auch von dem Alter der Insel abhängig, wie, unter übrigens gleichen Umständen, auch die Anzahl der Arten. Die Azoren und Madeira besitzen — wie schon oben erwähnt wurde — eine mediterrane Flora. Auf jenen kommen durchschnittlich 20, auf dieser 85 Gefäßpflanzen auf 100 qkm; auf jenen sind 8·3, auf dieser 15·2 Prozent endemisch, und die eigentümlichen Gewächse der Azoren sind viel näher mit den europäischen verwandt, als die von Madeira, wobei noch der Umstand in Betracht gezogen werden muß, daß die ersteren weiter von unserem Erdteil entfernt sind als die letztgenannte Insel. Wir müssen daraus schließen, daß Madeira älter ist als die Azoren. Die Bermudas sind ein junges Atoll, und ihre organische Welt stimmt fast ganz mit der nordamerikanischen überein. St. Helena, die Sandwichs, die Galapagos sind Beispiele alter Vulkane. Die letzteren haben fast nur eigentümliche Tierarten; noch größer ist der Endemismus der Sandwichsinseln, die sogar zwei eigentümliche Familien (aus den Klassen der Vögel und Landschnecken) besitzen; am überraschendsten ist aber der Reichtum an eigentümlichen Formen auf St. Helena, da diese Insel sogar vom Fürstentum Liechtenstein an Ausdehnung übertroffen wird. Das europäische Element seiner merkwürdigen Käferfauna weist darauf hin, daß die Einwanderung zu einer Zeit erfolgte, als die Winde und Meeresströmungen wesentlich anders verteilt waren als jetzt; und ein ähnliches Resultat liefert die Analyse der Flora in Bezug auf die südamerikanischen Bestandteile. Man muß noch hinzufügen, daß man die ursprüngliche Flora und Fauna nicht einmal ganz kennt. Die eingeführten Ziegen haben den Urwald zerstört, und infolgedessen sind auch seine einheimischen Bewohner, Vögel und Insekten, zum großen Teil ausgestorben. Dasselbe Schicksal trifft übrigens jede ozeanische Insel, sobald der Mensch von ihr Besitz nimmt. Er führt Nutztiere und Nutzpflanzen ein, denselben folgen auch andere Tiere und Unkräuter, und beide verdrängen die durch den langen Inselfrieden geschwächten einheimischen Organismen. So haben auf den Maskarenen die Zuckerpflanzungen die frühere Vegetation fast völlig vernichtet, so beschränken auf Neuseeland die siegreichen englischen Gräser die so merkwürdige alte Flora auf immer kleinere Flächen, so wurde sie auf Madeira durch den Wein, das Zuckerrohr und den Pisang bis auf 650 m Höhe, und auf den Canaren durch den Wein und die Opuntien bis auf 1000 m Höhe zurückgedrängt.[1]

Achtes Kapitel.

Die Kräfte, welche die Oberfläche des Festlandes gestalten.

Allgemeine Übersicht.

§ 188. Wie die horizontale Gliederung und die Umrißformen des Festlandes ein Werk schaffender und zerstörender Kräfte sind, so auch die Oberflächengestaltung desselben. Negative Niveauveränderungen verwandeln Meeresgrund in Land, und ihnen verdanken alle heutigen Kontinente samt den von ihnen nachträglich abgetrennten Inseln ihre Existenz. Für die Oberflächengestaltung sind aber zunächst die Lagerungsverhältnisse der oberen Schichten maßgebend. Ihre ursprüngliche horizontale oder sanftgeneigte Lage wird entweder beibehalten oder durch eigentümliche Bewegungen der Erdrinde, die die moderne Geologie durch das allmähliche Zusammenschrumpfen des Erdkerns infolge zunehmender Abkühlung und das Nachsinken der Kruste erklärt, gestört oder — wie die Geologen sich ausdrücken — disloziert. Die Dislokation ist zweierlei Art: Faltung und Verwerfung; offenbar sind aber beide Vorgänge nur verschiedene Äußerungen einer und derselben Kraft, und gehen daher auch häufig Hand in Die unterirdischen Kräfte.

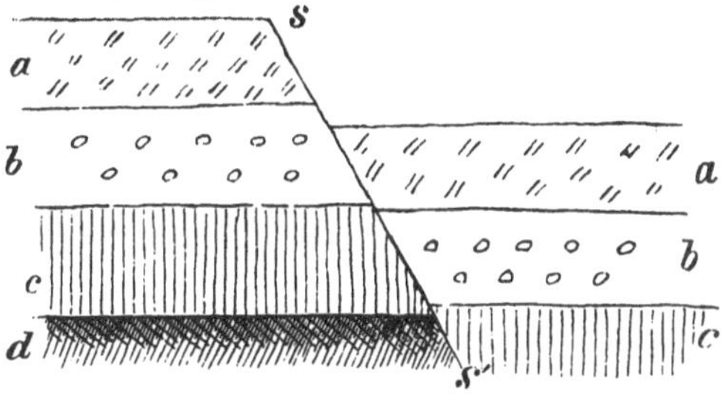

Fig. 64. Verwerfung.

---

[1] F. G. Hahn theilt in seinen kürzlich erschienenen sehr lehrreichen „Inselstudien" (Leipzig 1883) die Inseln in tektonische, die durch die Bewegungen und Faltenbildung der Erdrinde entstanden (abgegliederte und vulkanische Inseln), in Erosionsinseln, die durch Hinwegwaschung der verbindenden Landstrecken insular wurden, und endlich in Aufschüttungsinseln, deren wichtigste Gruppe die Korallenbildungen sind. Diese Einteilung leidet nach unserem Erachten an zwei Fehlern: 1) an der Einseitigkeit des Einteilungsprinzipes und 2) an der Überschätzung der Erosion (vgl. S. 216).

Hand miteinander. Die verschiedenen Arten der Faltung, wodurch die Schichten mehr oder minder steil aufgerichtet, häufig sogar vertikal gestellt, ja bis zur Überkippung zusammen geschoben wurden, werden wir bei einer anderen Gelegenheit näher kennen lernen. Unter Verwerfung versteht man bekanntlich die Niveauverschiebung zweier Teile eines Schichtenkomplexes entlang einer Spalte (*ss'* in Fig. 64). Solche Senkungen, die sowohl in Gebieten gefalteter, wie horizontaler Schichten außerordentlich häufig vorkommen, sind geographisch besonders dann von Bedeutung, wenn sie von beträchtlicher Sprunghöhe sind oder über größere Strecken sich verbreiten. Die trennenden Rücken zwischen zwei treppenförmigen Senkungsfeldern nennt Sueß Horste. Neben den vertikalen „Verwerfungen", auf die wir diesen Ausdruck beschränken wollen, erlitten die Schichten manchmal auch horizontale „Verschiebungen", die in einzelnen Fällen ebenfalls die Gestaltung der Erdoberfläche wesentlich beeinflussen.

Die orographisch wichtigen Schichtenstörungen gehören allerdings der geologischen Vorzeit an, aber es unterliegt keinem Zweifel, daß die Kräfte, welche sie hervorriefen, auch jetzt noch thätig sind. Darauf weisen die sog. geotektonischen Erdbeben hin, die wir in einem späteren Abschnitt besprechen werden. Nur sind ihre Wirkungen verhältnismäßig so geringfügig, daß sie erst durch Summierung in langen Zeiträumen, gegen die die paar tausend Jahre der historischen Zeit wie ein Tag erscheinen, einen für die Umgestaltung der gegenwärtigen Erdoberfläche bedeutenden Effekt erzielen können.

Neben den Bewegungen der Erdrinde, wenn auch örtlich beschränkter, beteiligen sich noch vulkanische Ausbrüche an der Formung der Oberfläche unseres Planeten. Alle diese Kräfte haben ihren Sitz im Erdinnern; sie wirken hauptsächlich schaffend und halten jenen Agentien das Gleichgewicht, die, von außen auf die Oberfläche wirkend, die Erhöhungen abzutragen, die Unebenheiten auszugleichen trachten.

Die Oberflächenkräfte. § 189. Das große Drama des Zerstörungsprozesses zerfällt in zwei Akte: Verwitterung und Denudation. Die Verwitterung wird durch die Luft eingeleitet und durch das Wasser und die Pflanzen fortgesetzt; die Abtragung (Denudation) besorgen die Schwerkraft, das fließende Wasser im flüssigen und festen Aggregatzustand und die Luftströmungen. Flüsse und Gletscher beschränken ihre Thätigkeit aber nicht bloß auf das Fortschaffen des Verwitterungsschuttes, sondern wirken auch durch ihre aushöhlende (erodierende) Kraft direkt zerstörend auf ihre Unterlage ein. Während sie aber an der einen Stelle Material fortführen, lagern sie dasselbe an einer anderen Stelle ab; Abtragung und Auftragung, Zerstörung und Neubildung bedingen sich gegenseitig, beide dienen der Nivellierungstendenz des fließenden Wassers. Es bewirkt also eigentlich nur eine Umlagerung des Materials. Eine ähnliche Rolle fällt dem Winde zu, der um so mehr an Bedeutung gewinnt, je trockener das Klima ist. Das atmosphärische Wasser ist sein gefährlichster Rivale; wo es in Überfülle vorhanden ist, bemächtigt es sich fast der ganzen Denudationsarbeit. In Bezug auf die Terrainbildung kommt daher dem Winde eine beschränktere Bedeutung zu, als dem fließenden Wasser; und ebenso hat auch die Erosionsthätigkeit des Meeres (Abrasion) nur vereinzelte, wenn auch höchst bedeutungsvolle Spuren auf der Oberfläche des Festlandes hinterlassen.

In den folgenden Abschnitten werden wir die wichtigsten Vorgänge kennen lernen, die unausgesetzt und allgemein an der Modellierung der Landoberfläche arbeiten.

Verwitterung und Abtragung.

§ 190. Die Verwitterungskräfte dringen nicht nur allmählich von der Oberfläche in das Innere einer Gesteinsmasse vor, sondern finden ihren Weg in dasselbe auch durch zahlreiche Spalten und Risse, die in verschiedenster Ausdehnung jedes Gestein durchsetzen. Bei Felsmassen, die durch Ablagerung im Wasser entstanden, werden die einzelnen Schichten durch mehr oder minder weite Klüfte von einander getrennt; besonders zahlreich sind aber die Spältchen zwischen den dünnen Lagen der geschieferten Gesteine, und namentlich dann eröffnen sich den zersetzenden Agentien viele Eingangsthore, wenn die Schieferung die Schichtung schneidet. Eruptivgesteine werden von Absonderungsklüften durchzogen, und ebenso werden sie, wie die Sedimentgesteine, häufig von Dislokationsspalten durchsetzt. Infolge der Temperaturschwankungen dehnen sich die Massenteilchen aus und ziehen sich dann wieder zusammen, und zwar um so intensiver, je dunkler die Farbe und je rauher die Oberfläche ist. Risse und Sprünge sind das Resultat dieser Volumveränderungen; ja in tropischen Wüstengebieten erweist sich die große tägliche Wärmeschwankung als kräftig genug, große Gesteinsmassen völlig zu zertrümmern. In den höheren Breiten und in den Hochgebirgen der warmen Zone spielt das Eis eine ähnliche Rolle. Das gefrierende Wasser in den Spältchen und Klüften des Gesteins dehnt sich aus und löst dieses in scharfkantige, unzersetzte Fragmente, oft von kolossalen Dimensionen, auf. *Spalten. Mechanische Verwitterung.*

§ 191. Hand in Hand mit dieser mechanischen Zertrümmerung geht die chemische Zersetzung, d. h. die Veränderung der Substanz des Gesteins durch die Einwirkung von Sauerstoff, Kohlensäure und Wasser. Wir nennen diesen Vorgang mit Roth die einfache Verwitterung. Reine Kalksteine und Dolomite, Anhydrit und Gyps, Salz (Chlornatrium) und andere Mineralien, die aber beim Bau der Erdrinde sich nicht in so *Chemische Verwitterung.*

hervorragender Weise beteiligen, werden durch kohlensäurehaltiges Wasser vollständig gelöst und fortgeführt. So entsteht auf der Oberfläche hoher vegetationsloser Kalkplateaus, wo der Schnee lange liegen bleibt und den größten Teil des Jahres seine Unterlage naß erhält, jene eigentümliche Bildung, die man in den Alpen unter dem Namen Karren oder Schratten kennt (Fig. 65). Sie bestehen auf stärker geneigter Oberfläche aus zahlreichen, langen und parallelen Furchen, die der Abdachung folgen, und zwischen welchen Rippen von verschiedener Breite, oft mit messerscharfer Kante und dann sehr gefährlich für den Wanderer, sich erheben. Besitzt die Oberfläche eine geringe Neigung, so herrschen unregelmäßige tiefe Löcher und kurze Furchen vor. Stets entsprechen die Vertiefungen den leichter, die Erhebungen den

Fig. 65. Ein Karrenfeld nach Heim.

schwerer löslichen Partien; ist der Kalkstein unrein, so bilden sich zwar rauhe Oberflächenformen, aber keine Karren.

Von den anderen Mineralien werden nur einige Bestandteile entweder direkt aufgelöst oder in lösliche Verbindungen umgewandelt, während ein unlöslicher Rest als Verwitterungserde zurückbleibt, und nur unter Umständen der mechanischen Abtragung unterliegt. Zu diesen gehören vor allem die thonerdehaltigen Silikatgesteine, die neben den kalkigen Gesteinen ein Hauptbestandteil der Erdkruste sind. Den Rückstand derselben bildet mehr oder weniger reine Thonerde, die allein der Vegetation eine dauernde Wohnstätte bieten kann. Es muß übrigens betont werden, daß auch der Kalkstein in zahlreichen Fällen Beimengungen von Thonerde enthält, welche bei der Verwitterung ebenfalls zurückbleibt.

Die durch die einfache Verwitterung erzeugten Lösungen wirken ebenfalls zersetzend auf die Gesteine ein. Roth nennt diesen Vorgang die komplizierte Verwitterung. Auch die Pflanzen beteiligen sich in hervorragendem Maße an dem Zerstörungsprozeß. Im lebenden Zustande sind ihre Wurzeln imstande vermöge ihrer organischen Säuren durch Endosmose mineralische Bestandteile zur Nahrung in sich aufzunehmen. Beim Absterben entwickeln sich die sog. Humussäuren, die sich mit den im Pflanzenkörper vorhandenen Alkalien zu humussauren Alkalien verbinden und ebenfalls lösend und zersetzend auf das Gestein einwirken. Auch scheinbar nackte Felsen unterliegen ihrem Einfluß. Winde führen die Keime von Schurfflechten herbei, die an der befeuchteten Felsfläche kleben bleiben und ohne eigentliche Wurzeln festen Fuß fassen. Bald bedecken sie dieselbe mit farbigen, staubartigen Überzügen und zerstören allmählich durch ihre Verwesungsprodukte ihren mütterlichen Boden. So arbeiten viele Generationen dieser mikroskopischen Organismen an der Herstellung einer Erdkrume, die endlich auch weniger genügsame Pflanzengeschlechter ernähren kann, während die ursprüngliche Vegetation immer mehr an Boden verliert. Je mächtiger die Erdkrume wird, desto dichter und mannigfaltiger wird die Pflanzendecke, bis endlich auch Bäume sich ansiedeln, die durch ihre tieftreibenden Wurzeln teils mechanisch, teils chemisch das Zerstörungswerk vollenden.

So arbeiten Luft, Wasser und Pflanzen seit ungezählten Jahrhunderten gemeinsam an der Umgestaltung der Erdoberfläche. Modifiziert wird aber dieser Prozeß durch die verschiedenen klimatischen Bedingungen und durch die Lagerungsverhältnisse des Gesteins. Je geneigter die Schichten, je reicher die Eruptivgesteine an Absonderungsklüften sind, desto rascher geht die Verwitterung vor sich. Die Gebirge sind daher vor allem der Sitz der zerstörenden Kräfte, auch deshalb, weil sie unter allen Umständen regenreicher sind als die Ebenen. In den Eisregionen der Hochgebirge und in der Polarzone schützt die Gletscherdecke vor den Angriffen der Atmospärilien, aber in um so höherem Grade unterliegen die nackten Felsen der zertrümmernden Gewalt des Frostes. In der warmen Zone fehlt dieses Agens, aber um so kräftiger wirken hier die tropischen Regengüsse und die dichte Vegetation. Wo die Niederschläge gering sind, ist der mechanische Einfluß des Temperaturwechsels um so größer, während anderseits die geringe chemische Zersetzung stellenweise auch die Erhaltung der feinsten Oberflächenformen möglich macht. Th. Fuchs fand z. B. auf dem Isthmus von Suez noch Wellenschlagspuren in der Umgebung der Bitterseen, und Räderspuren im Sand des Kabretplateaus waren noch nach zwölf Jahren unverwischt. So hat jedes Klimagebiet seine eigentümliche Verwitterungsform, die dem Relief ein charakteristisches Gepräge verleiht.

Bodenarten.

§ 192. Unter allen Umständen ist es aber das Ziel der Verwitterungskräfte, den festen Felsen in Steinschutt (Blöcke, Gerölle, Grus und Sand) aufzulösen. Dieser bildet den sog. Geröll- oder Schuttboden. Schreitet die chemische Zersetzung weiter fort, so entsteht die pulverartige Erdkrume, das letzte Verwitterungsprodukt aller thonerdehaltigen Mineralien. Steinschutt in Verbindung mit Erdkrume giebt den sog. Mineral- oder Rohboden, der nach seiner Zusammensetzung und daher auch nach seiner landwirtschaftlichen Brauchbarkeit in mehrere Arten eingeteilt wird. Besteht die ganze Bodenmasse aus mindestens 80 Prozent Sand, so nennt man ihn Sandboden. Thonboden enthält wenigstens 65 Prozent Thonsubstanz, Lehmboden ist ein Gemenge von Thon und sehr feinem Sand, und Mergelboden ein Gemisch von höchstens 75 Prozent Thon und wenigstens 15 Prozent Kalk nebst verschiedenen anderen Beimengungen. Mit dem Rohboden vermischen sich mehr oder weniger Pflanzenreste; besteht wenigstens die Hälfte des Bodens aus festen Humussubstanzen und der Rest aus anderen Erdarten, so wird er als Humusboden bezeichnet. Bei der Bildung desselben sind — wie Darwin nachgewiesen hat — die Regenwürmer in hervorragender Weise beteiligt. Indem sie unglaubliche Massen Erde, mit Vegetabilien gemischt, verschlingen und wieder ausscheiden, werden immer neue Oberflächen der Einwirkung der Kohlen- und Humussäuren ausgesetzt und die Zersetzung wird dadurch außerordentlich gefördert.[1] Nicht kulturfähig ist der allerdings selten vorkommende, reine Kalkboden, ebenso wie der nur aus Quarzsand zusammengesetzte Boden, denn unter allen Umständen ist der Pflanzenwuchs an das Vorhandensein von Thonerde gebunden. Die Mächtigkeit des Gesamtbodens (Humus- und Rohbodens) ist sehr verschieden; für die meisten Kulturgewächse sind nur die obersten 30—60 cm maßgebend, nur die Waldbäume treiben ihre Wurzeln beträchtlich tiefer.

Gebiete vorherrschender Denudation.

§ 193. Auf völlig horizontalem Felsboden häufen sich die Verwitterungsprodukte an; nur die feinsten können vom Winde fortgeführt werden. Ist der Boden aber — wie dies in der Regel der Fall ist — geneigt, so bemächtigt sich auch das fließende Wasser (und das Eis) des Schuttes, und bei stärkerer Neigung auch die Schwerkraft. Man unterscheidet daher eine trockene und eine nasse Abfuhr, wenn auch in der Natur gewöhnlich beide zusammenwirken. Das Endziel des Denudationsprozesses ist die Bloßlegung des verwitterten Felsbodens, wodurch den Atmosphärilien wieder neue Angriffspunkte geboten werden.

Es giebt Gebiete, in denen die Abtragung mit der Verwitterung stets

[1] So wurde z. B. in der Nähe von Maer-Hall innerhalb zehn Jahren ein sandiges Grasfeld mit einer 50 mm dicken Humusschicht überkleidet.

das Gleichgewicht hält und es daher niemals zur Bildung eines Verwitterungsbodens kommen kann. Reichliche Niederschläge und starke Neigung des Bodens sind notwendige Vorbedingungen dieses Vorganges, der daher hauptsächlich nur auf die steilen Abhänge der Gebirge beschränkt ist. In den gebirgigen Teilen des Festlandes finden die zerstörenden Kräfte überhaupt — wie schon erwähnt — den freiesten Spielraum. Schafft die Erosion die Gegensätze von Berg und Thal, so arbeitet die Verwitterung vorwiegend an der Form der Gipfel und Gehänge. Je steiler die Schichten aufgerichtet sind, je zahlreicher die Spalten, je verwitterbarer die Gesteine, desto ruinenhafter erscheinen die Kämme und Gipfel. Bei der unendlichen Mannigfaltigkeit ihrer Formen muß man freilich auf einfache morphologische Gesetze verzichten, nur von einigen besonders auffallenden Typen kann hier die Rede sein. Wirkt die Verwitterung gleichförmig in allen Richtungen, und setzt ihr das Gestein keinen großen Widerstand ent-

Fig. 66. Schwarzhorn im Wallis (3207 m) nach Heim.

Fig. 67. Königstein.

gegen, so entstehen die schönen, regelmäßig gebildeten Kuppenformen, wie sie manche Massengesteine (Porphyre, Granite, Gabbros u. s. w.) zeigen. Sind die Klüfte aber zahlreich, so lösen sich die Gipfel häufig in unförmliche Blockhaufen auf (Fig. 66). Felsenmeere nennt man sie, wenn sie eine größere

Ausdehnung erreichen. Die große Mehrheit der Pyrenäengipfel sind nach Leymerie solche Trümmerhaufen; nicht bloß die Granit-, sondern auch die Kalkberge. Werden im Laufe der Zeit Blöcke weggeführt, so bildet der Rest oft Säulenruinen, wie z. B. der Plöckensteingranit im Böhmer Wald (s. Fig. 67) oder der Sandstein in den Vogesen

Fig. 68. Aclettagrad nach Heim.

Fig. 69. Mythen nach Heim.

und der sächsischen Schweiz. Manche Bergspitzen sind so verwittert, daß man — um mit Heim zu reden — „mittels Hebeeisen den ganzen Gipfel schleifen könnte, ohne einen zusammenhängenden festen Block von einem Meter Durchmesser zu finden". Mit Recht tragen viele derselben Namen, wie „Fauler", „Faulberg", „Faulhorn" und dergleichen. In den Zonen der oft senkrecht stehenden krystallinischen Schiefer sind wild zerrissene Kämme und kühn geformte Gipfel sehr häufig (Fig. 68), aber es fehlt auch nicht an Beispielen vom entgegengesetzten Extrem. So bildet der leicht verwitterbare Thonschiefer in der spanischen Sierra Nevada langgezogene Rücken, über die sich die beiden höchsten Punkte (Veleta und

Fig. 70. Aus dem Colorado-Gebiet (zwei Trachytgänge im horizontalen Sandstein) nach Hayden.

Mulahacen) kaum merklich erheben. Wechseln Gesteine von verschiedener Widerstandskraft mit einander ab, so werden die härteren durch die Verwitterung gleichsam herausmodelliert, wie zwei drastische Beispiele aus der Natur in Fig. 69 und 70 zeigen. Fig. 71 belehrt uns endlich, welche Kammform gebogene Sedimentschichten erzeugen können.

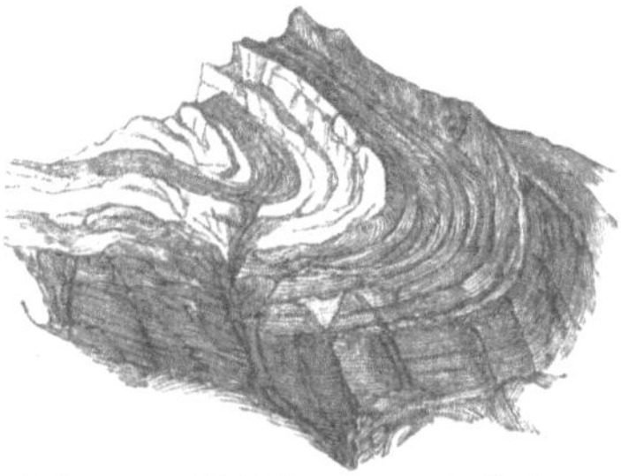

Fig. 71. Sichelkamm nach Heim.

In Bezug auf die Gehängeform unterscheiden sich die Sedimentgesteine wesentlich von den kristallinischen Schiefern. Der Böschungswinkel ist unter sonst gleichen Umständen — wie Lagerung, Zerklüftung, Verwitterungsgrad und klimatische Verhältnisse — bei verschiedenen Felsarten verschieden. Seine Steilheit kann nur bis zu einer gewissen Grenze, die Heim die Maximalböschung nennt, zunehmen; wird diese überschritten, so brechen die oberen Massen schneller oder langsamer nach, stürzen herab und Kamm und Gipfel werden erniedrigt. So haben die nach oben fortschreitenden Schluchten den ursprünglich gerade verlaufenden Grat der Churfirsten in 9—11 Zacken zerschnitten (Fig. 72).

Fig. 72. Die Churfirsten nach Heim.

Im allgemeinen ist die Maximalböschung am größten bei Kalksteinen und Dolomiten, kleiner bei Sandsteinen und Quarziten, am kleinsten bei Schiefern. Da nun bei einem aus verschiedenen Sedimentgesteinen bestehenden Berge die Maximalböschung von Schicht zu Schicht wechselt, so entstehen ungleichmäßig geneigte Abhänge mit sog. Bandstruktur, d. h. mit flach geneigten Verwitterungsterrassen, die den weicheren Schichten entsprechen (Fig. 73). Bei den kristallinischen Schiefern bleibt dagegen in der Regel die Maximalböschung den ganzen Abhang entlang die gleiche. Als eines der schönsten Beispiele nennt Heim den Bristenstock (in der Schweiz), wo mit Ausnahme einer ganz unbedeutenden Einbiegung der ganze Abhang unter einem Winkel von 36° geneigt ist. Die kristallinischen Schiefer nehmen übrigens eine ähnliche Verwitterungsform an, wie die Sedimentgesteine, wenn sie flach gelagert sind; anderseits tritt auch bei den Sedimentgesteinen die Bandstruktur zurück, wenn sie steil aufgerichtet, dünnschichtig oder schieferig sind.

Es muß übrigens bemerkt werden, daß die wirkliche Böschung nicht immer der Maximalböschung entspricht. Sie ist größer, wenn das fließende Wasser durch Abtragung und Unterwaschung so rasch arbeitet, daß die Verwitterung nicht gleichen Schritt halten kann; sie ist kleiner im umgekehrten Fall. Senkrechte oder überhängende Wände sind verhältnismäßig selten und stets lokal beschränkt; wenn trotzdem häufig solcher Erwähnung geschieht, so

Fig. 73. Verwitterungsterrassen im Glärnisch-Gebirge nach Baltzer.

kommt dies daher, daß das ungeübte Auge nichts so sehr überschätzt, als Böschungswinkel. Häufig wird die Böschung am Fuß eines Abhangs plötzlich sanfter: das sind entweder Schutthalden, die meist auf trockenem Wege sich bildeten und gewöhnlich nur unter 3—10° geneigt sind, oder vom Wasser abgelagerte Schuttkegel, die meist einen Winkel von 30° erreichen.

Neben der regelmäßigen Denudationsarbeit, die den Verwitterungsschutt zu Thal führt, um ihn allmählich mit Hilfe des fließenden Wassers in die Ebene hinauszuschaffen, giebt es auch katastrophenartige Ereignisse, welche große Massen auf einmal von den Anhöhen in das Thal befördern. Nach lange andauernden Regengüssen verwandeln sich die Wildbäche nur allzuhäufig in gewaltige Schlamm- und Schuttströme (sog. Muren), die weite Thalstrecken überschütten. Durch solche Muren wurden z. B. in den Jahren

1874 und 1875 bei Ried im Oberinntal 320 000 cbm Schutt angehäuft. Seltener, aber noch verheerender sind die Berg- und Felsstürze, wodurch das oft Jahrhunderte lang angehäufte Verwitterungsmaterial, manchmal auch kolossale, durch den Frost losgelöste Felsblöcke, oft durch unbekannte Ursachen aus dem Gleichgewicht gebracht, in eine stürzende Bewegung geraten. Erdbeben geben häufig Veranlassung dazu; dies war der Fall beim Absturz der Schlaggendorfer Spitze in der Tatra (1662), wodurch dieselbe ca. 300 m an Höhe verlor, und beim Einsturz der Südseite der Villacher Alpe (25. Januar 1348), wodurch 13 Dörfer begraben wurden. Entlang von Schicht- oder Kluftflächen, die gegen das Thal einfallen, können nicht nur lose, sondern auch Felsmassen abrutschen, wenn ihre Kohäsion durch Spaltenbildungen gelockert und ihre Unterlage durch starke Regengüsse oder abgelenkte Quellen durchweicht ist. Der Sturz des Roßberges am 2. September 1806, wodurch vier Dörfer verschüttet wurden, ist eine der bekanntesten Katastrophen dieser Art. Leider treten sie in nassen Jahren im Gebirge sehr häufig ein. Nach Aretin schweben in Tirol 300 000 Menschen in steter Lebensgefahr, und Simony veranschlagt den jährlichen Schaden auf durchschnittlich eine Million Mark. Der Unverstand der Menschen unterstützt oft noch die zerstörenden Kräfte, indem natürliche Widerlager, die die zum Rutschen geneigten Massen stauen, leichtsinnigerweise weggeräumt werden. So veranlaßte z. B. die Anlage von Steinbrüchen bei Elm jenen furchtbaren Bergschlipf am 11. September 1881, der nicht bloß den Thalboden, sondern auch den unteren Teil der gegenüberstehenden Lehne mit einer Schuttmasse von zehn Millionen Kubikmeter bedeckte. In manchen Gegenden setzen sich kleinere Rutschungen durch Jahrhunderte hindurch fort. In Thälern, die das Wasser im lockeren Material ausgegraben hat, sind Bewegungen der Massen infolge ihrer eigenen Schwere eine regelmäßige Erscheinung.

§ 194. Gegenüber diesen Gebieten einer kräftigen Denudation, wo die Verwitterung stets neue Angriffspunkte findet, giebt es auch weite Erdräume mit warmfeuchtem Klima, wo unter dem Schutze einer dichten, tiefgreifenden Waldvegetation, die die Abfuhr der Verwitterungsprodukte hindert, der Zersetzungsprozeß von den Klüften und Fugen konzentrisch gegen das Innere des Felsbodens fortschreitet und denselben im Laufe langer Zeiträume bis zu einer bedeutenden Tiefe in ein Haufenwerk von eckigen Gesteinsfragmenten, Gruß und sandigen und thonigen Massen verwandelt, während der Denudationsprozeß sich hauptsächlich auf die Fortführung der Carbonate beschränkt. Pumpelly, der auf diesen Vorgang besonders aufmerksam gemacht hat, bezeichnet ihn als säkulare Verwitterung. Die Gebiete derselben teilt von Richthofen in Regionen der Laterit- **Gebiete säkularer Verwitterung.**

16*

bildung und in solche der lehmigen Zersetzung. Der Laterit, der nur im Tropengürtel vorkommt, unterscheidet sich von den lehmigen Verwitterungsprodukten der gemäßigten Zone oder der ihr entsprechenden Gebirgsregionen der warmen Zone hauptsächlich durch den hohen Gehalt an Eisenoxyd und die dadurch hervorgerufene ziegelrote Farbe des Zerreibungsmehles. In Vorder- und Hinterindien, im brasilianischen Gebirge und in Afrika von Senegambien bis zum Kapland ist diese Bodenart außerordentlich häufig und erreicht stellenweise eine Mächtigkeit bis zu 60 m. In der gemäßigten Zone sind hauptsächlich die östlichen Staaten der Union im Süden der diluvialen Gletschergrenze von einer mächtigen Verwitterungsrinde, dem Produkte des einstigen Urwaldes, bedeckt.

In einigen Gebieten säkularer Verwitterung wurde das Felsengerüst infolge von Klimaänderungen in vorgeschichtlicher Zeit oder von Niveauveränderungen, die eine erhöhte Erosionsthätigkeit hervorriefen, wieder bloßgelegt und zeigt nun eigentümliche unregelmäßige Oberflächenformen, einen Wechsel von Erhöhungen und Vertiefungen, die der Verbreitung widerstandsfähiger und leicht zerstörbarer Gesteine entsprechen. In der Mongolei gab wahrscheinlich eine starke Verminderung der Niederschläge die Veranlassung dazu. Die Vegetation starb infolgedessen ab und der Wind bemächtigte sich der feineren Verwitterungsprodukte, während der gröbere Schutt zurückblieb. Die Grundmoräne des großen diluvialen Binneneises, das das arktische Amerika bedeckte, hält Pumpelly nur für die umgewandelte einstige Verwitterungskruste, die aus der Zeit stammt, als die Polarländer noch mit einem milden Klima gesegnet waren und dichte Wälder trugen (vergl. S. 127). Als Beispiel für die Zerstörung der säkularen Verwitterungsdecke durch Erosion führt von Richthofen Dekan an, wo der jetzige Hochflächen-Laterit nur der Überrest einer einst allgemein verbreiteten, zusammenhängenden Decke ist.

Grundwasser, Quellen und unterirdische Flüsse.

Gebirgsfeuchtigkeit, Grund- und Seihwasser.

§ 195. Von den Niederschlägen fließt ein Teil oberflächlich ab, ein Teil verdunstet, ein Teil wird von den Organismen aufgenommen und kehrt erst nach deren Tode wieder in den Kreislauf des Wassers zurück; ein Teil versinkt in den Erdboden, bildet das Grundwasser und kommt stellenweise als Quelle wieder zu Tage; und nur ein kleiner Bruchteil wird für längere Zeit, vielleicht dauernd, der großen Wassercirkulation (von der Erdoberfläche in die Atmosphäre und von der Atmosphäre auf die Erdoberfläche zurück) entzogen, indem er bei der Umwandlung wasserfreier in wasserhaltige Mineralien aufgebraucht wird.

Man nimmt an, daß von der jährlichen Niederschlagsmenge etwa $^1/_3$ in den Erdboden eindringt, und zwar kann es als Regel gelten, daß heftige Niederschläge dem Grundwasser weniger Nahrung zuführen, als schwacher, aber andauernder Regen oder schmelzender Schnee. Sobald die Kapillarräume der oberen Schichten mit Wasser gefüllt sind, nimmt letzteres seinen Weg in die Tiefe, sei es durch lose Sand- und Schuttmassen, sei es durch die Sprünge und Klüfte, wie durch die mikroskopischen Poren des festen Gesteins, das es als sog. Gebirgsfeuchtigkeit durchdringt. Orographische und tektonische Verhältnisse bedingen mancherlei Modifikationen dieses allgemeinen Vorganges. Mit der Neigung des Bodens steigt die Menge des oberflächlich abfließenden Wassers, aber dieser Übelstand wird dadurch aufgehoben, daß im gestörten Schichtbau der Gebirge die Zahl der Spalten und Klüfte, d. h. der in das Innere führenden Kanäle, eine beträchtliche ist.

Das unterirdische Wasser cirkuliert entweder frei in Spalten und Hohlräumen, oder sammelt sich als sog. Grundwasser auf einer undurchlässigen Schicht, die meist aus einer Thon- oder Lehmlage besteht. Die Messungen des Grundwasserstandes in Brunnen, die an verschiedenen Orten der österreichisch-ungarischen Monarchie angestellt wurden, zeigen mit ziemlicher Übereinstimmung im fünfjährigen Mittel ein Maximum im Frühjahr, d. h. zur Zeit der Schneeschmelze, und ein Minimum im Herbst oder Winter. Diese Thatsache beweist schon den innigen Zusammenhang des Grundwassers mit den Niederschlägen, und mit ihr stimmt auch die Beobachtung überein, daß regenreiche Jahre den mittleren Grundwasserstand erhöhen und regenarme Perioden ihn herabdrücken. Allerdings sind die Niederschläge nicht ausschließlich die Ernährer des Grundwassers, denn in den Klüften und Poren des Gesteins cirkuliert auch Luft und kondensiert hier im Sommerhalbjahr, wo die Bodentemperatur bis 30 m Tiefe niedriger ist, als die Luftwärme, dessen Gehalt an Wasserdampf. Außer der atmosphärischen Feuchtigkeit dringt auch Fluß- und Seewasser in die Uferwandungen ein (sog. Seihwasser) und durchnäßt ein größeres oder kleineres Gebiet. In manchen Küstengegenden fällt und steigt das Brunnenniveau mit Ebbe und Flut: ein Beweis für das Eindringen des Meerwassers, welches das leichtere Süßwasser hebt und sinken macht.

§ 196. Das unterirdische Wasser folgt eben so, wie das oberirdische, dem Gesetz der Schwere; und auch das Grundwasser, das man irrtümlicherweise als ruhend betrachtet, bewegt sich, sobald die Unterlage nur eine geringe Neigung besitzt, zwar langsam, aber doch nach einer bestimmten Richtung. Schichtenbiegungen und Spalten zwingen es aber häufig, seinen Weg nach abwärts aufzugeben und die entgegengesetzte Richtung einzuschlagen. Als Quelle tritt es an einem, manchmal weit von seinem Quellbildung.

Ursprungsorte entfernten Punkte wieder zu Tage, freilich nicht immer als scharf markierter Wasserfaden. Häufig bezeichnen nur ein intensiveres Grün der Vegetation, Binsen, sumpfiger Boden oder dunkle Flecken inmitten ausgetrockneter Felder die Stelle, wo Wasser aus dem Boden hervordringt; in diesem Falle versinkt es auch zum Teil wieder in die Erde, um seinen Kreislauf von neuem zu beginnen.

Am einfachsten ist der Vorgang der Quellbildung im Gebirge, wenn das eingedrungene Wasser entlang den thalwärts einfallenden Schichten auf wasserdichter Unterlage (xy in Fig. 74) bis zum Ausgang derselben sich bewegt. Daß diese sogen. Schichtquellen nur an einigen Stellen des betreffenden Thalgehänges hervortreten, hat seinen Grund einerseits in den Unebenheiten der Unterlage, anderseits in dem Vorhandensein von Spalten, die dem Wasser bestimmte Bahnen anweisen. Im Gegensatz zu diesen absteigenden Quellen, die dem Zug der Schwere folgen, werden die aufsteigenden zum Teil durch hydrostatischen Druck zu Tage gefördert. Auf muldenförmiger wasserdichter Unterlage (xy in Fig. 75) kann das Grundwasser entweder als Spalt- oder als Überfallsquelle an die Oberfläche gelangen. Zu den ersteren gehören eigentlich auch die artesischen Brunnen, bei denen die Spalte künstlich durch Bohrung erzeugt wird. Verwandt sind ihnen auch die Quelltümpel (in manchen Gegenden Seeaugen genannt), welche dadurch entstehen, daß das Grundwasser bei hohem Stande in einer Vertiefung der wasserführenden Schicht oder ihrer Decke, wenn eine solche vorhanden ist, an die Oberfläche tritt. Ein solcher Quelltümpel im großartigen Maßstabe ist der Neusiedler See, der infolge trockener Jahre 1865 ganz verschwand, aber seit 1870 sich wieder zu füllen begann.

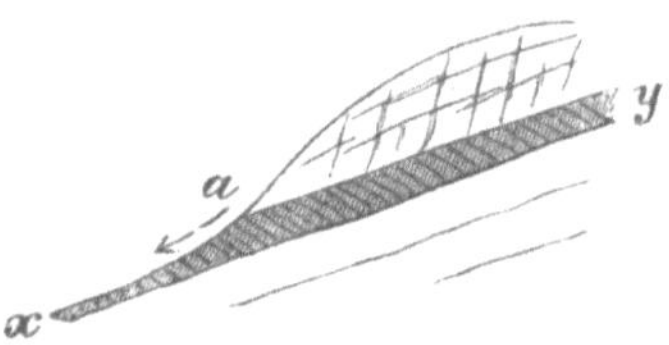

Fig. 74. Schichtquelle (*a*).

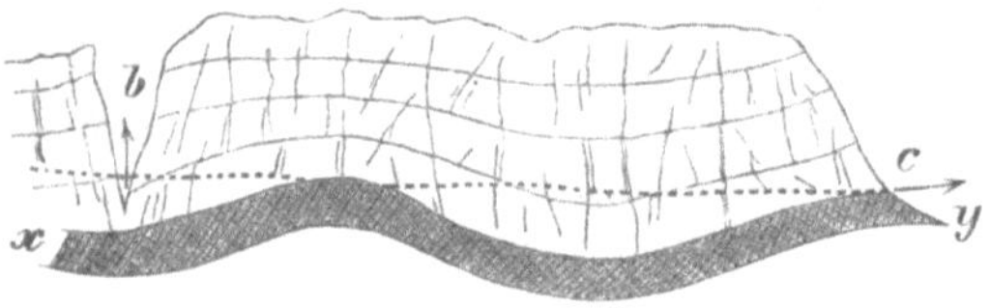

Fig. 75. Spaltquelle (*b*) und Überfallsquelle (*c*).

Man faßt die genannten Quellarten häufig unter dem Begriff „Bodenquellen“ zusammen und stellt sie den Rasen- und Gesteinsquellen gegenüber. Die Rasenquellen kommen auf schwer durchlässigem (thonigem) Boden vor, in den nur wenig Wasser eindringt, und wo daher auch die Quellbildung (wenn von einer solchen hier überhaupt die Rede sein darf) nur in der obersten Schicht stattfindet. Dagegen kommen die Gesteinsquellen oft aus bedeutender Tiefe, von wo sie ein kompliziertes

Netzwerk von Spalten wieder zu Tage leitet. Sie sind hauptsächlich Gegenden mit stärker dislozierten Schichtenbau eigentümlich.

Wie das Grundwasser, so sind auch die Quellen von den Niederschlägen abhängig. Spalten, die unter normalen Verhältnissen trocken sind, ergießen in sehr nassen Jahren die sog. Hungerbrunnen, die diese Bezeichnung deshalb führen, weil sie als Anzeichen einer schlechten Ernte betrachtet werden. In Gegenden mit periodischem Regen fließt auch die Mehrzahl der Quellen periodisch[1]; überhaupt besitzen nur solche Quellen, die mit großen unterirdischen Wasserreservoirs (z. B. in der Nähe von Seen) in Verbindung stehen, eine gleichmäßigere Wassermenge.

In regenlosen Gegenden treten die Quellen in weiter Entfernung von ihrem Ursprung hervor. In den Oasen der lybischen Wüste, deren eine Kette parallel mit dem Nil zieht, während die andere den Südabhang des cyrenäischen Plateaus umsäumt, stammen sie nach Zittel aus dem tropischen Regengebiet von Afrika. Auf den wasserdichten Schichten der nubischen Sandsteinformation fließt das Sickerwasser nach Nordosten, wo es sich in einer seichten Mulde westlich vom Nil ansammelt, da eine schwache Aufbiegung der Kreideschichten unter der nördlichen Oasenreihe den Abfluß zum Mittelmeer verhindert. Die ältere Hypothese, daß das Seihwasser des Nil die östlichen Oasen speise, erweist sich schon deshalb als unhaltbar, weil die Schichten gegen den Nil einfallen.

§ 197. Quellen, die dem Grundwasser entstammen, also aus mäßiger Tiefe kommen, haben eine Temperatur, die im allgemeinen der mittleren Jahreswärme des betreffenden Ortes entspricht, aber doch eine jährliche Schwankung zeigt. Kälter sind die absteigenden Quellen im Gebirge, die durch Schnee- und Gletscherwasser gespeist werden[2], und die unterirdischen Abflüsse tieferer Seen, deren Bodenschicht bekanntlich nur eine Temperatur von 4° besitzt. Als warme Quellen oder Thermen bezeichnet man jene, deren Temperatur die mittlere Jahreswärme der Luft an der Ausflußstelle übersteigt. Man kann daher relativ und absolut warme Quellen unterscheiden, und als Grenzwert das höchste thermische Jahresmittel im Meeres-

Temperatur der Quellen.

---

[1] Eine andere Art periodischer Quellen ist mehr physikalisch interessant als geographisch wichtig. Dazu gehören jene, die, wie die Fontana Chistaina im Unterengadin (Val d'Assa), auf dem Prinzip des Hebers beruhen, und unter anderen auch der intermittierende Springbrunnen des Rank-Herleiner Bades im Hegyalljagebirge, bei dem die Kohlensäure das treibende Agens ist. Nur die Geysirs sind von größerer Bedeutung und werden daher später eingehender besprochen werden.

[2] Die höchsten, bisher bekannt gewordenen kalten Quellen liegen nach einer Zusammenstellung von Schlagintweit in Tibet 5379, im Himalaya 4852, in den Andes 4732 und in den Alpen 3182 m hoch.

niveau (30^0) annehmen.[1] Ihre höhere Temperatur beweist, daß sie aus bedeutenden Tiefen kommen; sie sind daher auch in der Regel wasserreicher und weniger variabel als die anderen Quellen. Ein tief hinabreichendes, vertikales Spaltensystem ist die Grundbedingung der Thermenbildung, und diese ist daher an größere Dislokationen gebunden. Wenn vulkanische Distrikte, oft auch längst erloschene, an warmen Quellen besonders reich sind, so sind doch die Thermen nicht als Begleiterscheinungen vulkanischer Vorgänge aufzufassen, sondern beide sind Begleiterscheinungen beträchtlicher Schichtenstörungen. Daher entspringen heiße Quellen auch dort, wo es nicht zu vulkanischen Ausbrüchen kam. Daraus erklärt es sich auch, daß die in stark dislozierten Gegenden häufigen Erdbeben oft dauernd die Temperatur der Thermen verändern, indem sie tiefere Spalten entweder öffnen oder schließen. Durch das Lissaboner Erdbeben (1755) wurde z. B. die Temperatur der Königinquelle zu Bagnères de Luchon in den Pyrenäen von ca. 8 auf 50^0 erhöht, und anderseits verwandelte das Erdbeben von 1660 die Thermen zu Bagnères di Bigorre in kalte Quellen.

Geysir. § 198. Kochend heiße Quellen kommen nur in vulkanischen Gegenden vor. Steigt ihre Temperatur über den Siedepunkt, so verwandeln sie sich zum Teil oder ganz in Dampf, wie die Karapiti auf Neuseeland. Die interessantesten Erscheinungen dieser Art sind die Geysirs, intermittierende Springquellen, die große Quantitäten Kieselsinter um ihre Mündungsstelle absetzen. Dadurch entstehen allmählich sanft ansteigende Kegel mit einem flachen Becken in der Mitte, auf dessen Boden ein cylindrischer Kanal mündet. Eingehend wurde eigentlich nur der große Geysir auf Island (Fig. 76 u. 77) studiert, und in dieser Beschränkung liegt ein großer Mangel aller bisherigen Erklärungsversuche. Vor der Eruption ist sein Becken mit krystallhellem, bläulichgrünem Wasser gefüllt, dessen Temperatur (nach einer neueren Beobachtung von Walker) von 86^0 an der Oberfläche bis $130\frac{1}{2}{}^0$ am Boden der Röhre

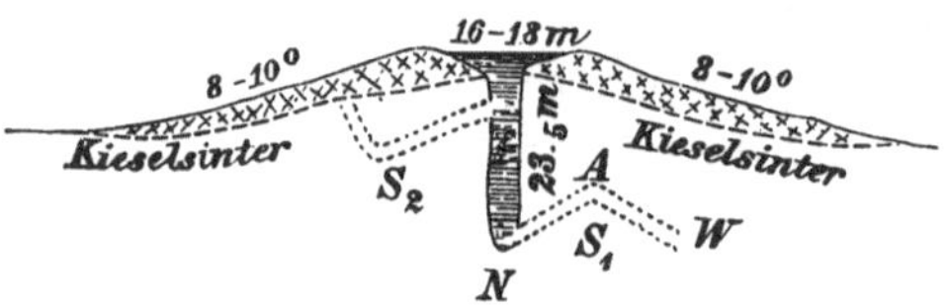

Fig. 76. Durchschnitt des großen Geysirs auf Island in den natürlichen Dimensionen. (Mit punktierten Linien sind die hypothetischen Fortsetzungen des Geysir-Apparates nach Lang angegeben.)

[1] Zu den heißesten Quellen gehören: Aguas de las Trincheras (Mexico) 97^0, Aguas de Comangillas bei Queretaro (Mexico) $96{\cdot}2^0$, die Quellen von Hammam-Meskhutin im algerischen Atlas 95^0, die Quelle von Manikaru (Zentralasien) $94{\cdot}4^0$ 2c. In Mitteleuropa: Burtscheid $77{\cdot}5^0$, Karlsbad 75^0, Wiesbaden 70^0, Baden-Baden $67{\cdot}5^0$, Ofen 64^0, Mehadia 64^0, Aachen $57{\cdot}5^0$, Ems $56{\cdot}3^0$, Leukerbad $50{\cdot}2^0$, Teplitz $49{\cdot}4^0$, Gastein 48^0.

zunimmt und gleichzeitig auch in jeder Schicht bis zum Zeitpunkte der Eruption sich steigert. Heftiger unterirdischer Donner kündigt den Ausbruch an, das Wasser beginnt zu wallen, kleinere Eruptionen erfolgen, endlich schießt ein Strahl heißen Wassers, ca. 3 m stark und über 30 m hoch, von Dampfwolken umgeben und manchmal auch von Steinen begleitet, hervor. Von Zeit zu Zeit scheint der Strahl einzusinken, aber immer wieder erhebt er sich. Nach ca. 10 Minuten fällt er endlich in sich zusammen, das Bassin ist leer und nur die Steigröhre ist noch bis 2 m unter der Oberfläche gefüllt. Nach einer Pause von 24—30 Minuten wiederholt sich dieses imposante Schauspiel in der eben geschilderten Reihenfolge.

Fig. 77. Der große Geysir nach Fuchs.

Es ist klar, daß Dampf die Wassermasse im Kanal emporschleudert, und die verschiedenen Erklärungsversuche weichen nur in der Angabe der Örtlichkeit, wo die erste Dampfentwickelung stattfindet, von einander ab. Bunsen, dessen Hypothese allgemeine Anerkennung fand, verlegte sie in die Mitte der Steigröhre; und in der That haben auch die neueren Messungen Walker's bestätigt, daß hier vor der Eruption das Wasser dem Siedepunkt[1] am nächsten ist. Infolge fortgesetzter Erhitzung von unten müßte es hier — so meint Bunsen — einmal zur Dampfentwickelung kommen, die eine Hebung der oberen Wassersäule bewirkt, und so durch Verminderung des Druckes bis zum Boden des Kanals fortschreitet. Die Möglichkeit eines solchen Vorganges hat in jüngster Zeit Lang bestritten. In einer von unten erwärmten Wassersäule muß durch Strömungen ein Wärmeausgleich stattfinden, und es kann unmöglich eine Partie ihren Siedepunkt erreichen, während die darüber befindliche Masse noch weit

[1] Bekanntlich steigt der Siedepunkt mit dem Drucke. Im vorliegenden Fall beträgt er an der Oberfläche des Bassins 98·9° und am Boden der Röhre 136·7°.

davon entfernt ist. Lang verlängert daher das Geysirrohr (S_1 in Fig. 76), läßt die Erwärmung von W ausgehen und den Dampf in dem Rohre S_1 sich entwickeln. Zuerst kommt es zur Dampfbildung in A, wo der Kochpunkt am tiefsten ist. Das Wasser in der Steigröhre spielt nur eine passive Rolle, es bildet den hydraulischen Verschluß der Vorrichtung, der endlich durch den Dampf herausgeschleudert wird. Befindet sich auch bei N ein Wärmeherd, aber ein weniger intensiver als der bei W, so wird der Vorgang nur verstärkt. Die Periodizität erklärt Lang durch die Annahme eines zweiten Spaltensystems (S_2), das dem Kanal nach dessen Entleerung kaltes Wasser zuführt. Aus den Schwankungen und der Temperatur dieses Zuflusses erklären sich ungezwungen die thatsächlich beobachteten Unregelmäßigkeiten der Periodizität. Die Dauer der Periode ist auch bei verschiedenen Geysirs eines und desselben Gebietes verschieden, und neben ihnen gibt es auch mit warmem Wasser gefüllte Bassins, die bereits in Ruhestand versetzt sind.

In Island ist neben dem schon genannten großen Geysir der Strokr, der erst 1784 während eines Erdbebens entstand, am bekanntesten. Noch großartiger ist dieses Phänomen im Nationalpark im Felsengebirge (am oberen Yellowstone und Madison) entwickelt. Zahlreich sind hier die Dampfquellen, Geysirs und heißen Quellen; im oberen Geysirgebiet am Feuerlochfluß werden Wasserstrahlen von 70—80 m und Dampfsäulen von 300 m Höhe emporgeschleudert. Diesen beiden Bezirken kann sich nur noch die Nordinsel von Neuseeland an die Seite stellen, wo aber leider in den letzten Jahren viele der schönsten Geysirs ausgetrocknet sind und Neubildungen immer seltener werden. Einen wunderbaren Anblick bieten namentlich die terrassenförmig aufgebauten, marmorweißen Kieseltuffablagerungen des Teterata. Das Geysirphänomen ist aber auf die drei genannten Hauptgebiete nicht beschränkt. Man findet es noch in Californien, nördlich von San Francisco; einen Geysir in Japan hat Kuntze beschrieben, und im Jahre 1882 entstand ein solcher (von 26 m Höhe) infolge von Bohrungen auch bei St. Etienne in Frankreich.

Mineralgehalt der Quellen. Inkrustierende Quellen.

§ 199. Wie an der Oberfläche und in den Ritzen und Klüften des Felsbodens das kohlensäurehaltige Wasser zersetzend wirkt, so auch auf seinen weiten unterirdischen Bahnen. Jede Quelle ist daher mit festen Bestandteilen versetzt, unter denen Carbonate, Sulfate und Chloride die Hauptrolle spielen.[1] Der Mineralgehalt hängt zunächst von der Beschaffen-

[1] Je nach dem Kalkgehalte unterscheidet man hartes und weiches Wasser. Hartes, d. h. stark kalkhaltiges Wasser ist bekanntlich zum Waschen und zum Kochen der Hülsenfrüchte nicht geeignet.

heit des Muttergesteins ab. In England sind jene Quellen am reinsten, die aus dem Granit und Gneiß kommen; ihnen zunächst kommen die aus dem Silur und Kohlensandstein stammenden; am meisten verunreinigt sind jene, die ihren Weg durch den Dyaskalk und durch das Diluvium und Alluvium nehmen. Unter sonst gleichen Umständen sind Thermen reicher an festen Bestandteilen, als kalte Quellen, weil warmes Wasser eine größere Lösungskraft besitzt; doch giebt es auch verhältnismäßig reine Thermen, wie die von Pfäffers, Gastein, Plombières und Bormio.

Je nach dem vorherrschenden Mineralgehalt unterscheidet man Kalk-, Kiesel-, Stahl-, Natron-, Schwefel-, Soolquellen u. s. w.; sind die Quellen sehr kohlensäurereich, so nennt man sie Sauerquellen. Viele von ihnen haben wegen ihrer Heilkraft große Bedeutung, einige wirken sogar auf die Oberflächengestaltung ein. Das gilt hauptsächlich von den kalk- und kieselsäurereichen Quellen; letzterer, die stets heiße Quellen sind, haben wir bereits gedacht. Die ersteren lagern Travertin, oft in großer Mächtigkeit, ab. Aus Italien sind viele Beispiele davon bekannt; am berühmtesten sind die Ablagerungen des Anio bei Tivoli. Das an den Ufern wachsende Rohr wird inkrustiert, der Schaum des Wasserfalls bildet Stalaktiten, und die tiefe Schlucht, in die er sich stürzt, besteht aus horizontalen Schichten von Tuffen und Travertin von 120—150 m Mächtigkeit, ist also zum großen Teil auch ein Ablagerungsprodukt des Flusses. Noch weit großartiger sind die Travertinbildungen der Quellen auf dem kleinasiatischen Plateau Pambuk-Kalassi in der Nähe der alten Stadt Hieropolis.

§ 200. Die chemische Erosion ist zwar überall thätig, aber von hervorragender Bedeutung für die Oberflächengestaltung ist sie doch nur in gewissen Kalk- und Dolomitgebieten. Dies gilt hauptsächlich vom Karst, welcher sich von der Laibacher Ebene über Istrien, Dalmatien, Bosnien, die Herzegowina und Albanien bis nach Griechenland erstreckt, weshalb man jetzt alle hierher gehörigen Erscheinungen unter dem Namen Karstphänomen zusammenzufassen pflegt. Das Charakteristische desselben besteht darin, daß die Erosion hauptsächlich unter die Oberfläche verlegt ist, wodurch eine starke Zerklüftung und Durchlöcherung des ganzen Terrains erzeugt wird. Das Karstphänomen. Höhlen.

Die bekannteste Karstbildung sind die Höhlen. Indem das unterirdisch cirkulierende Wasser Kalk auflöst und fortführt, werden die Klüfte immer mehr erweitert oder leichter zerstörbare Schichten zwischen widerstandsfähigeren fortgeführt; so entstehen im Laufe langer Zeiträume größere und kleinere Hohlräume, die man füglich als unterirdische Thäler bezeichnen kann. Wie in oberirdischen Thälern wechseln auch hier oft Engen und Weitungen, findet man auch hier Seen und Wasserfälle. Wenn viele Grotten keine Flüsse beherbergen, so erklärt sich dies daraus, daß die Eröffnung neuer Klüfte (z. B. infolge von Erdbeben) das Wasser von seiner ursprünglichen Bahn abgelenkt hat. Häufig münden Seitenhöhlen in die Haupthöhle, wie Nebenthäler in das Hauptthal, oder die Zweiggänge eines Grottensystems sind nur verlassene Wege des Hauptflusses. Manche Grotten bestehen aus mehreren, stockförmig übereinander liegenden Höhlen, deren unterste in der Regel von einem Bache durchflossen wird. Ein berühmtes Beispiel dieser Art ist die Lueger Grotte in Krain.

Fig. 78. Aus der Adelsberger Grotte in Krain.

Sind die Höhlen einerseits ein Produkt der zerstörenden Kraft des Wassers, so sind sie anderseits auch der Schauplatz von Neubildungen. Kies und Lehm werden vom fließenden Wasser abgelagert, während die Tropfsteine von dem durch die Decke sickernden Regenwasser gebildet werden. Dieses scheidet den Kalk, mit dem es sich auf dem Wege beladen hat, bei der Verdunstung zum Teil an der Decke, zum Teil an dem gerade darunter liegenden Punkte des Bodens aus. Die herabhängenden Tropfsteine oder Stalaktiten und die vom Boden aufsteigenden Stalagmiten vereinigen sich endlich bei ungestörtem Wachstum zu Säulen (Fig. 78). Neben den Zapfen und Kegeln, die Tropfen um Tropfen ihre Entstehung verdanken, giebt es auch schwammartige Kalkbildungen, die aus größeren Wassermengen abgelagert sind, und oft einen zauberhaften Anblick gewähren, wie z. B. die Draperien an den Wänden, die durch Niederschläge aus den Überrieselungen der Wandflächen entstehen. Ist der Kalk rein, so sind alle diese Bildungen wasserhell; häufig werden sie aber durch Beimengung von Metalloxyden, besonders von Eisen, gefärbt. In den sog. Eishöhlen vertritt Eis die Stelle des Tropfsteins.

§ 201. Mit der Höhlenbildung steht die Erscheinung **verschwindender Flüsse**, die nach einem längeren oder kürzeren unterirdischen Lauf als mächtige Quellen wieder hervortreten, im innigsten Zusammenhange. Die unterirdischen Kanäle hat man sich als eine Reihenfolge von Höhlenkammern vorzustellen, deren Scheidewände bald kolossale Thore bilden, von denen manche schon zusammengestürzt sind, bald bis auf den Wasserspiegel, ja sogar unter denselben hinabreichen. Der Karst ist außerordentlich reich an derartigen Erscheinungen. Ein drastisches Beispiel bietet uns der Laibachfluß (Fig. 79), der als Poik seinen Anfang nimmt, dann bei

Verschwindende Flüsse und periodische Seen.

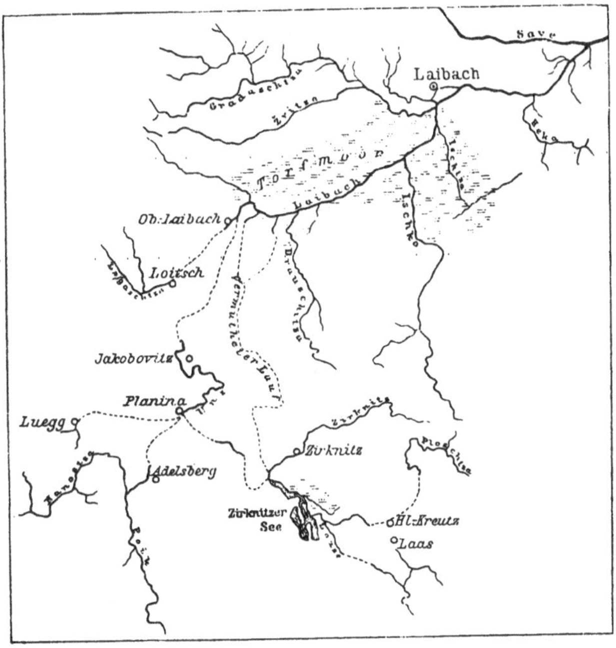

Fig. 79. Flußsystem der Laibach in Krain, nach Urbas.
——— Oberirdische, ········· unterirdische Flußläufe.

Adelsberg in die berühmte Grotte eintritt, als Unz wieder zu Tage kommt, abermals verschwindet und endlich unter dem Namen Laibach als schiffbarer Fluß das oberkrainische Thalbecken betritt. Von den 85 km seiner Gesamtlänge kommen 20 auf den unterirdischen Lauf; in gleicher Weise verhalten sich auch viele seiner Nebenflüsse. Das Verschwinden geschieht entweder plötzlich in eine Spalte oder in eine im Niveau der Thalsohle sich befindende Höhle.

Es gibt auch Flüsse, die niemals zu Tage treten und unterirdisch in das Meer münden. An solchen Stellen ist das Seewasser von geringem

Salzgehalt. Wir begegnen diesem Phänomen an allen Kalkküsten. In den dalmatinischen Gewässern hat z. B. die Hertha-Expedition das Vorhandensein zahlreicher Grundquellen festgestellt. Die Quelle von Cannes mündet 162, die von S. Remo 190, die am Kap St. Martin sogar 700 m unter dem Meeresniveau. Anderseits tritt auch das Meerwasser in die Klüfte des Kalksteines ein und bricht nach unterirdischem Laufe als Quelle hervor. Bekannt sind die beiden Quellen bei Argostoli auf Kephalonia, die stark genug sind, um Mühlen zu treiben; einen ähnlichen Fall hat von Lorenz in Istrien beobachtet.

Hier mag auch der periodischen Seenbildung gedacht werden. Der Zirknitzer See ist dadurch zur Berühmtheit gelangt, aber es verdient erwähnt zu werden, daß auch der Südabhang des Harz im Bauerngraben oder Hungersee einen Pendant dazu besitzt. Das seebildende Wasser kommt in allen Fällen hauptsächlich von unten, aus den mit Geröll bedeckten Spalten und Löchern am Fuß des Gebirges oder am Boden der zeitweilig wasserbedeckten Thalebene, und verschwindet dann auch wieder in denselben. Alle diese Sauglöcher führen nach Tietze zu einem vertikalen Spaltensystem, das einerseits mit unterirdischen Wasserbehältern, anderseits mit der Oberfläche in Verbindung steht. Bei anhaltenden Regen oder bei Schneeschmelze werden diese Adern mit Wasser gefüllt, und aus den in tieferem Niveau mündenden muß dann das Wasser nach dem Gesetz der kommunizierenden Gefäße hervortreten und das Thal erfüllen. Wird durch irgend ein Ereignis dem Wasser ein anderer unterirdischer Weg angewiesen, so hört die Seebildung ganz auf, wie in der Ebene von Verdoletsch in Kroatien oder wie auch in manchen Kesselthälern von Innerkrain.

Dolinen und Thalkessel.

§ 202. Nicht bloß die Oberfläche des Karstplateaus, sondern auch die Abhänge der Berge sind mit trichter- oder kesselförmigen Vertiefungen bedeckt, für die die deutsche Wissenschaft die slovenische Bezeichnung Dolinen angenommen hat. Sie treten vereinzelt oder gesellig auf, und sind häufig so dicht neben einander, daß die Karstoberfläche in der That einem blatternarbigen Gesichte, womit man sie so oft verglichen hat, ähnlich scheint.

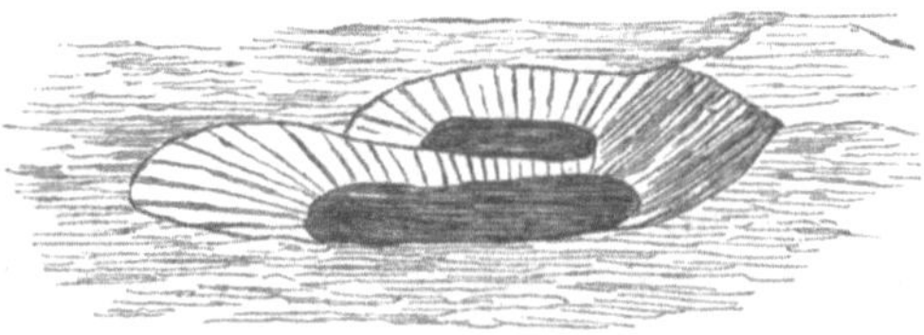

Fig. 80. Doppeldoline bei Lesetsche im Karst nach Reyer.

Die Form dieser Löcher ist bald kreisrund, bald unregelmäßig, ihre Tiefe variabel, ihr Durchmesser im Triestiner Karst gewöhnlich 50—75 m groß. Nach unten stehen sie durch Spalten mit Hohlräumen in Verbindung;

freilich sind diese Kanäle oft oberflächlich mit nachstürzendem Gestein oder Gerölle verstopft, aber nie so hermetisch verschlossen, daß nicht das Regenwasser sofort in denselben verschwinden würde.

Man ist allgemein der Ansicht, daß die Dolinen durch Einbrüche der Decke unterirdischer Hohlräume, die man sich aber nicht als plötzliche Einstürze der ganzen Decke zu denken hat, entstanden und dann durch die Niederschläge mannigfach modelliert worden sind. Der westliche Arm der Planinagrotte wird oberflächlich durch eine Dolinenreihe gekennzeichnet, mit der die Trümmeranhäufungen in der Höhle genau korrespondieren. Einen Deckeneinbruch erlebte Dr. Josef in der Grotte Volcja jama am Nanos, und die Bildung eines Trichters wurde 1870 beim Erdbeben von Klana beobachtet. Nach Pilar geht im kroatischen Grenzbezirke die Neubildung von Dolinen so rasch vor sich, daß mancher Bewohner, der nach einigen Jahrzehnten wieder in seine Heimat kam, dieselbe kaum mehr zu erkennen vermochte, denn Häuser waren infolge von Erdstürzen verlegt, neue Wege waren gebahnt, Obstgärten waren verschwunden.

Zu den Eigentümlichkeiten der Karstbildung gehören endlich auch die allseitig geschlossenen, trogartigen Kesselthäler. Wenige haben eine kreisähnliche Form, die meisten sind langgestreckt und oft von bedeutender Ausdehnung, wie die 60 km lange Thalebene von Livno in Bosnien. In überwiegender Mehrzahl streichen sie, parallel mit dem Gebirge und den Schichtenfalten, in nordwestlicher Richtung, und damit hängt auch ihre reihenweise Anordnung zusammen. Die Flüsse, die hindurchziehen, bilden sich teils durch oberflächlichen Abfluß, teils kommen sie aus Höhlen, aber in allen Fällen verschwinden sie wieder im Boden. Die echten Karstthäler bestehen also aus oberirdischen (Kesselthäler) und unterirdischen Partien (Höhlen). Sobald die Decke der letzteren zu wanken beginnt, bilden sich entlang ihrem Verlaufe Dolinenreihen; endlich stürzen ausgedehntere Partien der Decke ein, und das unterirdische Thalstück verwandelt sich in ein oberirdisches. Überreste der Decke bilden sog. natürliche Brücken, die man in Kalkgebirgen manchmal antrifft. Doch werden Brücken dieser Art auch durch herabgestürzte, große Felsblöcke gebildet, die sich zwischen den unteren Thalwänden einklemmen; und eine dritte Entstehungsart, durch Überwucherung der Travertinablagerungen, hat Keller an einem Beispiele aus der Provinz Umbria erläutert.

§ 203. Wenn alle beschriebenen Phänomene im Karstgebirge mit einziger Vollständigkeit zu einer geographisch hochbedeutsamen Gesamtwirkung sich vereinigen, so kommen einzelne derselben doch auch in zahlreichen anderen Kalkgebieten vor. Durch großen Höhlenreichtum zeichnet sich z. B. der Jurakalk des Bihargebirges, der Jura- und Kreidekalk der

Verbreitung des Karstphänomens.

Pyrenäen und der Franche-Comté aus. Grotten und unterirdische Flüsse besitzt der devonische Kalkzug von Westfalen. Unterirdische Flüsse findet man auch im Departement Manche und in den jurassischen Teilen der Departements Lot und Aveyron. Die Sorgue, die aus der Grotte von Vaucluse kommt, ist ein allbekanntes Beispiel dieser Art. Ein Teil der Loire verschwindet bei Saucerre im Kreidegebiet und kommt in der Nähe von Olivet als Loiret wieder zu Tage. Dolinen bezeichnen ihren unterirdischen Lauf, ebenso wie den der Flüsse, die im silurischen Kalk von Livland und der Insel Ösel verschwinden. Dolinenbildungen kommen auch im Jura, im südlichen Frankreich, im englischen Kreidegebiet bei Norwich und im westlichen Balkan vor. Außereuropäische Beispiele sind seltener. Das Kreidegebirge von Palästina und das nordamerikanische Kalkgebirge von Kentucky[1] haben Höhlen und unterirdische Flüsse. Dolinenbildungen in Wisconsin hat kürzlich Strong beschrieben. Grottenreich sind auch das Kalkgebirge zwischen dem Rio das Velhas und dem Rio Paraopeba in Brasilien und der südöstlichste Teil von Südaustralien, wo ebenfalls Trichterbildungen häufig sind.

Warum das Karstphänomen nicht in allen Kalkgebieten gleichmäßig ausgebildet ist, ist noch wenig erforscht. Sein Vorkommen im horizontal geschichteten Plateau von Livland beweist, daß Faltenbildung keine Hauptbedingung dafür ist. Als eine solche bezeichnet Peters das Vorhandensein einer wasserdichten Unterlage, die den Abzug der Gewässer in allzugroße Tiefen verhindert. „Die Kalksteinstufe", fährt er weiter fort, „muß aber auch, einigermaßen zerklüftet, in genügend großer Ausdehnung und genügend lange bloßliegen, um den einsinkenden und einsickernden Gewässern ihr Spiel zu gestatten." Es darf übrigens nicht verschwiegen werden, daß auch in Gesteinen, die nicht direkt im Wasser löslich sind, Höhlen vorkommen. In diesen allerdings sehr seltenen Fällen haben wir es mit Spalten zu thun, die nicht durch chemische, sondern durch mechanische Erosion erweitert wurden.

Das fließende Wasser.

Wassermenge. § 204. Die Quellen, das oberflächlich abfließende Regenwasser und das Schmelzwasser des Schnees und Eises vereinigen sich schließlich zu Wasserfäden, die wir je nach ihrer Größe als Bäche, Flüsse oder Ströme zu bezeichnen gewohnt sind. Dem Gesetz der Schwere folgend, streben sie insgesamt dem tiefsten Niveau der Erdoberfläche, dem Meeres-

[1] Die berühmte Mammuthöhle mit 223 Verzweigungen und einer Gesamtlänge von 220 km.

niveau zu, wenn auch nicht alle das Ziel erreichen. In regenarmen Gegenden ist ihre Wassermenge zu gering, als daß sie der Verdunstung Widerstand leisten könnten, und so finden sie ein vorzeitiges Ende, indem sie entweder in einen See münden, oder, in den Boden einsickern, oder, von der Sonne aufgezehrt, spurlos verschwinden. Nur größere Ströme, wie der ägyptische Nil oder der Euphrat und Tigris, deren Quellgebiete in einer niederschlagsreichen Zone liegen, oder die durch die Schmelzwässer schneereicher Hochgebirge ernährt werden, dringen sieghaft durch Wüstendistrikte bis zum Meere durch.

Die jährliche Periode (Fig. 81) und die Schwankungen des Wasserstandes der Flüsse werden in unseren Gegenden, wo kein Monat ohne Regen vergeht, mehr durch lokale Verhältnisse, als durch die Niederschläge bedingt. So verhält sich nach Hagen die geringste Wassermenge zur größten beim Rhein an der holländischen Grenze wie 1:6·6, bei der Mosel oberhalb Metz wie 1:98 und bei der Loire bei Briare wie 1:312·4. Diese Zahlen sind freilich nicht ganz sicher, aber immerhin lehrreich. Die Ursache der starken Schwankung des Wasserstandes der Loire haben wir unzweifelhaft in der fortschreitenden Entwaldung ihres Gebietes zu suchen. Die Beobachtungen an den forstlich-meteorologischen Stationen in Bayern ergaben zwar die Unrichtigkeit der weit verbreiteten Ansicht, daß der Wald die Regenmenge erhöhe; aber anderseits ist es ebenso sichergestellt, daß im Waldboden mehr Wasser einsickert als im freien Feld, daß also mit der Entwaldung die Menge des oberflächlich abfließenden Wassers zu- und die Zahl der Quellen abnimmt. Zur Zeit heftiger Regengüsse müssen daher die Flüsse mächtig anschwellen, während in der Periode des Niedrigwassers die Ernährung durch die Quellen gering ist. Am Niederrhein ist die jahreszeitliche Verteilung der Niederschläge eine sehr gleichmäßige, denn im Sommer, wenn der Spiegel anderer Flüsse beträchtlich sinkt, erhält er reichliche Zuschüsse von dem schmelzenden Schnee der Alpen. Außerdem wirken auch Seen und Ufersümpfe als Regulatoren, indem sie zur Zeit großer Wasserfülle einen Theil des Wassers zurückbehalten, um ihn in der Trockenzeit langsam wieder abzugeben. Daher ist das Verhältnis des tiefsten Wasserstandes des Rheins zum höchsten

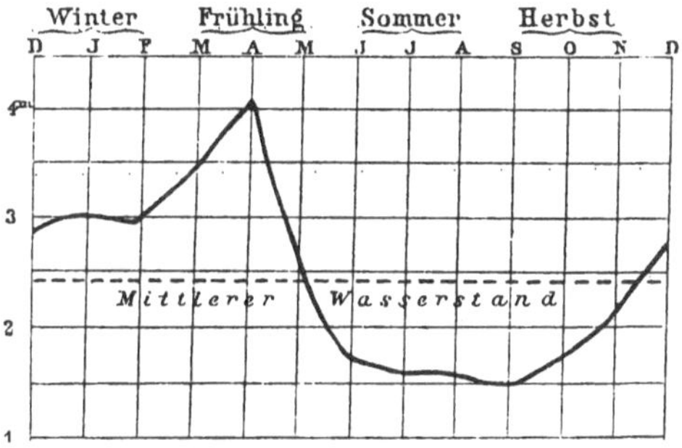

Fig. 81. Wasserstand des Memels bei Tilsit im Mittel der Jahre 1842—71.

oberhalb des Bodensees in Graubünden = 1 : 70, bei Basel aber nur = 1 : 14.

Hoch- und Niedrigwasser treten bei großen Strömen nicht an allen Orten gleichzeitig ein. Vom Bodensee bis Ketsch erreicht der Rhein seinen höchsten Stand im Juli, wenn der Schnee in den Alpen schmilzt, von Bacharach abwärts aber (wie die Weser) im Februar, weil hier die Nebenflüsse durch die Schneeschmelze am Beginn des Frühlings anschwellen.

In den subtropischen und tropischen Ländern tritt die jährliche Periode der Flußhöhen natürlich schärfer hervor, als im allgemeinen in der Zone der gleichmäßigen Niederschläge. Die spanischen Plateauflüsse, die im Frühjahr zu brausenden Fluten anschwellen, ziehen sich im Sommer zu unscheinbaren Wasserfäden zusammen; und in den Gebieten regenloser Sommer verschwinden in dieser Jahreszeit viele von den kleineren Flüssen (intermittierende Flüsse oder Fiumaren) ganz. Weniger schwankt der Wasserstand nur bei jenen subtropischen Flüssen, die aus dem Hochgebirge kommen, wie beispielsweise bei dem Guadalquivir. Noch größer sind die Schwankungen in der Tropenzone, wo die Regenzeit mit der alpinen Schneeschmelze zusammentrifft, wenn nicht andere Verhältnisse mildernd einwirken, wie beim Nil (Fig. 82) oder Ganges. Das Quellgebiet des ersteren liegt im Äquatorialgürtel, wo der Gegensatz von Regen und Trockenheit nicht so schroff ist, und überdies wirken hier auch die großen Seen als Regulatoren. Das Quellgebiet des Ganges und seiner nördlichen Nebenflüsse, der Himalaya, erhält bekanntlich auch im Winter durch den Antipassat Niederschläge. Eine Ausnahmsstellung nimmt der Amazonas ein, der fast parallel mit dem Äquator fließt. Im Gebiete des Hauptflusses vergeht kein Monat ohne Regen, während seine Nebenflüsse in den entgegengesetzten Jahreszeiten, die nördlichen im nordhemisphärischen und die südlichen im südhemisphärischen Sommer anschwellen; und die Gleichmäßigkeit der Wassermenge des Hauptflusses wird nur dadurch etwas gestört, daß die südlichen Zuflüsse größer sind, als die nördlichen. Ähnliche Bedingungen dürften bei dem zweiten Äquatorialstrom der Erde, dem Kongo, stattfinden.

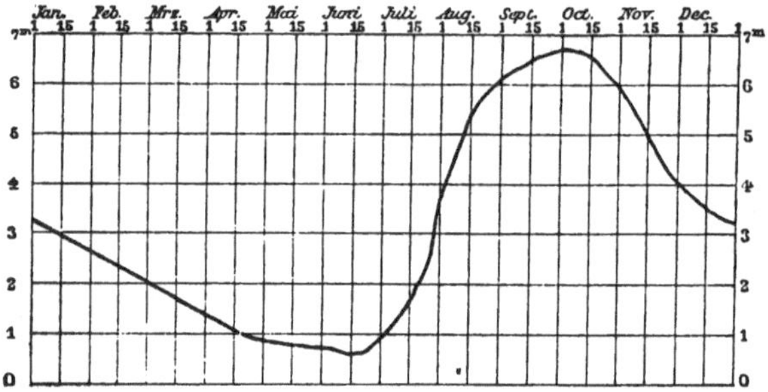

Fig. 82. Mittlere Nilwasserstände bei den Barrages unterhalb Kairo 1849—78.

Die Wassermenge der Flüsse wechselt von Jahr zu Jahr mit den Niederschlägen (Fig. 83), am meisten in den Gegenden der unregelmäßigen Regen, wie besonders im Innern Australiens. Die sogen. Creeks bestehen gewöhnlich nur aus einer Reihe unzusammenhängender Teiche, die sich nur nach andauerndem Regen zu Flüssen aneinanderschließen. In den Jahren 1817

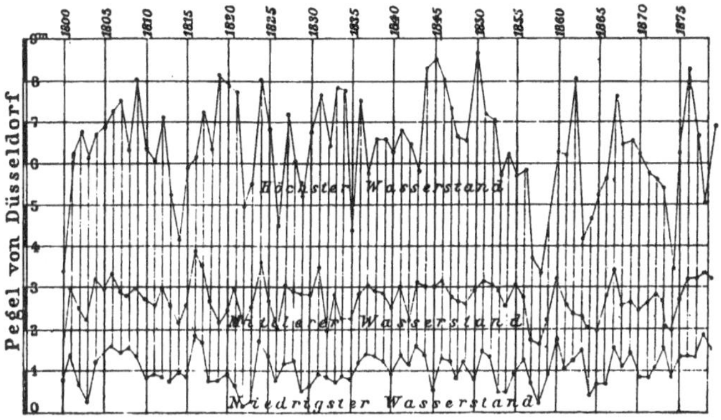

Fig. 83. Wasserstände des Rheins bei Düsseldorf, 1800—1879.

und 1870 breiteten sich Murray und Darling seeartig aus und das Hochwasser brauchte Monate, um abzufließen, während in trockenen Jahren zahlreiche Nebenflüsse nur ausnahmsweise den Hauptstrom erreichen. Für unsere Gegenden glaubte man aus Pegelbeobachtungen[1] den Schluß ziehen zu dürfen, daß die Wassermenge der Flüsse abnehme; andere behaupten, daß wenigstens der mittlere und niedere Wasserstand sinke, während die Hochwässer steigen. Für die preußischen Flüsse wenigstens hat Hagen die Unrichtigkeit dieser Ansicht durch eine wissenschaftliche Berechnungsmethode nachgewiesen. Der mittlere Wasserstand ist nach Hagen keinen säkularen Veränderungen unterworfen, während sich Hoch- und Niedrigwasser im allgemeinen — offenbar infolge von Flußkorrektionen — etwas senken.

Außergewöhnliche Hochwässer, die Überschwemmungen verursachen, werden nicht bloß durch heftige Regengüsse, plötzliche Schneeschmelze und durch den Eisgang,[2] wenn die treibenden Schollen zu Barrieren sich auf-

[1] Aus Pegelbeobachtungen läßt sich überhaupt nicht direkt auf die Wassermenge schließen; denn bei unverändertem Flußbett ist der Wasserstand nicht bloß von der Wassermenge, sondern auch von der Geschwindigkeit abhängig.

[2] Die Eisbedeckung der Flüsse bietet auch insofern ein geographisches Interesse, als sie ein Verkehrshindernis ist. Für folgende Flüsse beträgt die mittlere Dauer der Eisbedeckung in Tagen:

Donau bei Galatz (1836—75)	37·5
Elbe bei Hamburg (1816—73)	39

17*

stauen, sondern auch durch orographische Hindernisse im Flußlauf hervorgerufen. Im letzteren Falle gehören sie zum geographischen Charakter größerer oder kleinerer Gebiete. Ungarn bietet uns ein lehrreiches Beispiel davon. Der Untergang Szegedins im März 1879 ist nur ein Glied einer langen Reihe ähnlicher Katastrophen, die, wie Stefanović nachwies, insgesamt durch Stauungen des Donauwassers in den Felsengen zwischen Bazias und Orsowa bewirkt wurden.

Bewegung des Wassers.

§ 205. Die Geschwindigkeit des fließenden Wassers steigt unter sonst gleichen Umständen mit dem Gefälle und der Wassermenge und vermindert sich mit der Erweiterung des Bettes. Daß sie niemals der Neigung des Bettes genau entspricht, sondern stets etwas kleiner ist, erklärt sich einerseits aus der Reibung des Wassers an der festen Begrenzung, anderseits aus der inneren Reibung, welche nach Boussinesq dadurch entsteht, daß der molekulare Zusammenhang zwischen den einzelnen Wasserschichten besonders in der Nähe der unebenen Wände zerrissen wird und abgelöste Wasserteilchen sich fortwährend wirbelartig von den Begrenzungsflächen durch die übrige Flüssigkeit hinbewegen. Nicht alle Wasserteilchen innerhalb eines Querschnittes fließen daher gleich schnell (s. Fig. 84). In der Vertikalen nimmt die Geschwindigkeit vom Grunde gegen die Oberfläche stetig zu, erreicht aber ihren größten Wert nicht an

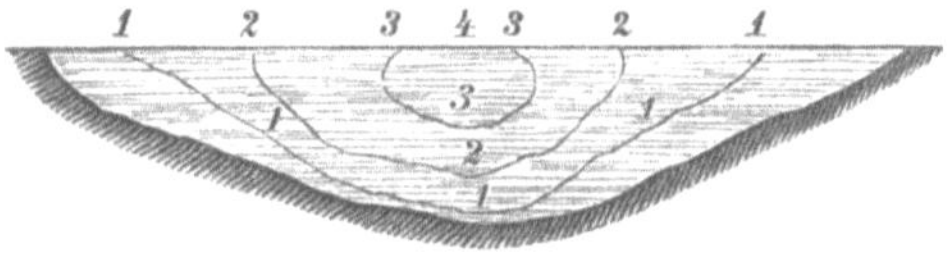

Fig. 84. Linien gleicher Geschwindigkeit innerhalb des Querprofils eines Flusses.

Weichsel bei Warschau	85
Düna bei Riga	126
Newa bei St. Petersburg	147
Wolga bei Kostroma	160
„ „ Kasan	153
„ „ Astrachan	101
Dwina bei Archangelsk (1734—1853)	191
Ob bei Barnaul (1752—1800)	169
Jenissei 56° B.	162
„ $64^1/_2$° B.	194
„ $69^1/_2$° B.	240
„ 72° B.	295
Lena bei Kisensk (1815—53)	204
Jana bei Werchojansk (1869)	252
„ „ Ustjansk (1869)	260
St. Lorenzostrom bei Quebeck (1815—68)	141
Erie-Kanal (1828—57)	136
Hudson bei Albany (1817—67)	92

der Oberfläche selbst, sondern etwas unterhalb derselben, und zwar in der Regel um so tiefer, je tiefer der Fluß ist. An der Oberfläche steigert sie sich stetig von den Ufern gegen die Mitte zu. Die Linie, welche die Punkte größter Oberflächengeschwindigkeit verbindet, der Stromstrich (oder Thalweg) genannt, bewegt sich im allgemeinen über der tiefsten Furche des Bettes. Aus dieser Verteilung der Geschwindigkeiten erklärt es sich, daß die Oberfläche der Flüsse nicht horizontal ist. Bei Hochwasser wird der Mitte mehr Wasser zugeführt als den Rändern, und der Flußspiegel nimmt eine konvexe Gestalt an. Sinkt der Wasserstand, so fließt in der Mitte die größte Wassermenge ab, und die Oberfläche wird konkav, bis wieder normale Verhältnisse eintreten und der Spiegel ein wenig über der Horizontalebene sich emporwölbt. Beim Mississippi betragen diese Oszillationen bis zu 2 m.

Die Reibung durch die innere Bewegung des Wassers steigert sich, wenn bedeutendere Hindernisse, wie Ufervorsprünge, große Sand- und Kiesablagerungen oder Felsriffe vorhanden sind. Sie erzeugen Seiten- und Gegenströme, die unter Umständen zur Wirbelbildung führen und erst allmählich wieder in die normale Richtung einlenken.

Würden die Flüsse vom Ursprung bis zur Mündung auf glatten schiefen Ebenen sich bewegen, so wäre ihr Lauf ein völlig geradliniger. Aber diese Bedingung wird in der Natur nicht erfüllt. Mannigfache Hindernisse oft unscheinbarer Art sind vorhanden; und da das fließende Wasser stets den tiefsten Punkt aufsucht, so wird es häufig von seinem geraden Laufe abgelenkt und gezwungen, in schlangenartigen Windungen (Serpentinen) sich zu bewegen. Diese werden um so zahlreicher, je geringer das Gefälle ist. In jeder Biegung werden die am schnellsten sich bewegenden Wasserfäden gegen das konkave Ufer (*a* in Fig. 85) hingetrieben, tauchen an ihm in die Tiefe hinab, wobei sie durch Reibung einen Teil ihrer Bewegungsenergie einbüßen, und steigen am konvexen Ufer (*b* in Fig. 85) wieder in die Höhe. Der Stromstrich (*ss* in Fig. 85) befindet sich daher nicht mehr in der Mitte, sondern schwankt von einem Hohlufer zum andern. Die unmittelbare Folge dieser Bewegungsart ist die Vertiefung des Flußbettes in der Nähe des konkaven Ufers und die Unterhöhlung und Abnagung des letzteren, während in dem verhältnismäßig ruhigen Raume an der entgegengesetzten Seite (bei *b*) Sinkstoffe abgelagert werden. Diese Doppelthätigkeit ver-

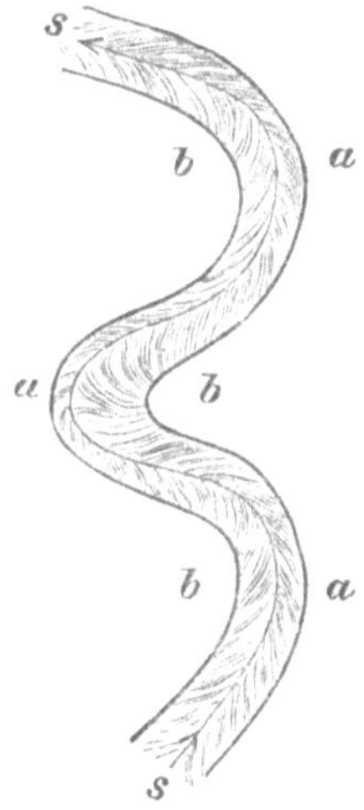

Fig. 85. Serpentinen.

größert die Krümmung immer mehr, besonders wenn der herrschende Wind das Wasser gegen das Hohlufer treibt und die Versandung des Konvexufers durch Treibmassen unterstützt. Ist der Isthmus zwischen den Bogenenden sehr enge geworden, so wird er häufig vom Hochwasser durchbrochen; auf diese Weise entstand z. B. die Insel Budsak bei Zenta (Fig. 86). In der Mehrzahl der Fälle muß aber der Mensch dieses Regulierungswerk ausführen. Die Kurve, welche dann anfangs noch als Nebenkanal dient, versandet wegen des schwachen Gefälles und der geringen Wasserzufuhr immer mehr, besonders an der Aus- und Eingangsstelle, und wird endlich völlig vom Flusse abgeschnitten. Solche sichelförmige Seen (Altwasser), die nur noch bei Hochwasser vorübergehend mit dem Flusse in Verbindung treten, sind in Tiefebenen sehr häufig (s. Fig. 87).

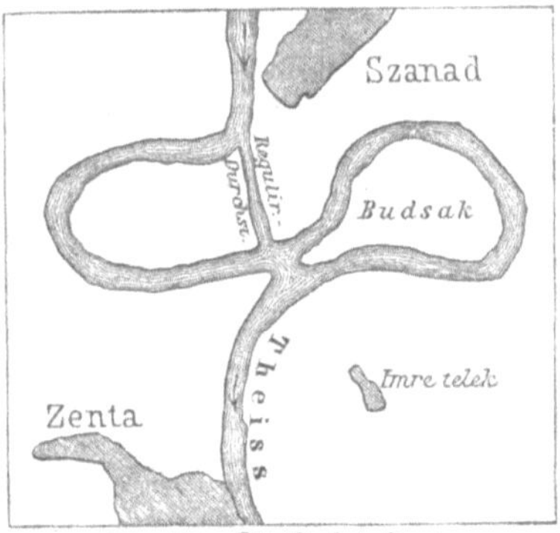

Fig. 86. Theiß bei Zenta.

Erosion und Sedimentführung der Flüsse.

§ 206. Die geologische Arbeit der Flüsse, deren Leistungsfähigkeit zur Zeit des Hochwassers natürlich am größten ist, besteht in der Abnagung der Ufer und Vertiefung des Bettes, in der Fortführung der Verwitterungs- und Erosionsprodukte und in der Ablagerung derselben. Schon durch die eigene mechanische Kraft vermag raschfließendes Wasser sein Bett abzureiben und tiefer zu legen, und außerdem besitzt es noch in den mitgeführten Gesteinsfragmenten, im Geschiebe, ja selbst noch im feinsten Thonschlamm eine wirksame Feile. Selbstverständlich ist vertikale Erosion nur dort möglich, wo das Gefälle die Fortschaffung der Sinkstoffe gestattet, da im entgegengesetzten Falle Ablagerung eintritt. Ist aber diese Bedingung erfüllt, so vermag eine größere oder kleinere Wassermenge, ein stärkeres oder schwächeres Gefälle, ein härteres oder weicheres Gestein die Schnellig-

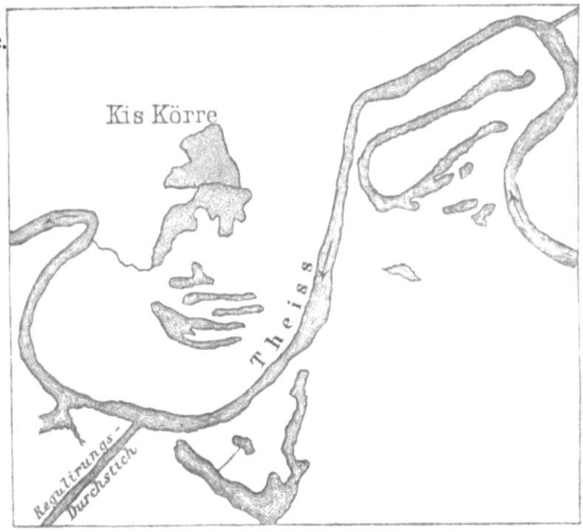

Fig. 87. Altwasser der Theiß bei Kis-Körös.

keit des Erosionsprozesses zwar zu beeinflussen, aber niemals die stetige Vertiefung des Bettes zu verhindern.

Die Menge der Sedimente, die die Flüsse teils in gelöstem Zustande, teils mechanisch mitführen, giebt uns eine Vorstellung von der allmählichen Zerstörung des Festlandes. Die Elbe bei Lobositz enthält nach Breitenlohner in 1 cbm Wasser 91·2 g gelöste und 103·8 g suspendierte Stoffe. Für das Jahr 1866 wurde das Gewicht der bei Lobositz vorbeigeführten Stoffe auf ca. 1170 Mill. kg berechnet. Die Reuß setzt nach Heim an ihrer Mündung im Vierwaldstätter See jährlich durchschnittlich 150 000 cbm Geschiebe ab; jeder Quadratkilometer ihrer Flußgebietes verliert also jährlich 242 cbm Material, wodurch die Gebirgsoberfläche in 4 Jahren und 1 Monat um 1 mm erniedrigt wird. Für ganz England berechnete Reade einen Höhenverlust von 1 mm in $42^1/_2$ Jahren. Der Vergleich dieser Zahlen lehrt uns, wie rasch die Zerstörung im Hochgebirge vor sich geht. Nach Guppy beträgt die Anzahl der Jahre, die zur Abtragung von 1 mm im ganzen Flußgebiet notwendig ist, beim Po 2·4, Hoangho 4·6, Rhone 5·1, Ganges 7·9, Jangtsekiang 12·5, Mississippi 20·1, bei der Donau 23, der Themse 32·2, beim Peiho 84·7 und beim Laplata 98·4. Wohl mit Recht sagt Heim: „Schließlich bleiben wir nach solchen Messungen und Betrachtungen unentschieden, ob wir sagen sollen: Die Verwitterung und Erosion ist ein Vorgang, der mit staunenerregender Schnelligkeit und Gewalt an der Umformung der Gebirge arbeitet, oder sollen wir sagen: Sie ist ein Vorgang, der fast unmerklich langsam arbeitet. Beides ist wahr — den ersteren Eindruck erlangen wir bei Betrachtung des Schutttransportes durch die Ströme, den letzteren im Anblick der viel gewaltigeren Masse des Gebirges."

§ 207. Die chemisch gelösten Mineralstoffe der Flüsse (kohlensaurer und schwefelsaurer Kalk, etwas kohlensaure Magnesia und untergeordnet Kochsalz) bilden zwar nur ca. $^1/_{6000}$ der Wassermenge, können aber im Laufe geologischer Zeiträume einen hohen Betrag erreichen. Ein Teil dieser Stoffe wird bei Hochwasser im Inudationsgebiet abgelagert, ein anderer durch das Sickerwasser dem Boden zugeführt, der größte Theil aber gelangt in das Meer. Warum das Meer trotzdem keine konzentrierte Lösung von kohlensaurem Kalk und Gips ist, erklärt sich aus dem Verbrauch dieser Stoffe durch die marine Tierwelt. Da die Transportkraft des Wassers von der Geschwindigkeit abhängt, so wird das mechanisch mitgeführte Material einem Schlemmprozesse unterworfen. Größere Felsstücke können höchstens durch angeschwollene Wassermassen fortgeschleppt werden; so vermag z. B. die Linth bei Hochwasser 50 kg schwere Blöcke weiterzubewegen. Aber in die Ebene gelangen sie nicht, sondern bleiben ebenso wie grobes

Ablagerungen.

Gerölle im Gebirge zurück. Weiter hinab werden Kies, Sand und am weitesten der Schlamm geführt. Der letztere wird schwebend erhalten, der Sand aber nur solange, als die innere Bewegung des Wassers eine bedeutende ist. Im entgegengesetzten Falle sinkt er zu Boden und wird hier stromabwärts geschleppt. In geradlinigen Flußstrecken bilden sich wandernde Sandbänke (Untiefen), so daß die Tiefe des Flußprofils beständig sich verändert, während die Ablagerungen an den konvexen Ufern verhältnismäßig stabil sind. Auch wenn die Geschwindigkeit des Wassers sich nicht verändert, entsteht eine Sandablagerung an den Stellen, wo das Bett sich verbreitert. Ist das Gefälle beträchtlich, so können sich die Sedimente nur dort am Boden anhäufen, wo ein Rückstau eintritt — also hinter einem festen Gegenstande im Flußbette und an den toten Stellen in den Biegungswinkeln eines plötzlich sich verengenden Bettes — oder infolge von Scharung, d. h. beim Zusammentreffen zweier konvergierender Strömungen. So kann eine Insel durch Ablagerungen nach oben infolge von Rückstau und nach unten infolge von Scharung vergrößert werden. Sandinseln bilden sich nach den Erfahrungen der Hydrotechniker in den meisten Fällen aus stromabwärts gerichteten Landzungen, deren Verbindung mit dem Ufer durchrissen wurde, oder bei der Durchbrechung einer Serpentine (S. 262). Diese aus losem Material angehäuften Gebilde können natürlich wieder vom Wasser verschlungen werden, wenn nicht der Pflanzenwuchs, namentlich tiefer wurzelnde Bäume Halt gewähren. Die Pflanzendecke hält auch das immer neu herbeigeschaffte Material fest, so daß sich die Insel endlich auch über den Hochwasserstand erhebt. In tropischen Flüssen veranlaßt häufig auch Treibholz die Entstehung von Inseln, oder gar geschlossenen Wehren, da wegen des größeren specifischen Gewichtes des Wurzelendes die Bäume eine schiefe Stellung im Wasser einnehmen und leicht im Grunde sich festsetzen können.

In den beschriebenen Fällen wird das Flußbett erhöht, oder eine Insel gebildet oder das Ufer vergrößert. Ähnlicher Art ist die Ablagerung im sog. Inudationsbett wenig tief eingeschnittener Ströme, das sie nur bei Hochwasser überschwemmen. Setzt der Mensch — wie z. B. im unteren Poland — der Verbreitung des Hochwassers durch Dammbauten Schranken, so wird alles Material im Flußbett zurückbehalten und erhöht dasselbe stetig, so daß das Flußniveau oft mehrere Meter hoch über der umgebenden Niederung liegt. Natürlich müssen auch die Dämme immer höher wachsen, aber leider können sie das Kulturland zu ihren Füßen nicht immer vor dem Einbruch des Wassers schützen.

Gebirgsbäche, die aus steilen Seitenthälern kommen, lagern fast ihr gesamtes Material beim Eintritte in das sanfter geneigte Hauptthal in der Form eines Schuttkegels ab. Nebenflüsse, die ihre Sinkstoffe bis zur Mündung mitführen, werden hier gestaut und gezwungen, das Material im inneren Winkel der Mündungsstelle fallen zu lassen. Je mehr die Ablagerung anwächst, desto weiter wird die Mündungsstelle nach abwärts verschoben. Die Nebenflüsse des Po zeigen diesen Vorgang in besonders prägnanter Weise; ja die Landzunge zwischen der Etsch und dem Po ist so rasch gewachsen, daß der tirolische Fluß aus dem Klientel seines einstigen Hauptstromes entlassen wurde und nun parallel mit diesem in das Meer fließt.

Die Sedimente, die am Lande keine Ruhestätte finden, werden endlich in einem See oder im Meere abgelagert. Daß selbst die langsam fließenden Ströme der Tiefebenen noch imstande sind Material fortzuschaffen, hat seinen Grund darin, daß sie in der Regel bis zu ihrem Ende Zuflüsse empfangen und daß zwei Flüsse nach ihrer Vereinigung niemals ein Bett von doppelter Breite einnehmen. Das Bett des Hauptflusses behält entweder seine frühere Breite bei oder verengt sich sogar, wie z. B. das des Mississippi von 1400 m in der Nähe der Ohiomündung bis 750 m zwischen Carollton und der Deltagabelung. Tritt aber auch keine Verschmälerung ein, so muß doch die größere Wassermenge jetzt rascher sich bewegen, als vor Aufnahme des Nebenflusses, um so mehr als jetzt nur die Reibung von zwei, statt von vier Ufern zu überwinden ist. Mit der Geschwindigkeit wird aber auch die Transportkraft des Wassers gesteigert.

§ 208. Wenn auch Vertiefung des Bettes und Ablagerung — wie in der Serpentine — gleichzeitig in einem Querprofil stattfinden können, so sind doch im großen und ganzen diese beiden entgegengesetzten Thätigkeiten an verschiedene Strecken des Flußlaufes gebunden. Da in einem normal gebauten Fluß das Gefälle stetig von der Quelle bis zur Mündung abnimmt, so wird der Oberlauf durch Erosion, der Unterlauf durch Ablagerung charakterisiert. Im Zwischenstücke oder im Mittellaufe ist die Geschwindigkeit im allgemeinen wenigstens bei Hochwasser eben noch groß genug, um die Sinkstoffe fortzuschaffen, reicht aber nicht mehr hin, um das Bett zu vertiefen. Dagegen bewirkt hier die seitliche Erosion durch Serpentinenbildung eine Verbreitung des Bettes. Einschneiden, Verbreiten und Erhöhen folgen sich also thalabwärts aufeinander, doch ist keine dieser Thätigkeiten ausschließlich auf eine der drei Abteilungen des Flußlaufes beschränkt.

Einteilung des Flußlaufes.

Thalbildung durch Erosion.

§ 209. Die ersten Anfänge der Thalbildung durch Erosion können wir nach jedem Regenguß im Gebirge beobachten. Das abfließende Wasser

Wesen der Erosionsarbeit.

hat sich Rinnsale im lockern Boden ausgegraben, die, wenn die Böschung nicht allzusteil ist, nicht direkt von der Höhe ins Thal hinunterziehen, sondern diagonal einander zulaufen, um sich endlich zu einer einzigen Rinne zu vereinigen. Die Produkte seiner Zerstörung lagert es als Schuttkegel am Fuße des Gehänges ab und fließt in weit verzweigten Wasserfäden über denselben hin. Der Schuttkegel bildet den Unterlauf, alles übrige den Oberlauf des Wildbaches, während der Mittellauf nur auf einen Punkt zusammengedrängt ist. Nach den nächsten Regengüssen finden wir das Bett im Oberlauf vertieft, den Schuttkegel erhöht, und gleichzeitig hat sich das Quellgebiet nach rückwärts erweitert. Die Erosion bewirkt also nicht nur eine Vertiefung des einmal entstandenen Bettes, sondern auch eine Verlängerung desselben nach rückwärts. Es muß dieses Gesetz, von dessen Richtigkeit sich jeder durch unmittelbare Beobachtung überzeugen kann, besonders betont werden, weil es in neuester Zeit angezweifelt wurde.

Das Rückschreiten der Erosion ist überhaupt das wichtigste Moment in der Bildungsgeschichte der Thäler. Das fließende Wasser ist bestrebt der Thalsohle ein solches Gefälle zu geben, daß an jedem Punkte die Transportkraft des Wassers der Geschiebelast das Gleichgewicht hält. Dann würde weder eine Vertiefung noch eine Erhöhung des Bettes mehr stattfinden. Aber dieses Ziel wird niemals dauernd erreicht, weil die Wassermasse eine veränderliche Größe ist. Und zwar einerseits veränderlich von Tag zu Tag, anderseits mit der Erweiterung des Quellgebietes zunehmend. Daher hört Einschneiden und Ablagern niemals ganz auf, aber die drei Hauptteile des Thales verlängern oder verkürzen sich und verschieben sich dabei nach aufwärts. In einem Teile des Oberlaufes wird die Sohle endlich so tief gelegt, daß die Erosionskraft erlischt und nur mehr die Fortführung der Sedimente möglich ist. Auf diese Weise verlängert sich der Mittellauf nach oben und nimmt von einem Teile des bisherigen Oberlaufes Besitz, während er nach unten, wo das Wasser die Geschiebelast nicht mehr fortzuschaffen vermag, ein Stück an das Gebiet des Unterlaufes abtreten muß.

Moderne Thalbildungen.

§ 210. Das Entstehen von Thälern durch Erosion wurde in historischer Zeit mehrfach beobachtet. Im Visperthal wurde am rechtseitigen Gehänge zwischen Visp und Salden 1855 eine eisenhaltige Quelle eröffnet, die sich zwei Jahre darauf bereits eine Schlucht ausgegraben hatte. 1865 war diese nach Lyell's Bericht schon beträchtlich erweitert und hatte sich gleichzeitig nach rückwärts bis in einen Weingarten verlängert, den sie nun entzweischnitt. Ihre Breite betrug hier 37 m und ihre Tiefe ca. $4^1/_2$ m. Derselbe Geologe erzählt auch von einer Thalbildung bei Milledgeville im Staate Georgia, wozu allerdings Klüfte von ca. 1 m Tiefe im abgeholzten

Thonboden Veranlassung gaben. Innerhalb eines Zeitraumes von 20 Jahren waren sie zu einer Schlucht von 17 m Tiefe, 274 m Länge und 6—55 m Breite ausgearbeitet worden. Häufig wurden auch Auswaschungen in losen vulkanischen Massen beobachtet; auf diese Weise entstand 1824 am Vesuv ein Thal von $7^1/_2$ m Tiefe in drei Tagen. In Südrußland sind viele Fälle bekannt, wo Karrengeleise zu Schluchten von 30—50 m Tiefe und mehreren Kilometer Länge erweitert wurden. Das sind Thalbildungen in lockerem Boden; seltener sind natürlich historische Nachrichten von solchen Erscheinungen im festen Gestein. Ca. 5 km oberhalb Aderno am Westabhang des Ätna versperrte ein Lavastrom 1603 dem Simeto den Weg. Bis zu Lyell's Besuch im Jahre 1828 hatte der Fluß im verfestigten Gestein ein neues Thal von 15 bis ca. 100 m Breite und 12—15 m Tiefe ausgehöhlt. Nach Hoff hat auch das Flüßchen Caltabianco in einem 396 v. Chr. ergossenen Lavastrom ein 4·3 m tiefes Thal sich eingegraben, und ähnliche Fälle werden von den vorgeschichtlichen Lavaergüssen in Zentralfrankreich erzählt.

§ 211. Die Anfänge der meisten Thäler liegen aber weit jenseit der Grenzen historischer Erinnerung, und nur im Laufe geologischer Zeiträume konnten so tiefe Einschnitte in Gebirgen und Plateaus, wie wir sie jetzt beobachten, entstehen. Aber vielfach treten uns noch sichtbare Spuren der Erosion entgegen, und können wir das fließende Wasser bei seiner Zerstörungsarbeit belauschen. Von den zahlreichen Rinnen mit spiegelglatt polierten Wänden und von verschiedener Tiefe, die unscheinbare Wasserfäden in der harten Nagelfluh des Rigi bei Vitznau ausgemeißelt, und die Rütimeyer so anschaulich beschrieben hat, bis zu den tiefen Klammen unserer Alpen, Montenegros, des Thüringer Waldes bis Eisenach u. s. w., gibt es alle möglichen Übergänge. Eine der lehrreichsten Bildungen dieser Art ist die Liechtenstein-

Erosionsspuren im Gebirge (Klammen, Erdpfeiler, Åsar).

Fig. 88. Liechtensteinklamm.

klamm, die den Groß-Arlbach vor seinem Eintritt in das Salzachthal durchströmt (Fig. 88). Die Thalsohle ist zugleich das Flußbett, und wir können bequem beobachten, wie das Wasser die Felswände bearbeitet. Es glättet dieselben und meißelt durch rückläufige Strömung Nischen aus (Fig. 89). Bis über 300 m steigen die nur 2—4 m von einander entfernten Wände über den Flußspiegel empor, und die Polierung derselben, sowie die Nischen, die stellenweise noch Geröll enthalten und weit über dem Hochwasserstande sich befinden, geben uns die Gewißheit, daß der Bach einst in einem höheren Niveau geflossen ist und die Thalsohle allmählich vertieft hat. Nicht immer erhalten sich solche Spuren; früher oder später, je nach der Gesteinsart, fallen sie der Verwitterung anheim, und endlich faßt auch die Vegetation auf den einst spiegelglatten Wänden Fuß, die letzten Spuren verwischend und verhüllend. Die Böschung der Abhänge nähert sich immer mehr ihrem natürlichen Maximalwerte, und kein direktes Zeichen verrät uns mehr den Ursprung des Thales. Glücklicherweise hat uns die Natur alle möglichen Übergangsformen zwischen der Klamm und dem fertigen Thale erhalten. Die Kitzlochklamm befindet sich bereits im ersten Verwitterungsstadium und die Steilwände der Gasteinerklamm (zwischen jener und der Liechtensteinklamm) tragen bereits eine Pflanzendecke, aus der aber hier und da, freilich nur dem aufmerksamen Beobachter sichtbar, eine Erosionsspur hervorlugt. In der Kranabetter Klamm bei Innsbruck sieht man alle drei Stadien neben einander.

Fig. 89. Entstehung der Nischen. ➤—➤ Richtung der Strömung.

Fig. 90a. Erdpyramiden bei Bozen in Südtirol (8—30 m H.)

Häufiger als vollständig erhaltene Klammen sind *vereinzelte Erosionsspuren* an den Thalwänden. Im Himalaya kann man sie bei kleineren Flüssen bis 360—460 m, häufig bis über 600 m und im oberen Lauf des Ganges, Satladsch und Indus bis zu 900 m über dem jetzigen Wasserniveau verfolgen. Zu den Erosionszeichen gehören auch die Erdpyramiden, die aus dem Gebirgsschutt ausgewaschen werden (Fig. 90a). Die an der Oberfläche oder im Schutt befindlichen Steinblöcke dienten dabei als Schutz gegen die fortschreitende Erosion, wie Fig. 90b erläutert. Solche Bildungen findet man bei Bozen, im Visp- und Berguntthal im Kanton Wallis, in den Pyrenäen bei Luchon, am Ufer von Bournemouth und im großartigsten Maßstab im Himalaya. In der Umgebung von Melbourne wird der lehmige Sandstein in ähnlicher Weise ausgewaschen,

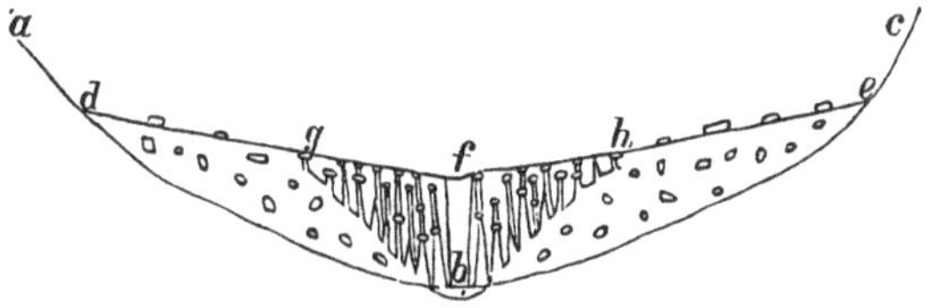

Fig. 90b. Durchschnitt zur Erklärung der Bildung der Erdpyramiden nach Lyell. *abc* die Wände und die Sohle des im Porphyr ursprünglich ausgewaschenen Thales. *de* die Ausfüllung des Thales durch den Moränenschutt eines alten Gletschers. *gfh* jetziger Thaleinschnitt mit Erdpyramiden zu beiden Seiten.

so daß nur noch vertikale Säulen unter vorspringenden Teilen der Kalkdecke stehen bleiben. Verschieden von den Erdpfeilern, aber auch ein Erosionsprodukt sind die schwedischen Åsar, lange, schichtweise aufgebaute Rücken von Grus und Geröllen, welche (nach Helmersen) das fließende Wasser aus einst weiter ausgedehnten Ausfüllungen herausschnitt.

Thalbildungen im nicht dislozierten Gestein.

§ 212. Wir haben den Erosionsspuren im Gebirge besondere Aufmerksamkeit geschenkt, weil die Meinung, die Gebirgsthäler seien nur vom Wasser bearbeitete Spalten, noch immer verbreitet ist. Dagegen ist man so ziemlich allgemein der Ansicht, daß in Gebieten mit horizontalem, ungestörtem Schichtenbau die Thäler ausschließlich ein Werk des fließenden Wassers sind. Daubrée denkt zwar auch hier an Klüfte, die wenigstens dem Wasser bestimmte Bahnen angewiesen haben, und faßt die Flußläufe als ein Netz sich kreuzender Spalten auf, ohne einen zwingenden Beweis dafür liefern zu können. Geometrische Köpfe mögen es allerdings lieben, überall geraden Linien nachzuspüren, aber angesichts der großartigen, unzweifelhaften Erosionserscheinungen in den Plateauländern des westlichen Nordamerika sind kümmerliche Auskunftsmittel, wie Klüfte, die niemals tief dringen können, wohl überflüssig. Der große Cañon des westlichen Colorado ist in leicht nach Süden geneigten festen Gesteinsschichten eingeschnitten. Nach Durton's Untersuchungen begann die Erosion am Ende der Kreide- oder am Anfang der Tertiärzeit. Die tertiären, Kreide-, Jura- und Triasschichten wurden denudiert, und am Ende der Miocänperiode begann der Colorado sein Bett in Carbon einzuschneiden und ist bereits bis zur granitischen Unterlage fortgeschritten. Das 1800 m tiefe Thal ist im Querschnitt trichterförmig, d. h. es besteht aus einem breiten oberen und schmalen unteren Teil, wie auch manche Klammen der Alpen. Die steilen, oft senkrechten Wände zeigen Glättung und Nischenbildung, die Sohle ist oft so schmal, daß sie vom Flusse ganz überschwemmt wird, und wie bei den Klammen hat die Thallinie eine Serpentinenform mit aus- und einspringenden Winkeln (Fig. 91). Wir sehen also, daß die Erosion gleiche Gebilde schafft, ob sie in aufgerichteten oder in horizontalen Schichten arbeitet. Die Cañons sind aber nicht bloß dem Colorado eigentümlich. Auch der obere Missouri, der Rio grande del Norte, der Red River und Arkansas fließen teilweise durch solche gigantische Klammen, und endlich finden wir auch solche (von 1500—1800 m Tiefe) im Scottgebirge nördlich von der Sierra Nevada. In anderen Plateauthälern zeigen noch Ablagerungen in verschiedenen Höhen die allmähliche Tieferlegung der Sohle an. So findet man z. B. im Elbethale oberhalb Dresden Schotterbänke 100 m über dem Flußspiegel, und im Nilthal kommt die Cyrena fluvialis, die noch jetzt den Strom bewohnt, 37 m über der Fluthöhe vor.

Fig. 91. Marble Cañon.

Terrassenbildung. Ausfüllungsterrassen. § 213. Die Mehrzahl der Thäler kann aber direkte Zeichen ihres Erosionsursprungs nicht mehr aufweisen. Verwitterungserde bedeckt die mehr oder minder sanft ansteigenden Gehänge, und Flußsedimente, Schutthalden, Ablagerungen von Bergstürzen u. s. w. verhüllen die felsige Unterlage der Thalsohle, die der Fluß höchstens bei außerordentlichem Hochwasser noch der ganzen Breite nach überschwemmt. Glücklicherweise hat uns aber die Erosionsarbeit ungezählter Jahrtausende in den Terrassen und Thalstufen ein untrügliches Merkmal hinterlassen, dessen theoretische Erkenntnis sich allerdings erst in unseren Tagen vorurteilslosen Forschern erschloß.

Den Ausdruck „Terrasse" beschränken wir auf die mehr oder weniger horizontalen Stufen der Thalgehänge. Sie treten in zwei, genetisch verschiedenen Formen auf: als Ausfüllungs- und Felsterrassen. Die einfachste Art der erstgenannten Kategorie sind die Inundationsterrassen, wie sie Fig. 92 in einem Querschnitt darstellt. Das Felsbett wurde einst mit Sedimenten ausgefüllt, in welchen der zu neuer Erosionsarbeit angeregte Fluß ein Bett sich grub. Bei gewöhnlichem Wasserstand benutzt er die Rinne *A*, bei Hochwasser aber füllt er das Thal bis *J* und *J'* aus. Nur auf einer oder auf beiden Seiten blieben Terrassen als Denudationsreste zurück, bald durch neue Absätze erweitert, bald durch seitliche Erosion verkleinert. In vielen Thälern sind in den ehemaligen Flußabsätzen mehrere Terrassen über einander ausgegraben, und die höheren reichen weit über die höchsten, jetzt vorkommenden Wasserstände des Flusses hinaus. Das Ausfüllungsmaterial stammt in allen diesen Fällen aus einer älteren Erdperiode, daher man diese Terrassen meist als Diluvialterrassen bezeichnet. In einem großen Teile von Nordamerika innerhalb der Driftgrenze und etwas südlich davon wurden in der, auf die Glacialzeit folgenden Champlainperiode die Thäler (mit Ausnahme derjenigen im Hochgebirge) mit großen Massen von Sand und Schotter, die die Schmelzwässer des Inlandeises herbeiführten, angefüllt. Die darauffolgende negative Niveauveränderung (vgl. S. 193) verlegte die Mündungsstellen der Flüsse ruckweise in immer tiefere Niveaus, und zwang dadurch die Flüsse ihre Bette immer tiefer einzuschneiden, während sie in ruhigen Zwischenpausen Zeit fanden, dieselben zu erweitern. Solche Terrassen, wie sie Fig. 93 zeigt, erstrecken sich viele Kilometer weit an den Ufern der nordamerikanischen Flüsse, freilich nicht immer mit gleicher Regelmäßigkeit, sei es daß die Ausfüllungsmasse schon ursprünglich ungleichmäßig verteilt war, sei es daß die Erosion an einigen Stellen mehr zerstörte als an anderen. Auch in Europa sind die Diluvialterrassen eine weitverbreitete Erscheinung. Das sog. Mittelgebirge bei Innsbruck, welches sich beiderseits an die hohen, das Thal begrenzenden Felsengebirge anlehnt, ist nichts anderes als eine solche Diluvialterrasse, die bis zu 400 m über der jetzigen Thalsohle ansteigt und bis zu 4 km breit ist. Sie besteht aus Schotterablagerungen der Gletscherbäche, die die heranrückende Eiszeit verkündeten, und aus Moränen. In

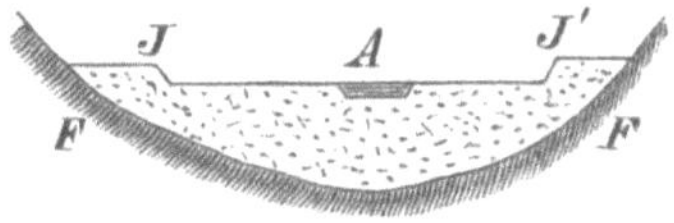

Fig. 92. Inundationsterrassen.

allen diesen Fällen erzählen uns die Terrassen nichts von der ursprünglichen Geschichte des Thales, sondern nur von einer Episode in der Entwickelung desselben. Durch die neubelebte Erosion wurde das frühere Niveau der Sohle nur zurückgewonnen, oder wenigstens dieses Ziel angestrebt.

Fig. 93. Terrassen des Connecticut, südl. von Hannover (New-Hampshire), nach Dana.

Felsterrassen und Thalstufen.

§ 214. Etwas anders lehren uns die Felsterrassen und die ihnen entsprechenden Thalstufen, über deren Vorkommen in der Schweiz Heim und Bodmer eingehende Untersuchungen angestellt haben. Die Betrachtung der folgenden Profile wird uns zunächst über die thatsächlichen Verhält-

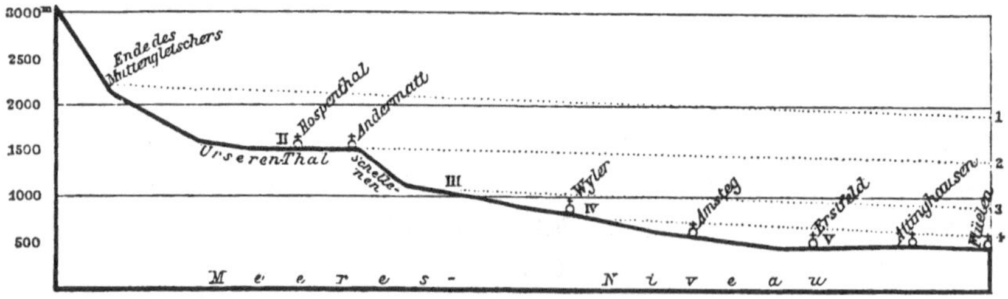

Fig. 94. Längendurchschnitt durch das Reußthal. Höhenmaßstab fünfmal größer als der Längenmaßstab.

nisse aufklären. Wie zahlreiche Alpenthäler teilt sich auch das Reußthal nicht einfach in einen Ober-, Mittel- und Unterlauf, sondern diese drei Stadien wiederholen sich im Längsprofile (Fig. 94) mehrmals. Auf das breite sanft geneigte Urserenthal, das alle Charakterzüge des Unterlaufes aufweist, folgt die wilde Schellenenschlucht, die sich im Stadium des Oberlaufes befindet.

Dann folgen rasch Thalstücke mit wechselndem Charakter, und endlich das ausgedehnde Auflagerungsgebiet von Amsteg bis zur Mündung der Reuß in den Urner See. In anderen Alpenthälern ist der Stufenbau noch ausgeprägter, so z. B. im Gasteiner Thal, wo drei Stufen[1] mit sanftem

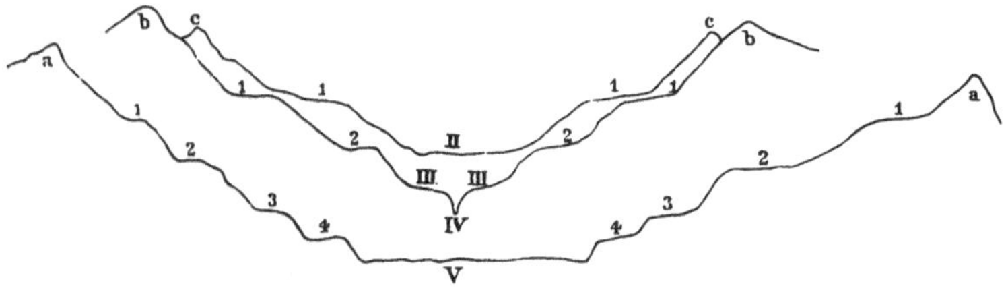

Fig. 95. Querprofile des Reußthales nach Heim. *a* nahe bei Altdorf, *b* nahe Göschenen, *c* im Urserenthal. (Die römischen Zahlen bedeuten Thalstufen, wie in Fig. 94, und die arabischen die ihnen entsprechenden Terrassen.)

Gefälle und beckenartiger Erweiterung mit einander und mit der Mündungsstufe durch steile Klammen oder durch Gefällsbrüche und Wasserfälle ver-

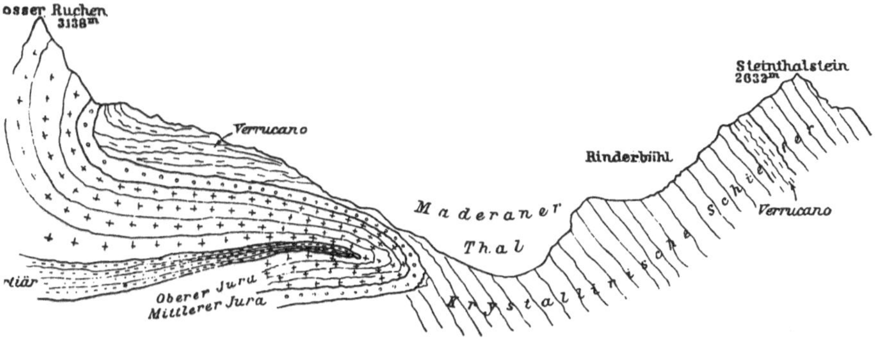

Fig. 96. Geologisches Querprofil durch das obere Maderaner Thal (Nebenthal des Reußthales) mit der Felsterrasse des Rinderbühl nach Heim.

bunden sind. Dagegen zeigt uns das Reußthal an mehreren Stellen, wie oberhalb Amsteg oder in der Schellenenschlucht (s. Profil *b* in Fig. 95), die Entstehung der Terrassen aus Thalstufen. Indem das Wasser, durch irgend einen Umstand zu erneuter Thätigkeit gezwungen, eine tiefe Schlucht in dem alten Thalboden ausarbeitet, bleiben Reste des letzteren als Terrassen an einem oder an beiden Gehängen zurück. Erlahmt die Erosions-

[1]

1. Stufe, Mündung bei Lend .	637 m hoch		
2. „ Becken von Gastein .	840 „	203 m	
3. „ „ „ Böckstein	1080 „	240 „	
4. „ Naßfeld	1640 „	560 „	

kraft, so hört die Tieferlegung der neuen Thalsohle auf, und es beginnt die Verbreiterung derselben, wodurch natürlich die Terrassen immer mehr beschränkt werden. Außerdem arbeiten auch Verwitterung, Seitenbäche, Muren, Bergstürze, Lawinen u. s. w. an ihrer Zerstörung; und wir dürfen uns daher nicht wundern, wenn wir diese Reste alter Thalböden nur noch stellenweise an den Gehängen finden. Ebenso ist es erklärlich, daß die oberen und daher älteren Terrassen weniger gut erhalten sind, als die unteren und jüngeren.

Vereinigen wir die Terrassen und die etwa noch vorhandenen Thalstufen, die annähernd im gleichen Niveau liegen, mit einander, so erhalten wir verschiedene Thalböden, die unter sanften Winkeln thalabwärts sich neigen (die punktirten Linien in Fig. 94). Vier solche, in 2200—1900, 1600—1400, 1200—900 und 900 bis 600 m Höhe, unterscheidet man im Reußthale; der unterste, von Amsteg bis Flüelen (in 536—437 m Höhe) hat natürlich noch keine Terrassen gebildet. Es würde das aber sofort geschehen, wenn die Mündungsstelle in ein tieferes Niveau verlegt würde. Wir können diesen Prozeß in den Seitenthälern des unteren Reußthales verfolgen. Die kleineren und daher wasserärmeren Nebenbäche konnten in ihrer Erosionsarbeit mit dem Hauptflusse nicht gleichen Schritt halten; ihre Mündungsstellen liegen daher in beträchtlicher Höhe über der Sohle des Hauptthales, und zwar in um so größerer, je näher sie dem Ausgang des letzteren liegen. In Kaskaden und Wasserfällen stürzen sie in das Reußthal hinab. Aber indem die Erosion immer weiter nach rückwärts einschneidet, nähert sich das Niveau der Sohle im unteren Teile des Nebenthales immer mehr dem der Mündungsstelle im Hauptthal.

Auf den Thalstufen herrscht jetzt Ruhe, in den Absätzen derselben aber ununterbrochene Bewegung. Das Niveau V schreitet gegen IV, IV gegen III, III gegen II fort. Das Endprodukt wäre eine Kurve mit einem Ober-, einem Mittel- und einem Unterlauf. Gestört würde dieser Prozeß nur, wenn die Mündungsstelle schneller, als ihr die Erosion zu folgen vermöchte, durch Bodenbewegungen tiefer gelegt oder das Thal gehoben oder die Wassermenge des Flusses durch eine Klimaänderung vermehrt würde. Derartige Ereignisse müssen einst stattgefunden haben; höchst wahrscheinlich waren es absolute oder relative Niveauveränderungen der Mündung, die (Fig. 94) von 1 nach 2 und so fort bis zur heutigen Stelle herabrückte. Die Stufen- und Terrassenoberflächen entsprechen Ruhepausen, die Absätze Bewegungsperioden. Die Nebenthäler nehmen selbstverständlich Anteil an den Veränderungen des Hauptthales, daher ihre Terrassen und Stufen denen des letzteren entsprechen, während verschiedene Flußgebiete in der Höhenlage und Zahl ihrer Stufen und Terrassen von einander abweichen. Hier haben wir also einen sicheren Beweis für die allmähliche Aushöhlung des Thales. Untersuchungen über die Verbreitung der Felsterrassenbildung werden eine der Hauptaufgaben der nächsten Zeit sein, da sie für die Thalbildungstheorie die wichtigsten Aufschlüsse versprechen; leider scheinen manche Thäler, wie z. B. die von Bosnien und Griechenland, auch dieses Beweismittels gänzlich zu entbehren.

§ 215. Im Gegensatz zu den Verwitterungsterrassen nimmt die Bildung der Erosionsterrassen auf die Härte des Gesteins keine Rücksicht. Nur dort, wo die Erosion langsamer arbeitet, finden die härteren Gesteinspartien Zeit, ihre Widerstandskraft zur Geltung zu bringen. In diesem Falle entsprechen die steilen Thalengen den härteren und die Thalstufen den weicheren Schichten. Diese tektonischen Stufen, wie Löwl sie nennt, sind zwar auch Zeugen der Erosion, aber sie vermögen Terrassen durch das ganze Thal hindurch nur dann hervorzubringen, wenn der Riegel an der Mündung sich befindet. Wesentlich verschieden von den Stufen, die in der ursprünglichen Thalunterlage ausgearbeitet wurden, sind die sehr häufig vorkommenden Abdämmungsstufen. Bergstürze, alte Endmoränen, oder rasch wachsende Schuttkegel von Nebenbächen stauen den Hauptfluß zu einem See auf: ein Ereignis, von dem uns die Geschichte der Hochgebirgsländer wiederholt erzählt. Ist der Damm solid genug, um dem Wasserdruck dauernd Widerstand zu leisten, so wird der See allmählich ausgefüllt und bildet dann eine Thalebene, die durch eine steile, in den Damm eingerissene Schlucht mit der nächsten Stufe in Verbindung steht. Im Vintschgau wiederholte sich dieser Prozeß nachweisbar viermal und erzeugte dadurch einen scharf ausgeprägten Stufenbau.[1] Werden diese Thalebenen später durchschnitten, so entstehen Terrassen, die mit den Ausfüllungsterrassen in allen wesentlichen Punkten übereinstimmen.

Tektonische und Abdämmungsstufen.

[1]

Die Stufen und die sie trennenden Schuttkegel des Vintschgaus (oberen Etschthales).	Mittlere Seehöhe in m	Abstand des höchsten vom tiefsten Thalpunkt in m	Mittl. Gefälle
1. Stufe, Seen	1472	61	0° 23′
Malser Heide	—	534	2 36
2. Stufe, Glurnser Ebene	884	58	0 12
Schlanderser Kegel	—	174	1 20
3. Stufe, Ebene zwischen Göflan und Latsch	668	37	0 21
Tarscher Kegel	—	54	1 18
4. Stufe, Ebene zwischen Marein und Staben	577	36	0 21
Tablander Kegel	—	45	1 3
5. Stufe, Ebene zwischen Naturns und Rabland	504	13	0 20
Töll-Kegel	—	173	4 5

Wasserfälle. § 216. Eines der landschaftlich bedeutsamsten Phänomene unfertiger Thäler, nämlich der **Wasserfälle**, wurde bereits vorübergehend gedacht. Man kann **Mündungs-** und **Thalfälle** unterscheiden; der untere Gasteiner Fall gehört beispielsweise zur ersten, der obere zur zweiten Kategorie. Jeder Mündungsfall schreitet zurück, wird in ein hinteres Thalstück verlegt und dadurch zu einem Thalfall. An dem unteren Gasteiner Fall kann man die Anfänge dieses Prozesses gut beobachten. Nicht alle Thalfälle aber waren einst Mündungsfälle, sondern sie können auch mit der Bildung tektonischer oder Ausfüllungsstufen zusammenhängen.

Der Wasserfall ist der Ausdruck des denkbar größten Gefälles. Stets ist aber fließendes Wasser bestrebt, das Gefälle zu mäßigen, die Gleichgewichtslinie der Thalsohle herzustellen. Stark geneigte Schichten setzen ihm in der Regel kein Hindernis entgegen. Indem es einerseits in den Boden einschneidet, anderseits den Rand abschleift und abbröckelt, wird der Neigungswinkel der Sohle immer kleiner. Das Wasser, das früher in einem einzigen Strahl über die senkrechte Felswand sich herabstürzte, löst sich in eine stufenförmige Reihe von Fällen — **Kaskaden** — auf, und da bei jedem einzelnen Fall dieselbe Arbeit sich wiederholt, so entstehen aus Kaskaden **Katarakte**. Haben sich endlich die Böschungen soweit gemildert, daß das Wasser nicht mehr fällt, wohl aber noch pfeilschnell dahinschießt, so ist der einstige Wasserfall beim letzten Akt seiner Entwickelungsgeschichte angelangt: beim Stadium der **Stromschnellen**. Letztere können übrigens auch selbständig durch Felsstürze, deren gewaltige Trümmer im Flußbett sich verbreiten, entstehen.

In horizontalen oder schwach geneigten Schichten findet der geschilderte Umwandlungsprozeß nur dann statt, wenn das Material gleichmäßig ist oder die Härte der Gesteine von oben nach unten zunimmt. Der Geneseefall bei Rochester in Nordamerika (Fig. 97) ist bereits in das Stadium der Kaskaden eingetreten. Dagegen besteht die 49 m hohe Felswand, über die der Niagara sich stürzt, in den oberen Partien aus hartem Kalkstein und in den unteren aus weichen Schiefern (Fig. 98). Diese werden durch die wirbelnden Wassermassen am Fuße des Falles ausgewaschen, der Kalkstein bricht stückweise herunter, und der Wasserfall schreitet langsam thalaufwärts fort. Bis jetzt hat er einen Weg von 12 km zurückgelegt, und verwandelt sich dadurch aus einem Mündungsfall (bei Queenstown) in einen Thalfall. Analoge Erscheinungen zum Niagarafall weist das esthländische Kalkplateau

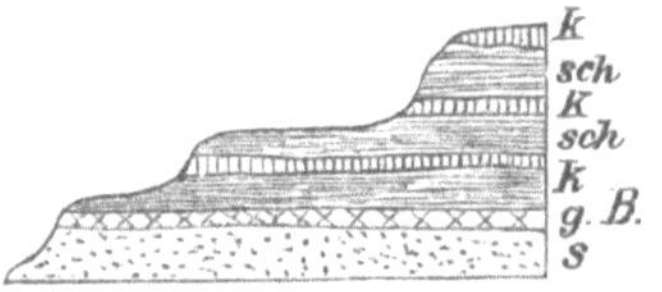

Fig. 97. Profil des Genesee-Falles nach Dana. *k* = Kalk, *sch* = Schieferthon, *g. B.* = graues Band, *s* = Sandstein.

auf; die Fälle der Narowa, des Jagowal u. a. sind seit einem Menschenalter schon beträchtlich thalaufwärts gerückt.

Einige Wasserfälle zeichnen sich durch ihre Höhe (als höchster gilt der Yosemitefall in der californischen Sierra Nevada, 680 m hoch), andere, wie der Rheinfall bei Schaffhausen, der Niagarafall, der Victoriafall des Zambesi u. a., durch ihre Wassermasse aus. Häufig greift die Erosion nicht gleichmäßig die Gesteinsunterlage an; es bleiben dann Felsreste im Bette zurück, und der Fall teilt sich in Arme (z. B. der Rheinfall). Unzählig sind solche Felsklippen in den Katarakten des Nil oder in den Stromschnellen des Orinoco bei Maypures.

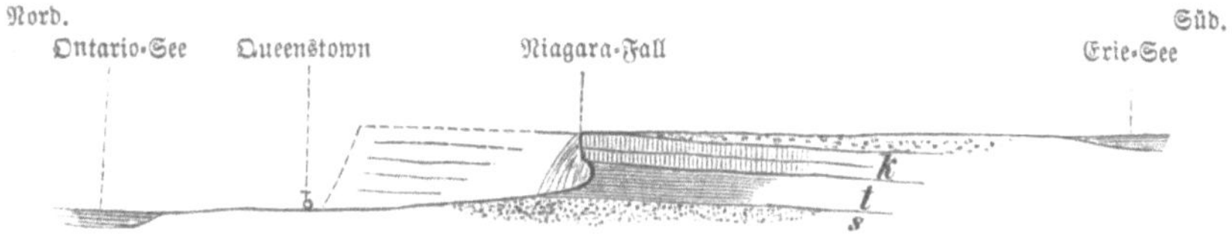

Fig. 98. Der Niagarafluß und seine Fälle.
s Weiche Oneida= und Medina=Sandsteine und Clinton=Gruppe. *t* Weiche Niagara=Schiefer. *k* Harter Niagara=Kalkstein.

§ 217. Die Frage nach dem Ursprung der Thäler ist mit jener nach der Ausbildung derselben häufig verwechselt worden. Es werden heutzutage wohl nur wenige leugnen, daß die Erosion in der Entwickelungsgeschichte aller oder wenigstens der meisten Thäler eine hervorragende Rolle spielt; das beweist schon das gleichmäßige Vorkommen von Felsterrassen und Thalstufen in Thälern, die sonst ihrem Charakter nach völlig verschieden sind. In diesem Sinne kann man die Thäler schlechtweg als Erosionsprodukte bezeichnen. Anderseits ist es aber ebenso festgestellt, daß die ursprüngliche Anlage zahlreicher Thäler im Bodenbau begründet war, indem dieser den erodierenden Kräften eine bestimmte Richtung anwies. Neben diesen tektonischen Thälern giebt es aber viele andere, bei denen sich kein Zusammenhang mit geologischen Verhältnissen nachweisen läßt, wohl aber mit hypsometrischen, insofern sie der Hauptabdachung eines Gebirges oder einer schiefen Ebene folgen. Wir nennen sie Abdachungs= oder orographische Thäler. Es bleibt jedem unbenommen sich vorzustellen, daß gelegentliche Risse und Klüfte die ersten atmosphärischen Niederschläge zu Wasserfäden gesammelt haben, aber es muß betont werden, daß bei dem gänzlichen Mangel an oberflächlichen Klüften das fließende Wasser die gleiche Richtung nehmen und in derselben Thäler aushöhlen mußte. Einteilung der Thäler.

§ 218. Neben dem fließenden Wasser schreiben viele Forscher auch den Gletschern thalbildende Kraft zu. Die Beobachtung in verlassenen Gletschergebieten lehrt uns, daß die Eisströme die Tendenz haben, die Gletschererosion, klimatische Einflüsse.

Unebenheiten zu beseitigen und die Ecken abzurunden, und daß sie daher ihre Unterlage wie ihre Seitenwände glätten. Es leugnet auch niemand, daß sie auf die Form der Gehänge einen bestimmenden Einfluß ausüben; oberhalb der diluvialen Gletschergrenze sind die Formen eckig, unterhalb derselben gerundet. Es muß aber auch jeder zugestehen, daß Polierung der Felsen mit Fortführung von Material, also mit Erosion verbunden ist. Die Erosionsprodukte in Verbindung mit dem von den Oberflächenmoränen stammenden Schutt liefern die enormen Schlammmassen, die der milchigtrübe Gletscherbach abwärts schafft, und Penck hat daraus berechnet, daß das Gebiet des Unteraargletschers in ca. $1^1/_2$ Jahren nur 1 mm erniedrigt wird. Kann also die erodierende Kraft der Gletscher[1] nicht geleugnet werden, so muß man sich doch stets vor Augen halten, daß Gletscher anders arbeiten als fließendes Wasser. Jene bewegen sich ungleich langsamer, aber sie entfalten über einem Punkte eine größere Masse, wenn auch an eine Zerquetschung und Zertrümmerung der Gesteinsunterlage selbst durch den mächtigsten Eisstrom nicht gedacht werden darf. Der Fluß wirkt ferner nur entlang einer Linie vertiefend, der Gletscher aber auf Flächen. Die U-Form der Cañons in Nordamerika schreiben daher manche der Gletscher-, die V-Form der Flußerosion zu. Beide Medien stimmen aber darin überein, daß sie, je nach dem Gefälle, bald erodieren, bald ablagern. Das Vorhandensein loser Massen in verlassenen Gletscherbetten beweist also nichts gegen die Erosion.

Die diluvialen Gletscher mögen also allerdings an der Umgestaltung und Vertiefung der Thäler gearbeitet haben, aber ebenso ist es sichergestellt, daß sie in unseren Klimaten nur eine sekundäre Rolle spielten. Die jetzigen Thallinien sind nachweisbar vorglacialen Alters, und ebenso kommen Thäler auch in jenen Gegenden vor, die nie eine Eiszeit hatten. Ob in den polaren Gebieten die Thäler nicht vorwiegend ein Gletscherprodukt sind, muß die Zukunft lehren; diese Frage hängt sehr enge zusammen mit jener nach der Entstehung der polaren Grundmoränen, von der auf S. 127 und 244 die Rede war.

Wo Gletscher oder fließendes Wasser ist, findet Erosion statt und werden Thäler gebildet. Wenn wir solche in regenlosen Gegenden finden, wie z. B. in der Sahara, so können wir dies nur durch die Annahme einer Klimaänderung erklären. Weichen die beiden Abhänge eines Kettengebirges in Bezug auf die Niederschläge beträchtlich von einander ab, so ist nach Krümmel's Untersuchungen die Thalbildung auf der Regenseite entwickelter und greift tiefer in das Gebirge ein, als auf der entgegen-

[1] In der Zeitschrift des deutschen und österreichischen Alpenvereins, 1879, S. 60, wird berichtet, daß der Dasdoraki-Gletscher am Kasbek 1876 sein Bett tiefer gelegt habe. Über die Zuverlässigkeit dieser Beobachtung ist uns nichts Näheres bekannt.

gesetzten. Besonders scharf ist dieser Gegensatz im Elbrusgebirge ausgeprägt, dessen Nordabhang von tiefen Thälern durchfurcht wird, während der Südabhang nach St. John ein einziger schroffer Abhang ohne eigentlichen Fluß ist. Aber auch in unseren Gegenden läßt sich der klimatische Einfluß auf den Erosionsprozeß nachweisen. So berichtet z. B. de Lamblardie, daß alle Thäler der hohen Normandie, die mehr oder minder senkrecht vom Regenwind getroffen werden, steiler und tiefer eingeschnitten sind, als die anderen.

Deltabildungen.

§ 219. Wie sich in der Thalbildung die zerstörende Kraft des fließenden Wassers geographisch am wirksamsten äußert, so in der Deltabildung seine aufbauende Kraft. Wenn ein Fluß in ein ruhendes Wasser mündet, so tritt nicht sogleich eine Vermischung ein, sondern er behält vermöge seiner Stoßkraft noch einige Zeit den Charakter einer selbständigen Masse bei. Mündungsformen der Flüsse.

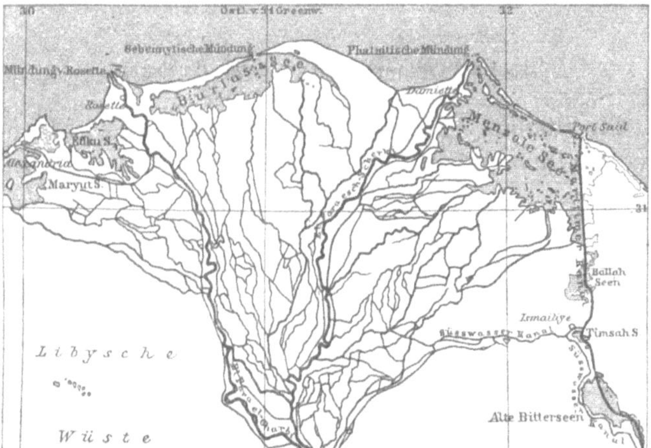

Fig. 99. Nildelta nach R. Credner.

Im Meer und in Salzseen kommt noch der Umstand hinzu, daß das süße Flußwasser wie Öl auf dem schwereren Salzwasser schwimmt. Allmählich vermengen sich beide Flüssigkeiten zu sog. Brackwasser, bis endlich unter fortdauerndem Einfluß der Wasserbewegung das Flußwasser völlig absorbiert wird. Vor der Kongomündung ist das Oberflächenwasser noch bis zu einer Entfernung von 23 km süß, und die Zone des brackischen Wassers reicht noch 37—47 km weiter.

Mit der Geschwindigkeit des Flusses erlischt auch dessen Tragkraft, und die Sedimente lagern sich am Boden des Meeres oder Binnensees ab, und bilden entweder Sandbänke, Untiefen und Barren, oder wachsen unter

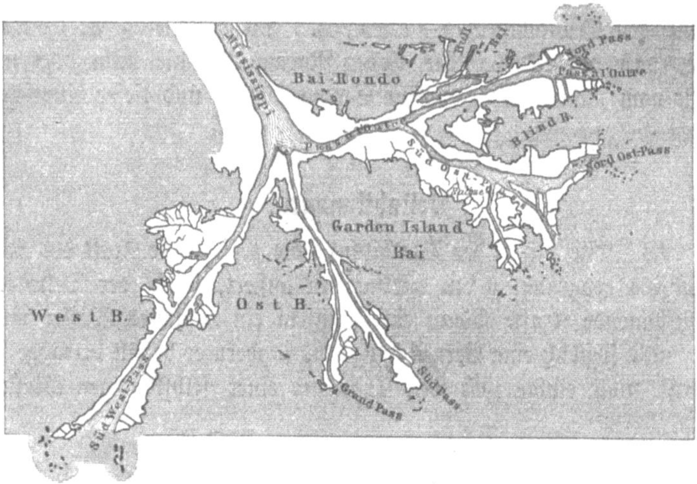

Fig. 100. Mississippidelta nach R. Credner.

günstigen Verhältnissen über den Seespiegel empor. Es giebt also nach den eingehenden Untersuchungen von R. Credner nur zwei Mündungs-

Fig. 101. Petschoradelta nach R. Credner.

Fig. 102. Ebrodelta nach R. Credner.

formen: offene Mündungen mit unterseeischen Ablagerungen und Deltamündungen, wobei sich das Land auf Kosten des Meeres oder eines Sees vergrößert. Man kann daher ozeanische und Binnendeltas unterscheiden.

Die Bezeichnung Delta wurde ursprünglich nur auf den Unterlauf des Nils angewendet (Fig. 99). Das Hauptgewicht legte man, dem Namen entsprechend, auf die Gabelung des Flusses in zwei oder mehrere Arme, und in diesem Sinne sprach man auch von einem Delta des Cooper Creek oder des Amazonas, obwohl in keinem dieser Fälle eine Schöpfung von Neuland durch Flußabsätze, die von recenten Bildungen stehender Gewässer unterlagert werden, stattfindet. Gerade das betrachtet aber der moderne Deltabegriff als das wesentliche. Die Gabelung ist dagegen ein nebensächlicher Vorgang, die keineswegs immer mit dem Beginn des Deltalandes zusammenfällt, ja bei einigen echten deltabildenden Strömen, wie z. B. beim Ebro (Fig. 102), ganz fehlt.

§ 220. Das Baumaterial liefern hauptsächlich die Flußsedimente, bei größeren Flüssen feiner Sand und Schlamm, bei kurzen Küstenflüssen (besonders an Steilufern) auch Gerölle. Das gröbste Material fällt schon zunächst der Mündung, das feinere aber erst in größerer Entfernung zu Boden. Da aber das Hochwasser vermöge seiner größeren Transportfähigkeit die schwereren Sedimente weiter hinausführt, als das Mittelwasser, und dieses wieder weiter als das Niedrigwasser, so entsteht zugleich auch eine Wechsellagerung von gröberem und feinerem Material. Die Lagerung ist im Meer gewöhnlich eine flach geneigte bis nahezu horizontale; nur in Binnenseen kann die Böschung des Schuttkegels, an dessen Zusammensetzung sich auch Gerölle in größerer Menge beteiligt, 35° erreichen. Neben den Flußsedimenten liefern auch Treibholz, das später in Torf oder Lignit umgewandelt wird, und in sehr untergeordneter Weise animalische Bestandteile Baustoffe zur Deltabildung. Die von Sand- und Schlammmassen bedeckten organischen Substanzen entwickeln bei ihrer Zersetzung Gase, die in manchen Deltas (besonders in dem des Mississippi) genug Spannkraft besitzen, um die Decke zu sprengen und kleine Schlamm- und Gasvulkane (sog. Mudlumps) zu erzeugen.

Bau, Gestalt und Oberflächenform der Deltas.

Die Mächtigkeit der Deltabildungen, über die uns Bohrungen Aufschluß geben, ist sehr verschieden. Beim Nil beträgt sie höchstens 15, beim Rhein über 60, beim Rhone über 100, beim Po 173 m. Nicht in allen Fällen läßt sich die Grenze zwischen den Fluß- und Meeressedimenten mit Sicherheit ziehen, daher die Angaben z. B. in Bezug auf das Mississippidelta beträchtlich differieren.

Häufig entstanden Deltas in tief eingeschnittenen Meeresbuchten. Wenn die Auffassung, daß der blaue Thon, auf dem die modernen Alluvionen des Mississippi ruhen, nicht rein fluviativen Ursprungs ist, der Wahrheit entspricht, so beginnt das Delta des amerikanischen Riesenstroms schon bei der Ohiomündung. In der Gegenwart können wir die Ausfüllung von Meeresbuchten z. B. am La Plata oder am Dnjestr beobachten. In manchen Fällen sind die Buchten durch Uferwälle (Nehrungen) abgeschlossen, wie an der Memelmündung. Der Nil hat seine Bucht schon beinahe ganz ausgefüllt; nur noch einige Reste blieben als Lagunen übrig. Die Po-anschwemmung ist über die Uferwälle bereits hinausgewachsen, und hat sich somit aus einem Ausfüllungsdelta in ein vorgeschobenes Delta verwandelt. Besonders drastische Beispiele der letzteren Art sind die Deltas des Ebro (Fig. 102), der Lena und des Mississippi (Fig. 100).

Die Deltaländer sind völlig horizontale Ebenen, die sich bei Hochwasser stetig erhöhen und gegen das Meer hin in ein sumpfiges Litorale übergehen. Nur wo das Delta nicht allseitig wächst, wie das des Rhone, werden am Strande Dünenreihen aufgeworfen, die aber mit den schon erwähnten präexistierenden Uferwällen nicht verwechselt werden dürfen. Da das Gefälle sehr gering ist, so ist der Flußlauf fortwährenden Veränderungen unterworfen, indem alte Kanäle versanden und neue sich bilden. Wenn die Gabelung unter einem spitzen Winkel erfolgt, wie am Nil, so erleidet die Spitze des dreieckförmigen Landes beständigen Abbruch und rückt thalabwärts vor.

Wachstum der Deltas.

§ 221. Am raschesten scheint das Delta des Terek zu wachsen, denn es rückt jährlich durchschnittlich 495 m in den Kaspisee vor. Unter den großen Stromdeltas dürfte sich das des Mississippi am schnellsten vergrößern, aber — wie dies auch bei anderen Flüssen der Fall ist — nicht gleichmäßig an allen Mündungsstellen. Ein Zusammenhang mit der Wassermenge der einzelnen Arme (hier Pässe genannt) findet dabei nicht statt, wie folgende Tabelle zeigt:

	SW-Paß,	S-Paß,	NO-Paß,	Paß à l'Outre
Wassermenge in Prozenten[1] .	34	8	22	23
Jährliches Wachtum in m . .	103	85	40	—

Am Podelta läßt sich der Einfluß des Menschen auf das Wachstum des Landes erkennen. Dieses betrug pro Jahr von 1600 bis 1804 70 m, von 1200 bis 1600 aber nur 23 m, weil damals noch nicht ein umfassendes Deichsystem den Fluß zwang, den größeren Teil seiner Sinkstoffe in das Meer zu führen. Aus demselben Grunde rückt das Nildelta jährlich nur um 4 m vor, denn die regelmäßigen Überschwemmungen entziehen ihm eine Menge Sedimente, die im Binnenlande liegen bleiben. Wo eine positive Niveauveränderung stattfindet oder das stürmische Meer besonders heftig die Neulandbildungen bekämpft, können sogar Deltas wieder zerstört

[1] Die übrigen 13 Prozente werden durch Nebenkanäle abgeführt.

werden. Das Narentadelta an der dalmatischen Küste verliert immer mehr an Umfang, und das Rheindelta, das schon zum großen Teil unter dem Seespiegel liegt, würde demselben Schicksal verfallen, wenn es nicht durch Dämme geschützt wäre. Das Emsdelta, das noch zur Römerzeit bestand, ist ganz verschwunden, und wir haben Ursache anzunehmen, daß auch die Weser, Elbe und Eider, wie der Hudson und Connecticut an der Ostküste der Vereinigten Staaten einst Deltas besessen haben.

Infolge des Wachstums können Deltas benachbarter Flüsse mit einander verschmelzen, wie das des Rhein, der Maas und Schelde, des Ganges und Brahmaputra; oder zwei Flüsse können sich zu einem Hauptkanal vereinigen wie Euphrat und Tigris; oder ursprünglich selbständige Flüsse sinken zu Nebenflüssen herab. So wurde z. B. der Pruth der Donau und der Red River dem Mississippi tributär. Das Landfestwerden von Inseln, die Zweiteilung langgestreckter Seen durch seitlich einmündende Flüsse, die endliche Ausfüllung der Seen sind alles Folgeerscheinungen des Wachstums der Deltas.

Bedingungen der geographischen Verbreitung der Deltas.

§ 222. Die unterseeischen Ablagerungen an offenen Flußmündungen zeigen häufig eine so ausgesprochene Deltaform, daß wir sie geradezu als **submarine Deltas** bezeichnen können (vgl. Fig. 103 mit Fig. 101). Jedes Oberflächendelta muß als submarines begonnen haben und kann wieder unter besonderen Umständen in ein solches verwandelt werden· zwischen beiden Formen besteht also kein genetischer Gegensatz.

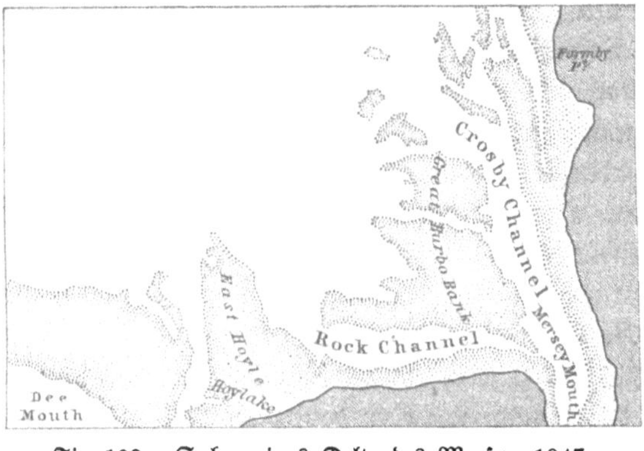

Fig. 103. Submarines Delta des Mersey, 1847.

Es entsteht nun die Frage, unter welchen Bedingungen die Flußablagerungen unterseeisch bleiben, unter welchen sie über den Meeresspiegel emporwachsen. Daß allgemein wirkende Ursachen dabei im Spiele sind, ergiebt sich schon aus dem **geselligen** Auftreten beider Mündungsformen. Deltaküsten sind z. B. die russische und ostsibirische Eismeerküste, die südostasiatische Küste vom gelben Meer bis zum Golf von Bengalen, der nördliche Teil der Ostküste von Südafrika, das Gestade des Golfes von Guinea, die Küsten des schwarzen und mittelländischen Meeres, die Südostküsten der baltischen

See, die Küsten des amerikanischen Mittelmeeres u. s. w. Dagegen haben der Juba, die Kerka, der Bug u. a. offene Mündungen, obwohl sie sich an Deltaküsten in das Meer ergießen, und anderseits geben uns die Mündungen des Indus, Schat de Arab, La Plata, Rhein u. s. w. Beispiele von Deltabildungen an sonst deltafreien Küstenstrecken.

Es ist bisher kein einziger Faktor gefunden worden, der allein die eine oder die andere Mündungsform bedingt. Die Gironde, die 66 mal mehr Sedimente in das Meer führt, als die deltabildende Weichsel, hat trotzdem eine offene Mündung. Elbe und Weser haben ein stärkeres Gefälle, als zahlreiche Deltaflüsse, und können daher auch mehr Material an der Mündung ablagern, aber trotzdem ohne sichtbaren Erfolg. Träge schleichen Nil und Donau dahin, einen großen Teil ihrer festen Bestandteile lassen sie im Binnenland zurück, und doch bauen sie Deltas. Im tiefen Meere schaffen die Küstenflüsse zwischen Toulon und Genua neues Land, während die Themse in einer Flachsee nur Sandbänke abzulagern vermag. Daß Uferwälle keine notwendige Bedingung der Deltabildung sind, beweist schon der Umstand, daß viele Deltas über dieselben hinauswachsen. Anderseits giebt es, wie an der Ostküste der Vereinigten Staaten, Lagunen mit Nehrungen, in die bedeutende Flüsse münden, ohne sie auszufüllen. Viele waren der Meinung, eine kräftige Tidenbewegung verhindere die Deltabildung, aber sie konnten durch den Hinweis auf die großen Deltas des Ganges, Indus, Niger u. a. leicht widerlegt werden. Im Gegensatz zu den genannten Flüssen haben Murray und Columbia offene Mündungen, obwohl diese von Ebbe und Flut nur schwach bewegt werden. Wohl aber beeinflussen die Tiden die Form der Ästuarien, d. h. der Mündungsarme, in die sie eindringen. Indem das Flußwasser, durch die keilartig eindringende, spezifisch schwerere Flut nach oben gedrängt, an Breite zu gewinnen sucht, was es an Tiefe verliert, wird das Ästuarium trichterförmig erweitert, gleichgültig, ob die Mündung eine offene oder eine Deltamündung ist. Nur darf man nicht alle trichterförmigen Buchten (wie beispielsweise die La Plata-Bai) als Flußschöpfungen betrachten und als Ästuarien bezeichnen.

Auch Küstenströmungen verhindern weder, noch rufen sie Deltabildung hervor. Im Bereiche des Mozambiquestromes mündet der Zambesi mit und der Limpopo ohne Delta und ebenso verhalten sich Orinoco und Amazonas an der von der südäquatorialen Strömung bespülten Küste. Der Einfluß der Strömungen beschränkt sich darauf, daß unter Umständen die Flußablagerungen durch Sedimente, die von fernher stammen, vergrößert werden. Winde verstärken die Strömung des Flusses und damit auch dessen Transportkraft, wenn sie thalabwärts wehen, während sie im umgekehrten Falle auf das Wachstum des Deltas verzögernd einwirken, aber ohne es verhindern zu können. Auch die Richtung der Mündungsarme ist oft eine Folge der vorherrschenden Windrichtung; die östliche Ablenkung der Rhonearme durch den Mistral (s. S. 85) mag als Beispiel angeführt werden.

R. Credner glaubte in den Niveauveränderungen den Schlüssel zur Erklärung der geographischen Verbreitung der Deltas gefunden zu haben. Es ist auch sehr einleuchtend, daß positive Niveauveränderungen die Entstehung offener Mündungen und negative die Deltabildung im hohen Grade begünstigen müssen. Aber nicht immer gehen beide Phänomene Hand in Hand. Im Po-, Memel-, Rhein-, Ganges- und Mississippidelta fand man bei Bohrungen in mehr oder minder beträchtlichen Tiefen und wiederholt Torflager und Baumstämme in ungestörter Stellung. Es lassen sich diese Thatsachen kaum anders als durch die Annahme einer positiven Niveauveränderung erklären. Möglicherweise fanden ruckweise Bodensenkungen oder Hebungen des Meeresspiegels statt, mit denen Ruhepausen, die zur Neubildung des Deltas benutzt wurden, wechselten; aber in keinem Falle kann man hier von negativen Niveauschwankungen sprechen. Anderseits sind auch Gegenden, in denen das Niveau sich entschieden im negativen Sinne ändert, frei von Deltas, wie die pazifische Küste der neuen Welt oder das Mündungsgebiet des Amur.

Das Zusammenwirken verschiedener Faktoren, unter denen die Niveauveränderungen jedenfalls eine bedeutsame Rolle spielen, bedingt also die geographische Verbreituug der Deltas, ohne daß wir jetzt schon in jedem einzelnen Falle die Haupt- und Nebenursachen, die fördernden und hemmenden Momente zu sondern vermöchten. Vielleicht werden uns eingehende Detailstudien der Lösung des Rätsels näher bringen, aber derzeit läßt sich noch nicht einmal die Vermutung aussprechen, ob es jemals gelingen werde, die Anordnung der offenen und Deltamündungen auf eine einfache Formel zurückzuführen.

Ablagerungsgebiete.

§ 223. Die transportierenden Kräfte: das fließende Wasser, das Eis und der Wind, beteiligen sich in verschiedener Weise an der Gestaltung der Erdoberfläche. Die fluviatilen Ablagerungen bilden horizontale Ebenen, welche die relativ tiefsten Stellen einnehmen. Wir finden sie in größerer oder geringerer Ausdehnung überall, wo die atmosphärischen Niederschläge Flüsse ernähren können oder konnten; und sie fehlen nur den unter Eis begrabenen Polarinseln. Eine viel beschränktere Verbreitung haben die

Fluviatile und glaciale Ablagerungen. Moränenlandschaft.

glacialen Ablagerungen (Moränen), und geographisch bedeutsam treten sie nur in den Gebieten der diluvialen Gletscher auf. Die echte Moränenlandschaft besteht aus dicht aneinander gehäuften Endmoränen; unregelmäßig verteilte Hügelwälle, die bald durch enge Schluchten, bald durch größere Depressionen mit Seen oder Mooren getrennt werden, bilden hier ein außerordentlich wechselvolles Relief. Eine solche Moränenzone umgiebt den Nord- und Südrand der Alpen, an den Ausgängen der großen, einst gletschererfüllten Thäler bogenförmig weit in die Ebene vordringend. Nur an ihren äußeren Rändern sind sie schon zum Teil der Denudation zum Opfer gefallen. Die in den österreichisch-italienischen Kriegen viel umkämpften Höhen von Custozza und Solferino sind solche Moränenwälle. Besonders schön ist der Bogen bei Ivrea; hier steigen die Hügel bis zu 330 m über die Ebene empor. Die Landrücken von Preußen, Pommern und Mecklenburg sind ebenfalls seenreiche Moränenlandschaften, und in noch größerer Ausdehnung finden wir sie in Nordamerika, wo umfangreiche Bodenanschwellungen, wie das Plateau du Coteau du Missouri oder das Plateau du Coteau des Prairies in Dakota, nur aus glacialem Material aufgebaut sind.

Äolische Ablagerungen.

§ 224. Die Erkenntnis der geologischen Bedeutung des Windes als eines Transportmittels verdankt die Wissenschaft v. Richthofen. Schon in unseren Gegenden können wir beobachten, wie stärkere Winde sich des Verwitterungsstaubes bemächtigen und große Mengen desselben weithin führen. Im Gegensatze zu den Flußablagerungen sind die äolischen Ablagerungen, entsprechend der schrankenlosen Bewegungsfähigkeit der Luft, an kein bestimmtes Niveau gebunden und bilden ungeschichtete Anhäufungen; aber nur dort, wo der Regen spärlich oder nur periodisch ist, können sie sich dauernd der Abtragung durch fließendes Wasser entziehen. Die fruchtbare Schwarzerde (Tschernosem), die das südliche Rußland vom Pruth bis zur Wolga und das westliche Sibirien in einer Mächtigkeit von 1—5 m (stellenweise von 10—20 m) bedeckt, wird jetzt allgemein als äolisches Produkt angesehen, und einen gleichen Ursprung schreibt v. Richthofen der indischen Schwarz- oder Baumwollerde zu.

Verbreitung und Charakter der abflußlosen Gebiete.

§ 225. Der geologische Einfluß des Windes wächst mit der Regenarmut, und ist am mächtigsten in den abflußlosen Gebieten.[1] Auf dem asiatisch-europäischen Festlande und in Australien tritt der Gegensatz des abflußlosen Zentrums und der ozeanischen Peripherie sehr scharf hervor; die arabische und die kleinasiatische Halbinsel verhalten sich in dieser Beziehung wie selbständige Kontinente. In Nordamerika sind die abfluß-

[1] Die Grenzen derselben sind auf Karte I angegeben.

losen Gebiete mit dem Hochgebirgswall nach Westen gerückt, und ebensowenig nehmen sie in Afrika und Südamerika die Mitte des Festlandes ein, da die Äquatorialzone durch reichliche Niederschläge ausgezeichnet ist. Südamerika hat nur einen, Afrika aber wegen seiner großen Erstreckung nach Norden zwei kontinentale Hauptbezirke.

Die Eigentümlichkeit dieser Gebiete besteht darin, daß die Verwitterungs- und Erosionsprodukte im Lande bleiben; es findet also keine Abfuhr, sondern nur eine Umlagerung statt. Das Regenwasser[1] führt den Gesteinsschutt den tiefsten Stellen zu, und verbreitet die dem Boden entzogenen Salze, während sich der Wind des feineren Materials bemächtigt, und dabei mit Hilfe des Sandes auch eine erodierende Wirkung ausübt. Gesteinsplatten werden glänzend poliert und Blöcke zu seltsamen Formen abgeschliffen. Welche Mengen Materials von der Luft transportiert werden, kann jeder ermessen, der eine Schilderung jener gewaltigen Staub- und Sandstürme in Wüsten und Steppen, die die Sonne verfinstern, gelesen hat. Grasvegetation hält den feinen Staubniederschlag fest und so erhöht sich allmählich der ebene Boden oder werden die ursprünglichen Vertiefungen ausgefüllt. Einförmigkeit ist daher allen abflußlosen Gebieten eigentümlich. Mächtige Schutthalden umsäumen die Gebirge, ja in manchen Gegenden, wie z. B. in Persien, hüllt sie ein Schuttmantel bis an den Kamm ein. Nur wenn die Gebirge ewigen Schnee tragen, wie einige in Centralasien, haben sie noch eckige, zackige Formen beibehalten, weil das Wasser das Zersetzungsmaterial sogleich abführt. An die Stelle der Depressionen treten flache Becken, deren tiefste Stelle häufig ein Salzsee einnimmt. Mannigfaltiger ist das Terrain in der Felswüste (in der Sahara Hammada genannt), wo der Wind die feste Unterlage bloßgelegt hat, besonders dann, wenn die Erosion in einer früheren Klimaperiode Thäler eingeschnitten hat.

§ 226. Die Ablagerungen in den abflußlosen Gebieten sind verschiedener Art und abhängig von der Gesteinsnatur der Unterlage und der umgebenden Gebirge. In der Stein- oder Schuttsteppe, die sich auf kleinere Depressionen zwischen gletschertragenden Gebirgen und in größeren Mulden und Becken nur auf den Gebirgsrand beschränkt, ist der Boden mit eckigen Trümmerstücken bedeckt. Je weiter wir uns vom Gebirge entfernen, desto feiner wird das Material und nimmt bald einen mehr sandigen, bald einen mehr lehmigen Charakter an: die Steinsteppe geht in die

Ablagerungen in abflußlosen Gebieten (Steppen u. Wüsten).

[1] Daß Regen auch in sog. regenlosen Gegenden gelegentlich vorkommt, wurde schon erwähnt. Duveyrier sah z. B. 1861/62 im centralen Bergland der Tuaregs, wie die Gewässer Geröllmassen von 1000 und mehr cbm 10—15 km weit fortschwemmten.

Salzsteppe über. Die verschiedenen Salze, mit denen die langsam sich bewegenden Flüsse den Boden imprägnieren, stammen, wie die Ausfüllungsstoffe, von den umgebenden Gebieten. Besonders mächtig treten sie an der Stelle ausgetrockneter Salzseen auf.

Wie das fließende Wasser, so führt auch der Wind einen Saigerungsprozeß aus, indem er die thonigen Bestandteile von den sandigen sondert und die ersteren als Staubwolke weit mit sich fortführt, während er die letzteren langsamer vor sich hinwälzt und nur zu oft fruchtbare Gebiete in Sandwüsten verwandelt. Dünen, die in der Sahara 100—150 m und wenn sie einem festen Gesteinskern angelagert sind, eine Höhe bis zu 300 m erreichen, werden aufgeführt und wandern gerade so wie die Küstendünen, mit denen sie auch in Bezug auf ihre äußere Form genau übereinstimmen. Nur die großen Dünen bleiben ziemlich fest, so daß sie durch Jahrzehnte den Karawanen als sichere Wegweiser dienen. In früherer Zeit glaubte man, daß der Wüstensand ebenso, wie das Baumaterial der Küstendünen, vom Meere stamme, und für manche Gegenden mag diese Ansicht auch zutreffen. So behaupten z. B. die indischen Geologen, daß die Wüste Thurr noch in junger geologischer Vergangenheit vom Meere bespült war. Aber gerade in Bezug auf die größte Sandwüste der Erde, auf die libysche, hat Zittel nachgewiesen, daß der Flugsand ein Verwitterungsprodukt des nubischen Sandsteines ist, und ebenso stammt der Sand im Tarimbecken von den mürben Sandsteinen der Kreideformation. Legt der Wind größere, quarzhaltige Gesteinsstücke bloß, so werden diese durch den treibenden Sand abgeschliffen und ihrer weicheren Bestandteile beraubt, bis endlich Quarz in der Form gerundeter, glatter Kiesel allein zurückbleibt. Einen derartigen Ursprung schreibt v. Richthofen den Kiessteppen der Mongolei zu, denen die Sserir der Sahara östlich vom Meridian von Tripolis verwandt sind. Ein drastisches Beispiel davon ist die Kalanscho-Sserir zwischen Audschila und Dschibbena, wo man nach Rohlfs stundenlang über linsen- und erbsengroße, dann wieder stundenlang über nußgroße Kiesel wandern muß.

Übergangsformen. Der Löß. § 227. Zwischen den echten abflußlosen Gebieten und den echten Gebieten mit Abfluß giebt es Übergangsformen, d. h. Gebiete, die — geologisch gesprochen — erst vor kurzer Zeit aus dem einen Typus in den anderen übergegangen sind und daher die Eigentümlichkeiten des früheren Zustandes noch nicht völlig verloren und die des jetzigen noch nicht völlig angenommen haben. Eine solche Umgestaltung ist die Folge eines Klimawechsels, die in manchen Fällen wohl auch mit einer Niveauveränderung Hand in Hand geht. Die Tiefebene, die ihre Hauptflüsse zum Kaspi-, Aral- und Balchaschsee sendet, ist solch ein junges abflußloses Gebiet, das namentlich an seinem niederschlagsreicheren Rande im Centrum von Rußland noch alle Charakterzüge der ozeanischen Peripherie bewahrt hat. Doch zeigen sich auch schon Begleiterscheinungen der Abflußlosigkeit, wie die Salzsümpfe der kaspischen Niederung und die ausgedehnten Sandwüsten zu beiden Seiten des Amu, Syr und Ili. Auch das westliche Utah scheint erst spät dem ozeanischen Regime entzogen worden zu sein. Aus den alten Uferlinien, die man bis zu 295 m über dem jetzigen Spiegel des großen Salzsees beobachten kann, läßt sich schließen, daß dieser See einst mit dem Utah- und Seviersee verbunden war, und die Vermutung liegt nahe, daß der Columbia einst der Abfluß dieses bedeutenden Wasserbeckens gewesen sei. Aber wie dem auch sei, derzeit ist der Typus abflußloser Gebiete hier schon völlig ausgeprägt.

Der umgekehrte Fall tritt ein, wenn die Niederschläge zunehmen, so daß sie den Betrag der Verdunstnng übersteigen. Die erstarkten Flüsse bahnen sich dann einen Weg zum Meere oder zu den nächsten ozeanischen Flüssen, graben tiefe Erosionsschluchten in das Becken der Salzsteppe ein, tragen die äolischen Ablagerungen dem Meere zu, befreien den Boden von seinem Salzgehalte und machen ihn dadurch dem Ackerbau zugänglich. Die Steppengebilde werden auf diese Weise, nach von Richthofen's Theorie, in Löß umgewandelt.

Man unterscheidet zwei Arten von Löß: Land- und Seelöß. Der erstere, die weitaus verbreitetste Art, ist eine nahezu homogene Masse aus lehmiger gelber Erde mit etwas Sand, etwas kohlensaurem Kalk und einigen leicht löslichen alkalischen Salzen. Feine Kanälchen, die Hohlräume ausgewitterter Wurzelfasern, durchziehen ihn, saugen das Wasser begierig auf und verhindern dadurch die Bildung von Seen und Sümpfen; wahrscheinlich bedingen sie auch den Hang des Lößes zu vertikaler Zerklüftung, die — wie wir bei einer anderen Gelegenheit sehen werden — landschaftlich so bedeutungsvoll wirkt. Wirkliche Schichtung fehlt; eine scheinbare Schichtung wird durch die lagerartig horizontale Anordnung von Mergelknollen (den sog. Lößmännchen) hervorgerufen; doch beweist ihre vertikale Stellung, daß sie an Ort und Stelle entstanden sind. Dieser Umstand, sowie die eigentümliche Verbreitung des Lößes, die sich an kein Niveau bindet, und das fast ausschließliche Vorkommen von Landschnecken in demselben, beweisen den äolischen Ursprung dieser, durch außerordentliche Fruchtbarkeit ausgezeichneten Ackererde. Der Seelöß wurde dagegen in Salzseen abgelagert; er ist geschichtet und ermangelt der Kapillarstruktur.

In Europa spielt der Löß eine verhältnismäßig untergeordnete Rolle, wenigstens in morphologischer Beziehung. Am verbreitetsten ist er im Rhonethal, im Rhein- und Donaugebiete (im letzteren von Bayern bis

Rumänien), in Thüringen, im nördlichen Böhmen, und besonders in Galizien und der Bukowina, von wo er sich über das volhynisch-podolische Plateau bis in die Ukraine fortsetzt. Seine Mächtigkeit beträgt aber nur 30 bis 60 m. Dagegen erreicht er im nordwestlichen China, wo er ein Areal von der Größe des Deutschen Reiches fast ununterbrochen bedeckt, stellenweise eine Mächtigkeit bis zu 600 m. Kaum weniger entwickelt ist er auf dem nordamerikanischen Prärienplateau von Missouri bis Texas, wo noch Salzseen und weite sandige Strecken an den einstigen Zustand erinnern[1], und in der südamerikanischen Pampasebene, die sich vom mittleren Bolivia bis Patagonien erstreckt.

Einteilung der Erdoberfläche in Bezug auf den Einfluß der Atmosphärilien.

§ 228. Betrachten wir die Erdoberfläche unter dem Einfluß der Atmosphärilien, wozu wir im weiteren Sinne auch das Wasser rechnen müssen, so gelangen wir (zum Teil nach dem Vorgange von Richthofen's) zu folgender Einteilung derselben:

1. Gebiete der akkumulierenden Zerstörung, in welchen die Verwitterungsprodukte an Ort und Stelle liegen bleiben:

a) Gebiete der Lateritbildung,

b) Gebiete der lehmigen Zersetzung.

2. Primäre Denudationsgebiete, in welchen die Verwitterungs- und Erosionsprodukte der ursprünglichen Unterlage abgeführt werden.

a) In bezug auf das Medium, welches vorwiegend die Denudation besorgt, lassen sich unterscheiden:

α) Abtragungsgebiete des fließenden Wassers,

β) Abtragungsgebiete der Gletscher,

γ) Abtragungsgebiete des Windes.

b) In bezug auf das Maß der Denudation lassen sich unterscheiden:

α) Gebiete beständiger Denudation, in welchen die Felsunterlage zu Tage tritt (steile Abhänge, besonders in den höheren Teilen der Hochgebirge, Felswüsten),

β) Gebiete teilweiser oder periodischer Denudation.

3. Ablagerungsgebiete:

a) Anschwemmungen der Flüsse (fluviatile Ablagerungen):

α) Inudationsablagerungen,

β) Deltabildungen.

b) Glaciale oder Gletscherablagerungen.

---

[1] In neuester Zeit hat sich Todd für den wässerigen Ursprung des Missourilößes ausgesprochen, und Hilgard u. a. haben ihm beigestimmt, aber ohne Richthofen's Theorie erschüttern zu können.

c) Gebiete der durch den Wind bewirkten (äolischen) Aufschüttung:

α) in abflußlosen Regionen

αα) Salzsteppen,

ββ) Sandwüsten;

β) in Gebieten mit Abfluß.

4. Sekundäre Denudationsgebiete, Ablagerungsgebiete, die durch erneute Erosion infolge von Niveauveränderungen (z. B. die Ausfüllungsterrassen) oder infolge von Klimaänderungen (z. B. die Lößlandschaften) dem Denudationsprozeß verfallen. Die Untereinteilung ist dieselbe wie bei 2.

Neuntes Kapitel.

Die wichtigsten Oberflächenformen des Festlandes.

Übersicht.

§ 229. Die Oberflächenform wird zunächst durch den inneren Bau bedingt; Schichtendislokationen rufen im allgemeinen ein unebenes, ungestörter Schichtenbau ein ebenes Terrain hervor. Ein zweites, nicht minder wichtiges Moment ist die Höhe, denn von ihr hängt zum Teil die Energie der zerstörenden Arbeit ab. Nur darf man nicht zur Abgrenzung verwandter Formen bestimmte Seehöhen anwenden, da dies zu unnatürlichen Unterscheidungen führt. So ist es z. B. ganz willkürlich, wenn wir alle Ebenen unter 200 m als Tief- und alle höher gelegenen als Hochebenen bezeichnen. Es giebt Tiefebenen, die, unmerklich ansteigend, Seehöhen von mehr als 200 m erreichen, ohne ihren Charakter zu ändern, und es giebt Flächen unter jener Höhengrenze, die wegen ihrer steilen Abhänge den entschiedenen Eindruck von Plateaus machen. Solche künstliche Systeme bringen in die Auffassung der Natur mehr Verwirrung als Ordnung, denn die orographischen Verhältnisse sind trotz aller Mannigfaltigkeit einfach, insofern nämlich, als die Hauptformen das größte Areal einnehmen und die Übergangsformen nur in untergeordneter Weise auftreten. Was die Aufstellung detaillierter Systeme außerdem noch erschwert, ist — abgesehen von der Lückenhaftigkeit unserer geographischen und geognostischen Kenntnisse — der stark ausgeprägte Individualismus der einzelnen Oberflächenformen. Wie jeder Kontinent und jedes Meer seine eigentümlichen Züge hat, so auch jedes Gebirge, jede Ebene; denn sicherlich haben zwei Erdstellen, trotz Übereinstimmung im Grundcharakter, im Verlaufe ihrer

Einteilung der Oberflächenformen.

Entwickelungsgeschichte nicht genau dieselben Schicksale erfahren. Es ist auch leicht erklärlich, daß der Individualismus mit der Schichtenstörung zunimmt, und daß er daher am meisten in den Kettengebirgen ausgebildet ist. Diese Abwesenheit von allem Schematischen bedingt zum großen Teil die Mannigfaltigkeit des Völkerlebens.

Ausgehend von der Architektonik der Erdoberfläche, gelangen wir zur Aufstellung von fünf Haupttypen, von denen die vier ersten alle orographischen Formen umfassen, die größeren Erdräumen ein bestimmtes Gepräge verleihen, während der fünfte als ein allgemein verbreitetes Detailphänomen von besonderem geographischen Interesse ist:

I. Gebiete mit gefaltetem Schichtenbau:
  1. Lineare Faltengebirge (Kettengebirge).
  2. Massivs.

II. Gebiete mit horizontalem Schichtenbau:
  1. Plateaus.
  2. Tiefebenen.

III. Vulkanische Erhebungen.

Trigonometrische Höhenmessung.

§ 230. Neben geognostischen Untersuchungen sind — wie bereits erwähnt wurde — Höhenmessungen ein unerläßliches Hilfsmittel der Orographie. Leider sind auch sie verhältnismäßig spärlich und von ungleichem Werte. Die Höhe läßt sich auf trigonometrischem und barometrischem Wege oder mit Hilfe des Kochthermometers bestimmen. Dieselbe Reihenfolge besteht auch in bezug auf die Sicherheit der Resultate. Die trigonometrische Methode wollen wir an folgendem einfachen Fall erläutern. Ein isolierter Berg, dessen Höhe gemessen werden soll, erhebe sich über einer völlig horizontalen Ebene. Wir messen von irgend einem Punkte derselben (A) mittels eines Nivellierinstrumentes den Winkel, den eine vom Berggipfel (D) bis zu unserem Fußpunkte gezogene Gerade mit der Ebene bildet, und dasselbe wiederholen wir an einem zweiten Punkte (B), der mit A und D in einer Vertikalebene liegt. Hierauf messen wir die Distanz AB (1908·3 m) und tragen sie nach einem bestimmten Maßstabe auf das Papier auf. Von A und B ziehen wir Gerade unter den gemessenen Winkeln (20 und 50°); ihr Schnittpunkt ist der Berggipfel und die Vertikale DC stellt die Höhe desselben über der Ebene dar. Sie läßt sich, wenn die Zeichnung genau ist, direkt messen. In unserem

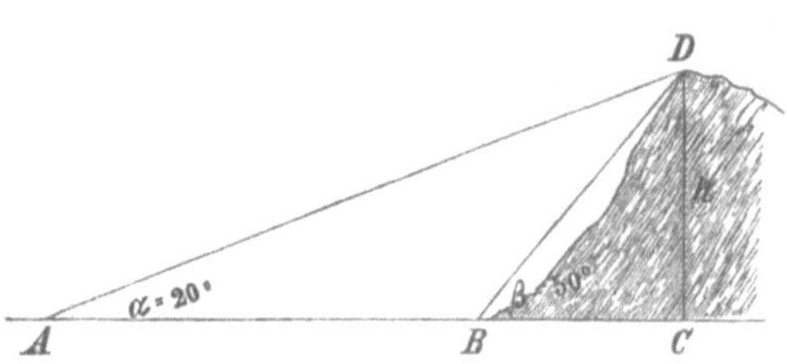

Fig. 104. Trigonometrische Höhenmessung. Maßstab 1 : 50 000.

Falle beträgt sie 20 mm, entspricht also 1000 m in der Natur. Wissen wir, daß die Ebene 200 m über dem Meere liegt, so ergiebt eine einfache Rechnung die absolute Höhe des Berggipfels = 200 + 1000 = 1200 m. Die Seehöhe eines Punktes findet man also durch Nivellement nur dann, wenn dieses vom Meeresspiegel oder von einem Punkte ausgeht, dessen absolute Höhe schon genau bekannt ist.

In den meisten europäischen Ländern und in anderen Ländern mit europäischen Einrichtungen sind umfassende Nivellements bereits ausgeführt worden; wenn auch die Höhe von verhältnismäßig wenig Punkten trigonometrisch bestimmt ist, so ist doch damit eine sichere Basis für die barometrische Höhenmessung benachbarter Punkte geschaffen. Anders verhält es sich aber in jenen weiten Länderräumen, welche von wissenschaftlich gebildeten Männern nur vorübergehend besucht werden. Hier sind wir nur auf Höhenbestimmungen mittels meteorologischer Instrumente angewiesen.

Höhenbestimmung mittels Barometer und Kochthermometer.

§ 231. Die barometrische Höhenmessung gründet sich auf das Gesetz, daß der Luftdruck in geometrischer Progression mit der Höhe abnimmt. Ist in einer bestimmten Zeit der Barometerstand und die Temperatur an der unteren Station B und T und an der oberen b und t, so ist nach Rühlmann die Höhendifferenz (in m)

$$H = 18\,400 \left(1{\cdot}00157 + 0{\cdot}00367 \frac{T + t}{2}\right) \log \frac{B}{b}.$$

Allein diese Formel hat einen Mangel. Sie setzt voraus, daß die Wärme der Luftsäule zwischen beiden Stationen gleich ist $\frac{T + t}{2}$, was nicht richtig ist. Daher liefern die Barometerablesungen zu verschiedenen Tages- und Jahreszeiten bald zu hohe und bald zu niedere Werte, und nur die Jahresmittel der meteorologischen Beobachtungen geben Höhen, welche sich von den wahren Werten nur wenig entfernen. Es ist klar, daß Höhenbestimmungen auf Grund von einigen wenigen, ja oft nur von einer einzigen Ablesung sehr unsicher sein müssen, besonders dann, wenn die Beobachtungen an beiden Stationen nicht gleichzeitig erfolgten, oder wenn die Seehöhe der unteren Station nicht völlig sichergestellt ist. Noch zweifelhafter wird das Resultat, wenn als untere Station das Meeresniveau mit einem Barometerstand von 760 mm angenommen wird, denn wir wissen, daß der Luftdruck daselbst ebenfalls zeitlich und örtlich wechselt.

Welche Ungenauigkeit selbst sehr sorgfältigen barometrischen Höhenbestimmungen anhaften kann, zeigt folgendes Beispiel aus Ostsibirien:

	Nivellement	Barometer	Differenz
Niveau der Angara bei Irkutsk	453·8	382·5	71·3 m
Baikalsee	469·4	409·3	60·1 m

Ein noch unsichereres Instrument ist das Kochthermometer. Die Höhenmessung mittels desselben beruht darauf, daß der Siedepunkt mit abnehmendem Luftdruck hinaufrückt; er befindet sich z. B. bei einem Barometerstand von 760 mm bei 100°, von 700 mm bei 97·7°, von 600 mm bei 93·5°. Die verschiedenen Höhenangaben von Wandi in der ägyptischen Äquatorialprovinz (4° 35′ N. 30° 26′ O.) belehren uns, wie schwankend unsere Kenntnisse von den hypsometrischen Verhältnissen uncivilisierter Länder sind:

Seehöhe	670 m	barometrisch	(Emin Bey)
	675 „	Siedepunktbest.	(„)
	731 „	„	(„)
	754 „	barometrisch	(Junker).

Orometrie. Mittlere Höhe der Kontinente.

§ 232. Um größere oder kleinere Gebiete in bezug auf ihre Seehöhe vergleichen zu können, muß man aus dem vorhandenen Messungsmaterial Mittelwerte ableiten. Die Lehre von der Art und Weise, wie diese Operation nach einer logisch richtigen Methode vorzunehmen ist, nennt von Sonklar Orometrie. Das Endziel der orometrischen Arbeit ist die Feststellung der mittleren Erhebung der Kontinente. Schon A. von Humboldt berechnete auf Grund höchst mangelhafter hypsometrischer Daten solche Mittelwerte und fand für Europa 205, für Nordamerika 228, für Südamerika 345 und für Asien 350 m Mittelhöhe. Für Europa erhöhte Leipoldt, dessen Untersuchungen den bahnbrechenden Arbeiten von Sonklar's ebenbürtig zur Seite stehen, die Humboldt'sche Zahl auf rund 300 m. Ebenso dankenswert ist die orometrische Bearbeitung Afrikas durch Chavanne, der für diesen Erdteil eine durchschnittliche Seehöhe von 660 m ermittelte. Dagegen sind die amerikanischen Arbeiten wertlos. Nach Toner erheben sich die Vereinigten Staaten im Mittel 648 m über dem Meere; berechnet man aus den von Gannet angegebenen Mittelhöhen der einzelnen Staaten nach der Sonklar'schen Methode den Mittelwert, so erhält man sogar 781 m. Beide Zahlen sind offenbar zu hoch, denn die Erhebung Nordamerikas, das zum großen Teil aus Tiefland besteht, kann unmöglich gleich oder größer sein, als die des afrikanischen Plateaukontinentes. Man hat die Mittelhöhe von ganz Amerika auf ca. 400 m und die von Australien auf 250 m geschätzt, und bei diesen Werten müssen wir vorläufig bleiben. Setzt man für Asien die gleiche Zahl, wie für Afrika, in die Rechnung ein, so erhält man als mittlere Erhebung des ganzen Festlandes 540 m. Da die mittlere Tiefe des Weltmeeres ca. 3000 m beträgt, so erheben sich also die Kontinente als mächtige Plateaumassen dnrchschnittlich 3500 m über dem Meeresboden. Gegenüber ihrem Volumen ist das der oberflächlichen Unebenheiten, die wir Gebirge nennen und die man einst als das Knochengerüste der Erde betrachtete, verschwindend klein. Zu demselben Resultate gelangen wir, wenn wir berechnen, um wie viel orographisch verschiedene Gebiete, gleichmäßig über den Kontinent ausgebreitet, denselben erhöhen würden:

	Areal qkm	Mittlere Höhe m	Effekt auf den Kontinent m
Alpen	191 950	1389[1]	27
Iberisches Tafelland	452 222	692	32
Rußland (vorwiegend Tiefebene) . .	5 310 817	167	90

Man ersieht aus diesem Beispiele, daß die orometrische Bedeutung einer Terrainform nicht allein von ihrer Seehöhe, sondern in viel höherem Grade von ihrer Ausdehnung abhängt. In dieser Beziehung sind die großen Hoch- und Tiefebenen viel wichtigere Bestandteile des Festlandes, als die gewaltigsten Kettengebirge.

Bau und Höhe der Kettengebirge.

Die Arten der Falten u. ihre Gliederung.

§ 233. Alle großen Kettengebirge sind durch Faltung der Erdrinde entstanden. Die einfachste Form sind die normalen stehenden Falten. Jede derselben besteht aus zwei Teilen: dem Sattel, von dem Schichten

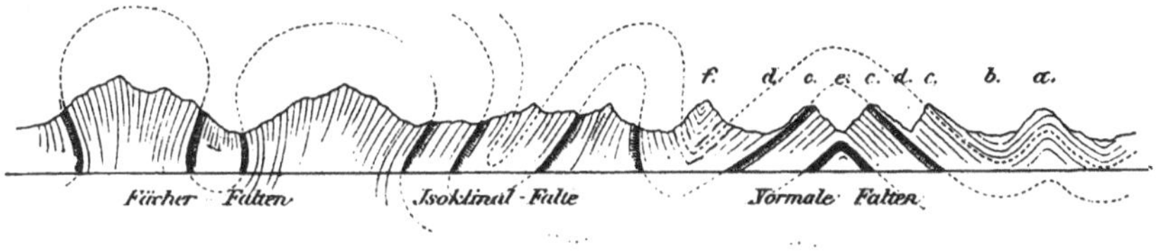

a. Antiklinalkamm *b.* Synklinalthal *c.* Isoklinalkamm
d. Isoklinalthal *e.* Antiklinalthal *f.* Synklinalkamm.

Fig. 105. Form und Orographie der Falten nach Heim.

beiderseitig abfallen (daher Antiklinale genannt), und der Mulde, zu der die Schichten beiderseitig sich zuneigen, und die man daher auch als Synklinale bezeichnet. Der Faltungsprozeß in seiner einfachsten Form bedingt einen wellenförmigen Bau der Erdoberfläche und schafft mehr oder minder langgestreckte Antiklinalkämme und Synklinalthäler (*a* und *b* in

[1] Hier kann nur die mittlere Massenerhebung in Betracht kommen, d. h. die Höhe jenes Plateaus, das durch gleichmäßige Planierung von Berg und Thal entstehen würde.

Fig. 105). Die nachfolgende Denudation kann aber diese natürliche Anordnung vollständig umkehren, so daß Synklinalkämme und Antiklinalthäler (*f* und *e* in Fig. 105) entstehen. Ein zweites Produkt der Zerstörung sind die Isoklinalkämme und Isoklinalthäler (*c* und *d* in Fig. 105), in welchen die Schichten beiderseits nach der gleichen Richtung fallen.

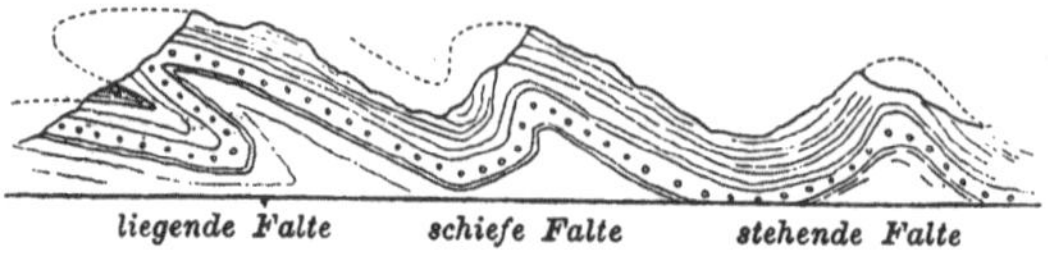

Fig. 106. Lage der Falten nach Heim.

Die genannten Kämme und Thäler verlaufen in der Richtung der Falten und des Gebirges — vorausgesetzt, daß dieses normal gebaut ist — und sind daher Längskämme und Längsthäler. Dagegen durchschneiden die Querthäler und Querkämme — wie Fig. 107 zeigt — die Schichten in ihrer Streichrichtung und bilden somit mit der Hauptrichtung des Gebirges mehr oder weniger rechte Winkel.

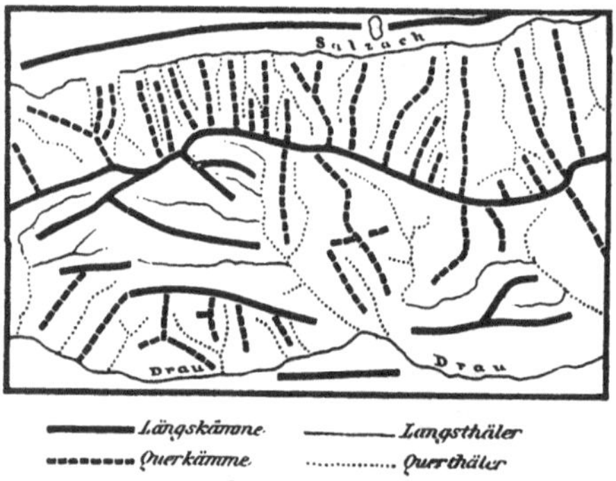

Fig. 107. Längs- und Quergliederung der Hohen Tauren.

Neben stehenden Falten kommen auch schiefe und liegende Falten vor (s. Fig. 106). In letzterem Falle können — wie z. B. am Glärnisch — die Schichten vollkommen horizontal liegen, und nur eingehende Untersuchungen können hier die Dislokation nachweisen. Bei größerer Faltungsintensität entstehen die sog. Isoklinalfalten (Fig. 105), in welchen die zusammengedrückten Mulden und Sättel im gleichmäßigen Schichtenfall verschwinden. Selbstverständlich ist hier auch die Längsgliederung nur auf isoklinale Kämme und Thäler beschränkt. Wahrscheinlich der Ausdruck der größten Faltungsintensität ist die Fächerstruktur (Fig. 105), die der krystallinischen Zone der Alpen und auch anderer Gebirge (z. B. des Kaukasus) eigentümlich ist. Die natürliche Ordnung erscheint hier gerade umgekehrt, indem die Sattelkämme synklinalen und die Muldenthäler antiklinalen Bau besitzen.

Was wir von den Falten beobachten können, sind nur Ruinen, die überdies noch zum größten Theil durch das Pflanzenkleid oder durch Schnee- und Eismassen unseren Blicken entzogen sind. Außerordentlich mühevoll ist daher die Arbeit des Geologen, der aus unzähligen Einzelbeobachtungen den inneren Bauplan der Gebirge herzustellen sucht, und es darf uns nicht Wunder nehmen, daß manches geologische Profil mehr ein Phantasiegemälde, als ein getreues Abbild der wirklichen Verhältnisse ist. Namentlich muß vor unkritischer Benutzung älterer Profile gewarnt werden, da die Erkenntnis der Faltungsphänomene als einer allgemeinen Erscheinung erst aus den letzten Dezennien stammt, und man früher nicht die Vorsicht gebrauchte, die Profile quer zur Längsachse der Falten aufzunehmen (vergl. Fig. 108 a und b).

Fig. 108a. Profil durch das Christianiathal nach Keilhau.

Fig. 108b. Dasselbe Profil nach Kjerulf.

Entstehung der Gebirge.

§ 234. Durch jeden Faltenwurf in den oberen Schichten erleidet der Umfang der Erde eine Verminderung. Wir müssen uns aber dabei stets vor Augen halten, daß die gewaltigsten Hochgebirge im Vergleich zum Erdkörper klein erscheinen. Auf einem Riesenglobus von 2 m Durchmesser würde selbst der höchste Berggipfel der Erde, der Gaurisankar, sich als eine kaum merkbare Erhebung von 1·3 mm Höhe darstellen. Es ist daher erklärlich, daß der Einfluß der Faltungen auf den Erdumfang — wie Heim durch exakte Rechnungen nachgewiesen hat — verhältnismäßig geringfügig ist. Der Zusammenschub der Schweizer Alpen beträgt nur 76·2 km (Breite vor der Faltung 158·2, jetzige Breite 82 km), und der Erdumfang wurde dadurch um nicht ganz 0·3 Prozent, ja durch die Faltung aller im Meridian der Alpen liegenden Gebirge höchstens um 0·89 Prozent verkleinert, d. h. der frühere Erdradius von 6427 auf 6370 km verkürzt, wodurch eine Senkung der Erdoberfläche gegen den Mittelpunkt im Betrage von 57 km eintrat.

Damit sind wir auch schon der Frage nach der letzten Ursache der Gebirgsbildung näher getreten. Früher, als man das Wesen des Gebirgsbaues noch nicht erkannt hatte, dachte man an mehr oder weniger plötzliche vertikale Erhebungen, die durch das Aufsteigen eruptiver Massen bewirkt wurden. Aber Falten können nur durch Zusammenschiebung, also durch eine horizontal wirkende Kraft hervorgebracht werden. Da diese Kraft Schichten von jedem geologischen Alter und jeder mineralogischen Zusammensetzung ergreift, so muß sie außerhalb derselben liegen, und da wir ihre Erzeugnisse überall finden, so muß sie eine allgemein wirkende Kraft sein. Eine solche ist die Schwerkraft; sie zwingt die Erdkruste, sich dem durch Ausstrahlung kleiner werdenden Kern anzuschmiegen. Aber die Kruste kann nur dadurch, daß sie durch Faltung ihren Umfang vermindert, dem Gesetz der Schwere folgen, d. h. die vertikal wirkende Schwerkraft äußert sich in einem horizontalen Zusammenschub. Daß aber nicht die ganze Oberfläche in gleichmäßige Falten gelegt wird, erklärt sich wahrscheinlich aus der ungleichmäßigen Kontraktion. Die faltende Kraft ergreift zunächst die schwächsten Teile der Kruste, und die Runzelung ist um so intensiver, je mehr andere Teile derselben widerstehen.[1]

Einfache Gebirge.

§ 235. Wir wollen uns nicht weiter in theoretische Erörterungen einlassen, da es dem Geographen nur darauf ankommt, die äußere Form der Gebirge aus deren innerem Bau zu erklären. Leider können wir dieser Forderung der modernen Wissenschaft nur in sehr beschränktem Maße genügen. Die Lückenhaftigkeit der geognostischen Erkenntnis und der stark ausgeprägte Individualismus der Kettengebirge gestatten noch nicht die Aufstellung eines Systemes; und wir müssen uns damit begnügen, den Gebirgsbau an einigen lehrreichen Beispielen zu erläutern.

Einige Erhebungen, wie z. B. der südliche Ausläufer des penninischen Gebirges oder der „Weald" in England, bestehen aus einer einzigen Antiklinale. Von dieser einfachsten architektonischen Form wollen wir aber absehen, da sie nur bei niederem Hügelland beobachtet wurde. Unter den echten Kettengebirgen ist der Schweizer Jura am einfachsten gebaut (Fig. 109).

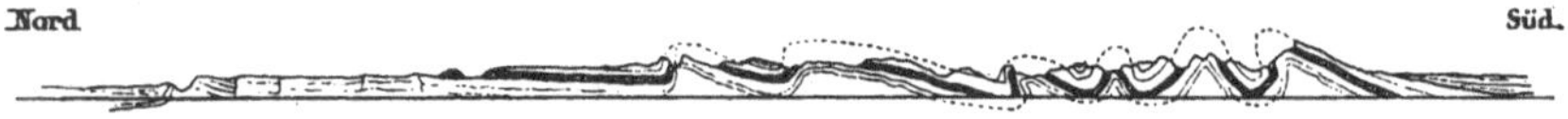

Fig. 109. Profil durch den westlichen Jura nach P. Choffat.

Er besteht aus Trias-, Jura-, Kreide- und Eocänschichten, die in stehende oder nordwärts geneigte Falten gelegt sind. Nach Heim beträgt die Zahl der Falten cirka 160; keine derselben — und dies scheint ein allgemein gültiges Gesetz zu sein — erreicht die Länge des ganzen Gebirges (320 km), sondern sie streichen nur 12—90 km (eine sogar 162 km) weit und tauchen dann unter, um anderen Platz zu machen. Auf dem Wege quer durch das Gebirge durchschneidet man etwa 10—12 Falten, die parallel neben einander herziehen. An beiden Seiten wird der Jura von Hochebenen begrenzt, zwischen denen nur insofern ein Unterschied besteht, als die südliche aus jüngeren Tertiärbildungen zusammengesetzt ist, während dagegen auf

[1] Favre versuchte die Gebirgsbildung experimentell zu erklären. Thonschichten, die auf gespannten Kautschukplatten aufgetragen wurden, wurden durch die Zusammenziehung ihrer Unterlage, also durch Verminderung ihres Umfanges, gefaltet.

der französischen Seite dieselben Schichten, die das Gebirge aufbauen, in ungestörter Lagerung das Plateau bilden.

Zu den einfachen Gebirgen gehört auch der aus krystallinischen Schiefern und Granit bestehende **Böhmer Wald**. Mit größter Regelmäßigkeit streichen die Schichten von Südosten nach Nordwesten und fallen nach Nordosten; es läßt sich daher das Vorhandensein einer Reihe isoklinaler Falten voraussetzen.

§ 236. **Die zonalen Gebirge mit einseitigem Bau** bestehen aus einer inneren krystallinischen Schieferzone und einer äußeren Sedimentzone. Die erstere enthält meist auch alte Eruptivgesteine, denen man einst die Aufrichtung des Gebirges zuschrieb, während sie in Wirklichkeit gegenüber der faltenden Kraft nur eine passive Rolle spielten. Die **Westalpen** sind das Muster eines unsymmetrischen Zonengebirges (Fig. 110). Von Norden nach Süden treten immer ältere Gebilde zutage, und wird das Gebirge stufen- Normale Gebirge mit zonalem und einseitigem Bau.

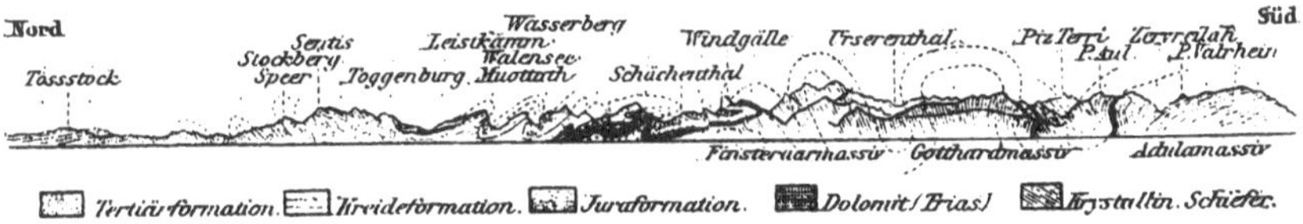

Fig. 110. Profil durch die Westalpen nach Heim.

weise höher. Die innere und höchste Zone bilden krystallinische Schiefer und Massengesteine, und jüngere Sedimente haben sich nur noch in den Faltenmulden vor der Denudation gerettet. In den daran sich schließenden Partien der Sedimentzone ist die krystallinische Unterlage noch stellenweise sichtbar, aber die Hauptmasse der Gebirge besteht schon aus Trias-, Jura-, Kreide- und Eocängesteinen. Dann verschwindet die krystallinische Unterlage gänzlich unter der Sedimentdecke, und am äußeren Rande machen auch die älteren Schichtgesteine der miocänen Molasse Platz, die nur noch in der Nähe des Gebirges in Falten gelegt wurde. Ein Blick auf das obige Profil (Fig. 110) lehrt uns, daß die Intensität der Faltung in der krystallinischen Zone am größten ist und nach außen abnimmt. Nur durch die Bildung großer Falten können zonale Gebirge entstehen, während in einfachen Gebirgen von der Art des Jura die faltende Kraft nur die oberflächlichen Schichten ergriff.

In den **Alleghanies** liegt die krystallinische Zone im Osten und die Sedimentzone im Westen. Wie in den Westalpen grenzt auch hier die erstere Zone an ein junges Tiefland und die letztere an ein älteres Plateau, das aus flach gelagerten Schichten derselben Formationen besteht, wie der Außenrand der Sedimentzone. Aber in einer anderen Beziehung unterscheiden sich die Alleghanies wesentlich von den Westalpen. Diese endigen an der inneren Seite mit einem Steilabfall, jene sinken aber langsam und terrassenförmig zur atlantischen Tiefebene ab. Dagegen scheint der Ural ganz nach dem Typus der Westalpen gebaut zu sein. Die krystallinische Zone fällt im Osten steil zum sibirischen Tiefland ab, während sich die Sedimentzone nach Westen allmählich verflacht.

Einseitig-zonale Gebirge mit gesunkener Innenzone.

§ 237. Es liegt in der Natur der Sache, daß die krystallinische Zone, als die am meisten gehobene auch die höchste ist, und dies ist auch in den bisher genannten Gebirgen der Fall. In anderen Gebirgen haben aber Senkungen der Innenzone den ursprünglichen Zustand verwischt. So besteht z. B. in den neuseeländischen Alpen nur die westliche Abdachung der Hauptkette aus krystallinischen Schiefern und Granit. Eine Folge späterer Niveauveränderungen ist auch die häufig zu beobachtende Zertrümmerung der krystallinischen Zone.

Verhältnismäßig am besten erhalten ist sie im bätischen System, unter welchem Namen man die nach Osten bis Nordosten streichenden Gebirge im südöstlichen Winkel von Spanien zusammenfaßt.[1] Eine Scholle der inneren Schieferzone finden wir bei Cartagena; weiter südlich treffen wir aber auf einen wohlerhaltenen Schieferzug, der sich von der Sierra de los Filabres bis in die Provinz Malaga erstreckt und mit dem Serpentinstock von Marbella endet. Noch hat sie ihren ursprünglichen hypsometrischen Rang nicht eingebüßt, denn die Sierra Nevada, deren einfachen antiklinalen Bau von Drasche anschaulich geschildert hat, ist noch immer die Königin der iberischen Gebirge. Im Norden wird die Schieferzone von einem Gürtel sekundärer und tertiärer Gesteine begleitet, die den Gibraltarfels und die Gebirge bis zur Guadalquivir-Ebene und nördlich von Lorco und Murcia zusammensetzen.

In den Karpaten und Apenninen ist dagegen nur noch die Außenzone vollständig erhalten. Die Trümmer der Innenzone ziehen in Ungarn in der Form zahlreicher kleinerer und größerer Inseln aus krystallinischem Schiefergestein und Granit von Preßburg bis Kaschau (die hohe Tatra gehört zu denselben) und tauchen dann wieder nach einer langen Unterbrechung als zusammenhängende Kette in der südöstlichen Bukowina und im östlichen Siebenbürgen auf. Noch größer ist die Zerstückelung der apenninischen Innenzone, wie Sueß gezeigt hat; ihre Überreste finden wir in den apuanischen Alpen, auf den toskanischen Inseln, in der Catena

---

[1] Dieses Beispiel zeigt auch deutlich, wie sehr die Geographie der geognostischen Vertiefung bedarf, um die innere Zusammengehörigkeit von anscheinend selbständigen Oberflächenformen zu erkennen.

metallifera, im Circecap und auf der Insel Zannone; und nur im Süden hat sich noch ein zusammenhängender Gebirgsrest in dem steil gegen Westen abfallenden calabrischen Gebirge erhalten. Dem Senkungsfeld der ungarischen Tiefebene entspricht die tyrrhenische Tiefsee und dem galizischen Plateau das adriatische Flachmeer. Dieselbe Bauart, wie der Apennin, zeigt auch der Atlas, nur ist hier der Bruchrand der nördlichen Weltgegend, aber ebenfalls dem Meere zugekehrt.

Eine Variation desselben Phänomens bieten uns das böhmisch-sächsische Erzgebirge und der centrale Balkan. Beide kehren ihre aus krystallinischen Schiefern bestehende Steilseite nach Süden, zu den Senkungsfeldern des Egerthales und oberen Tundschabeckens, während sie nach Norden fast unmerklich sich abdachen. Ein Teil der Innenzone ist unter jenen Senkungsfeldern begraben, aber die höchsten Partien derselben ragen noch jenseit der Tiefbecken als selbständige Gebirge empor (das Karlsbader Gebirge in Böhmen und das Ichtimaner Mittelgebirge in Rumelien).

Im Elburs sind nach Tietze Reste der krystallinischen Zone nur noch im Westen und Osten des kaspischen Abhanges erhalten. Die Steilseite befindet sich aber hier nicht an der Innen-, sondern an der Außenseite, obwohl jene in normaler Weise von einer Tiefebene und diese von einer Hochebene begrenzt wird. Aber auch diese Anordnung ist kein allgemein befolgtes Gesetz. Der Himalaya hat eine Tiefebene an der äußeren und ein Plateau an der inneren Seite. Der Ostfuß des Felsengebirges liegt fast gleich hoch, wie der westliche, und ebenso besteht zwischen dem Ebrobecken im Süden und dem Garonnebecken im Norden der Pyrenäen kein beträchtlicher Höhenunterschied.

§ 238. In einigen Kettengebirgen wird die krystallinische Zone beiderseits von Sedimentzonen eingefaßt. Man kann ihnen insofern einen symmetrischen Bau zuschreiben, als die Sedimente von beiden Seiten ihrem Alter nach aufeinanderfolgen, so daß die jüngsten den äußeren Randstreifen bilden. Eine vollständige Symmetrie ist aber nicht vorhanden. In den Pyrenäen z. B. bilden nur unzusammenhängende Granitmassen von unregelmäßiger Form die krystallinische Achse. Häufiger treten sie nur im östlichen und mittleren Teil auf, während die Westpyrenäen nur zwei kleine Granitinseln besitzen. Darauf folgen die Sedimentformationen bis zum Eocän;[1] aber während die Kreide und das Eocän der Nordseite auf den Fuß des Gebirges beschränkt sind, steigen sie auf der Südseite zu be-

Zonale Gebirge mit zwei oder mehreren Sedimentzonen.

[1] Carbon ist nur unbedeutend entwickelt und Dyas scheint ganz zu fehlen.

deutenden Höhen an (Mt. Perdu 3352 m) und bilden in den Centralpyrenäen sogar den wasserscheidenden Hauptkamm, an dessen Zusammensetzung sonst nur Granit und silurische Schiefer und im Westen auch Triassandstein Anteil nehmen.

Die krystallinische Schieferzone der Alpen wird östlich vom Lago Maggiore auch im Süden von einer Kalkzone begleitet, doch kann letztere nicht als ein vollständiges Analogon der nördlichen Zone aufgefaßt werden. Wir sehen hierbei ganz ab von dem massenhaften Vorkommen von Eruptivgesteinen in Südtirol. Bedeutungsvoller ist die abnorme, nordnordöstliche Streichrichtung der Falten zwischen der Etsch und dem krystallinischen Ortler- und Adamellogebirge und der eigentümliche Bau der tirolisch-venetianischen Alpen (östlich von der Etsch), in denen großartige und weit sich erstreckende Verwerfungen die vorherrschende Störungsform sind und Faltungen nur lokal auftreten. An dem ganzen Außenrande der Südalpen (im großartigsten Maßstabe im Karst) herrscht aber normale Faltung; und wie die Falten der nördlichen Zone nach Norden sich neigen, so die der südlichen nach Süden. In einem gewissen Sinne kann man also wohl auch heute noch, wie Bittner jüngst dargethan hat, von einem symmetrischen Bau der Ostalpen sprechen.

Das höchste Kettengebirge der Erde, der Himalaya, besteht nach der Auffassung Stoliczka's aus fünf Zonen. Die südlichste Zone, 135 km breit, besteht zunächst aus tertiären Vorhöhen, worauf ein 2000—3000 m hohes Gebirge aus silurischen und triassischen Schiefern, Sandsteinen und Konglomeraten und endlich ein noch höheres Gebirge aus krystallinischen Schiefern folgt. Die zweite, 23 km breite Zone, der der höchste Kamm angehört, bildet porphyrartiger Gneiß. Die dritte Zone (89 km breit) besteht aus verschiedenen Schichten primärer und sekundärer Formationen, die vierte (56 km breit) wieder aus krystallinischen Schiefern, und die fünfte aus den eocänen Schiefern und Sandsteinen des Industhales. Rechnen wir das Karakorumgebirge mit Rücksicht auf seine Streichrichtung zum Himalayasystem, so haben wir in letzterem sogar acht Zonen zu unterscheiden. Denn auf das Tertiär am Indus folgt eine 97 km breite Zone aus Syenitgneiß, darauf eine 50—60 km breite Zone aus primären und sekundären Schichten, und endlich eine Zone von Chloritgesteinen in einer Breite von ca. 60 km.

Verschiedenheiten des Baues innerhalb eines Kettengebirges.

§ 239. Schon aus diesem Beispiele können wir entnehmen, wie außerordentlich kompliziert der Bau mancher Gebirge ist. Dies gilt auch in anderer Beziehung. Sehr treffend sagt von Mojsisovics von den Alpen: „Ein gemeinsames Dach wölbt sich zwar über dem großen, mit uniformen Schnörkeln ausgestatteten Bau, aber die einzelnen Teile sind zu verschiedenen Zeiten, von verschiedenen Baumeistern und nach abweichenden Baustilen ausgeführt worden." Neben der vorherrschenden Kammbildung finden wir in diesem Hochgebirge auch Plateaus, die stets durch flache Lagerung der Schichten bedingt sind; so beispielsweise im Dachsteingebirge (Fig. 111), in den Kalk- und Dolomitalpen Venetiens und des südöstlichen Tirols, und vor allem im Karst. Unter der Bezeichnung „Karpaten" verstehen wir nicht bloß das gefaltete Gebirge, sondern auch vulkanische Erhebungen, also zwei genetisch ganz verschiedene Bildungen, die aber orographisch völlig verschmelzen. Ein anderes Beispiel dieser Art sind die Andes von Südamerika. Längere Kettengebirge sind selten in ihrem ganzen Verlauf gleichmäßig ausgebildet. Eine vom Bodensee bis zum Lago Maggiore sich erstreckende Thallinie scheidet (nach den Ausführungen von Mojsisovics) die Alpen in zwei Teile, die in bezug auf ihre geologische Beschaffenheit wesentlich verschieden sind. Geographisch besonders wichtig ist die schon

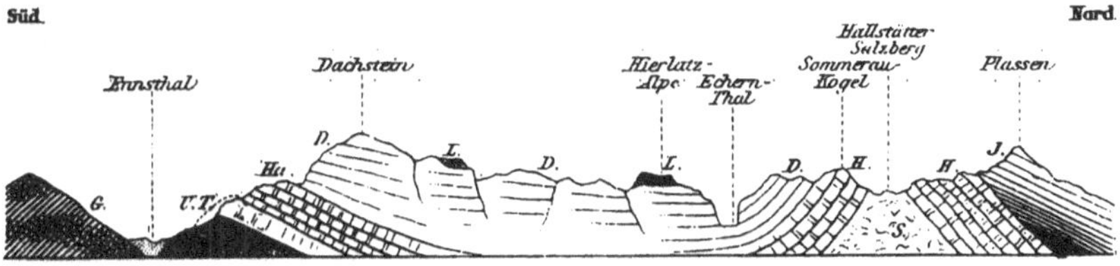

G Grauwacke. UT Untere Trias. Werfener Schiefer, Steinsalz. Virgloria-Kalk. Obere Trias. H Hallstätter Kalk. D Dachstein-Kalk. L Lias. J Oberer Jura.

Fig. 111. Profil des Dachstein-Gebirges nach von Hochstetter.

erwähnte Thatsache, daß nur die Ostalpen eine südliche Sedimentzone besitzen. Die großen Kalk- und Dolomitmassen, welche hauptsächlich die nördliche Sedimentzone zusammenfassen, sind in den Ostalpen obertriatischen und rhätischen Alters, während sie in den Westalpen der Jura- und Kreideformation angehören. Hier nehmen auch die eocänen Flyschschiefer und Sandsteine hervorragenden Anteil an der Gebirgsbildung, indem sie zonenartig zwischen den sekundären Gesteinen auftreten, während sie in den Ostalpen nur auf den äußeren Rand beschränkt sind; das unter dem Namen Nagelfluh bekannte neogene Konglomerat kommt nur in den Westalpen vor. Im Balkan unterscheidet Kanitz drei Teile. Von dem Bau des centralen Teiles zwischen Sliwno und dem Iskerthal wurde schon oben gesprochen; im westlichen nahezu gleich hohen Balkan wird der wasserscheidende Kamm ebenfalls von krystallinischen Gesteinen gebildet, aber sie brechen am Südabhang nicht steil ab, sondern werden an vielen Stellen von sekundären und tertiären Sedimenten bedeckt. Im niederen Ostteil treten die krystallinischen Gesteine gar nicht zu Tage; horizontal gelagerte Kreideschichten bilden die sanften Höhen und wechsellagern am Südabhang mit Eruptivmassen. Diese Beispiele mögen genügen, um zu zeigen, daß die Einteilungen der Gebirge stets auf den Verschiedenheiten des inneren Baues sich gründen müssen; nur muß dem Geographen zugestanden werden, die einzelnen Teile durch orographisch bedeutsame Linien, also vor allem durch Thäler zu begrenzen, wenn diese auch nicht genau mit den geognostischen Grenzen zusammenfallen.

Die Richtung der Kettengebirge.

§ 240. Die **Richtung** der Kettengebirge hängt zunächst von der Richtung der zusammenschiebenden Kraft ab. Bei den bogenförmig gekrümmten Gebirgen von Europa ist die konkave Innenseite nach Süden und die konvexe Außenseite nach Norden gekehrt, während in Asien der umgekehrte Fall stattfindet. Es läßt sich daraus schließen, daß die gebirgsbildende Kraft dort im allgemeinen von Süden nach Norden und hier von Norden nach Süden wirkte. Die Bogenform selbst ist entweder eine Folge von Veränderungen der Richtung oder der Intensität des Zusammenschubs. Je gleichmäßiger die Kraft wirkt, desto geradliniger verläuft das Gebirge. Der Kuenlun, der auf eine Länge von ca. 3000 km seine Richtung konstant beibehält, und der fast halbkreisförmige Bogen der Karpaten bilden in dieser Beziehung scharfe Gegensätze.

Die Richtung der Kettengebirge wurde überdies auch durch benachbarte ältere Gebirge beeinflußt. Für das Alpensystem bildeten das Gneißmassiv der Serre (bei Dôle, südöstlich von Besançon), der Schwarzwald und das große böhmische Massiv stauende Hindernisse; wo solche fehlen, entwickeln sich die Falten freier und regelmäßiger. Besonders klar tritt dieses von **Sueß** entdeckte Gesetz am Ostende des böhmischen Massivs hervor, indem die Alpenketten sich fächerförmig teilen und der Karpatenbogen weit nach Norden vorrückt.

Es ist eine Folge der Faltenbildung durch eine horizontal wirkende Kraft, daß sich Kettengebirge niemals kreuzen. Die sogenannten **Gebirgsknoten**, von denen Ketten nach verschiedenen Richtungen ausgehen, sind nur Erosionsprodukte. Wohl aber greifen verschiedene Richtungssysteme an ihren Enden in mannigfaltiger Weise ineinander. Fig. 112 zeigt uns, wie sich das sinische Gebirgssystem allmählich immer inniger an den älteren Kuenlun anschmiegt. Im Fichtelgebirge, in dem zwei Systeme fast rechtwinkelig aufeinander treffen, verlaufen nach **Gümbel** die Falten in der Richtung des älteren Erzgebirges und die Bruchlinien in der des jüngeren Böhmer Waldes. Das einzige bekannte Beispiel einer doppelten Faltungsrichtung in einem und demselben Gebirge bieten uns der östliche Teil von

Schantung und das Gebirge von Liautung in China. Das alte krystallinische Gebirge strich nach Südsüdosten, wurde aber später samt den jüngeren Gebilden in ostnordöstlich gerichtete Falten gelegt. Nur einzelne Massen widerstanden dem zweiten Zusammenschub, wie der gewaltige Zug des Hwangschan, der die ältere Richtung beibehalten hat, während unmittelbar daneben Ketten dem zweiten System folgen.

In der Regel streichen die Gebirgsketten parallel mit den Schichten, aber Ausnahmen sind nicht selten. Im östlichen Elburs schneiden sich beide (nach Tietze) unter einem spitzen Winkel. Dasselbe ist der Fall im Olymp und Hymettus, während im Ossa und Pelion und auf der Athoshalbinsel das Gebirge nach Südosten, die Schichten aber nach Nordosten streichen. Im Gegensatz dazu zieht das Gebirge der australischen Provinz Viktoria von Westen nach Osten, während die Falten der meridionalen Richtung folgen.[1] In allen diesen Fällen haben wir es offenbar mit späteren, tiefgreifenden Veränderungen zu thun; wir müssen uns vorstellen, daß ein Teil des Gebirges abgesunken, und daß die Richtung des Gebirgskammes durch die der Bruchlinie bedingt ist.

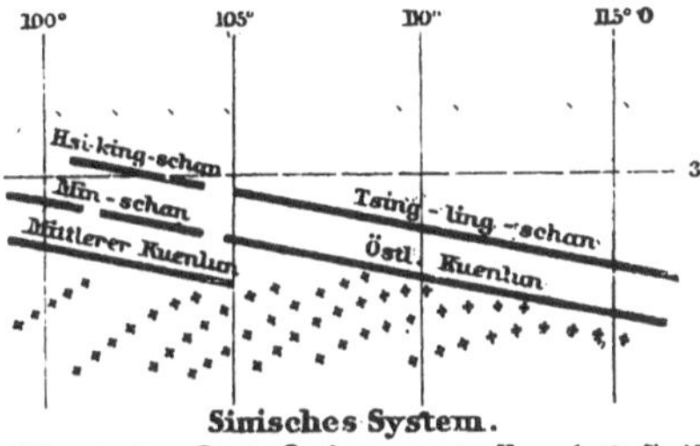

Fig. 112. Das Zusammentreffen des sinischen u. des Kuenlun-Systems nach v. Richthofen.

Höhe der Kettengebirge.

§ 241. Tritt nicht eine spätere Senkung des ganzen Gebirges oder einzelner Teile desselben ein, so ist seine Höhe einerseits von der Faltungsintensität, anderseits von dem Betrage der Denudation abhängig. Letztere wird, wie bekannt, durch die Lagerungsverhältnisse, Gesteinsbeschaffenheit und das Klima, sowie auch durch ihre Dauer, d. h. durch das Alter des Gebirges bedingt. Man bestimmt das Alter nach dem von Elie de Beaumont aufgestellten Prinzip, wonach die Dislokation einer Schicht jünger ist, als die Schicht selbst, aber älter als die nächste ungestörte Formation.

Zu den älteren Gebirgen gehören die Alleghanies. Der Hochgebirgscharakter ist bereits verschwunden, keine Gipfel erheben sich in kühnen Formen und das ganze Gebirge erscheint als eine Folge mauerartiger Kämme. Die höchste Erhebung (Black Dome) beträgt nur 2044 m. Ein altes Gebirge ist auch der Kuenlun; seine Gipfel steigen zwar, infolge der bedeutenden Faltungsintensität und wohl auch aus dem Grunde, daß es

[1] Es ist beachtenswert, daß die ebenfalls aus primären Formationen bestehende Hauptkette von Südaustralien meridional ist.

seit langer Zeit schon in einem trockenen Klima liegt und die Zerstörung langsam fortschreitet, bis zu 6800 m empor, bleiben aber hinter denen des jüngeren Himalaya um 2000 m zurück.

Die Höhendifferenz gleichalter Gebirge kann der Ausdruck verschiedener Faltungsintensität sein. Aus diesem Grunde kulminieren die Alpen in 4810 und der Jura nur in 1723 m Höhe. In den Karpaten erreicht die Gerlsdorfer Spitze nur 2663 m Höhe, aber hier ist die krystallinische Zone später gesunken; und in den Apenninen, wo die Senkung noch weiter gediehen ist, ist der Kulminationspunkt (Gran Sasso 2991 m) in die äußere Sedimentzone gewandert.

In einigen zusammengesetzten Gebirgen, wie im Kaukasus, Elburs und in den Andes, sind die höchsten Erhebungen vulkanische Berge. So ruht z. B. in dem südamerikanischen Hochland der 1462 m hohe Aufschüttungskegel des Sahama auf einem Sandsteinplateau von 5350 m Seehöhe, und der Cotopaxi erhöht die gefaltete Unterlage um 2826 m. In diesen Fällen ist also die Seehöhe der erhabensten Gipfel kein Ausdruck der Faltungsintensität.

Auch innerhalb eines Gebirges wechselt die Höhe oft nach erkennbaren Gesetzen. In Nordamerika liegen z. B. die höchsten Erhebungen des Felsengebirges, der Wahsatch Mountains und der Sierra Nevada nach Ratzel's Angabe in der Linie Denver-Monterey, und eine ebensolche lineare Anordnung zeigt die Paßreihe, die alle Thianschanketten im Meridian des Westendes der Issyk-Kul durchquert. Die Alpen steigen gerade an der Umbiegungsstelle, wo die faltende Kraft wahrscheinlich am stärksten wirkte, zur größten Höhe an und erniedrigen sich ziemlich stetig gegen Osten. Die Ursache dieser Erscheinung haben wir einerseits in dem höheren Alter, anderseits in der Senkung der Ostalpen zu suchen. Durch die Senkung wurden das Leithagebirge (Sonnberg 488 m), der Bakony-Wald (Körös-hegy 707 m) und das slavonische Gebirge (Brezovo Polje 984 m) oberflächlich von dem alpinen Mutterkörper losgetrennt und in ein tieferes Niveau herabgedrückt.

Bestimmt die Gipfelhöhe neben dem Grade der Erosion und der Form der Abhänge den landschaftlichen Charakter eines Gebirges, so bestimmt die Paßhöhe die Übersteigbarkeit desselben. Beide stehen in einem bestimmten Verhältnisse zu einander: wo die höchsten Gipfel, da sind in der Regel auch die höchsten Pässe. Die bedeutendste mittlere Paßhöhe haben die Hochgebirge des südlichen Centralasiens: Kuenlun 5200, Karakorum 5700, Himalaya 5400 m. Der höchste bekannte Himalayapaß (Ibi Gamin) hat 6236 m, und selbst der niederste in der Hauptkette (Bara Lacha) noch 4933 m Seehöhe, ist also höher als der Montblanc. In den westlichen

Andes beträgt die Paßhöhe im Mittel 4400 und in den östlichen 4100 m. Im südlichen Felsengebirge sinkt kein gemessener Paß unter 3000 m herab, und erst nördlich vom 41. Parallel, wo Thäler die Hauptwasserscheide durchbrechen, fand die Pacificbahn im Evanspaß (2378 m) ein bequemes Durchgangsthor. Wie wenig Schwierigkeiten bieten dagegen die Alpen dem Verkehr! Die mittlere Paßhöhe wird auf 2300 m berechnet; der höchste Paß, das neue Weißthor, erreicht allerdings 3699 m, aber der niedrigste des Hauptkammes, die Wasserscheide im Palten-Liesingthal, erhebt sich nur 846 m über das Meeresniveau.

Das Verhältnis der mittleren Paßhöhe oder der mittleren Kammhöhe[1] zur Höhe des kulminierenden Gipfels giebt uns einen ebenso bequemen als exakten Ausdruck für den orographischen Charakter der Kämme. Es ist z. B. bei den Pyrenäen = 1 : 1·43, bei den Alpen aber = 1 : 2·05; beim Kuenlun = 1 : 1·13, beim Himalaya aber = 1 : 1·86. Die Pyrenäen und der Kuenlun besitzen also mauerartige Kämme, während die Kämme der Alpen und des Himalaya sich bald zu hohen Gipfeln erheben, bald zu tiefen Paßeinschnitten sich senken.

Gliederung der Kettengebirge.

§ 242. Neben dem Bau und der Höhe der Kettengebirge ist deren Gliederung durch Thäler das wichtigste Moment, da die Zugänglichkeit und Bewohnbarkeit hauptsächlich davon abhängt. Die Querthäler sind die Verbindungslinien zwischen den Ländern zu beiden Seiten des Gebirges; die in der Regel breiter und sanfter sich abdachenden Längsthäler sind dagegen die Hauptstätten des Ackerbaues und daher am dichtesten bevölkert. Längsthäler.

Daß die großen Längsthäler geotektonischen Ursprungs sind, d. h. daß die Erosion durch gewisse, nicht mehr zu ermittelnde Bedingungen gezwungen wurde, in einer bestimmten Richtung parallel mit dem Streichen der Schichten zu arbeiten, beweisen die großen Längsfurchen vieler Gebirge, durch die mehrere Flüsse, nur durch niedere Wasserscheiden getrennt, und häufig in entgegengesetzter Richtung fließen. In den Alpen sind die bedeutendsten dieser Längsfurchen folgende: 1) die Linie Martigny-Chur (Rhonethal, Furkapaß, Urserenthal, Oberalppaß, Rheinthal); 2) die Linie Feldkirch-Wörgl (Thäler der Ill und Alfens, Arlberg, Thäler der Rosanna und des Inn); 3) die Linie Zell am Ziller-Hieflau (Gerlosthal und -Paß, Salzachthal, Arlthal, Sattel von Wagrein, Ennsthal); 4) die Mur-Mürzlinie; 5) die Linie Franzensfeste-Marburg (Rienzthal, Toblacher

[1] Man versteht darunter das Mittel aus der mittleren Gipfel- und Paßhöhe.

Wasserscheide, Drauthal). In den Karpaten ist neben der Waag-Hernadlinie besonders jene breite Furche bemerkenswert, die in einem 140 km langen Bogen von Namesto bis Nagy-Saros hinzieht und von der Arva, dem Dunajec, Poprad und der Torissa entwässert wird. Sie fällt mit einem Kreideaufbruch und mit einem der bedeutendsten Juraklippenzüge zusammen. Die größte Längenfurche (2200 km) bilden die oberen Thäler des Indus und Brahmaputra.

Die meisten Längenthäler sind entweder Faltungs- oder Verwerfungsthäler. Unter den ersteren scheinen die Isoklinalthäler am häufigsten und die Synklinalthäler am seltensten zu sein; nur im Thianschan dürfte die letztere Form vorherrschen (z. B. das Thal der Issyk-Kul oder die Thäler des mittleren Naryn und Tschon-Burundy). Die Gehänge der echten Synklinalthäler werden beiderseits von Schichtenflächen gebildet, sie steigen daher sanft an und sind quellenreich. Die Gehänge der Antiklinalthäler werden von Schichtenköpfen gebildet, sie sind steiler, meist von Verwitterungsterrassen unterbrochen und quellenarm. Die Isoklinalthäler vereinigen beide Charaktere, indem die eine Seite Schichtenköpfe, die andere Schichtenflächen dem Thale zukehrt. Sehr oft vereinigt ein Längenthal mehrere Formen in sich, wobei der Übergang aus der einen Form in die andere durch kurze Querthalstrecken vermittelt wird.

Schöne Beispiele von Verwerfungsthälern bietet uns das südwestliche Tirol, wo die sogenannte Judikarienspalte das krystallinische Ortler-Adamellogebirge von dem östlichen Kalkgebirge trennt. Entlang derselben haben sich mehrere Thäler entwickelt: Val Bona, Val Rendena, Val Selva, Val Sole bis Casanna und das Maraan-Ultenthal. In den wasserscheidenden Rücken, die Höhen von 800 bis 2400 m erreichen, hängen beide Gebirge zusammen — ein Beweis, daß jene Thäler nicht primäre Spalten, sondern nur Erosionsprodukte entlang einer Verwerfungsspalte sind.

Es giebt aber auch große Längsthäler, an deren Bildung die Erosion keinen bedeutenden Anteil zu haben scheint. Sie sind in der Regel sehr breit, so daß man schwankt, ob man sie den Thälern oder den Ebenen zuzählen soll. Als Senkungsfelder haben wir bereits das Egerthal und das obere Tundschathal kennen gelernt (S. 301). Das Rheinthal zwischen Basel und Mainz verdankt demselben Vorgange seinen Ursprung und wurde später mit glacialem Geröll und mit Löß ausgefüllt. Sein geographisches Pendant ist die Saône-Rhône-Furche; sie unterscheiden sich aber dadurch, daß das Rheinthal zwei gleichförmig gebaute, das burgundische Thal aber zwei grundverschiedene geologische Provinzen trennt. Zu den Senkungsfeldern gehört wahrscheinlich auch das californische Thal und jedenfalls das merkwürdige syrische Thal, welches die Bekaa (Thäler des

Orontes und Leontes), das vom Jordan durchflossene Ghor, das vom Tiberiassee bis zum toten Meer unter dem Spiegel des Mittelmeeres liegt, und das derzeit trockene Wadi el Araba umfaßt. Nach Hull's neuesten Untersuchungen stammt die große Verwerfung, der die Jordanlinie entspricht, aus der Miocänzeit; die Senkung dauerte bis in die Pliocänperiode fort. Ein ursprüngliches Thal ist das der oberen Maritza und Aluta in Siebenbürgen, welches auf der einen Seite von dem Steilrand der Karpaten, auf der anderen von dem später entstandenen, vulkanischen Hargittagebirge begrenzt wird, und wahrscheinlich auch das Kur- und Rionthal im Süden des Kaukasus. Solche Thäler sind nur Zwischenräume zwischen Erhebungen, die nie zusammenhingen.

§ 243. Die Querthäler gehören vorherrschend der Gattung der Abdachungsthäler an. Man erkennt dies daraus, daß die Schichten ohne sichtbare Störung von einer Thalseite auf die andere hinüberstreichen, und manchmal kann man auch beobachten — wie Escher in der Taminaschlucht — daß der Fels einen fugenlosen Thalboden bildet. In manchen Fällen entsprechen sich aber in den obersten Partien der Gehänge die Schichten nicht völlig. Im Engpaß des Guldal (südl. von Trondhjem) streichen nach Kjerulf die Schichten an der Ostseite in N. 30° O. und an der Westseite in N. 40° O. bis N. 50° O. Ob diese Anzeichen genügen, um daraus auf das Vorhandensein einer ursprünglichen Spalte zu schließen, ist noch fraglich; Heim nimmt zur Erklärung ähnlicher Abnormitäten nachträgliche Schichtenbewegungen an. Jedenfalls muß man aber zugestehen, daß manche Querthäler durch geotektonische Linien bedingt sind. Querthäler.

Im allgemeinen sind die Querthäler steiler und enger, als die Längsthäler und gehen nach oben in kesselartige Erweiterungen, oft von mehreren Stunden Breite, über (Circus, cirque de névé), welche im Hochgebirge zur Aufnahme der Firnmassen dienen. Mit den wechselnden Formationen, die Querthäler durchschneiden, ändert sich auch Gefälle und Physiognomie. Durchwandert man das Salzachthal in südlicher Richtung, so kommt man aus der engen, steilwandigen Schlucht zwischen den Kalkmassen des Tännengebirges und der Palfenspitze in die Zone der Grauwackenschiefer, in der der Fluß eine breite Thalsohle und die Verwitterung sanfte Gehänge geschaffen hat. Dagegen haben jene Thäler, die man orographisch zu den Quer- und geologisch zu den Längsthälern zählt, in der Regel den Charakter der letzteren. Eine solche Zwitterbildung ist das Etschthal südlich von Bozen, das zur Richtung des ganzen Gebirgssystems senkrecht steht, aber parallel mit den Schichten streicht. Ein anderes Beispiel ist das breite Hudsonthal, das jenseit der nur 43 m hohen Wasserscheide im Thal des Champlainsees sich fortsetzt.

Durchbruchs-thäler.

§ 244. Die wichtigste Art der Querthäler sind die Durchbruchsthäler, welche eine oder mehrere Gebirgsketten durchschneiden, und daher vorzugsweise die Verkehrswege zwischen den beiden Seiten des Gebirgswalles bilden. Ganz allgemein ist die Erscheinung, daß Längenthäler mittels einer mehr oder minder scharfen knieförmigen Umbiegung in Querthäler übergehen.[1] Jukes machte im südlichen Irland die Wahrnehmung, daß am Knie dieser Längenthäler ein von der Hauptwasserscheide kommender Nebenfluß einmündet, dessen Thal die obere Fortsetzung des Durchbruchsthales ist. Die Betrachtung der Karte lehrt uns, daß diese Anordnung außerordentlich häufig wiederkehrt. So empfängt z. B. der Rhône die Drance, der Rhein den Oberhalbsteinerbach, die Salzach den Groß-Arlbach (Fig. 113), die Enns den Radmer- und Erzbach, die Mur den Tragosbach, die Adda die Mera und den Liro, der Tiber den Anio, der Alt den Cibinfluß, die Moldau den Hainbach u. s. w. Man kann vom morphologischen Standpunkte aus das ganze Querthal als Haupt- und das Längsthal als Nebenthal betrachten, ohne sich um den Sprachgebrauch zu kümmern, der überdies inkonsequent verfährt, indem er das Durchbruchsthal bald mit dem Namen des Längsflusses (z. B. Salzach), bald mit dem des Querflusses (z. B. Eisack) bezeichnet. Jukes verband mit dieser Auffassung auch eine genetische Vorstellung. Der von der Hauptwasserscheide kommende Querfluß begann bereits zu fließen, als die Längsthäler noch ausgefüllt waren, und gab erst Veranlassung zur Trainierung der letzteren, eilte aber in seiner Erosionsarbeit denselben immer voraus, so daß er keine Ablenkung erfahren konnte.[2] Auf einen speziellen Fall angewendet, wäre also das Querthal von der Arlhöhe in den hohen Tauern bis Salzburg als primäre, das Längsthal der Salzach vom Gerlossattel bis St. Johann als sekundäre Bildung anzusehen.

Fig. 113. Thalsystem der Salzach.

[1] Seltener ist der Fall, daß — wie bei der Gurk in Unterkrain — zwei Längsthäler unter nahezu rechtem Winkel aufeinander stoßen.

[2] Lasaulx erklärt das Durchbruchsthal des Blackwater in anderer Weise. Der Fluß sei einst nach Osten geflossen und seine Laufveränderung (Umbiegung nach Süden) durch eine, zur Streichrichtung senkrechte Verwerfung eines Gebirgsteiles hervorgerufen worden. Er stützt sich dabei auf das thatsächlich beobachtete Vorkommen solcher Dislokationen.

Diese Theorie könnte höchstens auf jene Querthäler Anwendung finden, die in der höchsten Kette ihren Ursprung nehmen und successive niedrigere Ketten durchschneiden. In den Alpen trifft diese Voraussetzung allerdings in den meisten Fällen zu, aber nicht in allen. Das Durchbruchsthal des Inn ist eine durchaus eigenartige Bildung. Es läßt sich nicht bis zur Hauptwasserscheide verfolgen, ist breit und verhältnismäßig wenig geneigt, und die Kniebeugung ist nur durch die Einschiebung des 100—150 m hohen tertiären Angerberges angedeutet. Nach Mojsisovics sind die Formationen zu beiden Seiten des Thales etwas verschoben, und möglicherweise wurde hier die Erosion durch Spaltenbildung in eine bestimmte Bahn gelenkt. In den meisten Durchbruchsthälern ist aber keine Spur ehemaliger Spalten zu finden, und wir müssen annehmen, daß Flüsse nicht nur niedrigere Vorhöhen, sondern auch die höchsten Ketten eines Systems, ja sogar ganze Gebirgssysteme zu durchbrechen vermögen.

Im Himalaya-System ist die Mustaghkette die Hauptwasserscheide. Der Indus, Setledsch und Brahmaputra durchschneiden alle Ketten des eigentlichen Himalaya und der Phungtu hat sich durch die höchste Kette gerade zwischen ihren beiden Kulminationspunkten ein Thal gegraben. Die peruanischen Andes haben ihre Hauptwasserscheide in der Küstenkette, während die Centralcordillere die höchste ist. Der Delaware, Susquehanna und Potomac durchbrechen vier bis fünf Parallelketten der Alleghanies, die seewärts immer höher werden. Eines der lehrreichsten Beispiele ist der Isker, der im Rilo-Dagh entspringt, dann die Alluvialebene von Samakov durchfließt, hierauf den Syenit des Vitoschgebirges durchschneidet, die große Ebene von Sofia bewässert und endlich den ganzen Balkan in einem vielgewundenen, engen Querthal durchbricht. Berühmt sind auch die Durchbruchsthäler der Donau, besonders das letzte zwischen Bazias und Orsowa. Das nördliche Randgebirge von Kleinasien wird von drei Flüssen, das Zagrossystem vom Gamas, der Elburs vom Kysyl-Usen in ebenderselben Weise durchschnitten, wie der Balkan vom Isker.

Diese Beispiele mögen genügen, um den Leser mit einem der schwierigsten Probleme der physischen Geographie bekannt zu machen. In einigen Fällen läßt es sich nachweisen, daß das Durchbruchsthal einem See seine Entstehung verdankt, der an der niedrigsten Stelle seiner Umgebung überfloß und den Abzugskanal immer tiefer legte. Die Durchbrüche der Eger und der der Elbe zwischen Tetschen und Pirna bildeten sich auf diese Weise. Zur Erklärung der übrigen Durchbruchsthäler wurden in neuerer Zeit zwei Theorien aufgestellt. Tietze geht von der Ansicht aus, daß das Gebirge nicht zuerst fertig dastand und dann erst die Erosion begann, sondern daß das Wasser gleichzeitig mit der Gebirgsfaltung seine thalbildende Thätigkeit zu entfalten anfing. Besonders energische Flüsse, welche vom älteren Hinterland ausgingen, konnten das anliegende jüngere Gebirge während dessen allmählicher Erhebung durchschneiden, so daß Faltung und Durchsägung gleichen Schritt hielten. Schon früher hatte Powell diesen Erklärungsversuch auf den Green River, der die Uintah Mountains in einem echten Cañon durchbricht, angewendet. Allein so sehr auch Tietze's Theorie, die manchen Fällen geradezu auf den Leib geschnitten erscheint,[1] durch ihre Einfachheit und Übereinstimmung mit den modernen Ansichten über die Entstehung der Gebirge besticht, so sind doch die Bedenken, die Löwl dagegen ausgesprochen hat, nicht ganz beseitigt. Namentlich das eine, daß sich mit der ungestörten Lage der Thalterrassen und -Stufen eine Faltung während der Thalbildung nicht verträgt. Um diesem Dilemma auszuweichen, mußte Tietze zur Annahme greifen, daß die Durchbruchsthäler nicht während der Faltung, sondern während einer späteren Hebung des Gebirges, welche den Schichtenbau nicht mehr störte, entstanden sind. Leider sind wir damit ganz in das Gebiet der Hypothese versetzt, freilich nicht minder durch Löwl's Theorie, die die Durchbruchsthäler durch rückläufige Erosion erklären will. Nach dieser Annahme begann die Thalbildung am niederschlagsreicheren Außenrand des Gebirges und schritt allmählich bis über die wasserscheidende Kette, ja über dieselbe hinaus bis an den entgegengesetzten Rand des Gebirges fort.

Einteilung der Kettengebirge nach der Gliederung und Lage der Wasserscheide.

§ 245. Die Art der Gliederung führt uns zu einer neuen Einteilung der Kettengebirge. Das eine Extrem stellt uns den Tsinling-Schan im Süden des Weiflusses dar. Dieser 140 km lange und circa 3000 m hohe Gebirgszug besitzt nach von Richthofen's Schilderung trotz vollkommener geologischer Parallelstruktur kein einziges größeres Längsthal, und wird nur durch enge und wilde Querthäler gegliedert. Im Gegensatze dazu bietet uns der Thianschan das Beispiel eines Gebirges mit vorherrschender Längsgliederung. Nur die kurze südliche Abdachung sendet einige größere Querflüsse zum Tarim, während auf der Nordseite die drei großen Längsthäler des Naryn, Tschu (mit östlicher Fortsetzung im Tekesthal) und Ili nach Westen ziehen. Durch eine gleichmäßige Gliederung in beiden Richtungen und im ganzen Verlauf des Gebirges sind die Alpen ausgezeichnet; infolgedessen sind auch die Durchbruchsthäler hier am zahlreichsten entwickelt. Verhältnismäßig arm an Längsthälern sind die Pyrenäen, und im Kaukasus besitzt nur der Nordosten (Daghestan) und der Südwesten (Abchasien und Mingrelien) eine reichere longitudinale Gliederung.

[1] Z. B. den Thälern der Dunajec und Poprad, die im älteren krystallinischen Karpatengebirge entspringen und die jüngere Sandsteinzone durchbrechen.

Einen zweiten Einteilungsgrund gewinnen wir aus der Betrachtung der Lage der Wasserscheide und ihres Verhältnisses zu der Höhe der Ketten. Normale Gebirge sind jene, in denen die höchste Kette zugleich die Wasserscheide ist, wie z. B. in den Alpen; anormal sind dagegen der Himalaya, die Andes von Peru u. s. w., und natürlich auch alle jene Gebirge, welche in ihrer ganzen Breite von Flüssen durchbrochen werden. Wenn manche dieser Gebirgszüge, die keine absolute Wasserscheide bilden, im Völkerleben trotzdem die Rolle von Barrièren spielen, so ist dies nur der Unwegsamkeit der meisten Durchbruchsthäler zuzuschreiben. Einige von den anormalen Gebirgen, wie der Jura, die Alleghanies und vor allem das südliche China, besitzen nach von Richthofen's Ausdruck einen rostförmigen Bau, welcher darin besteht, daß die Gewässer abwechselnd den muldenförmigen Einsenkungen zwischen den Parallelketten folgen und die letzteren in kurzen Querthälern durchbrechen. In diesem Falle wandert die Wasserscheide regellos von einer Kette zur anderen und bildet eine vielfach gebrochene Zickzacklinie.

Je nach der Lage der Wasserscheide sind die Gebirge entweder symmetrisch oder einseitig gegliedert. Die Pyrenäen gehören z. B. zur ersten, der Himalaya zur zweiten Kategorie. Die Alpen sind im Osten und der Kaukasus im Westen symmetrisch und in der anderen Hälfte einseitig gegliedert. Die Asymmetrie scheint häufiger zu sein und steht nach Krümmel's Untersuchungen — wie bereits erwähnt wurde (S. 278) — mit der Regenverteilung im Zusammenhange.

§ 246. Wie einerseits die höchsten Kämme ohne Einfluß auf die Verteilung der Gewässer sein können, so können anderseits unmerkliche Bodenanschwellungen in einer Thalfurche die wichtigsten Wasserscheiden bilden. Es liegt auf der Hand, daß solche Thalwasserscheiden den Verkehr außerordentlich erleichtern, und ebenso groß ist ihre orographische Bedeutung. Tief eingeschnittene Thäler, die entweder durch zwei in entgegengesetzter Richtung fließende oder sogar durch mehrere Flüsse bewässert werden, scheiden die Alpen nicht nur in zwei, beziehungsweise drei Zonen, die den geologischen nahezu entsprechen, sondern lösen auch im Verein mit den Durchbruchsthälern die Zonen stellenweise in mehrere, völlig individualisierte Gruppen und Bergstöcke auf. Solche sind z. B. die Ötzthaler Gruppe in der krystallinischen Zone und die zahlreichen größeren und kleineren Gruppen und Stöcke in der Kalkzone zwischen dem Inn und der Salzach (Fig. 114). Thalwasserscheiden.

Die Entwickelungsgeschichte der Thalwasserscheiden ist leider noch nicht eingehend studiert worden, obwohl sie das größte Interesse darbietet. Der einfachste Vorgang dürfte der sein, daß zwei Flüsse, die von einem gemeinsamen Punkte nach entgegengesetzten Richtungen ausgehen, durch rückläufige Erosion den wasserscheidenden Kamm allmählich abtragen. Das Pfitscher Joch (2224 m) in den Zillerthaler Alpen, das zwischen dem Hochfeiler (3515 m) und der Hohen Wand (3286 m) eingesenkt ist, und das Pfitscherthal vom Zemmthal trennt, kann als Beispiel einer unvollendeten Thalwasserscheide angeführt werden. Im letzten Entwickelungsstadium befindet sich z. B. das Toblacher Feld (1204 m) zwischen der Rienz und Drau, das Ratschacher Feld (860 m) zwischen dem Drau- und Savegebiet, die „Eider" in Norwegen, die Thalwasserscheide zwischen dem Indus und Brahmaputra (4694 m), und die zwischen Orontes und Leontes (1158 m), auf der sich die Ruinen von Heliopolis erheben. In allen diesen Fällen gelangt man unvermerkt aus einem Flußgebiet in das andere.

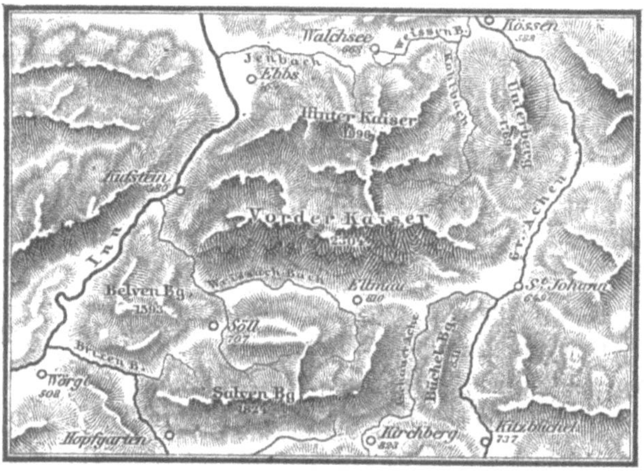

Fig. 114. Das Kaisergebirge im nordöstlichen Tirol.

Folgende Straßen führen über die Thalwasserscheiden des Kaisergebirges vom Groß-Achen- in das Innthal: 1) Kössen—Walchsee—Ebbs, 2) St. Johann—Ellmau—Söll—Wörgl (das Weissachthal ist zu enge), 3) Kitzbüchel—Kirchberg—Wörgl (Eisenbahn). — Höhen in Meter.

Arbeitet ein Fluß rascher als der andere, so kann es vorkommen, daß der erstere dem letzteren einen Teil von dessen Gebiet entzieht. Auf diese Weise mußte der Oberengadiner Inn, wie Heim aus der Höhe der Thalterrassen nachwies, sein Sammelgebiet an die rascher fließende Mera abtreten.

Thalwasserscheiden zwischen zwei entgegengesetzt fließenden Gewässern scheinen vorwiegend ein Phänomen geotektonischer Thäler, also der Längsthäler zu sein. Sie kommen nur in zwei alpinen Querthallinien vor (Brenner 1370 und Reschenscheideck 1493 m), aber gerade hier fanden gewaltige Schichtenstörungen statt, die auf eine Zusammenpressung in ostwestlicher Richtung schließen lassen, und durch Gesteinszertrümmerung die günstigsten Bedingungen für die Erosion schufen.

Auch verlassene Thalstücke können als Thalwasserscheiden fungieren. Trifft ein Fluß, der sein Thal nach rückwärts verlängert, auf einen anderen Fluß, dessen Richtung mehr oder weniger senkrecht steht zur Richtung des ersteren, so wird der letztere Fluß entzweigeschnitten und ihm ein Teil seines bisherigen Regimes entzogen. So trennte nach Heim der Schynbach das Oberhalbsteinerthal vom Rabiosathal, und wahrscheinlich entstand auf dieselbe Weise auch die flache Wasserscheide zwischen der Salzach und Saalach bei Zell am See.

Weit schwieriger sind andere Vorgänge zu erklären. Man nimmt allgemein an, daß der Rhein einst durch das Thal von Sargans und den Wallensee und die Etsch über Mori in den Gardasee floß. In diesen beiden, wie in zahlreichen ähnlichen Fällen finden wir Thalwasserscheiden zwischen dem alten und neuen Lauf eingeschaltet. Bei Greifenburg verläßt die Drau ihre natürliche Thalfortsetzung, in der der Weißensee liegt, um in einem Bogen sich nordwärts zu wenden und dann das Möllthal zu benutzen. Was hat sie zu diesem weiten Umweg veranlaßt? Nur selten lassen sich die Ursachen noch auffinden, wie beim Achenbach, der einst in den Inn mündete und durch gewaltige Schotterablagerungen an seinem Ausgang gezwungen wurde, eine nördliche Richtung einzuschlagen. Manchmal werfen auch indirekte Anzeichen einiges Licht in das Dunkel der Entwickelungsgeschichte unserer Gebirge. Aus der Verteilung der diluvialen Gletscherablagerungen schloß z. B. Penck, daß der breite und nur 1250 m hohe Fernpaß in Nordtirol, auch eine Art Thalwasserscheide, in der Glacialzeit noch nicht existierte, und er vermutet, daß diese Einsenkung durch späteren Einsturz der Dolomitmassen über ausgelaugtem unterirdischem Gips entstanden ist.

Massivs.

§ 247. Unter dem Namen Massivs oder Massengebirge fassen wir jene Gebirge zusammen, bei denen die Breitenausdehnung die Längenausdehnung übertrifft, wie im schottischen Massiv, oder die Entwickelung nach beiden Dimensionen eine ziemlich gleichmäßige ist, wie im böhmischen oder centralfranzösischen Massiv. Im skandinavischen Gebirge überwiegt zwar die lineare Richtung, aber man vermißt die ausgesprochene Kammbildung der Kettengebirge. In bezug auf das Areal, das sie bedecken, stehen sie den letzteren kaum nach; schon in Europa spielen das skandinavisch-finische Massiv, das Gebirge von Schottland und Wales, das Plateau der Bretagne, das böhmische Massiv, das niederrheinische und centralfranzösische Gebirgsland und der Despoto Dagh in Rumelien eine hervorragende Rolle. Die wichtigsten außereuropäischen Beispiele sind die Gebirge von Guyana und Brasilien in Südamerika, die Pamir und das Dekanplateau in Asien, und vielleicht kann die ganze Südhälfte von Afrika als ein einziges Massiv aufgefaßt werden, in dem andere orographische Formen nur untergeordnet auftreten.

Merkmale der Massivs.

Die genannten Massivs — und ebenso die zahlreichen kleineren — sind oro- und hydrographisch ebenso selbständig, wie die Kettengebirge. Alle bilden Wasserscheiden, wenn sie auch in der Verteilung der Gewässer sich verschieden verhalten. Im brasilianischen Gebirge verläuft die Hauptwasserscheide in ostwestlicher Richtung und nahezu in der Mitte: der Norden gehört dem S. Francisco und dem Gebiet des Amazonenstromes, der Süden dem Paraná an. Eine streng asymmetrische Anordnung zeigen die Massivs von Skandinavien, Centralfrankreich und Dekan: es entsprechen sich die Steilseiten von Norwegen, der Cevennen und Westghats und die langen Abdachungen der entgegengesetzten Seite. Eine mediane Bewässerung besitzt das böhmische Massiv; der Moldau-Elbe-Strang durchzieht genau die Mitte des Landes, und die Wasserscheiden liegen an den Rändern. Dagegen fehlt dem lusitanischen Massiv, das von Galicia bis zur Guadalquivir-Ebene reicht und mit drei Armen (der Sierra de Guadarrama, den Montes de Toledo und der Sierra Morena) weit nach Ost hinübergreift, die hydrographische Selbständigkeit ganz; es erscheint gleichsam nur als Anhängsel der inneren Plateaulandschaften. Wenn wir es aber trotzdem den Massivs zuzählen, so glauben wir dazu im Hinblick auf dessen innern Bau wohl berechtigt zu sein. Alle Massengebirge sind nämlich außer ihrer unregelmäßigen Gestalt durch zwei bestimmte geologische Merkmale ausgezeichnet: durch ihre Zusammensetzung aus Granit und archäischen und primären Schichten, die mehr oder minder stark gefaltet sind.

Oberflächenform.

§ 248. Die heutige Oberflächenform der Massivs hängt auf das Innigste mit ihrer eigentümlichen Entwickelungsgeschichte zusammen. Der Mangel jüngerer Gebilde oder ihre Beschränkung auf den Rand der Massivs ist keineswegs ein ursprünglicher Charakterzug. Schottland war einstens mit einem etwa 1000 m mächtigen Komplex sekundärer Bildungen bedeckt, aber nur wenige vereinzelte Schollen davon konnte Judd noch auffinden.

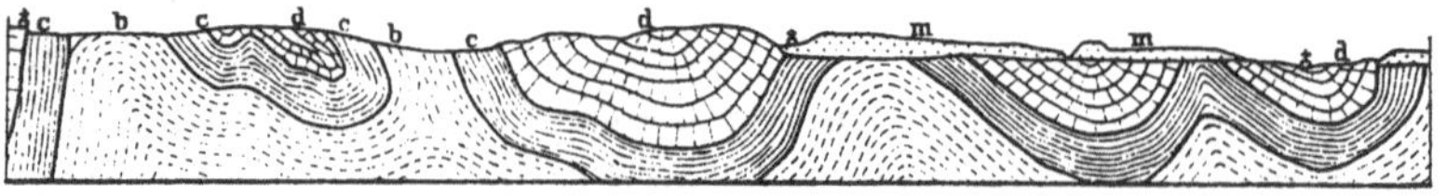

Fig. 115. Profil der Eifel.
b unterdevonische Grauwacke, *c* Schiefer und Sandstein, *d* Kalk, *m* Buntsandstein.

Den Schwarzwald, die Vogesen, das französische Centralplateau betrachtet Sueß als Horste, die aus der allgemeinen Einsenkung des sekundären Landes hervorragen, so daß sie ihre gegenwärtige Höhe nicht einer Erhebung, sondern der Senkung der Umgebung verdanken. Auch sie waren einst mit sekundären Bildungen bedeckt, die aber jetzt verschwunden sind.

Ein Produkt gewaltiger Abtragung ist auch die Abhobelung der archäisch-paläozoischen Unterlage, die jetzt allein noch erhalten ist, und deren heutige Oberflächenform dem ursprünglichen Bauplan so ganz und gar widerspricht. Auch die Massivs waren einst Kettengebirge, aber die Falten wurden — wahrscheinlich durch die Brandungswoge während einer positiven Niveauveränderung (vergl. § 167, S. 199) — wegrasiert, und so wurde eine mehr oder minder ebene Plateaufläche geschaffen. Wer die böhmische Hochebene oder das rheinische Schiefergebirge (Fig. 115) durchwandert, den erinnert kaum noch irgend etwas an die einstige alpine Natur des Bodens. Im allgemeinen besitzen die Massivs einen welligen oder hügeligen Terraincharakter, wechseln mit höheren, scheinbar aufgesetzten Gebirgen oder mit völligen Ebenen; aber von einem dominierenden Punkte aus gesehen, tritt ihr Plateaucharakter deutlich hervor. Es gilt für alle, was Campbell vom Dekan sagt: „Berge fehlen nirgends ganz, aber das Land ist auch selten ganz gebirgig."

Ungleiche Gesteinsbeschaffenheit gab in vielen Fällen Veranlassung zur Bildung gebirgsartiger Terrainwellen, die durch die Verwitterung herausmodelliert wurden. So treten beispielsweise die sattelförmigen Erhebungen des Taunusquarzites als langgestreckte Höhenzüge (Hoch-, Idar- und Soonwald) aus den weicheren Thon- und Dachschiefern der Hunsrück-Plateaus hervor. Über dem aus devonischen und karbonischen Gesteinen bestehenden Harzplateau, das in westlicher Richtung von 500 bis 650 m ansteigt, erheben sich drei Berggruppen: der Brocken (1141 m), der Ramberg (552 m) und der Auerberg (576 m); die beiden ersteren aus Granit, der letztere aus Porphyr bestehend, während feste Quarzite die Acker- und Bruchberge zusammensetzen. Die größere Widerstandsfähigkeit von Granit und Gneiß hat das Grampiangebirge zur kulminierenden Partie des schottischen Hochlandes gemacht (Fig. 116), und im böhmischen Massiv fungiert eine zusammenhängende Granitmasse als Wasserscheide zwischen der Elbe und Donau; wo sie aufhört, verliert auch die Wasserscheide ihren geradlinigen Verlauf, und das Elbegebiet greift weit in das Donaugebiet über. Neubildungen sind natürlich auch oft von großer orographischer Bedeutung. Die horizontal gelagerten Schichten eines neogenen Süßwassersees bilden die umfangreichste Ebene Südböhmens, die von Budweis und Wittingau. Vulkanische Ausbrüche schufen auf zahlreichen Massivs (z. B. auf dem centralfranzösischen) Berge und Berggruppen, auf die man den viel mißbrauchten Ausdruck „aufgesetzte Gebirge" beschränken sollte. Die bedeutendsten Wirkungen hat aber die Erosion hervorgebracht, wo sie unter günstigen hypsometrischen Verhältnissen kräftig wirken konnte. Die Thalbildung löste die geschlossenen Abrasionsplateaus wieder in Bergzüge und Berggruppen auf. Die Loire und der Allier haben aus dem französischen Plateau das Forezgebirge herausgeschnitten, und im brasilianischen Massiv hat das Wasser so zahlreiche und mannigfaltige Thäler und Seitenthäler ausgewaschen, „daß“, wie Heusser und Claraz bemerken, „nur noch die ziemlich gleich hohen und schmalen Rücken (espigãos) an ein Plateau erinnern können“. Viele dieser Thäler folgen geotektonischen Linien, wie im schottischen oder niederrheinischen Gebirge, oder wie in Norwegen nach der Behauptung Kjerulf's.

Erloschene Massivs.

§ 249. Die Massivs sind also die ehrwürdigen Überreste uralter Kettengebirge, die mannigfachen Schicksalswechseln unterworfen waren und in ihrer heutigen Gestalt wesentlich abweichen von ihrer ursprünglichen Form. Ja, manche haben ihren Gebirgscharakter völlig eingebüßt und

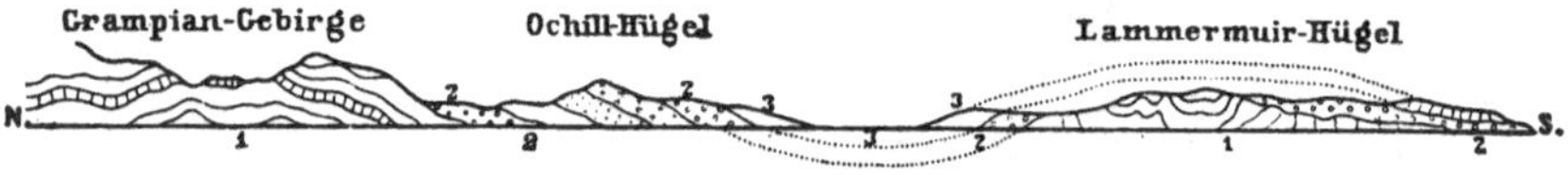

Fig. 116. Profil durch das schottische Massiv in der Nähe von Edinburgh nach Ramsay. 1. Unteres Silur mit krystallinischem Kalkstein. 2. Alter roter Sandstein. 3. Steinkohlenformation.

sind schon unter die Tieflandgrenze herabgesunken, so zum Teil schon das Plateau der Bretagne und vollständig die Kohlenmulde von Aachen oder die centrale Ebene von Irland, die aus vielfach gefalteten Kalk- und Schieferschichten der Karbonformation besteht. Nicht die diluvialen und alluvialen Auflagerungen, die nirgends über 30 m mächtig sind, gaben ihr den Charakter einer Ebene, sondern die untere Abrasionsfläche.

Black Hill.

§ 250. Es muß übrigens bemerkt werden, daß nicht alle Massengebirge der Definition entsprechen, die wir oben gegeben haben; unser System ist eben lückenhaft, wie die geologische Erkenntnis. Eine merkwürdige Ausnahme, die ganz isoliert dasteht, bildet das von Newton erforschte schwarze Gebirge (Black Hill) in Nordamerika. Die Schichten wurden hier, ohne weiter gefaltet zu werden, zu einem einzigen abgeflachten Gewölbe emporgetrieben, und fallen vom krystallinischen Kern allseitig ab, um endlich in die horizontale Lagerung der Schichten der Prärie-Ebene überzugehen. In ebenso eigentümlicher Weise arbeitete die Erosion. Der Kohlenkalk und gewisse Granite, die ihr den größten Widerstand entgegensetzten, bilden jetzt die höchsten Erhebungen (ca. 1000 m über der Ebene), während die Zerstörung der triadischen Gesteine eine ringförmige Depression schuf, der die Indianer den bezeichnenden Namen „die Rennbahn“ gegeben haben.

Die vulkanischen Berge.

§ 251. Jede Erdstelle, die durch einen Kanal mit dem Erdinnern in Verbindung steht, aus dem heißflüssiges Gesteinsmaterial zu Tage gefördert wird oder in der Vorzeit gefördert wurde, nennt man einen Vulkan. Meist bildet sich an diesen Stellen aus den Auswurfsmassen ein Berg, wie z. B. der Vesuv, oder es erzeugt die Aneinanderreihung von Eruptionsstellen Berggruppen und Kuppengebirge, wie in der Auvergne, oder sogar Gebirgsketten, wie die Hargitta in Siebenbürgen. In allen Fällen sind aber die vulkanischen Berge und Gebirge — und dadurch unterscheiden sie sich auf das Bestimmteste von allen übrigen Gebirgsarten der Erde — ein Produkt ihrer eigenen Thätigkeit. Begriff und Einteilung der Vulkane.

Das heißflüssige Gesteinsmaterial (oder Magma) erscheint an der Oberfläche in zusammenhängenden oder losen Massen, je nachdem es von Flüssigkeiten (Gasen) wenig oder stark durchtränkt ist. Im ersteren Falle wird es Lava genannt und nach seiner mineralogischen Zusammensetzung in kieselsauere oder sauere (Rhyolith, Trachyt) und kieselsäuerearme oder basische Laven (Andesit, Dolorit, Basalt) unterschieden. An der Oberfläche bildet die Lava Ströme, Decken oder Kuppen. Die größten lockeren Auswürflinge sind die Lavablöcke, die oft einen beträchtlichen Durchmesser besitzen; kleinere Lavastücke nennt man Schlacken, wenn sie von unregelmäßiger Gestalt sind, und Bomben, wenn sie infolge der rotierenden Bewegung beim Auswurf abgerundet sind. Kleine Bomben werden als Lapilli bezeichnet. Zerstäubte flüssige Lavasubstanz erscheint entweder in körniger Beschaffenheit, als vulkanischer Sand, oder als feines graues Pulver (vulkanische Asche). Vermischen sich die feineren Auswürflinge mit Wasser, so entstehen Schlammschichten, die im verhärteten Zustand Tuffe genannt werden.

Je nach der Zusammensetzung teilt man die Vulkane in Stratovulkane und in homogene Vulkane ein. Die ersteren sind aus losen Auswurfsprodukten, in oder ohne Verbindung mit Lavaströmen, aufgeschichtete Kegel, während die letzteren Kuppen, Decken oder Ströme aus erstarrtem Magma bilden, wobei die losen Auswurfsmassen nur eine untergeordnete Rolle spielen. Unsere Betrachtung wird vorerst den Stratovulkanen gewidmet sein, da mit ein paar Ausnahmen alle jetzt noch thätigen Vulkane dieser Kategorie angehören.

§ 252. Wenn an irgend einer Erdstelle ein Vulkan sich zu bilden beginnt, so entsteht zunächst im Boden eine trichterförmige Vertiefung: der Krater, die Mündung des Eruptionskanals. Um den Krater werden Bau der Stratovulkane.

mit den Trümmern des durchbrochenen Bodens die vulkanischen Auswürflinge wallartig angehäuft. Dieses erste Entwickelungsstadium eines vulkanischen Berges stellen uns wahrscheinlich die Maare dar, kesselartige, meist mit Wasser gefüllte Vertiefungen im Boden, die auf der Eifel, in der Auvergne, auf Neuseeland, Java und den kanarischen Inseln häufig vorkommen. Es sind dies Stellen, wo nach einem einzigen, schwachen Eruptionsversuch die Ruhe wiederhergestellt wurde. Ist aber der Ausbruch stärker und wiederholt er sich öfter, so wächst der Wall immer mehr in die Höhe und es entsteht ein Vulkankegel. Werden nur lose Massen zu Tage gefördert, so bilden sich, je nach der Größe des Baumaterials, Aschen- oder Schuttkegel und, wenn die Eruption submarin erfolgte, Tuffkegel. Lavakegel bestehen dagegen aus Lavaströmen, abwechselnd mit Aschen- und Schlackenschichten. Meist aber sind die Vulkane eine Kombination mehrerer Typen, wie uns der Durchschnitt des Vesuvs in Fig. 117 darstellt. In diesem Falle wechselt auch der Böschungswinkel der Gehänge,

Fig. 117. Idealer Durchschnitt des Vesuvs nach von Hochstetter.
a die Somma, Rest eines vorhistorischen Tuffkegels, *b* Lavakegel, *c* Aschenkegel, *d* kleine parasitische Schuttkegel, *e* hypothetischer innerer Lavaraum.

der in der Regel von oben nach unten abnimmt. Bei dem Vulkan von Pico (Azoren) beträgt er am Fuß 3°, weiter oben 6—12° und in der Nähe des 2500 m hohen Gipfels 30—35°. Fig. 117 zeigt uns auch die deutliche Schichtung der Stratovulkane, wobei die Schichten regelmäßig vom Eruptionskanal, der sich nach von Hochstetter's Ansicht innerhalb des Berges zum sogenannten Lavaraum erweitert, abfallen. In der Regel dringen Lavagänge vom Eruptionskanal seitlich in den Kegel ein und bilden gleichsam das feste Gerüste derselben.

Die naturgemäße Gestalt des Stratovulkans ist der Kegel, der bei manchen Vulkanen, wie beim Cotopaxi oder beim Pic von Orizaba (Fig. 118), noch in wunderbarer Reinheit erhalten ist. Aber die Erosion in den Zeiten der Ruhe und heftige Eruptionen (besonders seitliche, die einen Teil des Kegels zerstören) verändern meist die ursprüngliche Gestalt, wenn auch selten bis zur völligen Unkenntlichkeit, wie beim Pinchincha in

Quito, der dem Beschauer jetzt als eine breite Mauer mit vier Gipfeln erscheint.

Den Gipfel der Stratovulkane krönt eine trichterförmige Einsenkung von kreisähnlicher oder ovaler Form: der Krater, auf dessen Boden sich die Mündungen des Eruptionskanals befinden, die aber in der Zeit der Ruhe verstopft sind. Die Wände des Kraters sind meist unter einem Winkel von mehr als 50° geneigt; sein Durchmesser[1] ist verschieden und steht in keinem Verhältnisse zur Höhe des Berges. Auch der Krater ist fortwährenden Veränderungen unterworfen. Heftige Eruptionen können ihn zu einem großen Cirkus mit steilen, immer mehr einstürzenden Wänden erweitern, und eine ähnliche Form kann auch die Erosion in langen Ruhe-

Fig. 118. Pik von Orizaba (aus dem Wald von Jalappa gesehen) nach A. von Humboldt.

pausen erzeugen. Mit der Erweiterung des Kraters geht aber eine Verringerung seiner Tiefe stets Hand in Hand. Auf diese Weise entstanden jene mächtigen Ringgebirge, die große Kesselthäler einschließen. Eines der berühmtesten Beispiele eines solchen Kesselthales ist die Caldera auf Palma, die durch eine schmale Schlucht (Barranco) entwässert wird.

§ 253. Von größter Bedeutung für den Bau eines Vulkans ist es, ob die Eruptionsstellen konstant bleiben oder sich verschieben. Vier Fälle sind möglich. Benutzt die neue Eruption den vorhandenen Kanal, so findet sie auf dem Boden des alten Kraters statt, und es entstehen innerhalb desselben einer oder mehrere Auswurfskegel, die ebenfalls Kratere besitzen, in Lage der Eruptionsstellen.

[1] Stromboli 670, Ätna circa 700, Kilauea circa 4700, Tengger auf Java, der größte thätige Krater, gegen 4900 m.

denen sich unter gleichen Umständen wieder neue Kegel aufbauen können. Findet aber die neue Eruption auf einer Seite des alten Kraters statt, so wird ein Teil desselben zerstört, wie beispielsweise die Somma des Vesuv durch den Ausbruch von 79. Solche Vulkane erscheinen dann doppelgipfelig (Fig. 119). Häufig suchen sich aber die vulkanischen Gewalten an den Abhängen des Kegels neue Bahnen und bauen hier seitliche Eruptionskegel auf, die mit dem alten eine vielgipfelige Bergmasse bilden. Der Aetna hat mehrere hundert und der Gelönggöng auf Java mehr als 1000

Fig. 119. Der Vesuv während des Ausbruchs im Jahre 1822.

solcher Kegel. Findet aber auf beschränktem Terrain jede neue Eruption an einer anderen Stelle statt, so kommt es zwar zur Bildung von vielen, aber nur von kleinen Kegeln. Die phlegräischen Felder bei Neapel zählen auf einer Fläche von ca. 220 qkm 27 (Fig. 120) und der Isthmus von Auckland auf einer beiläufig doppelt so großen Fläche 63 selbständige Ausbruchsstellen.

Höhe der Vulkane.

§ 254. Die Höhe der Vulkankegel hängt einerseits von ihrem Alter, anderseits von der Art der Eruptionen ab. Maßgebend ist aber nur die relative Höhe; und es ist dies besonders zu berücksichtigen bei den zahlreichen Andesvulkanen, die auf einem gewaltigen Gebirgssockel ruhen. Als höchster Vulkan gilt die Kliutschewskaja Sopka auf Kamtschatka, 4886 m, die also noch den Montblanc an Höhe übertrifft.

Bei ruhiger, gleichmäßiger Thätigkeit und genügendem Lavaerguß wächst ein Vulkan kontinuierlich; wechseln aber Ruhepausen mit ungehinderter Erosionsarbeit und Perioden heftiger Ausbrüche, bei denen nicht selten der ganze obere Teil des Berges wie weggeblasen wird, so variiert die Höhe ziemlich stark. Der Vesuv war z. B. 1832 1140 m und 1855 1286 m hoch und sank am Ende dieses Jahres auf 1235 m herab, erreichte 1867 eine Höhe von 1387 m und maß nach 1872 nur mehr 1297 m.

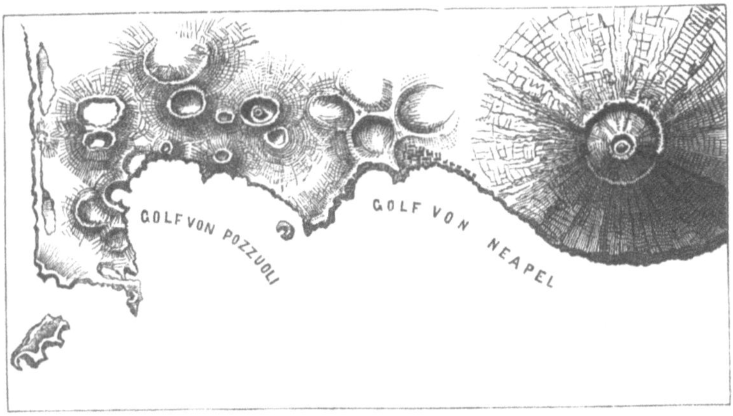

Fig. 120. Neapolitanischer Vulkandistrikt.

§ 255. Von den thätigen Vulkanen sind einige erst in historischer Zeit entstanden. 375 v. Chr. ist das Geburtsjahr des Vulkans auf der griechischen Halbinsel Methana, der aber nicht mehr thätig ist, und in das Jahr 286 v. Chr. verlegt die Tradition die Entstehung des japanischen Vulkans Fusijama (3769 m hoch). Viel jünger ist der Monte nuovo (139 m hoch) in den phlegräischen Feldern, der seit seiner Bildung im Jahre 1538 keinen Ausbruch mehr erlebte. In das Jahr 1759 fällt die Entstehung des Vulkans Jorullo in Mexiko (1309 m hoch); 1793 entstand der Vulkan von Izalco in San Salvador, der eine relative Höhe von 292 m erreicht. Der jüngste vulkanische Berg ist der von Leon in Nicaragua (14. November 1867), der etwas über 60 m hoch, und dessen Krater ebenso tief ist. Er stellt uns also die einfachste Form eines vulkanischen Berges, die einer wallartigen Umrahmung der Ausbruchsstelle dar. Von submarinen Ausbrüchen, die die Bildung von Inseln zur Folge hatten, wurde schon auf S. 220 gesprochen. Thätige Vulkane.

Eine zweite Art von Vulkanen umfaßt alle jene, deren Ursprung in die vorhistorische Zeit fällt, die aber bis in die letzten Jahrhunderte in Thätigkeit waren. Die Thätigkeit ist entweder eine gleichmäßige oder eine periodische. Auf Stromboli, einer der liparischen Inseln, wiederholen sich die Eruptionen in regelmäßigen Pausen von 5—15 Minuten. Die eine Öffnung des Gipfelkraters stößt in Intervallen von wenigen Minuten Dampf aus, was ca. eine Minute dauert, in der anderen steigt und fällt die Lava in Intervallen von 10—15 Minuten, und wird beim Steigen eine Schlackengarbe emporgeschleudert. Man bezeichnet daher die gleichmäßige Thätigkeit, die auch dem Izalco und seit dem vorigen Jahrhundert dem Sangay in Quito eigen ist, als Strombolithätigkeit.

Bei den meisten Vulkanen wechseln jedoch Perioden der Ruhe mit solchen mehr oder minder heftiger Eruptionen. Da in den Ruhepausen sich der Kanal mit erstarrter Lava, Asche und Schlacken verstopft, so muß derselbe bei neu erwachter Thätigkeit erst wieder davon befreit werden, oder es bildet sich ein neuer Kanal. Es kann daher als Regel gelten, daß, je länger die Ruhe, desto furchtbarer die darauf folgende Katastrophe ist.

Eine Gesetzmäßigkeit ist in der intermittierenden Thätigkeit nicht zu entdecken. Der Vesuv galt bis zum furchtbaren Ausbruch im Jahre 79, dem die Städte Herculanum und Pompeji zum Opfer fielen, für erloschen. Von 79 bis 1631 zählt man nur elf Ausbrüche, also durchschnittlich alle 141 Jahre einen. Die Ruhepausen schwankten zwischen 40 und 308 Jahren. Seit 1631 nahmen die Ausbrüche zwar im allgemeinen an Heftigkeit ab, aber an Zahl zu: im 18. Jahrhundert war er 12 mal und im 19. (bis 1872) 15 mal thätig. Eine gewisse Regelmäßigkeit zeigt nach Van Dyk der Merapi auf Java insofern, als die Ruhepausen immer länger sind, als die Perioden der Thätigkeit, und die letzteren um so andauernder, je länger der Vulkan früher geruht hatte.

Die Eruption. § 256. Erderschütterungen mit unterirdischem Getöse leiten meist die intermittierende Thätigkeit ein und hören gewöhnlich mit der Eruption auf; gelegentlich wurden solche aber auch nach derselben (z. B. im Jahre 1865 beim Ätnaausbruch) verspürt. Doch sind Erdbeben keine gesetzmäßige Begleiterscheinung, denn sie fehlen (mit einer einzigen Ausnahme) bei den Eruptionen des Cotopaxi und meist auch bei den ruhigen Lavaergüssen des Mauna Loa (Hawaii). In diesen Fällen ist anzunehmen, daß die Kanäle nicht gehörig verstopft sind und den Eruptionsmassen einen bequemen Ausweg gestatten. Es liegen auch Beobachtungen vor, denenzufolge Vulkane vor dem Ausbruch sich heben und dann wieder sinken. Immer mächtigere Dampfmassen entsteigen dem Krater, bis dieser berstet, und eine hohe Aschensäule, die sich oben pinienartig ausbreitet, emporsteigt (Fig. 119). Ein feiner Aschenregen beginnt, der durch den Wind oft weithin geführt wird; so beim Ausbruch des Coseguina (in Nicaragua) am 20. Januar 1835, einem der schrecklichsten Phänomene dieser Art in den letzten Jahrhunderten, 2000 km in die See hinaus und bis zu dem 350 km entfernten Guatemala. Nachts erscheint an der Stelle der Rauchpinie eine imposante Feuersäule von wechselnder Helle. Da sie auch im heftigsten Sturm unbeweglich bleibt und selbst Sterne von schwacher Leuchtkraft durchscheinen läßt, so ist sie nur als der Wiederschein der glutflüssigen Lava im Kanal zu betrachten. Aber auch wirkliche Flammen, erzeugt von brennbaren Gasen, wurden manchmal beobachtet; aber sie sind schwach und von geringer Höhe. Gewaltige Schlackenraketen verkünden das Aufsteigen der Lava. Der Cotopaxi schleuderte 1533 Felsstücke von 3 m Dicke 900 m hoch und über 22 km weit. Heftigere Eruptionen werden von Gewittern begleitet. Die Wasserdämpfe enthalten nämlich — wie Palmieri nachwies — durch schnelle Verdichtung positive, die Asche aber beim Fallen in diesem Medium negative Elektrizität; wahrscheinlich ist auch der ganze Berg elektrisch geladen. Gewöhnliche meteorologische Begleiterscheinungen sind Sturm und Regengüsse; diese oder der geschmolzene Schnee erzeugen, mit Asche vermischt, die Schlammströme, die oft verheerender wirken als die Lavaströme.

Den Schluß des Eruptionsaktes bildet meist der Austritt von Lava, seltener aus dem Gipfelkrater als an den Abhängen, wo sich eine radial auf die Achse des Kegels stehende Spalte öffnet; ja, oft spielt sich die ganze Eruption am Abhang ab, wie 1861 am Vesuv, während der Hauptkrater nur durch eine intensivere Gasentwickelung daran teilnimmt. Meist fließt die Lava in ruhigen Strömen, die selbst bei einer Steigung von 40° und darüber noch zusammenhängende Gesteinsschichten zu bilden vermögen; nur der Mauna Loa auf Hawaii schleudert oft Lavafontänen empor. Eine solche im Jahre 1852 hatte eine Mächtigkeit von 300 und eine Höhe von 200 m. Die Masse der ausgeworfenen Lava ist eine sehr bedeutende; sie betrug z. B. bei der Eruption des Vesuvs i. J. 1872 20 und bei der des Bourbon-Vulkans im Jahre 1787 sogar 900 Mill. cbm. Der Skaptar Jökull auf Island sandte im Jahre 1783 zwei Ströme aus, von denen der eine cirka 80 km lang und stellenweise 24 km breit, der andere 64 km lang und zum Teil 11 km breit war; ihre Mächtigkeit erreichte an einigen Stellen 150 m und darüber. Geht der Eruptionsprozeß rasch und unter bedeutender Dampfentwickelung vor sich, so zerfällt der Lavastrom in einen Trümmerhaufen (Block- oder Schollenlava); im anderen Falle geht er durch das Zwischenstadium der Zähflüssigkeit aus dem flüssigen in den festen Zustand über und bildet dann die zusammenhängende Fladen- oder Gekröslava.

Aus manchen Vulkanen, wie aus den javanischen oder aus dem Demawend in vorhistorischer Zeit, tritt die Lava nicht in flüssigem Zustand, sondern halb erkaltet als ein Gewirr von Blöcken aus. Dagegen scheint nach Th. Wolf die Nachricht von den südamerikanischen „Kotlaven" nur auf ungenauer Beobachtung zu basieren. Es sind einfache Schlammströme, die am Cotopaxi neben echten Lavaströmen vorkommen.

Solfataren und erloschene Vulkane.

§ 257. Wenn auch mit dem Lavaerguß der Ausbruch gewöhnlich sein Ende erreicht, so folgen doch häufig mehrere solcher Ausbrüche rasch auf einander. Eine solche Eruptionsperiode dauerte z. B. beim Vesuv vom Januar 1871 bis Ende April 1872. Dann versinken die Vulkane wieder einige Zeit in einen Zustand der Erschöpfung, der durch die sogenannte Solfatarenthätigkeit charakterisiert wird. Man versteht darunter das Ausströmen von Wasserdampf in der Gestalt kleiner Säulen (Fumarolen) und von Gasen sowohl aus dem Krater, wie aus den Rissen der Abhänge. Manche Vulkane, wie die Solfatara von Puzzuoli, der Demawend in Persien u. a., verharren immer in diesem Zustand. Fluor und Chlor, die das intensivste Eruptionsstadium charakterisieren, sind aus den Gasexhalationen verschwunden; endlich verschwinden auch die schwefeligen Gase, die Temperatur nimmt ab, die Fumarolen hören auf, und nur die Kohlensäure, die entweder als Gas ausströmt (Mofetten) oder mit Wasser vermischt erscheint (Sauerquellen), und manchmal auch Thermen erinnern an die einstige vulkanische Thätigkeit der betreffenden Erdstellen.

Da aber — wie die Geschichte lehrt — selbst jahrhundertelange Ruhe keine Gewähr für die Zukunft bietet, so ist die Grenze zwischen thätigen und erloschenen Vulkanen nur eine willkürliche. Karl Fuchs zählt z. B. zur letzteren Kategorie alle jene, die seit 300 Jahren nicht mehr thätig waren. Solcher giebt es nach seiner Zusammenstellung 323; eine Zahl, die jedenfalls zu niedrig gegriffen ist. Von diesen kommen 102 auf die asiatische und 113 auf die amerikanische Seite des stillen Ozeans, und 25 sind in demselben zerstreut. Das ergiebt eine Summe von 240 (74%); die pazifische Welt ist somit in der Gegenwart der Hauptsitz der vulkanischen Thätigkeit. Dagegen kommen auf den atlantischen Ozean nur 30, auf den indischen 5, auf das südliche Eismeer 2, auf Europa mit dem Mittelmeer 7, auf Afrika 27 und auf das asiatische Festland 12.

Denudation der erloschenen Vulkane.

§ 258. Des erloschenen Vulkans bemächtigt sich sofort die Denudation. Das fließende Wasser schafft regelmäßige Rinnen, die mit zunehmender Breite und Tiefe vom Gipfel bis zum Fuß herabziehen und durch ebenso regelmäßige Rippen getrennt werden. Den Gunung Sumbing auf Java, an dem die radiale Thalanordnung besonders regelmäßig entwickelt ist, hat man sehr passend mit einem halbgeöffneten Regenschirm verglichen.

Am leichtesten wird der Aschenkegel zerstört, doch ist er bei einigen Vulkanen, die seit der vorgeschichtlichen Zeit ruhen, wie bei den Puys der Auvergne oder bei den Rocca Monfina zwischen Rom und Neapel noch erhalten. In der Mehrzahl der Fälle sind uns aber nur noch die lavagefüllten Gänge, das feste Gezimmer des einstigen Vulkans, erhalten. Solche homogen scheinende Vulkankegel werden zwar häufig von Tuffen und Konglomeraten begleitet, doch fehlen diese manchmal auch ganz, wie bei den Monts du Velay an der oberen Loire. Die Denudation ist meist so stark, daß es nur selten mehr gelingt, die genaue Lage eines tertiären Stratovulkans nachzuweisen. Was wir jetzt vor uns sehen, sind in den meisten Fällen nur Überreste von Lavagängen und Lavaströmen, und man darf nicht wähnen, jeder Basalt- oder Trachytkegel sei über einer Eruptionsstelle aufgebaut. Das sogenannte böhmische Mittelgebirge z. B. besteht nach Jokély aus wechselnden Tuffschichten und Basaltlagen, die von jüngeren Basalten durchbrochen wurden. Diese letzteren erscheinen als

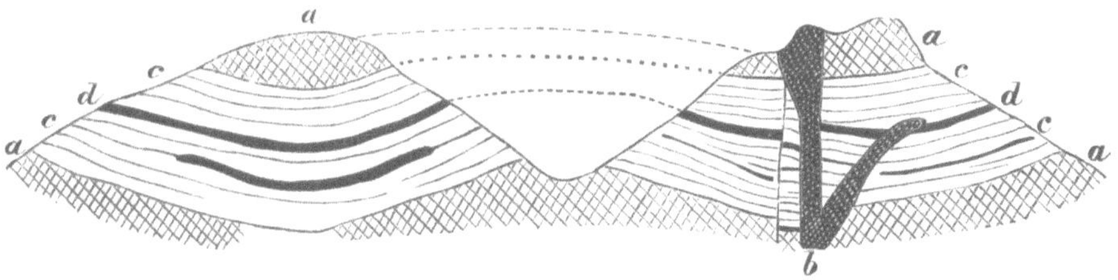

Fig. 121. Durchschnitt aus dem böhmischen Mittelgebirge nach Jokély.
a Basaltströme, *b* Basaltgang, *c* Tuff- und Konglomerat, *d* Glanzkohle.
.... zeigt den einstigen Zusammenhang an.

isolierte Kegel oder als langgestreckte Rücken mit meist auffällig scharfen und zackigen Konturen (Fig. 121). Die Denudation hat aber auch Eruptivmassen aufgedeckt, die niemals die Oberfläche erreichten, sondern weite Hohlräume des Erdinnern erfüllten. Solche „Batholithen" von der Gestalt unregelmäßiger großer Brode oder Kuchen sind beispielsweise der Drammengranit im Gebiet von Christiania und die Granitstöcke der Vogesen und des Erzgebirges.

§ 259. Von denudierten Stratovulkanen sind die homogenen Vulkane wohl zu unterscheiden, obgleich beide sich äußerlich oft völlig gleichen, und erst eingehende Untersuchungen ihres inneren Baues über ihren Ursprung aufklären können. Verhältnismäßig leicht lassen sich, wie Reyer gezeigt hat, homogene Kuppenberge als solche erkennen. Zähflüssiges und dampfarmes Magma zerstäubt nämlich nicht, sondern staut sich über der Ausbruchsstelle zu einem stumpfen, aber steilen Kegel an, über welchem Homogene Vulkane.

die sich nachdrängende glutflüssige Masse stromartig sich ausbreitet. Bei der Erstarrung sondert sich die Lava plattenförmig ab, in der Weise, wie es Fig. 122 im Durchschnitte darstellt. Eine, an allen Seiten des Berges deutliche Zwiebelstruktur zeigt also an, daß dieser nicht das Ende oder ein Teil eines mächtigen Lavastromes ist, sondern an Ort und Stelle aus dem Erdinnern hervorgequollen ist und sich zu einer Kuppe geformt hat.

Es ist ein unschätzbarer Gewinn für die Wissenschaft, daß der Ausbruch auf Santorin im Jahre 1866 Gelegenheit gab, die Bildung solcher homogener trachytischer Vulkane zu studieren. „Mit eigenen Augen", schreiben Reiß und Stübel, „haben wir eine, an manchen Stellen bis zu 200 m mächtige, von steilen Böschungen begrenzte Lavamasse entstehen sehen, deren Oberfläche kaum irgend welche Schlackenbildung zeigte, und der jeder Aschen- oder Schlackenkegel fehlte." Die neugebildeten Inseln Georgios und Aphroessa „glichen zuerst", heißt es in einem anderen Berichte eines Augenzeugen, „einem riesigen Schwamme, der sich über die Wasserfläche erhob und aus einer rauhen, scholligen Gesteinsmasse bestand, auf welcher zahlreiche große Gesteinsblöcke unregelmäßig zerstreut lagen. Die ganze Masse war nach allen Richtungen hin von Spalten zerrissen." Aus diesen Spalten strömten Gase aus und wurden Lavablöcke ausgeworfen. Ein Krater war an der Oberfläche nicht bemerkbar; erst nach der Explosion am 18. Juli, welche den mittleren Teil der Georgsinsel zerstörte, entstand an der Stelle eine kraterähnliche Vertiefung, wo sich Lava ansammelte und Ausbrüche stattfanden. „Die anfangs flach gewölbte Gestalt der Insel formte sich allmählich zu einem regelmäßigen stumpfen Kegel."

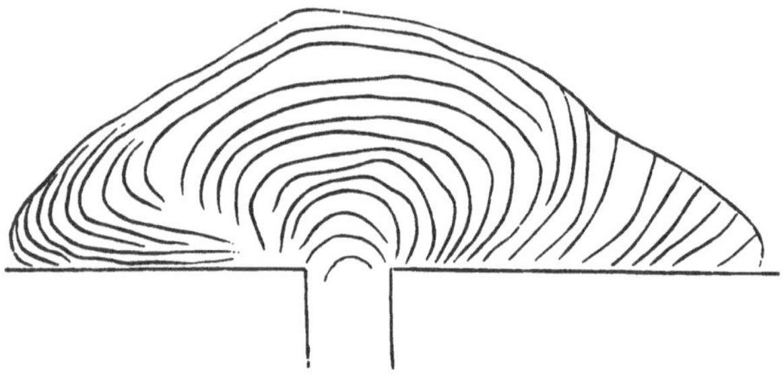

Fig. 122. Profil eines homogenen Vulkankegels nach Reyer.

Ist also auch ein echter Krater nur den Stratovulkanen eigen, weil nur diese vom Eruptionskanal in ihrer ganzen Höhe durchbrochen werden, so fehlen doch auch den Gipfeln mancher homogener Vulkane kraterähnliche Vertiefungen nicht. Sie bezeichnen dann, wie Reiß und Stübel in Bezug auf den Methanavulkan (s. S. 323) aussprechen, das eigentliche Eruptionscentrum, wo Dampfexplosionen und die Entwickelung gasförmiger Produkte stattfinden. Sie bilden sich, solange das Magma noch nicht erstarrt ist, können aber dann noch durch Explosionen erweitert werden.

Wie uns Santorin die Entstehung homogener trachytischer Vulkane vor Augen führt, so ist der Mauna Loa ein modernes Beispiel eines nur aus basischer Lava aufgebauten Kegels. Seine Lavaergüsse, die plötzlich aus Radialspalten und ohne Bildung von Aschenkegeln erfolgen, können uns vielleicht auch über jenen Vorgang belehren, der in der Vorzeit zur Bildung von ungeheuer ausgebreiteten Lavaströmen führte. Die Basaltdecke im nordwestlichen Dekan ist über ein Areal von mehr als 400 000 qkm ausgebreitet, d. h. über eine Fläche, die beträchtlich größer ist, als das Königreich Preußen.

§ 260. Unsere bisherige Betrachtung ergiebt folgende Einteilung der Vulkane: Einteilung der Vulkane.

I. **Echte Vulkane,** d. h. Produkte von Oberflächeneruptionen.
1. Thätige Vulkane.
   a) Stratovulkane.
   b) Homogene Vulkane.
2. Erloschene Vulkane.
   a) Stratovulkane.
      α) Mit noch gut erhaltenen Aschenkegeln und Kratern (z. B. der Kammerbühl bei Eger).
      β) Denudierte Überreste (hauptsächlich nur Lavagänge und -Ströme).
   b) Homogene Vulkane.

II. **Batholithen,** d. h. denudirte Produkte von Tiefeneruptionen.

Die geographische Verbreitung der Vulkane.

(S. Karte XVII.)

§ 261. Obgleich die Gesetze der geographischen Verbreitung der Vulkane noch nicht völlig klar erkannt sind, was sich aus der Lückenhaftigkeit unserer geographischen und geologischen Kenntnisse zur Genüge erklärt, so ist doch — hauptsächlich durch die bahnbrechenden Arbeiten von Sueß — die eine Thatsache hinlänglich festgestellt, daß die Vulkane in einer innigen Beziehung zu den großen Dislokationen der Erdrinde stehen. Sie folgen einerseits den Faltensystemen, jedoch nur in der bescheidenen Rolle von Begleiterscheinungen, andererseits den Bruchlinien der Kontinente. Wo die Schichten auf weite Strecken niemals eine Störung erlitten, wie in der russischen und sibirischen Ebene, oder wo junge Tiefländer allmählich in das Meer verlaufen, wie an den arktischen Küsten Gesetze der Verteilung der Vulkane.

der Kontinente, da fehlen auch Vulkane. Allerdings giebt es aber auch mächtige Kettengebirge, wie die Pyrenäen, Alpen oder der Himalaya, bei denen nach ihrer völligen Aufrichtung der Vulkanismus gar keine oder nur eine untergeordnete Rolle spielte; und steile kontinentale Bruchlinien, wie die norwegische, bei denen dasselbe der Fall ist.

Die Beschränkung der Vulkane auf gewisse tektonische Linien tritt noch dadurch schärfer hervor, daß sie hier in der Regel gesellig auftreten. Meist zeigen sie eine reihenweise Anordnung und lassen damit auf das Vorhandensein langer Spalten schließen, von denen jede an mehreren Punkten bis an die Erdoberfläche reicht. Das gruppenförmige Vorkommen von Vulkanen dürfte auf der Durchkreuzung mehrerer Reihen beruhen.

Beziehungen der Vulkane zu den Faltensystemen.

§ 262. In Europa waren die inneren Senkungsfelder jener Kettengebirge, deren krystallinische Zone nur mehr in Bruchstücken vorhanden ist, ein Hauptschauplatz der vulkanischen Thätigkeit. Am inneren Rande der Apenninen ziehen Vulkane von Toskana bis Sizilien. Solche sind die Trachytberge Monte Amiata und Monte Cimino, die Kraterseen von Bolsena, Vico und Bracciano, das Albanergebirge bei Rom, das vielleicht noch in historischer Zeit thätig war; die acht Vulkane des Hernikerlandes bei Frosinone, deren Entstehung nach Branco in die vor- oder altalluviale Periode fällt; die Rocca monfina, die tertiären Vulkane der pontinischen Inseln, die phlegräische Gruppe mit der Solfatara und dem Monte nuovo, die Inseln Procida, Vivara und Ischia mit dem Epomeo, der 1302 den letzten Ausbruch erlebte, der Vesuv und endlich die liparischen Inseln, von denen Stromboli, Vulcano und Panaria noch thätig sind. Nur der Ätna und der erloschene Vultur liegen an der Außenseite der Apenninen und bilden nach Sueß die Endpunkte radialer Erdbebenlinien. Am mediterranen Bruchrand des Atlas finden sich ebenfalls insulare und kontinentale Vulkane, und in gleicher Weise ist die Innenseite des bätischen Gebirgssystems von Cabo de Gata bis Cabo de Palos mit jungen Eruptivbildungen besetzt. Den inneren Rand der Karpaten begleiten die vorwiegend trachytischen Gebirge von Schemnitz und Kremnitz, von Gran, der Matrastock, die weinberühmte Hegyallja, der Vihorlat-Guttin-Zug und die kettenförmige Hargitta. Auf der östlichen Bruchseite der Alpen mangeln trachytische und basaltische Ausbruchstellen nicht gänzlich, und die Wiener Thermenlinie ist ein anderer Zeuge des gewaltigen Einsturzes dieser Gebirgskette. An der Südseite der böhmischen Erzgebirge fanden mächtige Basaltergüsse in der Neogenzeit statt (böhmisches Mittelgebirge, Duppauer Gebirge), und hier liegen auch die weltberühmten Thermen von Teplitz und Karlsbad. Das Pendant des Erzgebirges, der Balkan, hat ebenfalls an seiner Bruchseite junge Eruptivgesteine und warme Quellen. In ähnlichen Beziehungen stehen vielleicht die erloschene Vulkanreihe vom Argäus bis zum Kara-Dagh zum Taurus und die armenischen Feuerberge zum Kaukasus.

Das westamerikanische Hochland enthält noch jetzt über 80 thätige Vulkane, von denen aber die Mehrzahl Central- und Südamerika angehört. Daß aber Nordamerika einst nicht nachstand, beweist das Kaskadengebirge, das zum großen Teil aus übereinandergelagerten Lavaströmen von stellenweise mehr als 1000 m Mächtigkeit besteht, deren Ausbruch in die nachtertiäre, zum Teil sogar in die nachglaciale Zeit fällt; und nicht minder deutlich spricht das große Lavafeld des Columbia und Snake-River, das sich über fünf Längen- und drei Breitengrade ausdehnt. Die meisten Kordillerenvulkane sind dem Gebirgskamm aufgesetzt. In Quito, südlich von 2° S., liegen sie zwischen beiden Kordilleren, aber auch sie überlagern sowohl das krystallinische Schiefer- wie das Porphyrgebirge, und Th. Wolf spricht die Ansicht aus, daß sie erst nach dem älteren Diluvium auf denselben Spalten entstanden, auf welchen der alteruptive Porphyr aufstieg. In Mexiko durchziehen die Vulkane quer das Plateau, und in Centralamerika durchschneidet die Vulkanreihe zwischen 8° 48′ und 16° 10′ die Hauptachse der Kordilleren, indem sie im Süden auf der atlantischen Abdachung, dann auf dem Scheitel des Gebirges und endlich auf der pazifischen Seite auftreten. Die vulkanische Linie ist also gegen NW. bis WNW. gerichtet, aber die Feuerberge erheben sich in Guatemala auf Querlinien, die nahezu senkrecht die Hauptlinie schneiden; und auf jeder Querlinie ist der thätige Vulkan in der Regel der dem Ozean nächste. Es findet also hier eine Verschiebung der Ausbruchsstellen gegen den pazifischen Rand statt. In Nordamerika liegen Lassen Peak und Mount Shasta zwar im Streichen der Sierra Nevada, aber nicht auf dem Kamme, sondern an jenen Stellen, wo das ganze Gebirge einen Einbruch erlitten hat.

Ähnliche Beispiele liefert auch die alte Welt. Die kaukasischen Vulkane sind ebenso dem Gebirge aufgesetzt, wie die Demawend-Solfatara dem Elburs; letzteres Gebirge wird aber auch an seinem südlichen Bruchrand nach Tietze von trachytischen Hügelreihen begleitet. Das vulkanische Gebiet des Hegaus liegt in einem Einsturzfeld des Jura zwischen Thayngen und Arftingen; hier war wenigstens der eigentliche vulkanische Herd, wenn auch der Jura noch von Eruptivkanälen durchzogen und von Basaltkuppen gekrönt wird. Auch die kanarischen Inseln liegen im Streichen des Atlas.

Auch die alten Faltensysteme der Erde, die wir als Massivs kennen gelernt haben, tragen Vulkane. Beispiele dieser Art sind das schottische und irische Massiv, das französische Centralplateau und das rheinische Schiefergebirge. Die letzten Ausbrüche des Mont Denise und der Eifeler Vulkane hat der prähistorische Mensch noch miterlebt.

Insulare Vulkane u. Vulkane von Australien, Afrika u. Ostasien.

§ 263. Genaue Beziehungen zwischen dem Auftreten von Vulkanreihen und den orographisch-geologischen Verhältnissen lassen sich auch im griechischen und westindischen Archipel nachweisen. Die 15 Cykladen-Vulkane, die sämtlich trachytische Laven zu Tage förderten, ziehen von Nisyros über Santorin und Milo nach Methana und Ägina, also am Außenrand des zu Inseln zerstückelten Gebirges und entlang einer Verwerfungsspalte, wo das seichte ägäische Meer zu bedeutenden Tiefen absinkt. Wir verdanken diese Deutung dem österreichischen Geologen Neumayr; dagegen hat die Lage der Antillenvulkane schon L. v. Buch richtig aufgefaßt, ohne zu seiner Zeit viel Beachtung zu finden, obwohl seine Auffassung die moderne Theorie schon im Keime enthält. Die Vulkanreihe zieht in einem Bogen von Grenada über Martinique nach St. Christoph; an der konvexen Außenseite liegen von Tabago im Süden bis St. Martin im Norden nur Inseln, die aus Kalkstein bestehen. Sie sind die Reste eines Gebirges, an dessen Innenrande, wie bei den Apenninen oder Karpaten, die vulkanische Thätigkeit sich mächtig entfaltete.

Am dichtesten drängen sich die Feuerberge an der pazifischen Westküste. Sie bilden von Kamtschatka über Japan, die Philippinen, Neu-Guinea, die neuen Hebriden und die Nordinsel von Neuseeland bis zum antarktischen Viktorialand einen Bogen, der von 60° N. bis 78° S. reicht. Die Ansicht von Drasche's, daß diese Linie den Außenrand der älteren geschichteten Gesteine der östlichen Hemisphäre bezeichne, ist seit den Untersuchungen Wichmann's, von denen schon auf S. 219 die Rede war, allerdings nicht mehr haltbar; aber es dürfte genügen, darauf hinzuweisen, daß wir hier, wie auch im ostindischen Archipel auf einem der größten Senkungsfelder der Erde stehen. Auch die madagassische Scholle, die ebenfalls zu einer beträchtlichen Tiefe absank, ist durch Eruptionsstellen ausgezeichnet.

Dürftig ist unsere Kenntnis von den Vulkanen Afrikas, Ostasiens und Australiens. Ein großes tertiäres Eruptivgebiet, das zum Teil wohl noch bis in die Jetztzeit thätig war, finden wir an der Südseite der Grampians in der australischen Provinz Viktoria. In Afrika und Arabien scheinen thätige Vulkane nur auf die Küstengegenden beschränkt zu sein, erloschenen begegnet man aber auch im Inneren des Festlandes. Die angeblich noch thätigen Vulkane im Thianschan-Gebiet haben sich als Kohlenbrände erwiesen, und eine gleiche Bewandtnis hat es wohl auch mit dem

Mount Wingan im Liverpoolgebirge (Neu-Süd-Wales), der als brennender Berg bezeichnet wird. Die vermeintlichen centralasiatischen Vulkane machten jenen Forschern Schwierigkeiten, die das Vorkommen von Eruptionen an die Meeresnähe knüpften; es dürften aber auch die Vulkane, die sich südöstlich von Mergen (in der Mandschurei) befinden, also über 800 km vom Meere entfernt sind, und nach von Richthofen noch am Anfang des 18. Jahrhunderts in Thätigkeit waren, mit jener Theorie schwer vereinbar sein.

Schwierig ist es, in der Verteilung der ozeanischen Vulkane eine Gesetzmäßigkeit zu finden. Es fällt hier besonders der Umstand in das Gewicht, daß verhältnismäßig wenige submarine Ausbrüche sich ein dauerndes Denkmal in einer Insel schaffen. Von den anderen bekommen wir aber nur zufällig Kenntnis, und an zahllosen Stellen der Tiefsee mögen Eruptionen stattfinden oder stattgefunden haben, die uns wohl für immer verborgen bleiben dürften. Vielleicht ist es aber nicht zufällig, daß die atlantische Vulkanlinie von Jan Mayen über Island, die Azoren, Ascension und St. Helena bis Tristan d'Acunha die Gestalt des Ozeans wiederholt und zum Teil mit der mittleren Erhebung des Meeresbodens zusammenfällt.

§ 264. Die Betrachtung über die geographische Verbreitung der Vulkane führt uns zur Frage nach den letzten Ursachen des Vulkanismus. Die heißflüssigen Massen des Erdinnern können offenbar nur dort zu Tage treten, wo tiefgehende Spaltenbildungen ihnen Wege bahnen. Die ältere Anschauung ging von den beiden Thatsachen aus, daß Wasserdampf bei vulkanischen Ausbrüchen eine hervorragende Rolle spielt, und daß die meisten Vulkane in der Nähe des Meeres oder anderer größerer Wasserbecken sich befinden. Sie schloß daraus, daß infolge der Verwandlung des in die Erde eingedrungenen Wassers in Dampfform und der dabei eintretenden Spannung sich Risse in der Erdrinde bilden, durch die das Magma, gehoben durch die eingeschlossenen Gase, einen Ausweg findet. Theorie des Vulkanismus.

Das Magma wird von Reyer als eine von Lösungen durchtränkte Krystallmasse bezeichnet. Daß die Krystalle schon in der Tiefe gebildet sind, zeigt die Beobachtung, denn leicht schmelzbare Krystalle werden oft von schwer schmelzbaren eingeschlossen, und zertrümmerte Krystalle werden durch Lavamasse verkittet. Die Beobachtung lehrt ferner, daß das Magma Gase, vor allem Wasserdampf enthält; aus der Thatsache, daß beim Erstarren der Lava die Gase in einer bestimmten Reihenfolge entweichen, können wir schließen, daß sich Magma und Gase nicht indifferent zu einander verhalten, sondern die letzteren vom ersteren absorbiert sind.

Es ist nun sehr wahrscheinlich, daß ein großer Teil des Wasserdampfes vom Meere stammt, aber ein Teil ist dem Magma wohl schon ursprünglich eigen, sonst wäre das Vorkommen der oben erwähnten mandschurischen Vulkane nicht erklärbar. Andererseits ist die Dampfentwickelung bei den trachytischen Ausbrüchen auf Santorin verhältnismäßig gering, obwohl sie mitten im Meere stattfinden.

Wenn die Vulkane der Gegenwart an das Meer gebannt erscheinen, so ist doch wohl zu beachten, daß sie nicht alle kontinentalen Ränder umsäumen, sondern nur dort vorkommen, wo zerstückeltes Küstenland zu größeren Tiefen absinkt. Ebenso führen die Beziehungen zwischen den Vulkanen und Faltengebirgen zu dem Schlusse, daß die Spaltenbildung, die wir als die erste Ursache bezeichnet haben, an die Gebiete größerer Schichtendislokationen gebunden ist.

Dieser Teil der Frage nach den Ursachen des Vulkanismus erscheint hiermit gelöst; über den zweiten Teil, der die Herkunft des Magmas betrifft, sind die Meinungen noch nicht geklärt. Die ältere Hypothese betrachtet die Lava als den Ausfluß des heißflüssigen Erdkerns, und dieser Ansicht kann auch derjenige beipflichten, der einen festen oder gasförmigen Zustand des Erdinnern annimmt. Denn in diesen beiden Fällen ist der aktuelle Zustand nur eine Folge des Druckes der darüberliegenden Gesteinsmassen und muß in den flüssigen übergehen, sobald eine Entlastung durch Spaltenbildung eintritt. Gegen die Existenz eines gemeinsamen Lavaherdes scheint aber die Thatsache zu sprechen, daß die gleichzeitigen Laven selbst benachbarter Vulkane häufig verschieden und andererseits die Laven verschiedenen Alters und verschiedener Gegenden oft völlig gleich sind. In den älteren Eruptionen entdeckte von Richthofen das seitdem mehrfach bestätigte Gesetz, daß Propylitgesteine die Ausbruchsthätigkeit eröffneten, darauf Andesit folgte, endlich bei abnehmender vulkanischer Thätigkeit Trachyt, Rhyolith und Basalt. Man hat zur Erklärung dieser Thatsachen lokal abgeschlossene Lavabehälter („Maculae") angenommen, die nach Dutton im Inneren der Erde neu gebildet werden.

Schlammsprudel.

§ 265. Neben den echten Vulkanen nennt der Sprachgebrauch auch „Schlammvulkane", für die Gümbel die richtigere Bezeichnung Schlammsprudel (Fig. 123) einzuführen versuchte. Man versteht darunter Hügel, die, wie die echten Vulkane, das Produkt ihrer eigenen Thätigkeit sind, aber nur aus thonigem Schlamm bestehen, der bei starkem Regen oft so völlig erweicht wird, daß der ganze Hügel zerfließt. Auf dem Gipfel befindet sich der, zur Zeit der Ruhe meist mit schlammigem Wasser gefüllte Krater mit den Eruptionsöffnungen. Die Höhe ist in der Regel außerordentlich gering im Vergleich zum Umfang, auf Trinidad z. B. nur 1·3 m. Zu den höchsten gehören der Macaluba auf Sizilien (49 m) und der Agh Sibyr (150 m). Perioden der Ruhe, in denen nur Gasausströmungen stattfinden, wechseln mit solchen heftiger Thätigkeit. Diese wird manchmal sogar von Erderschütterungen eingeleitet; es erhebt sich eine Dampfsäule, Schlamm und Steine werden ausgeworfen, endlich ergießt sich aus dem Krater der Schlammstrom.

Unter dem Begriff „Schlammsprudel“ hat man zwei, in ihrer orographischen Erscheinung zwar gleiche, genetisch aber verschiedene Phänomene zusammengefaßt. Die eine Art, die man als warme Schlammsprudel bezeichnen kann, wird durch eine beständig hohe Temperatur und durch das Ausströmen großer Mengen von Wasserdampf charakterisiert. Sie sind

Fig. 123. Die Schlammsprudel von Turbaco bei Carthagena (Columbien) nach A. von Humboldt.

nur vulkanische Begleiterscheinungen: Solfataren in der thonreichen Umgebung von Feuerbergen, namentlich im Gebiet der Tuffschichten, und als solche auch nur auf vulkanische Gegenden (Island, Centralamerika, Celebes, Luzon, Neuseeland) beschränkt.

Die kalten Schlammsprudel stehen dagegen mit dem Vulkanismus in keinem direkten Zusammenhang. Ihre Temperatur erhöht sich nur zur Zeit heftiger Eruptionen, und auch dann nur wird Wasserdampf in größerer Menge ausgestoßen. Sonst aber bildet Kohlenwasserstoff 90 bis 95% aller exhalierten Gase. Solche Schlammsprudel sind die unter dem Namen „Mudlumps“ bekannten Inselchen an den Mündungen des Mississippi, die der Zersetzung der, in den Deltaablagerungen aufgehäuften organischen Substanzen und der damit Hand in Hand gehenden Gasentwickelung ihre Existenz verdanken. Andere Schlammsprudel sind in ihrem Vorkommen auf das Vorhandensein von Naphta und Thonschichten gebunden; ihr Hauptgebiet finden wir am Südabhang des Kaukasus, auf den Halbinseln Taman und Kertsch und in der Umgebung von Baku.

Das Naphta, ein verschiedenartiges Gemisch flüssiger Kohlenwasserstoffe, entsteht nach älterer Anschauung durch die Verwesung organischer Massen. Eine neuere Hypothese läßt es größtenteils auf anorganischem Wege sich bilden. Wasserstoff und Sauerstoff dringen in der Form von Wasser zu der stark erhitzten Tiefenregion, und gehen mit den daselbst vorhandenen Metallen und dem damit verbundenen Kohlenstoff neue chemische Verbindungen ein. Es entsteht auf diese Weise Eisenoxyd und Kohlenwasserstoff. Letzterer dringt, zu Naphta verdichtet und durch den Druck des Wasserdampfes und der Gase getrieben, an die Oberfläche, sobald entweder künstlich durch Bohrung, oder auf natürlichem Wege durch tiefgehende Spaltenbildung, also durch eine Dislokation der Schichten, die Gelegenheit dazu gegeben ist. Unter diesen Voraussetzungen wären also auch die meisten Naphtaquellen und damit auch die meisten kalten Schlammsprudel, gerade so wie die echten Vulkane, eine Begleiterscheinung der Faltenbildungen und Verwerfungen.

Erdbeben.

Die Erdbebenerscheinungen.

§ 266. Hier dürfte der geeignetste Ort sein, um des verheerendsten Phänomens zu gedenken, das die jetzige Erdgeschichte kennt, und das ebenfalls mit den Dislokationen im innigsten Zusammenhange steht.

Erschütterungen der Erdoberfläche können auch durch plötzliches Niederfallen großer Massen auf dieselbe, z. B. durch Bergstürze, erzeugt werden; aber man pflegt nur solche Erschütterungen als Erdbeben zu bezeichnen, deren Ursache *unter* der Oberfläche gelegen ist. Die Stelle, von wo die Bewegung ausgeht, nennt man das *Centrum* oder den Erdbebenherd. Die Bewegung ist entweder eine *stoßförmige* (sukkusorische) oder eine *wellenförmige* (undulatorische). Die erstere macht sich als vertikaler Stoß fühlbar, wodurch oft Häuser und Menschen emporgeschnellt und Leichen aus den Gräbern herausgeworfen werden. Die wellenförmige Bewegung schreitet nach einer bestimmten Richtung fort, manchmal dem Auge direkt sichtbar, meist aber nur erkennbar aus der Richtung der Risse und Spalten in Gebäuden, aus der Lage umgeworfener Gegenstände u. dgl. Aus der drehenden Verschiebung der Steine an Pfeilern, Obelisken u. s. w. glaubte man früher auch auf eine rotatorische Bewegung schließen zu müssen; es hat sich aber herausgestellt, daß in all diesen

Fällen der Schwerpunkt und der Haftpunkt der Steine nicht in einer senkrechten Linie lagen, und unter solchen Umständen muß auch die Wellenbewegung eine Drehung der Steine bewirken. Am kräftigsten äußert sich die Bodenerschütterung in den obersten, nicht belasteten Schichten, während sie in der Tiefe meist gar nicht bemerkt wird. Im Bergwerk von Essen spürte man das rheinische Beben vom Jahre 1828 nicht, und das große Agramer Beben im Jahre 1880 machte sich in den Gruben von Wies in Steiermark nur bis zu einer Tiefe von 28—30 m, aber nicht mehr in Tiefen von 60—120 m fühlbar.

Die Dauer eines Stoßes beträgt meist nur wenige Sekunden, aber es vergehen oft mehrere Minuten, bis das Zittern des Bodens aufhört und die Ruhe völlig wiederhergestellt ist. Selten besteht das Erdbeben aus einem einzigen Stoß, wie das rheinische im Jahre 1846; auch das berühmte Beben von Caracas am 26. März 1812, wo nur drei Stöße unmittelbar auf einander folgten, gehört zu den seltensten Ausnahmen. In der Regel treten zahlreiche sekundäre Erschütterungen ein, die dem Hauptstoß entweder vorangehen oder ihm folgen. Erstrecken sie sich auf eine größere Zeitdauer, so spricht man von einer Erdbebenperiode. Eine solche war das Jahr 1783 für Calabrien; ja, die schwachen Erschütterungen dauerten noch über ein Jahrzehnt fort. Das Großgerauer Beben am Mittelrhein dauerte von 1869—1873; vom Oktober bis Ende 1869 zählte man über 600 Stöße. Die Agramer Erdbebenperiode, die 1880 begann, ist leider noch immer nicht abgeschlossen. In Yokohama traten vom 1. bis 6. Mai 1870 123 Stöße ein, und in Hawaii betrug im März 1868 allein die Zahl der stärkeren Stöße über 2000.

Manche Erdbeben sind nur lokal, die meisten aber verbreiten sich über einen größeren oder kleineren Bezirk. Einzig in der Geschichte steht da das Lissaboner Beben vom Jahre 1755, welches angeblich ein Gebiet von der Größe Amerikas ($38^1/_2$ Mill. qkm) betraf; nur das Neuseeländer Beben vom 23. Januar 1855 mit einer Ausdehnung von ca. 20 Mill. qkm kommt ihm nahe. An den Küstenlandschaften nimmt auch das Meer an der Bewegung des Festlandes teil, und gewaltige Flutwellen (s. S. 153) bringen fernen Gestaden Kunde von dem Phänomen. Eine Erschütterung des Meeresbodens (Seebeben) erzeugt keine Flutwelle, ja überhaupt keine sichtbare Bewegung, aber der Stoß pflanzt sich durch das Wasser fort und wird von einem, zufällig daselbst befindlichen Schiffe auch als solcher empfunden.

§ 267. Höchstens die tropischen Cyklonen bewirken manchmal ähnliche Verheerungen, wie die Erdbeben. Noch ist in aller Erinnerung die furchtbare Katastrophe von Ischia im Juli 1883. Nach einer amtlichen

Zerstörung durch Erdbeben.

Zusammenstellung wurden in Italien selbst im verhältnismäßig ruhigen Jahr 1870 durch Erdbeben 2225 Häuser zerstört, 98 Menschen getötet und 223 verwundet. In Südamerika verloren 1868 ca. 70000 Menschen bei Erderschütterungen das Leben. Je steiler der Winkel ist, unter dem der Stoß erfolgt, desto größer ist die Verwüstung; aber andererseits ist diese auch von der Beschaffenheit des Bodens abhängig. Das Lissaboner Beben (1755) zerstörte nur die auf Sand und Thonschichten erbauten Stadtteile, während die auf festem Kalkstein und Basalt stehenden verschont blieben; das Erdbeben von Belluno (1873) richtete seine ganze Kraft gegen die auf Diluvialschotter erbaute Stadt, während die Häuser auf dem Flußalluvium nur wenig litten.

Die Bildung von Spalten ist eine gewöhnliche Folgeerscheinung der Erdbeben. Grundwasser und Schlamm bricht häufig aus denselben hervor und baut Schlammkegel auf, die bei Laien die Meinung erwecken, es handele sich hier um vulkanische Eruptionen. Längsspalten, oft von beträchtlichen Dimensionen, sind am häufigsten; bei Einstürzen unterirdischer Hohlräume bilden sich auch Radialspalten. Wind und Wasser füllen diese Öffnungen zum Teil wieder aus; manchmal schließen sich diese selbst, wobei eine Horizontalverschiebung der Ränder bemerkbar wird. Infolge von Spaltenbildungen versiegen Quellen oder neue brechen hervor, und Thermen verändern ihre Temperatur (s. S. 248). Auch zu Bergstürzen geben Erderschütterungen häufig die letzte Veranlassung. Beim Erdbeben von Katschh, 1819, sank eine Fläche von ca. 520 qkm und wurde in einen See verwandelt, teilweise Ufersenkungen traten 1865 am Züricher See und 1867 am Lago Maggiore ein, und 1865 verschwand bei einem Beben plötzlich eine Insel der Maledivenreihe. Dies sind nur einige zufällig herausgegriffene Beispiele von Bodensenkungen, während die Nachrichten von Hebungen bei Erdbeben einer schärferen Kritik nicht Stand halten.

Genetische Einteilung der Beben.

§ 268. Vielleicht mehr noch, als in bezug auf andere geophysikalische Probleme stehen wir in Bezug auf die Erdbebenerscheinungen und ihren inneren Zusammenhang erst am Anfange der Erkenntnis. Hauptsächlich wurde sie gefördert durch die Untersuchungen von Sueß, R. Hoernes u. a., und die bedeutendsten Resultate dürfen wir von den Beobachtungen erwarten, die jetzt mit mustergültiger Sorgfalt in der Schweiz angestellt werden. Während man früher alle Erdbeben mit dem Vulkanismus in Verbindung brachte, unterscheidet man jetzt vulkanische und nichtvulkanische Erdbeben. Gerade die letzteren, die man mit Hoernes in Einsturz- und tektonische Beben teilen kann, sind die wichtigsten und verbreitetsten. Einsturzbeben, d. h. solche, die durch den Einsturz der Decken unterirdischer Hohlräume entstehen und sich von diesem Centrum wellenförmig nach allen Seiten ausdehnen, dürften in Kalk- und Salzgebirgen wohl häufig sein; aber es ist schwer, sie mit Sicherheit als solche zu erkennen. Das Beben, das den Schweizer Ort Visp, wo 20 gipsführende Quellen vorkommen, im Jahre 1855 heimsuchte, dürfte vermutlich dieser Kategorie zuzurechnen sein. Jedenfalls sind aber alle diese Erschütterungen lokal beschränkt, und daher von weit geringerer Bedeutung, als die tektonischen oder Dislokationsbeben, die von fortdauernden Bewegungen innerhalb der Erdkruste beredtes Zeugnis ablegen.

Das charakteristische dieser Erdbeben besteht darin, daß sie an gewisse Linien, die man als Stoß- oder Schütterlinien bezeichnet, gebunden sind. In den Ostalpen und in Unteritalien sind zwei Arten solcher Stoßlinien erkannt worden. Eine periphérische Linie zieht an der Südseite der Alpen vom Gardasee über Udine und Görz bis Fiume; Erschütterungen sind in diesen Gebieten sehr häufig und hängen offenbar mit der, auch im Gebirgsbau klar zu Tage tretenden, allmählichen Absenkung der Südalpen zusammen.

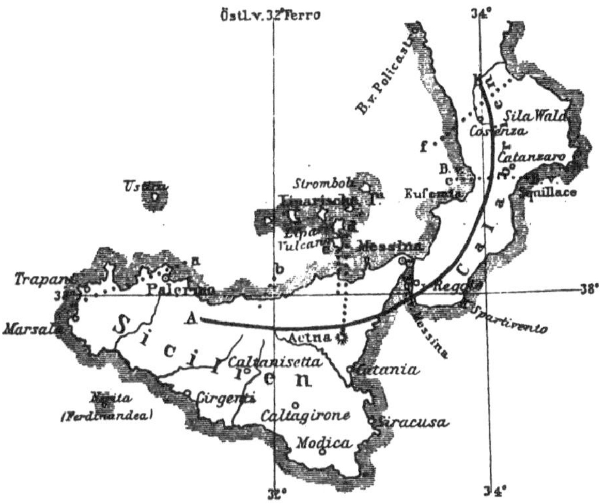

Fig. 124. Die Erdbebenlinien in Unteritalien nach Sueß.

Noch schärfer tritt der tektonische Charakter der peripherischen Erdbebenlinie in Calabrien und Sizilien (AB in Fig. 124) hervor. Schon an einer früheren Stelle (S. 300) wurde der durch Senkung zerbrochenen Innenzone des Apenninengebirges gedacht, und bei einer späteren Gelegenheit (S. 330) wurde angeführt, daß in diesem Senkungsgebiete zahlreiche Vulkane sich entwickelten. Das kalabrisch-peloritanische Gebirge ist ein Reststück des einstigen krystallinischen Gürtels, und wir dürfen nicht zweifeln, daß die Senkung in diesem Gebiete noch fortdauert. Die Schütterlinie liegt zwischen dem Monte Cocuzzo, den vatikanischen Bergen und dem Scyllafelsen im Westen und dem Silawald und Aspromonte im Osten; in Sizilien umzieht sie das peloritanische Gebirge. Innerhalb des kreisförmigen Senkungsfeldes, dessen Peripherie jene Stoßlinie bildet, liegen die liparischen Vulkane, von denen transversale (radiale) Schütterlinien ausgehen (a—f in Fig. 124); an dem Endpunkte einer derselben befindet sich der Ätna.

Wir ersehen aus diesem Beispiele, daß Erdbeben in einem vulkanischen Distrikte nicht immer jener Kategorie angehören, die als streng vulkanische Erschütterungen aufgefaßt werden müssen. Diese Begleiterscheinungen vulkanischer Ausbrüche gehen vom Krater aus, verbreiten sich wellenförmig nach allen Seiten und erschüttern entweder nur den oberen Teil oder den ganzen Feuerberg oder verbreiten sich auch über dessen Umgebung. In der Regel sind sie lokal beschränkt, wenn sie auch oft verheerende Wirkungen ausüben. Freilich gelingt es nicht immer, vulkanische von tektonischen Beben mit Sicherheit zu scheiden; sind doch die vulkanischen Eruptionen selbst nichts Anderes, als eine Folgeerscheinung der Bewegungen innerhalb der Erdkruste.

Centrale und lineare Verbreitung.

§ 269. Unsere Betrachtung ergab, daß einige Erschütterungen (die vulkanischen und Einsturzbeben) von einem Centrum nach allen Seiten sich verbreiten, während die meisten tektonischen Beben eine lineare Verbreitung zeigen. In der Schweiz wurden allerdings auch solche mit deutlichen konzentrischen Zonen beobachtet, aber auch in diesen Fällen waren die Centra nicht punktförmig, sondern bildeten Linien oder Flächen. Von einem deutlichen Mittelpunkte, von dem die Stöße ausgehen, um an verschiedenen Punkten je nach deren Entfernung zu verschiedenen Zeiten anzulangen, läßt sich bei tektonischen Beben überhaupt nicht sprechen. Für die peripherische Schütterlinie in Unteritalien ist es charakteristisch, daß die Stoßpunkte wandern. Während des kalabrischen Erdbebens im Jahre 1783 befand sich das Centrum am 5. Februar in Oppido, am 7. in Soriano, am 28. in Polia und am 28. März in Girifalco, war also langsam nach Norden vorgerückt. Dann sprang es nach Süden zurück und befand sich am 5. Juni wieder in der Nähe von Oppido, bei Radicena. Die Beobachtungen in der Schweiz haben uns Beben kennen gelehrt, die über weite Flächen gleichzeitig auftreten, also durch die ruckweise Bewegung eines größeren Stückes der Erdrinde verursacht werden müssen. Am 26. März 1872 wurde die Ostseite der kalifornischen Sierra Nevada vom 34. bis zum 38. Parallel fast gleichzeitig erschüttert, und ebenso differierten die Eintrittszeiten der Stöße bei dem Beben im Pandschab am 2. März 1878 auf einer Linie von 732 km Länge, und bei dem Beben vom 4. Juli 1880, das sich von der Poebene bis zum Schwarzwald erstreckte, an den verschiedenen Orten so wenig, daß man daraus schließen muß, daß die Erschütterung nicht von einem einzigen Punkte ausging. Es gilt dies hauptsächlich von jenen tektonischen Beben, die Transversallinien folgen. Eine

Reihe von solchen Linien ist in den Alpen nachgewiesen, z. B. die Garda- und Etschlinie, die Linie von Venedig bis Villach, die in ihrer Verlängerung die Mürzlinie trifft, die Linie Triest-Littai u. s. w. Man ist jetzt allgemein der Ansicht, daß sie Horizontalverschiebungen (s. S. 234) entsprechen; von der St. Croce-Linie konnte dies Hoernes direkt nachweisen (s. Fig. 125); die Antiklinale ist hier in zwei Hälften gespalten, die nicht mehr zusammenpassen. Solche, noch jetzt fortdauernde Verschiebungen müssen sich natürlich auf der ganzen Linie gleichzeitig durch Erschütterungen fühlbar machen.

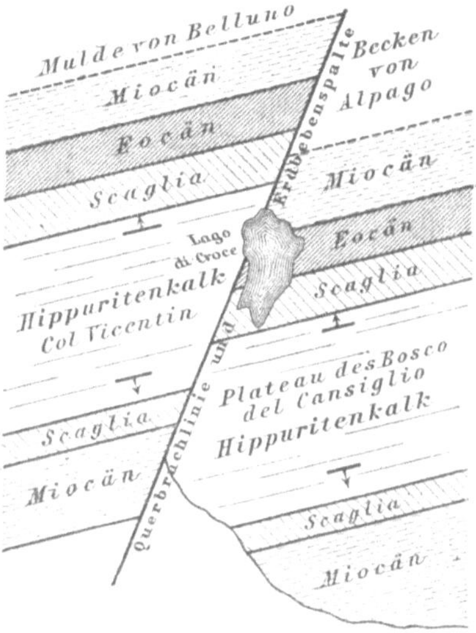

Fig. 125. Verschiebungs- und Erdbebenlinie von St. Croce (bei Belluno) nach R. Hoernes.

Das Erdbeben kann sich aber auch durch elastische Fortpflanzung auf Gebiete ausdehnen, die an den tektonischen Veränderungen nicht teilnehmen. So wird das böhmische Massiv häufig von Erschütterungen heimgesucht, deren Herd in den nördlichen Alpen oder angrenzenden Karpaten liegt. Beim Graubündener Beben vom Jahre 1880 gelang es das Gebiet der primären Erschütterung von jenem der fortgepflanzten zu sondern; die Umrisse derselben sind einander sehr unähnlich, was durch Dislokationen bedingt erscheint.

§ 270. Man muß den Unterschied von centralen und linearen Erdbeben besonders stark betonen, da man sonst Gefahr läuft, die Resultate der geometrischen Untersuchungsmethoden von Mallet und von Seebach, die einst großes Aufsehen erregten, zu überschätzen. Zweck dieser Untersuchungen war die Bestimmung der Fortpflanzungsgeschwindigkeit der Erdbebenwelle und der Tiefe des Centrums. Man setzte dabei voraus — was aber in der Natur nicht zutrifft — daß die Erde eine homogene Masse und die Fortpflanzungsgeschwindigkeit daher konstant ist. Mallet, der das verheerende neapolitanische Erdbeben von 1857 bearbeitete, suchte die Lage und Tiefe des Centrums aus dem Neigungswinkel der Spalten in den Gebäuden zu ermitteln. von Seebach benutzte dagegen Zeitbestimmungen. Er verband die mitteldeutschen Orte, wo die Erschütterung am 6. März 1872 gleichzeitig eintrat, durch Linien (Homoseisten), die unter der Voraussetzung, daß das Beben central und die Erde homogen ist, Kreise sein müssen. Damit ist die Lage des genau über dem Centrum gelegenen

Geometrische Methode.

Oberflächenpunktes, des Epicentrums, gegeben. von Seebach fand nun folgendes Gesetz, welches durch die Fig. 126 illustriert wird. Trägt man auf der Abcissenachse eines Koordinatensystems, dessen Nullpunkt im Epicentrum (E) liegt, die Entfernungen der vom Beben betroffenen Orte (a^1, a^2 u. s. w.) und in diesen Punkten die Zeit, um welche der von C (Centrum) ausgehende Stoß in a^1, a^2 u. s. w. später eintrifft, als in E (t^1, t^2 u. s. w.), als Ordinaten auf, so bildet die Verbindungslinie der Endpunkte dieser Ordinaten eine Hyperbel. Es würde, besonders in Anbetracht des Umstandes, daß diese Methode nur auf sehr wenige Beben anwendbar ist, zu weit führen, wollten wir die Regeln, die sich aus dem angeführten Gesetz für das praktische Verfahren ergeben, weiter ausführen; hier genügt es, die Resultate der darauf gegründeten Berechnungen anzuführen:

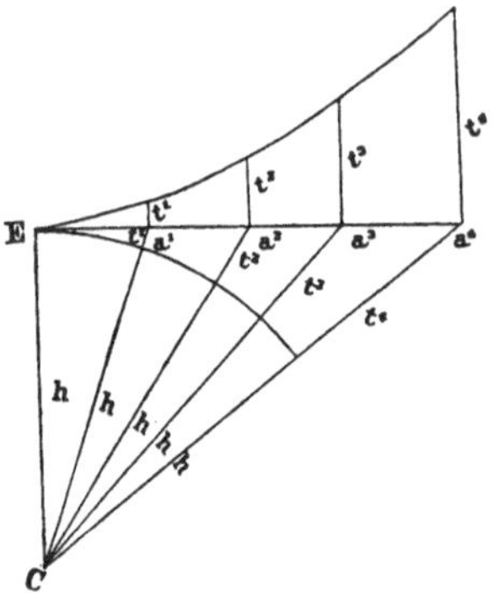

Fig. 126. Zu von Seebach's Methode.

von Seebach's Berechnungen.	Fortpflanzungs-geschwindigkeit pro Sekunde m	Tiefe des Centrums km
Rheinisches Beben, 1846	568	38·8
Neapolitanisches Beben, 1857 . .	260	10·7
Silleiner = 1858 . . .	206	26·3
Mitteldeutsches = 1872 . .	742	18·0
Herzogenrather = 1873 . . .	360	11·1

Abgesehen davon, daß diese Methode auf der unrichtigen Voraussetzung einer gleichartigen Erdkruste beruht, und daß ihre Resultate auch aus dem Grunde nie genau sein können, weil die Zeitangaben in der Regel der nötigen Sicherheit entbehren, ist sie schon deshalb von geringerer Bedeutung, als man früher glaubte, weil sie nur auf streng centrale Beben angewendet werden darf. Die weitaus größte Zahl der Erderschütterungen, die tektonischen, sind von dieser Behandlungsweise auszuschließen. In der That konnte Höfer nachweisen, daß die für das Beben von Herzogenrath gefundenen Werte aus diesem Grunde nicht gültig sind.

Erdbebenstatistik. § 271. Lange Zeit und auch heute noch glaubt man der Statistik der Erdbeben die Gesetze dieses Phänomens entnehmen zu können. Unglücklicherweise leidet auch diese Methode an einigen erheblichen Mängeln.

Nur aus den dichter bevölkerten Kulturländern, die ja nur einen kleinen Prozentsatz der ganzen Landfläche ausmachen, erhalten wir auch von schwächeren Beben Kunde, aus den übrigen Ländern aber nur von den heftigsten Erscheinungen dieser Art, und die Seebeben entziehen sich fast ganz unserer Beobachtung. Die Nachrichten aus den früheren Jahrhunderten sind nicht nur außerordentlich mangelhaft, sondern in manchen Fällen geradezu gefälscht, wie Th. Wolf in Bezug auf alle sog. vulkanischen Ereignisse in Südamerika nachwies. Allein trotzdem ist auch die Erdbebenstatistik nicht ganz ohne wissenschaftlichen Wert, wie manche Forscher, angeekelt durch das marktschreierische Benehmen der „Erdbebenpropheten", vorschnell meinten. Wie aus nachfolgender Tabelle, die für einige größere und kleinere Gebiete die jahreszeitliche Verteilung der beobachteten Erschütterungen enthält, sich ergiebt, ist keine Zeit erdbebenfrei. Es verhält sich also mit den seismischen Erscheinungen ebenso wie mit

Verteilung der Erdbeben nach Jahreszeiten.	Summe	Winter Decbr.—Februar	Frühling März—Mai	Sommer Juni—August	Herbst Sept.—November	Differenz
		In Prozenten				
Niederösterreich 1000—1873 (Hoernes) .	120	**35**·0	19·2*	25·8	20·0	15·8
Kärnten 1000—1877 (Hoernes) . . .	180	**42**·2	20·0	16·1*	21·7	26·1
Schweiz (Volger)	1230	**37**·5	25·6	11·5*	25·6	26·0
Rhônebecken, 16.—19. Jahrh. (Perrey)	182	**34**·1	17·6*	19·2	28·9	16·5
Rhein- u. Maasbecken, 9. Jahrh.—1844 (Perrey)	529	30·2	19·5	19·1*	**31**·2	12·1
Donaubecken, 5. Jahrh.—1844 (Perrey)	270	**28**·1	22·2*	24·8	24·8	5·9
Italien und Savoyen 4.—19. Jahrh. (Perrey)	1020	**30**·1	25·4	20·2*	24·3	9·9
Frankreich, Belgien und Niederlande 4. Jahrh.—1843 (Perrey)	656	**30**·5	20·3*	20·9	28·3	10·2
Orient (Türkei und Griechenland) 1200 bis 1873 (Schmidt)	2188	25·8	26·2	19·1*	**28**·9	9·8
Tokio 1876—78	129	27·9	**32**·6	17·0*	22·5	15·6
Neu-England 1638—1869 (Brigham)	231	**35**·1	19·9	18·9*	26·1	16·2
Valdivia (Chile) 1851—75	53	17·0*	**30**·2	22·6	**30**·2	13·2
Santiago (Chile) 1849—65	189	18·9*	27·9	**28**·8	24·3	9·9
Copiapo (Chile) 1862—77 (Falb) . .	501	24·0	**26**·5	23·7*	25·7	2·8
Nördl. Hemisphäre 800—1794 (Falb)	2750	**30**·2	23·6	22·0*	24·1	8·2
" " 1794—1842 "	2750	**27**·6	24·9	21·2*	26·3	6·4
" " 1850—57 (Kluge)	1810	25·3	22·7*	24·9	**27**·1	4·4
Südl. " " "	637	**28**·1	24·2	22·9*	24·8	5·2
Ganze Erde von den ältesten Zeiten an (Schmidt)	22149	**26**·6	26·0	22·5*	24·9	4·1
Ganze Erde 1874—80 (nach Fuchs) .	861	**33**·4	22·9	20·0*	23·8	13·4

den Niederschlägen in den Gebieten gleichmäßiger Verteilung: Die Ursachen sind immer vorhanden, aber in manchen Zeiten kommt ein gewisses Plus hinzu, das die Häufigkeit steigert. Freilich ist die Periodizität nicht überall die gleiche; aber im großen und ganzen scheinen doch die Monate der Sonnennähe erdbebenreicher zu sein, als die der Sonnenferne, wobei es freilich noch fraglich bleibt, ob eine vollständige Statistik dasselbe Resultat liefern würde. Man hat die Beben als Fluterscheinungen des heißflüssigen Erdkerns aufgefaßt, und Perrey suchte nachzuweisen, daß sie bei den Syzigien häufiger seien, als bei den Quadraturen. J. Schmidt kam aber zu einem wesentlich anderen Schlusse. Das Maximum tritt allerdings bei Neumond ein, aber ein zweites Maximum auch zwei Tage nach dem ersten Viertel; zur Zeit des Vollmondes (also ganz im Gegensatze zu dem Flutphänomen) nehmen die Beben ab und sind am Tage des letzten Viertels am seltensten. Zwar ist im Hinblick auf die Tidenbewegung der festen Erde (s. S. 162), die bei besonderer Stärke der fluterregenden Kräfte Spannungen in den oberen Teilen der Erdkruste zur plötzlichen und gewaltsamen Auflösung bringen kann, die Flutttheorie in der angedeuteten Beschränkung nicht kurzweg von der Hand zu weisen, aber ein alle Zweifel ausschließender Beweis ist dafür noch nicht erbracht worden. Noch geringeren Wert haben die Theorien von Poey und Delauney, von denen die erstere für einen Zusammenhang der Beben mit den Sonnenflecken eintritt, während die letztere sogar an einen Einfluß des Jupiter und Saturn uns glauben machen will.

Geographische Verbreitung der Beben.

§ 272. Wenn auch nach unseren jetzigen Erfahrungen die Erdbeben so sehr zum Haushalte der Natur gehören, daß sie als ein alltägliches Phänomen aufgefaßt werden müssen,[1] so sind sie doch nur in gewissen Gegenden sehr häufig und in anderen fehlen sie ganz (s. Karte XVII). In Europa werden besonders heimgesucht die drei südlichen Halbinseln, die Alpen und Pyrenäen, Ungarn, das deutsche Mittelgebirge, vor allem die Rheinlandschaften; die gebirgigen Teile von Frankreich, England und Irland. In Asien wird das Kaukasusgebiet, der Nordrand von Centralasien, Kleinasien, Persien und Syrien, das westliche Arabien, das Indus- und Gangesgebiet, Hinterindien, der malayische Archipel und Japan sehr häufig erschüttert. Afrika und Australien sind verhältnismäßig ruhig. Im pazifischen Ozean sind Neuseeland und die Sandwichinseln reich an Erdbeben, und in Amerika besonders die Westabdachung, wenn sie auch im Felsengebirge, in den Alleghanies nnd an der Küste von Venezuela häufig vor-

---

[1] 1850—57 wurden 4620 Beben beobachtet; es kommt also ein Beben auf durchschnittlich 15 Stunden.

kommen. Lima wurde zwischen 1586 und 1868 elfmal zerstört, und das Thal von S. Salvador wird in sehr bezeichnender Weise die Hängematte genannt.

Aus dieser kurzen Aufzählung ergiebt sich, daß Erdbeben besonders häufig und intensiv in Gebieten mit jungen Schichtenstörungen und den ihnen benachbarten Gegenden, hauptsächlich an den Bruchrändern der Gebirge und auf größeren Senkungsfeldern auftreten. Es sind dies bekanntlich auch die Verbreitungsbezirke der Vulkane; aber auch dort, wo solche noch thätig sind, dürfen nicht alle Beben als vulkanische aufgefaßt werden. Dafür spricht besonders der Umstand, daß selbst dort, wo man dies am meisten vermuten könnte, in den Andes, die linearen Erschütterungen vorwiegen.

Erdbebenarm oder völlig ruhig sind dagegen alte Gebirge, wie Skandinavien, Brasilien, das südafrikanische Plateau, die Australalpen; anderseits junge Meeresgebilde, wie die atlantischen Küstenlandschaften von Nordamerika oder das sibirische Tiefland, und endlich ausgedehnte Gebiete, die niemals eine Schichtenstörung erlitten haben, wie das europäische Rußland.

Merkwürdig ist das Vorkommen kleiner anscheinend erdbebenfreier Bezirke zwischen häufig erschütterten Gebieten. Heim ist der Ansicht, daß auch in diesen Ausnahmefällen Bodenbewegungen zwar stattfinden, aber in so geringem Grade, daß sie nicht fühlbar werden.

Die Hochebenen (Plateaus).

§ 273. Weitaus größer, als das Areal, welches die Faltensysteme einnehmen, ist die Fläche des ungefalteten Terrains. Dieses zeichnet sich orographisch durch verhältnismäßig geringe Höhendifferenzen benachbarter Punkte aus, d. h. es tritt uns als Ebene entgegen, und zwar je nach seiner Erhebung als Hoch- oder Tiefebene. Eine bestimmte Zahl als Grenze zwischen beiden Formen anzunehmen, wäre willkürlich; gefordert wird bei dem Begriff „Hochebene“ nur eine mehr oder minder bedeutende Erhebung über das umliegende Land oder über das Meer, wenn dieses die Grenze bildet; denn dadurch erhalten die Flüsse ein stärkeres Gefälle und rufen jene Erosionserscheinungen hervor, die wir in den folgenden Paragraphen kennen lernen werden. Ungefaltetes Terrain.

§ 274. Horizontale oder unmerklich geneigte Schichten von festem Gestein bilden Tafelformen. Selbst das Faltensystem des Karstes trägt, wie schon einmal erwähnt wurde (S. 303), größtenteils Plateaucharakter, weil die Falten sehr breit sind. Der Plattenjura (s. Fig. 109) besteht Schichtungsplateaus. Tafelformen.

aus denselben Schichten, wie der Kettenjura, nur ihre Tektonik ist verschieden; und dieselben Formationen, die in steilen Falten das Alleghany-Gebirge zusammensetzen, bilden in flach-muldenförmiger Lagerung die Basis des großen appalachischen Kohlenbeckens, das wir orographisch den Tafelländern zuzählen müssen. Derselbe Sandstein erscheint in der Südhälfte von Afrika bald als Tafelberg und Plateau, bald als zackiger, pittoresker Berggipfel; und die erstere Form ist stets an horizontale Schichtung, die letztere stets an steile Aufrichtung der Bänke gebunden.

Dislokationen kommen aber auch in Tafelländern vor, ja sie sind es zum größten Teile, welche die Details der Bodenbildung bedingen. Einfache Verwerfungen herrschen entschieden vor. Die Erhebung des Schneeberges in der sächsischen Schweiz (Fig. 127) über die Umgebung ist eine Folge des treppenförmigen Absinkens der östlichen Gebirgsglieder; dieselben Schichten, die dort eine Höhe von 724 m erreichen, liegen im Königstein nur 362 m über dem Meere. In noch anschaulicherer Weise zeigt

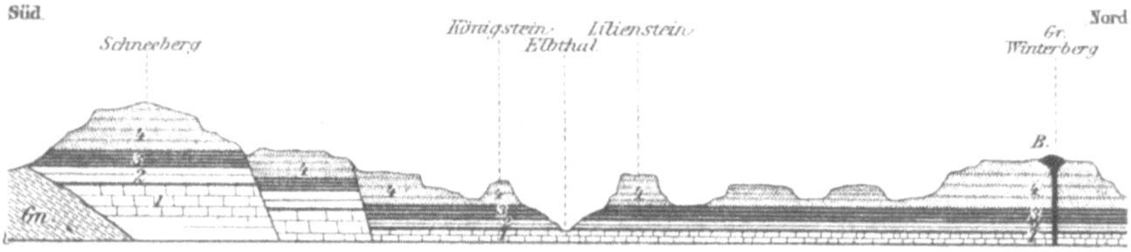

Fig. 127. Profil durch die Quadersandsteinbildungen der sächsischen Schweiz nach von Hochstetter.
Gn Gneis; *1* untere, *2—4* mittlere Quader, *B* Basalt.

uns das ausgedehnte Tafelland des Colorado den Zusammenhang zwischen den Dislokationen und den Hauptzügen der Terrainbeschaffenheit. Der leicht nach Süden geneigte Schichtenkomplex, der vom Carbon bis zum Eocän eine Mächtigkeit von ca. 3000 m besitzt, wird durch meridionale Sprünge von bedeutender Länge in eine Anzahl größerer und kleinerer Schollen zerlegt, von denen die einen ihr früheres Niveau beibehielten, die anderen sich senkten. Die größte Mannigfaltigkeit wird dadurch erzielt, daß das Maß der Senkung verschieden ist, und die Senkung bald auf der einen, bald auf der anderen Seite desselben Sprunges eintritt. Falten von großer Amplitude und einseitige Falten versetzen ebenfalls die Schichten in verschiedene Niveaus, ohne dem Charakter des Plateaus Eintrag zu thun. Auf diese Weise entsteht der bald stärker, bald schwächer ausgeprägte Terrassenbau der Tafelländer; der Abfall der Terrassen, der von unten gesehen, als Gebirge erscheint, ist entweder ein einfacher Schichtenbruch und dann gewöhnlich steil, oder eine Schichtenumbiegung. Der erstere

Fall scheint aber der weitaus häufigere zu sein. Im großen nordchinesischen Tafellande ist das, nordwestlich von Peking gelegene Nankóu-Gebirge ein ausgezeichnetes Beispiel einer einseitigen Falte, sonst überwiegen die Verwerfungen. In neun Stufen, die ebensovielen Brüchen entsprechen, steigt das Carbonplateau von Süd-Schansi über die östliche Tiefebene auf, und zwischen den Störungslinien zeigen die Schichten zum Teil Ansätze von Faltung. Im Osten des Fönn-ho erhebt sich aus den horizontalen Schichten der Steinkohlenformation die Gneißunterlage im wild zer-

Fig. 128. Seitencañons des Colorado nach Dana.

rissenen Kammgebirge Ho-schan. Fremdartige Erhebungen bilden auch vulkanische Gesteine, wie z. B. Basalt die Kuppe des großen Winterberges in der sächsischen Schweiz (Fig. 127).

Der zweite Hauptfaktor ist die Erosion, welche mannigfach verzweigte Thalsysteme schafft. Eine seltene Ausnahme bildet der Llano estacado in Nordamerika, eine wüste, völlig ungegliederte Sandsteinplatte von der Größe Bayerns und 970—1450 m hoch. Jenseit des Felsengebirges finden wir aber die großartigen Cañons des Coloradoplateaus (S. 269 u. Fig. 128), die, je nach der Widerstandskraft der Schichten, in U- oder V-Form in das Tafelland eingeschnitten sind. Sind die oberen Schichten härter als die unteren, so entstehen steilwandige Schluchten, die im Vergleich zur Ausdehnung des Plateaus nur als unbedeutende Risse erscheinen (s. Fig. 91, S. 270), während im umgekehrten Falle die Gehänge sanfter und meist stufenförmig sich abdachen. Zwischen nahe aneinander gelegenen Parallelthälern kann dann die einstige Hochebene zu einer schmalen Rippe zusammenschrumpfen; ist die Anzahl der Thäler im Verhältnis zur Größe des Tafellandes eine bedeutende, so löst sich dieses in ein Tafelgebirge auf. Das Quadersandsteingebirge der sächsischen Schweiz ist ein solches Erosionsprodukt. Fortschreitende Erosion modelliert aus dem Rücken des Tafelgebirges einzelne Tafelberge mit steilen, oft terrassenförmigen Abhängen und tischartig flacher Gipfelplatte. In Europa sind der König- und Lilienstein (s. Fig. 127) berühmte Beispiele. In Südafrika sind die aus Sandstein aufgebauten Tafelberge eine weitverbreitete

Fig. 129. Ambas in Abessinien.

charakteristische Form, die z. B. in den bogenförmig angeordneten Karree- und Praambergen südlich vom Garip gesellig auftritt. Kluftartige Thäler scheiden diese Hunderte von Bergen, deren Gipfel ohne Ausnahme ca. 300 m über der Hochebene liegen und deren Abhänge mit kolossalen Trümmern herabgestürzter Sandsteinmassen bedeckt sind. Das abessinische Hochland besitzt in seinen Ambas (Fig. 129) echte Tafelberge, und auch dem größten Tafellande der Erde, der Sahara, fehlen solche Zeugen einstiger Wasserarbeit ebensowenig wie die Thäler. In Neu-Mexiko nennt man diese Berge in bezeichnender Weise Mesas (Tische). Aber nirgends hat das fließende Wasser großartigere Spuren seiner Thätigkeit hinterlassen, als im Coloradoplateau (Fig. 128), besonders im Gebiet der leicht zerstörbaren eocänen Sandsteine und Mergel, wo das Seltsame jener phantastisch ruinenhaften Oberflächenformen, die unter dem Namen der „bad land erosion“ berühmt geworden sind, noch durch die lebhaften, häufig wechselnden Gesteinsfarben erhöht wird.

Schichtungsplateaus aus lockerem Material.

§ 275. Die Mannigfaltigkeit der Oberflächenbildung, die den Tafelländern eigen ist, fehlt jenen Hochebenen, deren Boden bis auf bedeutende Tiefen aus lockerem Material besteht. Aber auch hier ist der Boden selten völlig eben. Selbst auf der einförmigen, wagerechten Fläche des neukastilischen Plateaus kommen Hügel vor, die aus denselben horizontal gelagerten, weißgrauen Mergelschichten, wie das übrige Terrain, bestehen und somit von einer ausgedehnten Denudation Kunde geben. Das innere Siebenbürgen (520 m Mittelhöhe), aus flach gelagerten Sanden, Sandsteinen und Mergeln von neogenem Alter zusammengesetzt, besteht aus niedrigen Höhenzügen und weiten Thalmulden, so daß die einstige Oberflächenform, die wir uns als eine flache Mulde zu denken haben, völlig verwischt ist. In anderen Gegenden ist die Erosionsarbeit noch nicht soweit gediehen. Bis zu 200 m tiefe Thäler, von denen einige jetzt trocken liegen, durchfurchen den schwäbischen Theil der oberdeutschen Hochebene, aber die breiten Zwischenstücke haben ihren ursprünglichen Charakter gewahrt (Fig. 130). Die bayerische Hälfte ist ein einförmiges Flachland, und erst am Rande

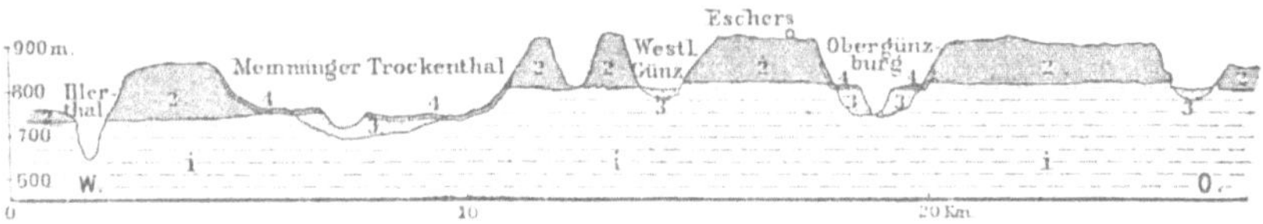

Fig. 130. Profil eines Teiles der schwäbischen Hochebene nach Penck.
1 Tertiär, *2* diluviale Nagelfluh, *3* unterer Glacialschotter, *4* Moränen.

der Alpen betreten wir ein abwechselungsreicheres niederes Hügelland: die Endmoränen der diluvialen Riesengletscher. Fremde Aufschüttungsmassen in der Form von Gebirgszügen und isolierten Bergen bedecken auch das mexikanische Plateau, nur sind sie hier vulkanischen Ursprungs.

Die Schichten, welche diese Hochebenen bilden, sind sämtlich Ablagerungen von Meeren oder Seen. Nirgends reichen sie über die Tertiärzeit hinauf, und ihre mehr oder minder lockere Beschaffenheit ist eben eine Folge ihrer geologischen Jugend. Die Plateaus von Alt- und Neucastilien waren in der Miocänzeit, ebenso wie das Ebrothal, Süßwasserbecken, in denen zu unterst Konglomerate, dann mergelige und endlich kalkige Schichten abgelagert wurden; nur stellenweise werden diese von diluvialen Kiesen und Sanden bedeckt. Sogenannter Diluvialtuff, bestehend aus Mergel, Thon und Sand, füllt die Einsenkungen des trachytischen und porphyrischen Gebirges in Mexico aus und bildet beckenartige Plateaus. Flach gelagerte tertiäre und diluviale Sedimente setzen die Hochebene am Nordfuß der Alpen zusammen; und ein Pendant dazu sind die aus diluvialen Geröll- und Sandmassen bestehenden Canterbury-Ebenen, die sich an der Ostseite der neuseeländischen Alpen sanft zum Meere abdachen. Sie gehen, wie die nordamerikanischen Prärien zwischen dem Felsengebirge und Mississippi, in alluviale Tiefebenen über, und nur der geognostische Unterschied kann hier zur Abgrenzung des Plateaus verwendet werden. Dem Auge erscheinen diese schiefen Ebenen als horizontal, weil der Anstieg außerordentlich langsam erfolgt. Die mittlere Neigung der oberdeutschen Ebene beträgt nur 0° 9½′ und ebenso sanft dacht sich das Prärienplateau ab. Geht man von Omaha gegen Westen, so steigt man nach Aughey auf je 161 km Länge zuerst unter einem Winkel von 0° 3½′, dann unter einem solchen von 0° 4½′ an, endlich steigert sich die Böschung auf 0° 5′ und zuletzt auf 0° 7′.

Ausfüllungsplateaus. § 276. Solche Gebiete, wie die eben geschilderten, sind im vorhinein zu Hochebenen prädestiniert, und man kann sie daher mit den Tafelländern

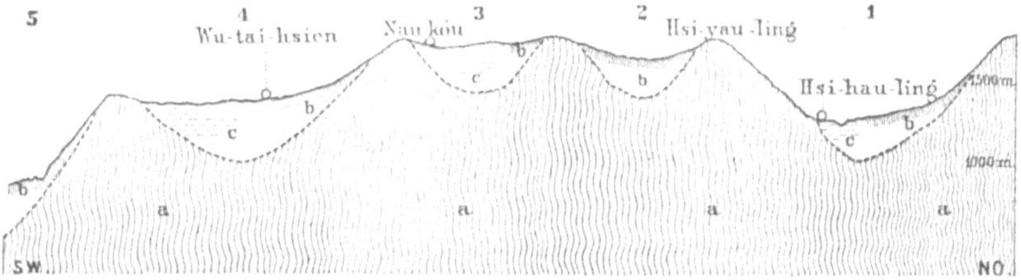

Fig. 131. Querschnitt der Lößbecken am Südfuß des Wu-tai-schan nach von Richthofen. Länge zur Höhe = 1 : 8.
a festes Gebirge, *b* Löß, *c* See-Ablagerungen.

unter der Bezeichnung „tektonische Hochebenen" oder „Schichtungsplateaus" zusammenfassen. Anders verhält es sich mit jenen Hochflächen, die der Ausfüllung von Depressionen in Gebirgsländern durch Steppengebilde ihre Entstehung verdanken. Ihre Verbreitung ist an klimatische Grenzen gebunden: nur dort kommen sie vor, wo die geologische Kraft des Windes zur unumschränkten Herrschaft gelangt, d. h. in trockenen Gegenden, oder in solchen, die früher regenärmer waren, als jetzt (vgl. S. 287). Die Beckenform ist ihnen eigentümlich. von Richthofen schildert die Lößmulden des nördlichen Teiles der chinesischen Provinzen Tschili und Schansi in folgender Weise: „Fast eine jede der großen Einsenkungen, wenn wir sie von einer Höhe überblicken, hat die Gestalt eines Steppenbeckens, indem eine Vertikalebene die Oberfläche in einer Kurve von der Form eines zwischen den beiden Gehängen schlaff gespannten Seiles durchschneiden würde (s. 2 und 3 in Fig. 131). Der Höhenunterschied zwischen den Rändern und der Mitte beträgt oft mehrere tausend

Fuß; aber die Abdachung ist so allmählich, daß das Auge sich keine Vorstellung von der Größe dieser Differenzen machen kann. Zunächst den Gehängen ist der Neigungswinkel am größten; gegen die Mitte hin nimmt er immer langsamer ab, bis sich der diesseitige mit dem jenseitigen Abfall in einer Ebene begegnet. Der obere Muldenrand geht bald unmittelbar durch Anhäufungen von eckigem Schutt in den aus festem Gestein bestehenden trennenden Gebirgsrücken über, bald lehnt er sich an Felswände, welche noch hoch darüber aufragen. ... Neben diesen normalen Formen treten auch einseitige Lößmulden (1, 4 und 5 in Fig. 131) auf, bei denen die lange, geschwungene Abdachung sich nur von Einer Flanke herabzieht, und wo von dem tiefsten Teil derselben entweder eine durch Seeausfüllung entstandene, beinahe vollkommene Ebene bis an das jenseitige Gehänge hinanreicht, oder eine schmale Lößaufschüttung den zweiten Muldenflügel gewissermaßen nur andeutet. In allen solchen Fällen, soweit ich deren beobachtet habe, ruht der ausgebildete Muldenflügel auf einer im Durchschnitt sanft geneigten Fläche des unterliegenden Gesteins, während der rudimentäre Teil, oder der ebene Boden, an eine steile und im Verhältnis sehr hohe Felswand grenzt." Solche Lößländer sind in China die Provinzen Schansi, Nord-Tschili und Honan, aber noch allgemeiner ist der Löß in Schensi und Kansu, wo er den eigentlichen Boden bildet und ihm Form und Farbe giebt. Eine Fläche von der Größe des Deutschen Reiches trägt hier eine fast kontinuierliche Lößdecke. Abflußlose Ausfüllungsplateaus sind das tibetanische Hochland, das höchste Plateau der Erde (4000—4600 m Seehöhe), die iranische Hochebene und die Wüstenbecken von Utah und Nevada, wo nach Pošepny's Schilderung meridionale Gebirge aus primären und Eruptivgesteinen und von ca. 1000—1800 m relativer Höhe mit Muldenthälern wechseln, die oft über 20, manchmal sogar an 30 km breit sind und aus nahezu horizontalen, jungen, vorwaltend recenten Ablagerungen bestehen.

In den abflußlosen Gebieten sind die Ausfüllungsbecken monotone, ungegliederte Flächen; wo aber mit einer Klimaänderung das fließende Wasser seine Thätigkeit zu entfalten begann, verbindet sich die größte Einförmigkeit mit einer „endlosen Mannigfaltigkeit der Ciselierung". Ein labyrinthartiges System von Thälern durchschneidet die chinesischen Lößplateaus nach allen Richtungen; die Wände sind infolge der Neigung des Lößes zu vertikaler Zerklüftung senkrecht oder sogar überhängend, und verlaufen dort, wo horizontale Lager von Mergelknollen eine scheinbare Schichtung hervorrufen, in regelmäßig zugehackten Terrassen (Fig. 132). Einzelne Pfeiler lösen sich von den Lößmassen los, den Tafelbergen gleichend, wie die Lößthäler den Cañons. Entlang den Verkehrswegen schafft auch der

Wind Hohlwege, wo Karrenräder oder der Huf der Tiere den Boden gelockert hat.

Eine kombinierte Hochebene ist der nördliche Teil von Centralasien. An der Stelle des heutigen Tarimbeckens und der Wüste Gobi dehnte sich seit dem Ende der Kreideperiode ein Meer aus, das durch die Dsungarei

Fig. 132. Aussicht auf Lößschluchten durch eine Öffnung in der Wand eines Hohlweges am Paß Han-sin-ling in Schansi nach von Richthofen.

mit dem aral-kaspischen Meer in Verbindung stand und dann, als das Klima immer trockener wurde, der Verdunstung anheimfiel. Marine Sedimente bilden die Bodenunterlage, über der sich atmosphärische Niederschläge ausbreiten. Auch in den nordamerikanischen Prärien bedeckt der Löß horizontale Schichten, die nach Newton nur in vereinzelten Fällen Niveauveränderungen seit der paläozoischen Zeit erlitten haben.

Die Tiefebenen.

§ 277. Noch ausgedehnter, als die Hochebenen, sind die Tiefländer. In Europa entfallen auf diese Terrainform nach H. Wagner 68, in Südamerika 66, in Nordamerika 55 und in Asien 37 Prozent des Areals. Es dürfte somit nahezu die Hälfte der ganzen Festlandsoberfläche Tiefebene sein: eine Thatsache von außerordentlicher Bedeutung, wenn wir bedenken, wie sehr das Tiefland, besonders in höheren Breiten, verdichtend auf die Bevölkerung wirkt.[1] Und gerade nördlich vom 50. Parallel herrscht es entschieden vor. Wir bezeichnen dieses große, zusammenhängende Tiefland, das sich in beiden nördlichen Festländern vom atlantischen Ozean bis zu den pazifischen Hochländern und bis zu den Küsten des Eismeeres erstreckt, im Gegensatz zu den zerstreuten Tiefebenen als das kontinentale. In der alten Welt gehören dazu die sibirische, aral-kaspische, russische und norddeutsche Tiefebene. Der Entwickelungsgang dieser einzelnen Teile ist wesentlich verschieden. Der ungeheure Raum zwischen dem Ural und Altai, dem Eismeer und Aralsee ist ein einförmiges Flachland, nur mit einigen niederen Hügeln und breiten Höhenzügen von ca. 50 m relativer Erhebung bedeckt. Etwa 100—150 km östlich vom Ural und ebensoviel westlich vom Altai findet man das letzte anstehende feste Gestein; der ganze übrige Boden besteht aus horizontalen Schichten von Sand, Lehm, Thon und anderen lockeren Massen. Die Seehöhe des südöstlichen Randes schwankt zwischen 147 m (Krasnojarsk am Jenissei) und 238 m (Balchasch-See). Gegen Westen wird die Entfernung vom Meeresspiegel immer geringer: der Aralsee liegt nur noch 48 m über demselben und das Niveau des Kaspisees und seiner nördlichen Umgebung sinkt sogar bis zu 26 m unter denselben herab. In der mittleren Neogenzeit war dieses Tiefland der Boden eines großen Meeres, das sich vom arktischen Gestade über das Ob-Jenissei-Gebiet, die aral-kaspische Niederung, die pontischen Küstenländer, die Walachei, Siebenbürgen und Ungarn bis Wien erstreckte. Infolge von Niveauveränderungen und einer Verschlechterung der Klimas im Sinne zunehmender Trockenheit begann jener Zusammenschrumpfungsprozeß der großen Wassermasse, der bis in unsere Tage fortdauert. Die westlichen Länder wurden allmählich trocken gelegt; die Verbindung mit dem Eismeer beschränkte sich auf einen schmalen Kanal und wurde endlich ganz aufgehoben; der südliche Binnensee löste sich in eine Reihe von Seen auf, von denen der Pontus, der später ein Glied

Verbreitung des Tieflandes. Das kontinentale Tiefland der alten Welt.

[1] In den Vereinigten Staaten von Amerika wohnen nach Blum unter 450 m (ca. 44 Prozent des ganzen Areals) 93·4 Prozent der Gesamtbevölkerung.

des Mittelmeeres wurde, der kaspische und Aralsee die größten sind. Diluviale Süßwasserseen mögen auch in Westsibirien bestanden haben. Die Ablagerungen dieser Gewässer bilden also im asiatischen Teile des kontinentalen Tieflandes den Boden; im abflußlosen Becken beginnen bereits auch atmosphärische Niederschläge sich auszubreiten. Das nördliche Sibirien ist aber ebenso, wie das nördlichste Rußland jüngst gewonnener Meeresboden.

Der Austrocknungsprozeß, von dem oben gesprochen wurde, läßt sich aber bis gegen das Ende der Jurazeit zurückverfolgen. Die Nordhälfte von Rußland besitzt weder Kreide- noch Tertiärablagerungen. Diese ausgedehnte Erdscholle ist eine der merkwürdigsten Gegenden. Von jeher war sie zum Flachland bestimmt. Alle Formationen vom Silur bis zum Jura ruhen — mit einigen wenigen, rein lokalen Ausnahmen — horizontal oder nur wenig geneigt, auf granitischer Unterlage, die in St. Petersburg und südwestlich von Nowopawlowsk im Gouvernement Woronesch erbohrt wurde und im südlichen Rußland in den Flußthälern wieder zu Tage tritt. Keine Faltungen, keine großen Verwerfungen störten hier den Schichtenbau. Endlos breitet sich die Ebene aus, nur unmerkliche Erhebungen scheiden die Gewässer, und nur die Waldaihöhe bringt einige Abwechselung in das einförmige Bild. Dasselbe gilt auch von dem größten Teil Südrußlands und Polens, das aber noch von Kreide- und Tertiärschichten bedeckt wird. Die Verbreitung des diluvialen Grusses mit eingestreuten erratischen Blöcken zeigt Taf. XIII: jenseit seiner Grenzen breitet sich die Schwarzerde, deren Fruchtbarkeit Südrußland den Ruhm einer Hauptkornkammer Europas verdankt, als ein mehrere Meter mächtiges Oberflächengebilde aus (vergl. S. 286).

Der einfache Bau der osteuropäischen Ebene erleidet aber im Kohlengebiet am Donetz eine bedeutsame Unterbrechung. Hier ist das Flachland erst das Produkt eines späteren Entwickelungsstadiums, denn die karbonischen Schiefer, Sandsteine und Kalksteine sind nach Cotta in steile, ostwestlich streichende Falten gelegt. Aber horizontale Kreide- und Tertiärschichten verhüllen dieses unterirdische Gebirge, wenn auch nicht bis zu völliger Unkenntlichkeit, indem die Sättel der Karbonfalten als geradlinige, niedere Vorsprünge oder Leisten an der Oberfläche sich bemerkbar machen und dieser einen flach-welligen Charakter verleihen.

Wieder anderen Verhältnissen begegnen wir in der norddeutschen Diluvialebene. Soweit man bei Bohrungen den Untergrund untersuchte, fand man alle Formationen von der Dyas bis zum Tertiär, wenn auch nicht lückenlos, vertreten. Unmittelbar unter dem Diluvium liegen im Westen Miocän und sekundäre Formationen, in der Mitte und im Osten die oligocäne Braunkohlenstufe. Die diluvialen Ablagerungen bestehen zum Teil aus der ungeschichteten festgebackenen Grundmoräne des großen Binneneises: sandigen, thonigen oder lehmigen Gebilden, je nach dem Untergrund, dem sie ihrer Hauptmasse nach entstammen, und Gesteinsstücke von verschiedenster Größe enthaltend; zum Teil aber aus geschichtetem Sand, Geröll und Thon. Endmoränen bilden unregelmäßig verteilte, oft mit Geschiebeblöcken bedeckte Erhöhungen, zwischen denen das atmosphärische Wasser zu Seen sich ansammelte. So entstanden jene Hügel- und Seenlandschaften des nordöstlichen Deutschlands, deren Reize unsere durch die Alpen verwöhnte Generation so häufig verkennt.

Die größte mittlere Mächtigkeit des Diluviums beträgt nach Lossen's Angabe im nordöstlichen Deutschland 126 m. Wir entnehmen daraus, daß trotz mehrfacher Störungen der tertiären Unterlage der vorglaciale Boden von Norddeutschland im großen und ganzen eine flache Gestalt besessen haben muß, denn mächtige Höhenzüge müßten jetzt noch aus der Diluvialdecke sich erheben. Im einzelnen haben aber die Glacialablagerungen jedenfalls nivellierend gewirkt, denn die Differenz zwischen der größten und geringsten Tiefe derselben beträgt nach Lossen auf dem Fläming bei Zahna 96·2, bei Rüdersdorf 128·7, bei Hamburg 105·2 und bei Stettin 28·8 m.

§ 278. Einen kontinentalen Charakter besitzt wegen seiner großen Ausdehnung auch das südamerikanische Tiefland, dessen drei Hauptteile, die Orinoco-, Amazonas- und patagonisch-argentinische Ebene so miteinander verschmelzen, daß die Gebirgsländer völlig isoliert sind. Diese waren noch — wie die Tiergeographie nachweist — zu einer Zeit, als die heutige Lebewelt sich entwickelte, insular, und ihre kontinentale Vereinigung trat erst infolge der Trockenlegung des Tieflandes ein. Nähere Details über die Entstehungsgeschichte desselben sind uns derzeit freilich noch nicht bekannt. Die Amazonas-Ebene scheint nach den bisherigen geologischen Untersuchungen ein fluviatiles Aufschüttungsgebiet zu sein, eine kolossale Deltabildung, deren Anfänge bis in die Eocänperiode zurückreichen. In der argentinischen Ebene lagert unter dem ca. 1 m mächtigen Alluvium die sog. Pampasformation, eine rötliche Mergel- oder Lehmschicht mit Resten diluvialer Landsäugetiere, die ihren ganzen Charakter nach dem Löß entspricht. Horizontales Tertiär, das noch nirgends durchsunken wurde, bildet den Untergrund; für die Annahme, daß es auf krystallinischem Gestein ruht, spricht der Umstand, daß Gebirge von solcher Zusammensetzung inselartig aus den jüngeren Schichten auftauchen. In Patagonien tritt das Tertiär, durch keine diluviale Decke verhüllt, zu Tage.

Das südamerikanische Tiefland.

Die peripherischen und buchtenförmigen Tiefebenen.

§ 279. Die übrigen Tiefländer liegen teils im Innern der Kontinente, von älteren Gebirgen umrahmt, teils umsäumen sie die Festländer und Inseln mit Ausnahme derjenigen Stellen, wo das Gebirge unmittelbar an das Meer herantritt, und bilden so einen Übergang zur Flachsee. Zur letzteren Gattung, den peripherischen Tiefländern, gehören vor allem die Küstenebenen, meist alluviale Bildungen, die entweder durch Anschwemmungen des Meeres und der Flüsse, oder durch moderne Niveauveränderungen geschaffen wurden. Nordsibirien und das nördlichste Rußland sind solche peripherische Ansätze an das kontinentale Tiefland. In der Regel sind sie schmale Landstreifen, die nur in den vorgeschobenen Deltas weiter in das Meer hinausgreifen. Eine bemerkenswerte Ausnahme macht jene Küstenebene, die das atlantische und Golfgestade der Vereinigten Staaten umzieht, und an deren Zusammensetzung auch Tertiärschichten teilnehmen. In Georgia unterscheidet Lyell drei Terrassen. Die unterste, durchschnittlich 3—6 m hoch und aus Sand und Thon bestehend, ist alluvialen Ursprunges. Ihre Breite nimmt von Norden nach Süden und Westen zu: sie beträgt in Nord-Karolina 10—15, in Georgia ca. 30, am Sabine 50, in Texas bis 160 km. Die beiden oberen Stufen sind eocän; sie besitzen in Georgia eine Höhe von ca. 25, beziehungsweise 45 m, und eine Breite von je 30 km. Ein Teil dieser Küstenebene ist die Halbinsel Florida, von der schon auf S. 209 ausführlicher die Rede war.

Der Beckenform nähern sich jene peripherischen Tiefebenen, die buchtenförmig in das Festland eindringen. Das chinesische Flachland wird von Richthofen als ein Teil eines ausgedehnten Einbruchskessels bezeichnet, der durch fluviatile Anschwemmungen, besonders des Hoangho, ausgefüllt wurde. In der darauffolgenden Trockenzeit wurde eine Lößdecke geschaffen, von der einzelne Reste noch vorhanden sind; und noch jetzt rückt das Tiefland durch Deltabildung und negative Niveauverschiebung immer mehr in das Meer hinaus. Während sich hier Tief- und Hochland in einem Winkel mit fast schnurgraden Schenkeln berühren, ist in der Poebene die Buchtenform, die durch den Gebirgsbogen vorgezeichnet ist, besonders scharf ausgeprägt. Die alpinen und apenninischen Flüsse haben mit ihren Geröllmassen einst diesen Golf ausgefüllt und erhöhen und vergrößern noch fortwährend das Land. Die recente Bildung hat auch hier Dreieckgestalt; die Eckpunkte liegen bei Rimini, Piacenza und Udine. Die übrige Ebene stammt aus der Diluvialzeit. Zwischen dem Himalaya und der Dekanhalbinsel verschmilzt die Indus- mit der Gangesbucht zu einer einzigen Ebene. Marines Eocän wurde vom Indus gegen Osten bis Kamaon und dann wieder in Assam nachgewiesen, und dürfte wohl auch in dem Zwischenraume den Untergrund bilden; jüngere Meeresablagerungen fand man aber nur im Sindh und am Fuß des Garrogebirges in Bengalen, und nichts berechtigt uns zu dem Schlusse, daß noch in der Quartärzeit an der Stelle der Ebene die See flutete. In größerer Entfernung vom Rande erreichten die tiefsten Bohrlöcher (bei Umballa 214 m) nur junge Flußablagerungen, und selbst in Kalkutta wurde aus einer Tiefe von 140 m kein marines Fossil zu Tage gefördert. Alles weist darauf hin, daß der größte Teil der indischen Tiefebene schon zu Ende der Tertiärzeit als Land bestand, und daß mit seiner allmählichen Senkung die Aufschüttung der Flußsedimente gleichen Schritt hielt.

§ 280. Zu den ausgezeichnetsten Beispielen binnenländischer Tiefebenen gehören die drei sich stufenförmig übereinander erhebenden Donauebenen: das Wiener, ungarische und walachisch-bulgarische Becken. Das letztere zeigt zwar auf hypsometrischen Karten mehr Buchten- als Beckenform, denn das Dobrudscha-Gebirge ist isoliert, und breit öffnet sich das Die binnenländischen Tiefebenen (Becken).

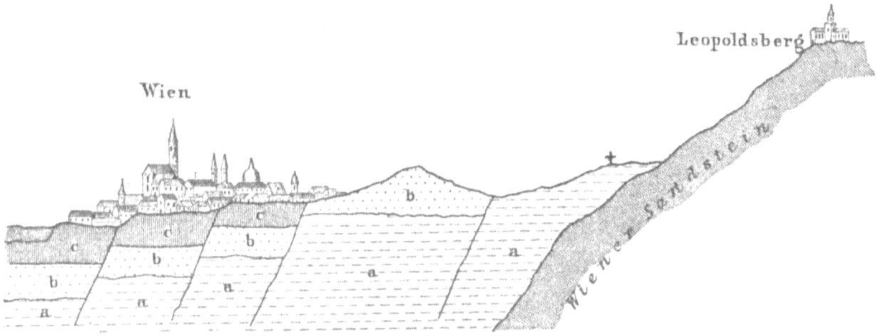

Fig. 133. Profil des Wiener Beckens (Westhälfte) nach Karrer.
a Marine, *b* sarmatische, *c* Kongerienstufe der Neogenformation (Tegel, Sand u. Schotter).

Thor zwischen diesem und den Karpathen, aber der Löß stellt sowohl in der Dobrutscha, wie nördlich von der Donau eine vollständige Umrahmung des Alluvialbodens her. Wie geographisch, so sind diese Becken auch entwickelungsgeschichtlich auf das innigste mit einander verknüpft. In der früheren Neogenzeit ein Glied des großen osteuropäisch-aralischen Meeres (s. S. 353) wurden sie hierauf in einzelne große Seen aufgelöst, die die einmündenden Flüsse allmählich aussüßten, bis Ausfüllung mit Flußsedimenten und zunehmende Trockenheit des Klimas die großen Seen in kleinere Wasseransammlungen zerteilte und auch diese endlich verschwinden machte. Marine, brackische, Süßwasser- und endlich atmosphärische Ablagerungen füllen also die Senkungsfelder im Süden des karpathischen Bruchrandes (ungarische Ebene) und im Osten der Bruchränder der Alpen und des böhmischen Massivs (Wiener Becken mit der Marchniederung) aus. Im Wiener Becken haben spätere Verwerfungen und Denudation den orographischen Charakter zwar nicht gestört, aber die Anordnung der Schichten insofern beeinflußt, als nun vom Rande gegen das Innere des Beckens zu immer jüngere Bildungen auf einander folgen (Fig. 133). In der ungarischen Niederung tritt das Neogen nur an der Peripherie zu Tage, dann folgen, gegen das Innere immer mehr an Mächtigkeit zunehmend, diluviale Wasserablagerungen, von Löß und Flugsand bedeckt. Bei einer Brunnenbohrung im Pester Stadtwäldchen fand man bis 449 m Tiefe Sand und Schotter, dann eine, 325 m mächtige Thonschicht, und erst in 917 m Tiefe Dolomit, der am Dreihotter Berg nordwestlich von Altofen zu Tage tritt und dann unter der Donau verschwindet. Dieses lehrreiche Profil, welches Zsigmondi entworfen hat, giebt uns eine Vorstellung von der großartigen Senkung am Innenrande der Karpathen und von der Mächtigkeit des lockeren Materials, welches die Ebene zusammensetzt.

Oberflächengestaltung der Diluvial- und Alluvialniederungen.

§ 281. Wie unsere bisherige Darstellung ergiebt, sind die meisten Tiefebenen diluvialen und alluvialen Ursprungs. Die vorwiegend horizontale Lagerung und geringe Festigkeit des Materials schließen raschere Terrainwechsel und schroffere Formen aus. Mannigfaltiger sind die Moränenlandschaften, wie auf den norddeutschen Seenplatten oder am Ausgange der großen alpinen Querthäler in der Poebene. Einzelberge und Gebirge, die stellenweise die Einförmigkeit der Niederung unterbrechen, sind entweder Eruptivgebilde (z. B. der Kaiserstuhl in der oberrheinischen Ebene oder die Euganeen bei Padua) oder sog. Klippen, d. h. hervorragende Teile unterirdischer Gebirge, die mit benachbarten Erhebungen zusammenhängen. Der Liebschützer Berg bei Strehla a. d. Elbe, der Koschenberg bei Senftenberg sind ein paar naheliegende Beispiele für isolierte Klippen. Wichtiger sind die größeren Gebirgsinseln, wie die alpinen Ausläufer in der ungarischen Ebene (s. S. 306), die Sierren westlich von Cordoba in Argentinien, das Hwai-Gebirge und Schantung im chinesischen Tiefland, die Kreidehügelzüge in der kaspischen Niederung, vor allem das große, aus horizontalen Jura-, Kreide- und Miocänschichten aufgebaute Ust-Urt-Plateau. Felsige Inseln werden durch die Anschwemmungen des Meeres und der Flüsse dem Lande einverleibt und ragen dann als Berge oder Gebirge aus der Ebene hervor.

Das deutsche Tiefland erscheint auf den ersten Blick als eine gegen Nordwesten sich abdachende schiefe Ebene, eine nähere Betrachtung zeigt aber eine mannigfaltigere Gliederung. Zwei, sehr passend als Landrücken bezeichnete Erhebungen schließen eine breite Thalniederung mit unmerklichen Wasserscheiden ein. Der südliche Landrücken zieht aus Schlesien gegen Nordwesten; der Fläming und die Lüneburger Heide sind seine westlichen

Ausläufer. Parallel damit zieht das Oderthal bis zur Mündung der Neiße, das Spreethal und die untere Elbe von der Havelmündung angefangen. Von dem nördlichen Landrücken folgt die Mecklenburger und die holsteinische Seenplatte dieser Streichrichtung, während das pommersch-preußische Plateau gegen ONO. gerichtet ist. Ihm entspricht jenes Thal, das sich von den südpreußischen Sümpfen über die Drewenz-, Netze- und Warthebrüche bis zu den Potsdamer Havelseen erstreckt und hier mit dem nordwestlichen System zusammenstößt. Eine solche Anordnung, die wir auch im deutschen Mittelgebirge wiederfinden, läßt sich nur auf tektonische Verhältnisse zurückführen, die in der Unterlage des nur lokal gestörten Diluviums gesucht werden müssen. Für die subsercynische Bucht im Norden des Harzes konnte Lossen nachweisen, daß die heutigen Thäler weit in die geologische Vorzeit zurückreichen, und in ihrer Richtung durch den Wellenbau der Sekundärformationen bedingt sind. Auch die mittlere Tiefe der Diluvialdecke scheint auf das vorglaciale Alter der Landrücken hinzuweisen, denn sie beträgt an der pommerschen Küste und auf Seeland —39·1, im Binnenlande von Posen und Preußen +38·1, zwischen Hamburg und Berlin —23·4 und auf dem Fläming +42·4 m.

Die hypsometrischen Gegensätze wurden hier freilich durch die Erosion noch verschärft. Obwohl die Wirkungen der fließenden Gewässer im Tiefland wegen des geringen Gefälles nicht so gewaltig sind, wie in manchen Plateaulandschaften, so sind sie doch immerhin orographisch bedeutsam. Alle Diluvialniederungen werden von Thälern zerschnitten, in denen moderne Bildungen zur Ablagerung gelangen, so daß das Alluvium tiefer liegt als das Diluvium. So ist es in Norddeutschland, in der lombardisch-sardinischen Ebene, in Niederungarn. Der Diluvialrücken, der die Theiß von der Donau trennt, liegt 30—150 über dem Spiegel der letzteren, und das Lößplateau westlich von der Donau hat sogar eine Seehöhe von 150—300 m, während sich die Thalniederung zwischen Waitzen und Titel nur von 99—69 m senkt. Auch in der Gangesebene unterscheidet man das Hochland aus altem Alluvium (Bhángar) von den mit jungen Alluvionen bedeckten Thalniederungen (Khádar), die 15—60 m tiefer liegen. Selbst im Mündungsland findet man Bhángar, wenn auch von beschränkter Ausdehnung; dagegen fehlt es in Assam und im Pandschab.

§ 282. Viel mannigfaltiger gestaltet sich die Oberfläche in jenen Tiefländern, die aus älteren Schichten von festerer Beschaffenheit bestehen. Rußland ist zwar trotzdem ein einförmiges Flachland, aber in vielen seiner tief eingeschnittenen Felsenthäler trägt es echten Plateaucharakter. Besonders scharf tritt dies am Unterlauf der Wolga hervor, wo das rechte Berg- und linke Wiesenufer schroffe Gegensätze bilden. Von Simbirsk ab bildet

Oberflächengestaltung der älteren Tiefländer.

sie eine Formationsgrenze, im Westen thürmen sich die Kreide- und Tertiärschichten auf den älteren Schichten auf, im Osten liegt Trias und dann die junge kaspische Bildung. Gerade von Simbirsk ab steigt auch das Bergufer über 200 m an und kulminiert mit 352 m, während der Wolgaspiegel nur wenige Meter über dem Meeresniveau liegt und vom 50. Parallel ab sogar unter dasselbe sinkt. Bei Zarizyn verläßt der Fluß das Bergufer, aber dieses setzt sich mit ungemilderter Steilheit genau an der Formationsgrenze geradlinig nach Süden fort. Im nordfranzösischen Tiefland umsäumt ein Kreiderücken, der in der Champagne über 200 m Höhe hat und an der Küste noch allgemein mehr als 100 m über der See liegt, an einer Stelle sogar 241 m erreicht, das Pariser Tertiärbecken. Im Osten fällt dieses mit einem Steilrand gegen die Kreidefläche ab. Die Flüsse haben tiefe Thäler eingegraben (Auxerre 99, Yonne-Mündung 46, Paris 25 bis 30 m hoch), und die Gipsstufe wurde durch die Erosion in eine Reihe von Hügeln aufgelöst, die das Seinethal von Montigny und Montmorency bis über Triel hinaus beherrschen. Einförmig sind dagegen die südlich angrenzenden Miocänebenen der Beauce und Sologne, deren ursprüngliche Unebenheiten durch quatärnären Sand ausgeglichen wurden.

Durch reizvolle Abwechselung zeichnet sich das englische Tiefland aus. Mit wenigen Ausnahmen sind hier die Lagerungsverhältnisse der Schichten von der Triasformation angefangen ungestört (Fig. 134). In westöstlicher

Fig. 134. Geologisches Profil von England nach Ramsay.

Richtung folgen hier auf einander: das aus primären Gesteinen bestehende Gebirge, die aus Trias und Lias zusammengesetzten Ebenen, welche vom Severn, Mersey, Trent und Ouse bewässert werden: dann das Juraplateau, das sich von den Cotswold Hills über das sog. centrale Tafelland und die Lincoln-Höhen nach Norden erstreckt; endlich das winkelförmige nach Osten geöffnete Kreideplateau (Marlborough- und Chilternhügel, die ostanglikanischen Höhen, die Lincoln- und York Wolds), welches das Eocänbecken von London einschließt. Beide Plateaus, die steil nach Westen und sanft nach Osten abfallen, hielten nur wegen der Festigkeit ihres Materials der Denudation Stand, wenn auch nicht ganz. Denn einst bedeckten Jura und Kreide auch die Trias im Westen, wo sie aber bis auf wenige Überreste verschwanden, und ihre westlichen Steilränder sind nur ein Produkt der zerstörenden Kräfte. Auf diese Weise erklärt sich nach Ramsay auch die Thalbildung der Themse, deren Quellgebiet niedriger liegt, als das Kreideplateau, welches sie durchbricht. Die Erosion begann offenbar schon damals, als die Kreide noch bis an den Ursprung dieses Flusses hinaufreichte. Auch innerhalb der westlichen Niederungen bedingen petrographische Unterschiede die Bodenformen; die Konglomerate des Buntsandsteines, die harten Keupersandsteine, die Mergelgesteine des mittleren Lias bilden Erhöhungen. Endlich wirkten auch Dislokationen mit, um das englische Tiefland mannigfaltiger zu gestalten, indem die Wealdenformation zu einer sanften Antiklinale sich faltete, die jetzt als flacher Landrücken die Londoner Niederung im Süden abschließt.

§ 283. Zum Schlusse sei noch der Depressionen gedacht, jener Teile der Festlandsoberfläche, die unter dem Meeresniveau liegen. Fast die Hälfte des Königreiches der Niederlande (14.757 qkm) würde von der See dauernd überflutet werden, wenn es nicht durch Dämme geschützt wäre. Auch die Umgebung der Dollartbucht und einzelne Teile der toskanischen Maremmen gehören zu den Depressionen. In Afrika liegen solche im Süden des Atlassystems und des miocänen libyschen Plateaus. Eine Hügelkette von 47 m Höhe trennt das Schott el Dscherid, das noch 15—20 m über der See liegt, von dem Golf von Gabes; dann folgen gegen Westen, durch Bodenschwellen von 10—50 m von einander und vom früher genannten Schott getrennt, die Depressionen der Schotts Gharsa (— 10 bis — 20 m) und Melghigh (— 30 m). Soweit könnte das Meer in die tunesisch-algerische Wüste hineingeleitet werden: ein Projekt, das jetzt die französischen Geographen und Techniker lebhaft beschäftigt. Auch das zweite saharische Depressionsgebiet besteht nur aus vereinzelten Senkungen, von denen die Aradsch-Oase (— 75 m) die tiefste ist. Beträchtlich tief (— 185 m) liegt die Oberfläche des Assalsees, eines abgetrennten Golfes des roten Meeres. In der nordamerikanischen Mohavewüste sinkt das Todesthal (Death Valley) bis 33 und das Coahuillathal sogar bis 90 m unter den Seespiegel. In Guyana ist die Gegend um Georgetown im Umkreise von mehreren Kilometern ein Depressionsgebiet. Das ausgedehnteste und das tiefste Senkungsfeld besitzt aber Asien. Das ausgedehnteste ist der Kaspisee und seine nördliche Umgebung bis zum 50. Parallel, das tiefste ist das Ghor, jenes lange und breite Verwerfungsthal, das der Jordan durchfließt. Der Meromsee liegt noch 83 m über dem Niveau des mittelländischen Meeres, der Tiberiassee aber bereits 212 und das tote Meer 394 m unter demselben. Dann steigt der Boden im Wadi el Araba wieder über die Seehöhe. Depressionen.

Die Flüsse.

Einteilung der Flüsse.

§ 284. In den innigsten Beziehungen zu den Oberflächenformen stehen die Flüsse und Seen, das belebende Element der Landschaft. Man kann die Flüsse nach verschiedenen Gesichtspunkten einteilen. Die in das Meer mündenden nennt man marine, im Gegensatze zu den kontinentalen, die das Meer nicht erreichen. Als normal gebaute Flüsse kann man jene bezeichnen, bei denen Ober-, Mittel- und Unterlauf gleichmäßig ausgebildet sind, und nur einmal vorkommen, während bei den anormalen einer der drei Teile wenig entwickelt ist oder ganz fehlt, wie bei den Wildbächen der Mittel- oder bei den reinen Niederungsflüssen der Oberlauf, oder bei jenen Bächen, die direkt in das Meer oder in einen See sich stürzen und deren Schuttkegel noch nicht die Wasserfläche erreicht hat, der Mittel- und Unterlauf. Einen anormalen Bau zeigen auch jene Flüsse, bei denen die drei Teile mehrmals sich wiederholen, wie beim Rhein oder bei der Donau, vor allem aber bei den afrikanischen Strömen, die sich durch Wasserfälle in ihrem Unterlauf auszeichnen. In bezug auf das Verhältnis der Flußrichtung zu der der Wasserscheide kann man Quer- und Längsflüsse unterscheiden. Beispiele von Querflüssen, die mehr oder weniger senkrecht zur Wasserscheide stehen, sind die sibirischen Ströme oder die Flüsse von Norddeutschland; zur zweiten Kategorie gehören z. B. Donau und Ganges, die nahezu parallel mit der Wasserscheide fließen.

Verteilung der Flüsse. Wasserscheiden.

§ 285. Wie jeder Kontinent in bezug auf die Terraingestaltung seine individuellen Eigentümlichkeiten besitzt, die sich nicht einem allgemeinen Gesetze unterordnen lassen, so auch in der Verteilung des fließenden Wassers. Jeden Kontinent durchziehen eine oder mehrere Hauptwasserscheiden oder Wasserscheiden erster Ordnung, denen die marinen Flüsse erster Ordnung entsprechen. Manche dieser Linien spalten sich, um sich später wieder zu vereinigen, und umschließen so abflußlose Gebiete. Von den Hauptwasserscheiden zweigen sich sekundäre Wasserscheiden ab, die die Gebiete der primären Hauptflüsse trennen, und von denen einige insofern eine höhere Bedeutung erlangen, als sie auch die Gebiete einzelner Meeresbecken scheiden.

Europa besitzt nur eine einzige Hauptwasserscheide, die am Ural unter $61^2/_3{}^\circ$ N. beginnt, den Festlandsrumpf in südwestlicher und die iberische Halbinsel in südlicher Richtung durchzieht und hier unter 36° endet. Die nordwestliche Abdachung ist die ozeanische, die südöstliche die mediterrankaspische. In Asien finden wir zwei, senkrecht aufeinander stehende Hauptwasserscheiden: die äquatoriale, die die großen abflußlosen Gebiete umschließt, scheidet den indischen und arktischen Bezirk, und die meridionale grenzt die pazifischen Systeme gegen Westen ab. Afrika hat, entsprechend seinen beiden Hauptteilen, zwei primäre Wasserscheiden, von denen die eine meridional zwischen dem indischen und atlantischen Ozean nach Süden zieht, und die andere das abflußlose Gebiet der Sahara einschließt. Die Verteilung der Wadis läßt erkennen, daß die nördliche Wasserscheide einst, als die Sahara noch feuchter war, an das nordwestlich streichende Centralgebirge der Wüste gebunden war. In Amerika bildet das westliche Hochland die Scheide zwischen den atlantisch-arktischen und den pazifischen Strömen, doch wird diese anscheinend einfache Anordnung durch das Auftreten großer Längsströme (Mackenzie, Mississippi, Paraguay-Parana) etwas komplizierter, namentlich in Nordamerika, wo ein Querfluß (Saskatchewan) sich zwischen die beiden großen Längsströme einschiebt. Eine andere Eigentümlichkeit von Nordamerika besteht darin, daß das abflußlose Gebiet des westlichen Hochlandes nicht von der Hauptwasserscheide eingeschlossen wird, sondern ganz der pazifischen Abdachung angehört.

Im allgemeinen spielen die Hochgebirge bei der Verteilung der Flüsse nur eine untergeordnete Rolle. Der Himalaya steht ganz und die Alpen zum größten Teil außerhalb der Hauptwasserscheide, und selbst in den Andes verläuft diese nicht immer auf dem höchsten Kamme. Ein großer Teil der primären Wasserscheiden liegt in der Ebene, und stellenweise (z. B. in Rußland) werden sie durch so sanfte Bodenanschwellungen gebildet, daß diese ohne besondere Schwierigkeiten von Verbindungskanälen überschritten werden können. Ja stellenweise werden zur Zeit des Hochwassers solche Kanäle auf natürlichem Wege hergestellt, oder Teile verschiedener Flußsysteme treten bei völligem Fehlen der Wasserscheide sogar in dauernde Verbindung. Man nennt diesen Vorgang Gabelung oder Bifurcation, doch versteht man unter diesem Namen auch eine wesentlich andere Gruppe von Erscheinungen, nämlich die Teilung eines Flusses in zwei oder mehrere Arme, die sich nicht wieder vereinigen. Das bekannteste Beispiel von Flußvermischung ist der Orinoko, der einen Arm (Casiquiare) zum Rio Negro, einem Nebenfluß des Amazonas, entsendet. Hier vereinigt sich also echte Gabelung mit Flußvermischung, und dies gab wohl die Veranlassung zur unrichtigen Terminologie. Bei Hochwasser tritt das Mississippisystem in der Seenregion von Minnesota mit dem Red River und Oberen See in Verbindung, und der Petit Lake stellt eine solche zwischen dem Michigansee und Illinois her. Im Staate Maine ist Flußvermischung nach Ratzel eine gewöhnliche Erscheinung, und auch in Europa kommt sie nicht selten vor. Ein kleines Abbild der Orinokogabelung finden wir nördlich vom Teutoburger Wald, wo die Else, ein

Arm der Haase (Emsgebiet), sich östlich zur Werre wendet; doch ist es fraglich, ob dieser Zustand nicht künstlich hergestellt wurde. Die Pripetsümpfe haben Abfluß sowohl zur Weichsel, wie zum Dnjepr, und die masurischen Seen im Regierungsbezirk Gumbinnen werden zugleich nach Norden in die Pregel und nach Süden in die Weichsel entwässert. Selbst Gebirgen ist dieses Phänomen nicht fremd, aber natürlich nur an Thalwasserscheiden gebunden. Der See von Lesjö (625 m) am Dovrefjeld sendet den Rauma-Elf zum Ozean und den Logen zum Glommen. Der kleine See Les Dous in den Pyrenäen hat seinen Namen von den beiden Abflüssen, von denen der eine zur Tet, der andere zum Segre (Ebro) sich wendet. Eine periodische Flußvermischung findet auf dem Two-Ozean-Paß im Felsengebirge (2463 m) statt, indem vom Two-Ozean-Creek, der dem Mississippisystem angehört, bei vollem Wasserstand schwache Arme zum Pacific Creek (Columbiagebiet) ausgehen. In Kalkgebirgen kommen auch unterirdische Flußvermischungen vor; zwei solche Fälle in Frankreich wurden von Reclus beschrieben, ein dritter ist die von Knop nachgewiesene Verbindung zwischen dem Rhein und der Donau, von der ein Arm unterirdisch zur Aachquelle abfließt.

Bau der Flußsysteme.

§ 286. Flußsysteme entstehen durch die Vereinigung mehrerer Flüsse, von denen einer durch den Sprachgebrauch zum sogenannten Hauptfluß gemacht wurde, nach dem das ganze System benannt wird. Diese Benennungsweise beruht zwar nicht auf wissenschaftlichen Prinzipien, ist aber trotzdem unschädlich, wenn man sich nur der Meinung entschlägt, daß der Hauptfluß das primäre und die Nebenflüsse das sekundäre seien; wenn man also die üblichen Flußnamen lediglich als Verständigungsmittel benutzt, ohne genetische Vorstellungen damit zu verbinden. Diese Forderung erscheint um so gerechtfertigter, als viele sogenannte Hauptflüsse in einem Teile ihres Laufes nur Fortsetzungen von Nebenflüssen sind, worauf wir bereits an einer anderen Stelle (S. 310) hingewiesen haben. Solche Verhältnisse finden wir beim Rhône-Saône, bei der Elbe und Moldau, der unteren Weser und Aller, dem Amur und Songari, dem Hoangho-Weiho u. s. w.

Außerordentlich mannigfaltig ist der Bau der Flußsysteme, von denen jedes seine individuellen Züge hat, die sich nicht in ein allgemeines Schema einzwängen lassen; ja, die meisten größeren Systeme zeigen in verschiedenen Teilen verschiedene Anordnung. Nur einige Grundformen sollen hier besprochen werden.

Die einfachsten Systeme bestehen aus einem Hauptstrang, an den sich rechts und links Nebenflüsse rechtwinkelig oder mit abwärts gekrümmter Mündung wie Äste ansetzen. Der Po, der Amazonas, die Moldau, der

Oberrhein und die untere Donau sind so gebaut. Meist sind auch in diesem Falle die Nebenflüsse auf beiden Seiten nicht gleichwertig, und zwischen dem symmetrischen und einseitigen Bau lassen sich alle möglichen Übergänge beobachten. Dem Jenissei, Tigris, der Theiß, der unteren Garonne u. a. sendet die Gebirgsseite begreiflicherweise zahlreichere und größere Nebenflüsse zu, als die ebene Seite. Der Rhône empfängt seine wichtigsten Zuflüsse von den Alpen, wo nicht nur der Wasserreichtum größer, sondern auch die Wasserscheide viel weiter vom Thalweg des Hauptstromes entfernt ist, als auf der westlichen Seite, wo das französische Massiv mit einem Steilabfall abstürzt. Der Lauf der Aar und oberen Donau bezeichnet die tiefste Rinne am Fuß des Jura, wo sich die den Alpen entstammenden und auf der vorgelagerten schiefen Ebene sich bewegenden Flüsse sammeln müssen, um in veränderter Richtung einen Ausweg zu finden.

Häufig ist der Fall, daß zwei oder mehrere nahezu gleich große Flüsse diagonal einander zuströmen und erst nach ihrer Vereinigung einen deutlich erkennbaren Hauptstrang bilden. Dieser Typus tritt in zahlreichen Variationen auf. Am einfachsten ist der Bau der Loire und des Allier, des Cauca- und Magdalenenstroms, des Parana-Paraguay, Ganges-Sardschu, Murray-Calewatta, die selbst wieder nach demselben Gesetze gebaut sind, u. a. m. Aus der Vereinigung mehrer Hauptarme entsteht der Dnjepr, die untere Seine und der untere Ob; auch im Mississippisystem läßt sich außer dem Mississippi und Missouri auch der Ohio als Hauptarm auffassen. In kleinem Maßstabe, aber mit seltener Schärfe ist diese Bauart in der Thaya ausgebildet, besonders da jeder der drei Hauptarme dieselbe Bildungsweise, wie der vereinigte Fluß zeigt. Einen etwas komplizierteren Fall bietet das Indussystem, dessen beide Hauptarme (Indus und Setledsch) mit einem dritten, kleineren sich vereinigen. Aus zwei Längsflüssen, die einander zuströmen, entsteht der Querfluß Dwina, und in ähnlicher Weise verbinden sich Trent und Ouse zum Humber.

Die großen Veränderungen der Laufrichtung lassen sich als eine Vereinigung verschiedener Systeme auffassen. Der Kongo und die Loire sind Beispiele der Verwandlung eines Längssystems in ein Quersystem durch einfache Umbiegung. Die Loire zeigt anfänglich die Tendenz, dem Pariser Becken zuzufließen, wie ja auch die übrigen Flüsse, die dem Rande desselben entspringen. Die Ablenkung nach Westen, der auch die Bäche der Sologne, wie die größeren Flüsse Cher, Indre und Creuse-Vienne folgen, ist schon miocänen Alters; es war der Abzugskanal der Gewässer des Seinebeckens. Das Quersystem der Wolga setzt sich nach Norden in dem der Kama fort. In der Petschora vereinigen sich zwei Quersysteme (obere Petschora und Ischma mit der unteren Petschora) mit einem Längssystem

(Ussa und mittlere Petschora), in der Donau zwei Längssysteme (obere Donau bis Waitzen und Drau-Save-untere Donau) mit einem Quersystem. Diese Beispiele erschöpfen nicht im entferntesten die Zahl der verschiedenen Fälle, aber sie geben uns doch eine Vorstellung von der außerordentlichen Mannigfaltigkeit in der Anordnung der Flußläufe innerhalb eines Systems.

Größe der Flüsse.

§ 287. Starke Niederschläge und lange Abdachungen sind die Bedingungen der Entwickelung großer Ströme. Nicht die Länge des Flusses ist maßgebend für seine Bedeutung, sondern die Größe seines Gebietes. Der Amazonas ist zwar der mächtigste Strom der Erde, aber an Länge wird er vom Nil um 200 und vom Missouri-Mississippi sogar um 800 km übertroffen. Die Donau ist nur doppelt so lang als der Rhein, aber sie entwässert ein viermal größeres Areal, und die Dwina hat einen kürzeren Lauf, als der Guadalquivir, aber trotzdem ist ihr Gebiet sechsmal größer.

Zu einer Vorstellung von der hydrographischen Verschiedenheit der Erdteile gelangt man, wenn man berechnet, wie viele Prozente des Gesamtareals auf die Gebiete der großen Ströme (als Grenze haben wir ½ Mill. qkm angenommen) entfallen:

Südamerika (4)[1] .	56·2 %
Afrika (5) . .	ca. 46
Asien (12) . . .	40·9
Nordamerika (6) .	36·7
Europa (3) . . .	28·8
Australien (1) . .	10·2.

Südamerika ist also vor allem das Land der großen Ströme, wie es der Kontinent der Tiefebenen ist. Die beiden kleinsten Erdteile nehmen auch in obiger Tabelle den letzten Platz ein; bei Australien wirkt noch die Trockenheit des inneren Landes mit. Asien besitzt zwar die größte Anzahl von Strömen, aber nur der Ob steht den amerikanischen würdig zur Seite; hier wirkt die große Ausdehnung und centrale Stellung des Hochlandes der Entwickelung eines Amazonas entgegen, während in Südamerika die peripherische Lage der Andes mit der Regenverteilung zusammenwirkt, um den mächtigsten unter den Riesenströmen der Erde zu erzeugen.

Laufveränderungen der Flüsse.

§ 288. Flüsse und Flußsysteme sind aber veränderlich. Namentlich dort, wo ein schwach geneigtes und daher beständig sich erhöhendes Bett in lockerem Material liegt, also hauptsächlich im Unterlaufe verändern die Flüsse häufig ihre Richtung; aber wohl keiner ist so starken Oscillationen unterworfen, wie „China's Kummer", der Hoangho. Seine älteste und

[1] Die eingeklammerte Ziffer giebt die Zahl der Hauptströme mit mehr als ½ Mill. Q.-Kilometer Flußgebiet.

zugleich nördlichste Mündungsstelle liegt unter $39^2/_3{}^0$ B., seine südlichste, die er vom 13. Jahrhundert bis 1852 benutzte, unter 34° B. In den Jahren 1851—53 wandte er sich wieder nach Norden, aber noch im Sommer 1882 führte das alte Bett, wie Morrisson konstatierte, an vielen Stellen reichliches Wasser. Der Amu mündete im Altertum in den Kaspisee; das verlassene Bett Usboj ist noch deutlich erkennbar.[1] In frühester Zeit wandte er sich nach Kalitin von Tschardschui (ca. 39° B.) direkt nach Westen; im 10. Jahrhundert soll er sich in zwei Arme gegabelt haben, von denen der eine in den Aralsee sich ergoß, der andere über den einst viel größeren Sary-Kamysch-See dem kaspischen Meer zuströmte. Dieser Arm versandete aber immer mehr, einerseits infolge der Errichtung von Dämmen, wodurch man den räuberischen Turkmenen Wasser entzog, andererseits infolge der ausgedehnten Kanalisierung, indem in Chiwa im Sommer die Hälfte des Stromwassers zu Kulturzwecken verbraucht wird. 1878 füllte sich das Bett bis zum Sary-Kamysch wieder mit Wasser, aber dieser Zustand war nur ein vorübergehender, und die Hoffnung auf die Wiederherstellung der Wasserstraße zwischen dem Amu und der Wolga erfüllte sich nicht. Der Indus soll nach alten, aber nicht ganz verbürgten Nachrichten in das Bett des Purana geflossen sein und die Kaurimündung benutzt haben, bis ihm im Jahre 962 ein Erdbeben, das wohl von einer Niveauveränderung begleitet war, seinen jetzigen Lauf anwies.

Aber nicht bloß im Unterlauf können Flüsse von derartigen Veränderungen betroffen werden. Der Bodensee endigt im Westen in drei Zipfel; dem südlichsten entströmt jetzt der Rhein, die beiden anderen sind alte Ausmündungsstellen. Die geologische Untersuchung ergab die Existenz eines alten Rheinlaufes von Radolfszell über Singen und Ramsen, also im jetzigen Biberthal; und ebenso konnte nachgewiesen werden, daß der Rhein einige Zeit von Schaffhausen direkt durch den Klettgau nach Waldshut floß. Diese Terrainfurche benutzt jetzt die Eisenbahn.

§ 289. Als eine allgemein wirkende Ursache, welche Laufveränderungen meridionaler Flüsse bewirkt, bezeichnete der berühmte russische Akademiker v. Baer die Erdrotation, welche auf der nördlichen Halbkugel eine Ablenkung nach rechts und auf der südlichen eine solche nach links zur Folge hat (vgl. S. 65). Der Einfluß der Erdrotation kann nicht geleugnet werden, aber er ist — wie Zöppritz gezeigt hat — geringfügig im Vergleich zu jenen Momenten, die — wie Unebenheiten und Verschiedenheiten der Härte des Materials der Unterlage die Ge- Baer'sches „Gesetz".

[1] In den letzten Sitzungen der Geographischen Gesellschaft in St. Petersburg wurden allerdings einige Bedenken gegen die Annahme einer ehemaligen Verbindung zwischen dem Amu und Kaspisee ausgesprochen, doch scheinen sie nicht genügend begründet zu sein.

schwindigkeit und Richtung der Bewegung vorzugsweise bedingen. Bei einem meridionalen Strom von 1000 m Breite und 2 m Geschwindigkeit in der Sekunde würde auf unserer Hemisphäre der Wasserspiegel infolge der Erdrotation auf der rechten Seite nur um 3 cm ansteigen, also der Druck des Wassers gegen das rechte Ufer nur um einen höchst geringfügigen Betrag größer sein, als gegen das linke Ufer. Die Ablenkung der Schwerkraft nach rechts würde unter den angenommenen Umständen selbst im höchsten Falle, nämlich am Pol, nur den 600. Teil eines Grades betragen! Auch die Länge geologischer Perioden kann diese Wirkung nicht steigern, „denn ebenso lange", sagt Zöppritz, „wirken alle diese Unregelmäßigkeiten und, da sich das Flußbett durch Erosion und Sedimentführung beständig ändert, fortwährend in anderer, völlig unübersehbarer Weise." Die Beobachtungen von Baer sind also wohl richtig, aber ihre Deutung war falsch. Daß die sibirischen Flüsse nach Osten drängen, hat noch in neuerer Zeit Poliakoff bestätigt; ob dieses Verhalten den Westwinden zuzuschreiben sei, kann noch bezweifelt werden, denn auch in Südrußland herrscht diese Windrichtung vor, ohne die Flüsse an ihrem westlichen Fortschreiten hindern zu können. Die östliche Ablenkung des Nils beobachtete schon Minutoli und erwähnt Hoff, der das Vordringen des Sandes aus der libyschen Wüste dafür verantwortlich macht. Auch auf andere Flüsse wurde das Baer'sche „Gesetz" angewendet. Dagegen zeigen die norddeutschen Flüsse ein ganz anderes Verhalten, und der Oberrhein wurde von den Anhängern, wie von den Gegnern Baer's als Beweis für ihre Ansichten angeführt. Die Donau dringt in ihrem meridionalen Laufe in Ungarn stark gegen das Westufer, das steile Lößabstürze bildet; Peters sprach die Meinung aus, daß sie einst, etwa auf der Strecke Budapest—Szolnok, nach Osten geflossen sei und ihr rechtwinkelig geknickter Lauf erst einem späteren Entwickelungsstadium angehöre. Aber diese Ansicht wird durch die Existenz der Lößtafel zwischen der Donau nnd Theiß wiederlegt, denn diese hätten durch den allmählich nach Westen wandernden Fluß weggeräumt werden müssen. Auffallend ist es, daß die Donau auch in den östlich gerichteten Teilen ihres Laufes, wo sie nicht durch felsige Ufer eingeschlossen ist, das Bestreben zeigt, nach rechts sich zu wenden. Sueß vergleicht sie daher mit einer zwischen festen Punkten aufgehängten Kette. Besonders im Unterlauf bilden das walachische Flach- und bulgarische Steilufer scharfe Gegensätze, und eine Reihe blinder Arme zeigt den früher nördlicheren Lauf des Flusses an. Für die Strecke Galatz—Reni nimmt Peters die Stoßkraft des Pruth als Ursache dieser Erscheinung in Anspruch, und dieselbe Wirkung läßt sich wohl auch den von den transsylvanischen Alpen kommenden Flüssen zuschreiben, da diese bedeutend wasserreicher und kräftiger sind, als die bulgarischen. In ähnlicher Weise, wie die Donau, schreiten auch der Ganges und die Dschamuna nach Süden vor, und die indischen Geologen schreiben dies den größeren Sedimentmassen der Himalayaflüsse zu, wodurch die nördliche Ebene durch Aufschüttung höher anstieg als die südliche.

§ 290. Der einfachste Fall von Veränderungen im Bestande der Flußsysteme ist der, daß durch Erweiterung der Deltas mehrere selbständige Flüsse zu einem System verschmelzen. So verbanden sich Euphrat und Tigris zum Schat el Arab, und der Aras, der im Altertum in die Bai Kisilagatsch mündete, vereinigte sich mit dem Kur. Der Seihun und Dschihan, die sich in den Golf von Iskanderun ergießen, haben sich seit Xenophon's Zeiten dreimal vereinigt und dreimal getrennt. Durch das Fortschreiten des Donaudeltas sank der Pruth zu dem Range eines Nebenflusses herab. Erst in verhältnismäßig junger Vergangenheit vergrößerte der Rhône sein Gebiet durch die Aufnahme der Durance, die in der Zeit ihrer Selbständigkeit das Geröllfeld La Crau schuf und bei Salon mündete. Eine Laufveränderung brachte den Setledsch in Abhängigkeit vom Indus; die Reste seines ehemaligen Laufes sind jetzt unter dem Namen Wahand und Narra bekannt. Umgekehrt wurde sein einstiger Nebenfluß Sarasvati selbständig, indem ihn die nach rückwärts fortschreitende Dschamuna eines Teiles seines Quellgebietes beraubte, so daß er jetzt wegen Wasserarmut in der Wüste sich verliert. Eine ebenso traurige Selbständigkeit erlangten die einstigen Nebenflüsse des Murray: Avoca, Avon und Wimmera. Wie die Sedimentablagerung die Gebiete des Po und der Etsch trennte, wurde schon auf S. 265 berichtet. Das große MediantHal der norddeutschen Ebene weist auf eine, einst wesentlich andere hydrographische Anordnung zurück. Die Weichsel floß über das Netzethal in die Oder, und diese setzte sich über die Spree- und Havelniederung in der unteren Elbe fort. Dieser große Strom löste sich erst seit der Eröffnung der Durchbruchsthäler der Weichsel und Oder durch den nördlichen Landrücken in drei Flüsse auf. Eine solche Verschiebung dürfte auch im Westen stattgefunden haben, denn es ist wahrscheinlich, daß die Elbe von Magdeburg ab über die Aller und untere Weser, und diese über die Haase und Ems abfloß. Im Osten löste sich der Pregel vom Memel los, der nach Berendt einst das Insterthal benutzte und nur bei Hochwasser auch einen Seitenarm in das kurische Haff sendete. Von größtem Interesse sind die Veränderungen, die das Isonzosystem seit den Römerzeiten erlitten hat, und über die von Czörnig eingehende Untersuchungen anstellte (Fig. 135). Im Altertum bestand das Natisonesystem selbständig neben dem des Isonzo, und erst im frühen Mittelalter erhielt letzterer infolge eines Bergsturzes des Monte Matajur

Veränderungen im Bestande der Flußsysteme.

sein jetziges Quellgebiet. Die größeren Geröllmassen, die dem Isonzo nun zugeführt wurden, verstopften seinen unterirdischen Abzugskanal zum Timavo und führten seine Vereinigung mit dem Natisone herbei. Seitdem fanden keine größeren Veränderungen mehr statt, nur verlegte der Isonzo seinen Ausfluß immer weiter nach Osten und benutzt jetzt das Bett der Sdobba, während die Natissa selbständig wurde.

Aber nicht allein der Lauf der Flüsse, nicht bloß die Flußsysteme und -Gebiete sind Veränderungen unterworfen, auch die großen Wasserscheiden erleiden dadurch Verschiebungen. Der Oberrhein und der Genfer

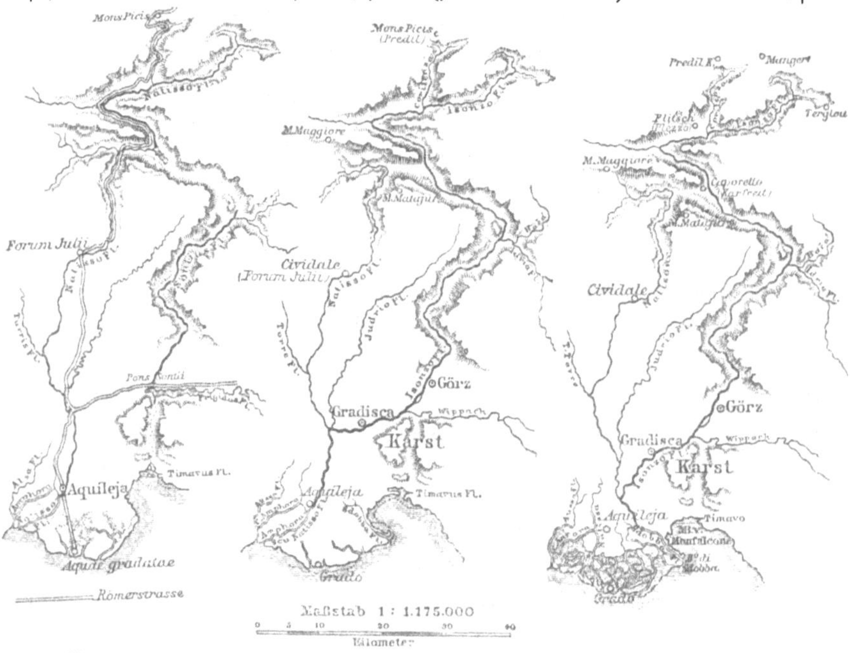

a. Altertum. *b.* Mittelalter. *c.* Gegenwart.

Fig. 135 *a—c.* Veränderungen des Isonzosystems in historischer Zeit nach von Czörnig.

See gehörten einst zum Donaugebiet; erst als das Durchbruchsthal zwischen Bingen und Bonn entstand, wurde der Rhein in die Nordsee abgelenkt. Die Breite und der Geröllreichtum des oberen Minnesotathales, das in keinem Verhältnis zur gegenwärtigen Wassermenge steht, legt die Vermutung nahe, daß einst der Red River dasselbe benutzte und somit der Winnipegsee zum Mississippigebiet gehörte, bis die negative Niveauveränderung der Hudsonsbai den Nelson zu erhöhter Thätigkeit anregte. Das Quellgebiet des Nelson wurde immer weiter nach rückwärts verlegt, erreichte endlich den Winnipegsee und zwang den Red River zur Umkehr. Sichere Beweise für solche Veränderungen lassen sich allerdings nur dort erbringen, wo blinde Thalstücke noch erhalten sind, wie dies besonders häufig in einigen Kettengebirgen (s. S. 314) der Fall ist, oder wo das Material der Flußablagerungen über deren Herkunft bestimmten Aufschluß giebt, oder wo historische Nachrichten vorliegen; aber vermuten können wir wenigstens, daß besonders dort, wo die Wasserscheiden mannigfach gekrümmte Linien bilden, die hydrographischen Grenzen schwankend waren.

Die Seen.

§ 291. Einen ähnlichen Gegensatz, wie Festland und Meer, bilden Insel und See; und wenn wir die Inseln in ursprüngliche und kontinentale Bruchstücke einteilen, so können wir auch solche Seen, welche ursprünglich als solche entstanden, von jenen unterscheiden, die sich durch ihre Fauna als abgeschnürte Meeresteile erweisen. In bezug auf die Flächenausdehnung stehen die Seen aber weit den Inseln nach. Selbst in seenreichen Ländern, wie in Rußland und in den Vereinigten Staaten von Amerika, nehmen sie nur 1·3, beziehungsweise 0·8 Prozent des Areals in Anspruch, während auf die Inselfläche 7·6 Prozent des Festen und selbst noch 2·2 Prozent des Meeres entfallen. Der Kaspisee (439 418 qkm) kann seiner Größe nach mit Sumatra verglichen werden, aber er steht völlig vereinzelt da, denn die drei nächstgrößten Seen, der obere (82 877 qkm), der Ukerewesee (75 205 qkm) und der Aralsee (66 998 qkm), erreichen nicht einmal mehr die Größe von Irland. Selbst die ausgedehnteste Seengruppe der Erde, die kanadische (238 971 qkm), steht Neuseeland nach. Der größte Gebirgssee der Erde, der Baikalsee, hat 34 932, der größte europäische See, der Ladogasee, 18 130, der größte See unserer Alpen, der Genfer, nur 573 qkm. Vom oberen See in Kanada bis zum kleinsten Weiher giebt es alle möglichen Größenabstufungen, geradeso wie bei den Inseln. Mit diesen haben die Seen auch gemein, daß sie zwar auch vereinzelt, ungleich häufiger aber *gesellig* auftreten. Die Seehöhe ist sehr variabel; während der Spiegel des toten Meeres 394 m unter dem Meeresniveau liegt, erreicht der abessinische Tsanasee 1942 und der Titicacasee in Südamerika sogar 3808 m (nach *Reck* 3842 m) absolute Höhe. Der höchste See der Erde dürfte der Askae Chin in Tibet, 5066 m, sein.

Verbreitung und Größe der Seen.

Wenn auch Seen unter allen Breiten auftreten, so zeichnen sich, mit Ausnahme des tropischen Afrika, doch nur die Gegenden nördlich von 40° N. und südlich von 40° S. durch bedeutenden Seenreichtum aus. In Schweden nimmt das stehende Wasser 8·1, in Finland etwas über 11 und im baltischen und nördlichen Rußland 3·8 Prozent des Areals ein. In den Vereinigten Staaten zieht eine Seenzone von Minnesota über New-York bis Maine, ca. 3·3 Prozent der Fläche bedeckend; aber in Minnesota steigert sich dieses Verhältnis auf 4·6, in Maine sogar auf nahezu 7 Prozent. Nach Ratzel's Angabe zählt man in diesem Staate 1568 und im erstgenannten sogar ca. 10000 Seen.

Einteilung. § 292. Diese eigentümliche Verteilung mußte selbstverständlich die Frage anregen, ob sie nicht mit klimatischen Verhältnissen zusammenhänge. Die Untersuchung hat sich zunächst mit der Frage zu beschäftigen, auf welche Weise die Vertiefungen oder Becken entstanden, in welchen sich Wasser zu Seen ansammeln konnte. Nur zwei Fälle sind möglich: entweder ist das Becken in den Boden eingesenkt, wobei es gleichgültig ist, ob es durch Aushöhlung oder durch Niveauveränderung entstand (Fig. 136); oder die Vertiefung ist gleichsam nur eine scheinbare, d. h. sie entstand durch Aufschüttung eines Dammes oder Walles aus fremdem Material auf unveränderter Unterlage (Fig. 137). Die erstere Art nennen wir Depressions- (Einsturz- oder Senkungs-), die letztere Abdämmungsseen.

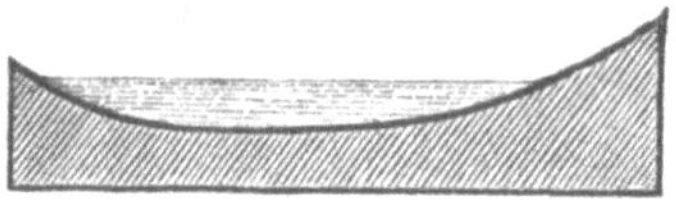
Fig. 136. Profil eines Depressionssees.

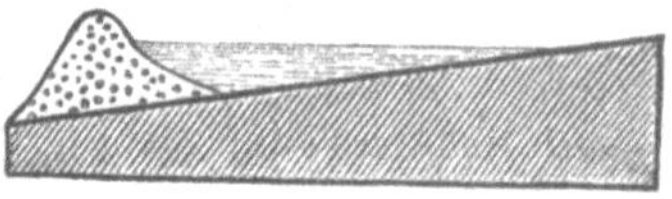
Fig. 137. Profil eines Abdämmungssees.

Abdämmungsseen. § 293. Zu den Abdämmungsseen gehören zunächst die Strandseen, Mitteldinge zwischen Meeresbuchten und Binnenseen; sie sind je nach der Breite und Anzahl der Kanäle, die in das Meer führen, bald den einen, bald den anderen zuzuzählen (vergl. § 170 S. 206). Nicht alle Strandseen sind abgetrennte Meeresteile; sie entstehen auch (nach Hehl z. B. an der brasilianischen Küste zwischen 21 und 23° S.) durch Ansammlung von Flußwasser hinter den Dünen; ihr Salzgehalt rührt dann davon her, daß die Düne zeitweise durchbrochen wird und die Flut in die Seen eindringt. Ein ungleichmäßiges Fortschreiten der Deltabildung kann ebenfalls bewirken, daß Meeresreste als Seen zurückbleiben, wie beispielsweise in der Umgebung von New Orleans. Mehrfach wurde in historischer Zeit die Umwandlung einer Meeresbucht in einen Binnensee durch das Delta eines seitlich einmündenden Flusses beobachtet. So entstand der Loch Ewe in Schottland, der See Akiz an der kleinasiatischen Küste (der latmische Meerbusen der alten Geographie); der Hafen von Smyrna scheint demselben Schicksal entgegenzugehen.

Von den Stauungsseen des Binnenlandes sind die Eisseen nur ephemere Bildungen. Der Gurgler Eissee entstand 1717—18, indem der rasch vorwärts schreitende Gurgler Gletscher den Abfluß des Langthaler Gletschers abdämmte. 1846 durchbrach er die Barriere und war 1865 ganz ausgetrocknet, sammelte sich aber später wieder. Seine Breite betrug nach von Sonklar 632 m, und seine Tiefe bei vollem Wasserstand im Frühjahr am unteren Ende 95—126 m. Noch kürzer ist die Existenz jener Seen, die durch Schnee- und Eislawinen gestaut werden; ein solcher See von 210 m Breite und ca. 60 m Tiefe bildete sich nach Lyell's Bericht im Jahre 1818 im Val Bagne (Drance). Von größerer Dauerhaftigkeit sind jene Dämme, welche durch Berg- und Felsstürze, durch die Schuttkegel der Seitenbäche, durch Endmoränen, oder durch gewaltige Schotterablagerungen fluviatilen oder glacialen Ursprungs gebildet werden. Der Absturz von zwei Felshörnern der Diablerets im Berner Oberland (1714 und 1749) erzeugte die drei Seen von Derborence, die heute noch bestehen. Einem Bergsturze verdankt auch der Dorfersee im Kalserthal (Tauern) seine Entstehung. Zwei mächtige Schuttkegel, die sich in der Mitte des Antholzer Thales (Tauern) vereinigen, dämmen einen See ab, der ca. 1 km lang und 1/2 km breit ist. Einseitige Schuttkegel lagern dem unteren Ende des Heider- und des Reschensees im Etschthal vor. Im Tauferer Thal in Tirol ergoß der Schwarzenbach infolge heftiger Regengüsse und Schneeschmelze im August 1878 gewaltige Schottermassen, die die Thalsohle bei St. Martin auf große Strecken unter Wasser setzten. In allen diesen Fällen — und dies ist in der Gegenwart der gewöhnliche Vorgang — führten mächtige Ablagerungen von Seitenbächen, die von dem Hauptflusse nicht sogleich fortgeschafft werden konnten, zur Seebildung im Hauptthal. Der umgekehrte Vorgang erzeugte den berühmten Achensee in Nordtirol. Nach Penck's eingehenden Untersuchungen gehörte das Achenthal einst zum System des Innthales und wurde durch die diluviale Schotterterrasse des Hauptflusses abgedämmt. Hinter derselben bildete sich der See, der nun durch die veränderten hypsometrischen Verhältnisse gezwungen wurde, nach der entgegengesetzten Seite, nämlich nach Norden, abzufließen. Einen analogen Fall aus der Gegenwart, freilich nur im kleinen Maßstabe, lernte Penck im Saalachthal (Salzburger Alpen) kennen.

Schon die Geschichte des Achensees führte uns über die geologische Gegenwart hinaus in die Diluvialperiode. Dieser gehören auch jene zahlreichen Seen an, welche Ch. Martins als Moränenseen bezeichnet hat. Die Seiten- und Endmoränen der einstigen Gletscher erweisen sich als außerordentlich dauerhafte Dämme, die schon Jahrtausende dem Drucke des Wassers, wie der Erosion Trotz bieten. Viele Gebirge, welche eine Eiszeit erlebt haben, besitzen solche Moränenseen; wir nennen hier nur die Pyrenäen, die Alpen, den Wasgenwald, das skandinavische Hochland. Aber nicht in allen Fällen, wo eine Moräne das untere Seeende absperrt, dürfen wir sie für die Wasseransammlung verantwortlich machen; bei der Mehrzahl der italienischen Alpenseen verbietet schon ihre große Tiefe eine derartige Annahme. Die großen kanadischen Seen erklärte in jüngster Zeit Spencer für Erosionsthäler von hohem Alter, deren Ausgänge durch Glacialablagerungen geschlossen wurden. Ist diese Deutung richtig, so haben wir die kanadischen Seen als die größten aller Stauungsseen zu bewundern.

Von diesen Moränenseen, die durch Abdämmung eines Thales entstanden, sind jene zu unterscheiden, die in unregelmäßig angehäuften Endmoränen verteilt, also allseitig von glacialem Material umgeben sind. Von den norddeutschen Seen wurde bereits erwähnt, daß die Mehrzahl auf diese Weise entstand. Die finischen Seen liegen nach Nordenskiöld zwischen Asars (s. S. 269) eingebettet, und solche Bildungen kommen auch in Schottland vor. Vielen kleinen Seen auf der bayerischen Hochebene schreibt Bayberger einen ähnlichen Ursprung zu. Durch die ganze nördliche und nordwestliche Seenregion von Nordamerika sind diluviale Kies-, Sand- und Lehmlager verbreitet, und in Pennsylvanien fällt die Seengrenze genau mit der Driftgrenze zusammen. Von Minnesota wird ausdrücklich berichtet, daß erratische Blöcke und diluviale Schottermassen häufig Scheidewände zwischen den Seen bilden.

In einem gewissen Sinne lassen sich auch die Kraterseen, von denen Beispiele in allen Ländern mit erloschenen Stratovulkanen (vergl. S. 330) zu finden sind, als Abdämmungsseen auffassen; und vielleicht sind auch die Maare dieser Kategorie zuzuzählen. Hierher gehören endlich auch die Mündungsseen abflußloser Gegenden, insofern mit der Ablagerung der Steppengebilde die Beckenform gegeben ist, an deren tiefster Stelle die Flüsse zu einem See sich sammeln.

Depressionsseen.

§ 294. Die meisten großen Seen sind Depressionsseen. In Kalk- und Dolomitgebieten oder in Gegenden, deren Boden Gips- und Salzlager birgt, können Einsturzseen vorkommen. Ihr Name zeigt schon an, daß sie durch den Einsturz unterirdischer Hohlräume entstanden, und damit hängt auch zusammen, daß sie einen unterirdischen Abfluß besitzen, der sich nur infolge Verstopfung der Spalten in einen oberflächlichen verwandeln kann. Der Eibsee, nördlich von der Zugspitze in Bayern, und der Oberblegisee am Glärnisch (650 m lang und 100—270 m tief) sind Beispiele davon. Nach Junghuhn's Angabe soll auf Java ein See durch plötzlichen Einsturz sich gebildet haben.

Erdbeben sind bekanntlich häufig von merklichen Niveauveränderungen begleitet. Westlich von New Madrid am Mississippi sank 1811/12 infolge einer Erderschütterung ein ausgedehntes Stück Land, das jetzt mit zahlreichen Seen und Sümpfen bedeckt ist; an der Stelle von Gotachi in Ecuador befindet sich seit dem furchtbaren Beben von 1868 ebenfalls ein

See. Zu den Senkungsseen zählt Judd den Plattensee in Ungarn, den Lough Nead in Schottland und den Viktoria Njansa in Centralafrika. Einer großartigen Verwerfung verdankt das tote Meer seinen Ursprung. Der Senkungsprozeß dauerte nach Hull von der Miocän- bis in die Pliocänzeit hinein; das ganze Jordanthal verwandelte sich in einen See, dessen Spuren sich noch bis 240 m über dem jetzigen Spiegel verfolgen lassen, bis zunehmende Trockenheit des Klimas die Wassermasse immer mehr verringerte und den Abfluß in das rote Meer aufhob.

Ein noch viel umstrittenes Problem bieten uns die echten Felsbecken, zu welchen die schönsten unserer Alpenseen gehören. Vom Lac du Bourget bis zum Traunsee umsäumen sie den nördlichen und vom Lago d'Orta bis zum Gardasee den Südrand des mitteleuropäischen Hochgebirges. Ist schon hier das Fehlen der Seen im westlichen und im östlichsten Teile auffallend, so erscheint die geographische Verbreitung in den übrigen Hochgebirgen noch rätselhafter. Reich an Seen, die im soliden Fels eingebettet sind, sind nach R. Credner's Zusammenstellung die britischen Gebirge, das skandinavische Hochland, der nördliche Ural, der Himalaya, das Thianschansystem, die nordamerikanischen Cordilleren nördlich vom 48. und die südamerikanischen Andes südlich vom 39. Parallel, endlich die Alpen auf Neuseeland. Mit auffallender Regelmäßigkeit sind in Amerika echte Alpenseen nur jenen Gebirgen eigentümlich, die in der Eiszeit von mächtigen Gletschern bedeckt waren (vergl. Karte XIII). Auch jene Gebirge der östlichen Hemisphäre, die durch Alpenseen ausgezeichnet sind, beherbergten einst große Eisströme. Ramsay kam auf Grund dieser Thatsachen zu dem Schlusse, daß die Felsenbecken ein Produkt der diluvialen Gletschererosion seien.

Über die Erosionskraft der Gletscher wurde bereits auf S. 277 gesprochen. Als eine bisher noch unentschiedene Streitfrage muß die physikalische Möglichkeit der Aushöhlung eines Beckens durch fließendes Eis bezeichnet werden; das Wasser ist bekanntlich wohl imstande, eine Thalrinne zu schaffen, kann aber keine, allseitig geschlossene Vertiefungen erzeugen. Aber auch zugegeben, daß dies dem Gletscher gelinge, so bleibt doch noch immer unerklärt, warum einige Gebirge, die — wie die Westalpen, die Pyrenäen, der Kaukasus, der mittlere und südliche Ural — ebenfalls diluviale Gletscher aussandten, des Reizes der Alpenseen entbehren. Wenn Ramsay entgegnet, er habe die Bildung der Seen, nicht aber deren Mangel zu erklären versucht, so ist dies eine ganz ungenügende Ausflucht; denn wer auf Grund der geographischen Verbreitung eines Phänomens eine Theorie aufbaut, muß uns auch nachweisen, warum unter gleichen Bedingungen das Phänomen bald auftritt, bald fehlt.

Geschieht dies nicht, so ist die Theorie wenigstens unvollständig. In einigen Teilen der oben angeführten Gebirge mögen allerdings Seen bestanden haben, die jetzt zugeschüttet sind, aber unantastbar bleibt die Thatsache, daß Alpenseen hier höchst sporadisch vorkommen.

Auch auf die Flachlandsseen Finlands und von Britisch-Amerika wurde die Gletschertheorie angewendet. Hier begegnet sie der Verwitterungstheorie Pumpelly's (s. § 194, S. 243), zufolge der die Becken durch die Zersetzung weicherer Schichten und spätere Entfernung des Verwitterungsschuttes entstanden. Die Hauptstütze dieses Erklärungsversuches bildet die Entdeckung echter, mit eckigen Gesteinsfragmenten erfüllter Felsbecken in Centralasien, wo keine Spuren einer Eiszeit vorhanden sind. Auch auf die großen südschwedischen Seen mag diese Theorie anwendbar sein, denn sie entsprechen nach Helland den, dem Gneiß eingelagerten, weicheren silurischen Schichten.

Kehren wir zu den Alpenseen zurück. Nach den Ansichten vieler ausgezeichneter Geologen sind sie Thalstücke, welche durch spättertiäre Bodenbewegungen in ein tieferes Niveau gelangten, sei es durch Senkung, sei es durch einen Faltenwurf, der das Thal abdämmte. Man beruft sich auf die Thatsache, daß diese Seen mit den Thälern auf das innigste verknüpft sind, und ferner, daß ihr Grund nicht, wie man früher glaubte, in bedeutende Tiefen hinabreicht, sondern eine fast ebene Thalsohle darstellt. Besonders interessant sind in dieser Beziehung die Messungen Heim's im oberen Teil des Vierwaldstätter Sees (Urner See) (Fig. 138), wobei sich folgende Zahlen ergaben:

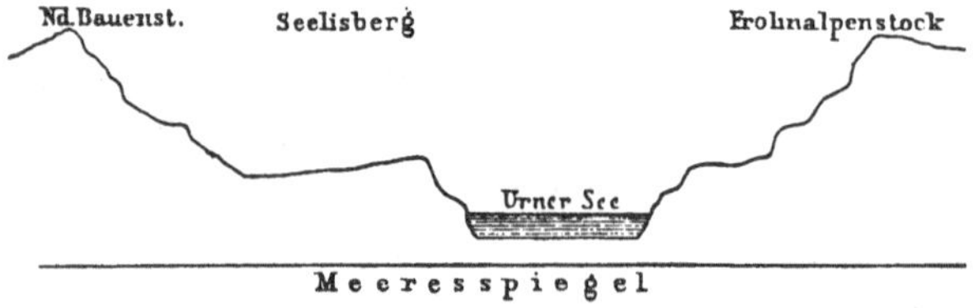

Fig. 138. Profil durch den Urner See nach Heim (in gleichem Verhältnis von Länge und Höhe).

	Entfernung vom westlichen Ufer:			Mitte:	Entfernung vom östlichen Ufer:	
	m 65	125	255		160	125 m
Tiefe:	m 203	204	205	204	197	102 m

Zu ähnlichen Ergebnissen gelangte Simony in Bezug auf die Seen des Salzkammergutes; auch er betont die außerordentliche Gleichförmigkeit des Bodens selbst kleiner Seen. Im Gmundener See fand er auf eine Länge von 2000 m und in 400—900 m Breite nur Niveaudifferenzen von 1—$1^1/_2$ m. Solch einen ebenen Boden mit steilen Seitenwänden kann nach unseren

Erfahrungen nur das fließende Wasser schaffen; er mußte also geneigter Thalgrund gewesen sein, ehe sich ruhende Wasserschichten über ihn ausbreiten konnten.

Nach dieser Anschauung wären also die Alpenseen Dislokationsprodukte vordiluvialen Alters. Es ist zu beachten, daß ihre Ufer noch häufig von Erdbeben heimgesucht werden, und daß z. B. im Jahre 1867 der Lago maggiore infolge einer solchen Erschütterung sich erweiterte und vertiefte. Ja selbst an einem recenten Beispiel von derartiger Seebildung fehlt es nicht. Der Reelfoot Lake in Tennessee entstand bei dem Beben von 1811, indem durch eine Niveauveränderung der Abfluß eines Baches gestaut wurde.

Aber auch diese Theorie beseitigt nicht alle Schwierigkeiten. Die eigentümliche geographische Verbreitung muß erklärt werden; und wenn man auch den Gletschern keine aktive Rolle bei der Seebildung zuerkennen will, so läßt sich dieser Faktor doch nicht ganz ignorieren. Man meinte, die Gletscher hätten die Seen konserviert, indem sie diese mit Eis ausfüllten und dadurch vor Zuschüttung bewahrten. Aber Penck hat mit Recht darauf hingewiesen, daß die mächtigen Schotterablagerungen, welche der Vereisung in den Alpen vorangingen, die Seebecken hätten ausfüllen müssen. Mortillet und Gastaldi nehmen an, die diluvialen Eisströme hätten die verschütteten Becken wieder gereinigt; aber diese Hypothese scheint in Anbetracht der dreimaligen Gletscherperiode der Alpen doch etwas kompliziert. Außerdem darf nicht vergessen werden, daß viele bedeutende Seen, wie die größeren auf der bayerischen Hochebene (z. B. der Chiemsee), der Bodensee und der Züricher See, die Neuenburger Gruppe u. a. in horizontal geschichtetes Tertiär eingebettet sind. Die Dislokationstheorie schließt sich hier von selbst aus, und ebensowenig ist es statthaft, sie als Moränenseen zu bezeichnen, weil sie zufällig von erratischen Ablagerungen umgeben sind. Wenn Bayberger sie für Reste des Tertiärmeeres erklärt, so ist damit für die wahre Erkenntnis ebensowenig etwas gewonnen, wie wenn Murchison die großen afrikanischen Seen mit jenem gewaltigen Süßwassersee, in dem die Karrooformation abgelagert wurde, in Verbindung bringt. Denn nicht die Herkunft des Wassers, sondern die Entstehung der Vertiefungen ist das Rätsel, welches gerade in bezug auf die hervorragendsten Seen noch seiner Lösung harrt.

§ 295. Die Fauna vieler Seen beweist uns, daß die Becken schon bestanden, als sie noch vom Meer überflutet waren. Wird das Wasser nach seiner Abtrennung vom Meer durch die einmündenden Flüsse allmählich ausgesüßt, so muß seine ursprüngliche Tierwelt entweder verschwinden oder den neuen Bedingungen sich anpassen; und die Erfahrung lehrt, daß Reliktenseen.

der letztere Fall verhältnismäßig selten eintrat, und daß nur wenige Geschöpfe eine solche Umwandlung überdauerten. Man kennt eine derartige Reliktenfauna — wonach Peschel jene Seen, die sie beherbergen, Reliktenseen genannt hat — von den südschwedischen und großen russischen Seen, vom Aral- und Kaspisee, vom Oron- und Baikalsee in Sibirien, von den kanadischen Seen, vom Nicaragua- und Titicacasee; und auch im Tanganjika sammelte Thomson in neuester Zeit mehrere Konchylienarten, die an marine Formen erinnern. Vermuten läßt sich, daß auch die diesen Seen benachbarten kleineren Wasseransammlungen einst mit dem Meer in Verbindung standen. Von besonderer Wichtigkeit sind der mediterrane Muschelkrebs des Genfer und die Reliktenfauna des Gardasees, da sie für das hohe Alter dieser Becken, das jedenfalls über die Diluvialzeit hinausreicht, Zeugnis ablegen.

Süß- und Salzwasserseen.

§ 296. Es ist klar, daß alle Reliktenseen früher salzig und alle übrigen Seen süß waren. Für die jetzige Beschaffenheit des Wassers ist es aber von entscheidendem Einfluß, ob der See Abfluß hat oder nicht. Der Abfluß kann ober- oder unterirdisch sein oder beides zugleich, wie wahrscheinlich beim Königsee; er kann permanent oder periodisch sein, wie beim Tanganjikasee. Hört er auf, oder war ursprünglich, wie bei den Mündungsseen, keiner vorhanden, so häufen sich die von den Flüssen herbeigeführten Salze im See an, da die Verdunstung, die den Zufluß paralysiert, nur Wasser entfernt, und der Süßwassersee verwandelt sich in einen Salzwassersee. Umgekehrt werden ursprüngliche Salzwasserseen ausgesüßt, wenn Abfluß vorhanden ist. Doch giebt es einige Ausnahmen von dieser Regel. Der Tsadsee und (nach Blanford) ein kleiner See bei Dastarjan, westlich von Schiras, enthalten trotz ihrer Abflußlosigkeit Süßwasser. Ersterer hatte zwar früher und hat periodisch vielleicht jetzt noch einen Abfluß im Bahr el Ghasal, der sich in der Wüste verliert; aber immerhin ist seine Salzarmut auffallend und nur durch die Annahme zu erklären, daß in der Umgebung keine salzführenden Gesteine anstehen. Im Gegensatz zu den genannten Seen haben die beiden Seen bei Eisleben Abfluß, werden aber durch Soolquellen stark gesalzen.

Der Salzgehalt ist nicht nur bei verschiedenen Seen sehr verschieden,[1]

[1] Nach Roth beträgt der Salzgehalt in Prozenten (d. h. unter 100 Teilen Wasser):

Natronsee Palic (zwischen Szegedin und Theresiopel)	0·22	Großer Salzsee, Utah, (2 Mess.)	18·60
Kuku Nor	1·07	Urumiah-See (3 Messungen)	21·05
Aralsee	1·08	Totes Meer (4 Messungen)	23·75
Wansee	1·91	Elton-See (3 Messungen)	27·06
Bitterseen des Suezkanals (2 Mess.)	5·37	Roter See bei Perekop (2 Mess.)	32·87
		Güsgundag am kl. Ararat (2 Mess.)	36·80

sondern wechselt auch innerhalb eines und desselben Sees. Er beträgt im Kaspisee bei der Wolgamündung 0·15, bei Baku 1·32, am Südende der Kaidakbai 5·63 und im flachen Golf Karabugas, der nur durch eine schmale Öffnung mit dem übrigen See in Verbindung steht, 28·5 Prozent. v. Baer hat diese enormen Unterschiede darauf zurückgeführt, daß der See noch jetzt ausgesüßt werde, und daß sich alles Salz im Karabugas anhäufe, während Peschel den, im allgemeinen geringen Salzgehalt des Kaspi- und Aralsees aus ihrer einstigen Verbindung mit dem Ozean zu erklären suchte und auf die Ostsee hinwies, die unter gleichen Verhältnissen nahezu ausgesüßt wird.

Nicht bloß der Reichtum an Salzen, sondern auch diese selbst sind in verschiedenen Seen verschieden, und wechseln in ihren Verhältniszahlen auch in einem und demselben See, wie Abich von dem kaspischen See nachwies. Man unterscheidet in dieser Beziehung Salzseen im engeren Sinne, Natron- und Boraxseen. Bei den ersteren, die auch die zahlreichsten sind, herrscht meist Kochsalz vor; daneben findet man Chlormagnesium, schwefelsaure Magnesia und schwefelsaures Natron. Im Eltonsee und im toten Meer übertrifft das Chlormagnesium alle anderen Salze. Zu den Natronseen gehören z. B. der Wansee, der Güsgundag, der See bei Ägyptisch-Theben und kleine Seen bei Szegedin und Debreczin. Hauptbestandteile sind hier Kochsalz, kohlensaures und schwefelsaures Natron, von denen meist die erste, manchmal aber auch die zweite Verbindung vorherrscht. In Ungarn kommt nach Peters der Salzgehalt von den trachytischen Gemengteilen der Tieflandablagerungen. Sehr selten sind die Boraxseen, die neben Borax stets auch Kochsalz enthalten. Man kennt solche nur in Centralasien, Persien, Kalifornien und Nevada.

§ 297. Von der Tiefe der Seen machte man sich früher ebenso übertriebene Vorstellungen, wie von der Tiefe des Meeres. Zahlreiche Alpenseen werden vom Volke als unergründlich bezeichnet, aber die exakten Messungen, die in der neueren Zeit in der Schweiz und von Simony im Salzkammergut ausgeführt wurden, ergaben als Maximaltiefe des tiefsten der nördlichen Randseen (Genfer See) nur 309 m, und nur in wenigen Seen sank das Blei über 200 m. Von den südlichen Randseen haben nach Réclus nur der Lago maggiore (357 m) und Comosee (406 m) Tiefen von mehr als 300 m. Unanfechtbar bleibt aber die Thatsache, daß der Boden der großen italienischen Alpenseen unter das Meeresniveau hinabreicht (der Gardasee angeblich bis 225 und der Comersee bis 204 m). Dasselbe ist der Fall bei einigen schottischen (Loch Neß —225 m) und norwegischen Gebirgsseen (Mjösen —320, Storsee —44 m), bei dem Wener- (—45 m) und Wetter- (—37 m), Ladoga- (—360 m) und Tiefe.

Onegasee (—108 m). Auch die neuseeländischen und viele chilenische Alpenseen sind absolute Depressionen. Der Grund der Bittersee am Suezkanal sinkt bis 10, der des Aralsee bis 20, und der der kanadischen Seen bis 130 m unter den Meeresspiegel. Alle genannten Beispiele werden aber weit übertroffen vom Baikalsee, dessen größte Tiefe nach den Untersuchungen von Dybowski und Godlewski (1868/9) 1248 m beträgt. Da nach dem neuen Nivellement seiner Oberfläche nur eine absolute Höhe von 469 m zukommt, so liegt seine tiefste Stelle 779 m unter dem Meere, also nur um 14 m höher, als der Boden des toten Meeres.

Erlöschen der Seen durch Austrocknung und Ausfüllung mit Sedimenten.

§ 298. Aber auch die größten und tiefsten Seen sind dem Untergang geweiht. In den trockenen Gegenden, wo die Verdunstung beträchtlich größer ist als die Niederschlagsmenge,[1] gehen sie an Abzehrung zu Grunde. Der vom Aralsee in den Jahren 1847—57 verlassene Küstenstrich hat eine Breite von 2—4 km. Der Balchaschsee stand noch in historischer Zeit mit dem Alakul in Verbindung; jetzt ist diese große Wasserfläche in fünf Seen aufgelöst, von denen einer schon ausgetrocknet ist. Die australischen Binnenseen verdienen nur mehr die Bezeichnung Morast; der Lake Eyre hat nur mehr eine Tiefe von 30—90 cm. Die Seen von Utah sind nachweislich nur die Reste eines großen Sees der nachtertiären Zeit, der bis 300 m über sein jetziges Niveau reichte und einen Abfluß in den Columbia sendete. Auch in feuchteren Gegenden begegnen wir ähnlichen Erscheinungen. Der Winnipegsee hing einst mit dem Manitobasee und dem Lake of the Woods zusammen, und die kanadische Gruppe bildete eine einzige Wasserfläche. Die großen russischen Seen haben ebenfalls an Umfang verloren; am Onegasee ist ein altes Ufer noch 20 m über dem gegenwärtigen Spiegel sichtbar. Auch das Niveau des Genfer Sees hat sich gesenkt, und in Preußen sind seit der Zeit der Ordensritter viele Seen, wenn auch nicht ganz verschwunden, so doch reduziert worden.

Allein im großen und ganzen sind außerhalb der regenarmen Gebiete in historischer Zeit wohl wenig Seen der Verdunstung zum Opfer gefallen.

---

[1] Folgende Beobachtungen stammen aus den Jahren 1875—79:

Stationen im aral-kaspischen Tiefland	Durchschnittliche jährliche Verdunstungsmenge mm	Regenmenge mm
Astrachan	744	156
Akmolinsk	1035	233
Nukus	1931	71
Petro Alexandrowsk	2321	65

Ihre Existenz wird hier viel mehr durch die Zuflüsse bedroht, die ihre Geschiebelasten im stehenden Wasser ablagern; und es ist leicht erklärlich, daß in Gebirgen dieser Prozeß rascher sich abspielt, als im Flachland. Breite alluviale Thalebenen schließen sich an das obere Ende der meisten Alpenseen an, deren einstige Ausdehnung verratend. So reichte der Genfer See bis Bex, der Brinzer bis Meiringen, der Bodensee bis Bendern, der Urnersee bis Erstfeld, der Lago maggiore bis Bellinzona u. s. w. Seitwärts mündende Bäche schneiden durch Deltas die Seen entzwei; die Lütschine trennte beispielsweise den Thuner vom Brienzer See, die Adda den Como- vom Mezzolasee, die Linth vielleicht den Züricher vom Wallensee. Am St. Wolfgangsee bei Ischl oder bei den Engadiner Seen läßt sich dieser Vorgang gut beobachten.

Wenn man aber, wie dies häufig geschehen ist, alle größeren Thalebenen für zugeschüttete Seebecken erklärt, so geht man zu weit. Auch die seitliche Erosion schafft Thalweitungen und damit geht Hand in Hand die Auftragung von Alluvionen. Doch ist in zahlreichen Fällen jene Annahme richtig. Manche Gebirgsseen verschwanden erst in geschichtlicher Zeit völlig, wie 1817 der Novaledosee und 1818 der Lago morto im Valsugana, oder der Kankersee in Krain seit dem 18. Jahrhundert. Von anderen kennt man zwar nicht das Todesjahr, aber Sagen des Volkes oder Ortsnamen haben ihr Andenken erhalten. Kleine Wasseransammlungen, sumpfige und moorige Stellen, sauere Wiesen u. s. w. sind ziemlich sichere Anzeichen eines erloschenen Sees; und nicht minder zuverlässig ist ein orographisches Merkmal, nämlich die rundliche Gestalt eines Thalbeckens. Die größte Thalfläche innerhalb der Alpen, die nordkrainische Ebene (633 qkm), war in vordiluvialer Zeit ein See, den die Save und die übrigen alpinen Zuflüsse successive von Nordwesten nach Südosten mit mächtigen Kiesmassen zuschütteten, während die Karstflüsse mit einer einzigen Ausnahme nur Sand und Schlamm herbeiführten. Der südliche Teil blieb daher noch lange See, als der nördliche schon ausgefüllt war; Pfahlbauten wurden in demselben gefunden, und noch jetzt ist er eine 144 qkm große Moorfläche (s. Fig 79 S. 253).

§ 299. Bei der Umwandlung der Seen in Land spielen neben den Flußsedimenten und den atmosphärischen Ablagerungen auch die *Pflanzen* eine hervorragende Rolle. Ihre Thätigkeit beschränkt sich aber hauptsächlich nur auf jene Seen, bei denen nur die oberste Wasserschicht durch Zu- und Abfluß bewegt wird, und deren windgeschützte Lage eine starke Wellenbewegung verhindert. Nach *Senft's* Beobachtungen schreitet der *Vermoorungsprozeß* entweder von oben nach unten, oder von unten nach oben fort, je nachdem der Boden reich an im Wasser löslicher Kieselsäure

Vermoorung der Seen (Tiefmoore).

und kieselsaurem Kali, aber arm an kohlensaurem Kalk ist; oder neben etwas Kieselsäure eine große Menge gelöster Kalksalze liefert. Der erste Vorgang wird also in kalkarmen Gegenden, der zweite hauptsächlich im Kalkgebirge stattfinden.

Im ersteren Falle beginnt die Vermoorung stets am Ufer, und zwar in feuchten Vertiefungen oder Löchern, die z. B. durch das Ausroden von Baumwurzeln entstehen. Hier siedeln sich zunächst gemeines Borstengras und das Sumpf- oder Wassermoos (Sphagnum) an: Gewächse, welche nicht nur die Bodenfeuchtigkeit festhalten, sondern auch den atmosphärischen Dampfgehalt an sich ziehen, und auf diese Weise ihre Unterlage, wie auch deren nächste Umgebung immer mehr versumpfen und so sich selbst die Bedingungen zu immer ausgebreiteterem Wachstum schaffen. Namentlich die Wassermoose, die in dichten Filzlagern beisammen wachsen und in ihren oberen Teilen noch fortvegetieren und sich vermehren können, wenn auch die unteren schon abgestorben sind, verbreiten sich außerordentlich rasch, und zwar im vorliegenden Falle nicht bloß landeinwärts, sondern auch seewärts, indem sie den Wasserspiegel mit einer, immer dicker werdenden Decke zum Teil oder ganz überziehen. Konferven und andere Algen, Ried- und Wollgräser oder die Torfheide siedeln sich hier an und vergrößern das Gewicht der Decke, die immer tiefer unter den Wasserspiegel sinkt; und da immer neue Pflanzen die Oberfläche einnehmen, so kann endlich die aus viele Generationen aufgebaute Pflanzenschicht den Grund des Sees erreichen, womit der Prozeß der Landbildung abgeschlossen ist.

Im zweiten Fall wird zunächst die, an das Ufer grenzende, seichte und schlammige Zone des Seebodens von Algen und schwimmenden Wasserpflanzen, dann vom Schilfrohr, von Binsen, Schein- und Wassergräsern; und zuletzt, wenn sich der Boden bereits soweit erhöht hat, daß er nur mehr periodisch überschwemmt wird, von Ried- und Wollgräsern okkupiert. Da diese Ablagerungen wegen ihrer schlammigen Beschaffenheit über ihren seewärts gelegenen Rand hinausgepreßt werden, so rückt die Landbildung konzentrisch gegen die Mitte des Sees vor und kann ihn endlich, vorausgesetzt, daß er nicht zu tief ist oder daß Schotterablagerungen genügend vorgearbeitet haben, völlig in eine sumpfige Grasflur (Ried oder Moos) verwandeln.

Unter dem Wasser, das den Zutritt der Luft verhindert, verfällt die vegetabilische Masse einem langsamen Verkohlungsprozesse, welcher den Torf liefert. Da bei hoher Temperatur die Zersetzung der abgestorbenen Organismen sehr rasch vor sich geht, so sind im allgemeinen die Torfmoore nur auf die gemäßigte und kalte Zone beschränkt, und kommen im tropischen Erdgürtel nur dort vor, wo ähnliche Bedingungen, wie in unseren Gegenden, vorhanden sind.

§ 300. Sümpfe und Moore sind aber nicht immer das letzte Entwickelungsstadium eines Sees. Sümpfe können sich überall auf wasserundurchlässigem Boden mit geringem Gefälle bilden; sie begleiteten viele Flachküsten und die Ufer großer Flüsse, besonders dann, wenn deren Niveau höher liegt, als das umliegende Land. In der Regenzeit verwandeln sich viele Gebiete der tropischen Ebenen in Sumpflandschaften, die aber bald wieder austrocknen, während in den Gegenden mit gleichmäßigen Niederschlägen die Sumpfbildung permanent ist. Sümpfe und Hochmoore.

Moore bilden sich auch auf trockenem Grund, von dem das Wasser abfließen kann, wie beispielsweise im nordwestlichen Deutschland. Man nennt sie Hochmoore im Gegensatz zum Tiefmoor, das an die Stelle der Seen tritt. Haben in nassen Jahren oder bei hohem Grundwasserstand die Sphagnumarten allein oder im Verein mit anderen torfbildenden

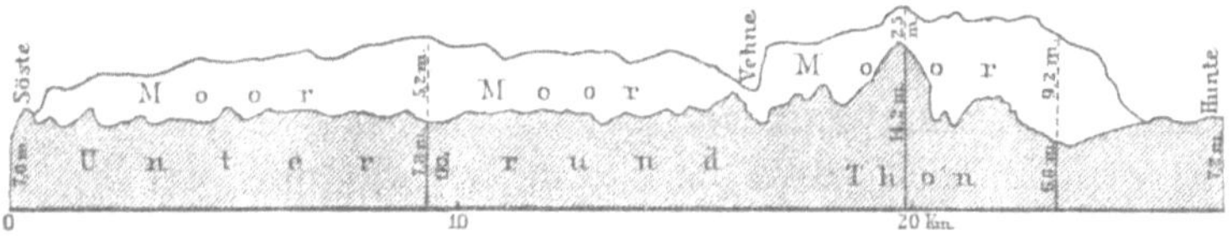

Fig. 139. Profil der östlichen Linie des Hunte=Ems=Kanals (Oldenburg) nach Schacht.
(Die Zahlen geben die Mächtigkeit des Untergrundes und des Hochmoores.)

Pflanzen an irgend einer Stelle festen Fuß gefaßt, so setzt sich der Vermoorungsprozeß in der schon oben geschilderten Weise unaufhaltsam fort, und einem gewölbten Riesenschwamme ähnlich überzieht das Hochmoor bald Berg und Thal (Fig. 139). Manchmal zerreißt seine, durch Gase und Wasser straff gespannte verfilzte Decke plötzlich, und gewaltige Schlammströme stürzen dann hervor, weithin das Land verwüstend. Namentlich in Irland ist dieses Phänomen nicht selten; der Schlammstrom von Kinalady am 25. Juni 1821 riß Häuser und Wälder mit sich fort und bedeckte eine Fläche von mehr als 13 qkm.

Das Wachstum des Torfes hört auf, wenn er infolge der Verlegung eines Flußlaufes, Eröffnung eines genügenden Abflusses oder infolge anderer Veränderungen völlig austrocknet; oder wenn umgekehrt der Wassergehalt so sehr zunimmt, daß der Boden in einen Morast verwandelt wird, der die Fortexistenz der torfbildenden Gewächse nicht mehr gestattet.

Zehntes Kapitel.

Die geographische Verbreitung der Organismen.

Allgemeine Bemerkungen über die Verbreitung der Pflanzen.

Vegetation und Flora.

§ 301. Glücklicherweise ist der Teil des Festlandes, wo das Felsgerüste unverhüllt zu Tage tritt oder eine Eisdecke trägt, klein im Vergleich zu jenem, der mit einem Pflanzenkleide geschmückt ist. Hier bedingen nicht bloß die Terrainverhältnisse und Gewässer die Physiognomie der Landschaft, sondern auch die Vegetation, die aber nicht allein aus diesem Gesichtspunkte das geographische Interesse in Anspruch nimmt, sondern in noch höherem Grade deshalb, weil nicht nur die Existenz der Tiere, sondern auch die unsere darauf gegründet ist.

Vegetation und Flora sind verschiedene Begriffe. Der Reichtum der Vegetation hängt von der Anzahl der Individuen, der der Flora von der Anzahl der Arten ab. Es giebt Gegenden, wie die Ebene des Amazonas, wo die Dichtigkeit der Pflanzendecke mit der Fülle der Pflanzenformen wetteifert; aber es giebt auch Gegenden, wo trotz der Ärmlichkeit der Vegetation der sammelnde Botaniker eine reiche Ausbeute findet. So ist es in den vorderasiatischen Steppen, wo das Doppelgeschlecht Astragalus und Oxytropis in mehr als tausend Arten auftritt. Dagegen ist in Neuseeland die Vegetation üppiger als in den Mittelmeerländern, aber die Flora ist hier ungleich reicher.

Abhängigkeit vom Boden.

§ 302. Die Pflanze ist zunächst abhängig vom Boden, dem sie ihre Nahrung entnimmt, und der auch vermöge seiner physikalischen Eigenschaften, wie Dichtigkeit, Wasserdurchlässigkeit und Wärmekapazität einen mächtigen, wenn auch manchmal überschätzten Einfluß auf die Flora ausübt. Dieselben, durch eine matte, ins Graue spielende Färbung ihrer Vegetationsorgane ausgezeichneten Formen, welche die Küsten der Meere bewohnen, treten auch im Innern des Landes auf dem salzgeschwängerten Boden der Steppen auf. Die immergrünen Bäume und Sträucher, welche den hervorstechendsten Charakterzug der Mittelmeer-Flora bilden, kommen nach den Beobachtungen von Fuchs in Südfrankreich, Italien, Griechenland, Südrußland und im nördlichen Kleinasien ausschließlich auf dem trockenen und wärmeren Kalkboden vor, während weiter südlich die Gesteinsbeschaffenheit der Unterlage ohne Einfluß bleibt. Auf der pyrenäischen

Halbinsel ist die Steppe streng an die gipsführende Formation gebunden, und die Grasfluren der argentinischen Pampa scheinen durch den mit Sand, salzigen und kalkigen Bestandteilen gemischten Lehmboden bedingt zu sein. Der Einfluß des Bodens zeigt sich namentlich in Gebirgen, wo die Felsarten rasch wechseln. In der Schweiz findet man einige Pflanzen (z. B. Androsace lactea) nur auf Kalk, andere nur auf Sandstein, wieder andere, wie gewisse Moose und Farne des Hochgebirges, nur auf krystallinischem Gestein. Als Beispiel absoluter Anpassung führt Christ das Alpen-Windröschen (Anemone alpina) an, dessen weiße Form nur auf Kalk und dessen gelbe Form nur im Thon- und Quarzgebirge auftritt. Wo das eine Gestein allmählich in das andere übergeht, da finden sich auch Farbenübergänge in zahlreichen Abstufungen. Aber schon im Wasgenwald hört diese strenge Scheidung auf, und ein ähnliches Verhalten läßt sich auch bei anderen Pflanzen beobachten. Die Lärche, die in der westlichen Schweiz nur das krystallinische Gebirge bewohnt und auf Kalk auch bei künstlicher Anpflanzung nicht gut gedeiht, zeigt sich schon in Oberbayern und Salzburg, noch mehr aber in den Karpathen, völlig gleichgültig gegen die Gesteinsbeschaffenheit ihres Standortes; und die Legföhre, die in den Alpen ein entschiedenes Kalkgewächs ist, kommt ebenfalls in den Karpathen auf jeder Unterlage vor. Im großen und ganzen tritt also die Abhängigkeit der Vegetation vom Boden nur in klimatisch gleichförmigen, meist eng-begrenzten Gebieten scharf hervor, und nur wenige Pflanzen dürfte es geben, die überall an eine bestimmte Gesteinsart gebunden sind. Nicht die chemischen, sondern die physikalischen Eigenschaften des Bodens sind also vor allem maßgebend, und diese machen sich, je nach dem „lokalen Klima" — wie Christ sich ausdrückt — in verschiedener Weise geltend. Im Kalkgebirge des Schweizer Jura erscheinen einige der krystallinischen Alpenzone angehörige Pflanzen erst dort, wo größere Feuchtigkeit vorhanden ist; für die Existenz dieser Pflanzen ist also nur das Moment entscheidend, daß der Schieferboden die Feuchtigkeit länger behält, als der klüftige Kalkstein. Daraus erklärt sich auch die Thatsache, daß den Sandboden vorwiegend kurzlebige, den andauernd feuchten Boden hauptsächlich Pflanzen von längerer Lebensdauer bewohnen.

§ 303. Unsere bisherigen Betrachtungen haben uns nur den indirekten Einfluß des Klimas kennen gelehrt, und später werden wir in besonderen Abschnitten auseinandersetzen, wie Wärme und Feuchtigkeit direkt den Vegetationscharakter der einzelnen Teile der Erde bestimmen. Hier beschränken wir uns nur auf einige allgemeine Bemerkungen. Abhängigkeit vom Klima.

Das Wärmebedürfnis verschiedener Pflanzen ist verschieden, nicht nur in bezug auf die Mitteltemperatur, sondern auch in bezug auf die Dauer der Zeit, in welcher ein gewisser, die Entwickelung des Pflanzenlebens ermöglichender Wärmegrad erreicht werden muß. Die Birke und Lärche können z. B. weiter gegen den Pol und in höhere Regionen vordringen, als die Buche und Eiche, denn bei jenen kann die Vegetationsperiode nicht unter drei, bei diesen nicht unter fünf Monate herabsinken. Aber trotzdem bilden die Isothermen keine unübersteiglichen Schranken, insofern Pflanzen kälterer Gegenden einen gewissen Wärmeüberschuß sehr wohl ertragen können. Empfindlicher sind die Pflanzen in ihrem Feuchtigkeitsbedürfnis, daher innerhalb eines Breitengrades Gebiete mit Trockenheit liebenden Gewächsen oft sehr scharf gegen solche abgegrenzt sind, die von Feuchtigkeit liebenden Pflanzen bewohnt werden. Auf die verschiedenste Weise suchen sich die Pflanzen gegen trockenes Klima zu schützen und die Verdunstung der Blattorgane zu verringern. Entweder sind die Blätter, wie bei den Eucalyptusbäumen Australiens, in senkrechter Stellung eingesetzt und kehren daher nicht ihre ganze Fläche der Sonne zu, oder sie sind verkleinert oder mit Haaren oder Schuppen bekleidet, oder fleischig ausgebildet, oder in Dornen verwandelt; ja bei einigen Bäumen und Sträuchern, wie bei den Casuarinen und dem Besenstrauch (Spartium), ist die Blattbildung völlig unterdrückt. Den gleichen Zweck verfolgt die Ausscheidung von Harz und ätherischen Ölen. Aber wenn auch derartig organisierte Gewächse in trockenen Gegenden ihre eigentliche Heimat fanden, so fehlen sie doch auch in feuchten Gebieten nicht ganz. Die dornigen Astragalusarten bilden allerdings den wesentlichsten Bestandteil der Steppenflora der alten Welt, aber eine Art findet sich sogar in der Nähe von Gletschern. Die Kakteen, die in den regenarmen Landstrichen der neuen Welt die hervorragendste Rolle spielen, kommen auch in den feuchten Urwäldern Südamerikas vor, und ebensowenig sind die kaktusähnlichen Euphorbien auf die trockenen Teile von Asien und Afrika beschränkt. Der Farnbaum und die Aloe, die beiden größten Gegensätze in bezug auf das Feuchtigkeitsbedürfnis, bewohnen gemeinsam den indischen Teraiwald. Nicht immer haben also äußere, klimatische Verhältnisse eine eigenartige Organisation hervorgerufen, sondern diese ist zunächst durch innere Ursachen, die sich allerdings unserer Beobachtung entziehen, bedingt, und klimatische Einflüsse haben nur ihre Ausbildung gefördert.

Hildebrand stellte eingehende Untersuchungen über den Zusammenhang zwischen dem Klima und der Lebensdauer der Pflanzen an. Er wies nach, daß ein gleichmäßiges Klima nicht nur langlebige Gewächse, sondern auch die Andauer der Vegetationsorgane begünstigt. Die einjährigen Pflanzen treten zurück und die Zahl der Holzgewächse nimmt außerordentlich zu; ja auf den Sandwichinseln und auf St. Helena sind Familien, die sonst nur Kräuter und Stauden enthalten, durch Holzgewächse vertreten. Der Äquatorialzone fehlen einjährige Pflanzen ganz; wenn aber solche auch in tropischen Gegenden mit langer Trockenheit verhältnismäßig selten sind, so erklärt sich dies daraus, daß hier der Boden von Gewächsen längerer Lebensdauer zu sehr okkupiert ist, um eine reichlichere Entfaltung ephemerer Existenzen zu gestatten. In unserem Klima ist ihre Zahl schon beträchtlich gewachsen, dagegen ist sie begreiflicherweise gering in Gegenden mit kurzer Vegetationszeit, also in Wüsten, in den alpinen Regionen und im polaren Gürtel,[1] wo aber im Gegensatz zu den Tropen die langlebigen Pflanzen durch Dauerorgane unter der Erde oder durch kräftig geschützte oberirdische Organe ausgezeichnet sind.

Überall, wo die klimatischen Elemente eine ausgesprochene jährliche Periode zeigen, verändert sich auch das Pflanzenkleid mit den Jahreszeiten. Die Winterkälte der mittleren und höheren Breiten und die Trockenzeit in den Gegenden mit streng subtropischem und tropischem Regen versenken die Vegetation in längeren oder kürzeren Schlaf. So selbstverständlich wir dies finden, so unerklärlich erscheint uns das Verhalten mancher Pflanzen, wie des Ölbaums, der im Mittelmeergebiet seine Knospen schon entfaltet, wenn der Winter die Blätter am meisten bedroht, oder wie mancher Bäume in Venezuela und Brasilien, die schon vor Beginn der Regenzeit ausschlagen.

Pflanzenwanderungen und Pflanzenverbreitung.

§ 304. Noch ein drittes Moment muß in Betracht gezogen werden, das historische. Die Verbreitung einer Art aus der Pflanzen- wie aus der Tierwelt läßt sich nur durch Wanderung von dem Entwickelungscentrum aus erklären; die Verbreitungsmittel, über die die Pflanzen verfügen, wurden schon auf S. 231 angeführt. Es muß hier aber auch darauf aufmerksam gemacht werden, daß ebenso, wie jedes Individuum, auch jede Art zeitlich beschränkt ist, wenn auch die Lebensdauer in dem einen wie in dem anderen Falle innerhalb weiter Grenzen variiert. Am Simplon bewohnt eine Glockenblume, Campanula excisa, einen wohlabgerundeten Bezirk, über den hinaus sie noch nicht vorgedrungen ist; sie befindet sich gleichsam noch im Kindesalter, das an die Wiege gebunden ist. Mit jugendlicher Vollkraft erobert dagegen das kanadische Berufkraut weite Bezirke. 1655 wird es zuerst als Gartenpflanze im botanischen Garten zu Blois erwähnt. 1674 war es schon in Südeuropa heimisch,

[1] Die Zahl der einjährigen Pflanzen beträgt in der Dauphiné in

200—600 m	600—1800 m	über 1800 m Höhe
60	33	6 %,

ferner in Paris (49° B.) 45, in Christiania (59·6° B.) 30, in Listad (61·4° B.) 26% der Gesamtflora.

aber noch 1763 giebt Linné als Verbreitungsgebiet nur Amerika und Südeuropa an. Seitdem ist es, unterstützt durch die Flugfähigkeit seines mit einem Fallschirm versehenen Samens, nach Norden wie nach Osten vorgedrungen, und hat sich von England bis zum Altai und von Sizilien bis Schweden ansässig gemacht. Unzählig sind die Beispiele von Gewächsen, die sich auf dem Höhepunkt ihrer Entwickelung befinden, deren Wanderungen aber der grauen Vorzeit angehören. Einen greisenhaften Zug besitzen jene Pflanzen, die jetzt nur an wenigen, weit von einander entfernten Standorten gefunden werden; so die Monotropa uniflora und Phryma Leptostachya, die das östliche Nordamerika, Japan und den Himalaya, letztere auch die Gegenden am Amur und westlich von Peking bewohnen. Diese Verbreitungsart läßt sich nur durch die Annahme erklären, daß die betreffenden Pflanzen an den Zwischenstationen ausgestorben sind, und Engler faßt sie daher als die kümmerlichen Reste einer einst weit verbreiteten Tertiärflora auf. Zu demselben Schlusse gelangen wir in bezug auf das Vorkommen nahe verwandter, aber vikariierender Arten an weit entlegenen Punkten. Das Geschlecht Liquidambar ist jetzt durch je eine Art in Kleinasien, in Japan und in den atlantischen Staaten von Nordamerika vertreten, aber in der Miocänzeit lebte es auch im übrigen Nordamerika, in Grönland, in Mitteleuropa und in Italien. Zwei andere Geschlechter liefern uns Beispiele eines noch fortgeschritteneren Verfalles. Das Genus Sequoia gliedert sich in 26 Arten, von denen aber nur noch zwei, S. gigantea (Wellingtonia oder Mammutbaum, die größte Conifere der Jetztzeit) und S. sempervirens, im pazifischen Nordamerika von Kalifornien bis Oregon leben, während die fossilen Arten im ganzen nördlichen Waldgürtel und in der arktischen Zone gefunden werden. Die Blüteperiode des Gingko fällt in den mittleren Jura; schon im Tertiär zeigen sich deutliche Spuren des Niedergangs, wenn sich der Verbreitungsbezirk auch noch über den ganzen Norden ausdehnte, und in der Gegenwart ist er nur auf das östliche Asien beschränkt.

Die angeführten Beispiele belehren uns zugleich über die verschiedenen Arten des Endemismus. Endemische Gewächse sind sowohl die Glockenblume am Simplon, wie die Sequoia Kaliforniens; aber im ersteren Falle ist die Heimat zugleich das Entwickelungscentrum, in dem letzteren aber nur die Zufluchtsstätte der letzten Vertreter einer untergehenden Form.

Entwickelung der jetzigen Flora. Inhalt der Pflanzengeographie.

§ 305. Schon die bisherigen Erörterungen konnten uns von der Richtigkeit zweier wichtiger Thatsachen überzeugen: erstens, daß die Entwickelung der jetzigen Pflanzenwelt noch nicht abgeschlossen ist, und zweitens, daß diese aufs innigste mit den Floren der früheren geologischen Perioden verknüpft ist. Gerade die hervorstechendsten Eigentümlichkeiten der Florengebiete lassen sich nicht durch das Klima und noch weniger durch die Bodenbeschaffenheit erklären. Wir können den gegenwärtig bestehenden Verhältnissen keinen stichhaltigen Grund für die Thatsache entnehmen, daß die chinesischen und japanischen Eichen und Nadelhölzer von den nordasiatischen verschieden sind, daß in den Mittelmeerländern die Lippenblumen und Cistrosengewächse, oder unter den alpinen Kräutern die Primeln und Gentianen vorherrschen, daß an der Südspitze Afrikas plötzlich und auf einen engen Raum beschränkt eine ganz eigenartige, reiche und trotzdem fast nur aus endemischen Arten bestehende Flora auftritt, oder daß die Floren von Ost- und Westaustralien so sehr differieren, und daß der Endemismus des letzteren sogar den der festlandfernsten Inselgruppe, der Sandwichs, übertrifft.

Wie jetzt, so setzten auch in der Vorzeit klimatische Verschiedenheiten, Gebirge und Hochländer und endlich das Meer den Pflanzenwanderungen Schranken. Aber diese Faktoren, die bei der Verbreitung der Gewächse die wichtigste Rolle spielen, haben sich mehrfach geändert. Namentlich erlitten in den mittleren und höheren Breiten die klimatischen Verhältnisse bei dem Übergang aus der Tertiär- in die Eiszeit und aus dieser in die Gegenwart tiefeinschneidende Umgestaltungen; und nur jene Organismen, die Lebenskraft genug besaßen, den veränderten Verhältnissen sich anzupassen, konnten ihren Platz behaupten. Die Variationsfähigkeit ist also eine Grundbedingung für die größere Verbreitung einer Pflanzenform.

Die Aufgabe des Botanikers ist es, an der Hand systematischer und paläontologischer Untersuchungen dem Entwickelungsgange der Pflanzenwelt nachzuspüren. Unser Ziel ist nicht so weit gesteckt. Einzelne Formen haben für uns nur dann Bedeutung, wenn sie die Physiognomie der Landschaft in charakteristischer Weise mitbestimmen, oder wenn sie als Nutzpflanzen in nähere Beziehungen zum Menschen treten. Unser Hauptaugenmerk richten wir vielmehr auf jene großen Pflanzengemeinschaften, die Grisebach Vegetationsformationen genannt hat, und deren Ausbildung und Verbreitung zum größten Teil durch das gegenwärtige Klima bedingt ist. Nach ihrer systematischen Verwandtschaft zerlegt oder vereinigt der Botaniker diese Gruppen zu Florenreichen, -Gebieten, -Provinzen u. s. w. Die Resultate dieser Arbeit, in Verbindung und verglichen mit der zoologischen Einteilung des Festlandes, bieten das höchste geographische Interesse, indem sie das Gemälde von der Erdoberfläche als etwas allmählich gewordenem und in beständiger Umbildung begriffenem vervollständigen.

Die Hauptzonen und Hauptregionen der Vegetation.

(S. Karte XVIII.)

Tropische Pflanzenzone. Die Palmen.

§ 306. Den drei Temperaturzonen entsprechen die drei Vegetationszonen, die tropische, mittlere und polare.

Monocotyle Laubbäume, deren einfaches Holzgerüst eine ausgebreitete riesige Blattrosette krönt, und unter diesen wieder die Palmen, sind der hervorstechendste Charakterzug der tropischen Vegetation. Als die äußersten Grenzen derselben können wir daher die Polargrenzen der Palmen betrachten, umsomehr als diese zum Teil wenigstens mit den Jahresisothermen von 20° zusammenfallen. Die höchsten nördlichen Breiten, die die Palmen in ihrer natürlichen Verbreitung erreichen, sind 36° in Amerika und 43·7° in der alten Welt (Nizza); in Südamerika liegt die äußerste Grenze in 38°, in Afrika in 34°, in Australien in 35° B. Weiter vom Äquator entfernen sie sich auf Neuseeland; östlich von Neuseeland, auf der Pittinsel, erreichen sie ihre größte Polhöhe in 44° S. Dagegen bleiben sie den Galapagosinseln und den Eilanden Ascension und St. Helena fern.

Während an der antarktischen Grenze verschiedene Palmen, zum Teil von hochstämmigem Wuchs, auftreten und der tropische Vegetationscharakter ziemlich rasch abbricht, gehören die nördlichsten Palmen ausschließlich zur Gruppe der Sabaleae, und zwar in der neuen Welt zum Sabal-, in der alten Welt zum Chamärops-Geschlecht. Die Gültigkeit des Hauptgesetzes, daß unter sonst gleichen Umständen der Florenreichtum mit wachsender Breite abnimmt, erwies Drude, dem wir überhaupt die eingehendsten Untersuchungen über die Verbreitung der Palmen verdanken, auch in Bezug auf diese Pflanzenfamilie.[1] Nur das höchste, in äquatorialer Richtung verlaufende Kettengebirge, der Himalaya, bildet eine schroffe Grenze, indem südlich davon die Palmen sogleich in großer Artenzahl auftreten. Am üppigsten entfaltet sich die tropische Vegetation in der Ebene des Amazonas

---

[1] Die Artenzahl beträgt:

a) in Amerika:
Prärien 3. Südöstliche Vereinsstaaten 6. Mexikanisches Gebiet 80. Westindien 40. Südamerika diesseit vom Äquator 90. Amazonasebene 180. Tropische Andes 70. Brasilianisches Gebiet 90. Chile 2. Nördl. Pampas 6.

b) im westlichen Teil der Osthemisphäre:
Mittelmeerländer 1. Sahara und Vorderasien 3. Tropisches Afrika, Westküste 17, Ostküste 11. Madagaskar 10. Südafrika 2.

c) im östlichen Teil der Osthemisphäre:
Südchina 11. Vorderindien 50, Hinterindien 70. Malayischer Archipel 200. Australische Nordküste bis zum Wendekreis 19. Australische Ostküste 6.

und im malayischen Archipel, also unter dem Äquator; wenn Afrika nicht durch eine gleiche Palmenfülle ausgezeichnet ist, so hat man dies zum Teil wenigstens der bedeutenden Erhebung über den Meeresspiegel zuzuschreiben, denn die Palmen lieben vor allem warmfeuchtes Tiefland und steigen nur ausnahmsweise in größere Seehöhen empor (die Wachspalme in den Andes bis 2800 m). Daraus erklärt es sich auch, daß in Afrika nur in der Guinea-Niederung die Palmen einen hervorragenden Anteil an der Vegetation nehmen.

Die einzige einheimische Palme von Südeuropa, Chamaerops humilis, ist eine Zwergform. Der Stamm ist meist im Boden versteckt, und nur in den günstigsten Fällen erreicht er eine Höhe von 4—6 m. Solche Zwerge finden wir aber auch gelegentlich in der Nähe des Äquators, besonders in höheren Regionen. Die meisten Palmen sind hier aber hochwüchsige Bäume, deren schlanker Stamm bei einigen südamerikanischen Arten bis zu 60 m über den Boden sich erhebt, oder Schlinggewächse (Rotangs). Eine Ausnahme von der gewöhnlichen Palmform bilden die afrikanischen Dompalmen, indem der Stamm ein- oder mehrfach gabelförmig geteilt ist. Die Blätter sind oft von erstaunlicher Größe; es giebt Fächer von $3\frac{1}{2}$ m Durchmesser und Fieder von 15 m Länge. Das ganzrandige, steife Blatt der Manicaria saccifera besitzt eine Länge von 9 und eine Breite von $1\frac{1}{2}$ m. Noch drastischer zeigt sich die tropische Lebensfülle in den Kletterpalmen, die besonders in Ostindien heimisch sind (die Geschlechter Calamus und Daemonorhops), und deren Holzstamm eine Länge von 370—550 m erreicht. Wäre ihr Stamm entsprechend dick, um aufrecht stehen zu können, so würde er viele Berge an Höhe übertreffen.

Aber nicht bloß ein unvergleichlicher Schmuck der Landschaft sind die Palmen, sie sind auch von unberechenbarem Nutzen. Ganze Länder ernähren sich von den Früchten der Dattel- und der Kokospalme. Der Stamm der Sagopalme enthält reichliches Stärkemehl, das unter dem Namen Sago in den Handel kommt. Die Blattknospen einiger Arten werden als Gemüse genossen, oder man bereitet aus ihrem Saft den Palmenwein und durch Zusatz bitterer Kräuter und Wurzeln, die die Gärung zurückhalten, ein bierartiges Getränk. Gekocht und zur Verdunstung gebracht, liefert dieser Saft guten Zucker. Den Assai, ein dem Kaffee oder der Chokolade ähnliches Getränk, liefert die Frucht der südamerikanischen Euterpe oleracea. Die Betelnuß, die Frucht der Arecapalme, ist im ganzen südöstlichen Asien ein beliebtes Genußmittel. Das Palmöl, dessen Bedeutung für den Welthandel von Jahr zu Jahr steigt, gewinnt man aus dem Sameneiweiß einiger Palmen, besonders der westafrikanischen Ölpalmen. Unendlich mannigfaltig ist endlich die Verwendung der Blätter und des

Holzes zu Flechtwerk, Hüten, Matten, Gefäßen, Kästen u. s. w.; und wohl keine Pflanze ist mit den Sitten und Gewohnheiten der Tropenbewohner so innig verwachsen, als die Palme; ja in bezug auf die Vielseitigkeit des Nutzens kommt ihr keine andere Pflanzenfamilie der Erde gleich.

Andere tropische Charakterpflanzen.

§ 307. Als Nahrungspflanzen sind auch die Musaceen von außerordentlicher Bedeutung. Ihre saftreichen, nicht sehr hohen Stämme tragen Blätter von außerordentlicher Größe, schöne Blüten, und Fruchtbündel von 1—1 $^1/_2$ m Länge. Die Früchte der Bananen werden als frisches Obst, die des Pisangs (Paradiesfeige) meist gekocht genossen. Eine beschränktere Verbreitung besitzt der Brotbaum, ursprünglich nur vom Sundaarchipel bis zu den fernsten polynesischen Inseln; aber gerade für diese pflanzenarmen Eilande ist er das wertvollste Geschenk, um so mehr als er keiner Kultur bedarf, und drei Bäume ausreichen, einen Menschen das ganze Jahr hindurch zu ernähren. Fast unabsehbar ist die Zahl der übrigen Bäume mit eßbaren Früchten. Hier sei nur noch der Banyanen gedacht, die der Hindu als das Symbol unerschöpflicher Naturkraft verehrt. Aus den Zweigen senken sich Luftwurzeln herab, die wieder zu neuen Stämmen heranwachsen, so daß „Krone an Krone wie über einer gemeinsamen Säulenhalle sich ausbreitet", und ein einziges Individuum einen ganzen Wald erzeugen kann. Seltsam erscheinen auch dem an nordische Formen gewöhnten Auge die Gestalten des Pandanus und der Mangrovebäume, die alle tropischen Flachküsten, welche nicht zu sehr der Brandung ausgesetzt sind, umsäumen. Die Luftwurzeln der letzteren entspringen aus den Früchten, und die neuen Stämme lösen sich dann vom Mutterkörper los.

Am meisten fällt uns die Wachstumskraft der Tropen auf, wenn wir innerhalb einer und derselben Familie tropische Vertreter mit solchen höherer Breiten vergleichen. Zur Familie unserer Gräser gehört das Bambusrohr, das am Fuß etwa 15 cm dick ist und nach oben sich zu einer Spitze verjüngt. Die glänzend-glatten Stämme vereinigen sich zu dichten Gruppen von 20—30, ja sogar 40 m Höhe, und treten somit in der Physiognomie der südasiatischen Landschaft bedeutsam hervor. Seltener ist der Bambus in Südamerika, und in Afrika scheint er fast ganz zu fehlen. Unerschöpflich ist seine Verwendbarkeit zu Waffen, Leitern, Masten, Kähnen, Brücken, Matten, Schränken, Gefäßen, Möbeln; ja ganze Häuser werden aus diesem ebenso eleganten als leicht zu verarbeitenden Material erbaut. Die Familie der Liliengewächse hat einige baumartige Repräsentanten, wie Yucca, Aloe und den berühmten Drachenbaum, einen der Riesen der Pflanzenwelt. Aus der Klasse der Farne, die in außerordentlichem Formreichtum und enormer Artenzahl die feuchten Urwälder bewohnen, ragt besonders der schöne 6—10, manchmal sogar 15—18 m hohe Farnbaum hervor. Auch der Ricinus erlangt baumartigen Wuchs und eine Höhe von 6—10 m. Die Familie der Arongewächse, die bei uns nur in kleinen Formen vorkommt, verliert zwar auch in den Tropen ihren krautartigen Charakter nicht, aber Stamm und Blätter erlangen kolossale Dimensionen. Viele Schling- und Schmarotzergewächse des Urwaldes gehören ihr an. Ein noch größeres Kontingent zu den epiphytischen Pflanzen stellen die Orchideen, die an Mannigfaltigkeit und Blütenschönheit alle anderen Familien übertreffen. Aber die prachtvollsten Blumen verschwinden im Dickicht des Urwaldes oder bilden nur einen rasch vergänglichen Schmuck. Die Üppigkeit der tropischen Vegetation äußert sich überhaupt nicht in der Hervorbringung von entsprechend großen Blüten, ja gerade bei den gewaltigsten Pflanzen sind die Blüten verhältnismäßig unscheinbar. Auch die größten Bäume von mehr als 120 m Höhe (Sequoia gigantea und Eukalypten) findet man nicht in der Tropenzone; nur in bezug auf den Umfang des Stammes kann sich der afrikanische Affenbrotbaum und der westindische Wollbaum, dessen Krone 1000 Personen Schatten gewährt, und aus dessen Stamm Canoes für 180 Personen hergestellt werden, mit den Riesen Kaliforniens und Australiens messen. Dagegen entwickeln sich einzelne Pflanzenteile in großartigster Weise. Die Kigelia trägt 60 cm lange, dicke Früchte, und der ebenfalls afrikanische Ensete-Pisang 6 m lange Blätter. Beiläufig ebensolang und 3—4 m im Durchmesser sind die Fächer der Palme Corypha umbraculifera auf Ceylon und in Malabar, die am Schluß ihres Lebens eine Blütenrispe von 10 m Höhe treibt. Das abgerundete Blatt der Gunnera gigantea, einer Steinbrechart in Columbien, hat 6—8 m im Umfang. Die kreisförmigen, oben hellgrünen, unten karminroten Blätter der Victoria regia, die im Durchmesser $1^1/_2$—2 m groß sind, schwimmen ausgebreitet auf dem Spiegel des Amazonas und seiner Nebenflüsse, und rechtfertigen den königlichen Namen dieser herrlichsten aller Wasserpflanzen. Die Rafflesia Arnoldi auf Sumatra genießt den Ruhm, die größte aller bekannten Blüten zu besitzen, denn diese hat einen Durchmesser von nicht weniger als ca. 1 m!

§ 308. Wie die Palmen stellenweise über die Grenzen der warmen Zone hinausdringen, so auch andere Tropengewächse, wenn auch zum Teil in verkümmerter Form. Die Bambusen kommen in ganz China vor, aber es ist fraglich, ob sie nördlich vom Tsinling einheimisch sind. Arundarien, die sich zum Bambus in ähnlicher Weise verhalten, wie die Zwergpalme zur Baumpalme, bewohnen die Kurilen, und sind in den Vereinigten Staaten bis Illinois verbreitet. Zwergartige Lilienbäume reichen im westlichen Nordamerika bis 49° B. und im östlichen bis zur Chesapeakebai (37° B.). Tropisches Gepräge tragen der Tulpenbaum und Sassafraslorber, die sich bis Kanada, Gemäßigte Zone.

der Persimmonbaum und eine Magnolie, die sich bis New York, und der Trompetenbaum, der sich angeblich bis Illinois findet. In den trockenen Gebieten Nordamerikas dringen die Agaven zwar nur bis 35° B. vor, desto weiter aber die Kakteen, die man noch jenseits des Missouri in 49° B. antrifft. Aber auch sie nehmen nach Norden rasch an Höhe ab, gerade so wie die Mimosensträucher der südlichen Prärien.

Viel wichtiger, als vereinzelte Vorposten der Tropenwelt, sind die immergrünen dikotylen Laubbäume, die den südlichsten Gebieten unserer gemäßigten Zone, soweit milde Winter herrschen, also mit Ausschluß der großen Bodenerhebungen, ein charakteristisches Gepräge verleihen. Im Westen der alten Welt erreichen sie ihre höchste Breite bei Görz (46°), im Osten dringen die immergrünen Eichen nur bis 36° vor, werden aber in Nipon noch bis 38° B. angepflanzt. In Nordamerika liegt die Polargrenze derselben im Westen in ca. 47° B. (Oregon), in Kentucky in 36 1/2 und an der Ostküste in 37° B.; hier, wie in der östlichen Hemisphäre folgt sie also den Winterisothermen. Weiter nach Norden reichen die immergrünen Sträucher, am weitesten an der, vom Golfstrom bespülten atlantischen Küste Europas, wo z. B. die Erica cinerea von Portugal bis zu den Färöer und bis Bergen in Norwegen, also bis zum 62. Parallel sich verbreitet hat. Nur der Buchsbaum, der in West- und Südeuropa, in China und Japan ebenso, wie in den Steppen und auf den Gebirgen Hochasiens vorkommt, schlingt ein ununterbrochenes immergrünes Band um die alte Welt.

Auf der Südhemisphäre umfaßt die immergrüne Zone, begünstigt durch die große Gleichmäßigkeit des Klimas, das ganze außertropische Festland. Auf unserer Halbkugel folgt aber darauf der Gürtel der sommergrünen Laubbäume, der im westlichen Europa bis 60°, im östlichen bis ca. 56°, im mittleren Sibirien bis 48—50° und in Kamtschatka wieder bis 60° B. reicht. Für den atlantischen Teil von Nordamerika wird 54°, für das Binnenland ca. 47° B. als Polargrenze angegeben; darüber hinaus dehnt sich in der alten, wie in der neuen Welt die Coniferenzone bis zur Waldgrenze aus.

Übergänge. § 309. Auf ein Moment muß besonders aufmerksam gemacht werden. Schroffe Gegensätze hat die Natur auch in der Anordnung der Vegetation insofern vermieden, als gewisse Hauptelemente derselben bei dem Übergang aus der einen in die andere Zone allmählich teils zu-, teils abnehmen. Im Tropengürtel herrschen monokotyle und immergrüne dikotyle Laubbäume. Periodisch belaubte Bäume, wie die Sykomore, und Nadelhölzer, wie die brasilianische Araukarie, kommen zwar vor, aber doch im allgemeinen selten, wenn wir von den höheren Gebirgen absehen. In der daran sich schließenden Subtropenzone finden wir nur noch einige Ausläufer monokotyler Bäume; neben den immergrünen Laubbäumen aus der Klasse der Dikotyledonen spielen die sommergrünen eine ebenbürtige Rolle; und auch die Coniferen, unter denen einige, dem Norden fremde Formen, wie Cypressen und Pinien, sich befinden, treten schon bedeutsam hervor. Dann verschwinden die immergrünen dikotylen Bäume und nur solche mit periodischer Belaubung, gemischt mit Nadelhölzern, bilden die Wälder der mittleren nördlichen Breiten, bis endlich in den höheren Breiten die Conifere die Oberherrschaft erlangt. Endlich endigt auch der Nadelwald und die polare Vegetation beginnt.

§ 310. Die arktische Waldgrenze folgt im allgemeinen der 10°-Isotherme des wärmsten Monats[1]; jenseits derselben ist die Vegetationszeit zu kurz, um Baumleben zu gestatten, und nur in geschützten Flußthälern dringt der Wald noch erheblich weiter gegen Norden vor. Im Janathal erreicht er z. B. 70° 55′, und im Thal der Chatanga im Taimyrland seine höchste arktische Breite: 72½°. In Alaska fanden Dall und Whymper am Fort Jukon (67° 10′ N.) noch einen stattlichen Wald, und bei Nulato (64° 40′ N.) noch Bäume von 90 cm Durchmesser und 30 m Höhe. Die kalten Seewinde flieht der Baum, daher die Küstengegenden des Beringsmeeres waldlos sind, und an der sibirischen Waldgrenze nach den Beobachtungen Middendorff's die Bäume in regelmäßiger Stufenfolge kleiner werden, um endlich in verkrüppelten Zwergformen zu enden. Die Eisströme, die von Norden und Westen durch die Davis- und Hudsonsstraße zum atlantischen Ozean abfließen, drücken mit der Sommerwärme auch die Waldgrenze auf Labrador bis gegen 52° B. herab; die höchste und die tiefste Grenze des Baumlebens auf unserer Halbkugel differieren also um ca. 20 Breitengrade.

Arktische Waldgrenze.

Daß die Baumgrenze, wenigstens in Sibirien, einst weiter nach Norden reichte, bezeugen die Waldinseln und die stehenden Wurzeln großer Bäume, die man noch in der Tundra findet. Es wäre aber verkehrt, daraus auf eine Verschlechterung des Klimas schließen zu wollen. Ohne daß die Normaltemperatur sich ändert, können mehrere aufeinander folgende ungünstige Sommer die Waldgrenze rasch zurückdrängen, weil hier die Bedingungen der Existenz größerer Holzgewächse eben noch knapp erfüllt werden, und daher auch vorübergehende Änderungen sich fühlbar machen. Ein noch gefährlicherer Feind ist der Mensch, dem z. B. Island, das nach Klinggräff in seinen Thälern einst Birkenwaldungen besaß, seine jetzige Baumlosigkeit verdankt. Denn nirgends ist, wie Middendorff treffend bemerkt hat, der Wald so sehr sich selbst Schutz, als an seinen äußersten Grenzen;

[1] Diese läßt sich auch vielleicht besser, als die Jahresisotherme von 0°, gegen deren Bedeutung Hann in seinem inzwischen erschienenen Lehrbuch der Klimatologie Bedenken erhoben hat, zur Abgrenzung der kalten von der gemäßigten Zone verwenden.

mediterranem Typus. Die zweite Region, die des Laubwaldes, in dem die Buche vorherrscht und die Kastanie auf der Südseite bis 900 m ansteigt, reicht in der Nordschweiz bis 1350 m Höhe. Dann folgt der Gürtel des Nadelwaldes, der in den nördlichen und Tessiner Alpen in 1800 m, in den centralen aber erst in 2100 m Höhe der alpinen Vegetation den Platz räumt.

Alpine Waldgrenze.

§ 314. Von besonderer Wichtigkeit ist die alpine Waldgrenze, über deren Höhe in den einzelnen Gebirgen der Erde die nachfolgende Tabelle (ein Pendant zur Tabelle auf S. 109ff.) Aufschluß giebt.

Höhe der Waldgrenze in Metern.

Nord- und Mitteleuropa.		
Norwegen	70½° N.	West 260, Birke.
	69° „	Ost 550, „
	67° „	West 360, „
	67° „	Ost 700, „
	60° „	West 910, „
	60° „	Ost 1040, „
Ural	68½° „	375.
	64° „	555.
	61° „	760, Lärche.
Schottland . .	57° „	810, Birke.
Harz	52° „	1040, Fichte.
Riesengebirge .	51° „	1170, „
Böhmer Wald	49° „	1460, „
Tatra . . .	49° „	1560, Arve und Birke.
Wasgenwald .	48° „	1300.
Schwarzwald . .	48° „	1360.
Jura	47° „	1490, Fichte und Edeltanne.
Schweizer Alpen	46—47° „	Nordschweiz 1800, Fichte.
		Centralschweiz 2100, Arve u. Lärche.
		Südschweiz 1800, „
Ostalpen	46—48° „	Nordalpen 1800, Fichte.
		Centralalpen 1950, „
		Südtirol 2180, Arve.
		Karst 1530, Buche.
Siebenbürg. Karpathen	45—46° „	1820 Fichte.
Auvergne	45° „	1500, „
Dauphiné . . .	45° „	1690—2500, Arve, Lärche, Fichte.
Mt. Ventoux	44° „	Nord 1730, Süd 1810, Fichte.
Südeuropa und Nordafrika.		
Pyrenäen	42—43° N.	Westl. 1950, Edeltanne.
		Mittl. 2300, Kiefer.
		Östl. 2410, Fichte.
Sierra Nevada	37° „	2110, Birke und Kiefer.
Marokkanischer Atlas	34° „	2600—2900, Eichen.

Apennin. Gran-Sasso	42° N.	Nord 1650, Buche.
		Süd 1800.
Gennargentu (Sardinien) . . .	40° „	1660, Erle.
Ätna	37° „	2010, Laricio-Kiefer.
Dalmatinische Alpen . . . . ca.	44° „	970.
Bosnien	44° „	1600, Fichte.
Macedonisch-albanisch. Grenzgebirge	42° „	1520, Eiche.
Südmacedonisches Gebirge . . ca.	41° „	1880, Himalaya-Kiefer.
Athos	40° „	1700, Edeltanne.
Südlicher Pindus . .	39° „	1790, „
Krim	45° „	1320.
Vorderasien.		
Bithynischer Olymp	40° „	1500, Nadelhölzer und Buche.
Pontisches Gebirge .	40—41° „	östl. v. Trapezunt, Nordseite 1850, Nadelhölzer u. Buche.
		Lasistan 2180.
Lycischer Taurus . .	36° „	2600, Juniperus foetidissima.
Cilicischer Taurus . . .	37° „	Nord 2270, Laricio-Kiefer.
		Süd 1950, „ u. Ceder.
Libanon, Westseite . .	34° „	1950.
Kaukasus	41—43° „	Abchasien 2140, Birke.
		Riongebiet 2600, „
		Dagheſtan 2500, „
Armenien . .	39—41° „	Alagös 2340, Eiche.
		Am Goktschasee 1950—2100 Buche.
		Kl. Ararat 2600, Birke.
Elburs	37° „	2600, Hainbuche.
Zagros-System	30½° „	1950, Eiche.
Central-, Ost- und Südasien.		
Stanowoi-Gebirge	60° „	1140, Kiefer und Fichte.
Kamtschatka	56° „	940.
Jablonoi-Gebirge	50° „	1980, Arve.
Sajan-Gebirge .	50° „	2220, Lärche.
Altai	50° „	Nord 1800, Lärche und Arve.
		Süd 2100.
Dsungarischer Alatau	45° „	2270—2600, Nadelholz.
Thianschan ca.	42° „	3200.
Pamir bei Kokan . . . ca.	40° „	3600.
Alaschan . . . . ca.	40° „	3200.
Randgebirge von Kansu	38° „	3000—3100.
Kuenlun	36° „	2770.
Japan, Ontake . . . . ca.	35° „	2000, Kiefer.
„ Fusijama . . .	35° „	2400, (?) Lärche.
Tibet . . . . ca.	30° „	4600, Juniperus foetidissima.
Gebirge am ob. Mekong, b. Yerkalo	29° „	4040.
Himalaya . . . . ca.	28° „	Sikkim 3670, Eichen, Birken, Nadelhölzer.
		Bhutan 3250.
Borneo	7° „	2700.
Pic v. Korintji, Sumatra . . ca.	2° S.	2500.

Afrika.		
Abessinien	10–15° N.	3600, Kossobaum (4200, Gibarra).
Kilimandscharo . . .	3° S.	3000.
Östliches Nordamerika.		
White Mountains	44° N.	1330, Kiefer.
Alleghanies	36° =	2035, =
Westliches Amerika.		
Küstengebirge:		
Kaskadengebirge .	47° =	1820.
	44° =	2130.
Sierra Nevada .	$41\frac{1}{2}$° =	2440.
	39° =	2730.
Inneres Hochland und Felsengebirge:		
Felsengebirge . .	56° =	1220, Tanne.
	51° =	1980, Kiefer.
	43° =	3080.
Uintah-Gebirge .	41° =	3050, Espe.
Felsengebirge .	$40\frac{1}{2}$° =	3380.
	39° =	3650 (Mittel aus drei Messungen).
Monitor Range . .	39° =	3050, Kiefer.
Felsengebirge .	35° =	Arizona 3500.
		Neu-Mexiko 3700.
Mexikanische Andes . . .	17–23° =	4000, Coniferen.
Vulkane von Guatemala .	$14\frac{1}{2}$° =	3400.
Irasu, Costarica	10° =	3200.
Küstengebirge von Venezuela . .	10° =	1500.
Merida-Gebirge . . . . ca.	8° =	2700.
Ecuador	0–4° S.	West 2700.
		Ost und Nord 3500.
Sorata	16° =	2800, Erle und Escallonia.
Vulkan de Osorno .	41° =	1460.
Feuerland	54° =	450.
Neuseeland.		
Mt. Egmont	$39\frac{1}{2}$° =	1070.
Provinz Marlborough.	42° =	1220.

Aus diesen Angaben ist die Übersichtstabelle auf S. 401, welche die niedersten und höchsten beobachteten Werte innerhalb eines Breitenstreifens von 10° enthält, zusammengestellt.

Die Höhe der Waldgrenze — dies ergiebt sich aus obigen Zahlen — ist im allgemeinen von denselben Bedingungen abhängig, wie die der Schneelinie. Sie sinkt vom Äquator gegen die Pole in immer tieferes Niveau und liegt im Bereich des Seeklimas tiefer, als in Gebieten des sommerwarmen Landklimas. Daher endigt das Baumleben auf der südlichen Halbkugel in geringerer Höhe als auf der nördlichen in gleicher Breite; infolge davon steigt es an der Ostseite des norwegischen Gebirges höher an als an der Westseite; daher erhebt sich die Waldlinie in der alten Welt von Westen nach Osten, erreicht in Centralasien die größte Höhe, um dann wieder an der pazifischen Seite herabzusinken, und beschreibt in Nordamerika eine ähnliche Kurve. Über 4600 m Höhe (Tibet) findet man nirgends Bäume, ebensowenig wie jenseits von 72½° B. In den tropischen Gebirgen beschränkt nicht so sehr die Temperatur, als die abnehmende Feuchtigkeit das Baumleben; daraus erklärt es sich, daß das Baumleben in den gletscherlosen Bergen von Sumatra und Borneo schon in einer Höhe erlischt, in der es im wasserreichen Himalaya noch fröhlich gedeiht. Auf Java fällt die Waldgrenze mit der Grenze des Pflanzenlebens überhaupt zusammen, und auch in den chilenischen Andes nähert erstere sich sehr der Schneelinie; doch ist hier — gleichsam zum Ersatz für die Einschränkung der baumlosen Pflanzenregion — die alpine Strauchvegetation stark entwickelt. Wenn im Feuerland Baum- und Schneelinie sich wieder weiter von einander entfernen, so liegt der Grund nur darin, daß hier der Wald in den stürmischen Höhen nicht gedeihen kann.

Höhe der Waldgrenze innerhalb der einzelnen Breiten.

	Westliches Amerika	Östliches Amerika	Europa und Afrika	Ural und Westasien	Central- und Südasien	Ostasien und Neuseeland
70—60° N.	—	—	260—1040	375—760	1140	—
60—50 „	1220—1980	—	810—1170	—	1800—2220	940
50—40 „	1820—3380	1330	970 (1300) —2500	1500—2600	2270—3600	—
40—30 „	2730—3700	2035	1790—2900	1950—2600	2770—4600	2000—2400 (?)
30—20 „	4000	—	—	—	3250—4040	—
20—10 „	1500—4000	—	3600 (4200)	—	—	—
10—0 „	2700	—	—	—	2500—2700	—
0—10 S.	2700—3500	—	3000	—	—	—
10—20 „	2800	—	—	—	—	—
20—30 „	—	—	—	—	—	—
30—40 „	—	—	—	—	—	1070
40—50 „	1460	—	—	—	—	1220
50—60 „	450	—	—	—	—	—

Wie die Schneelinie, ist auch die Waldgrenze zum großen Teil von lokalen Verhältnissen, von der Besonnung und vom orographischen Charakter des Gebirges abhängig. Je massenhafter dieses gebaut ist, desto mehr wird es erwärmt, und desto höher dringt die Baumvegetation vor, ohne jedoch immer ihre klimatische Grenze zu erreichen. Ihre geringe Seehöhe im dalmatinischen Gebirge erzählt uns von der unsinnigen Zerstörungswut des Menschen. Am Großglockner endet sie jetzt in 1900 m Höhe, aber noch in 2152 m Höhe entdeckte Seeland einen Holzstrunk. Im 18. Jahrhundert waren am Südrand des Bernina in 2334 m Höhe noch Bäume zu sehen, wo jetzt echte Alpenpflanzen wachsen; und einzelne Wurzelstöcke oder einzelstehende Tannen, Lärchen und Arven von hohem Wuchse jenseits der Waldgrenze beweisen uns, daß sich der Wald einst bis hierher ausdehnte. Auch von dem Zurückweichen der alpinen Waldgrenze gilt, was oben (S. 395) von der polaren Baumlinie gesagt wurde. In anderen Fällen schließt die Bodenbeschaffenheit den Wald aus. Am Mauna Loa auf Hawaii, dessen oberer Teil ganz von Lavaströmen bedeckt ist, verschwindet schon in 2140 m Höhe jede Vegetation; dagegen kommt auf dem Mauna Kea, der aus lockeren Eruptionsprodukten besteht, der Manatibaum vereinzelt bis 3350 m Höhe vor.

Wie an der polaren Waldgrenze häufig zwerghafte Baumformen die äußersten Vorposten bilden, so auch in vielen Hochgebirgen. In den Karpathen und Sudeten tritt das Krummholz als selbständige Formation hervor. Meist ist der Übergang zur alpinen Region ein allmählicher, nur in den nordamerikanischen Hochgebirgen trennt ein scharfer Strich, die sogenannte „timber line", den Hochwald vom Knieholzgürtel. Im Colorado-Gebirge z. B. endigt der Hochwald in 3350 m Höhe, und dann folgt ein aus gleichen Arten bestehender Zwergwald bis 3800 m Höhe.

Alpine Vegetationsregion.

§ 315. Ausdauernde Arten mit verkürzten Stengelgebilden, vorläufigen großen Blüten und kleinen Blättern sind für die alpine Region charakteristisch. Kryptogamen herrschen vor, wie in der polaren Flora; die Phanerogamen werden durch Sträucher, Stauden und Gräser vertreten. In vielen Punkten ist aber die alpine Region mehr begünstigt als die arktische Zone; denn wenn auch hier die Sommersonne nie untergeht, so erwärmen doch ihre schiefen Strahlen den Boden nicht so intensiv, wie im Hochgebirge, trotzdem die mittlere Lufttemperatur der höheren Regionen im Sommer geringer ist, als der entsprechenden höheren Breiten. Dafür ist aber im Gebirge die Vegetationszeit (Monate über 0°) länger; und während derselben taut der Boden bis zur Tiefe auf und gestattet den Wurzeln tiefer einzudringen. Die Unterschiede in der Stärke der Insolation erklären es — wie Christ auseinandergesetzt hat —, daß die alpinen Pflanzen in bezug auf Masse des Stoffes, Dicke des Stammes, Zahl und Stärke der Zweige und Laubteile den arktischen so sehr überlegen sind.

An der Schneegrenze hört zwar die zusammenhängende Vegetation auf, aber es erlischt nicht alles Pflanzenleben. Etwa 500 m über derselben sammelte Ball am Aletschgletscher noch 40 Arten, und am Montblanc fand man zwischen 3200 und 3400 m noch 24 Phanerogamen. Die höchsten Blütenpflanzen fand von Schlagintweit auf dem Ibi-Gamin-Paß in 6038 m Höhe. Auf schneefreien Felsen siedeln sich Flechten an, und auf dem Schnee selbst finden noch Algen ihre bescheidenen Lebensansprüche erfüllt. Eine Art derselben, von mikroskopischer Größe, ruft die bekannte Erscheinung des roten Schnees hervor.

Die wichtigsten Vegetationsformationen innerhalb der Waldgrenzen.

(S. Karte XVIII.)

Die klimatischen Bedingungen des Waldes.

§ 316. Der Wald bedarf während der Vegetationszeit nicht nur eines gewissen Wärmemaßes, das ihm weder die polare Zone, noch die alpine Region gewährt, sondern auch der Feuchtigkeit. Das Baumleben bleibt also auch den regenarmen Gebieten innerhalb der Waldgrenzen fern oder zieht sich hier auf die wohlbewässerten Abhänge der Gebirge zurück.

Nicht überall ist aber das Feuchtigkeitsbedürfnis des Waldes das gleiche, und nicht überall wird es in gleicher Weise befriedigt. In der warmen Zone geht der Verdunstungsprozeß der Blätter viel rascher vor sich, als in unseren Breiten; so ist es zu erklären, daß z. B. — wie Brandis zeigte — in Ostindien kräftige Wälder nur dort gedeihen, wo der Regen eine jährliche Durchschnittshöhe von mehr als 100 cm, und Tropenwälder nur dort, wo er eine solche von mehr als 190 cm erreicht, während die nördliche gemäßigte Zone ein einziges Waldgebiet ist, obwohl hier die mittlere jährliche Niederschlagshöhe meist nur 25—50, ja in Ostsibirien und im nördlichsten Teil von Amerika weniger als 25 cm beträgt. Noch ein anderes Moment kommt dazu, welches uns über den scheinbaren Widerspruch in der Verbreitung der Wälder diesseits und jenseits der Wendekreise aufzuklären vermag, und auf welches Wojeikoff schon einmal aufmerksam machte. Es ist die winterliche Schneedecke, welche eine bedeutende Niederschlagshöhe ersetzen kann. Denn das Schneewasser sickert langsam in den Boden ein und ernährt die Vegetation gerade bei ihrem Erwachen im Frühling, während die stärksten sommerlichen Regengüsse zum größten Teil oberflächlich abfließen.

Waldland und waldlose Gebiete sind also die beiden Haupttypen der Vegetation, wobei wir jene Gegenden, wo der Mensch den Wald ausgerodet hat, natürlich dem ersteren zurechnen. Innerhalb dieser beiden Hauptformationen giebt es eine unerschöpfliche Mannigfaltigkeit, und beide sind auch durch langsame Übergänge mit einander verbunden. Tropischer Urwald und Wüste sind die Endglieder der Formationsreihe, die in manchen Gegenden nahe bei einander liegen, während in den höheren Breiten der Reichtum und die Armut der Vegetation niemals in so schroffen Gegensätzen zum Ausdruck gelangen.

Tropische Wälder.

§ 317. Der tropische Urwald unterscheidet sich von den Wäldern der gemäßigten Zone vor allem durch den gemischten Baumschlag. Selten gehören zwei benachbarte Bäume derselben Art an. Dikotyle Bäume mit starrem, immergrünem, ungeteiltem Laub oder mit einmal gefiederten Blättern herrschen vor; dazu gesellen sich Monokotyledonen, besonders Palmen, und in Mexiko und Centralamerika auch Coniferen, die hier ausnahmsweise bis an das Meer herabsteigen. Die durchschnittliche Höhe der gemischten Bestände beträgt nur 20—30 m, aber einzelne Bäume ragen darüber hinaus, „einen Wald über dem Walde" bildend. Dieser etagenförmige Aufbau ist charakteristisch für den tropischen Urwald. Am Amazonas mischen sich stammlose Zwergpalmen, 3—4 m und 20—30 m hohe Palmen, sowie riesige Laubbäume, deren Kronen bis 80 und 100 m sich erheben. Das Unterholz ist übrigens in verschiedenen Gegenden verschieden; im ostindischen Dschungel besteht es z. B. aus Bambusen und Dorngesträuchen. Ebenso bezeichnend für den tropischen Urwald sind die Lianen und Epiphyten, die schon in den subtropischen Breiten entschieden zurücktreten und weiter gegen Norden hin ganz verschwinden. Die Lianen, die von Baum zu Baum sich schwingen und frei von den Kronen herabhängen, sind zum Teil Holzgewächse, wie die Rotangpalmen (S. 391); ihnen verdankt der Urwald hauptsächlich seine Unwegsamkeit. Die Epiphyten setzen sich auf den Bäumen fest, ohne sie zu umranken. Farne und Orchideen gehören vorwiegend zu diesen Pflanzen, die aber nicht in allen Fällen ein Schmarotzerleben führen, sondern häufig durch Luftwurzeln ihre Nahrung aus dem Boden ziehen. Der unendliche Reichtum an Schattengewächsen erklärt sich daraus, daß im tropischen Urwald, trotz der Überfülle des Laubwerkes und trotzdem die Blätter vorherrschend undurchscheinend sind, doch ein mildes gedämpftes Licht herrscht. Auch dadurch unterscheidet er sich wesentlich nicht nur von unseren finsteren Nadelwäldern, sondern auch von unseren Laubwäldern. Denn im Gegensatze zu diesen, deren Laubdach zwar durchscheinend und weniger dicht, aber wegen der großen Anzahl kleiner Zweige zusammenhängender ist, sind die Bestandteile des Tropenwaldes (wie Grisebach auseinandergesetzt hat) so gebaut, daß überall Zwischenräume den Lichtwellen in den Wald einzudringen gestatten.

Sind auch gewisse Charakterzüge allen tropischen Urwäldern gemeinsam, so finden sich doch auch sehr bemerkbare individuelle Eigenschaften, die sich nicht nur aus den Eigentümlichkeiten der verschiedenen Florengebiete erklären, sondern auch innerhalb eines solchen durch lokale Verhältnisse bedingt sind. Der Igapowald im Überschwemmungsgebiet des Amazonas zeichnet sich z. B. durch eine Überfülle von Palmen, durch einen verhältnismäßig niedrigen Wuchs der Laubbäume und geringe Entwickelung der Lianen und Epiphyten aus. Im Etewald, der auch auf Thonboden steht, aber nicht mehr überschwemmt wird, herrschen die dikotylen Bäume mit lorberartigem Blatt entschieden vor, und ihnen gehören auch die höchsten Individuen an. Im Sandsteingebiet des Rio negro endlich werden die Laubhölzer kleiner, Palmen und Lianen seltener, aber die epiphytischen Farren und Arongewächse wuchern in üppigster Fülle. Der Teraiwald, der den Südfuß des Himalaya begleitet, ist im Osten echter Tropenwald, aber gegen Westen, also in derselben Richtung, in welcher die Regenmenge abnimmt und das Klima kontinentaler wird, verlieren sich die tropischen Charakterzüge und die Bestände werden einförmiger. Am reinsten ist der tropische Typus in jenen Gegenden ausgeprägt, wo sich gleichmäßige Wärme mit großer Feuchtigkeit paart, also besonders im Äquatorialgürtel, wie im malayischen Archipel und in der Amazonasniederung, wo sich der Urwald von Paranahiba bis Zamora in einer Länge von mehr als 4000 km (gleich der Entfernung von der Westspitze der Bretagne bis zum Aralsee!) erstreckt. Weniger unterrichtet sind wir über die Ausbreitung des afrikanischen Urwaldes im inneren Hochland. Er scheint den oberen und mittleren Kongo zu begleiten; auf der Wasserscheide zwischen diesem Strom und dem Zambesi durchzog ihn Cameron, dagegen fehlt er auf Schütt's Route zwischen 8 und 10° S. und zwischen 23° O. und der Loandaküste. Nächst der Äquatorialzone sind die Windseiten aller tropischen Gebirge von Urwäldern bedeckt, so die Westghats, die Westseite von Hinterindien vom Himalaya bis Malakka, die madagassische Ostseite, die brasilianische Ostküste bis zur Wasserscheide gegen den St. Francisco und Parana; die östliche Abdachung von Centralamerika und Mexiko, jedoch hier mit Ausnahme von Tabasko nur auf die Region von 1000—2000 m beschränkt, während auf der pazifischen Seite gerade nur der untere Küstensaum bis 650 m Höhe Urwälder trägt; die Windseiten der hohen polynesischen Inseln u. s. w. Wie auf den südlichen Festländern einzelne tropische Formen weiter gegen den Pol vordringen, als auf unserer Halbkugel, so auch der tropische Urwaldscharakter. Die Küstenwälder von der brasilianischen Provinz Sa. Catharina bis zur Grenze von Uruguay unterscheiden sich von den tropischen nur durch niedrigeren Wuchs und geringere Mannigfaltigkeit; und ebenso macht sich im chilenischen Waldland zwischen 34 und 41° B. gegen Süden zu nur eine zunehmende Einförmigkeit bemerkbar, ohne daß das dichte Unterholz aus Bambusformen und das Gewirr von Lianen und Epiphyten zurücktreten und den Wald zugänglicher machen würden. Dagegen ist die Baummischung auf Neuseeland kaum minder groß, als zwischen den Wendekreisen, und der Nordinsel fehlen auch die Lianen und Epiphyten nicht; in Australien tragen noch die gemischten Wälder in den Creekthälern von Neu-Süd-Wales ein tropenähnliches Gepräge.

Anderseits findet man auch in der warmen Zone ausgedehnte Bestände von geselligen Bäumen derselben Art. Selbst die Palme tritt häufig waldbildend auf, wie die Dom- und Delebpalme in Afrika, die Ölpalmen in Verbindung mit Phoenix spinosa an der westafrikanischen Küste, ein paar Mauritiaarten im Gebiet des Orinoko und Amazonas, die Wachspalme in Gran Chaco, die Caranda-Palme in Paraguay, die Yatay-Palme in Uruguay und verschiedene Arten im malayischen Archipel. Andere bekanntere Beispiele sind die schon mehrmal genannten Mangrovewälder, die seltsamen Tjemorowälder in den Gebirgen der Sunda-Inseln, die aus Casuarinen mit blattlosen Zweigen bestehen, die Pisangwälder an der Gambiamündung, die Tamariskenwälder am blauen Nil, die schattenlosen und doch oft undurchdringlichen Akazienwälder in Südarabien und Afrika, die Araukarienwälder von Brasilien u. s. w.

Wälder der gemäßigten Zone.

§ 318. In den subtropischen Breiten sind immergrüne Laubwälder selten. In den Mittelmeerländern tritt nur die immergrüne Eiche waldbildend auf, in Chile jenseits des 44. Parallels herrscht die periodisch belaubte Buche vor, wird aber von der immergrünen Buche und von Coniferen begleitet; ebensowenig sind in den südlichen atlantischen Staaten der Union die immergrünen Bäume die vorwiegenden Waldbestandteile, sondern überlassen der langnadeligen Kiefer die Herrschaft. Dagegen zeigen sich an den Ostseiten der nördlichen Festländer, im atlantischen Nordamerika und im chinesisch-japanischen Gebiet noch Anklänge an die Tropenwelt, insofern die Laubwälder sich durch größere Artenmischung auszeichnen, wenn auch dort die Eichen und hier die Ahornbäume am zahlreichsten sind. In Europa sind die Laubwälder reine Bestände, vorwiegend von Buchen, Eichen und Birken; die Buchenwälder, die einer milderen Wintertemperatur bedürfen, charakterisieren das westliche und mittlere, die Eichenwälder das östliche Europa.

Die statistischen Untersuchungen von Asa Gray bestätigen den großen Gegensatz der Ost- und Westseiten der Kontinente[1], dessen Verständnis sich

---

[1]

Wälder	Anzahl der Arten von	
	Laubholz	Nadelholz
des östlichen Nord-Amerika . . .	130	25
„ pacifischen „ . . .	34	44
von Japan und der Mandschurei .	123	45
„ ganz Europa	68	17

uns später, bei der Betrachtung der geschichtlichen Entwickelung der heutigen Pflanzenwelt, erschließen wird. Die Zahl der Laubbaumarten ist an den Ostseiten fast um das Doppelte größer als in Europa, und nahezu viermal größer als im westlichen Nordamerika. Ein anderer Gegensatz besteht zwischen der atlantischen und pazifischen Seite der beiden Festländer. An der letzteren erreichen die Nadelhölzer ihre höchste Entwickelung, und im westlichen Nordamerika bilden sie sogar 56·4% aller Waldbäume. Tannen sind am häufigsten und meist von hohem Wuchse (die Douglastanne 60—80 m, aber sie übertrifft an Größe noch der Rotholzbaum, die Zuckerkiefer, und vor allem die Sequoia gigantea [ein Baum 150 m h.]). Mit Laubhölzern gemischt, bilden die Tannen und die Oregonceder die ausgedehntesten Urwälder, die wenigstens zum Teil noch ihre Jungfräulichkeit bewahrt haben. Sie schließen sich unmittelbar an den nördlichen Coniferengürtel an, an dessen Zusammensetzung in Amerika vorzüglich die Weißtanne, in der alten Welt aber die Fichte und Kiefer und in Ostsibirien die Lärche Anteil nehmen. Eine untergeordnete Rolle spielen die Laubbäume (Pappeln, Erlen, Weiden), die meist nur die Ufer der Flüsse begleiten; nur die Birke kann sich in der alten Welt den Nadelbäumen ziemlich ebenbürtig an die Seite stellen, und dringt auch überall bis zur Waldgrenze vor. Ein anderer Unterschied zwischen den Wäldern der alten und denen der neuen Welt, und zwar im Coniferen- wie in dem Laubholzgürtel besteht darin, daß in der letzteren das Unterholz und Strauchwerk einen höheren Wuchs und eine üppigere Entwickelung erreicht.

§ 319. Den Übergang vom Waldland zum waldlosen Land vermitteln die tropischen Savanen, Grasfluren mit eingestreuten Bäumen und größeren Waldinseln. Mit der Steppe haben sie gemein, daß die Gräser keinen geschlossenen Rasen bilden; und wo es an Humus mangelt und die Bewässerung dürftig ist, hat die Savane auch in der That ein steppenähnliches Aussehen, wie z. B. in Yukatan und an der pazifischen Seite von Mittelamerika, wo der Graswuchs am Isthmus nur eine Höhe von ca. 5—6 cm erreicht. Dagegen sind die Gräser in Afrika, wo die Savane die größere Hälfte der Tropenzone einnimmt, in manchen Gegenden 5—6 m hoch, und gleichen dann, von weitem gesehen, einem wogenden Getreidefeld. Aber auch hier wechseln hohe und niedere Formen mit einander, und gerade dort, wo die letzteren herrschen, ist die Vegetation eine mannigfaltigere, indem Gesträuche und blühende Stauden sich heimischen. Auch in den brasilianischen Campos ist die Höhe des Grases keineswegs eine beträchtliche, aber Kakteen, Agaven und hohe und niedrige Sträucher bringen Abwechslung in die offene Landschaft, die in ihrem Blütenschmucke einem Garten gleicht. In der Trockenzeit freilich bieten die Savanen in ihrer gelblich-braunen Färbung nirgends ein freundliches Bild. Savanen.

Die lichten Savanenwälder treten dort auf, wo der Boden reichlicher und andauernder benetzt wird. Sie bedecken daher die Höhenzüge und begleiten die Ufer der Flüsse. Ein allgemeines Gesetz läßt sich aber nicht aufstellen, denn während z. B. die Loangoküste größtenteils Savane ist und die Wälder erst da beginnen, wo das Land ansteigt, ist umgekehrt an der Kongomündung die Niederung Wald nnd das hügelige Terrain Savane. Die flachen Llanos von Venezuela sind auf große Strecken baumlos oder werden nur von vereinzelten Proteaceen- oder Malpighiaceenbäumen oder von Gruppen von Fächerpalmen unterbrochen; aber dieser Charakter scheint nicht ursprünglich zu sein, denn zwei der jüngsten Reisenden, Sachs und Jonas, berichten, daß seit der Verringerung des Viehstandes die Zahl der Bäume beträchtlich zugenommen habe. Waldreicher sind die Savanen von Guyana, und das hängt offenbar zusammen mit der bergigen Beschaffenheit des Terrains, mit dem Wechsel der Bodenarten und der Bewässerung. Die südlichen Campos von Brasilien in 600—1300 m Höhe beleben kleine, aber gesellige Lilienbäume, die in den tiefer gelegenen nördlichen Campos durch eine ähnliche Zwergform aus der Familie der Ananasgewächse vertreten werden. Daneben kommen auch echte Wälder vor; inselartig zerstreut sind die Capoes, in denen die höchsten Bäume die Mitte einnehmen und immer kleinere Bäume in regelmäßiger Abstufung nach der Peripherie zu folgen; und an den Ufern der Flüsse dehnen sich die periodisch belaubten Catingas aus. Zur Savanenform rechnen wir auch die offenen, schattenlosen Eukalyptenwälder Australiens, deren Boden mit einem zusammenhängenden Wiesenteppich mit schönen Blumen bedeckt ist. Zur Zeit der Dürre erhält sich freilich nur in den Creekthälern eine üppigere Vegetation. Auf trockenem Boden haben sich Akazien und Casuarinen angesiedelt; im Norden gesellen sich zu den Eukalypten indische Holzgewächse, und hier bietet auch der Grasboden stellenweise das Bild einer echt tropischen Savane.

In den außertropischen Breiten ist diese Vegetationsformation selten. Im kalifornischen Parkland wechseln Waldungen mit offenen Flächen, und auch am Amur und auf Kamtschatka, wo der Rasenteppich eine außerordentliche Höhe erreicht, wird die Einförmigkeit der ausgedehnten Grasfluren durch Gebüsche und Bäume gemildert. Auch die sogenannte Barabasteppe, eine große Ebene im westlichen Sibirien zwischen dem Irtisch und Ob, die aus Mooren mit mannshohen Stauden, aber steppenartigem Graswuchs und einzelnen Waldinseln besteht, kann als Übergangsglied zwischen Savane und Steppe aufgefaßt werden.

Baumleben in der Steppe.

§ 320. Zwischen diesen beiden Vegetationsformen läßt sich überhaupt keine scharfe Grenze ziehen, denn weder die Höhe des Graswuchses ist entscheidend, da sie auch in den Tropen manchmal gering und anderseits auch außerhalb derselben stellenweise sehr bedeutend ist, — noch das Vorkommen von Bäumen. Auch aus der Steppe ist das Baumleben nicht völlig verbannt, wenn auch meist nur an die Flußufer gebunden; ja selbst in den Thälern des ödesten Teiles der Gobi fand man Gruppen von Ulmen und Pfirsichgebüsch; die Wadis der saharischen Sahara bewohnen neben Gräsern, Stauden und Sträuchern auch Bäume, und solche erheben sich vereinzelt auch aus der trostlosen westaustralischen Sandsteppe, die Giles durchwanderte. Aber ausgedehntere Waldungen kommen in der Steppe nicht vor, mit Ausnahme der großen Kondensatoren der atmosphärischen Feuchtigkeit, der Gebirge; und auch diese entbehren zum Teil des Waldschmuckes, wie z. B. die peruanischen Andes an ihrer Westabdachung und die nordchilenischen zwischen 30 und 34° S. sogar an beiden Seiten. Am Südabhang des Elburs grenzt in ca. 2200 m Höhe die alpine Region unmittelbar an die Steppe, während die feuchtere Nordseite bis 2400 m Höhe mit Wald bekleidet ist. Einen ähnlichen Gegensatz bilden die tibetanischen und indischen Gehänge des Himalaya. An der Nordseite des Kaukasus schiebt sich zwischen Steppe und Wald ein Wiesengürtel als vermittelndes Zwischenglied ein, während auf der, den SW.-Winden zugekehrten Seite die Wälder bis zum Fuße herabreichen. Der Thianschan trägt Wälder nur in der Region der winterlichen Schneewolken zwischen 1500 und 3000 m Höhe; auf dem Inschan beginnt die Bewaldung ebenfalls erst in 1500 m Höhe, auf dem Alaschan sogar erst in 2400 m, und — um ein Beispiel aus der neuen Welt hinzuzufügen — in Colorado in 2130 m Höhe.

§ 321. Der Savane zunächst verwandt sind jene Grassteppen, wo die Regenmenge groß genug ist, um den Abfluß zum Meer zu unterhalten, und die ausgelaugten Salze daher nicht im Lande bleiben oder doch nur stellenweise das Erdreich verschlechtern. Daß sie in Kulturland umgewandelt werden können, beweist die Geschichte; dagegen sind Bewaldungsversuche nicht überall in gleichem Maße geglückt, wenn auch selbst Grisebach z. B. in bezug auf die ungarischen Pußten zugestehen muß, daß hier die Waldlosigkeit nicht klimatisch bedingt ist. Gräser, zum Teil mit steifen Blättern und in Büscheln, zwischen denen der nackte Boden hervorlugt, wachsend, herrschen vor, und hochwüchsige Stauden und einjährige Kräuter gesellen sich ihnen zu. Die Vegetation in der Pußta und in den südrussischen Steppen ist üppig und kann im Blütenschmuck des Frühlings sogar reizend genannt werden, aber schnell ermüdet der Anblick des eintönigen Bildes das Auge, das nirgends einen Ruhepunkt findet. Wohl die größte ununterbrochene Grasebene der Erde sind die Pampas von Argentinien. Das harte Pfriemengras mischt sich hier mit zarteren und

Grassteppen mit Abfluß.

nahrhaften Gramineen; in den Vertiefungen wachsen sie gedrängter, auf den Erhebungen aber in zerstreuten, dichten Büscheln. Gebüsche fehlen und Stauden sind selten. Mannigfaltiger sind die nordamerikanischen Prärieen, wo das Gramma-, Büffel- und Büschelgras, das eine treffliche Weide bietet, von Kakteen, Lilienbäumen und geselligen Stauden begleitet wird.

Steppen und Wüsten regenarmer Gebiete (nördliche Hemisphäre).

§ 322. In den regenärmeren, zum größten Teil abflußlosen Gegenden kommen Grassteppen nur dort vor, wo der Boden ohne Salzgehalt und mit etwas Humus bedeckt ist. Aber sie sind hier ungleich dürftiger und gestatten abseits von den Flüssen nur nomadische Lebensweise. Wo der nackte Fels zu Tage tritt oder Sandmeere sich ausdehnen, in denen auch die geringe Feuchtigkeit, die ihnen zu Teil wird, ungenützt einsickert, oder wo der Boden von Salzen geschwängert wird, da ist der Graswuchs noch kümmerlicher oder fehlt ganz, und blattlose Dornsträucher, Saft- und Zwiebelgewächse sind die einzigen Repräsentanten der Pflanzenwelt. Diese Sand- und Salzsteppen gehen ganz allmählich in Wüsten über, die zwar auch nicht vegetationslos, aber doch im allgemeinen unbewohnbar sind. Freilich giebt es hier, wie wir sogleich sehen werden, stellenweise Weidegründe, die von den Viehherden der Nomaden besucht werden, und Oasen, in denen eine seßhafte Bevölkerung sich ansiedeln konnte. Es sind die Stellen, die entweder von Flüssen oder von Grundwasser benetzt werden, und wo eine thonige Erdkrume sich bilden konnte. Es ist daher schwer, die Begriffe Steppe und Wüste streng auseinander zu halten, und auch der Sprachgebrauch trifft nicht immer das richtige.

Ein zusammenhängender Steppen- und Wüstengürtel durchzieht die alte Welt vom atlantischen Gestade bis nahe an das pazifische Weltmeer. Die gebirgsumschlossenen Hochebenen Asiens, die aral-kaspische Niederung, und das von beständigen Nordwinden bestrichene Gebiet, welches Syrien, das innere Arabien und die Sahara umfaßt, sind die einzelnen Glieder dieser Zone: ungleich zwar in bezug auf die einzelnen Bestandteile ihrer Flora, ungleich auch in bezug auf die Bedingungen ihrer Wasserarmut, aber durch diese und durch ihren allgemeinen Vegetationscharakter trotzdem zu einer geographischen Einheit verbunden. Die Sahara gilt als das Prototyp der Wüste, aber völlig pflanzenleer ist nur der bewegliche Dünensand und stellenweise die Sserir, wie z. B. zwischen Tuat und Tafilet. Dagegen trägt selbst die Hammada einige Holzgewächse und die Dünenthäler bewohnen Sträucher und hochwüchsige Pfriemengräser. Die sogenannte syrische Wüste ist vorwiegend Salzsteppe mit Halophyten, kümmerlichen Tamarisken und etwas Graswuchs. Noch mehr verdient die arabische Wüste, vielleicht mit Ausnahme der südöstlichen Sandwüste Dehna, die Bezeichnung Steppe, denn selbst in Nefud trägt der Sandboden nach Blunt's Bericht eine verhältnismäßig reiche Vegetation, die einen großen Teil des Jahres die Herden der Beduinen ernähren kann. Vielleicht noch trostlosere Einöden, als manche Teile der Sahara, sind die persischen Wüsten. Die große Salzwüste ist im strengsten Sinn des Wortes pflanzenlos, nur in der Nähe des Nordrandes erblickte Buhse einmal einen einsamen Halophyten; und eine ähnliche Schilderung giebt Bunge von der Wüste von Kirman. Viel besser sind die centralasiatischen Hochebenen ausgestattet, trotzdem hier die Geographen von ausgedehnten Wüsten sprechen. In Nordamerika entspricht ihnen das ebenfalls von hohen Gebirgen umrahmte westliche Hochland, dessen Salzwüsten gerade so, wie die der alten Welt, von zerstreuten Gänsefuß- und geselligen Beifußgewächsen bewohnt werden, stellenweise aber auch völlig vegetationslos sind. Die bizarren Formen der Kakteen und die als Nahrungsmittel wertvollen Agaven, deren große, saftige Blattrosette auch dem dürrsten Felsboden entsprießt, geben aber den trockenen Gebieten der neuen Welt ein eigenartiges Gepräge.

§ 323. Auf den südlichen Festländern greift im Windschatten des Passates die Steppen- und Wüstenvegetation weit in die Tropenzone hinein. Am weitesten in der peruanisch-chilenischen Küstenlandschaft, die vom 34. bis zum 4.° s. B. waldlos ist. In der Regenzeit bekleidet sie sich wohl mit blühenden Stauden, aber die sommerliche Dürre überdauern nur vereinzelte Gruppen von Saftgewächsen und niedrigem Dorngesträuch. Das hochgelegene Atakamaplateau ist eine auf weite Strecken hin völlig vegetationslose Salzwüste. Aber in einem Punkte unterscheidet sich die peruanische Steppe wesentlich von den Steppen der gemäßigten Zone: in dem allerdings nur zerstreuten Vorkommen immergrüner Bäume. Jenseits des 30. Parallels bessert sich die Vegetation zusehends, und reichlicher Graswuchs schafft ein gutes Weideland. Auch die Hochflächen der Cordilleren, die sogenannte Punaregion, nehmen an der Steppennatur teil. Die südwestliche Küste von Afrika ist ebenfalls bis über den Wendekreis hinaus eine traurige Sand- und Steinwüste mit niedrigem graugrünem Gebüsch und ärmlichem Graswuchs, und diese Vegetationsformation erstreckt sich mit einigen von der Bodenbeschaffenheit abhängigen Variationen über das Damara- und Namaqualand bis zur ausgedehnten Sandsteppe der Kalahari. Den im Verhältnis zum Areal des Festlandes größten Raum nehmen die Steppen und Wüsten Australiens ein, denn die östliche Randstellung des Hochlandes beraubt die inneren und westlichen Landschaften der Wohlthat regelmäßiger Befeuchtung. Aber so öde auch diese Gegenden in der Regel sind, so rasch belebt sich die Vegetation, wenn einmal, freilich oft nach jahrelanger Dürre, ein wolkenbruchartiger Regen niederfällt. Aber unausgenützt fließen die Wassermassen ab, und die blumenreichen Gras-

Steppen und Wüsten auf der südlichen Hemisphäre.

und Kräuterfluren verschwinden wieder, wie ein Trugbild der Fata Morgana. Die Eigentümlichkeit Australiens besteht eben darin, daß der periodische Wechsel des Landschaftsbildes, dem alle Steppen unterworfen sind, in völlig regellosen Sprüngen sich vollzieht. Daher auch die scheinbaren Widersprüche in den Berichten der Forschungsreisenden; ein Moment, das übrigens auch bei der Beurteilung der übrigen Steppen und Wüsten in Betracht gezogen werden muß und die Unbestimmtheit dieser Begriffe wesentlich mitverschuldet hat. Streng genommen, läßt sich die Vegetation der einzelnen waldlosen Gegenden der Erde nur während der Regenzeit mit einander vergleichen; aber freilich ist diese Periode nur kurz und den größten Teil des Jahres lastet auch auf den begünstigteren Steppen der Fluch der Unfruchtbarkeit.

Buschland. § 324. Auf der südlichen Hemisphäre tritt manchmal an die Stelle der Steppe das Buschland, ohne daß sich in allen Fällen bestimmt nachweisen läßt, an welche Bedingungen es im Gegensatze zum Grasland geknüpft ist. Es stehen sich übrigens diese Vegetationsformationen auch nicht unvermittelt einander gegenüber. Schon oben wurde darauf aufmerksam gemacht, daß Dornsträucher einen vorherrschenden Bestandteil mancher Steppenfloren bilden, und im östlichen Südamerika können wir beobachten, wie streng die beiden Formen nach der Bodenbeschaffenheit sich scheiden. Soweit Lehmboden ist, soweit dehnen sich die Pampas aus; dort aber, wo der patagonische Kiesboden beginnt, also am Rio negro, ändert sich mit einemmal das Pflanzenkleid, das nun aus niedrigem Dorngebüsch mit vereinzelten Mimosen und magerem Graswuchs besteht; und „nur diejenigen Stellen", sagt Lorentz, „die durch ihre niedere Lage besonders fruchtbar sind, vielfache Thäler und Vertiefungen zeigen einen eigentlichen Rasen und eine Vegetation, die an die Pampas erinnert". Ähnlich ist die Vegetation westlich von den Pampas, zwischen dem Meridian von Cordova und den Andes. Dornige Sträucher, besonders der Chanar und eine Akazie, bedecken weite Flächen, aber der Graswuchs ist nicht ganz ausgeschlossen und reiche Fluren wechseln mit ödem Buschland. Auf der großen Karroo des Kaplandes beherrscht zwar der mattgefärbte Rhinozerosbusch die Vegetation, aber im August kleidet sich die Hochfläche auf einige Wochen in üppigstes, blumenreiches Grün und ist dann ein ausgezeichneter Weideplatz. Auf der oberen Terrasse, die sich von den Roggeveld- und Nieuweveld-Bergen bis gegen den Garip ausdehnt, fehlt aber aller Graswuchs, und der Boden ist nur mit niederem Gestrüpp von Korbblütern, dem sich einige Saftgewächse zugesellen, bedeckt. Weiter gegen Norden bilden Dornsträucher aus dem Akaziengeschlecht undurchdringliche Dickichte; am reinsten ist aber die Form des Buschlandes im australischen Scrub ausgeprägt. Verschlungene Sträucher mit starrem, immergrünem Laub bedecken in dichten Gemeinschaften, nur gelegentlich von Bäumen unterbrochen, aber mit völligem Ausschluß von Gräsern und Kräutern, ausgedehnte Flächen des inneren Australiens. Kein Monat vergeht hier ohne Blüten, aber „jeder Monat sieht", wie Behr sich ausdrückt, „dasselbe wüste Gedränge starrer, saftloser und untereinander größtenteils übereinstimmender Formen." Trotz seiner Üppigkeit ist der Scrub die eigentliche australische Wüste, die ebenso die Fortschritte der Forschungsreisenden, wie die der Kultur hemmt, denn mit unbesiegbarer Zähigkeit halten diese einförmigen Dickichte sogar dem Feuer Stand.

Seltener ist die Buschformation auf unserer Halbkugel. In Texas und im nördlichen Mexiko wird sie von Mimosen, zum Teil im Verein mit Dornsträuchern gebildet. Ein großer Teil von Vorderindien wird von dichtem, oft undurchdringlichem Dschungelgebüsch bedeckt, in dem Bambusen und Dornsträucher vorherrschen. Aber schon hier ist es fraglich, ob diese Vegetationsform klimatisch bedingt ist oder ob sie an die Stelle früherer Wälder trat. Das letztere ist der Fall bei der Maquis, der pflanzenreichen, immergrünen Strauchformation des Mittelmeergebietes, die besonders auf Corsika, im dalmatinischen Archipel und an der Nordküste des ägäischen Meeres große Flächen einnimmt, und unter ähnlichen klimatischen Verhältnissen, die die Regenerierung des Waldes erschweren, an der kalifornischen Küste bei S. Diego und in den Berg- und Hügellandschaften des südlichen Chinas wieder erscheint, während auf Neuseeland eigentümliche Farrenfluren die Stelle zerstörter Wälder einnehmen. Ebensowenig, wie die Maquis, lassen sich die Heidelandschaften Europas und am Kap der guten Hoffnung als eine Abart der Steppe, d. h. als eine durch Trockenheit bedingte Vegetationsform ansehen.

Die Entwickelungsgeschichte der Florenreiche.

(S. Karte XIX.)

Gegensatz der Tropen der alten und der neuen Welt.

§ 325. Aus Engler's Tabelle der dikotylen Angiospermen geht hervor, daß von den 3617 Gattungen, die in der warmen Zone vorkommen, $93\frac{1}{2}$ Prozent rein oder doch vorherrschend tropisch und nur $6\frac{1}{2}$ Prozent in höheren Breiten heimisch sind. Von den ersteren überschreiten nur ca. 20 Prozent die Tropengrenze und ca. 73 Prozent sind nur innerhalb derselben verbreitet. Die Statistik bestätigt also die Eigenart und den Reichtum der tropischen Flora, sie liefert aber auch den Beweis, daß die warmen Gegenden der alten und neuen Welt, trotz der Übereinstimmung der klimatischen Verhältnisse, in bezug auf die Flora bedeutend von einander abweichen. Nur $12\frac{1}{2}$ Prozent der dikotylen Angiospermen haben beide Hemisphären gemeinsam, während 40 auf die westliche und über 47 Prozent auf die östliche Halbkugel beschränkt sind. Von den 458 gemeinsamen Gattungen sind nach Engler 180 überall verbreitet, 204 kommen aber nur auf den Festländern und abgetrennten Inseln vor, und diese wanderten wahrscheinlich zu Lande, als die gemäßigte Zone noch wärmer war und Europa tropische Formen beherbergte. 17 Gattungen finden sich auch auf den ozeanischen Inseln, und es ist wahrscheinlich, daß sie den Seeweg benutzten, während bei 57 die Verbreitungsart sich nicht feststellen läßt. Wie in der genannten Pflanzengruppe, tritt auch in anderen der Gegensatz der alten und neuen Welt unverkennbar zu Tage. So hat nach Drude Amerika keine Palmengattung mit Afrika und Asien gemein, und auch die Unterfamilien sind meist nur auf das westliche oder östliche Festland beschränkt.

Die tropischen Florenreiche u. Florengebiete.

§ 326. Es bestehen also zwei getrennte tropische Florenreiche. Innerhalb des südamerikanischen war die Entwickelung in den feuchten östlichen Hoch- und Tiefländern eine andere, als im trockenen andinen Westen. Ungleich mannigfaltiger ist aber, wie nicht anders zu erwarten, die Gliederung des östlichen Reiches. Afrika, das durch ein Meer und eine Wüste von Asien getrennt ist, wird durch eine verhältnismäßig geringe Zahl von Gattungen und Arten charakterisiert, und alle Forscher bestätigten die Armut seiner Flora, in der eine Reihe indischer Pflanzenfamilien fehlen. Der Westen und Osten treten hier in einen ähnlichen Gegensatz zu einander, wie der Osten und Westen in Südamerika. Demselben Kontrast begegnen wir in Asien, wo die vorderindische Flora eine Mittelstellung zwischen der afrikanischen und der des hinterindisch-malayischen Gebiets einnimmt, ja in der Indusebene sogar ein entschieden afrikanisches Gepräge trägt. Die späte Angliederung Dekans an das Festland hatte zur Folge, daß mehrere Formen, die vom Himalaya nach Hinterindien sich verbreiteten, in Vorderindien fehlen, selbst an der feuchten Westküste, wo doch alle natürlichen Bedingungen ihrer Existenz erfüllt wären.

Der tropische Himalaya, Hinterindien und der malayisch-papuanische Archipel ist in bezug auf den allgemeinen Charakter der Flora eine Einheit, und wenn sie Engler trotzdem in mehrere Gebiete zerlegte, so leitete ihn dabei nur die Rücksicht auf den Endemismus der einzelnen Teile, die durch die vorherrschende Insularität genügend gerechtfertigt ist. Von besonderer Wichtigkeit für den Geographen ist nur die Thatsache, daß die scharfe tiergeographische Grenze zwischen der indischen und australischen Welt, die den Archipel in nahezu gleiche Hälften teilt (S. 214), floristisch nicht existiert. Es erinnern daran nur einzelne australische Anklänge auf Neu-Guinea, Timor und den Molukken, aber spätere Pflanzenwanderungen verwischten nicht nur den ursprünglichen Charakter bis zur Torresstraße, sondern verbreiteten indische Formen auch über die angrenzende australische Küste (im Westen bis zum Wendekreis, im Osten bis ca. 28° B., die Mangrovebäume bis zur Südküste und die Farnbäume bis Tasmanien), ja sogar bis Neukaledonien und die Nordinsel von Neuseeland.

§ 327. Wenn die warme Zone vor der gemäßigten durch einen ungleich größeren Pflanzenreichtum ausgezeichnet ist, so läßt sich dies daraus erklären, daß hier seit der Zeit, als überall tropisches Klima herrschte, die Entwickelung einen ungestörten Fortgang nahm. „Die Araukarienwälder Südbrasiliens", sagt Palacký, „sind vielleicht seit der paläozoischen Zeit an derselben Stelle." In den höheren Breiten hat sich aber nicht nur das Klima seit der Tertiärzeit wesentlich geändert, indem sich die Zonen allmählich in der Richtung gegen den Äquator verschoben, sondern das große Intermezzo der Eiszeit hat die tertiäre Pflanzenwelt auch stellenweise vernichtet, so daß die davon betroffenen Länder in ihrer Entwickelung wieder von vorn beginnen mußten. Floren der höheren Breiten.

Im schroffsten Gegensatz zu der tropischen Flora hat die arktische einen cirkumpolaren Charakter. Allerdings finden wir, wenn wir von Europa über Asien nach Amerika fortschreiten, Unterschiede, die aber nicht groß genug sind, um darauf eine Einteilung der arktischen Zone in mehrere Gebiete zu gründen. Die Baffinsbai, die man früher als eine scharfe Grenze zwischen der amerikanischen und europäischen Flora betrachtete, hat ihre Bedeutung eingebüßt, seitdem man die grönländischen Pflanzen, die sich fast zu gleichen Hälften aus amerikanischen und europäischen Elementen zusammensetzten, genauer kennt. Wanderungen konnten hier entlang den Küsten aus der alten in die neue Welt und umgekehrt ausgeführt werden, und mit Hilfe der Meeresströmungen konnten sich die Pflanzen auch leicht über die Inseln des Eismeeres verbreiten. Auch der Coniferengürtel nimmt an dem cirkumpolaren Charakter der arktischen Flora Anteil, dagegen gestaltet sich südlich davon die Pflanzenverteilung wesentlich anders.

§ 328. Mitteleuropa war nach dem Schwinden der Eisdecke und nachdem das Klima wieder ein gemäßigtes geworden war, ein pflanzenarmes Land, das den einwandernden Gewächsen Raum genug zur Ansiedelung bot. Seine Flora ist daher eine entlehnte, und es ist bezeichnend, daß das deutsche Tiefland keine endemische Form besitzt, während die atlantischen Küstenländer, wo die Eiszeit nicht so verheerend wirkte, 29 eigentümliche Pflanzen aufweisen. Andererseits haben auch die Steppengebiete Asiens seit der Tertiärzeit tiefgreifende Veränderungen erlitten. Westsibirien, die aral-kaspische Niederung und das Hanhai Centralasiens wurden von der einstigen Wasserbedeckung befreit, und auch hier ward Platz für neue Ansiedelungen geschaffen. Aber das trockene Klima gewährte nur einer Florengebiete der mittleren nördlichen Breiten.

beschränkten Anzahl von Pflanzen die nötigen Existenzbedingungen, und die Einwanderer mußten sich zum Teil den veränderten Verhältnissen anpassen, um sich vor dem Untergang zu bewahren. Daher einerseits die Armut der Steppenflora, anderseits ihr Reichtum an endemischen Formen trotz ihrer Jugendlichkeit.

Es giebt aber auch Gebiete, wo die floristische Entwickelung seit der Tertiärzeit nicht so ungehemmt vor sich ging, wie in der Tropenzone, aber auch keine völlige Unterbrechung erlitt, wie in den von glacialer Eisbedeckung heimgesuchten Gegenden. Solche sind das mediterrane Gebiet und das ostasiatische, welches Nordchina, Japan und das Amurland umfaßt. Hier begegnen wir einem ausgeprägten Endemismus. Im Mittelmeergebiet zählt Grisebach 2700 eigentümliche Pflanzenarten, von denen 816 auf Kleinasien und Syrien und 782 auf die iberische Halbinsel kommen. Im Vergleich zum Areal sind aber Kreta, Corsika, Sizilien und Griechenland am reichsten ausgestattet. Japan, dessen Flora man genauer kennt, besitzt sogar 35 endemische Gattungen, was allerdings zum Teil auf Rechnung der Insularität kommt. Ein zweiter Charakterzug dieser Gebiete besteht in der Erhaltung tropischer Formen, die aus einer Zeit stammen, als das Klima noch wärmer war. Im mediterranen Bezirk haben nicht nur kräftige Holzgewächse, wie die Zwergpalme, der Lorber, die Myrte, der Öl- und Granatbaum, der Feigen- und Storaxbaum u. a. den Klimawechsel überdauert, sondern auch zartere Gewächse, wie die Aasblume, der Jasmin, der Akanthus. Noch zahlreicher finden sich die Reste der Tropenzeit auf den Azoren, Madeira und den Canaren (z. B. der bekannte Drachenbaum, der einer auf Südarabien, Sokotra und Abessinien beschränkten Spezies am nächsten verwandt ist), denn diese Inseln waren dem Einfluß der kontinentalen Klimaänderungen völlig entrückt.

In Nordamerika macht sich ein starker Gegensatz zwischen den atlantischen und pazifischen Ländern bemerkbar. Die größere Hälfte der kalifornischen Arten ist endemisch; auf die außerordentliche Entwickelung der pazifischen Coniferen wurde schon an einer früheren Stelle (S. 407) aufmerksam gemacht. Auch von den Laubhölzern gehören 27 Arten nur dem Osten, 13 nur dem Westen an, und nur 30 sind beiden Teilen gemeinsam. Schon frühzeitige klimatische Unterschiede scheinen auf den Entwickelungsgang beider Floren eingewirkt zu haben, und dazu kommt noch, daß die einstige Wasserbedeckung der westlichen Steppen und später das trockene Klima derselben einen Austausch der Pflanzen verhinderte.

Dagegen steht die Flora der atlantischen Staaten der Union in innigen Beziehungen zu der Ostasiens. Wir sehen hier ab von den identischen Arten in beiden Gegenden, die außerdem auch im arktischen Gebiete leben und also auch unter den gegenwärtigen Verhältnissen über die enge Beringsstraße gewandert sein konnten. Anders verhält es sich mit jenen 140 Spezies, die einerseits im östlichen Asien oder auch auf dem Himalaya und anderseits in Nordamerika und zum Teil nur in der östlichen Hälfte dieses Kontinentes gefunden werden, und deren Wärmebedürfnis zu groß ist, als daß sie in der Gegenwart eine Wanderung über die Beringsstraße hätten unternehmen können. Ihre Verbreitung mußte daher vor der Glacialperiode erfolgt sein, und zu einem ähnlichen Schlusse gelangen wir in bezug auf jene (ca. 140) ostasiatischen Pflanzen, deren nächste Verwandte Nordamerika bewohnen, und zwar von ca. 110 Arten nur das östliche und von 7 nur das westliche Gebiet. Engler nimmt an, daß die Urformen derselben einst weiter im Norden lebten, daß ein Austausch derselben über die Beringsstraße stattfand, und daß sie dann in der Urheimat ausstarben, während in den jetzigen Verbreitungsbezirken vikariierende Arten sich ausbildeten.

Die neue und die alte Welt berühren sich an der Beringsenge und gehen nach Süden immer weiter auseinander. Diese geographische Anordnung spiegelt sich in den Floren beider Landfesten wieder. Auf die beiden cirkumpolaren Gebiete, den arktischen und den Nadelholzgürtel, folgen Florengebiete, die trotz aller Verschiedenheiten doch auch einige gemeinsame Elemente besitzen, und endlich die so stark kontrastierenden tropischen Reiche.

Außertropische Florengebiete der Südhemisphäre.

§ 329. Man sollte erwarten, an den drei Südenden des Festlandes vollständig differente Floren zu finden; aber merkwürdigerweise ist dies nicht der Fall. Australien besitzt eine eigentümliche Flora, zu deren bekanntesten Formen die Eukalypten, Casuarinen oder Keulenbäume, Grasbäume u. s. w. gehören. Im allgemeinen kommen hier 425 endemische Gattungen von Gefäßpflanzen vor; anderseits fehlen 24 Familien, die sich über beide Hemisphären, und 7, die sich nur über die südliche Hemisphäre verbreiten. Alle diese Umstände weisen darauf hin, daß Australien schon sehr frühzeitig von dem übrigen Festland getrennt ist. Der Gesamtcharakter der Flora ist auf dem ganzen Kontinent derselbe, aber in den Details weichen die einzelnen geographischen Provinzen wesentlich von einander ab. In Nord- und Ostaustralien beträgt die Gesamtzahl der endemischen Arten über 40 Prozent; unter den anderen Arten herrschen die tropischen, besonders die indischen Gewächse vor. In Viktoria, Tasmanien und Südaustralien ist der Endemismus am wenigsten ausgebildet, und die Flora steht in inniger Beziehung zu der von Neuseeland und der südlichen gemäßigten Zone überhaupt. In Westaustralien endlich sind $^4/_5$ aller Pflanzen eigentümlich. Kein kontinentales Land von gleicher Ausdehnung kann sich in bezug auf endemische Erzeugnisse mit diesem Gebiet messen, ja nicht einmal eine ozeanische Insel mit Ausnahme von St. Helena. Es muß aber hervorgehoben werden, daß in Westaustralien keine Familie vorkommt, die nicht auch im übrigen Australien zu finden wäre; dagegen fehlen zahlreiche ostaustralische Familien, besonders solche, die auf größere Feuchtigkeit Anspruch machen, während die übrigen nur reichlicher entwickelt sind. Westaustralien verhält sich also zum übrigen Kontinent wie eine Insel, und eine solche war es auch in der Kreide- und vielleicht auch noch in der Tertiärperiode, also zu einer Zeit, als Australien mit den übrigen Ländern der südlichen Halbkugel und mit der Tropenzone Pflanzen austauschte.

Am Kap der guten Hoffnung finden wir auf beschränktem Areal eine merkwürdige Pflanzenwelt, die ebenfalls Zeichen eines hohen Alters an sich trägt. Sträucher aus den Familien der Ericaceen, Proteaceen, Diosmeen, Bruniaceen ꝛc. herrschen vor, und eine Menge von Lilien-, Orchideen- und Irisgewächsen mit herrlichen Blüten lassen dies Ländchen fast als einen Ziergarten erscheinen. Von 548 Gattungen kommen nur 256 auch im übrigen tropischen Afrika vor; alle anderen sind endemisch. In Südamerika wurde das junge Gebiet der Pampas und von Patagonien hauptsächlich von Pflanzen der tropischen Andes und Brasiliens besiedelt, dagegen zeigt das chilenische Waldgebiet neben stark entwickeltem Endemismus auch Beziehungen zu den Floren von Australien und Neuseeland. Nach Engler ist die Zahl der identischen Arten:

in Neuseeland und Australien	92
in Neuseeland, Australien, auf den südlichen Inseln oder in Südamerika	84
nur in Neuseeland und auf den südlichen Inseln oder in Südamerika	84

Dazu kommen noch 27 verwandte Arten in Australien, Neuseeland und Südamerika, und 14, die nur auf die beiden letzteren Gebiete beschränkt sind. Neuseeland mit seinen kleinen Inseltrabanten beherbergt also neben seinen eigentümlichen Formen, die 61·4 Prozent seiner Flora bilden, noch Formen von großer Verbreitung in der antarktischen Welt. Schon früher wurde darauf hingewiesen, daß der Wald der Amsterdam-Insel vollständig übereinstimmt mit dem Krummholz von Tristan d'Acunha, und die Flora dieser Insel zeigt wieder Verwandtschaft zu der australischen, neuseeländischen und südchilenischen, ebenso wie die der Kerguelen zu den beiden letztgenannten.

Die vorwiegend den mittleren Breiten der Südhalbkugel angehörigen Florengebiete zeichnen sich also aus: 1) durch ausgeprägten Endemismus, der auf hohes Alter und lange Isolierung hinweist; 2) durch den Besitz von Formen, welche (da eine Benutzung der Landwege nicht angenommen werden kann) weite ozeanische Wanderungen ausgeführt haben müssen.

§ 330. Auf Grund umfassendster Untersuchungen teilt Engler die trockene Erdoberfläche in vier Florenreiche: 1) das außertropische Reich der nördlichen Halbkugel, 2) das tropische Reich der alten Welt, 3) das südamerikanische Reich, 4) das altozeanische Reich. Nur gegen das letztere lassen sich gegründete Einwendungen erheben, und Drude bemerkt in bezug darauf folgendes: „Ein kritischer Punkt von höherer Bedeutung ist nur die Konstituierung des vierten, altozeanischen Florenreichs, weil dieses sich ganz anders verhält, als das nördlich-extratropische Florenreich; durch letzteres geht ein starker Zug von gemeinschaftlicher Entwickelung und Verwandtschaft; eine — wenn auch oft durch Übergangsfloren verwischte — Grenzlinie deutlicher Art trennt dasselbe von den beiden tropischen Florenreichen. Dagegen haben letztere große Verwandtschaft mit den geographisch sich an sie anschließenden Gebieten des südlichen, altozeanischen Florenreichs, so sehr, daß oft die Gemeinsamkeiten der einzelnen Teile des letzteren zurücktreten gegen die Verwandtschaften mit den nördlich daran angrenzenden Tropengebieten." Floristische Einteilung der Erde.

In bezug auf das Alter und die Entwickelung der Floren lassen sich unterscheiden:

1) Die alten Floren:
   a) die tropischen Kontinentalfloren, die seit der Tertiärzeit sich ungestört entwickeln konnten;
   b) alte Inselfloren, zu denen wir die australische und Kapflora zählen.
2) Mischfloren in Ländern, deren Klima sich seit der Tertiärzeit allmählich geändert hat, wo aber die Entwickelung nicht ganz unterbrochen wurde (Mittelmeergebiet, Ostasien, atlantische Staaten von Nordamerika).
3) Junge Floren der Länder, welche nach der Tertiärzeit mit Eis oder Wasser bedeckt waren:
   a) Floren, welche ganz entlehnt sind (z. B. die des norddeutschen Tieflandes);
   b) Floren mit eigentümlicher Entwickelung (Steppenfloren).

§ 331. Einer kurzen Auseinandersetzung bedürfen noch die Floren der alpinen Region. Erhebt sich ein Gebirge, so wird es zunächst von Pflanzen der umgebenden Niederung besiedelt; es entstehen, den veränderten klimatischen Verhältnissen entsprechend, Varietäten, oder ältere Varietäten finden im Gebirge besonders günstige Existenzbedingungen und können sich, wie die ersteren, im Laufe der Zeit zu Arten befestigen. Jede Hochgebirgsflora — dies ergiebt die theoretische Betrachtung — muß also aus zahlreichen endemischen Elementen bestehen, die aber mit der Flora des benach- Alpine Flora.

barten Tieflandes eng verwandt sind. So verhält es sich in der That auch mit der Flora Abessiniens, des Camerungebirges, des Kilimandscharo, und der Gebirge von Australien, Tasmanien und Neuseeland.

Betrachten wir dagegen die Hochgebirgsflora unserer Alpen etwas näher. 230 Arten, also ca. 33 Prozent aller Pflanzen, sind nach Christ nordischen Ursprungs, und davon kommen 130 in Skandinavien und Nordasien, 54 (darunter z. B. das bekannte Edelweiß) in Nordasien, aber nicht in Skandinavien, 16 nur in Nordeuropa und 30 nur in Nordamerika vor. Als die Heimat der Mehrzahl dieser alpinen Fremdlinge bezeichnet derselbe Pflanzengeograph die gemäßigte Zone von Nordasien und von Nordamerika; denn wäre es der arktische Gürtel, so ließe es sich kaum erklären, warum nur 92 von jenen Pflanzen eine cirkumpolare Verbreitung haben.

Es entsteht nun die Frage, wie ein Pflanzenaustausch zwischen weit entfernten Gebirgen oder zwischen südlichen Gebirgen und arktischen Ebenen stattfinden konnte. Solche Wanderungen konnten zu einer Zeit ausgeführt werden, als die dazwischenliegenden Landstriche eine ähnliche Flora beherbergten und ein ähnliches Klima besaßen, wie jetzt die Hochgebirgsregionen. Wir begegnen also auch hier wieder den Spuren der Eiszeit. Als das Klima wieder wärmer wurde, drangen von allen Seiten andere Pflanzenelemente in die nordeuropäischen Niederungen vor, und die Glacialflora verschwand endlich aus der Ebene, denn sie scheut nichts so sehr, als die Konkurrenz mit Bäumen, gesellig wachsenden Sträuchern und rasenbildenden Gräsern. Daher reicht sie noch jetzt in Hochgebirgen an jenen Stellen, wo ihre Feinde nicht fortkommen, z. B. in den Kiesbetten der Flüsse, in tiefere Regionen herab; ja sogar in den Mooren und Heiden der deutschen Ebenen hinterließ sie noch einige Spuren. Auch im deutschen Mittelgebirge, im Jura, Schwarzwald und Wasgenwald, im bayerischen Wald, in den Sudeten und im Harz konnten sie Wald und Wiese noch nicht völlig verdrängen; aber überall, wo die Viehzucht durch Düngung des Bodens den Graswuchs befördert, ist sie ebenso im Verschwinden begriffen, wie in den Mooren, wo künstliche Entwässerung den Boden für neue Pflanzenansiedelungen vorbereitet.

Nahe verwandt mit der alpinen Flora der Alpen selbst ist die der Karpathen, Pyrenäen und nördlichen Apenninen. Je weiter wir nach Süden fortschreiten, desto seltener werden die Glacialpflanzen. In Griechenland ist die Hälfte der alpinen Flora endemisch, 46 Prozent hat es mit den benachbarten Gebirgen oder mit den Alpen gemeinsam, und 4 Prozent sind glacial. Im marokkanischen Atlas finden sich nur mehr sehr wenige für die Alpen und Pyrenäen charakteristische Pflanzen und nur mehr eine Glacialpflanze. Die Gebirge des tropischen Afrika haben, wie bereits bemerkt wurde, ihre eigene Flora.

Glacialpflanzen bewohnen auch die centralasiatischen Gebirge. 75 finden sich noch auf dem Himalaya, wovon 45 auch in den sibirischen Gebirgen und im arktischen Gebiet, und 27 auch in den mittleren europäischen Hochgebirgen vom Kaukasus bis zu den Pyrenäen vorkommen. Es ist natürlich nicht in allen diesen Fällen anzunehmen, daß das dazwischen liegende Land (und dasselbe gilt auch von Südeuropa) mit einer arktischen Flora bedeckt war. Alpine Pflanzen können einerseits auch im wärmeren Klima gedeihen, wenn sie nur vor starker Konkurrenz geschützt sind, und anderseits konnten sie auch über nicht allzu weite Zwischenräume von Gebirge zu Gebirge transportiert werden, ohne die Ebene zu berühren. Daraus erklärt sich das zerstreute Vorkommen europäischer Pflanzen-Arten und -Gattungen auf den Höhen von Ceylon und auf den Vulkankegeln von Java; und noch leichter konnten solche Wanderungen auf dem fast ununterbrochenen meridionalen Hochgebirgswall von Amerika ausgeführt werden. Auf den Rocky Mountains finden sich Glacialpflanzen in größerer Anzahl nur bis 37° N., aber es kommen solche auch in Mexico vor, und auf den südamerikanischen Andes gehören einige Gewächse arktisch-alpinen Gattungen, wenn auch verschiedenen Arten an. Eine bemerkenswerte Ausnahme davon machen Gentiana prostrata an der Magalhaësstraße und Trisetum subspicatum, das sich bis zu den antarktischen Inseln verbreitet hat. Das ist der einzige Fall von Wanderungen von Glacialpflanzen über den Äquator hinaus. Im östlichen Nordamerika sind sie nur bis zu den weißen Bergen in New Hampshire, also nur bis zum 44. Parallel vorgedrungen, aber hier machen sie noch 77 Prozent der alpinen Flora aus.

Moderne Veränderungen. Säkularer Waldwechsel.

§ 332. Wir haben gesehen, daß die gegenwärtige Verteilung der Pflanzen in deren Entwickelungsgeschichte begründet ist. Diese ist aber noch nicht abgeschlossen, und auch die Verbreitungsgrenzen der Arten verschieben sich noch fortwährend. Eine der merkwürdigsten Veränderungen ist der säkulare Waldwechsel, der für viele Gegenden Europas und Asiens außer allen Zweifel gesetzt ist. In Graubünden dringt die Fichte siegreich gegen die Lärche vor, und hier, wie im Jura, ist sie auch mit Erfolg bestrebt, der Buche den Platz streitig zu machen. Man ist der Ansicht, daß die Buche früher in gleicher Weise an die Stelle von Eichen, Föhren und Birken getreten ist, denn diese Bäume kommen jetzt nur mehr vereinzelt und in verkümmerten Exemplaren in den Schweizer Gebirgen vor. Für die dänischen Inseln ist übrigens dieser Vorgang sichergestellt; dort, wo jetzt Buchenwälder sich ausdehnen, war der Boden einst mit Birken in Gemeinschaft mit Eichen und Kiefern bestanden. In Westpreußen verdrängt die Kiefer die Eiche und Birke, im russischen und sibirischen Nadelholzwald erobert die Birke (in Rußland im Verein mit der Esche) immer größere Areale. Die

Ursachen dieser Erscheinung sind noch keineswegs genügend aufgeklärt. Christ bezeichnet diesen Vorgang als eine natürliche Brachwirtschaft, indem der Boden, jahrhundertelang durch gewisse Pflanzengattungen ausgesaugt, diesen endlich nicht mehr die nötigen Existenzmittel gewähren kann, wohl aber anderen Gewächsen, die andere Ansprüche an ihren Standort stellen.

Veränderungen durch den Menschen.

§ 333. Die auffallendsten Veränderungen, die im Laufe der historischen Zeit in der Verbreitung der Pflanzen stattgefunden haben, sind aber direkt oder indirekt ein Werk des Menschen. Die Physiognomie alter Kulturländer, wie Chinas, der hindustanischen Ebene und des Mittelmeergebietes hat sich gründlich geändert, aber kaum minder die jüngerer Kulturländer, wie des übrigen Europas, Westindiens, der östlichen Staaten von Nordamerika u. a., wo die kürzere Dauer des menschlichen Einflusses durch die Energie der Arbeit aufgewogen wird. Auch viele ozeanische Inseln, wie Madeira, die Canaren, St. Helena, die Comoren, Maskarenen u. a. haben seit ihrer Kolonisation ein völlig neues Pflanzenkleid angezogen. Fast überall begann die Thätigkeit des Kulturmenschen mit der Ausrodung der Wälder, an deren Stelle aber nicht immer Kulturland, sondern nur zu häufig auch Einöden traten. In Europa[1] ist nur der nordrussische Wald noch zum größten Teil unberührt; im Gouvernement Olonez bedeckt er noch 80 und im Gouvernement Wologda noch 92 Prozent der Gesamtfläche, und diese Verhältniszahlen dürften wahrscheinlich auch auf das sibirische Waldgebiet anwendbar sein.

Eine Vermischung der Floren ist die unausbleibliche Folge der Allgegenwart des Menschen. In den Mittelmeerländern gedeihen jetzt trefflich die amerikanischen Kakteen und Agaven, die afrikanische Aloe und die australischen Eukalypten; namentlich die letzteren, die erst 1854 eingeführt wurden und schon jetzt über die meisten Küstenstriche, bei deren Entsumpfung sie ausgezeichnete Dienste leisten, sich verbreiten. Die Savanen von Westindien sind nicht mehr im ursprünglichen Zustand erhalten, seit das Guinea- und Paragras zur Verbesserung der Weide eingeführt wurde. Südeuropäische Gewächse haben sich zwischen die Gräser der Pampas eingedrängt, und die Artischockendistel, deren Samen zuerst um das Jahr 1769 in den Haaren eines Esels aus Spanien hierher gelangte, bildet bereits auf Flächen von mehreren hundert Quadratkilometern zusammenhängende undurchdringliche

[1] Nach Donner's Angabe beträgt hier die Waldfläche in Prozenten des Gesamtareals:

Großbritannien	3·2	Griechenland	10·4	Schweiz	19·4	Schweden	29·5
Dänemark	4·0	Belgien	11·1	Italien	22·9	Österreich	30·5
Niederlande	5·8	Frankreich	15·8	Deutschland	25·7	Norwegen	31·1
Spanien	9·0	Rumänien	17·0	Ungarn	26·7	Rußland	39·2

Dickichte von mehr als Manneshöhe. Zahllose fremde Unkräuter sind mit den Kulturgewächsen nach Nordamerika, besonders in die atlantischen Staaten eingewandert; der gemeine Natterkopf hat z. B. in manchen Gegenden von Virginien die einheimische Vegetation völlig verdrängt. Dasselbe ist in Australien der Fall, wo in der Umgebung von Sydney schon über 100 europäische Pflanzenarten, darunter viele schädliche Unkräuter, sich ansässig gemacht haben. Wie die Kolonisation, haben auch die Kriege stets zur Florenvermischung beigetragen, und der rasch pulsierende Verkehr der Jetztzeit beschleunigt diesen Prozeß außerordentlich. Besonders bemerkenswert ist die Thatsache, daß entlang den Eisenbahnlinien neue Gewächse auftauchen, und zwar nicht bloß an den Ausladestationen, sondern merkwürdigerweise auch da, wo die Bahn Kurven beschreibt. Welche Dimensionen diese Pflanzenverschleppung annimmt, geht schon daraus hervor, daß auf der Strecke Augsburg-Haspelmoor gelegentlich der Getreidetransporte 1868—80 44 neue Phanerogamen in die Flora eingeführt wurden.[1]

Die Nutzpflanzen.

§ 334. Ungleich wichtiger sind die Veränderungen, die der Mensch durch Züchtung und Veredelung von Pflanzen, welche ihm zur Nahrung und Bekleidung, als Genuß- oder Heilmittel dienen, bewirkte. „Es ist", sagt **Unger**, „eine auf keine Weise in Abrede zu stellende Thatsache, daß fast keine einzige jener Pflanzen, deren Teile als Nahrung verwendet werden, in ihrem ursprünglichen Zustande angenehm und wohlschmeckend war. Ihr vielfältiger Anbau, die Verbreitung auf Teile der Erde, die ihrer Ursprungsstätte ferne lagen, ihre sorgsame Pflege und die der Natur abgelauschten Operationen, wodurch sie selbst Veränderungen in Größe und Beschaffenheit, in Gewebe und chemischer Konstitution hervorbrachte, haben nach und nach eine Anzucht herbeigeführt, die von der ursprünglichen Beschaffenheit in dem Grade abweichen mußte, als die Hand des Menschen über sie wachte. Ihr danken wir es, daß das Getreide, die Knollengewächse nahrhafter, die Gemüsearten und das Obst wohlschmeckender geworden sind." Kulturgewächse.

Allerdings ist es zunächst Aufgabe der Anthropogeographie, sich mit den Kulturgewächsen zu beschäftigen, aber wir können uns nicht versagen, auf einige wichtige Punkte hinzuweisen, welche unsere bisherigen Auseinandersetzungen ergänzen sollen. Zwei bedeutungsvolle Gegensätze treten uns da

[1] Diese Angaben verdankt der Verfasser der gütigen Mitteilung des Hrn. Prof. A. **Kirchhoff**.

vor Augen: der Kontrast zwischen den Tropen und Polarländern, der aber durch allmähliche Übergänge ausgeglichen wird, und der Gegensatz zwischen der alten und neuen Welt, den erst die neuzeitliche Kulturentwickelung der europäischen Menschheit verwischte.

Cerealien. § 335. Weitaus die wichtigsten Nahrungspflanzen sind die Getreidearten, deren Anbau die Grundlage jeder höheren Gesittung ist; unter diesen sind wieder der Reis und Mais, der Weizen, der Roggen und die Gerste am verbreitetsten und die eigentlichen Ernährer der ansässigen Menschheit.

Der Reis, dessen Heimat wahrscheinlich Indien ist, der sich aber schon im hohen Altertum über die Kulturländer Süd- und Ostasiens verbreitete, ist nach Rein für wenigstens ein Drittel des Menschengeschlechtes die vorwiegende tägliche Speise. Die Araber brachten ihn nach Vorderasien, Europa und Afrika, und die Engländer und Portugiesen nach Amerika, wo er namentlich in Südcarolina und in Brasilien große Bedeutung erlangte. Sein großes Wärmebedürfnis beschränkt ihn auf jene Gegenden, die ihm während seiner halbjährigen Entwickelungszeit eine Mitteltemperatur von wenigstens 20° C. gewähren können. In der alten Welt erreicht er daher nur stellenweise den 45. Nordparallel, in Amerika aber nur den 38. und auf der südlichen Hemisphäre überschreitet er nur selten den Wendekreis. Sein außerordentliches Feuchtigkeitsbedürfnis, das nur eine schlechtere Abart, der Bergreis, nicht teilt, macht überdies seine Kultur nur in den Niederungen möglich, wo die Felder leicht bewässert werden können. Weniger empfindlich ist sein amerikanischer Vertreter, der Mais, die einzige Getreideart der neuen Welt, die sich in bezug auf Verbreitung mit den Cerealien der Ostfeste messen kann. Bald nach der Entdeckung Amerikas gelangte er in die Mittelmeerländer, nach Ostasien und nach Afrika, wo er das wahrscheinlich aus Indien stammende und von den Arabern eingeführte Sorghum (Durrha oder Mohrenhirse) ganz zu verdrängen droht. In Europa gedeiht er nur südlich von 50° B. und nur am Rhein noch unter dem 52. Parallel, während er in seiner Heimat sogar noch am Red River, also unter 55° B. trotz des rauheren Klimas mit bestem Erfolg angebaut wird. Dieser Vorzug kann Amerika auch nicht durch die Kultur geraubt werden, denn jener nordische Mais besteht aus Abarten mit kürzerer Vegetationsdauer, die eine Verpflanzung in fremde Erdteile nicht dulden. Neben Reis und Mais ist noch der Weizen, die edelste aller Cerealien, auf die wärmeren Gegenden beschränkt, flieht aber anderseits auch große Hitze, daher er in den Tropen nur im Bereich des Seeklimas oder in größerer Höhe angebaut wird. Aus Vorderasien stammend, hat er sich schon in vorgeschichtlicher Zeit über die benachbarten Länder verbreitet, und in der Neuzeit seinen siegreichen Einzug in Amerika gehalten, wo er in den Vereinigten Staaten von 1849—80 um mehr als 9 Längengrade nach Westen vorgerückt ist. Im Mackenziegebiet reicht sein Anbau nach Macaun bis zu 62° B. (Fort Simpson); in der alten Welt betritt die Polargrenze des Winterweizens die norwegische Westküste unter 65° B. und sinkt in Schweden und im westlichen Rußland auf 60, und am Ural auf 58° B. herab. Auch in den mittleren Breiten der Südhemisphäre begegnen wir seiner Kultur überall, in Viktoria und Südaustralien, im Kapland, bei Buenos Aires, besonders aber in Chile. Weniger Wärme, als der Weizen, beansprucht der Roggen, der für das nördliche Europa und Asien der wichtigste Brotlieferant ist, und am weitesten gegen die Pole dringt die Gerste vor. Nur an der skandinavischen Westküste fällt unter dem Einfluß des Golfstromes die Getreidegrenze mit der Baumgrenze (70° B.) zusammen, dann aber entfernen sich beide Linien beträchtlich von einander, indem die erstere am bottnischen Meerbusen auf 65° sinkt, von da bis zum Ural zwischen 65 und 66°, und in Sibirien zwischen 61 und 62° liegt, dann entlang dem pazifischen Grenzgebirge nach Süden zieht, um die östliche Küste, deren Sommertemperatur durch das Auftauen des ochotskischen Meereises stark erniedrigt wird, erst unter 50° B. zu berühren und in Kamtschatka bis 57° wieder anzusteigen. Im Gebiet des nordamerikanischen Kontinentalklimas reicht die Getreidegrenze bis 65° B., denn bei Fort Norman am Mackenzie gedeiht die Gerste noch in guten Jahren. Der Sommer ist hier kühler als an der sibirischen Getreidegrenze, aber der Boden, dessen felsige Unterlage bald erreicht wird, taut bis zu größeren Tiefen auf und ist daher wärmer. Von Labrador schließt dieselbe Ursache, welche die Baumgrenze so weit herabdrückt, auch den Getreidebau aus. Aber während sonst überall die Kartoffel sich nicht mehr dem Pole nähert, als die Gerste, kommt sie nach Missionsberichten noch in Hebron an der Ostküste von Labrador (58° B.) vor. Grönland und Island liegen jenseits der Getreidegrenze, die Färöer aber noch innerhalb derselben. Dasselbe ist der Fall mit den Südkontinenten, denn nach Cunningham wird bei Punta Arenas noch Roggen und Gerste gebaut. Und doch ist hier der Sommer beständig trüb und der wärmste Monat hat nur eine Durchschnittstemperatur von 10·7°. Die Magalhaësstraße gleicht hierin den Färöer, steht aber weit hinter dem getreidelosen Nordsibirien[1] zurück. Aber hier ist der Boden nur oberflächlich aufgetaut und die frühzeitig eintretenden Nachtfröste gefährden die Existenz der Cerealien.

Daß aber doch unter sonst gleichen Verhältnissen die Sommerwärme für

[1] Temperatur des wärmsten Monats in Beresow (Westsibirien 64° B.) 16·7°, in Turuchansk (Mittelsibirien 66° B.), wo die Gerste nicht mehr reift, 15·6°, und in Werchojansk (Ostsibirien 67 1/2° B.) 15·4°.

den Getreidebau entscheidend ist, beweisen dessen Höhengrenzen, über die uns nachstehender Auszug aus der Tabelle von Berghaus Aufschluß giebt.

Europa:		
Norwegen	64° B.	W. 340. O. 540 m.
Schottland	57	370.
Sudeten	50	950—1270.
Wasgenwald	48	910.
Schwarzwald	48	1140.
Jura	46	1200.
Westalpen	44—47	1100—2050.
Ostalpen	46—48	950—1880.
Pyrenäen	42½	N. 1625, S. 1690.
Apennin	42½	1580.
Ätna	37¾	N. 1169, S. 1787.
Sierra Nevada	37	N. 1830, S. 2469.
Centralasien:		
Östliches Sajangebirge	51°.7 B.	1520—1620 m.
Altaï	49.7	1040.
Kuenlun	36	2956.
Karakorum	35½	4100.
Himalaya	28	3600.
Amerikanisches Hochgebirge:		
Felsengebirge	52½—49° N.	1520 m.
Mexiko	19 „	3050.
Costa Rica	10 „	2600.
Columbia	5 „	3000.
Quito	0 „	3484 (östliche Kette).
Bolivia	16 S.	3900.
Peru	19.8 „	4270.
Chile	24 „	W. 3480, O. 2600.
„	33 „	1700.

Norwegen und Schottland zeigen uns, wie das trübe Seeklima die Getreidegrenze in derselben Weise, wie die Baum- und Schneegrenze, herabdrückt. Daher steigt auch der Cerealienbau nirgends soweit im Gebirge hinan, als im kontinentalen Klima von Asien und in der regenlosen Zone der Andes, wo er allein 4000 m überschreitet; aus demselben Grunde liegt seine Grenze in Armenien am Wansee und Bingöl-Dagh 2100 m, im umwölkten Kessel des Goktscha aber nur 1790 m hoch. In den Alpen senkt sich im allgemeinen die Grenzlinie in östlicher Richtung, weil die von Nachtfrösten freie Zeit im Osten kürzer ist, als im Westen. Auch die Bauart des Gebirges ist von entscheidendem Einfluß, denn davon hängt unter sonst gleichen Verhältnissen die Erwärmung des Bodens ab. Die klimatische Begünstigung der rhätischen Massenerhebung drückt sich deutlich in der abnormen Höhenlage der Getreidegrenze aus, die im Oberengadin 290, im Oberhalbsteiner Thal 200, im Rheinwalder 180 und im Davoser 110 m über die Getreidegrenze im unteren Rheinthal ansteigt.

§ 336. Außer den Körnerfrüchten geben auch einige Knollengewächse Mehl, aber die kulturgeschichtliche Bedeutung der letzteren ist viel geringer, weil sie weniger Pflege bedürfen und daher nicht im gleichen Maße, wie das Getreide, erziehend auf den Menschen einwirken. Nur die Kartoffel, neben dem Mais das wichtigste Geschenk Amerikas, hat eine Weltverbreitung, wenn sie auch nur in den gemäßigten und kälteren Zonen als das „Brot der Armen" eine große Bedeutung erlangte. Wichtiger sind noch die amerikanische Maniokpflanze und Batate und die in der alten Welt heimischen Arons- und Yamswurzeln, die sich zwar über beide Hemisphären verbreitet haben, aber im allgemeinen doch nur auf die Tropenzone beschränkt bleiben. Ziemlich mühelos ernähren sie hier eine träge Bevölkerung, der die Natur überdies noch eine Menge der köstlichsten Baumfrüchte bietet. Schon auf S. 391 f. wurden die allerwichtigsten genannt, und ein längeres Verzeichnis würde den Leser nur ermüden. An die Zone der tropischen Kulturbäume schließt sich jene der sogenannten Südfrüchte an (im allgemeinen zwischen 34 und 44° Br.). Etwas weiter polwärts rückt der Weingürtel, dessen äußerste Grenzen im nördlichen Teile der alten Welt in 51 und 28° B. liegen, denn zwischen den Wendekreisen gedeiht die Rebe nur in größeren Höhen. Noch weiter gegen Norden gehen die Obstsorten der gemäßigten Zone; nach Jessen reichen Kirschen und Äpfel in Westeuropa bis 65, in Rußland und Sibirien aber nur bis 45 und im nordwestlichen Amerika nur bis 50° B. Dann folgt der Gürtel der Beerensträucher. Andere Kulturpflanzen.

Die meisten der weit verbreiteten Fruchtbäume sind asiatischen Ursprungs. Aber auch Amerika besitzt deren eine große Zahl, wie es auch seine eigene wilde Rebe hat; einige tropische Gewächse, wie die Goyava und der Zuckerapfel, haben sich rasch in Asien heimisch gemacht. Doch gab auch in dieser Beziehung die alte Welt weit mehr, als sie empfing.

Von den wichtigsten Genußmitteln lieferte Afrika den Kaffee, Ostasien den Thee, Amerika den Cacao und Tabak. Kaffee und Cacao sind auf die warme Zone beschränkt; der immergrüne Theestrauch ist zwar keine tropische Pflanze, überschreitet aber den 40. Parallel nicht, und nur der Tabak ist größerer Verbreitung fähig. Das Zuckerrohr, dessen drei Arten aus dem tropischen Asien stammen, gedeiht in Südeuropa zwar bis zum 38.° B., ist aber doch als ein echtes Kind der warmen Zone zu betrachten, wofür der gemäßigte Erdgürtel allerdings einen, aber nicht ebenbürtigen

Ersatz in der Runkelrübe besitzt. Fügen wir noch hinzu, daß die Gewürze, die einst die Menschheit zu ebenso kühnen Unternehmungen anspornten, wie Gold und Silber und die Pelztiere des Nordens, nur den Tropen angehören; daß die Baumwolle, der wichtigste aller Pflanzenfaserstoffe, ursprünglich auch tropisch ist, wenn ihre Kultur auch nach den Erhebungen des Agrikulturdepartements der Vereinigten Staaten hier bis zum 43. Parallel mit Erfolg ausgedehnt werden kann; — so wird unsere Vorstellung von der überquellenden Produktionskraft der Tropenwelt einigermaßen ergänzt. Allerdings giebt es auch hier traurige Einöden, aber mitten in den Sand- und Steinwüsten der Sahara liegen inselgleich die Oasen, wo das Wasser in großen, der Verdunstung entzogenen Vorräten sich sammelt, und im Schatten der Dattelwälder dichtgedrängt tropische und subtropische Kulturgewächse gedeihen. Diese, durch Trockenheit erzeugten Einöden sind von ganz anderer Art, als jene der Polarzone, wo nur Treibholz einen unzuverlässigen Ersatz für den Baumwuchs gewährt, wo einige Beeren, Flechten, Algen und Pilze die einzigen Nahrungsmittel sind, die das Pflanzenreich bietet, und der streifende Mensch nur auf die Tierwelt angewiesen ist, die ihm Kleidung, Nahrung und Thran für seine Lampe liefert, welche die lange Winternacht kümmerlich erleuchtet.

Ursprüngliche Verbreitung der Nahrungspflanzen.

§ 337. Die ursprüngliche Armut der neuen Welt an Nutzpflanzen, die um so mehr auffällt, als Amerika in bezug auf die Gesamtzahl seiner Pflanzen im Verhältnis zu seiner Größe die alte Welt vielleicht übertrifft, ist in unserer Darstellung schon zur Genüge hervorgetreten, trotzdem diese nur auf das allerwichtigste Rücksicht nahm. Noch prägnanter kommt sie in folgender, von Unger zusammengestellten Tabelle, die zwar vielleicht in den Details einiger Berichtigung bedarf, aber im großen und ganzen doch ein getreues Bild liefert, zum Ausdruck:

	Gesamtzahl der Nahrungspflanzen.	Zahl der Nahrungspflanzen		
		in der östlichen Hemisphäre.	in der westlichen Hemisphäre.	in beiden Hemisphären.
Mehlgebende Nahrungspflanzen . . .	237	191	45	1
Ölreiche " . . .	94	49	45	—
Zuckerhaltige " . . .	81	52	29	—
Säuerliche " . . .	213	151	62	—
Salzhaltige "	145	122	23	—
Summa	770	565	204	1

Auf der östlichen Halbkugel ist der australische Kontinent sehr arm an einheimischen Nutzpflanzen, und auch Afrika kann den Vergleich mit

Asien nicht aushalten. Zieht man auf einer Karte in Mercator's Projektion eine gerade Linie von Irland bis zu den Molukken, so häufen sich um dieselbe, wie Unger gezeigt hat, die meisten und wichtigsten Nahrungspflanzen an: die des malayischen Archipels, von Vorder- und Hinterindien, von Persien und Armenien, des Kaukasusgebietes und der Krim, von Griechenland, Italien und Mitteleuropa. Eine ebensolche, nach Nordwesten gerichtete bromatorische[1] Linie wies Unger auch in Amerika nach. Um dieselbe gruppieren sich Brasilien, Guyana, Peru, Ecuador, Columbia, Centralamerika, Mexiko und Westindien; und nur die atlantischen Vereinsstaaten, die ebenfalls ein ursprüngliches Centrum von Nahrungsgewächsen sind, liegen abseits von jener Linie.

Die Lebensbedingungen der Tierwelt.

§ 338. Ebenso intim, wie die Beziehungen des Menschen zur Pflanzenwelt, ist sein Verhältnis zu den Tieren, von denen er sich einige zu Hausgenossen erzogen hat, während er andere der Nahrung oder des Pelzes oder einer anderen Beute wegen verfolgt oder als gefährliche Feinde bekämpft. Im übrigen erregt aber die Fauna in geringerem Grade, als die Flora, das Interesse des Geographen, denn selten tritt sie im Landschaftsbilde bedeutungsvoll hervor, und sie drängt sich nicht unmittelbar, wie die Vegetationsformen, dem Auge des Beobachters auf, sondern will erst gesucht werden. Dagegen ist ein anderes Moment, auf das wir bei unseren Betrachtungen über den Ursprung der Inseln schon wiederholt aufmerksam machten, von hervorragender geographischer Wichtigkeit. Die Veränderungen der Erdoberfläche spiegeln sich in der Verbreitung einiger Tierklassen, vor allem der Landsäuger, getreuer wieder, als in der Verteilung der Pflanzen, denen sogar die meisten flugfähigen Tiere in Bezug auf die Verbreitungsmittel nachstehen. Es wird die Aufgabe des nächsten Abschnittes sein, auf diesen Punkt näher einzugehen, während wir uns diesem nur auf eine kurze Besprechung jener geographischen Momente einlassen wollen, welche das Tierleben bedingen. Es sind dies vor allem die Nahrung und die Wärme.

Geographische Bedeutung der Lehre von der Verbreitung der Tiere.

§ 339. Im Gegensatz zu den Pflanzen sind die Tiere hauptsächlich auf organische Nahrung angewiesen und daher durch die Pflanzenwelt bedingt, entweder direkt, wie die Pflanzenfresser, oder indirekt, wie die Fleischfresser. Es gilt dies ebensowohl für die Landtiere, wie für die Tiere der hohen See, denn auch die Oberfläche des Meeres entbehrt nicht des Pflanzen-

Beziehungen zwischen der Tier- und Pflanzenwelt.

[1] βρῶμα = Nahrung, ὅρος = Grenze.

lebens, wenn sich dieses auch nur auf die niedrigsten Formen, auf mikroskopische Algen beschränkt. Wenn sich in den polaren Breiten die Sonne senkt, so tauchen unzählige Diatomeenschwärme an der Oberfläche des Meeres auf, dasselbe in einen dicken Schleim, das „Schwarzwasser“ der Nordpolfahrer, verwandelnd. Ihnen folgen, wie Th. Fuchs gezeigt hat, die Ruderschnecken und kleine Krebse, diesen wieder zahlreiche Fische, und diesen endlich die Räuber der hohen See, die Delphine und Walfische. In wärmeren Meeren kommen Diatomeen hauptsächlich nur in der Nähe von Flußmündungen vor, meist werden sie aber durch Oscillarien ersetzt, die im indischen Ozean in so großen Mengen auftreten, daß dieses stellenweise einen sumpfartigen Geruch annimmt.

Es ist auch klar, daß zwischen den Pflanzen einerseits und den monophagen Tieren andererseits ein bestimmtes Zahlenverhältnis bestehen muß, denn die Nahrung wird nicht völlig in Fleisch umgewandelt, sondern zum Teil unverdaut ausgeschieden, zum Teil zur Erzeugung von tierischer Wärme, sowie zur Ausübung der tierischen Funktionen aufgebraucht. „Nehmen wir einmal — sagt Semper — ganz willkürlich an, es sei das Verhältnis zwischen der vom Boden erzeugten Pflanzenmenge und der durch Umsetzung dieser ermöglichten Masse von Pflanzenfressern wie 10:1, so würden in dem vorhin angenommenen Areal von 1000 Einheiten Pflanzen nur 100 Einheiten (Individuen) pflanzenfressender Tiere leben können. Das Maximum von Nahrung, welche damit den monophagen Fleischfressern geboten wäre, würde nur noch 100 Einheiten betragen. Aber bei der Umsetzung dieser 100 Einheiten tierischer Nahrung in die Organe der Fleischfresser würde abermals ein sehr bedeutender Verlust entstehen; organische Substanz würde verbrannt, das Unverdauliche (Haare, Hufe, Hörner) würde ausgestoßen werden; und wenn das Verhältnis wieder so wäre, daß 10 Einheiten tierischer Nahrung nur eine Einheit tierischen Körpers bilden könnten, so würden von dem Maximum von Nahrung, wie es durch Pflanzenfresser dargeboten wäre, höchstens 10 Fleischfresser wirklich existieren können.“ In dem angenommenen Falle ist also das Verhältnis der Pflanzen zu den Pflanzen- und Fleischfressern gleich 1000:100:10. Es stimmt damit die Thatsache überein, daß unter den Wirbeltieren nur die Pflanzenfresser in großen Herden leben, während die Raubtiere seltener sind und sich meist in kleinen Familien absondern. Es hängt ferner damit zusammen, daß die Zahl der Pflanzenfresser mit der Üppigkeit der Vegetation gegen den Äquator zunimmt, wenn auch die Entwickelung der tropischen Fauna mit der der Pflanzenwelt nicht gleichen Schritt hielt.

Es leuchtet auch ein, daß streng monophage Tiere abhängiger, als die Vielfresser, von ihrer Umgebung sind und daher auch eine beschränktere Verbreitungsfähigkeit besitzen. Einschneidende Veränderungen in der Pflanzenwelt, wie solche sich in der historischen Zeit auf ozeanischen Inseln (s. S. 232) und in Kulturländern vollzogen, haben stets auch faunistische Änderungen im Gefolge, wobei freilich nicht immer der Wechsel der Nahrung das entscheidende Moment ist. Denn abgesehen davon, sind die Lebensgewohnheiten vieler Tiere an bestimmte Vegetationsformationen gebunden. Die Affen, viele Fledermäuse, die Hirsche, die Eichhörnchen, die meisten Raubvögel, alle Klettervögel, die meisten Tauben und Hühner u. s. w. leben z. B. nur im Wald, und die Vierfüßer unter denselben können weite baumlose Landstriche nicht überschreiten. Daß das russische Eichhörnchen in der Krim fehlt, hat daher v. Baer mit Recht als einen Beweis für das hohe Alter der südrussischen Steppen angesehen.[1] Für andere Tiere, wie für das Zebra, das Kamel, die Giraffe, viele Antilopenarten u. s. w. bilden dagegen die Wälder feste Schranken, während wieder andere Tiere — es sei hier z. B. an den Wolf erinnert — den Wald ebenso, wie die Steppe durchstreifen.

§ 340. Noch eine andere Beziehung besteht zwischen vielen Tieren und ihrem Wohnort. Es gereicht den Tieren zum Schutz, wenn sie sich durch die Färbung möglichst wenig von ihrer Umgebung abheben, denn dadurch können sie sich am sichersten der Aufmerksamkeit ihrer Feinde entziehen. Die Tierfarbe der Polargegenden ist daher weiß, die der Wüsten isabellgelb, die der Steppen dunkelgelb; auf Felsen lebende Tiere sind grau gefärbt; auf gleiche Weise sind die grünen Vögel und Insekten der Tropenwälder geschützt. Selbst die gewaltigen Raubtiere, die außer dem Menschen keinen Gegner zu fürchten haben, tragen die Farbe ihres Wohnortes, denn diese macht es ihnen möglich, sich unerkannt dem arglosen Opfer zu nahen. Der Löwe, der König der Steppe, ist gelb, und der Tiger zeigt sogar die Rohrstängel der Bambusdickichte in den schwarzen Streifen seines Felles. Diese Erscheinung hat man unter dem Namen der Anpassung an den Wohnort zusammengefaßt.

Färbung der Tiere.

Die Schutzfarben sind also physikalisch bedingt. Das gilt aber nicht von den anderen Farben der Tiere. Die auffallende Menge schön gefärbter Tiere in den Tropen, besonders aus den Klassen der Vögel und Insekten, verleitete zwar ältere Forscher zu der Ansicht, daß die Farbe hauptsächlich vom Licht abhänge, aber die Darwin'sche Theorie hat auch in diesem Punkte, wie in so vielen anderen, zu richtigeren Anschauungen

[1] Das Vorkommen anderer Waldtiere (Reh, Edelhirsch, Baummarder) in der Krim erklärt Köppen durch Einwanderungen aus dem Kaukasus über das gefrorene Asow'sche Meer. Jenen Tieren, die einen Winterschlaf halten oder im Winter nicht wandern, wie den Eichhörnchen, war somit der einzige Weg nach Taurien verschlossen.

geführt. Besonders Wallace machte auf eine Reihe von Thatsachen aufmerksam, die sich mit der älteren Erklärung nicht vereinbaren lassen, und seine Autorität wird durch zwölfjährige Beobachtungen in den Äquatorialgegenden gestützt. Er giebt zu, daß absolut die heiße Zone an prächtig gefärbten Tieren reicher ist als die gemäßigte, aber ob auch relativ, wagt er nicht zu entscheiden. Denn neben jenen, die dem Nordländer am meisten auffallen, giebt es dort nicht minder zahlreiche einfarbige und mattgefärbte Tiere; manche Vögel, wie z. B. die Drosseln, die Zaunkönige oder die Falken, erscheinen unter den senkrechten Strahlen der Tropensonne nicht in einem bunteren Kleide, als in unseren Gegenden; ja die arktischen Enten und Taucher sind schöner geschmückt, als ihre tropischen Verwandten. Zu den prächtigsten Tieren gehören unstreitig die Gold- und Silberfasanen, obwohl ihre Heimat außerhalb der Wendekreise, im nördlichen China und in der Mongolei liegt. Anderseits findet sich wie dort, wo das Licht am intensivsten wirkt, in der Sahara, eine Fauna mit der einfachen Farbe des Wüstensandes; ebenso leben die buntesten Tiere im Halbdunkel des tropischen Urwaldes. Damit entfällt aber auch jeder Zusammenhang zwischen physikalischen Verhältnissen und jenen Farben, die Wallace als Trutzfarben, geschlechtliche und typische Farben bezeichnet; ihre Erklärung gehört ausschließlich in den Kreis der zoologischen Aufgaben.

Abhängigkeit der Tiere von der Temperatur.

§ 341. Die Abhängigkeit des Tierlebens von der Wärme zeigt sich, wie bei den Pflanzen, in einer allmählichen Abnahme gegen die Pole. Die folgenden Tabellen, die nach den Katalogen von Wallace ausgearbeitet sind, geben von dem faunistischen Gegensatz der Tropen und höheren Breiten eine bessere Vorstellung, als lange Schilderungen es zu thun vermöchten. Die erste belehrt uns über den außerordentlichen Reichtum der Tropen an eigentümlichen Familien, während nur wenige sich auf das gemäßigte Gebiet beschränken. Die zweite Tabelle, die sich nur auf die beiden obersten Tierklassen beschränkt und uns auch für den folgenden Abschnitt gute Dienste leisten wird, zeigt uns den außerordentlichen Artenreichtum

Tabelle 1.

Klassen der Landwirbeltiere	Rein tropische Familien	Rein außertropische Familien	Gemeinsame Familien
Landsäugetiere	37	5	32
Vögel	61	11	61
Reptilien	28	4	27
Amphibien	8	5	9
Summa:	134	25	129

Tabelle 2.

	Außertropische Nordzone. Außertrop. Reich d. alten Welt	Außertropische Nordzone. Nord-amerikan. Reich.	Süd-amerikan. Reich.	Tropen der alten Welt Afrikan. Reich.	Tropen der alten Welt Ostin-disches Reich.	Austra-lisches Reich.
Areal in Mill. qkm:	50·46	22·43	19·52	24·42	9·24	9·32
	Zahl der Arten mit Ausschluß der eben erst das Reich betretenden.					
Landsäugetiere.						
Affen	4	—	114	55	61	1
Halbaffen	—	—	—	51	5	—
Fledermäuse	52	20	130	61	114	60
Insektenfresser	32	31	2	33	37	2
Raubtiere	64	50	46	90	93	—
Einhufer	4	—	—	3	—	—
Dickhäuter	2	1	5	12	13	5
Wiederkäuer	71	13	16	88	38	1
Klippschliefer	—	—	—	10	—	—
Nagetiere	157	149	221	120	141	34
Zahnarme	—	—	34	6	2	—
Beuteltiere	—	2	22	—	—	125
Schnabeltiere	—	—	—	—	—	3
Summa:	386	266	590	529	504	231
Auf 1 Mill. qkm kommen:	7·6	11·9	30·2	21·7	54·5	24·8
Vögel (mit Ausschluß der Wat- und Schwimmvögel).						
Singvögel	438	313	1983	999	1067	869
Picariae (Kletter- und Schreivögel)	51	50	790	268	301	155
Papageien	—	1	144	25	27	198
Tauben	10	7	75	46	66	150
Hühner	56	24	126	61	81	35
Schopfhuhn	—	—	1	—	—	—
Raubvögel	72	61	154	111	114	97
Kurzflügler (Strauße ꝛc.)	(2)	—	3	5 [3][1]	—	26[11][1]
Summa:	629	456	3276	1515	1656	1530
Auf 1 Mill. qkm kommen:	12·4	20·3	167·8	62·0	179·2	164·2

[1] Die eingeklammerten Zahlen beziehen sich auf ausgestorbene Arten.

der warmen Gegenden, der uns besonders dann zum Bewußtsein kommt, wenn wir die mittlere Artendichtigkeit der einzelnen Reiche (bezogen auf eine Fläche von 1 Mill. qkm) mit einander vergleichen, aber auch schon in einigen Ordnungen, die in unseren Breiten gut bekannt sind (wie z. B. in den Ordnungen der Singvögel, Picariae und Tauben), mit überraschender Schärfe zu Tage tritt. Aber auch hier ist das Problem nicht einfach mit dem Hinweis auf die gegenwärtigen Temperaturverhältnisse zu lösen. Wir wissen nämlich, daß sich in der Tertiärzeit die jetzige tropische Fauna zugleich mit tropischen Pflanzenformen in höhere Breiten erstreckte, daß Europa damals von Elefanten, Nashörnern, Flußpferden, Affen und Halbaffen, Beuteltieren und zahnarmen Säugetieren (Edentaten) bewohnt war. Die Eiszeit unterbrach hier die normale Entwickelung, die in der warmen Zone, wo das Klima seit den früheren geologischen Perioden sich nicht wesentlich geändert hat, ungestört vor sich gehen konnte. „Der Kampf ums Dasein," sagt Wallace, „sofern er sich gegen die Naturkräfte richtete, war hier stets leicht; Nahrung gab es in Unmasse und in ununterbrochener Zufuhr; Schutz und Obdach waren stets leicht zu haben; die Änderungen der physischen Bedingungen, welche nur durch kosmische Gesetze oder geologische Ereignisse veranlaßt wurden, waren notwendigerweise so langsam, daß Variation und Zuchtwahl sich ihnen anbequemen und die üppige Fülle von Organismen in einem schönen, harmonischen Gleichgewicht mit jenen Bedingungen erhalten konnten."

Noch auf einen anderen wichtigen Punkt muß aufmerksam gemacht werden. Die Tiere sind in viel geringerem Grade, als die Pflanzen, von der mittleren Wärme abhängig; und dazu kommt noch, daß viele von ihnen in der ungünstigen Jahreszeit in wärmere Distrikte sich zurückziehen können. Die amerikanischen Kolibris, echte Tropenbewohner, verbreiten sich in einigen Arten bis zum 61.° N. an der Westküste und bis zum 57.° in Kanada, auf der südlichen Hemisphäre bis zum Feuerland, wo sie selbst im Schneesturm beobachtet wurden, und auf dem Chimborazo steigen sie bis zur Schneelinie (4900 m) empor. Die Purpurschwalbe verbreitet sich nach Torell von 9° S. bis 67° N. Der Tiger und Panther, die wir in unserer Vorstellung stets mit einem heißen Klima verbinden, streifen bis in das südliche Sibirien; ob sie sich auch dauernd in Centralasien aufhalten, ist nicht bekannt. Die Papageien reichen im neuseeländischen Distrikt, wo auch die Palmen ihre größte Polhöhe erreichen (s. S. 390), bis zum 54. Breitengrad (Insel Macquarie); ein Experiment von Buxton belehrt uns, daß sie auch in den englischen Wäldern im Freien überwintern und sich fortpflanzen können; selbst bei einer Temperatur von — 7° ging kein einziges Exemplar zu Grunde. Es unterliegt also keinem Zweifel, daß einige tropische Tiere auch kältere Klimate ertragen können, aber in der Regel nur dann, wenn diese keinen großen Temperaturschwankungen ausgesetzt sind. Das ist eben der Charakterzug, den das Seeklima der höheren Breiten mit dem Äquatorialklima gemein hat (vgl. Karte VIII). Wir verstehen jetzt, warum tropische Tiere auf der südlichen Halbkugel mehr dem Pole sich nähern, als auf der nördlichen; andererseits kommen wir zur Erkenntnis, daß z. B. die Thatsache, daß Westeuropa keine Papageien beherbergt, nicht durch die Isothermen bedingt ist, sondern offenbar nur mit der Entwickelungs- und Verbreitungsgeschichte dieser Ordnung zusammenhängt.

§ 342. Trotz des faunistischen Reichtums des heißen Erdgürtels wird hier die Tierwelt doch von der üppigen Vegetationsfülle völlig erdrückt. „Der erste Eindruck, den man in den Tropenwaldungen empfängt," sagt Wallace, „ist der, daß fast kein tierisches Leben zu finden ist. Man will das Wild, das Geflügel, die Insekten sehen und späht gar oft vergebens nach ihnen aus." Am meisten fallen nicht die großen Säugetiere, sondern die Tagschmetterlinge auf, die durch Arten- und Individuenzahl, durch Größe und Farbenpracht sich von denen der gemäßigten Zone wesentlich unterscheiden. Bei Para (an der Amazonasmündung) allein hat man über 700 Arten gesammelt, während England nur 54 und Deutschland nur ca. 150 besitzt. Ebenso setzt die Größe mancher Arten den Reisenden in Erstaunen, denn einige Papilioniden und Morphiden messen mit ausgespannten Flügeln 15—20 cm. Von den übrigen Insekten machen sich besonders die Ameisen durch ihre Allgegenwart und Zerstörungswut unangenehm bemerkbar; manche dringen in die Häuser ein und fressen alles Genießbare, so daß man die Möbel auf Klötze oder Steine stellen und diese in wassergefüllte Behälter setzen muß, um sie vor der Invasion der Ameisen zu schützen. Zahlreich, groß und teilweise brillant gefärbt sind auch die übrigen Insekten, wie die Bienen, Wespen, Käfer, und von den ungeflügelten Gliedertieren hauptsächlich die Spinnen, Skorpionen und Tausendfüßer. Namentlich von den letzteren sieht man oft riesige Exemplare; aber es giebt auch Spinnen, deren Leib 5 cm lang ist, und die mit ausgestreckten Beinen 15 cm messen. Ihre Gespinnste sind manchmal so stark wie Seide und können selbst größeren Tieren gefährlich werden, denn Bates beobachtete, wie eine Spinne aus dem südamerikanischen Geschlechte Mygale einen Vogel tötete. Die Größe der Insekten ist unstreitig geographisch bedingt, nämlich durch die reichliche Nahrung und die geringe Wärmeschwankung, die das Wachstum der Larven niemals unterbricht. Tropische Tierwelt.

Nach den Insekten sind die Vögel am zahlreichsten und, wie jene, durch glänzende Färbung ausgezeichnet. Außerordentlich häufig begegnet man auch den Eidechsen, die sogar in die Häuser dringen, während die Schlangen glücklicherweise nicht in so großen Mengen auftreten und nur in trockneren Distrikten sehr lästig werden. Dafür zeugt aber die Größe mancher Arten aus dieser Klasse von der unerschöpflichen Lebensfülle der Tropenwelt. Ein Schlinger der alten Welt erreicht eine Länge von 8 m, aber er wird weit übertroffen von der südamerikanischen Anakonda, die 12 m mißt und selbst ausgewachsene Rinder bewältigt und verzehrt. Zu den hervorstechenden Charaktertypen der Tropenfauna können auch die allgemein verbreiteten Krokodile[1] und ihre beiden Verwandten, der ostindische Gavial und der amerikanische Alligator, gerechnet werden, obwohl letzterer auch im unteren Mississippi und in Texas heimisch ist. Von den Amphibien sind nur die Kröten und Frösche häufiger, und von den Landsäugern sind die Affen und die Flattertiere, die zwischen den Wendekreisen den Höhepunkt ihrer Entwickelung erreichen, als tropische Repräsentanten zu nennen, denn die zahlreichen anderen Familien fallen entweder nicht auf oder sind nur auf kleinere Bezirke beschränkt. Hinzuzufügen wären vielleicht nur noch die Endentaten, insofern diese seltsamen Überreste einer alten Fauna, die sich nur in den warmen Ländern noch erhalten haben, den Zusammenhang der jetzigen tropischen Tierwelt mit der tertiären uns besonders klar vor Augen führen.

Arktische Tierwelt.

§ 343. Betrachten wir nun das Gegenstück zu diesem Tropenbild, die arktische Fauna. Die Familienzahl der Landsäugetiere, die in den südlichen Reichen 69 beträgt, ist hier auf 8 zusammengeschmolzen, und auch diese sind nur durch ca. 16 Arten vertreten. Der König der Eiszone ist der Polarbär, der sich an Größe und Kraft mit den tropischen Katzen wohl messen kann; der Polarfuchs und Fjällfras (irrtümlich Vielfraß genannt) begleiten ihn durch das ganze Gebiet. Wölfe werden noch stellenweise in arktischen Gegenden angetroffen, wenn sie auch nicht zu den eigentlichen Polartieren gehören, wie ein anderer Vertreter der Familie der Canidae, ein wolfähnlicher Hund, von dem der Eskimo im nordwestlichen Grönland völlig abhängig ist. Die arktischen Ausläufer der Wiederkäuer sind das Rentier und der Bisamochs, der jetzt nur noch in Amerika und Grönland vorkommt, sowie aus der Nagetierordnung die Polarhasen, die niedlichen Lemminge und die kosmopolitischen Mäuse. Aber so dürftig auch die polare Säugetierfauna ist, so entbehrt doch, soweit man die Zone kennt, keine Gegend derselben völlig. Rentiere trafen Kane und Hayes im nordwestlichsten Teil von Grönland, Fährten dieses Wiederkäuers fand man in Franz-Josef-Land; der nördlichste Eisbär wurde von der österreichisch-ungarischen Expedition unter $81\frac{1}{2}^{\circ}$ B. erlegt. Von Landvögeln verzeichnet Torell (1861) nur 45 Arten, während die Wat- und Schwimmvögel durch 114 Arten vertreten sind. Gegen den Pol hin nimmt die Artenzahl rasch

---

[1] Im Sinne der Systematik von Günther.

ab, denn während z. B. die Sperlinge südlich vom 68. Parallel noch in 20 Arten vorkommen, werden sie nördlich davon auf 4 und jenseits des 74.° B. auf 2 Arten reduziert. Die meisten Vögel wandern im Winter und kehren im Frühjahr wieder nach dem Norden zurück, um hier in großen Gesellschaften (die sogenannten „Vogelberge") zu brüten. Selten finden sich Reptilien; die Insektenfauna ist besonders nördlich vom 73. Parallel sehr ärmlich. Unter den letzteren herrschen die Zweiflügler, die für das Durchmachen der ersten Stadien ihres Lebens nur eine kurze Zeit bedürfen, entschieden vor; Mückenschwärme hinderten John Roß' Mannschaft unter 70° B. an der Arbeit; sie sind in vielen polaren Gegenden eine wahre Landplage. Das Tierleben tritt also auch hier zurück, wie in den Tropen, freilich aus einem ganz anderen Grunde und in ganz anderer Weise. Kein Laut stört die feierliche Stille der nordischen Einöde, aber das muntere Tierleben des Meeres zeigt uns, daß wir auch hier noch nicht an den Grenzen der organischen Welt angelangt sind.

§ 344. Die Abnahme der Landtiere gegen die Pole zu kehrt selbstverständlich auch in vertikaler Richtung im Gebirge wieder. Nur sind die Höhengrenzen der beweglichen Tiere selten so genau zu fixieren, wie diejenigen der Pflanzen, welche an den Boden gefesselt sind; es ist erklärlich, daß zeitraubende systematische Untersuchungen in dieser Richtung nur selten angestellt werden. Doch lassen sich aus den vorhandenen Beobachtungen in verschiedenen Teilen der Alpen einige Sätze von allgemeinerer Bedeutung ableiten. Heer zeigte, daß im Kanton Glarus die vertikale Abnahme der Arten in der Tierwelt viel rascher erfolgt, als in der Flora. In der unteren Region (bis 800 m) ist die Zahl der Tierarten $2^3/_4$ mal größer als die der Pflanzenarten, aber in bedeutenderen Höhen ist das Verhältnis ein umgekehrtes. In der Region der Alpensträucher kommt nur eine Tierart auf $1^4/_7$ Pflanzenarten; dort, wo der Schnee schon sporadisch liegen bleibt, stellt sich das Verhältnis wie 1:6 und an der Grenze des organischen Lebens sogar wie 1:25. Die Baumlinie übt auf die Verbreitung der Tiere im Tiroler Hochgebirge einen viel geringeren Einfluß aus, als die Grenze zwischen der Region der alpinen Wiesen (1700—2300 m) und der subnivalen Region (2300—2700 m); der faunistische Gegensatz dieser beiden Höhengürtel ist eines der auffallendsten Resultate der Untersuchungen von Heller. Eine Zusammenstellung aus dessen Verzeichnissen ergiebt nämlich, daß von den 90 Hochgebirgsarten (und Varietäten) der Weichtiere in der alpinen Region noch 76, in der subnivalen aber nur 8 vorkommen; ferner daß von den 785 Schmetterlingen 680 in der alpinen und nur 98 in der subnivalen Region leben; endlich daß von den 738 Käfern 730 in der Wiesen- und nur 106 in der subnivalen Region gefunden werden. Der

Vertikale Verteilung der Tiere.

Zusammenhang mit der Pflanzenwelt tritt hier sehr scharf zu Tage, wie er sich auch darin zeigt, daß die südlichen Gehänge von einer reicheren und mannigfaltigeren Fauna bevölkert werden, als die nördlichen, und daß dort die Höhengrenzen weiter hinaufrücken als hier. Die obere Schneeregion (über 2700 m) beherbergt nur wenige flügellose Gliedertiere, die wohl den größten Teil des Jahres im Winterschlaf zubringen. Vielleicht am höchsten steigt der Weberknecht (Opilio glacialis), der selbst auf der obersten Spitze des Piz Linard (3480 m) gefunden wurde. Wohl dringen auch geflügelte Tiere, wie Schmetterlinge, Käfer, Fliegen u. a., entweder freiwillig bei ihrem Ausschwärmen oder vom Winde erfaßt, in die Firnwelt vor, aber sie gehen hier in der Regel bald zu Grunde. Der Sommer sieht hier auch Gestalten aus der höheren Tierwelt, aber der Winter scheucht die meisten derselben bis in den Waldgürtel hinab.

Alpine Tiere. § 345. Von besonderer Wichtigkeit sind die den Hochgebirgen eigentümlichen Tiere, die wir kurzweg als alpine Tiere bezeichnen wollen. Sie bewohnen in den Ostalpen die Region von ca. 1200—2700 m Höhe. Ihre verwandtschaftlichen Beziehungen zu Tieren des hohen Nordens oder zu denen anderer Hochgebirge führen uns wieder in die Eiszeit zurück, die in gleicher Weise in der Fauna wie in der Flora einen Austausch zwischen den Organismen des arktischen Gebietes und der südlicheren Gebirge, sowie zwischen einzelnen Gebirgen selbst möglich machte. Die alpine Fauna ist ein Überrest einer einst auch in der Ebene verbreiteten Tierwelt, und die Betrachtungen, die wir den Glacialpflanzen widmeten (S. 419), haben im allgemeinen auch hier Gültigkeit.

Nur einige wenige Beispiele aus der Säugetierwelt der Alpen mögen hier angeführt werden. Der veränderliche oder Schneehase unseres Hochgebirges kehrt im Norden der alten Welt wieder; seine Heimat erstreckt sich hier von Irland und Schottland über Skandinavien, Rußland und Sibirien bis Kamtschatka. Das alpine Murmeltier, welches in den Diluvialablagerungen von Mitteleuropa fossil gefunden wird, hat nahe Verwandte in Sibirien, und ebenso findet die Schneemaus ihren Vertreter in der nordasiatischen Wurzelmaus. Der Steinbock, der freilich jetzt nur noch in wenigen Teilen der Alpen erhalten ist, ist sehr nahe dem pyrenäischen, kaukasischen und sibirischen Steinbock verwandt, mit denen er in bezug auf Lebensweise vollkommen übereinstimmt; andere Arten dieser Untergattung bewohnen auch die Sierra Nevada, die höchsten Felsregionen von Abessinien und die Gebirgsgegenden von Mitteläyypten, Syrien und der Sinaihalbinsel. Nicht vergessen dürfen wir endlich des elegantesten unter den alpinen Tieren, der Gemse, die in allen höheren Gebirgen von den Pyrenäen bis zum Kaukasus vorkommt und uns den Lehrsatz von der Vermischung verschiedener

Gebirgsfaunen in der Eiszeit noch besser illustriert, als der Steinbock, da genau dieselbe Art in all den genannten Gebirgen wiederkehrt.

§ 346. Die Abhängigkeit des Tierlebens vom Klima zeigt sich auch, ähnlich wie bei den Pflanzen, in seiner jährlichen Periode. In den höheren Breiten, wo der Gegensatz zwischen der kalten und warmen Jahreszeit schärfer hervortritt, ist der Winter auch in der Tierwelt die tote Saison. Die Mehrzahl der Vögel ist in wärmere Gegenden abgezogen, viele Säugetiere, Insekten, Mollusken u. s. w. fallen in den Winterschlaf, zahlreiche niedere Tiere sterben ab, nachdem sie ihre Eier, die im nächsten Frühjahr sich entwickeln, gelegt haben. Die Ursache der winterlichen Erstarrung und des Wanderns mag wohl in zahlreichen Fällen ebenso der Mangel an Nahrung, wie die Kälte sein; und Nahrungssorgen dürften wohl hauptsächlich die nordischen Tiere, wie den Bisamochsen und den Lemming, zwingen, scharenweise ihre Heimat zu verlassen, in die sie beim Eintritt der milderen Jahreszeit wieder zurückkehren. Dagegen ist der zeitweilige Kälteschlaf einiger tropischer Tiere, wie mancher Schlangen und Eidechsen, jedenfalls nur klimatisch bedingt, ebenso wie die Wanderungen einiger bengalischer Affen oder der Elefanten in Tenasserim oder der Rentiere, die in der heißen Zeit in die höheren Gebirgsregionen sich zurückziehen. In der warmen Zone beschränkt die gleichmäßigere Temperatur (mit Ausnahme einiger weniger oben aufgezählter Fälle) das Tierleben ebensowenig als das Pflanzenleben, wohl aber äußert sich der Einfluß der Trockenzeit in ähnlicher Weise, wie der des Winters in unseren Gegenden; daß die Einwirkung auf den tierischen Organismus in beiden Fällen die gleiche ist, beweist schon der Umstand, daß der aus fremden Ländern zu uns gebrachte Siebenschläfer, der in seiner Heimat zur Zeit der trockenen Hitze sein aktives Leben unterbricht, in der nordischen Fremde in den Winterschlaf verfällt. Aber die Beispiele einer Einschränkung der Lebensthätigkeit durch die jährliche Regenperiode der Tropen sind in den höheren Tierklassen doch nur selten, und selbst von niederen Tieren findet man das ganze Jahr hindurch Eier, Larven und geschlechtsreife Individuen zu gleicher Zeit. Andererseits hat man aber auch häufig die Beobachtung gemacht, daß die Zahl der Larven beim Beginn der Regenzeit sich erheblich steigert, und man weiß auch, daß viele tropische Insekten in der trockenen Periode sterben. In den Mittelmeerländern verfallen die Landschnecken während der regenlosen Sommerzeit in einen Ruhezustand und unterbrechen auch ihr Wachstum; ja in der Sahara führen sie ein aktives Leben überhaupt nur in der Nacht oder am frühen Morgen, wenn Tau den Boden befeuchtet.

Periodizität in der Tierwelt.

§ 347. Neben der Einwirkung der toten Natur und der Pflanzenwelt auf das Tierleben ist allerdings noch ein anderes Moment zu beachten:

Beziehungen der Tiere zu einander.

die Beziehungen der einzelnen Tiere zu einander. Hier stehen wir aber schon knapp an der Grenze des rein zoologischen Forschungsgebietes, die wir im Interesse unserer Wissenschaft nicht überschreiten werden. Zudem sind diese Beziehungen so komplizierter Natur, daß es schwer fällt, bei ihrer Beurteilung jeden Irrtum auszuschließen. Wir können uns an einem geographisch wichtigen Beispiel davon überzeugen. Der Stich der in Südafrika und bis Senaar verbreiteten Tsetsefliege ist nach den Berichten zahlreicher Reisender für Ochsen, Pferde, Kamele und Hunde absolut tödlich, während er für den Menschen und alle wilden Tiere und ebenso für die Kälber, solange sie saugen, unschädlich ist. Dieser unscheinbare Zweiflügler schließt demnach aus seinem Verbreitungsbezirk die Viehzucht aus. Er erschwert auch in hohem Grade die Fortschritte der Forschungsreisenden, welche durch ihn genötigt sind, die unzuverlässigen Eingebornen als Träger zu verwenden, was außerdem sehr kostspielig ist; man hat deshalb neuerdings den Versuch gemacht, indische Elefanten einzuführen und dieselben als Lasttiere zu verwenden. Aber der Einfluß der Tsetsefliege auf unsere Haustiere ist noch keineswegs sichergestellt; schon Erskine zog denselben in Zweifel, und Marno faßt, gestützt auf eine mehrjährige Erfahrung, seine Ansicht in folgenden Worten zusammen: „Gewisse Gegenden Afrikas bieten, manche das ganze Jahr hindurch, andere im Charif[1] den nicht einheimischen Haustieren nicht die zum Gedeihen nötigen klimatischen Bedingungen. Sie erliegen dann massenweis seuchenähnlichen Erscheinungen, während ihr Untergang von den Eingebornen der Tsetse oder Surreta, unter welchen Namen sie aber eine größere Artenzahl Fliegen vereinen, zugeschrieben wird, welche in der That jedoch nur als ein, vielleicht sogar untergeordneter Faktor der Erscheinung angesehen werden muß."

Die Faunenreiche und Faunengebiete des Festlandes und ihre Beziehungen zur floristischen Einteilung desselben.

(S. Karte XX und vgl. Karte XIX.)

Über die faunistischen und floristischen Einteilungen.

§ 348. Wallace teilte auf Grundlage der zoologischen Systematik die Festlandsoberfläche in sechs Reiche und jedes Reich in vier Gebiete[2]; es entsteht nun die Frage, wie sich diese Einteilung zu der von Engler

[1] In der Regenzeit.

[2] Wallace gebraucht dafür die Ausdrücke Regionen und Subregionen. Da wir aber in diesem Buche mit Region stets einen Höhengürtel bezeichneten, so wählten wir dafür, um Mißverständnisse zu vermeiden, die von Engler angewendeten Bezeichnungen Reich und Gebiet.

geschaffenen Floreneinteilung, die ja ebenfalls auf der Systematik beruht, verhält. Wir dürfen im voraus erwarten, daß sich aus einer solchen Vergleichung wichtige Aufschlüsse über die Entwickelungsgeschichte der Erdoberfläche einerseits und über die Verbreitungsart der Pflanzen und Tiere andererseits ergeben werden. Im vorhinein muß aber vor ängstlichem Festhalten an den von Wallace und Engler gezogenen Grenzen gewarnt werden. Beide Forscher haben selbst erklärt, daß manche Grenzen nur einen problematischen Wert besitzen, einmal wegen der Unvollständigkeit unserer Kenntnisse und dann, weil scharfe Florengrenzen in der Natur selten und scharfe Faunengrenzen nur zum Teil im malayischen Archipel existieren. In der Regel geht die Tierwelt des einen Gebietes ganz allmählich in die des benachbarten über, und die Grenze wird nicht durch eine Linie, sondern dnrch eine neutrale Zone gebildet, in der sich die Faunen beider Gebiete vermischen. Es ist daher zu erwarten, daß künftige Forscher, die über ein reichhaltigeres Beobachtungsmaterial verfügen, viele Grenzen anders ziehen werden; aber daß die Einteilungen von Wallace und Engler doch den Kern der Sache getroffen haben und nicht bloß von ephemerer Bedeutung sind, dafür bürgt ihre Übereinstimmung in den Hauptzügen.

§ 349. In den Tropen unterscheidet Engler zwei und Wallace drei Reiche: das südamerikanische (neotropische[1]), afrikanische (äthiopische) und *Die tropischen Faunenreiche.*

	Familien		Gattungen	
	Landsäuger	Vögel	Landsäuger	Vögel[1]
a) Südamerikanische Fauna.				
Nur auf Südamerika beschränkt[4]	12	32	109	659
Allgemein tropisch	11	36	7	21
Nur mit Afrika gemein	2	3	1	2
Nur mit Ostindien gemein	3	1	3	3
b) Afrikanisch-ostindische Fauna.				
Allgemein tropisch	11	36	7	21
Afrika und Ostindien gemein	16	25	33	67
Nur afrikanisch[4]	13	8	99[2]	206[3]
Nur ostindisch[4]	4	10	73	251
Nur in Afrika und Südamerika	2	3	1	2
Nnr in Ostindien und Südamerika	3	1	3	3

[1] Ohne die Wat- und Schwimmvögel. [2] Ohne Madagaskar 79. [3] Ohne Madagaskar 173.
[4] Darunter sind zu verstehen die endemischen und jene Gattungen, die nur noch in den nördlichen Reichen gefunden werden.

[1] In Klammern geben wir die Bezeichnungen von Wallace, die wir aber durch leichter verständliche ersetzen.

ostindische (orientalische) Reich. Die Tabelle auf S. 441 belehrt uns über die Beziehungen dieser Reiche zu einander; sie zeigt uns, daß Südamerika in bezug auf die beiden höchsten Tierklassen (auf deren Beobachtung wir uns überhaupt vorwiegend beschränken werden) eine größere Selbständigkeit besitzt, als die beiden anderen Reiche, die die Mehrzahl der Familien mit einander gemein haben. Diese lassen sich also auch faunistisch unter dem Begriff „Tropen der alten Welt" zusammenfassen und den Tropen der neuen Welt entgegenstellen. Andererseits läßt es sich aber auch nicht verkennen, daß Afrika und Ostindien in Bezug auf die höhere Tierwelt weit mehr differieren, als in pflanzengeographischer Beziehung, denn das erstere hat 70·7 und das letzte 62·9 Prozent von den Gattungen der Landsäugetiere eigentümlich. Es läßt sich dies nur dadurch erklären, daß die Pflanzen sich leichter verbreiten, als die höheren Tiere, und daher von den Veränderungen der Erdoberfläche weniger betroffen werden. Es zeigt sich dies auch darin, daß die Tropen der alten und neuen Welt weit mehr Pflanzen gemein haben, als Tiere.

Südamerikanisches Reich.

§ 350. Wie in allen Reichen mit Ausnahme des australischen nehmen auch in Südamerika[1] die Nagetiere den ersten Platz unter den Landsäugern ein. Nirgends sind die Ratten und Mäuse durch so zahlreiche Arten vertreten, wie hier, und mehrere Familien, wie die Strauchratten, das Borstenferkel und Baumstachelschwein, und die Hufpfötler, die größte Form in dieser Ordnung, sind nur auf die neue Welt beschränkt und bewohnen hier entweder nur die Tropen oder erreichen doch in denselben den Höhepunkt ihrer Entwickelung. Den Nagern folgen zunächst die Fledermäuse und Affen. Unter den ersteren sind die Blattnasen, zu denen der berühmte blutsaugende Vampyr gehört, nur amerikanisch; die Hundskopffledermäuse, die auch in den übrigen Reichen verbreitet sind, haben hier doch die größte Artenzahl. Die südamerikanischen Affen sind von denen der alten Welt systematisch geschieden, indem sie einen Backenzahn mehr in jedem Kiefer besitzen. Im Vergleich zu den Tropen der östlichen Hemisphäre treten auch noch die zahnarmen Säugetiere, die drei eigentümliche Familien zählen, und die Beutelratten bedeutsam hervor, wie wir bei einer anderen Gelegenheit noch ausführlicher erörtern werden. Aber noch mehr, als durch die positiven Merkmale, wird die Säugetierfauna von Südamerika durch die negativen charakterisiert. Am auffallendsten ist das Fehlen der großen Ordnung der Insektenfresser, denn die Familie der Borstenigel kommt nur in Westindien vor, und die Spitzmaus betritt eben erst das Reich im Norden.

[1] Für diesen, wie auch für die folgenden Paragraphen sei auf die Tabelle (2) auf S. 433 verwiesen.

Von den Dickhäutern fehlen die Elefanten, der Tapir ist ein uralter Typus, der nur noch im malayischen Archipel wiederkehrt, und das kosmopolitische Schwein wird durch die schwanzlose Unterfamilie der Pekari ersetzt. Von den Wiederkäuern ist nur noch die Hirschgattung allgemein verbreitet, da die Antilopen ausgestorben sind, und die Raubtiere stehen denen der alten Welt nicht nur an Artenreichtum, sondern auch an Größe und Kraft nach. Der Jaguar und Puma sind nur schwächliche Vertreter des asiatischen Tigers und afrikanischen Löwen. Mit Einem Wort, die Säugetierwelt Südamerikas macht den Eindruck der Unvollständigkeit und Altertümlichkeit, und wir können uns dies durch die lange Isolierung dieses Erdteiles zur Genüge erklären.

Unendlich reich ist die südamerikanische Vogelwelt; in jeder Ordnung der Landvögel mit Ausnahme der Kurzflügler übertrifft der westliche Südkontinent an absoluter Artenzahl Afrika und Ostindien, und nur in Bezug auf die Papageien und Tauben steht er dem australischen Reich nach. Im brasilianischen Schopfhuhn besitzt er wahrscheinlich den letzten lebenden Repräsentanten einer ausgestorbenen Ordnung. Noch mannigfaltiger ist die Insektenfauna mit einem unerschöpflichen Reichtum an schönen Formen; und es ist bezeichnend, daß selbst in dieser Tierklasse, die doch über so viele Verbreitungsmittel verfügt, der Endemismus stark ausgeprägt ist.

Das südamerikanische Reich erstreckt sich über Westindien (wovon schon auf S. 218 die Rede war) und Centralamerika bis Mexiko, wo im Küstentiefland die südliche Fauna bis 28° N. vordringt, während das Hochland bis 20° N. eine nördliche Tierwelt beherbergt. Auch die Flora zeigt hier eine gleiche Anordnung, wenn auch Engler die Grenze etwas weiter nach Norden verlegt. Auch im tropischen Südamerika finden wir in der Fauna den Gegensatz zwischen dem trockenen andinen Westen und dem feuchten Osten wieder, und das andine Faunengebiet erstreckt sich ebenfalls über die außertropischen Niederungen des Ostens. Hier fehlen die Affen, dagegen besitzt dieses Gebiet die eigentümliche Nagerfamilie der Chinchillas und die wichtigen Auchenien, die Vertreter des osthemisphärischen Kamels, zu denen die einzigen Haustiere von Südamerika (Lama und Alpaka) gehören. Die Insektenfauna enthält Elemente der nördlichen gemäßigten Zone, die wahrscheinlich entlang den Andes einwanderten. Im großen und ganzen ist aber die Tierwelt in Südamerika sehr gleichförmig, trotz der verschiedenen Klimate und der großen meridionalen Ausdehnung.

§ 351. Hohe Gebirge und eine Wüste trennen die beiden tropischen Reiche der alten Welt von dem nördlichen. Afrika ist ziemlich isoliert, denn die Suezenge schloß sich erst spät zusammen (s. S. 18) und die ehemaligen Landbrücken bei Gibraltar und zwischen Tunis und Sizilien waren un- Afrikanisches Reich.

zweifelhaft ebenfalls schmal.[1] Bären, Maulwürfe, das Kamel (das in der Sahara erst vom Menschen eingeführt wurde), Hirsche, Ziegen und Schafe, der wilde Ochs und das wilde Schwein, also Tiergruppen, die in der alten Welt sonst überall verbreitet sind, fehlen hier vollständig. Die Artenarmut, die die afrikanische Flora charakterisiert, zeigt sich auch in der geringen Artendichtigkeit der beiden höchsten Tierklassen. Aber trotzdem ist die Säugetierfauna viel vollständiger, als in Südamerika. Von der ostindischen unterscheidet sie sich hauptsächlich durch den Reichtum an Halbaffen, von denen freilich 35 Arten auf Madagaskar beschränkt sind, und an Wiederkäuern; ferner durch mehrere eigentümliche insektenfressende und Nagerfamilien, sowie durch den eigentümlichen Klippschliefer, den man als ein Mittelglied zwischen den Dickhäutern und Nagetieren auffassen kann. Wallace kommt zu dem Schlusse, daß drei Elemente von verschiedenem Alter die afrikanische Tropenfauna zusammensetzen. Halbaffen, Zahnarme und Insektenfresser bildeten vorwiegend die Säugetierwelt, als Madagaskar mit dem Festland noch zusammenhing (vgl. S. 217), und zwei spätere Einwanderungen brachten die großen Typen, die jetzt in Afrika vorherrschen, aber auf Madagaskar fehlen, die Affen, die Löwen, Leoparden und Hyänen, die Einhufer (Zebra und Verwandte), die Elefanten, Nashörner und Flußpferde, die Giraffen, Antilopen und Büffel. Die Flußpferde und Giraffen, die einst in der alten Welt weiter verbreitet waren, sind jetzt nur auf Afrika beschränkt; in Ostindien sind auch die Einhufer ausgestorben.

Die Fauna von Madagaskar repräsentiert also den ältesten Zustand von Afrika, wie das tropische Festland bis zum Wendekreis den modernen Zustand. Südafrika nimmt eine Mittelstellung ein; es besitzt zwei endemische Säugetierfamilien, die Goldmulle und den Erdwolf, 18 endemische Säugetiergeschlechter und zahlreiche eigentümliche Insektenformen. Berücksichtigen wir außerdem noch die merkwürdige Kapflora, so dürfte die Annahme richtig sein, daß das südlichste Afrika der Rest eines einst ausgedehnteren und damals isolierten Landes ist, das später mit dem tropischen Teil verwuchs und von diesem eine neue Fauna erhielt, die die ursprünglichen zoologischen Züge größtenteils verwischte.

Den äquatorialen Westen faßt sowohl der Tier-, wie der Pflanzengeograph als selbständiges Gebiet auf. Vier Säugetier-, eine Vogel-, acht Reptilien- und drei Amphibienfamilien kommen hier vor, die im übrigen tropischen Afrika fehlen, und dieses hat wieder sechs Säugetier- und drei Vogelfamilien vor dem Westen voraus. Den westlichen Urwald bewohnen

[1] Die ehemalige Landverbindung zwischen Sizilien und Tunis ist allerdings durch Kobelt's Untersuchungen über die sizilianische Molluskenfauna, die einen streng italienischen Charakter besitzt, etwas zweifelhaft geworden.

die großen menschenähnlichen Affen, der Gorilla und Schimpanse, und diese, sowie das Zwergmoschustier Hyomoschus und einige Schlangen weisen auf Ostindien hin. Zwei Schlangengattungen zeigen Beziehungen zu Südamerika, wie solche auch im Pflanzenreich unverkennbar zu Tage treten.

Der tropische Osten und Süden endlich zeichnet sich durch eine auffallende Gleichförmigkeit in Vegetation und Tierwelt aus; nur das abessinische Hochland und die Urwälder von Mozambique machen davon eine Ausnahme. Die Savanen sind die wahre Heimat der großen Huftiere und das ergiebigste Jagdgebiet des Löwen.

§ 352. Das dritte Tropenreich, das ostindische, besitzt relativ die meisten Säugetiere und Landvögel, und es unterliegt keinem Zweifel, daß es diesen Reichtum seiner dauernden Verbindung mit der großen asiatisch-europäischen Festlandmasse, der Geburtsstätte der meisten modernen Tierformen, verdankt. In seiner Säugetierfauna dürften als der eigentümlichste Charakterzug die bedeutende Menge von Raubtieren anzusehen sein; denn wenn auch in Afrika nahezu gleichviel Arten vorkommen, wie in Ostindien, so beträgt doch die mittlere Artendichtigkeit hier 10 und dort nicht ganz 4. Seine Vogelwelt ist in allen Ordnungen mit Ausnahme der hier fehlenden Kurzflügler mannigfaltiger, als die afrikanische, und mit Ausnahme der Picariae und Papageien übertrifft sie auch die südamerikanische. Aber nicht alle Teile von Ostindien sind in gleicher Weise ausgezeichnet. Allen voran steht das hinterindische Gebiet, das sich bis nach Südchina hinein erstreckt; und es kann uns dies nicht überraschen, wenn wir bedenken, daß Südchina ein Teil des Festlandsrumpfes und Hinterindien eine abgegliederte Halbinsel ist. Die Fauna des Südabhanges des Himalaya bis zu ca. 3000 m Höhe, wo das außertropische Reich beginnt, gehört ebenso, wie dessen Flora, zum hinterindischen Gebiet, während die Tierwelt der hindustanischen Ebene und der angrenzenden Plateaulandschaften von Dekan afrikanische Elemente aufgenommen hat, was ebenfalls mit der Verteilung der Pflanzen auf das schönste übereinstimmt. Viele altertümliche Züge weist die Fauna des südlichen Dekan und von Ceylon auf; Formen kehren hier wieder, die nur noch im Himalaya und auf den malayischen Inseln gefunden werden, und besonders die Insekten zeigen verwandtschaftliche Beziehungen zum östlichen Archipel. Auf diesem letzteren hat endlich die Isolierung vom Festland und die Auflösung in Inseln der Fauna ein eigentümliches Gepräge verliehen, wovon wir bereits zu sprechen Gelegenheit hatten. Ostindisches Reich.

§ 353. Zu den tropischen Reichen ist in gewisser Beziehung auch das australische zu zählen, denn in seiner Vogelwelt zeigt sich sowohl in den verschiedenen Ordnungen, wie in der Artendichtigkeit ein entschieden tropischer Charakter. Aber seine Säugetierwelt unterscheidet sich so auffallend von Australisches Reich.

den Landfaunen der ganzen übrigen Erde, daß es in bezug auf seinen Wert als zoologische Einheit mit keinem anderen Reich verglichen werden kann. Ein Kontinent, nahezu von der Größe Europas und in einigen Teilen recht fruchtbar, beherbergt keine anderen Säugetiere als Beutel- und Schnabeltiere, einige Flattertiere und Ratten und Mäuse; die übrigen acht Familien, die noch als dem Reiche zugehörig angeführt werden, kommen nur auf den östlichen malayischen Inseln vor, und drei von ihnen haben eben erst die ostindisch-australische Grenze überschritten. Das Beuteltier ist der echt australische Typus; von den sieben Familien desselben kommen sechs nur in Australien und eine nur in Amerika vor; 24 Gattungen der ersteren sind nur auf das australische Festland beschränkt und nur neun verbreiten sich über die nördlichen Inseln. $^2/_3$ aller australischen Säugetiere sind Beutler, und da unter ihnen sowohl Raubtiere als Insektenfresser und Nagetiere vorkommen, so erfüllen sie alle jene Aufgaben im Haushalt der Natur, die sonst überall verschiedenen Säugetierordnungen zufallen. Bekanntlich sind sie die ältesten Säuger; sie treten bereits in der Juraformation auf, und es ist daher wohl anzunehmen, daß Australien sich schon in der Tertiärzeit von der alten Welt trennte. Die Schnabeltiere sind zwar noch nirgends im fossilen Zustand gefunden worden, aber jedenfalls sind sie ein Typus von sehr hohem Alter, denn sie nehmen eine eigentümliche Mittelstellung zwischen der Vogel- und Säugetierklasse ein. Einige Systematiker vereinigen sie mit den Zahnarmen, andere mit den Beuteltieren; aber in jedem Fall gehören sie zu den ältesten Schöpfungen, die nur noch auf den Südkontinenten erhalten sind.

In der australischen Vogelwelt fehlen auch einige, sonst allgemein verbreitete Familien, wie die Finken, Spechte, Geier und Fasanen, und andere, die in Ostindien besonders reich entwickelt sind. Dafür sind manche Familien nur auf das australische Reich beschränkt oder überschreiten nur in wenigen Arten dessen Grenzen, wie die Paradiesvögel, Honigsauger, Leierschwänze, Strauchvögel, Kakadus, Grassittiche, pinselzüngigen Papageien, Großfußhühner und Kasuare. Besonders charakteristisch sind die Honigsauger, die durch das ganze Reich verbreitet sind. Die Papageien und Tauben erreichen hier den Höhepunkt ihrer Entwickelung, sowohl in bezug auf Artenzahl, wie auch auf Schönheit der Formen und Farbenpracht. Namentlich ist die große Menge von Tauben ebenso lehrreich, wie die der Beuteltiere, denn beide verdanken ihre ungestörte Entwickelung nur der Abwesenheit der gefährlichen Feinde und der jüngern Lebewelt des benachbarten Festlandes.

Differenzen zwischen der tier- und pflanzengeographischen Einteilung auf der Südhemisphäre.

§ 354. Nirgends weichen die Floren- und Faunengrenzen so sehr von einander ab, wie im australischen Reich. Wir legen kein Gewicht darauf, daß Engler den Nord- und Ostrand des australischen Festlandes, ja sogar die Nordinsel von Neuseeland in sein tropisches Florenreich der alten Welt einbezieht, denn er selbst hält diese Abgrenzung nicht für unbedingt richtig, und will damit nur das Vorhandensein indischer Elemente in den betreffenden Ländern andeuten. Aber zwei Differenzpunkte von größter Wichtigkeit bleiben noch immer übrig. Der erste betrifft die Stellung des ostmalayischen Archipels, dessen höhere Tierformen echt australisch sind und dessen Pflanzenwelt echt indisch ist. Aber wir haben bereits oben bemerkt, daß einige indische Säugetierfamilien hier eingedrungen sind; und besonders beachtenswert ist, daß nach Pascoe die Käferfauna von Neuguinea entschieden indischen Ursprungs und von der australischen wesentlich verschieden ist. Jene Organismen also, die sich leichter, namentlich mit Hilfe der Luftströmungen verbreiten können, stammen vom Westen, und diese neuen Einwanderungen haben die ursprüngliche Lebewelt zum Teil verdrängt. In der Vogelfauna, die sich auf Neuguinea durch eine größere Anzahl von prächtig gefärbten Arten, als irgendwo anders, auszeichnet, überwiegt das australische, d. h. das alte Element schon bedeutend, und in der Säugetierfauna herrscht es ausschließlich. Diese Abstufung ist außerordentlich lehrreich; wir sind hier Zeugen eines Prozesses, der, wie wir sahen, in Afrika schon zu einer völligen Umgestaltung der Tierwelt geführt hat.

Für die Stellung Polynesiens, wo Säugetiere ganz fehlen und Reptilien selten sind, ist die Vogelfauna entscheidend. Von den 64 Gattungen, die der Wallace'sche Katalog als polynesisch aufzählt, sind 15 endemisch (darunter 7 nur auf den Sandwich-Inseln), 20 ausschließlich australisch, 14 ostindisch, 1 afrikanisch und 14 kosmopolitisch oder wenigstens in den Tropen der alten Welt allgemein verbreitet. Die Dazugehörigkeit Polynesiens zum australischen Reich kann somit als sichergestellt angesehen werden.

Ein dritter Differenzpunkt, das ozeanische Reich Engler's betreffend, ist nur von untergeordneter Bedeutung. Wir haben die Bedenken, die Drude gegen die Aufstellung dieses Reiches aussprach, schon an einer anderen Stelle (S. 419) mitgeteilt; und in der That schrumpft dieses ausgedehnte Florenreich zu einem australischen zusammen. Beziehungen zwischen diesem und Südafrika, besonders aber Südamerika zeigt aber auch die niedere Tierwelt, besonders die Amphibien, die Süßwasserfische und die Insekten. Den Gedanken an einen ehemaligen Landzusammenhang wies schon Wallace zurück; er erklärte die nahe Verwandtschaft in einigen Wirbeltiergruppen, die nur in Südamerika und Australien gefunden werden, teils durch die Annahme, daß einige dieser Gruppen (z. B. die Baumfrösche) Reste von einst weitverbreiteten Familien seien, teils durch Verschleppung mittels schwimmenden Eises.

Gegensatz der Süd- u. Nord- kontinente.

§ 355. Die Tiergeographie belehrt uns in eindringlichster Weise über den großen Gegensatz zwischen den Nord- und Südkontinenten. In bezug auf die Säugetiere (mit Ausnahme der fliegenden und schwimmenden), die sich stets als die zuverlässigsten Führer bei Untersuchungen über Veränderungen der Erdoberfläche erweisen, repräsentieren die drei südlichen Festländer und die Restinsel Neuseeland vier Entwickelungsstadien, die genau dem Grade ihrer Isolierung entsprechen. Weitab von allen Festländern liegt Neuseeland, das der Säugetiere gänzlich entbehrt. In der Nähe von Asien befindet sich Australien, das aber seine insolare Abgeschlossenheit noch bewahrt hat, und nur einige Säugetiere von uraltem Typus besitzt. Südamerika, das jetzt durch eine schmale Landbrücke mit dem nördlichen Festlande zusammenhängt, hat schon eine reichere, wenn auch noch immer sehr unvollständige Säugetierfauna und beherbergt noch mehrere alte Typen, wie Zahnarme und Beutler. Afrika endlich, das zu verschiedenen Zeiten an verschiedenen Stellen mit Europa und Asien in Verbindung trat, hat die vollständigste Säugetierfauna, aber auch hier fehlen einige wichtige, sonst in der alten Welt verbreitete Familien. Es ist beachtenswert, daß gerade die letzteren beiden Kontinente uns ein Bild ihrer ehemaligen Fauna in der Tierwelt von Westindien und Madagaskar hinterlassen haben.

Von der lange dauernden Isolierung der Südkontinente zeugt auch ihr hoher Prozentsatz an endemischen Gattungen im Vergleich zu den nördlichen Festländern:

	Endemische Gattungen in Prozenten aller vorhandenen Gattungen:	
	Landsäugetiere	Vögel
Nordkontinente:		
Nordamerikanisches Reich	32	31
Paläoarktisches Reich	35	33
Ostindisches Reich	46	48
Südkontinente:		
Australisches Reich	61	64
Afrikanisches Reich	64	60
Südamerikanisches Reich	79	86

Zu den merkwürdigsten dieser endemischen Formen gehören die großen Laufvögel, die im Eocän auch Europa und in der Miocänzeit auch Vorderindien bewohnten, jetzt aber nur auf die Südkontinente beschränkt sind.[1] Ihr Vorkommen deutet auf eine lange Abwesenheit der großen

[1] Die Tabelle 2 auf S. 433 zählt zwar zwei Arten im außertropischen Reich der alten Welt auf, aber diese bewohnen nur die neutrale Zone zwischen diesem und dem afrikanischen Reich.

Raubtiere. In Afrika bewohnt der Strauß nur die nördliche Wüste, wo er von Feinden weniger gefährdet ist; sein nächster Verwandter ist der südamerikanische Nandu. Australien hat den Emu und gemeinsam mit den papuanischen Inseln die Kasuare, und Neuseeland den Kiwi. Auf der letzteren Insel wohnten noch zwei andere Familien gigantischer Laufvögel, von denen die letzten wohl erst vom Menschen ausgerottet wurden. Auch die Riesenvögel von Madagaskar dürften erst in der geologischen Gegenwart ausgestorben sein.

§ 356. Das ostasiatische und das Mittelmeergebiet, welches auch die vorderasiatischen Hochländer umfaßt, sind durch die Erhaltung mehrerer tropischer Formen ausgezeichnet, in ihrer Tierwelt ebenso wie in ihrer Pflanzenwelt. Zu den mediterranen Ausläufern der warmen Zone gehören eine kleine Affengattung, Macacus, welche Nordafrika und den Felsen von Gibraltar bewohnt, mehrere Fledermausgeschlechter, einige Antilopengattungen, darunter die Gazelle, welche sich von Nordafrika bis Iran verbreitet, das Stachelschwein in Südeuropa und Palästina, die Zibethkatze (Genetta), die in Südeuropa, Nordafrika und Palästina gefunden wird, und mehrere Raubtiere, wie die Hyäne, der Löwe, Leopard, Serval und Jagdleopard, die Nordafrika und zum Teil auch das mediterrane Asien durchstreifen. Weniger bekannt sind die Vögel, doch weiß man, daß sie in Palästina und Persien einen entschieden außertropischen Charakter tragen. Im ostasiatischen Übergangsgebiet treffen wir neben einer osttibetanischen Affenart, die ein dicker Pelz gegen die Kälte ihrer Heimat schützt, wieder den Macacus, der bis Japan hinauf geht, die Zibethkatze und das Stachelschwein an, ferner die ostindische Wiederkäuergattung Nemorhedus und das ebenfalls ostindische Flughörnchen. Die chinesisch-japanische Vogelfauna, für die die Fasanen charakteristisch sind, unterscheidet sich von der mediterranen durch ihr vorwiegend tropisches (ostindisches) Gepräge, und ebenso sind die japanischen Reptilien und Käfer stark mit Elementen der warmen Zone gemischt.

Einteilung der nördlichen Faunenreiche.

Den übrigen Teil des außertropischen Reiches der alten Welt scheidet Wallace in ein europäisches und ein asiatisches Gebiet. Gegen diese Einteilung, die von der floristischen beträchtlich abweicht, lassen sich einige Bedenken erheben. Centralasien scheint ein ziemlich gut markiertes Faunengebiet zu sein; es wird vor allem durch seine zahlreichen Huftiere charakterisiert, von denen mehrere, wie das Pferd, das zweibuckelige Kamel, der Jak, das Moschustier und ein paar Antilopengattungen hier ihre Heimat haben. Die Nadelwaldzone ist durch Pelztiere, Rentiere und andere nordische Formen ausgezeichnet. Durch die Abtrennung dieser beiden Gebiete würde sich die faunistische Einteilung schon sehr der pflanzengeographischen nähern, aber freilich lassen sich vom rein zoologischen Standpunkte aus die Grenzen schwer ziehen, während die Florengebiete, die hier hauptsächlich durch die klimatischen Verhältnisse bedingt sind, sich sehr scharf von einander absondern.

In Nordamerika stimmt die faunistische Einteilung mit der floristischen besser überein. Zunächst wird eine subarktische Zone von der südlichen abgetrennt, und diese wieder in ein östliches und westliches Gebiet, welch letzteres durch die Gabelgemse, das Bergschaf, die Bergziege und den Präriehund ausgezeichnet ist, geteilt. Nur darin weicht Wallace von Engler ab, daß er Kalifornien zum Rang eines selbständigen Gebietes erhebt, während es nach Engler nur eine Provinz des westlichen Gebietes ist: ein Differenzpunkt, der uns auch bei der Auffassung der westindischen Tier- und Pflanzenwelt begegnet. Die kalifornische Fauna ist durch einige tropische Elemente ausgezeichnet, wie durch die Blattnasen und Hundskopf-Fledermäuse, durch mehrere südamerikanische Vogelgattungen und eine Pythonschlange. Auch besitzt sie zwei endemische Familien, das Nagetier Sewellel und die den Zaunkönigen verwandten Chamaeidae.

Unterschied zwischen den nördlichen und tropischen Reichen.

§ 357. Vergleichen wir die beiden außertropischen Reiche mit denen der warmen Zone (ausschließlich Australien) — wobei wir uns, wie auch in den folgenden Erörterungen, auf die beiden höchsten Klassen und innerhalb derselben auf die Landtiere beschränken —, so gewinnen wir einige wichtige Gesichtspunkte. Zunächst fällt uns der Mangel mehrerer wichtiger Familien, ja sogar einiger Ordnungen des Tropengürtels auf, sowie die geringere Artenmenge und Artendichtigkeit: Erscheinungen, deren Ursachen wir schon an einer anderen Stelle angeführt haben. In der Säugetierfauna nehmen die Nagetiere die erste Stelle ein; wenn ihre Artenzahl auch in Südamerika größer ist, so treten sie doch auch hier unter der großen Menge der übrigen Säuger mehr zurück, als in den arktischen Reichen.[1] Die Insektenfresser sind hier so ziemlich in gleicher Zahl vertreten, wie in Afrika und Ostindien, aber relativ spielen sie eine hervorragendere Rolle. Dagegen haben die Dickhäuter, die nur durch die Familie der Schweine repräsentiert werden, in der gemäßigten Zone sehr abgenommen, aber wir werden sogleich sehen, daß dieses, wenigstens in der alten Welt, ein verhältnismäßig neuer Zustand ist. Unter den Landvögeln bilden die Singvögel in allen Reichen, mit Ausnahme von Australien, 60—70 Prozent aller Arten, aber in den außertropischen Reichen etwas mehr als in den tropischen. Die letzteren sind endlich nicht bloß absolut, sondern auch

[1] Auf die Nagetiere entfallen in Nordamerika 56, im außertropischen Reich der alten Welt 40·7, in Südamerika 37·5, in Ostindien 28 und im tropischen Afrika 22·7 Prozent aller Säugetierarten.

relativ reicher an Tauben und besonders an Kletter- und Schreivögeln, dagegen relativ ärmer an Hühnern und Raubvögeln.

§ 358. Die Fauna der nördlichen Reiche hat aber im Laufe der prähistorischen und historischen Zeit mehrfache Veränderungen erlitten, und diese sind für den Geographen um so interessanter, als sie wohl zum größten Teil durch den Menschen veranlaßt wurden. Daß der letztere mit den großen Dickhäutern, dem Mammut und dem wollhaarigen Rhinozeros, sowie mit mehreren ausgestorbenen Raubtieren, wie dem Höhlenbären, Höhlentiger (fälschlich Höhlenlöwe genannt), Höhlenwolf und der Höhlenhyäne, in Europa zusammenlebte, ist durch mehrfache Funde sichergestellt; aber ihr völliger Untergang erfolgte schon zu einer Zeit, von der uns keine schriftliche Nachricht Kunde giebt. Viel später erlagen die großen Wiederkäuer, die noch im Nibelungenlied genannt werden: der Wisent (Bison), der Ur oder Auerochs, der Stammvater unseres zahmen Rindes, und der Schelch oder Riesenhirsch. Der Bisonstier kommt nur noch in einem Distrikt im Kaukasus und im Bialowitzer Wald (russisches Gouvernement Grodno), hier aber nur im gehegten Zustand vor. Der Ur lebte in Frankreich noch im 5. Jahrhundert unserer Zeitrechnung, im Harz noch im 7., in Böhmen noch im 14. und in Polen noch im 16. Jahrhundert; die Ausrottung beider Stiere schritt also mit der Kultur von Westen nach Osten fort. Das Rentier bewohnte einst ganz Mittel- und Westeuropa, wurde aber aus Frankreich schon in vorgeschichtlicher Zeit verdrängt, während es in Deutschland noch zur Zeit Cäsar's lebte und in Nordschottland noch im 12. Jahrhundert gejagt wurde. Jetzt ist es in Skandinavien über den 60. Parallel zurückgedrängt, in Asien geht aber seine Äquatorialgrenze viel tiefer herab und erreicht an der Ostseite der alten Welt 46° B. Das Elen, das noch zur Zeit der sächsischen Kaiser die deutschen Wälder bewohnte, ist daraus verschwunden und kommt mit Ausnahme einiger preußischen Forste, wo es gehegt wird, nur noch in Skandinavien vor. Die Hasen, Hirsche, Rehe, Wildschweine und Gemsen vermindern sich zusehends; der Steinbock, früher im ganzen Alpengebirge zu Hause, findet sich jetzt nur noch am Monterosa. Notwendig war der Vertilgungskrieg gegen die Raubtiere, von denen der Wolf, Luchs und Bär aus Mittel- und Westeuropa zum größten Teil verschwunden sind. Der Löwe, der noch zur Zeit der Perserkriege über ganz Griechenland bis nach Thracien sich verbreitete, ist jetzt aus Europa gänzlich verwiesen. Im dicht bevölkerten China finden die Raubtiere selbstverständlich auch keinen Platz mehr. In Nordasien und in Nordamerika vermindern sich die Pelztiere stetig, und auch der nordamerikanische Bison, der manchmal in Herden von 20 000 Individuen die Prärieen durchstreift, hat sich schon aus vielen Gegenden zurückgezogen.

Historische Veränderungen der nördlichen Fauna.

Bestandteile der nördlichen Säugetier- und Vogelfauna.

§ 359. In beiden nördlichen Reichen werden die einzelnen Ordnungen der Landsäugetiere durch folgende allgemein verbreitete Familien vertreten: die Flattertiere durch die echten Fledermäuse, die Insektenfresser durch die Maulwürfe und Spitzmäuse, die Raubtiere durch die Katzen (deren hervorragendster Repräsentant der Luchs mit verschiedenen Arten in beiden Hemisphären ist), die Wölfe und Füchse, die Wiesel und ihre Verwandten und die Bären; die Huftiere durch die Schweine, Hirsche und hohlhörnigen Wiederkäuer, die Nagetiere endlich durch die Ratten und Mäuse, Springmäuse, Biber, Eichhörnchen und Hasen.

Innerhalb dieser Familien besteht ein auffallender Gegensatz zwischen Nordamerika und der alten Welt in bezug auf die hohlhörnigen Wiederkäuer. Das nordamerikanische Reich besitzt davon nur 5, das paläoarktische (alte Welt) aber 52 Arten, also mehr als irgend ein anderes Reich mit Ausnahme des tropischen Afrikas. 32 Arten entfallen auf das Gazellen- und Ziegengeschlecht, von denen das erstere in Nordamerika ganz fehlt, und das letztere nur durch eine einzige Art vertreten ist. Es unterliegt keinem Zweifel, daß die größere Ausdehnung der Steppen in der alten Welt die Entwickelung dieser Familien hauptsächlich förderte. Sonst ist noch Europa und Asien durch eine bedeutend größere Anzahl von Fledermäusen, Maulwürfen, Katzen, Hirschen und Springmäusen ausgezeichnet; dafür besitzt Nordamerika beträchtlich mehr Spitzmäuse, Canidae und Eichhörnchen.

Dazu kommen noch einige charakteristische Familien, die nur in einem der beiden Reiche allgemeiner verbreitet sind. In Nordamerika sind solche die Taschenratten und die auch in Südamerika vorkommenden Waschbären und Baumstachelschweine. Dagegen fehlen hier die Pferdehuf-Fledermäuse, der Igel, die Maulwurfsratten und der Siebenschläfer, endlich auch die Pferde und Kamele, die aber noch in den jüngsten nordamerikanischen Tertiärablagerungen gefunden werden. Ja es ist sogar wahrscheinlich, daß der Kameltypus in der neuen Welt seinen Ursprung nahm.

Es sei hier nur noch erwähnt, daß wir in der Klasse der Landvögel ähnlichen Gegensätzen begegnen. Die in beiden Reichen allgemeiner verbreiteten Familien zählen mit Ausnahme der Schlüpfer und Kukuke in der alten Welt mehr Arten, als in der neuen; besonders auffallend ist dieser Unterschied in der Gruppe der Sänger, von denen das paläoarktische Reich 126, Nordamerika aber nur 10 Arten besitzt, und in der der Lerchen, wo sich das Verhältnis wie 23:1 stellt.

Beziehungen der nördlichen Reiche zu einander.

§ 360. Nach diesem kurzen Überblick wollen wir an die Frage herantreten, ob es auch dem Tiergeographen, wie dem Pflanzengeographen, gestattet sei, die beiden nördlichen Reiche zu einem Reich zu verschmelzen. Von den Landsäugern kommen vor:

in beiden Reichen	17	Familien
nur im paläoarktischen	13	"
" " nordamerikanischen	6	"

Ferner werden von den Vögeln (mit Ausschluß der Wat- und Schwimmvögel) gefunden:

in beiden Reichen	26	Familien
nur im paläoarktischen	13	"
" " nordamerikanischen	8	"

Es überwiegen also in jedem Reiche die gemeinsamen Familien. Aber ein anderes Resultat erhalten wir, wenn wir auf die Gattungen herabgehen, die (im Gegensatz zu den Pflanzen, die in Europa und Nordamerika hauptsächlich nur in verschiedenen Arten auftreten) stark von einander abweichen:[1]

	Landsäuger	Landvögel
1. Gemeinsame Fauna	**27**	**54**
davon kosmopolitisch	5	21
2. Nur im paläoarktischen Reich	**62**	**123**
davon a) endemisch	34	52
b) auch in den Tropen der alten Welt	28	71
3. Nur in Nordamerika	**34**	**114**
davon a) endemisch	22	46
b) auch in den Tropen der neuen Welt	12	68

In den Faunen der nördlichen Reiche mischen sich also drei Elemente: das endemische, das tropische und das gemeinsame. In der Säugetierwelt überwiegt in der alten Welt das endemische und in der neuen Welt das gemeinsame, in der Vogelfauna beider Reiche aber das tropische Element, und zwar in gleichem prozentischen Verhältnis, während es in der paläoarktischen Säugetierwelt infolge der breiten Landverbindung mit den Tropenreichen mehr vorherrscht. Wir dürfen uns also nicht wundern, daß sich Wallace in eindringlichster Weise für die Trennung der beiden Reiche aussprach, indem er zugleich auch darauf hinwies, daß eine solche Scheidung bereits in der Tertiärzeit bestand.[2] Anderseits wäre es aber unverständlich, wenn der Pflanzen- und der Tiergeograph zu ganz differenten Resultaten gelangen würden. Der Widerspruch löst sich aber, wenn man beachtet, daß in beiden Reichen das gemeinsame Element gegenüber den beiden anderen immer mehr in den Vordergrund tritt, je mehr wir uns dem Pole nähern. Es ist allerdings richtig, daß in Kanada noch einige echt ameri-

---

[1] Die Tabelle gründet sich auf den Katalog von Wallace.

[2] Ebenso bestand im großen und ganzen auch damals schon der jetzige Florenunterschied zwischen Nordamerika und Europa.

kanische Säugetiere bis an die Ufer der Hudsonsbai und bis in das nördliche Labrador vordringen, und daß auch südamerikanische Vögel, wie die Stelzen, der Königswürger und der Kolibri diese Gegenden besuchen; aber man darf auf diese Thatsache kein allzugroßes Gewicht legen, denn sie hängt mit der Beweglichkeit der Tiere im Gegensatz zu den an den Boden gefesselten Pflanzen zusammen, daher die Flora unter allen Umständen einen gleichförmigeren Charakter besitzt, als die Fauna. Um so beachtenswerter ist es aber, daß von den streng arktischen Tieren 3 Säugetiergeschlechter (Fjällfras, Lemming und Rentier) und 2 Säugetierarten (Eisbär und Polarfuchs), 3 Gattungen Landvögel und 6 Gattungen Wasservögel eine cirkumpolare Verbreitung haben. In Torell's Katalog der arktischen Vögel finden sich unter 159 Arten 69 (also 43·4 Prozent), die in Amerika und in Europa vorkommen. Die mitgeteilten Zahlen imponieren allerdings nicht durch ihre Größe, aber man muß sie in Vergleich setzen mit der Dürftigkeit der arktischen Tierwelt, um ihre Bedeutung würdigen zu lernen. Unstreitig würde die Aufstellung eines cirkumpolaren arktischen Faunenreiches annähernd mit den von Schmarda festgesetzten Grenzen den thatsächlichen Verhältnissen am besten entsprechen. Es wäre auch ein passender Ausdruck für das große, sowohl für die Pflanzen, wie für die Tiere geltende Gesetz, daß in der Richtung vom Nordpol zum Äquator die Spaltung und Differenzierung der Formen zonenweise zunimmt, indem eine cirkumpolare Form sich zuerst in Arten, dann weiter südlich in Untergattungen und endlich in gut unterschiedene Gattungen teilt, von denen einige die alte, die anderen die neue Welt bewohnen.

Rückblick. § 361. Werfen wir noch einen Blick auf die gewonnenen Resultate. Die beiden großen Gegensätze, die das Leben der Erdoberfläche beherrschen, der Gegensatz zwischen den beiden Nord- und den drei Südkontinenten einerseits und der westlichen und östlichen Landmasse anderseits, kommen in der geographischen Verbreitung der höheren Tiere zum schärfsten Ausdruck. Ungleich reicher an Arten ist die alte Welt, deren größeres Areal die Entwickelung des Tierlebens mächtig fördern mußte; aber in der Artendichtigkeit übertrifft sowohl das nordamerikanische das paläoarktische, wie das südamerikanische das afrikanische Reich selbst dann noch, wenn man die Nagetiere von der Rechnung ausschließt; es muß dieses Ergebnis besonders betont werden, weil es das alte Dogma von der reicheren Flora aber ärmeren Fauna Amerikas etwas modifiziert. Die eigentliche Geburtsstätte der modernen Tierwelt ist die nördliche Hemisphäre, denn selbst Formen, die, wie die Beuteltiere, nur noch auf den südlichen Festländern vorkommen, bewohnten in früheren geologischen Perioden auch unsere Gegenden. Die südlichen Kontinente haben je nach dem Grade und der

Dauer ihrer Isolierung verschiedene Einwanderer erhalten, wodurch innerhalb der Wendekreise wesentlich verschiedene Tierreiche sich herausbildeten. In den mittleren und höheren Breiten der arktischen Halbkugel haben dagegen die tiefeingreifenden Klimaänderungen seit der Tertiärzeit die Entwickelung des gesamten organischen Lebens unterbrochen. Überall begegnen wir hier im positiven, aber mehr noch im negativen Sinne den Spuren der Eiszeit, und nur in den beglückteren südlicheren Ländern finden wir noch Reste einstiger Tropenfülle.

§ 362. Das Tierleben des Meeres ist von geringerem geographischen Interesse. Der Korallenriffe und der organischen Tiefseeablagerungen haben wir bereits an einer anderen Stelle gedacht; die Würdigung der intimen Beziehungen des Menschen zu einigen Gruppen der marinen Fauna, die Gegenstand der Großfischerei sind, müssen wir der Anthropogeographie überlassen. Doch sind einige Punkte in der Verbreitung der marinen Tierwelt von allgemeiner Bedeutung für die theoretische Erdkunde, und diese wollen wir, ohne uns in Details einzulassen, an der Hand der lichtvollen Auseinandersetzungen von Th. Fuchs in Kürze besprechen. Anhang über die Meeresfauna.

Die marine Fauna besteht aus einigen Säugetieren (Delphine, Pott- und Walfische, Walrosse und Seehunde, von denen die beiden letzteren aber zum Teil auch auf dem Lande leben), Fischen, Weichtieren, Krustentieren, Würmern, Stachelhäutern, darmlosen und formlosen Protoplasmatierchen. Eine erhebliche Zahl dieser Tiere findet sich nur in ziemlicher Entfernung von der Küste; Fuchs faßt dieselben unter der Bezeichnung „pelagische Fauna" zusammen. Die meisten derselben halten sich bei Tag in größerer Tiefe auf und kommen nur in der Dunkelheit an die Oberfläche, weshalb sie sich bis auf die neuere Zeit den Blicken des Beobachters entzogen, wodurch die hohe See in den Ruf kam, eine Einöde ohne organisches Leben zu sein. Da das Meer den Wanderungen seiner Bewohner keine Schranken setzt, und die Temperaturverhältnisse des offenen Ozeans, mit Ausnahme des polaren, schon in mäßiger Tiefe sehr gleichförmig sind, so ist die pelagische Fauna im Gegensatz zur Tierwelt des Festlandes im atlantischen, pazifischen und indischen Ozean nahezu dieselbe und zeigt nur in den polaren Meeren einige eigentümliche Züge. Von den Schnecken fehlen in den letzteren die Kielfüßer, von den Würmern die Salpen; ferner fehlen die Quallen und die meisten pelagischen Fische. Die Fauna der Polarmeere ist hauptsächlich aus Kopffüßern, Ruderschnecken, Krebsen und den großen Meersäugetieren zusammengesetzt.

Einige marine Tiere leben nur in seichtem Wasser, andere nur in größerer Tiefe. Die ersteren bewohnen entweder die unterseeischen Tangwälder, welche die Küsten bis zu 50 m Tiefe umsäumen, oder die Korallen-

und Muschelbänke, also im allgemeinen ebenfalls nur die oberste, 40 bis 50 m mächtige Wasserschicht. Schon in einer Tiefe von ca. 160 m werden überall Tiere von anderem Typus, die sog. Tiefseefauna, gefunden; Fuchs nimmt als mittlere Grenze zwischen dieser und der Litoralfauna die Tiefe von 90 m an. Es ist nun besonders beachtenswert, daß diese Tiefengrenze in allen Meeren, in den Eismeeren, in den Ozeanen und in den warmen Binnenmeeren, ziemlich gleich bleibt, woraus Fuchs mit Recht schließt, daß die Temperatur auf die vertikale Verteilung der marinen Tiere ohne Einfluß ist. Da aber ebensowenig die chemische Beschaffenheit und der Luftgehalt des Meerwassers, wie dessen Bewegung dafür die Ursache abgeben können, so bleibt nur noch ein Faktor übrig, das Licht, das nur 80—90 m tief in die Wassermasse eindringt, wenn auch absolute Finsternis erst jenseits einer Tiefe von ca. 350 m herrschen dürfte. Fuchs bezeichnet daher die Litoralfauna als die Fauna des Lichtes und die Tiefseefauna als die Fauna der Dunkelheit. Damit hängt auch die Lebensweise der Tiefseefauna, von der oben die Rede war, zusammen.

Von ca. 90 m Tiefe bis zum Meeresgrund ist tierisches Leben gefunden worden, doch erreicht es den Höhepunkt seiner Entwickelung in ca. 1000 m Tiefe, und Fuchs ist der, allerdings nicht allgemein geteilten, Ansicht, daß es jenseits von 4500 m Tiefe nahezu erlischt. Stachelhäuter und Schwämme herrschen in großer Tiefe entschieden vor. Es ist bezeichnend, daß die Tiefseefauna derjenigen der früheren geologischen Perioden ungleich ähnlicher ist, als die Litoralfauna; ein Beweis, daß die physikalischen Verhältnisse in den ozeanischen Tiefen sich nicht wesentlich geändert haben.

Register.

(n bedeutet Note. Die Autorennamen sind gesperrt gedruckt.)

Berichtigungen und Zusätze.

S. 7. Das Sperenberger Bohrloch ist jetzt bis 1293 m Tiefe fortgeführt, wird aber schon von dem Bohrloch bei Lieth in Holstein (1330 m Tiefe) überholt.

S. 22, Z. 8 v. u. (u. S. 247, Z. 12 v. o.) statt „Lybische" lies „Libysche".

S. 35. Daß das Polarlicht eine elektrische Erscheinung ist, wurde jüngst durch ein gelungenes Experiment von Prof. Lemström nachgewiesen, welcher durch ein mit Spitzen versehenes Drahtnetz, das er auf zwei 800 und 1100 m hohen, kegelförmigen Bergen in Nordfinland anbrachte, die Erscheinung eines echten Nordlichtbogens ca. 120 m über der Bergesspitze hervorbrachte.

S. 36. Das hier Gesagte gilt wenigstens für die Nordlichter in tieferen Breiten; ob aber auch in höheren, ist seit den Untersuchungen Tromholt's über die Nordlichter in Godthaab in Grönland (64° B.) zweifelhaft geworden. Längere Beobachtungsreihen werden lehren, ob Tromholt's Resultat, daß hier die Häufigkeit der Nordlichter im umgekehrten Verhältnis zu der der Sonnenflecken steht, richtig ist.

S. 51, Z. 9 v. u. in der letzten Spalte statt „3·9" lies „9·3".

S. 52, Z. 3 v. u. statt „—8·1" lies „8·9".

S. 66. Nach den neuesten Untersuchungen von Buchan und Köppen variiert die Windstärke auf dem offenen Ozean (mit Ausnahme des atlantischen Passatgebietes, wo das Maximum um 4^h morgens und das Minimum um 2^h nachmittags etwas schärfer hervortritt) so wenig, daß von einer täglichen Periode derselben eigentlich keine Rede mehr sein kann. In den Küstengewässern ist aber die Schwankung beträchtlicher, und Maximum und Minimum treten zu gleicher Zeit, wie auf dem Lande, ein.

S. 119, Z. 13 v. u. statt „Berndt" lies „Berendt".

S. 131, Z. 26 v. o. statt „Isothermen" lies „Isotherme".

S. 139. Die berichtigte Position der größten nordatlantischen Tiefe ist 19° 39′ N. und 66° 26′ W.

S. 139. Die größte bis jetzt bekannte Tiefe des Indischen Ozeans maß die „Enterprise" im Winter 1883: 4° 14′ S, 99° 50′ O. 5664 m.

S. 140. Die Messungen der „Enterprise" quer durch den Indischen Ozean zwischen 0° 40′ N. und 6° 15′ S. und 40° 21′ und 104° 27′ O. ergaben eine ziemlich gleichmäßige Tiefe von ca. 4800 m.

S. 146. Nach den Beobachtungen der „Enterprise" bedeckt den Boden des äquatorialen Teiles des Indischen Ozeans vorherrschend grauer und brauner Schlamm.

S. 165 (§ 140). Nach den Untersuchungen der beiden Hydrographen der Nordenskiöld'schen Expedition von 1883, Forsstrand und Hamberg, ist die ostgrönländische Strömung sehr schwach und seicht und wird in der Nähe der Küste von warmem Wasser ganz verdrängt, während der Labradorstrom die Hauptpolarströmung ist. Nach diesen von den bisherigen Annahmen völlig abweichenden Ansichten kann von einem Eindringen eines Golfstromarmes in die Baffinsbai keine Rede sein, doch kann vorerst noch kein endgültiges Urteil in dieser Frage gefällt werden.

S. 178. Im äquatorialen Teil des Indischen Ozeans fand die „Enterprise" (Sommer 1883) in Tiefen von mehr als 4000 m eine durchschnittliche Temperatur von 1°·4 (Maximum 2°·5, Minimum 0°·8), also nahezu ebensoviel, wie im Atlantischen und Pazifischen Ozean unter gleicher Breite.

S. 222, Z. 16 u. 17 v. u. statt „Camerongebirge" lies „Camerungebirge".

S. 245, Z. 13 v. u. statt „dessen Gehalt" lies „ihren Gehalt".

S. 269, Z. 6 v. u. statt „Durton" lies „Dutton".

S. 314, Z. 9 v. o. statt „Eider" lies „Eide".

S. 330, Z. 8 v. u. statt „Vihorlat-Guttin-Zug" lies „Vihorlat-Gutin-Zug".

Supan, Phys. Erdkunde.

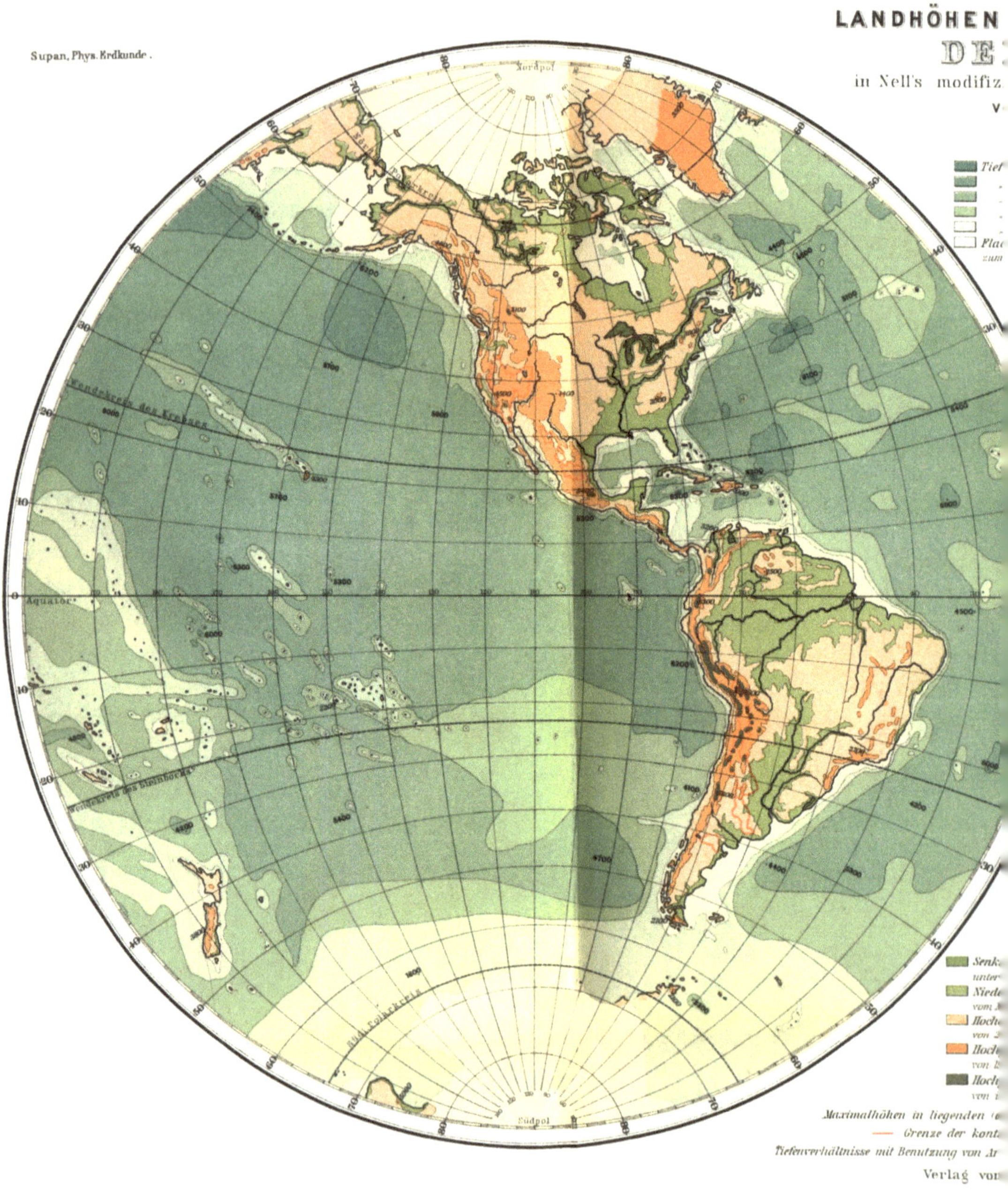

ERESTIEFEN

DE

pular-Projektion

s.

0 Meter

0 ,

0 ,

0 ,

0 ,

ter bis

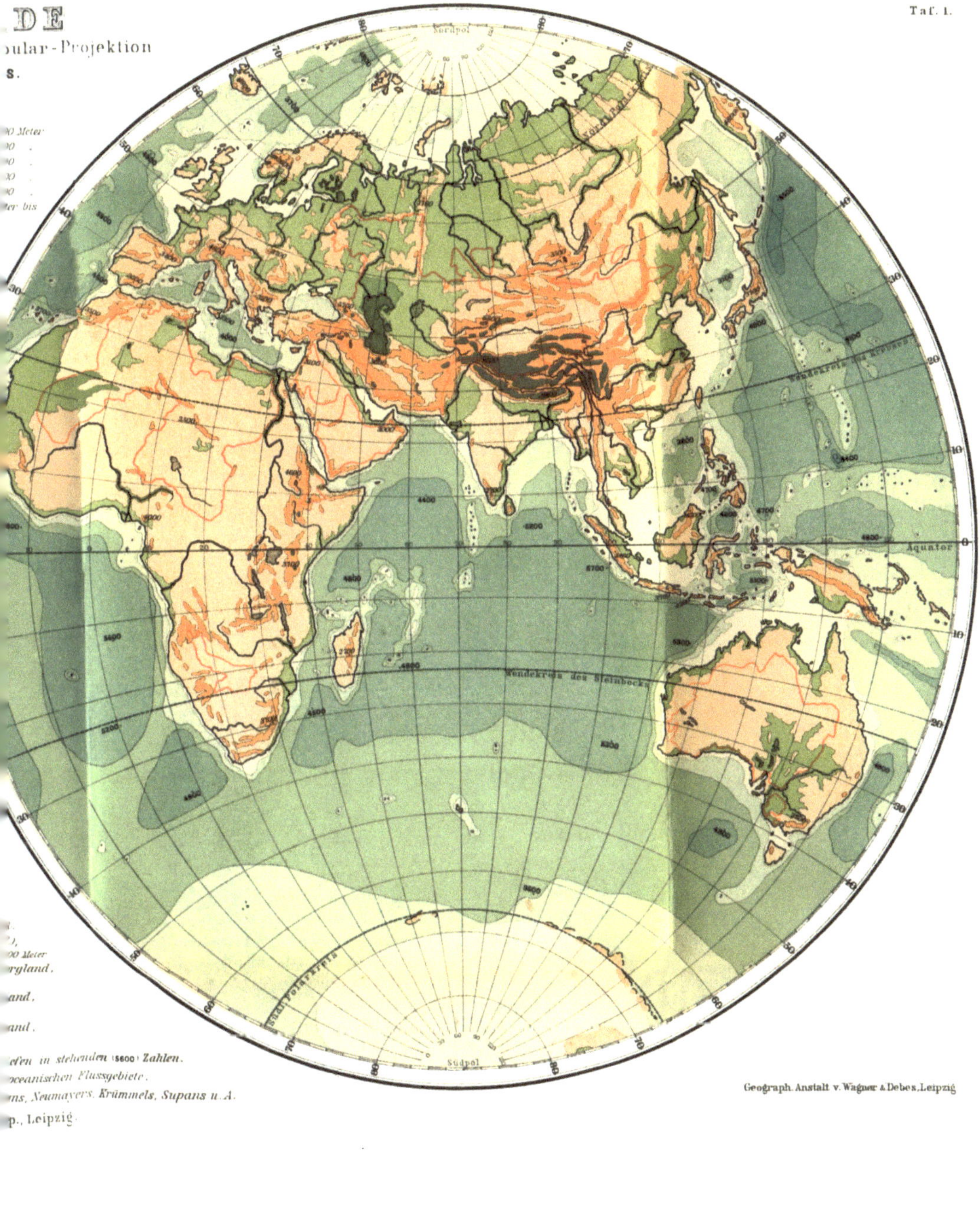

0,

0 Meter

rgland,

and,

and,

efen in stehenden (5600) Zahlen.

oceanischen Flussgebiete.

ns, Neumayers, Krümmels, Supans u. A.

p., Leipzig.

Geograph. Anstalt v. Wagner & Debes, Leipzig

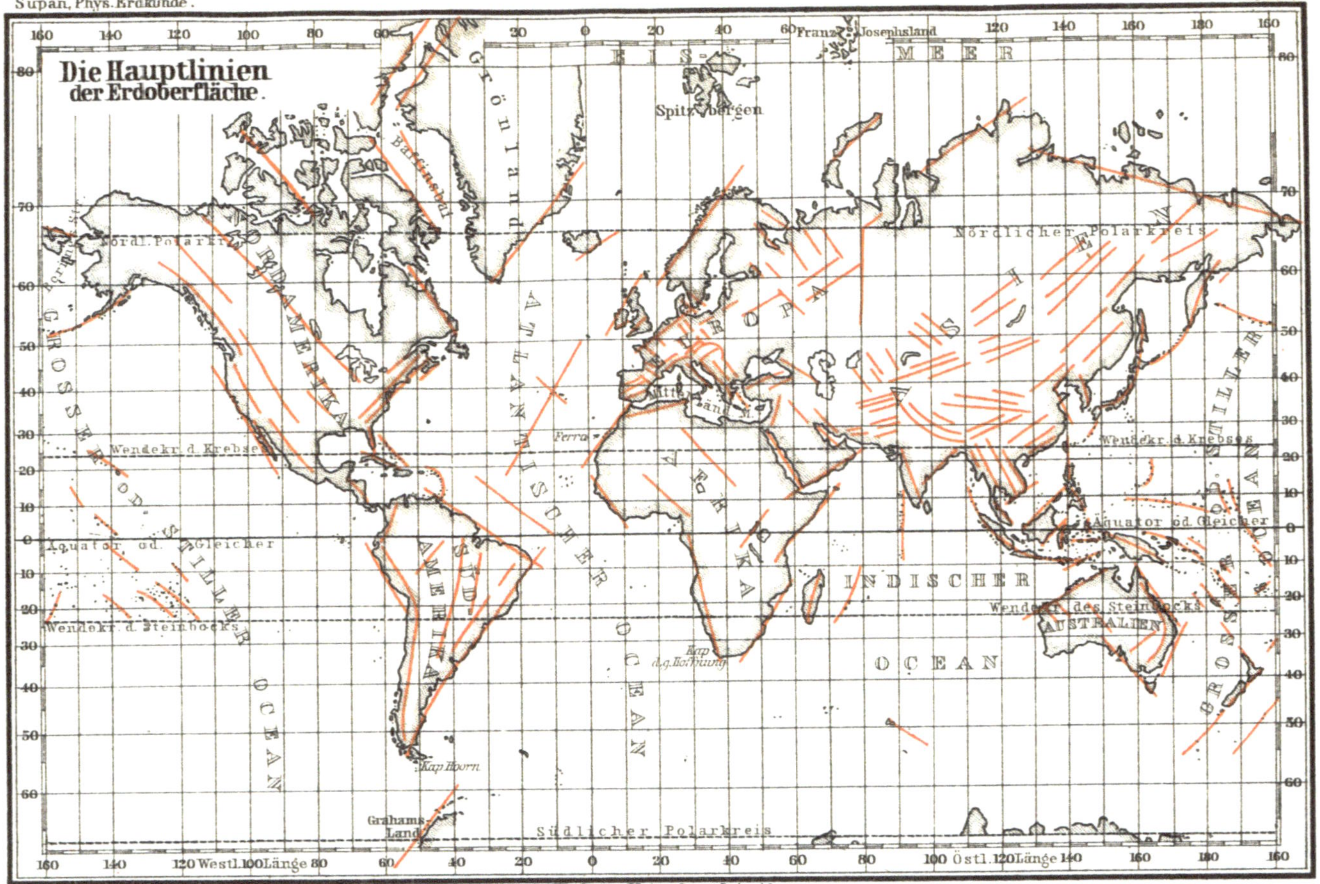

Geograph. Anst. v. Wagner & Debes, Leipzig.

Verlag v. Veit & Comp. Leipzig.

Januar-Isothermen.

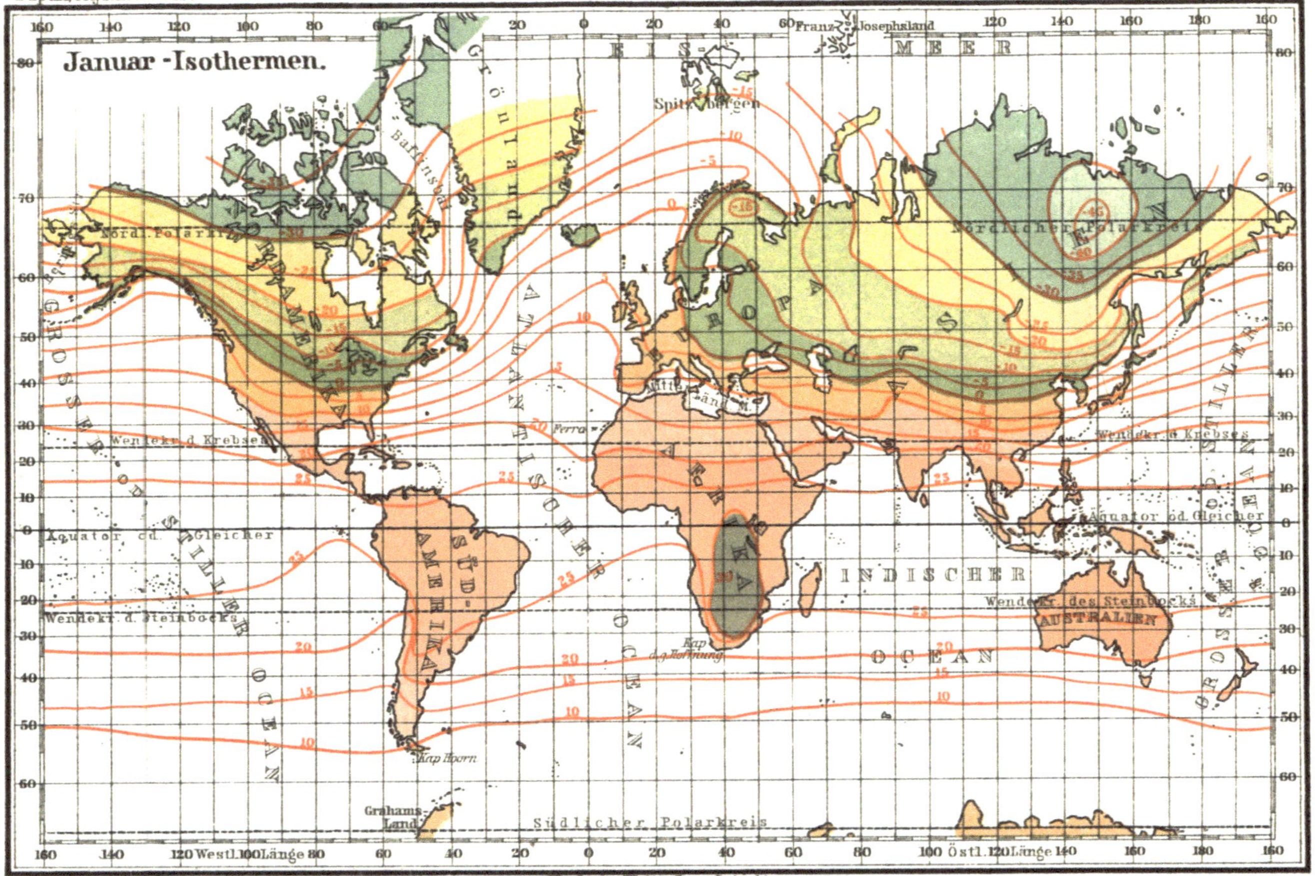

Geograph. Anst. v. Wagner & Debes, Leipzig
Verlag v. Veit & Comp. Leipzig.

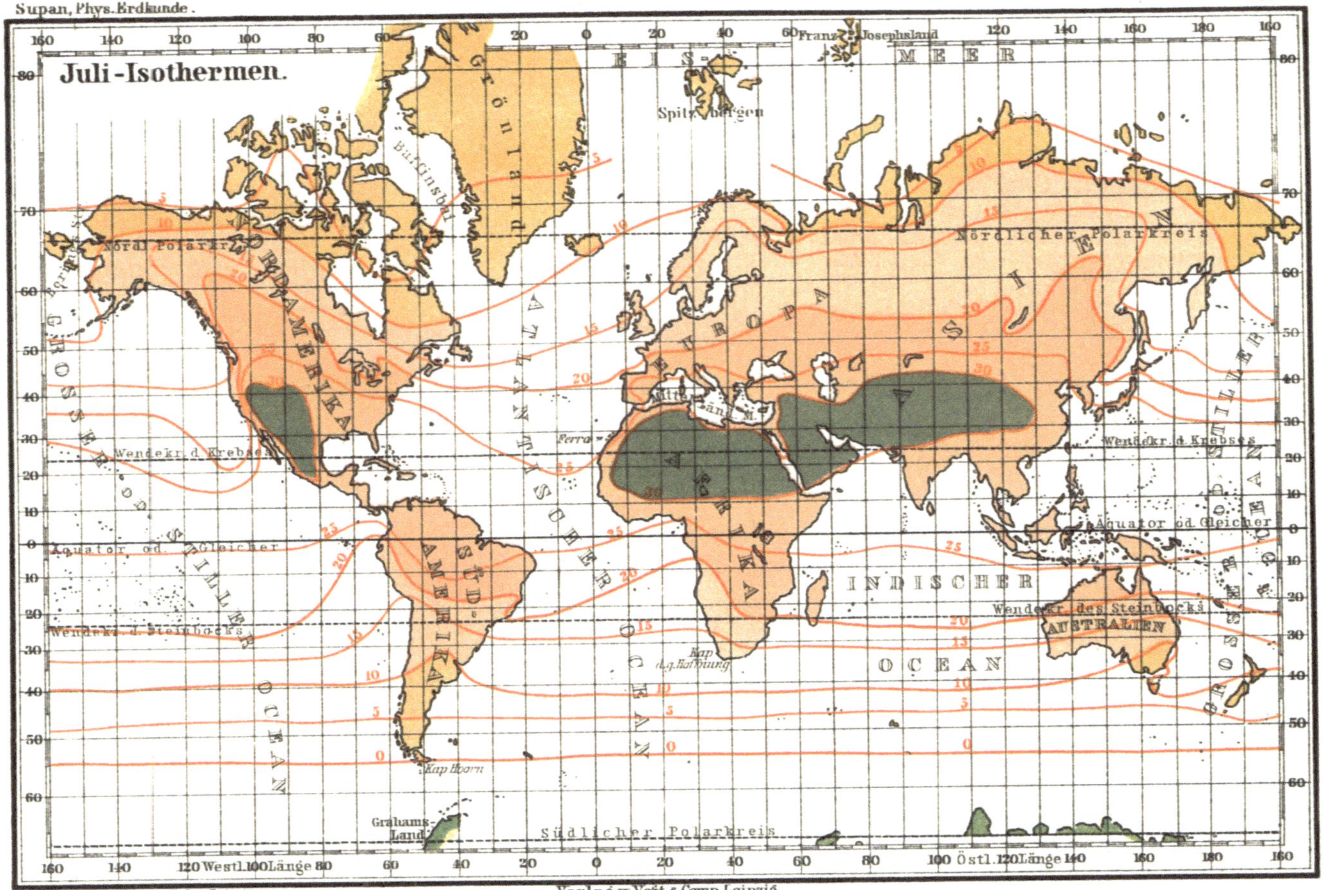

Geograph. Anst. v. Wagner & Debes, Leipzig.
Verlag v. Veit & Comp. Leipzig.

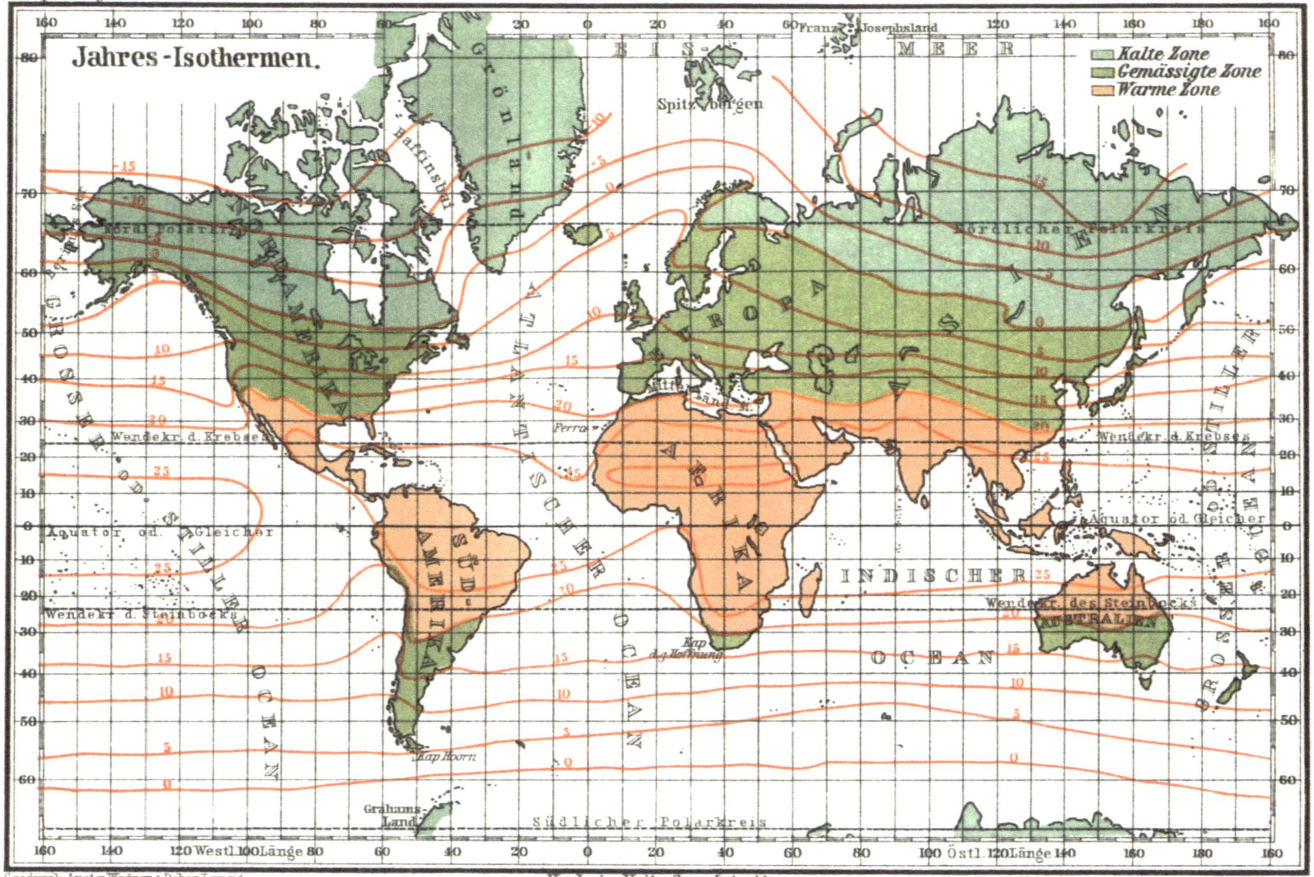

Geograph. Anst. v. Wagner & Debes, Leipzig.
Verlag v. Veit & Comp. Leipzig.

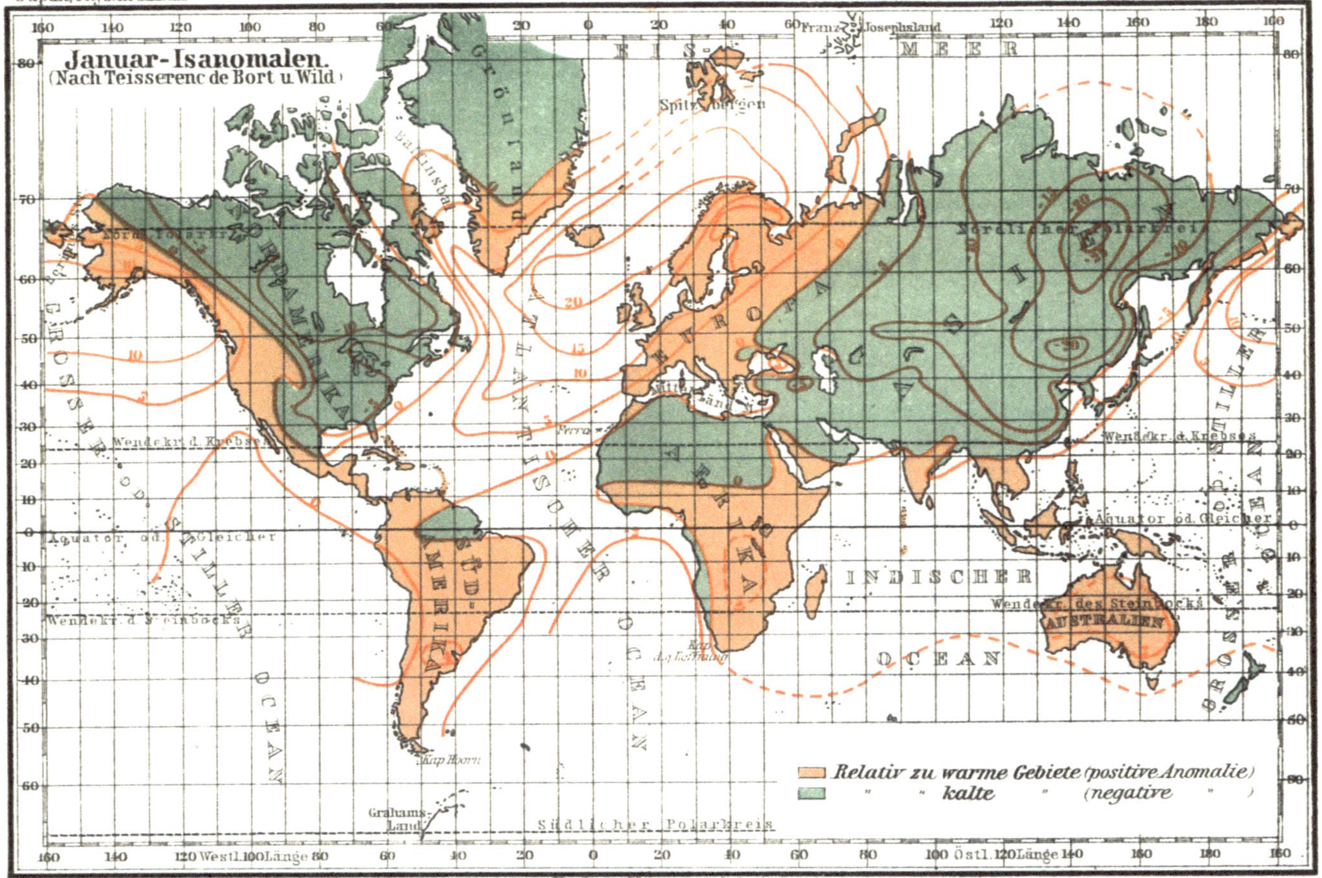

Geograph. Anst. v. Wagner & Debes, Leipzig

Verlag v. Veit & Comp. Leipzig.

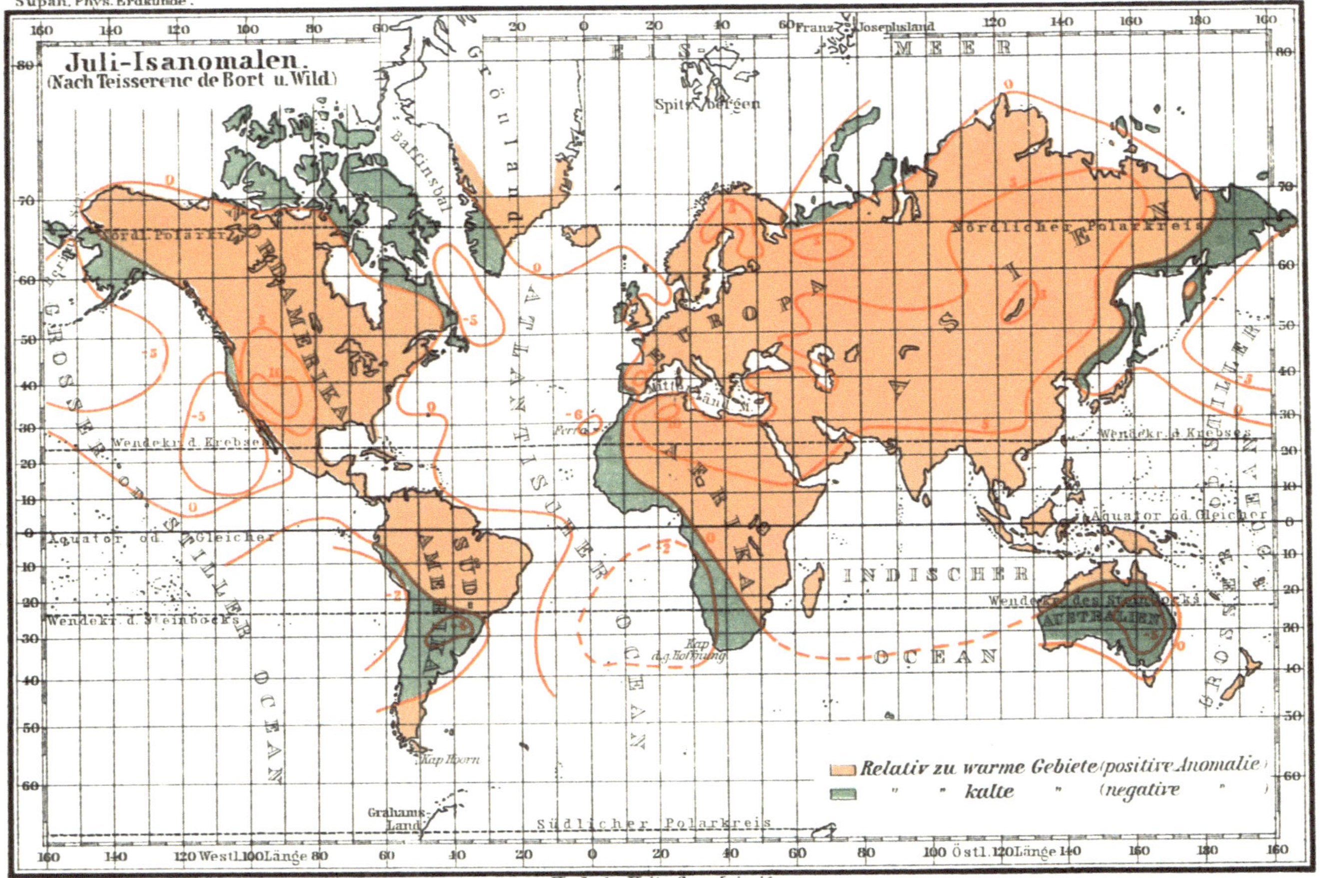

Geograph. Anst. v. Wagner & Debes, Leipzig
Verlag v. Veit & Comp. Leipzig.

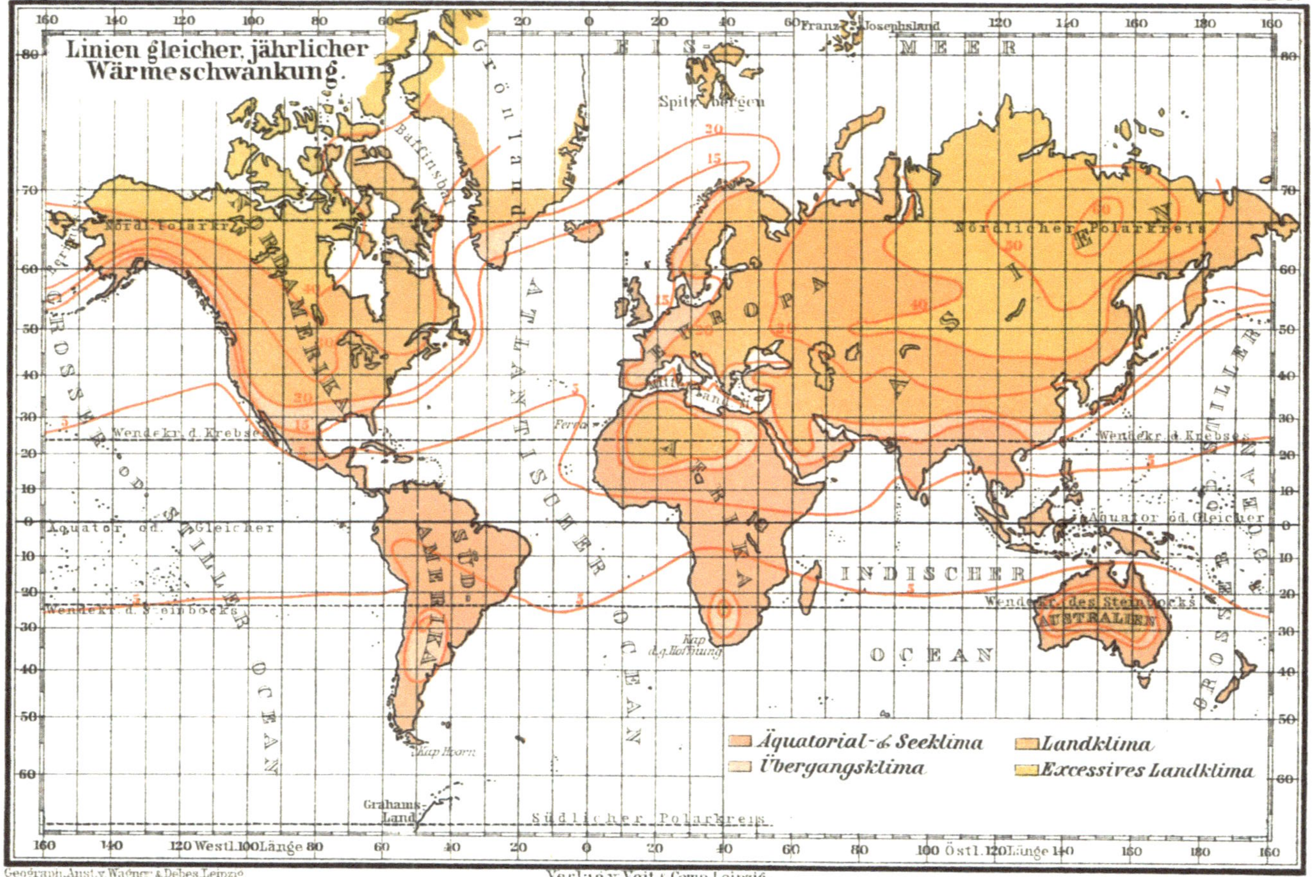

Geograph. Anst. v. Wagner & Debes, Leipzig
Verlag v. Veit & Comp. Leipzig.

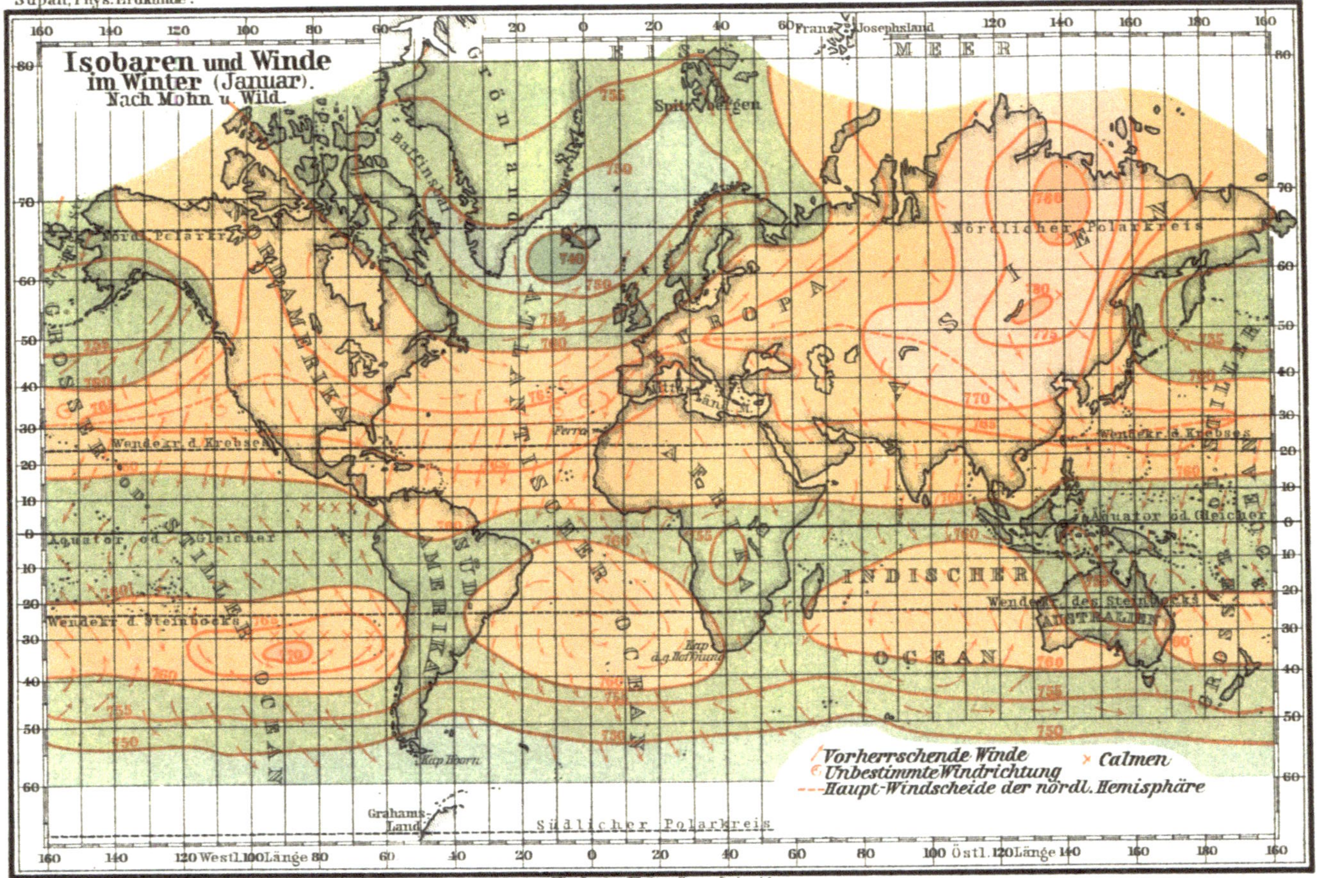

Geograph. Anst. v. Wagner & Debes, Leipzig.
Verlag v. Veit & Comp. Leipzig.

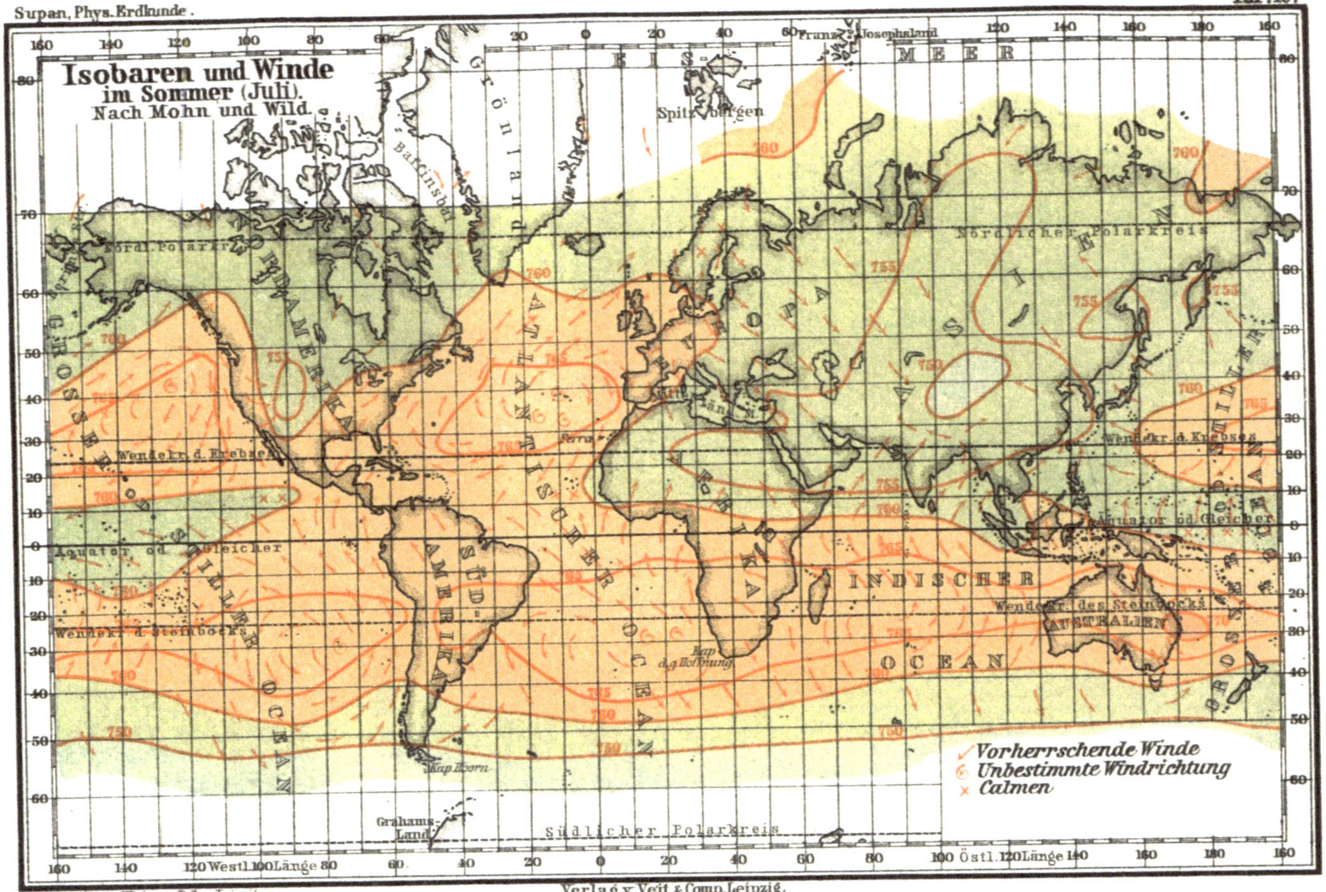

Geograph. Anst. v. Wagner & Debes, Leipzig.

Verlag v. Veit & Comp. Leipzig.

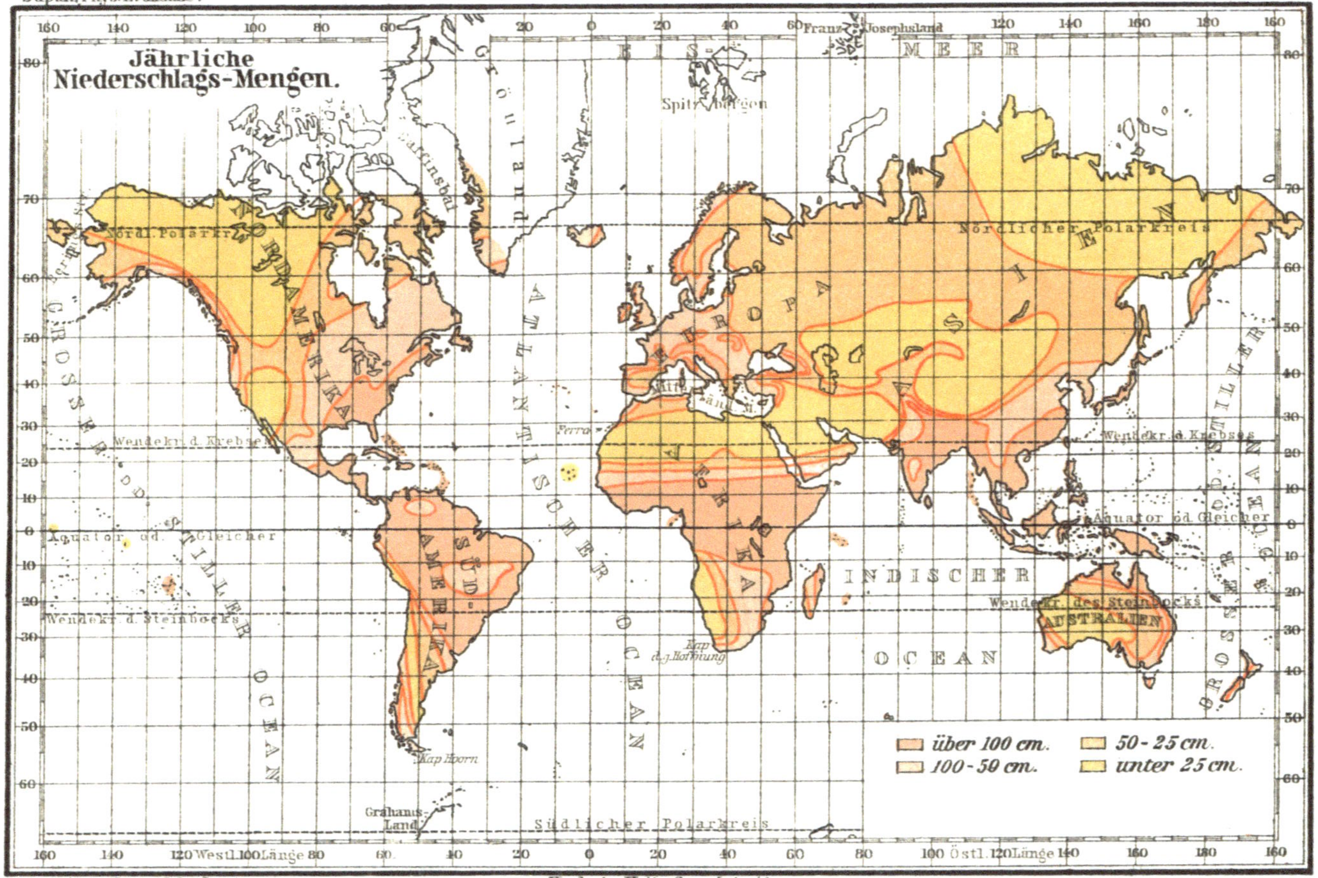

Geograph. Anst. v. Wagner & Debes, Leipzig.

Verlag v. Veit & Comp. Leipzig.

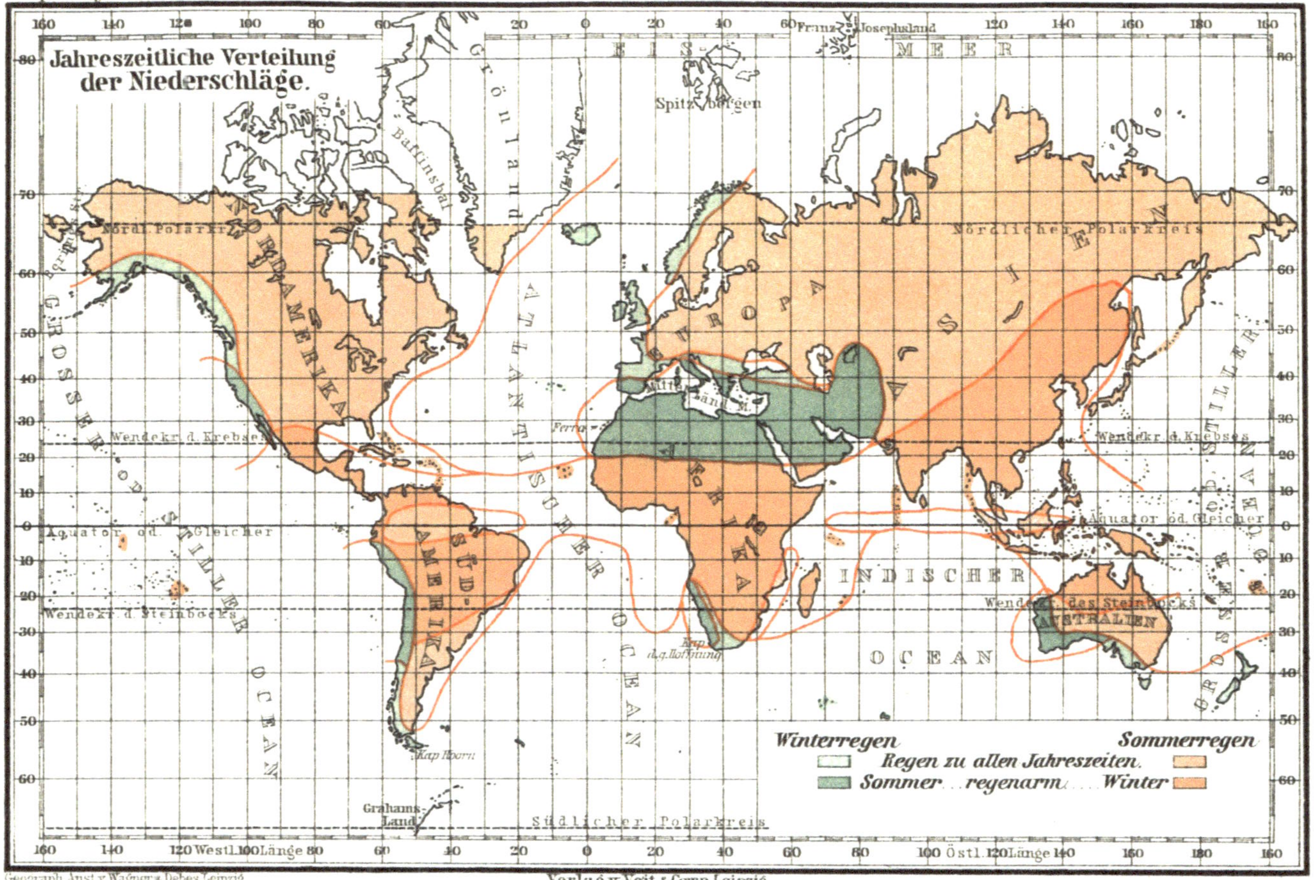

Geograph. Anst. v. Wagner & Debes, Leipzig.
Verlag v. Veit & Comp. Leipzig.

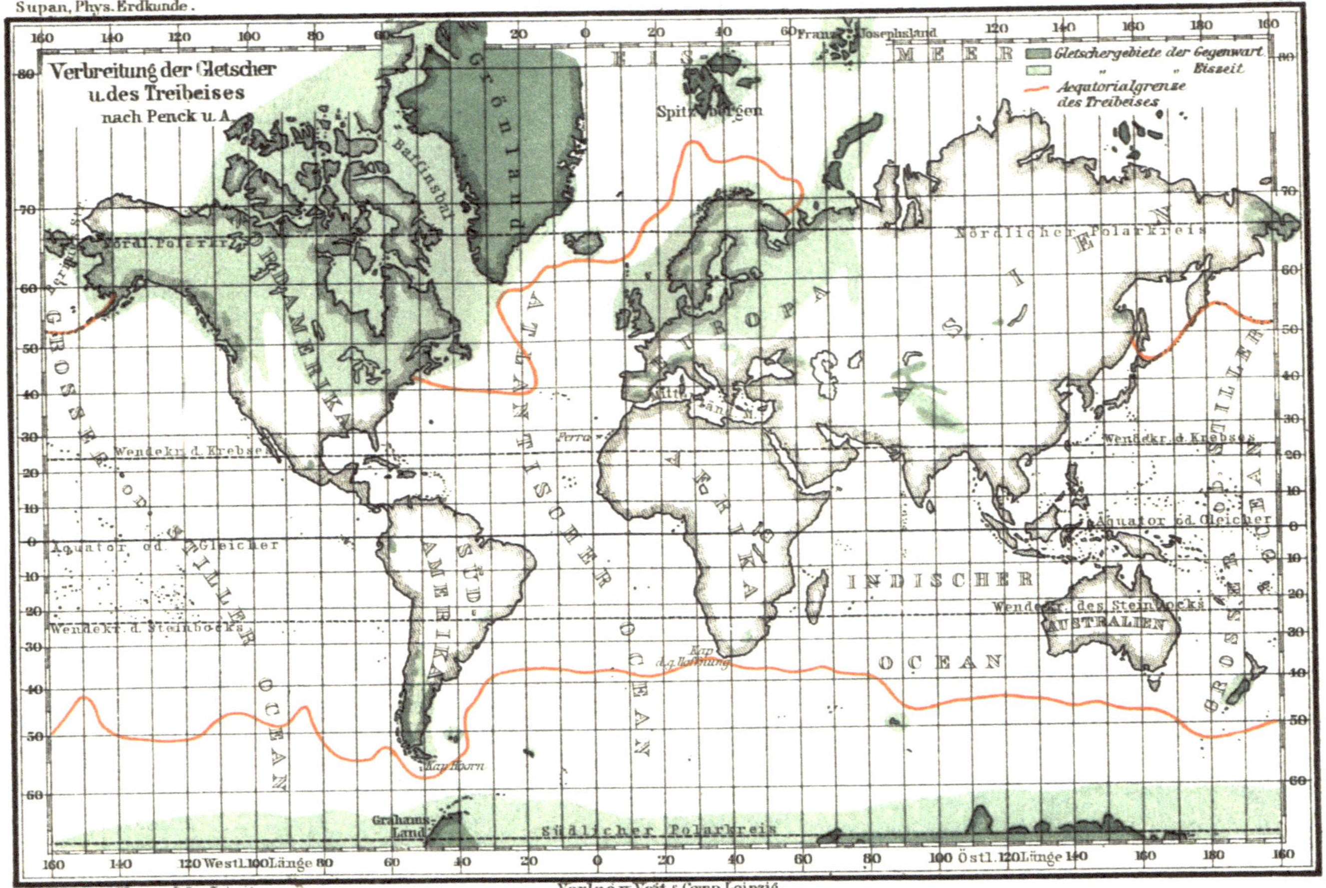

Geograph. Anst. v. Wagner & Debes, Leipzig.

Verlag v. Veit & Comp. Leipzig.

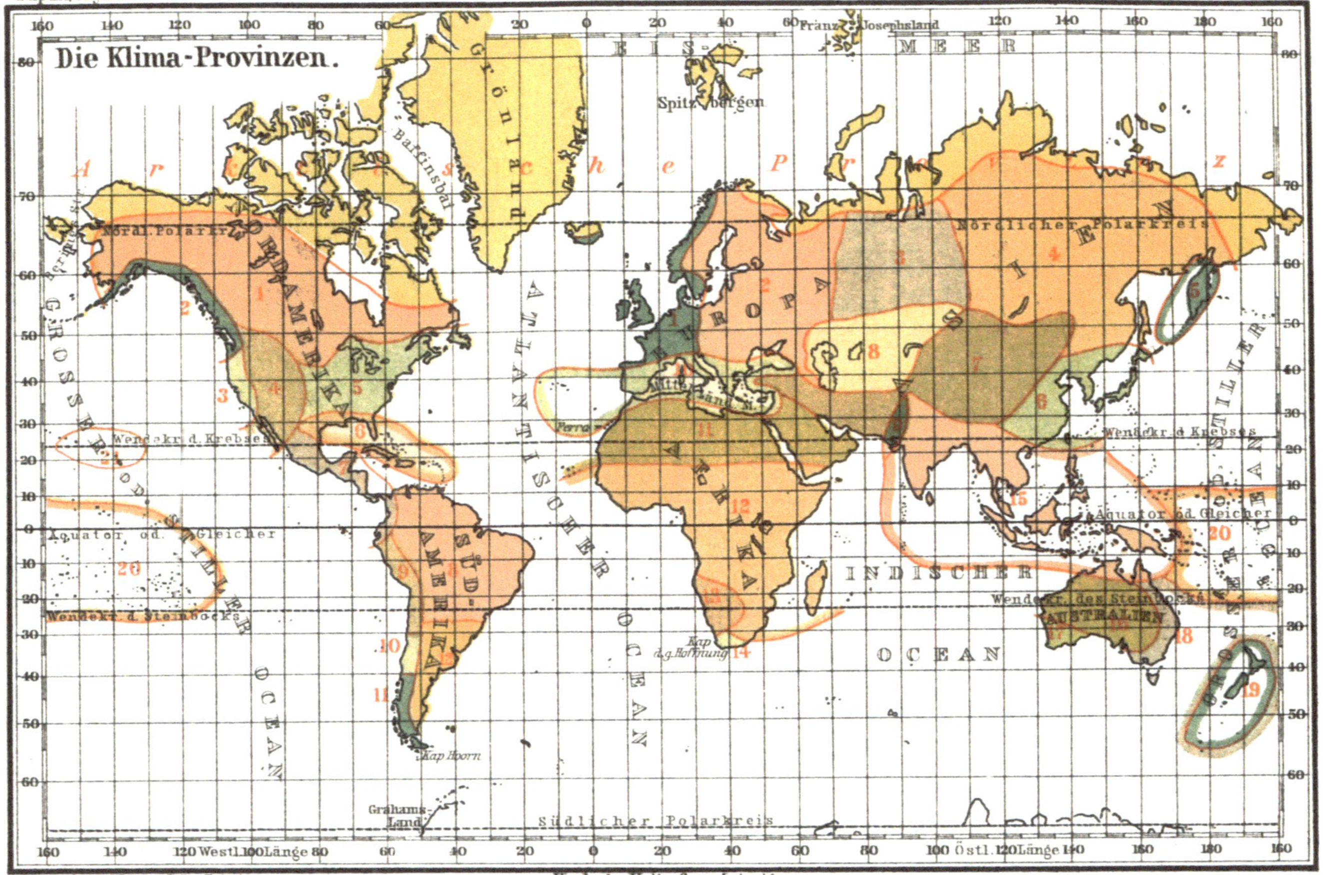

Geograph. Anst. v. Wagner & Debes, Leipzig.
Verlag v. Veit & Comp. Leipzig.

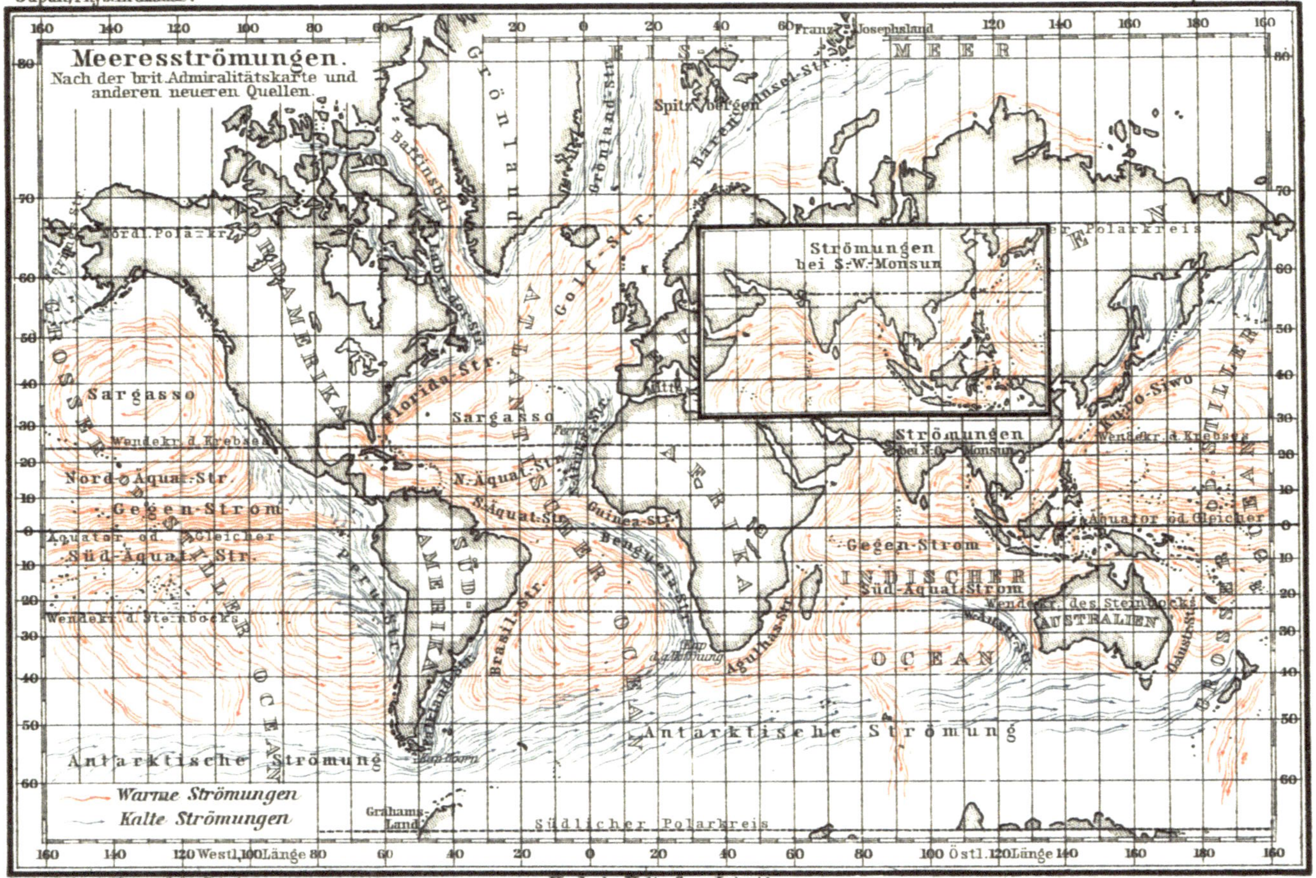

Geograph. Anst. v. Wagner & Debes, Leipzig.
Verlag v. Veit & Comp. Leipzig.

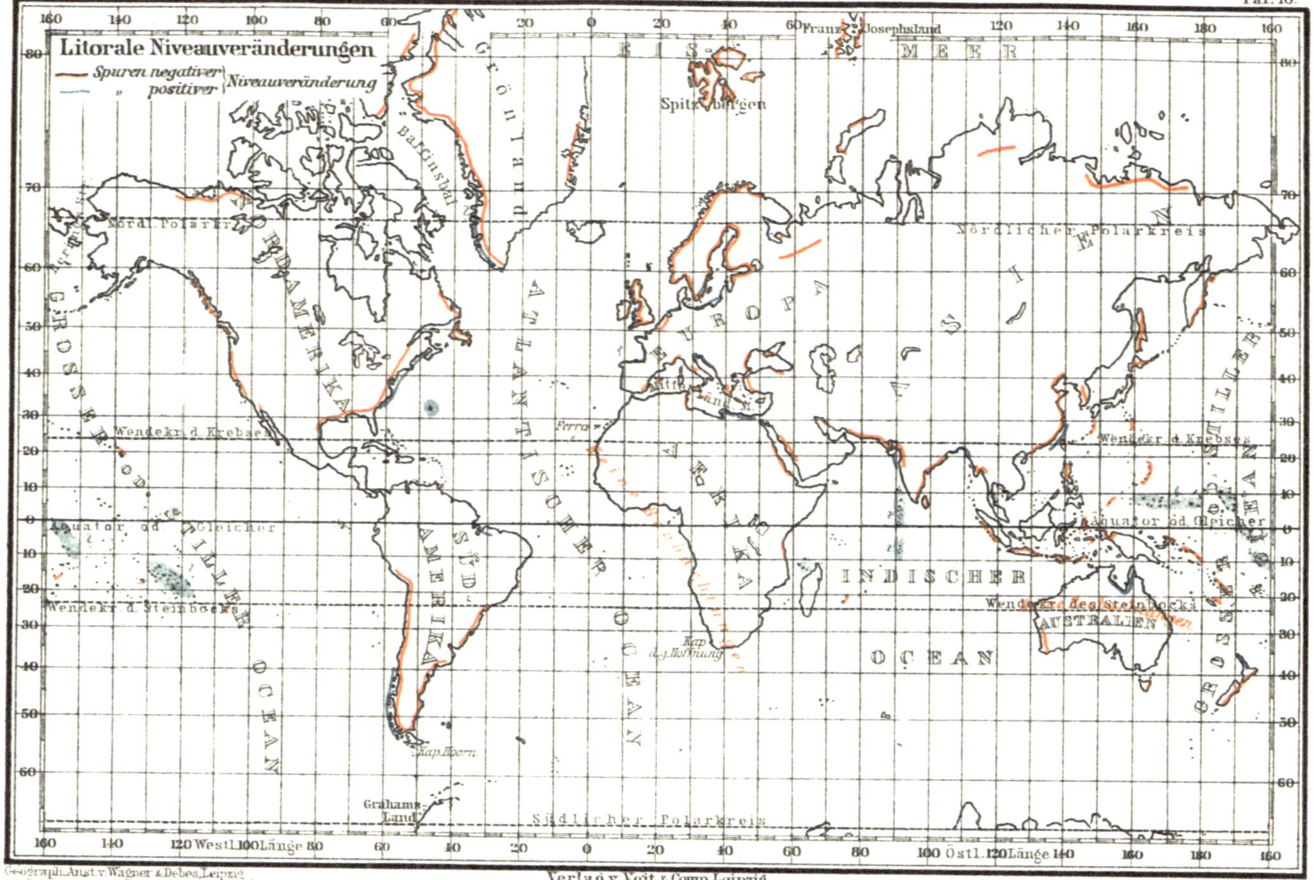

Geograph. Anst. v. Wagner & Debes, Leipzig.
Verlag v. Veit & Comp. Leipzig.

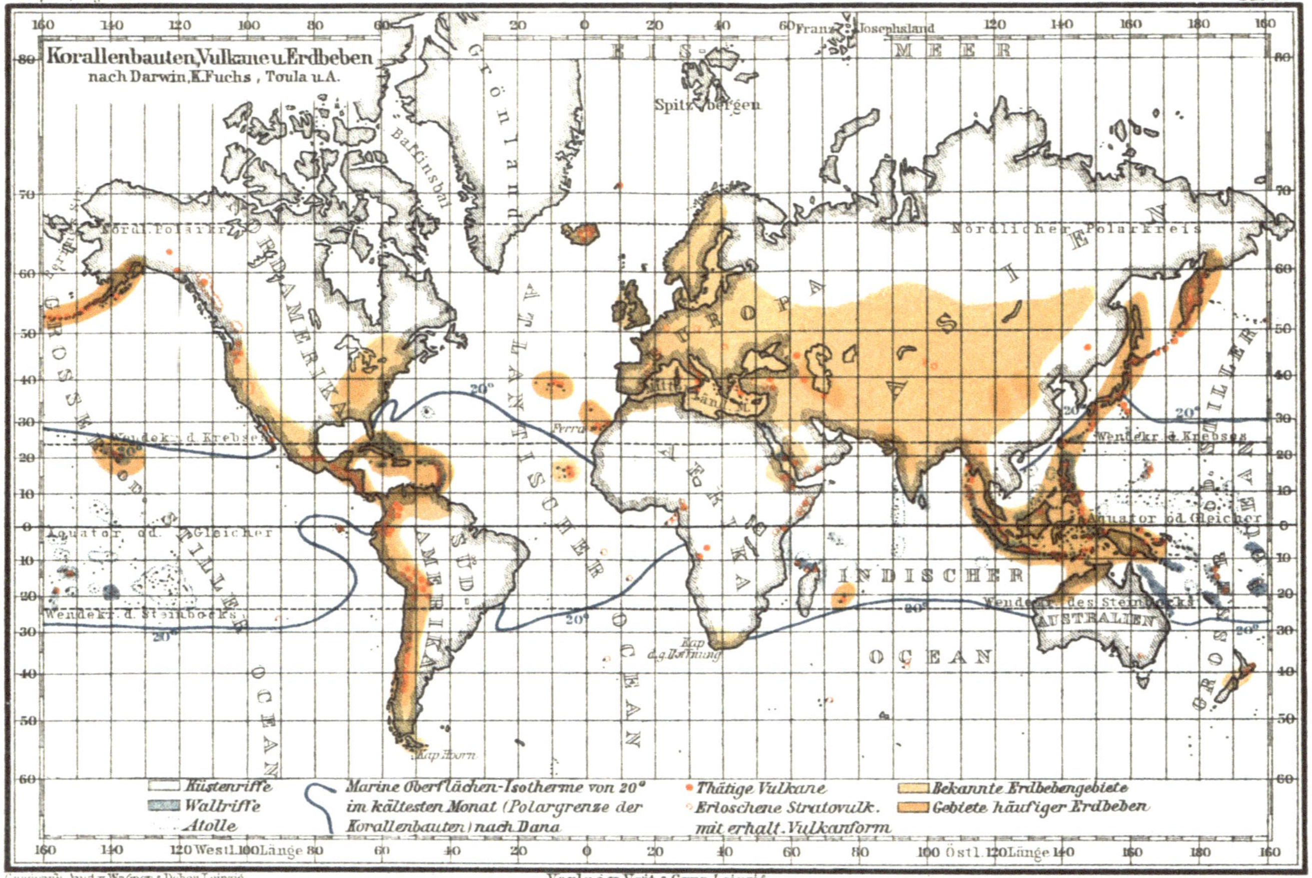

Geograph. Anst. v. Wagner & Debes, Leipzig.
Verlag v. Veit & Comp. Leipzig.

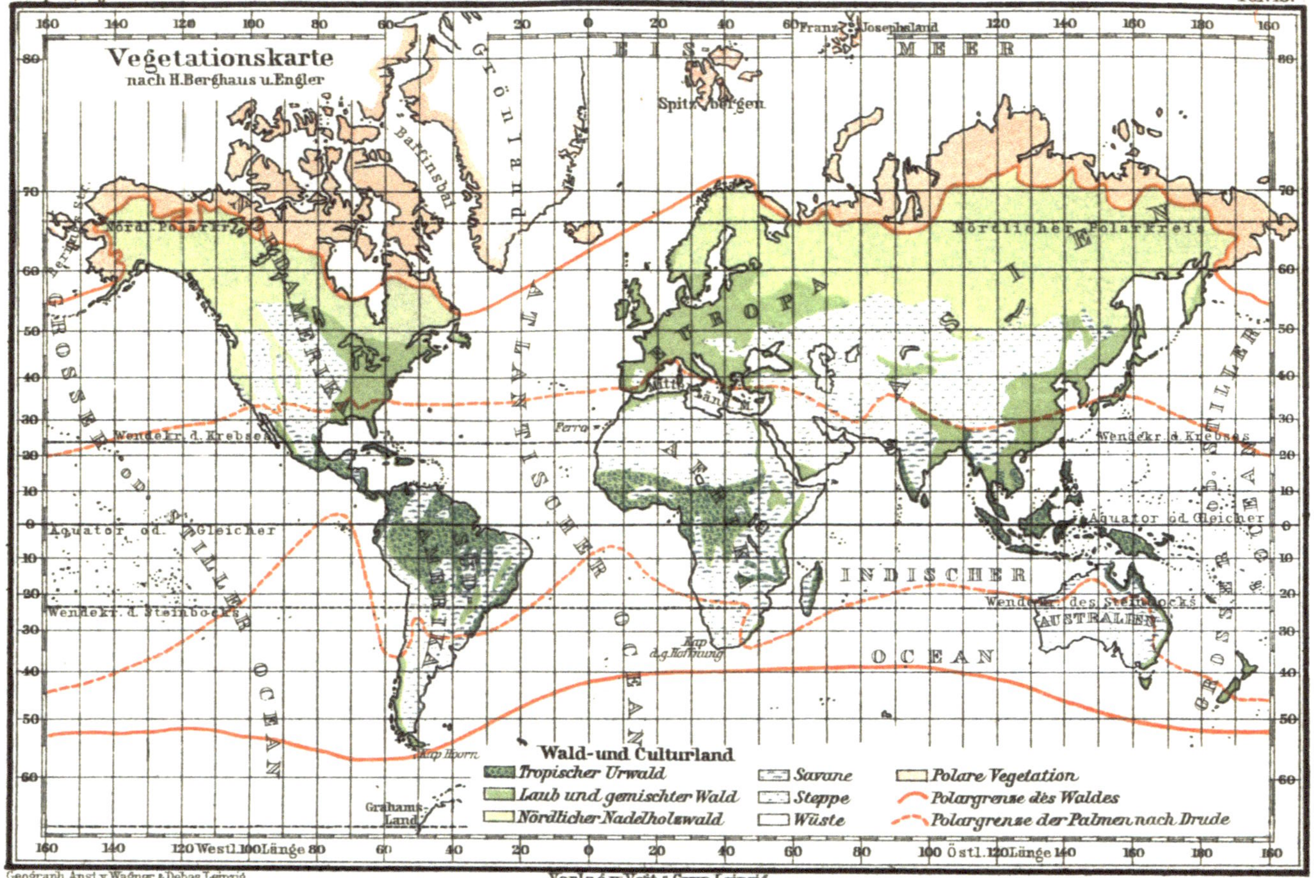

Geograph. Anst. v. Wagner & Debes, Leipzig.
Verlag v. Veit & Comp. Leipzig.

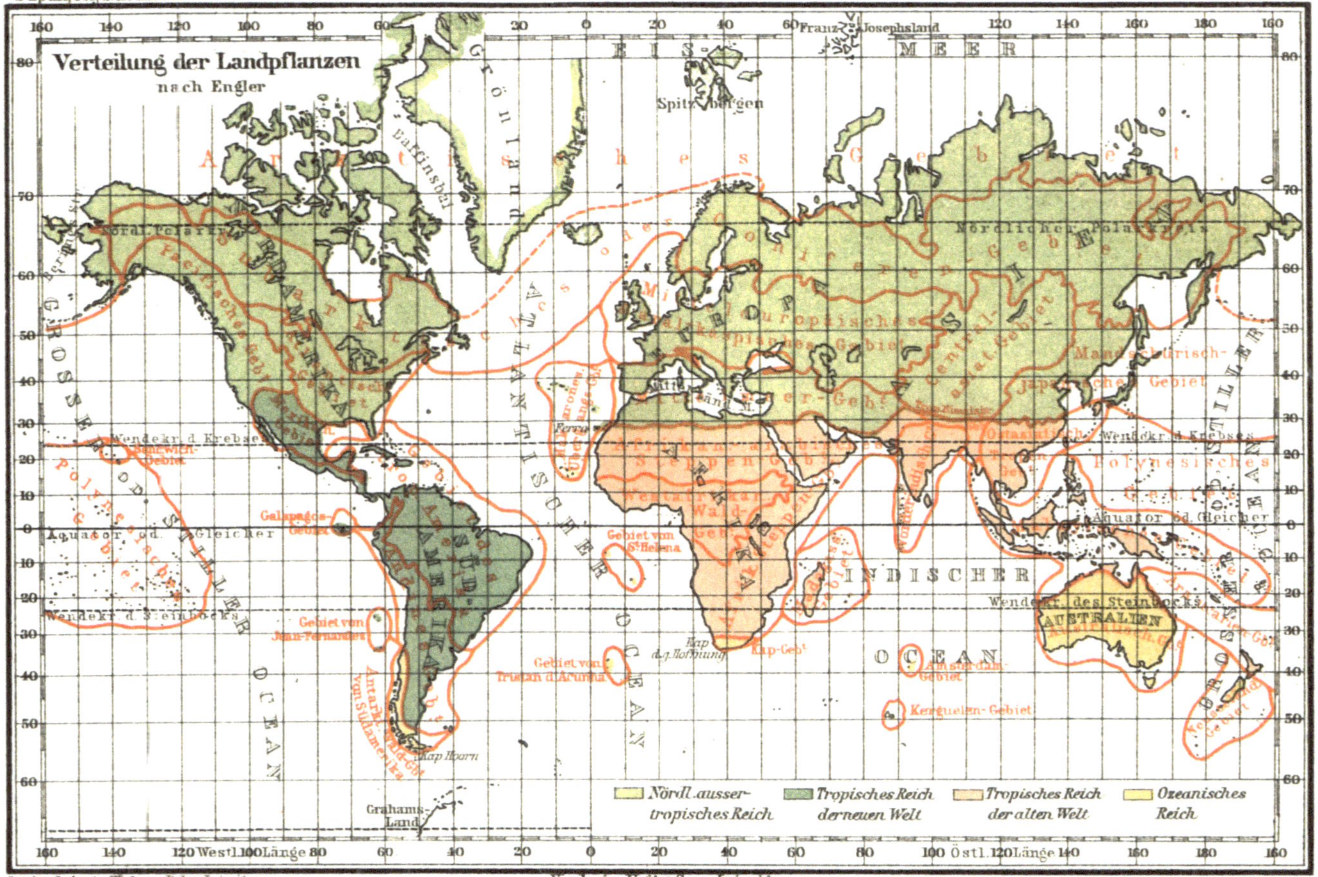

Geograph. Anst. v. Wagner & Debes, Leipzig.
Verlag v. Veit & Comp. Leipzig.

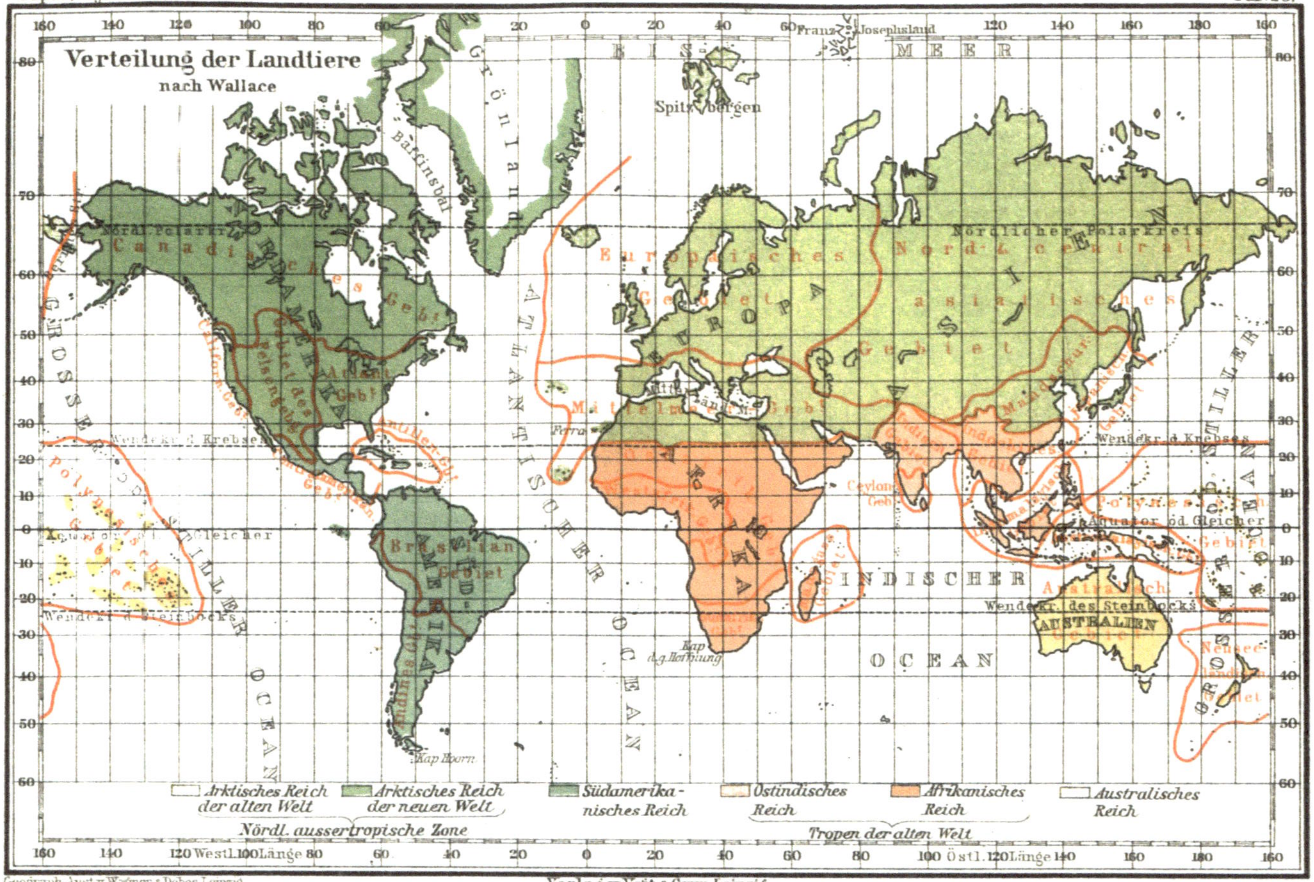

Geograph. Anst. v. Wagner & Debes, Leipzig
Verlag v. Veit & Comp. Leipzig.

Druck von Metzger & Wittig in Leipzig.